Adobe Premiere Pro CS6是目前最流行的非线性编辑软件，是数码视频编辑的强大工具，它作为功能强大的多媒体视频、音频编辑软件，足以协助用户更加高效地工作。

瞿颖健 曹茂鹏 编著

中文 Premiere Pro CS6
影视编辑剪辑设计与制作

300例

随书附赠高质量近8小时视频教学

超值附赠配套资源，内容包括**1500多个**素材文件和最终效果文件，以及**540多分钟**的视频教学文件，使读者可享受专家课堂式的讲解，成倍提高学习效率。

- ✓ 从基础知识讲起，由浅入深，结合Premiere Pro软件特点介绍了300个实例，涉及Premiere Pro影视后期特效制作的方方面面，使读者全面掌握Premiere Pro设计制作的所有知识。

- ✓ 所有实例都包含相应工具和功能的使用方法与技巧，帮助读者理解和加深认识，从而真正掌握，以达到举一反三、灵活运用的目的。

- ✓ 每个实例都经过作者精挑细选，具有典型性和实用性，具有重要的参考价值，读者可以边做边学，从新手快速成长为视频剪辑制作高手。

北京希望电子出版社
Beijing Hope Electronic Press
www.bhp.com.cn

内 容 简 介

本书通过大量的经典实例,细致地讲解了 Adobe Premiere Pro CS6 的完整工作流程。

本书案例共计 300 个,分为 20 章。第 1 章介绍素材的导入方法,第 2 章是 Premiere 的基本操作,第 3 章至第 12 章为基础知识,全面、详细地讲解了 Adobe Premiere Pro CS6 的具体应用方法,并结合理论让读者更易吸收。第 13 章至第 20 章为综合应用,使用前面学习过的知识制作完整案例,并对每一个案例都进行详细的讲解,读者通过反复练习,一步步提升,达到掌握技术更全面、水平提升速度更快的目的。

本书技术实用、讲解清晰,不仅可以供初、中级读者使用,也可以作为大中专院校相关专业及影视、广告培训基地的教材,还非常适合读者自学、查阅。

本书配套资源包括书中所有实例的源文件、素材,以及书中所有实例的视频教学录像。

图书在版编目(CIP)数据

中文 Premiere Pro CS6 影视编辑剪辑设计与制作 300 例 / 瞿颖健,曹茂鹏编著.—北京:北京希望电子出版社,2013.4
ISBN 978-7-83002-087-3

Ⅰ.①中… Ⅱ.①瞿… ②曹… Ⅲ.①视频编辑软件 Ⅳ.①TN94

中国版本图书馆 CIP 数据核字(2013)第 021697 号

出版:北京希望电子出版社	封面:付 巍
地址:北京市海淀区中关村大街 22 号	编辑:刘秀青
中科大厦 A 座 10 层	校对:安 源
邮编:100190	开本:889mm×1194mm　1/16
网址:www.bhp.com.cn	印张:21(全彩印刷)
电话:010-82620818(总机)转发行部	字数:876 千字
010-82626237(邮购)	印刷:北京市博图彩色印刷有限公司
传真:010-62543892	版次:2022 年 8 月 1 版 3 次印刷
经销:各地新华书店	

定价:79.80 元

精彩实例欣赏

 实例031 门转场效果
 实例032 帘式转场效果
 实例033 旋转转场效果
 实例034 筋斗过渡转场效果

 实例035 伸展进入转场效果
 实例036 划像形状转场效果
 实例037 星形划像转场效果
 实例038 点划像转场效果

 实例039 页面剥落转场效果
 实例040 中心剥落转场效果
 实例041 翻页转场效果
 实例042 抖动溶解转场效果

 实例043 渐隐为白色转场效果
 实例044 附加叠化转场效果
 实例045 随机反相转场效果
 实例046 双侧平推门转场效果

 实例047 带状擦除转场效果
 实例048 棋盘转场效果
 实例049 楔形划像转场效果
 实例050 随机块转场效果

 实例051 水波块转场效果
 实例052 油漆飞溅转场效果
 实例053 渐变擦除转场效果
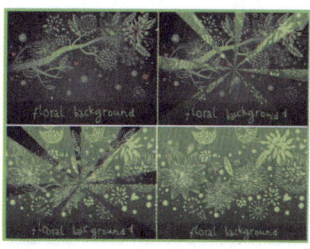 实例054 风车转场效果

中文 Premiere Pro CS6 影视编辑剪辑设计与制作 300例

 实例061 灯光效果
 实例062 太阳光照效果
 实例065 多画面效果
 实例066 画面垂直保持效果

 实例067 水粉画效果
 实例070 数字钟表效果
 实例071 杂波画面效果
 实例072 画面扭曲效果

 实例073 倒影效果
 实例074 镂空图案效果
 实例076 棋盘格背景效果
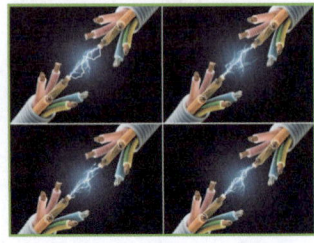 实例077 电流效果

 实例078 人物镜像效果
 实例079 粗糙边缘效果
 实例080 室外广告牌效果
 实例082 画面漩涡效果

 实例084 彩色圆环效果
 实例085 条纹背景效果
 实例086 光盘阴影效果
 实例087 人物运动模糊效果

 实例089 发光LOGO效果
 实例090 圆形标志效果
 实例106 电影海报文字效果
 实例107 彩色描边文字效果

精彩实例欣赏

 实例108 花样背景文字效果
 实例109 标牌文字效果
 实例110 剪纸文字效果
 实例112 雨中文字效果

 实例113 图案文字效果
 实例115 立体方块文字效果
 实例116 三维透视文字效果
 实例118 欧式金属文字效果

 实例120 条纹文字效果
 实例121 倒影文字效果
 实例122 条纹包裹文字效果
 实例123 路径文字效果

 实例125 马赛克文字效果
 实例126 网格文字效果
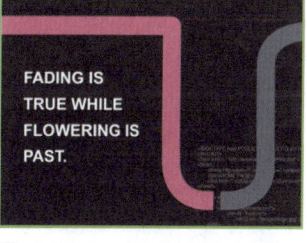 实例127 曲线创意文字效果
 实例129 弯曲文字效果

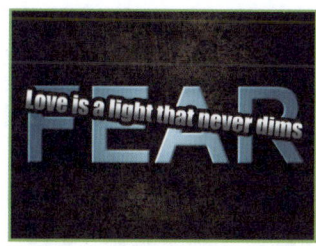 实例130 嵌入文字效果
 实例131 粗糙文字效果
 实例132 闪耀文字效果
 实例133 光晕背景文字效果

 实例135 向上移动字幕效果
 实例136 改变沙发颜色效果
 实例137 黑白颜色效果
 实例139 单色版画效果

中文 Premiere Pro CS6 影视编辑剪辑设计与制作300例

 实例140 增加画面色彩度效果
 实例141 增加画面对比度效果
 实例142 汽车变色效果
 实例143 更改画面色调效果

 实例145 怀旧颜色效果
 实例146 保留单色效果
 实例147 多彩画面效果
 实例149 妆容颜色变化效果

 实例150 提高画面亮度效果
 实例151 五线谱渐变效果
 实例152 调节风景色调效果
 实例153 旧印刷黑白画效果

 实例156 相框合成效果
 实例158 梦想空间抠像合成效果
 实例159 卡通风格抠像合成效果
 实例160 创意背景抠像效果

 实例161 音乐主题人物合成效果
 实例162 绿洲精灵抠像效果
 实例163 人物漂浮合成效果
 实例164 水墨芭蕾抠像合成效果

 实例166 风车旋转效果
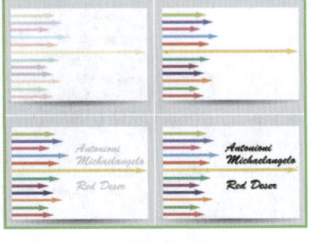 实例167 图案文字淡入效果
 实例168 文字移动效果
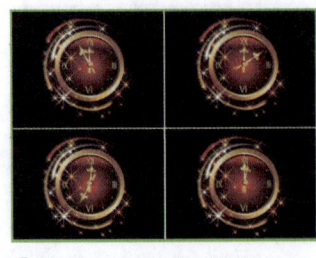 实例169 表针转动效果

精彩实例欣赏

 实例170 相框摇摆效果
 实例172 光盘旋转出现效果
 实例173 落叶效果
 实例174 齿轮旋转效果

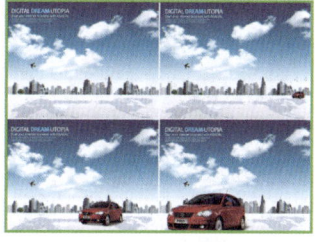 实例175 汽车移动效果
 实例176 文字缩放效果
 实例178 图像扭曲动画效果
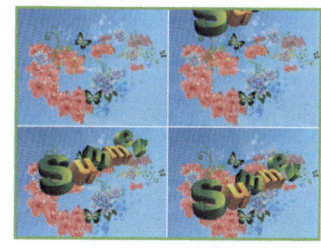 实例179 文字下落效果

 实例180 剪纸动画效果
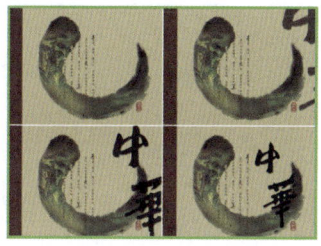 实例181 水墨文字动画效果
 实例183 科技动画效果
 实例184 创意动画效果

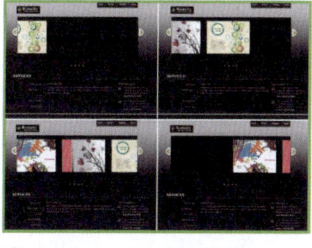 实例185 网页图片移动效果
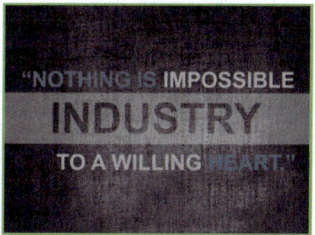 实例186 文字混合模式效果
 实例187 绿叶文字效果
 实例189 光盘效果

 实例190 人像背景边框效果
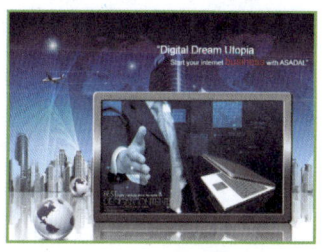 实例191 商务科技倒影效果
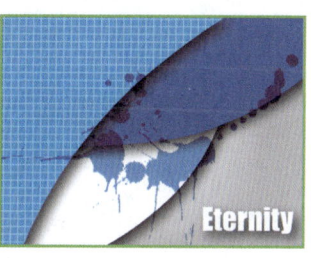 实例192 多层创意图形效果
 实例193 立体方框效果

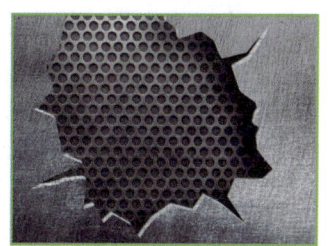 实例195 金属破裂效果
 实例196 模糊文字效果
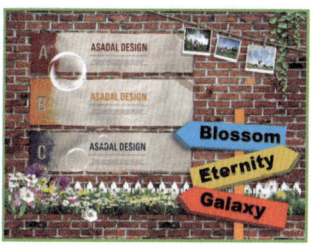 实例199 彩色指示牌效果
 实例200 彩色方块效果

中文 Premiere Pro CS6 影视编辑剪辑设计与制作 300 例

实例216 叠化镜头效果

实例217 视频剪辑倒放效果

实例218 视频交叉剪辑效果

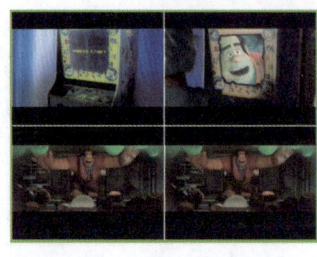
实例219 画面定格效果

实例220 慢镜头效果

实例221 快镜头效果

实例222 对比画面效果

实例223 视频剪辑过渡效果

实例224 双画面特写效果

实例225 多镜头画面效果

实例226 制作汽车广告背景效果

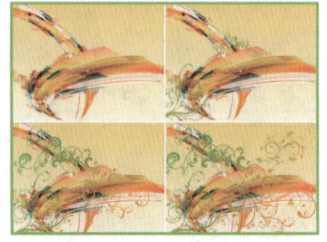
实例227 制作汽车广告花纹动画效果

实例228 制作最终汽车广告效果

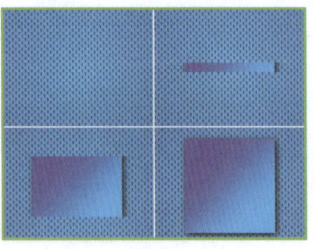
实例229 制作文字广告背景效果

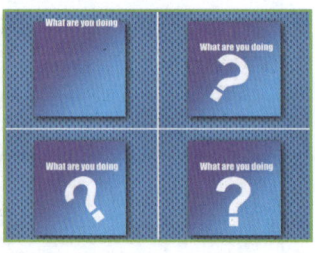
实例230 制作文字广告第一部分效果

实例232 制作文字广告第三部分效果

实例234 制作饮料广告背景效果

实例235 制作最终饮料广告效果

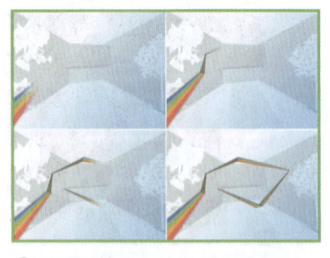
实例236 制作电子广告背景效果

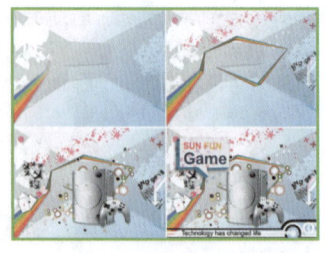
实例238 制作最终电子广告效果

实例239 制作商品宣传广告背景效果

实例240 制作最终商品宣传广告效果

实例241 制作闪电特效背景效果

实例242 制作最终闪电特效效果

精彩实例欣赏

实例243 制作扫光文字背景效果

实例244 制作最终扫光文字效果

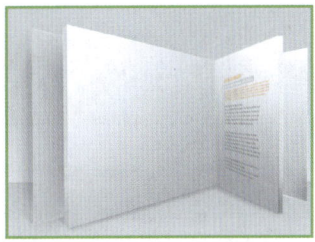
实例245 制作电视多画面的背景效果

实例246 制作最终电视多画面效果

实例247 制作置换恢复背景效果

实例248 制作最终置换恢复效果

实例249 制作古典风格相册封面效果

实例250 制作古典风格相册第二部分效果

实例251 制作古典风格相册第三部分效果

实例252 制作古典风格相册第四部分效果

实例253 制作古典风格相册第五部分效果

实例254 制作最终古典风格相册效果

实例255 制作多彩电子相册封面效果

实例256 制作多彩电子相册第二部分效果

实例257 制作多彩电子相册第三部分效果

实例258 制作多彩电子相册第四部分效果

实例259 制作多彩电子相册第五部分效果

实例260 制作最终多彩电子相册效果

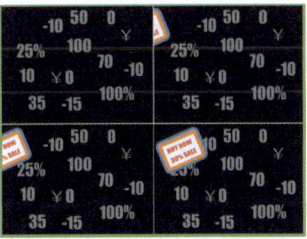
实例261 制作促销广告背景效果

实例262 制作最终促销广告效果

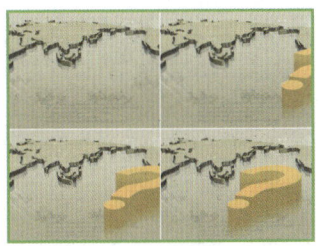
实例264 制作金融广告立体图案效果

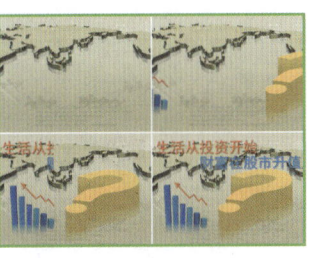
实例265 制作最终金融广告效果

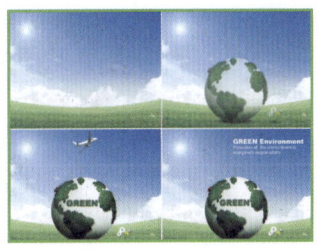
实例267 制作环保广告图案动画效果

实例270 制作最终情人节活动宣传广告效果

中文 Premiere Pro CS6 影视编辑剪辑设计与制作300例

实例271　制作旅游宣传起始部分效果

实例272　制作旅游宣传第二部分效果

实例273　制作旅游宣传第三部分效果

实例274　制作旅游宣传第四部分效果

实例275　制作旅游宣传滚动字幕效果

实例276　制作MV前半部分剪辑效果

实例277　制作MV后半部分剪辑效果

实例278　制作MV剪辑过渡效果

实例279　制作MV特效部分效果

实例280　制作最终MV字幕效果

实例281　制作新闻栏目起始部分效果

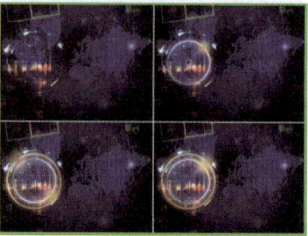
实例282　制作新闻栏目光圈旋转效果

实例283　制作新闻栏目的文字效果

实例285　制作最终新闻栏目片头效果

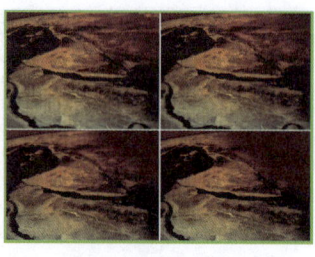
实例286　制作电视节目片头起始部分效果

实例288　制作电视节目片头方块动画效果

实例290　制作最终电视节目片头效果

实例293　制作电影宣传广告第三部分效果

实例294　制作电影宣传广告第四部分效果

实例295　制作最终电影宣传广告效果

实例296　制作影片预告起始部分效果

实例298　制作影片预告第二部分效果

实例299　制作影片预告第三部分效果

实例300　制作最终影片预告效果

PREFACE 前言

关于Premiere

Adobe Premiere Pro CS6是目前应用最广泛的视频编辑软件之一，在广告制作和电视节目制作中应用最为普遍，以强大的剪辑功能著称。基于影视、广告等行业应用的广泛度，针对Adobe Premiere Pro CS6版本，我们编写了本书，希望能对读者学习Adobe Premiere Pro CS6带来帮助。

本书内容安排

本书编写上力求写作方式新颖，内容全面，章节安排合理，具体章节内容介绍如下。

- 第1章为导入素材。主要讲解了如何创建项目的各种素材文件，以及将各种素材文件导入到Premiere Pro项目窗口中的方法。
- 第2章为Premiere基本操作。主要讲解了查看素材属性，添加、设置入点和出点，嵌套和替换素材等内容。
- 第3章为转场特效应用。主要讲解了各种转场效果和操作方法。
- 第4章为视频特效应用。主要讲解了各种视频特效的参数和应用方法。
- 第5章为音频特效应用。主要讲解了音频特效的应用方法。
- 第6章为文字效果。主要讲解了创建文字、常用文字效果和滚动字幕的制作等内容。
- 第7章为调色技术。主要讲解了制作多种调色特效的方法。
- 第8章为抠像合成技术。主要讲解了制作多种抠像特效的应用方法。
- 第9章为动画技术。主要讲解了创建、查看关键帧和关键帧动画的制作等内容。
- 第10章为常用效果综合应用。主要讲解了常用效果的综合应用方法。
- 第11章为输出影片。主要讲解了输出不同要求和格式的影片的方法。
- 第12章为高级视频剪辑技巧。主要讲解了如何利用各种剪辑工具和效果对素材文件进行剪辑。
- 第13章至第20章这8章通过大型综合案例讲解了文字、特效、转场和剪辑技术的综合应用，案例包括了几乎所有的行业方向。

本书技术实用、讲解清晰，不仅可以作为学习Adobe Premiere Pro CS6的初、中级读者学习使用，也可以作为大中专院校相关专业及影视、广告培训基地的教材，还非常适合读者自学、查阅。

本书编写特色

总的来说，本书具有以下几个特色。

零点快速起步 视频制作全面掌握	从基础知识讲起，由浅入深，结合Premiere软件特点介绍了300个实例，涉及Premiere制作的方方面面，使广大读者能全面掌握Premiere制作的所有知识
案例贴身实战 技巧原理细心解说	本书所有案例例例精彩，个个经典，每个实例都包含相应工具和功能的使用方法与技巧。帮助读者理解和加深认识，从而真正掌握，以达到举一反三、灵活运用的目的
300个制作实例 制作技能快速提升	本书的每个案例都经过作者精挑细选，具有典型性和实用性，有重要的参考价值，读者可以边做边学，从新手快速成长为视频制作高手
高清视频讲解 学习效率轻松翻倍	本书配套资源收录全书300个实例的高清语音视频教学，可以在家享受专家课堂式的讲解，成倍提高学习兴趣和效率

本书配套资源

本书配套资源包括书中300个实例的源文件、素材，以及书中所有实例的视频教学录像，供读者使用。

本书创作团队

本书由亿瑞设计策划，瞿颖健和曹茂鹏共同编写。参与本书编写和整理的还有瞿吉业、瞿玉珍、王萍、董辅川、杨建超、马啸、李路、于燕香、杨力、曹元钢、张玉华、曹子龙、曹诗雅、曹明、孙雅娜、曹爱德、曹玮、孙芳、丁仁雯、张建霞、马扬、杨宗香、张效晨、朱春涛、王铁成、崔英迪、高歌、王守钢等。在编写的过程中，得到了北京希望电子出版社韩宜波老师的大力支持，在此一并表示感谢。

由于水平有限，书中难免存在错误和不妥之处，敬请广大读者批评和指出。邮箱：bhpbangzhu@163.com。

编著者

CONTENTS 目录

第1章 导入素材

实例001 新建项目 2
实例002 新建序列 2
实例003 新建文件夹 3
实例004 打开项目和保存文件 3
实例005 导入图片素材 4
实例006 导入视频素材 4
实例007 导入音频素材 5
实例008 导入素材文件夹 6
实例009 导入序列素材 7
实例010 导入PSD分层素材 7

第2章 Premiere基本操作

实例011 添加和清除素材 10
实例012 在监视器窗口添加和删除素材 10
实例013 自动化素材到时间线窗口 11
实例014 替换素材 11
实例015 设置画面大小与当前序列匹配 12
实例016 查看素材属性 12
实例017 素材的复制和粘贴 13
实例018 素材特效的复制和粘贴 14
实例019 素材的成组和解组 14
实例020 解除和链接素材视音频 15
实例021 音频增益效果 15
实例022 帧混合效果 16
实例023 素材的启用和失效 17
实例024 制作嵌套序列 17
实例025 修改素材速度和时间 18
实例026 设置标记点 19
实例027 素材的提升和提取编辑 19
实例028 设置素材的入点和出点 20
实例029 快速定位素材的入、出点 21
实例030 素材帧定格效果 21

第3章 转场特效应用

实例031 门转场效果 24

实例032	帘式转场效果	24
实例033	旋转转场效果	25
实例034	筋斗过渡转场效果	26
实例035	伸展进入转场效果	27
实例036	划像形状转场效果	27
实例037	星形划像转场效果	28
实例038	点划像转场效果	29
实例039	页面剥落转场效果	30
实例040	中心剥落转场效果	31
实例041	翻页转场效果	31
实例042	抖动溶解转场效果	32
实例043	渐隐为白色转场效果	33
实例044	附加叠化转场效果	34
实例045	随机反相转场效果	34
实例046	双侧平推门转场效果	35
实例047	带状擦除转场效果	36
实例048	棋盘转场效果	37
实例049	楔形划像转场效果	38
实例050	随机块转场效果	39
实例051	水波块转场效果	39
实例052	油漆飞溅转场效果	40
实例053	渐变擦除转场效果	41
实例054	风车转场效果	42
实例055	多旋转转场效果	42
实例056	滑动带转场效果	43
实例057	斜线滑动转场效果	44
实例058	漩涡转场效果	45
实例059	缩放拖尾转场效果	46
实例060	缩放框转场效果	46

第4章　视频特效应用

实例061	灯光效果	49
实例062	太阳光照效果	49
实例063	花纹浮雕效果	51
实例064	马赛克背景效果	51
实例065	多画面效果	53
实例066	画面垂直保持效果	53
实例067	水粉画效果	54
实例068	三维卡片效果	55
实例069	报纸人像纹理效果	56
实例070	数字钟表效果	57
实例071	杂波画面效果	57
实例072	画面扭曲效果	58
实例073	倒影效果	59
实例074	镂空图案效果	60
实例075	网络科技效果	61

实例076	棋盘格背景效果	62
实例077	电流效果	63
实例078	人物镜像效果	64
实例079	粗糙边缘效果	65
实例080	室外广告牌效果	66
实例081	放大镜效果	67
实例082	画面漩涡效果	67
实例083	斜面石板效果	68
实例084	彩色圆环效果	69
实例085	条纹背景效果	70
实例086	光盘阴影效果	72
实例087	人物运动模糊效果	73
实例088	手电光效果	74
实例089	发光LOGO效果	75
实例090	圆形标志效果	76

第5章　音频特效应用

实例091	音频淡入淡出效果	80
实例092	调整音频播放速度效果	80
实例093	音频和声效果	81
实例094	音频电流杂音效果	82
实例095	音频低音效果	83
实例096	左声道静音效果	83
实例097	音频高通效果	84
实例098	音频高音效果	85
实例099	音频混响效果	86
实例100	音频变音效果	86
实例101	去除音乐指定频率效果	87
实例102	音频低通效果	88
实例103	左右声道音量变化效果	89
实例104	音频声道错位效果	90
实例105	音频延迟重复效果	90

第6章　文字效果

实例106	电影海报文字效果	93
实例107	彩色描边文字效果	94
实例108	花样背景文字效果	95
实例109	标牌文字效果	96
实例110	剪纸文字效果	97
实例111	彩色模糊背景文字效果	99
实例112	雨中文字效果	100
实例113	图案文字效果	101
实例114	剪纸镂空文字效果	102
实例115	立体方块文字效果	104
实例116	三维透视文字效果	105

实例117	雕刻文字效果	106
实例118	欧式金属文字效果	108
实例119	金属文字效果	109
实例120	条纹文字效果	110
实例121	倒影文字效果	112
实例122	条纹包裹文字效果	113
实例123	路径文字效果	115
实例124	心形花边文字效果	116
实例125	马赛克文字效果	117
实例126	网格文字效果	118
实例127	曲线创意文字效果	120
实例128	文字花纹浮雕效果	121
实例129	弯曲文字效果	122
实例130	嵌入文字效果	123
实例131	粗糙文字效果	125
实例132	闪耀文字效果	126
实例133	光晕背景文字效果	127
实例134	锈迹金属文字效果	129
实例135	向上移动字幕效果	131

第7章　调色技术

实例136	改变沙发颜色效果	133
实例137	黑白颜色效果	134
实例138	彩色手绘效果	135
实例139	单色版画效果	135
实例140	增加画面色彩度效果	137
实例141	增加画面对比度效果	137
实例142	汽车变色效果	138
实例143	更改画面色调效果	139
实例144	秋叶变绿效果	140
实例145	怀旧颜色效果	140
实例146	保留单色效果	141
实例147	多彩画面效果	142
实例148	晴天变阴天效果	143
实例149	妆容颜色变化效果	144
实例150	提高画面亮度效果	145
实例151	五线谱渐变效果	146
实例152	调节风景色调效果	147
实例153	旧印刷黑白画效果	147
实例154	铅笔画效果	149
实例155	蓝调画面效果	150

第8章　抠像合成技术

| 实例156 | 相框合成效果 | 152 |

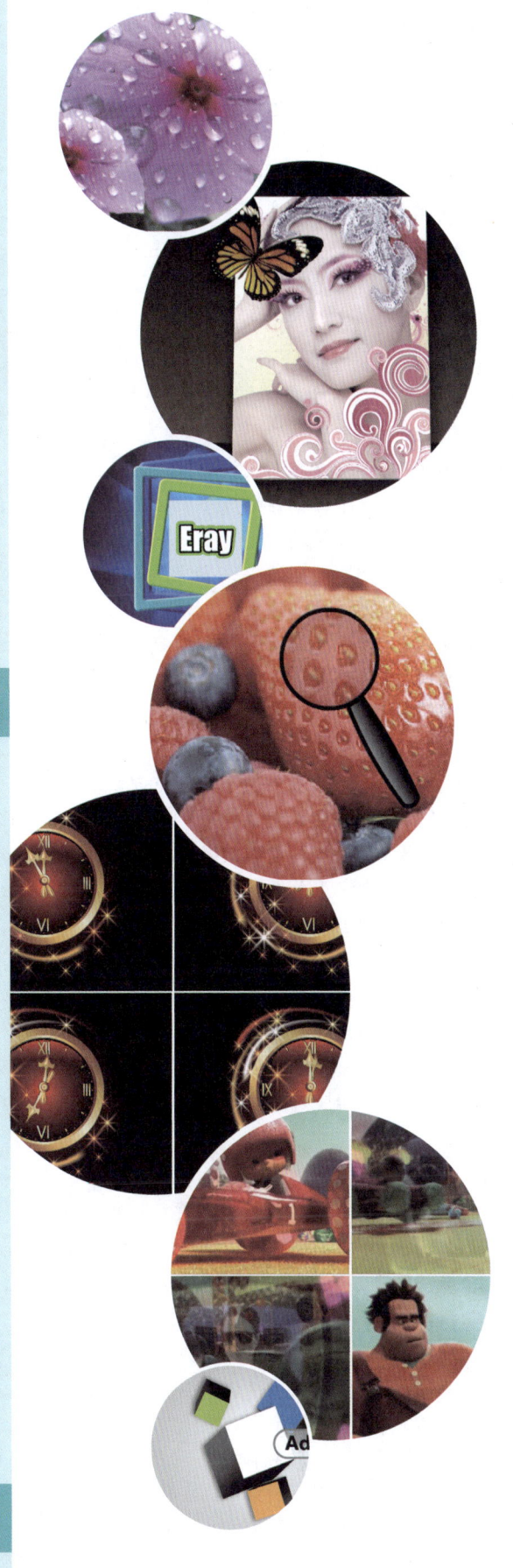

实例157	渐变喷溅墨滴效果	153
实例158	梦想空间抠像合成效果	154
实例159	卡通风格抠像合成效果	154
实例160	创意背景抠像效果	155
实例161	音乐主题人物合成效果	156
实例162	绿洲精灵抠像效果	157
实例163	人物漂浮合成效果	158
实例164	水墨芭蕾抠像合成效果	159
实例165	时尚杂志抠像合成效果	160

第9章　动画技术

实例166	风车旋转效果	163
实例167	图案文字淡入效果	163
实例168	文字移动效果	165
实例169	表针转动效果	165
实例170	相框摇摆效果	167
实例171	图案摆动效果	168
实例172	光盘旋转出现效果	169
实例173	落叶效果	170
实例174	齿轮旋转效果	171
实例175	汽车移动效果	172
实例176	文字缩放效果	172
实例177	黑板文字出现效果	173
实例178	图像扭曲动画效果	174
实例179	文字下落效果	175
实例180	剪纸动画效果	176
实例181	水墨文字动画效果	177
实例182	气球升空效果	178
实例183	科技动画效果	179
实例184	创意动画效果	180
实例185	网页图片移动效果	181

第10章　常用效果综合应用

实例186	文字混合模式效果	184
实例187	绿叶文字效果	185
实例188	光晕文字效果	186
实例189	光盘效果	188
实例190	人像背景边框效果	190
实例191	商务科技倒影效果	191
实例192	多层创意图形效果	193
实例193	立体方框效果	195
实例194	水墨画卷效果	197
实例195	金属破裂效果	198
实例196	模糊文字效果	199
实例197	金属背景文字效果	200
实例198	圆形标志效果	202
实例199	彩色指示牌效果	205
实例200	彩色方块效果	206

第11章　输出影片

实例201	输出单帧图像	210
实例202	输出TGA文件	210
实例203	输出PNG文件	211
实例204	输出BMP文件	211
实例205	输出AVI文件	212
实例206	输出QuickTime文件	212
实例207	输出FLV文件	213
实例208	输出F4V文件	213
实例209	输出GIF动画文件	214
实例210	输出MP4文件	214
实例211	输出MP3文件	215
实例212	输出WMA音频文件	215
实例213	输出WMV文件	216
实例214	输出小尺寸的影片	216
实例215	输出静帧序列文件	217

第12章　高级视频剪辑技巧

实例216	叠化镜头效果	219
实例217	视频剪辑倒放效果	220
实例218	视频交叉剪辑效果	221
实例219	画面定格效果	222
实例220	慢镜头效果	223
实例221	快镜头效果	224
实例222	对比画面效果	225
实例223	视频剪辑过渡效果	226
实例224	双画面特写效果	227
实例225	多镜头画面效果	228

第13章　常用广告制作

实例226	制作汽车广告背景效果	231
实例227	制作汽车广告花纹动画效果	232
实例228	制作最终汽车广告效果	233
实例229	制作文字广告背景效果	234
实例230	制作文字广告第一部分效果	236
实例231	制作文字广告第二部分效果	237
实例232	制作文字广告第三部分效果	238

目录 CONTENTS

实例233	制作最终文字广告效果	239
实例234	制作饮料广告背景效果	239
实例235	制作最终饮料广告效果	241
实例236	制作电子广告背景效果	242
实例237	制作电子广告图案效果	243
实例238	制作最终电子广告效果	244
实例239	制作商品宣传广告背景效果	246
实例240	制作最终商品宣传广告效果	247

第14章　常用电影特效制作

实例241	制作闪电特效背景效果	250
实例242	制作最终闪电特效效果	251
实例243	制作扫光文字背景效果	251
实例244	制作最终扫光文字效果	252
实例245	制作电视多画面的背景效果	253
实例246	制作最终电视多画面效果	254
实例247	制作置换恢复背景效果	255
实例248	制作最终置换恢复效果	255

第15章　电子相册

实例249	制作古典风格相册封面效果	258
实例250	制作古典风格相册第二部分效果	259
实例251	制作古典风格相册第三部分效果	259
实例252	制作古典风格相册第四部分效果	261
实例253	制作古典风格相册第五部分效果	262
实例254	制作最终古典风格相册效果	264
实例255	制作多彩电子相册封面效果	265
实例256	制作多彩电子相册第二部分效果	266
实例257	制作多彩电子相册第三部分效果	267
实例258	制作多彩电子相册第四部分效果	268
实例259	制作多彩电子相册第五部分效果	269
实例260	制作最终多彩电子相册效果	270

第16章　宣传广告

实例261	制作促销广告背景效果	273
实例262	制作最终促销广告效果	274
实例263	制作金融广告背景效果	275
实例264	制作金融广告立体图案效果	276
实例265	制作最终金融广告效果	277
实例266	制作环保广告背景效果	278
实例267	制作环保广告图案动画效果	280
实例268	制作最终环保广告效果	280

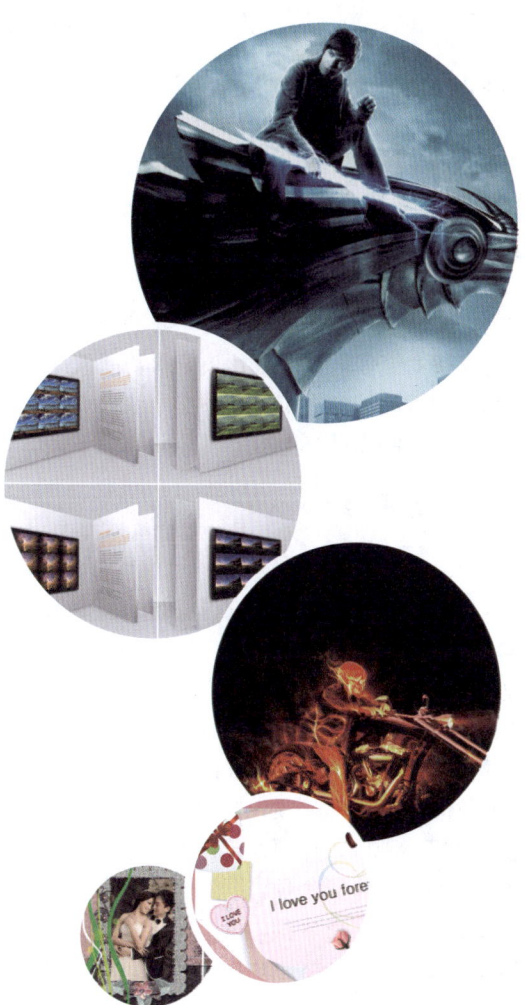

| 实例269 | 制作情人节活动宣传广告背景效果 | 281 |
| 实例270 | 制作最终情人节活动宣传广告效果 | 282 |

第17章　旅游片头

实例271	制作旅游宣传起始部分效果	285
实例272	制作旅游宣传第二部分效果	286
实例273	制作旅游宣传第三部分效果	287
实例274	制作旅游宣传第四部分效果	288
实例275	制作旅游宣传滚动字幕效果	288

第18章　MV剪辑

实例276	制作MV前半部分剪辑效果	291
实例277	制作MV后半部分剪辑效果	292
实例278	制作MV剪辑过渡效果	292
实例279	制作MV特效部分效果	293
实例280	制作最终MV字幕效果	294

第19章　电视栏目

实例281	制作新闻栏目起始部分效果	297
实例282	制作新闻栏目光圈旋转效果	298
实例283	制作新闻栏目的文字效果	298
实例284	制作新闻栏目的光晕效果	299
实例285	制作最终新闻栏目片头效果	300
实例286	制作电视节目片头起始部分效果	301
实例287	制作电视节目片头光线动画效果	303
实例288	制作电视节目片头方块动画效果	304
实例289	制作电视节目片头文字效果	305
实例290	制作最终电视节目片头效果	307

第20章　影视广告

实例291	制作电影宣传广告标志动画效果	309
实例292	制作电影宣传广告第二部分效果	309
实例293	制作电影宣传广告第三部分效果	310
实例294	制作电影宣传广告第四部分效果	312
实例295	制作最终电影宣传广告效果	313
实例296	制作影片预告起始部分效果	314
实例297	制作影片预告标题效果	315
实例298	制作影片预告第二部分效果	315
实例299	制作影片预告第三部分效果	316
实例300	制作最终影片预告效果	317

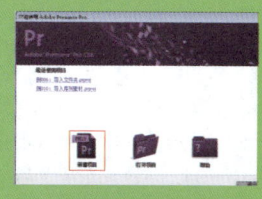
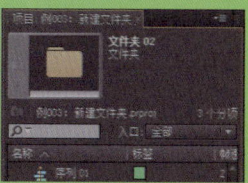

Chapter 01

第1章
导入素材

项目包含了序列和相关素材的Premiere Pro文件，与素材间存在链接关系。每个项目都包含一个项目窗口，而项目窗口中包含所有项目中的素材。要制作项目，首先要将所需的各种素材文件导入到项目窗口中。

中文 Premiere Pro CS6 影视编辑剪辑设计与制作 300 例

Chapter 01

实例001　新建项目

本例主要介绍在Premiere CS6中新建项目的方法。

文件路径：源文件\第1章\例001　　　视频文件：视频文件\第1章\例001.flv

01 启动Adobe Premiere Pro CS6软件后，在出现的对话框中单击【新建项目】按钮。其中【打开项目】按钮可以打开电脑中的其他项目，而【最近使用项目】列表中会列出5个最近使用过的项目，单击项目名称可以将其打开。

02 在弹出的【新建项目】对话框中单击【浏览】按钮更改文件储存路径，在【名称】文本框中修改文件名称，然后单击【确定】按钮。

03 弹出【新建序列】对话框，在左侧有很多预设可供选择，然后单击【DV-PAL】，展开该选项并选择【标准48kHz】，接着单击【确定】按钮。

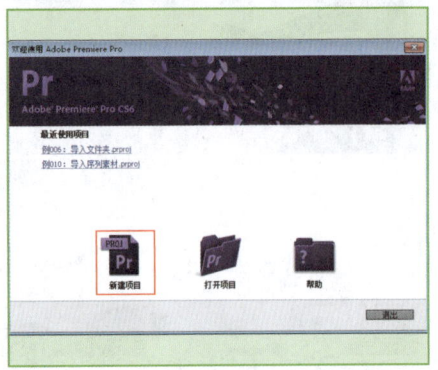
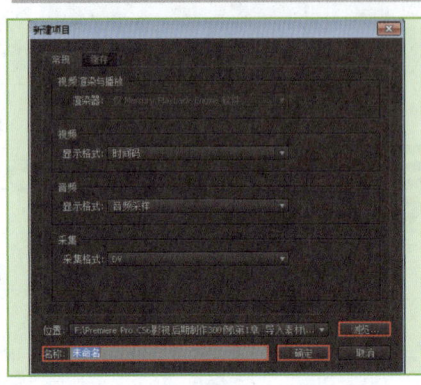
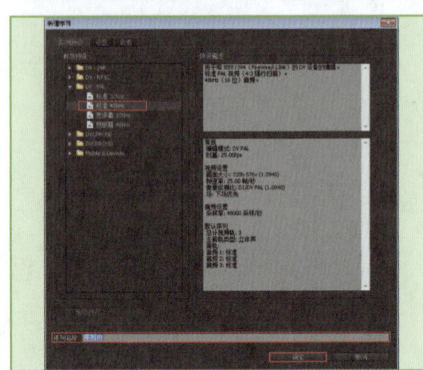

实例002　新建序列

本例介绍在Premiere CS6中新建序列的方法。

文件路径：源文件\第1章\例002　　　视频文件：视频文件\第1章\例002.flv

01 在菜单栏中选择【文件】|【新建】|【序列】命令，或者按快捷键Ctrl+N。

02 在弹出的【新建序列】对话框中，一般选择【DV-PAL】|【标准48kHz】，并可以设置【序列名称】，然后单击【确定】按钮。

03 此时已经新建一个序列。

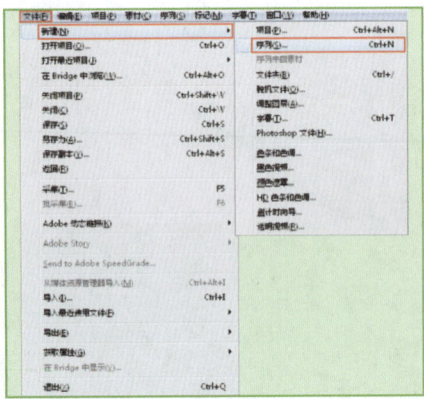
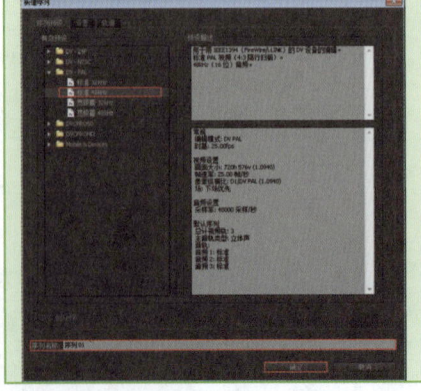

第1章 导入素材

实例003　新建文件夹

本例主要介绍在Premiere CS6的项目窗口中新建文件夹的两种方法和重命名文件夹名称的方法。

文件路径：源文件\第1章\例003　　　视频文件：视频文件\第1章\例003.flv

01 在【项目】面板中的空白处单击右键，选择【新建文件夹】选项，或者单击 ▭（新建文件夹）按钮，即可创建文件夹。

02 若要为【文件夹 01】创建子文件夹，可以先选中【文件夹 01】，然后再单击【项目】面板下的 ▭（新建文件夹）按钮即可。

03 直接在文件夹上单击鼠标左键即可修改文件夹名称，或者在文件夹上单击鼠标右键，选择【重命名】选项。

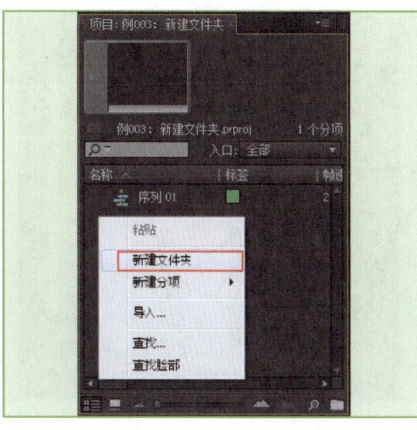
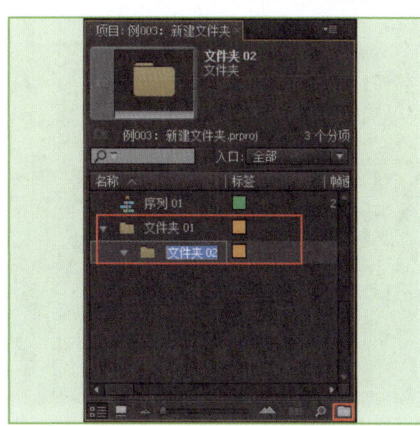
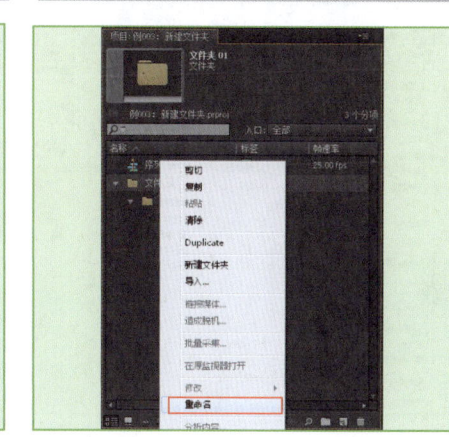

实例004　打开项目和保存文件

本例主要介绍在Premiere CS6中打开电脑储存的项目和保存当前项目文件的方法。

文件路径：源文件\第1章\例004　　　视频文件：视频文件\第1章\例004.flv

01 在菜单命令栏中选择【文件】|【打开项目】命令，即可以打开一个已存项目，并关闭当前项目。

02 在弹出的【打开项目】对话框中选择所需项目，然后单击【确定】按钮。

03 在菜单栏中选择【文件】|【保存】、【另存为】、【保存副本】命令，可以分别将项目进行保存、另存为或保存副本。

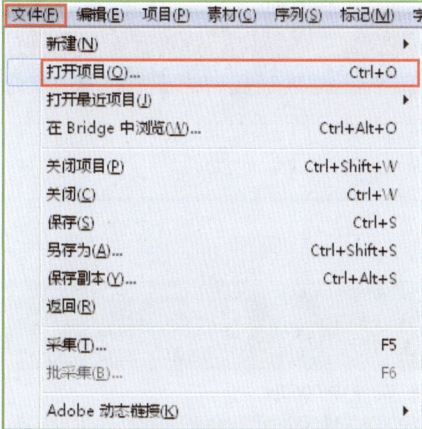
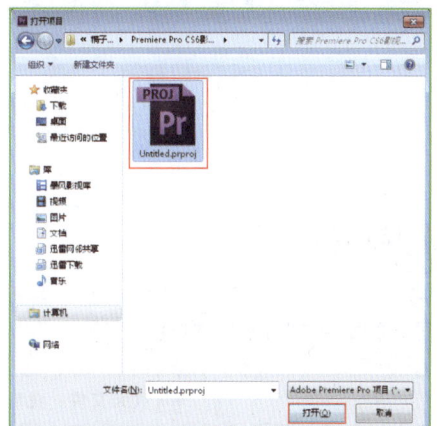
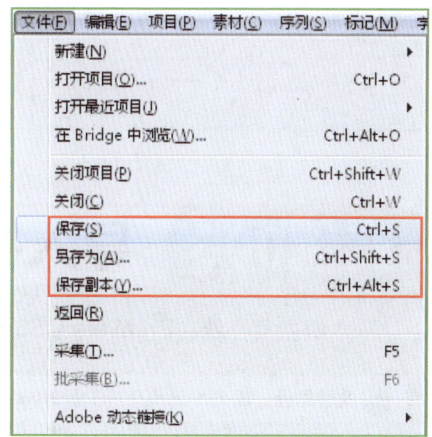

中文 Premiere Pro CS6 影视编辑剪辑设计与制作 300 例

实例005　导入图片素材

本例主要介绍在Premiere CS6中导入图片素材文件的方法。

文件路径：源文件\第1章\例005　　　视频文件：视频文件\第1章\例005.flv

01 在Premiere Pro CS6软件中，选择菜单栏中的【文件】|【新建】|【项目】命令。

02 在弹出的【新建项目】对话框中单击【浏览】按钮更改文件储存路径，在【名称】文本框修改文件名称，然后单击【确定】按钮。

03 在弹出的【新建序列】对话框中选择【DV-PAL】|【标准48kHz】，然后设置【名称】为【序列01】，接着单击【确定】按钮。

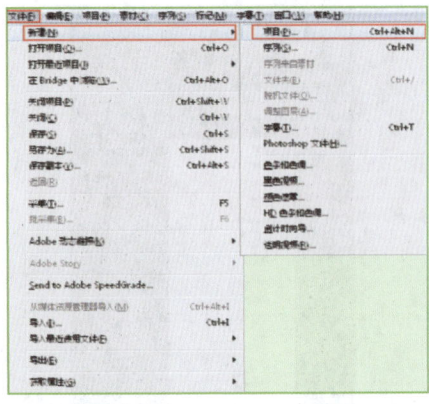
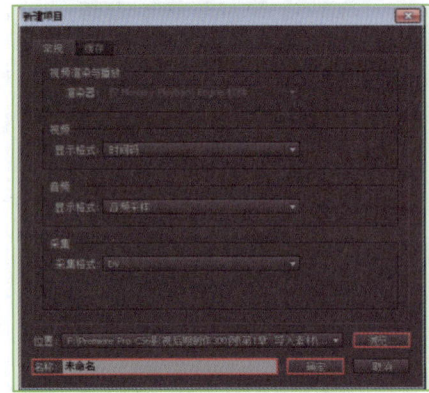
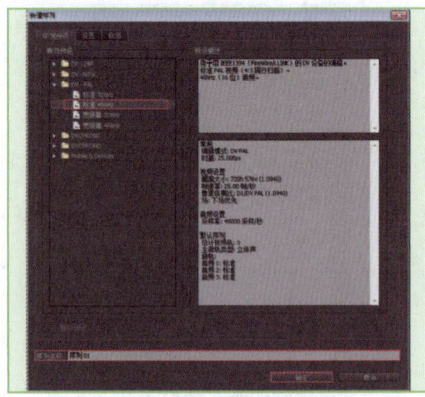

04 选择菜单栏中的【文件】|【导入】命令，或者在项目窗口中空白处双击鼠标左键，还可以使用快捷键Ctrl+I。然后在弹出的对话框中选择所要导入的图片素材文件，并单击【打开】按钮。

05 选择导入到项目窗口中的图片素材文件，然后将其拖曳到时间线窗口视频1轨道上。

06 可拖动时间线滑块查看最终导入图片素材效果。

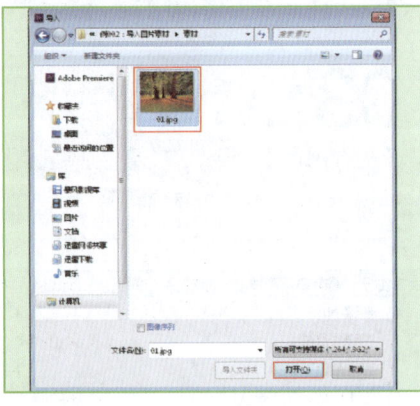
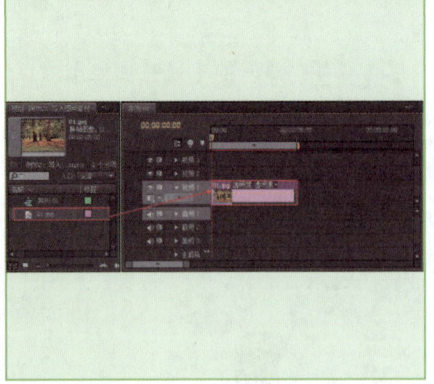

实例006　导入视频素材

本例主要介绍在Premiere CS6中导入视频素材文件的方法。

文件路径：源文件\源文件\第1章\例006　　　视频文件：视频文件\第1章\例006.flv

4 | Premiere Pro CS6

第1章 导入素材

01 在Premiere Pro CS6软件中,选择菜单栏中的【文件】|【新建】|【项目】命令。

02 在弹出的【新建项目】对话框中单击【浏览】按钮更改文件储存路径,在【名称】文本框修改文件名称,然后单击【确定】按钮。

03 在弹出的【新建序列】对话框中选择【DV-PAL】|【标准48kHz】,然后设置【名称】为【序列01】,单击【确定】按钮。

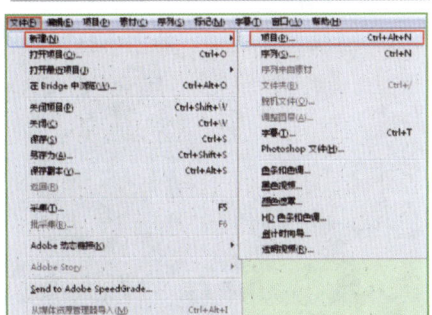
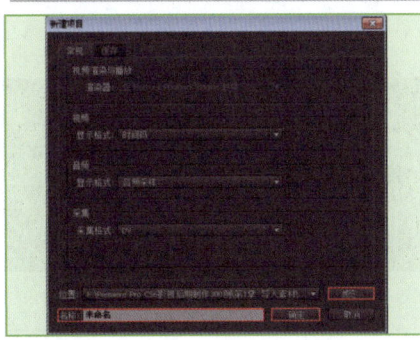

04 在项目窗口中空白处双击鼠标左键或按快捷键Ctrl+I,然后在弹出的对话框中选择所需视频素材文件,并单击【打开】按钮。

05 选择导入到项目窗口中的视频素材文件,然后将其拖曳到时间线窗口视频1轨道上。

06 可拖动时间线滑块查看最终导入视频素材效果。

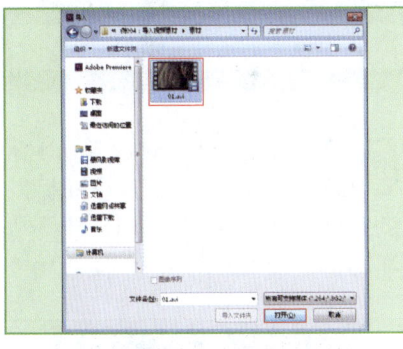
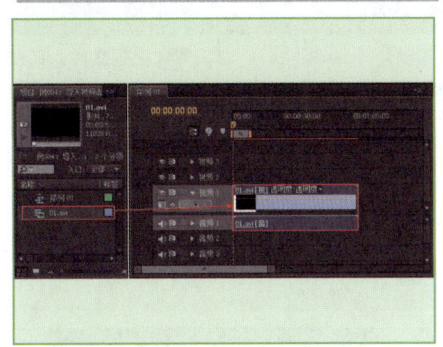

实例007 导入音频素材

本例主要学习在Premiere CS6中导入音频素材文件的方法。

文件路径:源文件\第1章\例007 视频文件:视频文件\第1章\例007.flv

01 在Premiere Pro CS6软件中,选择菜单栏中的【文件】|【新建】|【项目】命令。

02 在弹出的【新建项目】对话框中单击【浏览】按钮更改文件储存路径,在【名称】文本框修改文件名称,然后单击【确定】按钮。

03 在弹出的【新建序列】对话框框中选择【DV-PAL】|【标准48kHz】,然后设置【名称】为【序列01】,接着单击【确定】按钮。

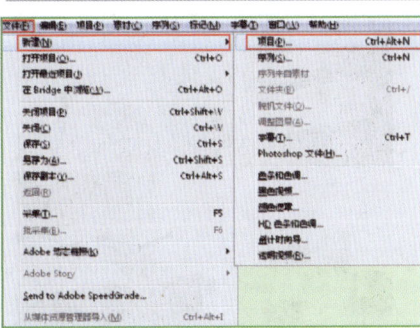
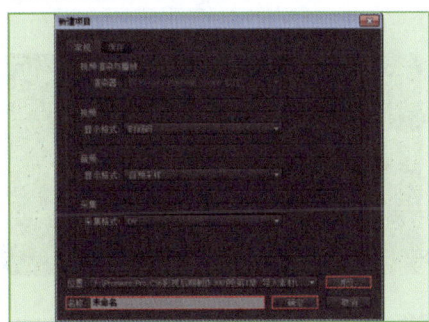
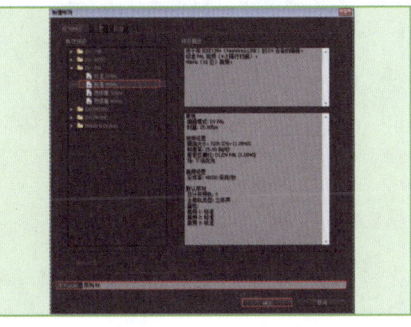

Premiere Pro CS6 | 5

中文 Premiere Pro CS6 影视编辑剪辑设计与制作 300例

04 在项目窗口中空白处双击鼠标左键或按快捷键Ctrl+I，在弹出的对话框中选择所需音频素材文件，单击【打开】按钮。

05 项目窗口中已经导入音频素材文件，然后将项目窗口中的音频素材文件拖曳到时间线窗口视频1轨道上。

06 可拖动时间线滑块查看最终导入音频素材效果。

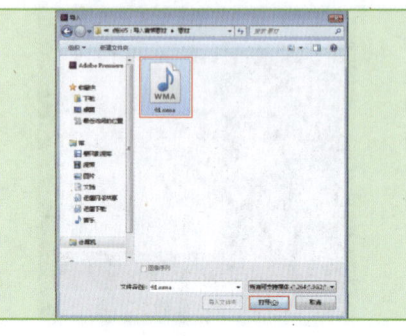
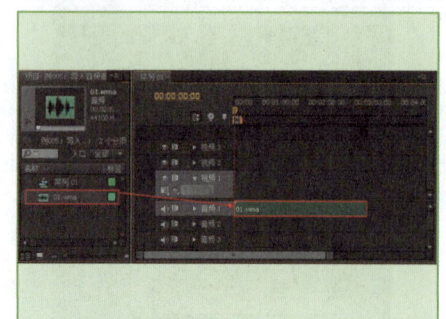
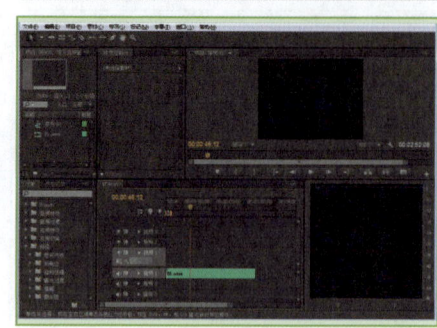

实例008　导入素材文件夹

本例主要介绍在Premiere CS6中导入包含多个素材的文件夹的方法。

文件路径：源文件\第1章\例008　　　视频文件：视频文件\第1章\例008.flv

01 在Premiere Pro CS6软件中，选择菜单栏中的【文件】|【新建】|【项目】命令。

02 在弹出的【新建项目】对话框中单击【浏览】按钮更改文件储存路径，在【名称】文本框修改文件名称，然后单击【确定】按钮。

03 在弹出的【新建序列】对话框中选择【DV-PAL】|【标准48kHz】，然后设置【名称】为【序列01】，接着单击【确定】按钮。

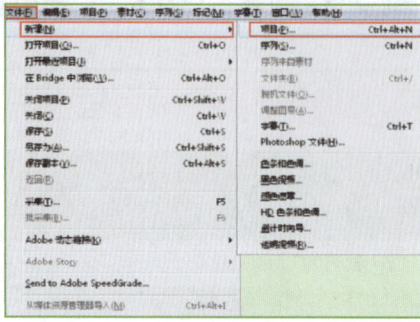
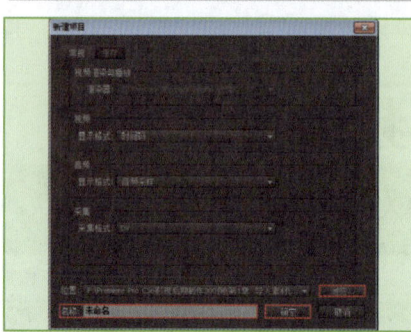
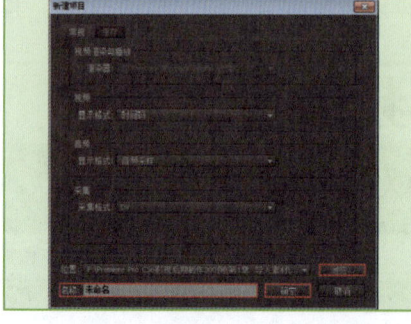

04 在项目窗口中空白处双击鼠标左键或按快捷键Ctrl+I，在弹出的对话框中选择要导入的素材文件夹，单击【打开】按钮。

05 此时项目窗口中已经导入素材文件夹，然后将文件夹内的素材拖曳到时间线窗口视频1轨道上。

06 可拖动时间线滑块查看最终导入素材文件夹效果。

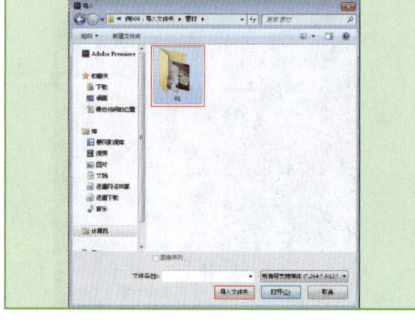
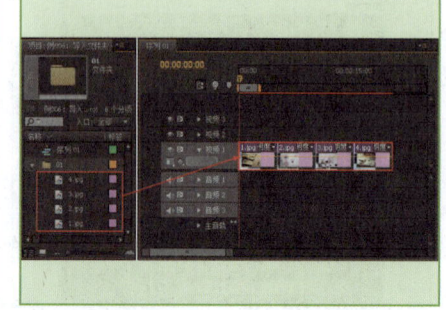

实例009　导入序列素材

本例主要介绍在Premiere CS6中导入序列素材文件的方法。

文件路径：源文件\第1章\例009　　　视频文件：视频文件\第1章\例009.flv

01 在Premiere Pro CS6软件中，选择菜单栏中的【文件】|【新建】|【项目】命令。

02 在弹出的【新建项目】对话框中单击【浏览】按钮更改文件储存路径，在【名称】文本框修改文件名称，然后单击【确定】按钮。

03 在弹出的【新建序列】对话框中选择【DV-PAL】|【标准48kHz】，然后设置【名称】为【序列01】，接着单击【确定】按钮。

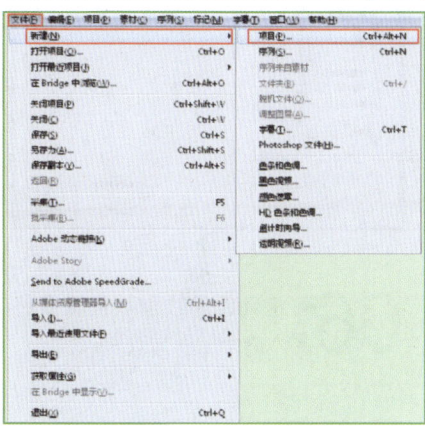
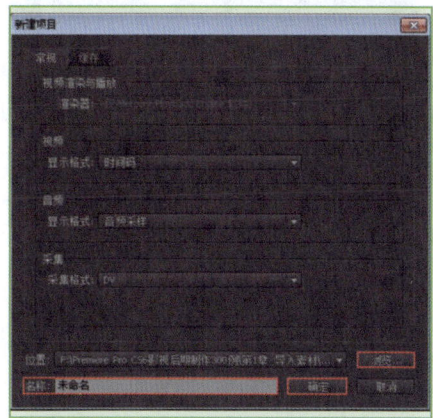
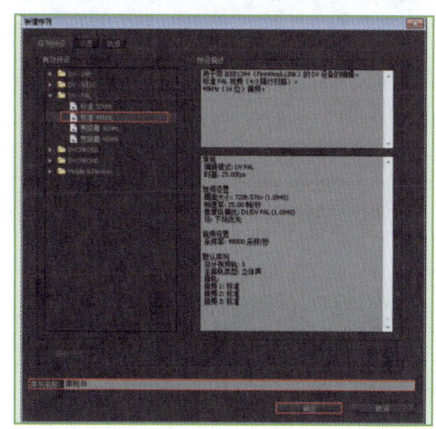

04 在项目窗口中空白处双击鼠标左键或按快捷键Ctrl+I，在弹出的对话框中选择要导入的序列素材中的第一个，并勾选【图像序列】复选框，接着单击【打开】按钮。

05 此时项目窗口中已经导入序列素材文件，然后将项目窗口中的序列素材文件拖曳到时间线窗口视频1轨道上。

06 可拖动时间线滑块查看最终导入序列素材效果。

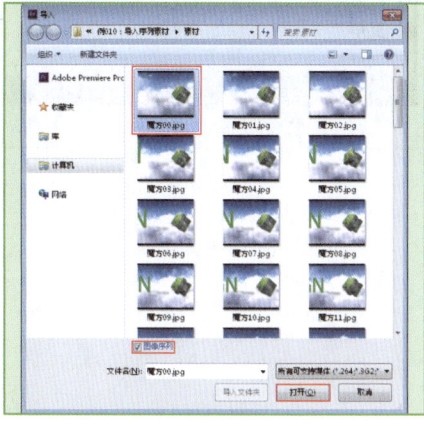
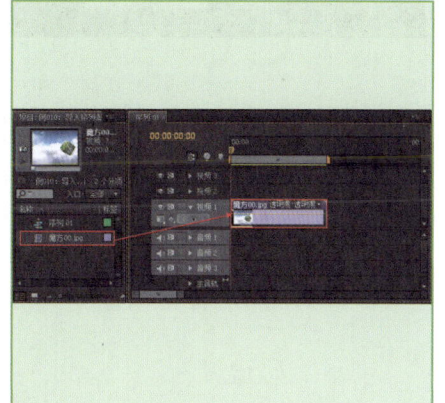

实例010　导入PSD分层素材

本例主要介绍在Premiere CS6中导入PSD格式的分层素材文件的方法。

文件路径：源文件\第1章\例010　　　视频文件：视频文件\第1章\例010.flv

中文 Premiere Pro CS6 影视编辑剪辑设计与制作 300 例

01 在Premiere Pro CS6软件中，选择菜单栏中的【文件】|【新建】|【项目】命令。在弹出的【新建项目】对话框中单击【浏览】按钮更改文件储存路径，在【名称】文本框修改文件名称，然后单击【确定】按钮。

02 在弹出的【新建序列】对话框中选择【DV-PAL】|【标准48kHz】，然后设置【名称】为【序列01】，接着单击【确定】按钮。

03 在项目窗口中空白处双击鼠标左键或按快捷键Ctrl+I，然后在弹出的对话框中选择所需PSD素材文件，并单击【打开】按钮。

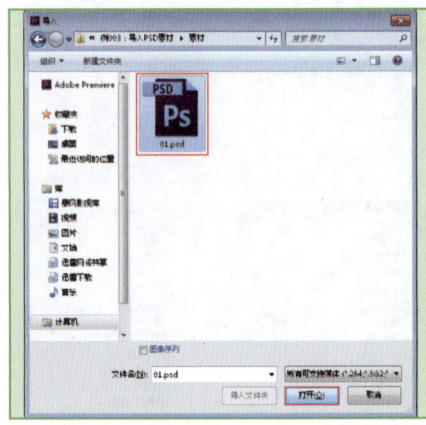

04 弹出【导入分层文件】对话框，选择【各个图层】，并选择所要导入的图层，单击【确定】按钮。

05 选择导入到项目窗口中的PSD素材文件，然后将其拖曳到时间线窗口视频1轨道上。

06 可拖动时间线滑块查看最终导入的分层素材效果。

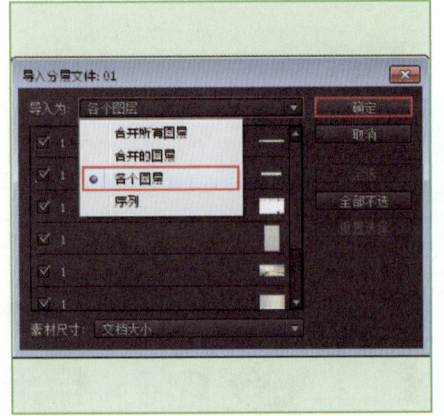
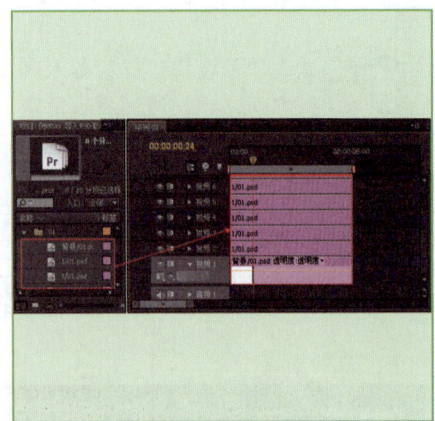

第2章
Premiere 基本操作

在Premiere CS6中制作项目时，需要对软件整体的基本操作有所了解，才能更好地应用Premiere CS6软件的各种功能。Premiere 的基本操作包括素材属性查看、添加素材、设置入点和出点、嵌套素材、替换素材等。

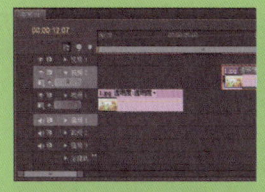

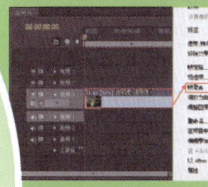

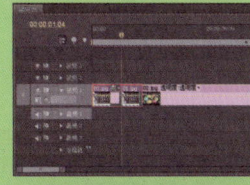
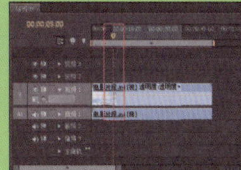

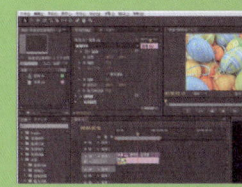

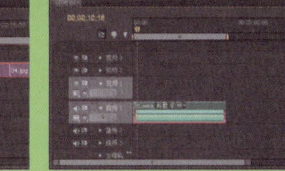
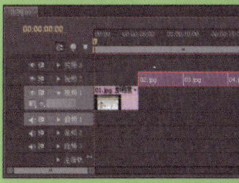

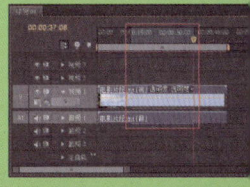

中文 Premiere Pro CS6 影视编辑剪辑设计与制作 300 例

实例011 添加和清除素材

在制作项目时，需要将导入的素材文件进行添加，而操作过程中产生的不需要的素材则可以进行删除。本例主要介绍添加和清除素材的方法。

文件路径：源文件\第2章\例011　　　视频文件：视频文件\第2章\例011.flv

01 将素材文件导入到项目窗口中，然后选择项目窗口中的素材文件，并按住鼠标左键将其拖曳到时间线窗口中的轨道上。

02 选择项目窗口中的某一素材文件，然后单击鼠标右键，在弹出的菜单中选择【插入】选项，可以将素材插入时间线所在位置。选择【覆盖】选项，可以覆盖时间线所在位置的素材。

03 选择时间线窗口中的素材文件，然后单击鼠标右键，在弹出的菜单中选择【清除】选项，或按Delete键清除。

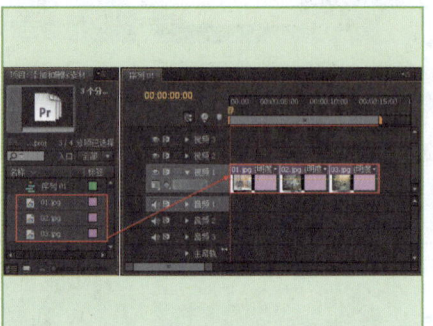 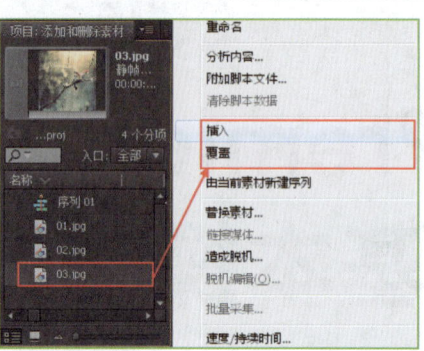 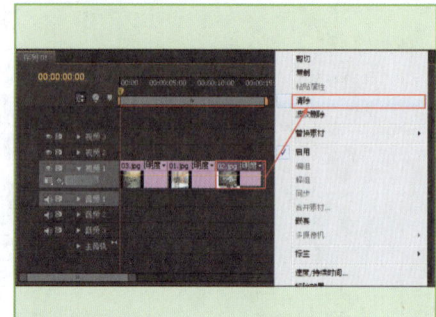

实例012 在监视器窗口添加和删除素材

Premiere CS6中的【源素材监视器】负责存放和显示待编辑的素材，【序列素材监视器】用于同步预览时间线窗口中的素材编辑效果，在每个监视器下面有不同作用的效果控制键。本例主要介绍在监视器窗口添加和删除素材的方法。

文件路径：源文件\第2章\例012　　　视频文件：视频文件\第2章\例012.flv

01 在【项目】面板中选择单个或多个素材，然后按住鼠标左键将它们拖曳到【序列素材监视器】窗口中，素材将以选择的顺序自动排列到【时间线】轨道中。

02 双击【时间线】轨道中的素材文件，该素材就被添加到【源素材监视器】中，添加的素材同时出现在了素材【文件列表】中。

03 当需要删除【源素材监视器】窗口中的全部素材时，只需要单击【文件列表】中的【全关】命令即可。

 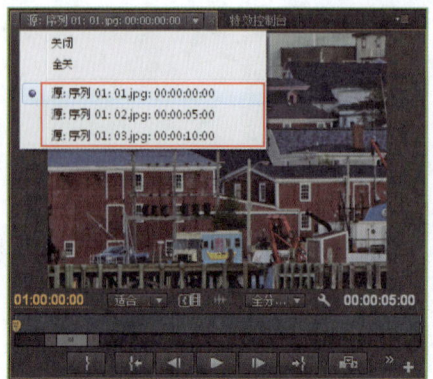 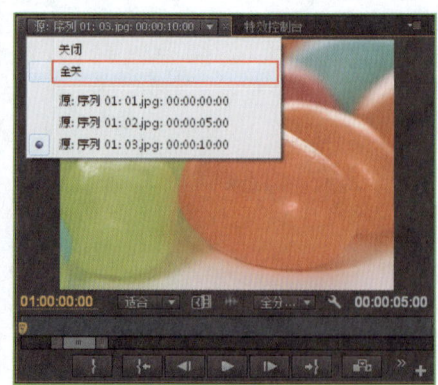

10 | Premiere Pro CS6

第2章　Premiere基本操作

实例013　自动化素材到时间线窗口

选择项目窗口中需要的素材文件，然后使用自动化素材到时间线窗口的命令，可以将所选素材文件按顺序排列在时间线窗口中。本例主要介绍自动化素材到时间线窗口的方法。

文件路径：源文件\第2章\例013　　视频文件：视频文件\第2章\例013.flv

01 新建项目，打开【设置】选项卡，设置【编辑模式】为【自定义】，【画面大小】为1024，【水平】为768，【像素纵横比】为【方形像素（1.0）】，设置【序列名称】为【序列01】，单击【确定】按钮。

02 在项目窗口的空白处双击鼠标左键或按快捷键Ctrl+I，然后在弹出的对话框中选择所需素材文件，并单击【打开】按钮。

03 选择项目窗口中所需的素材文件，然后选择菜单栏中的【项目】|【自动匹配序列】命令。

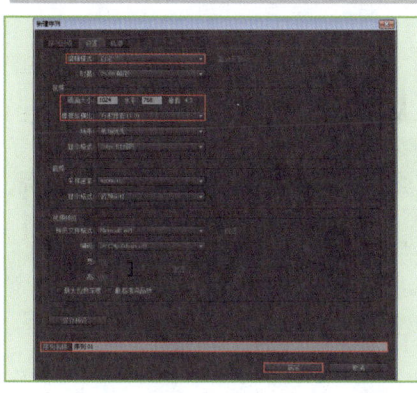

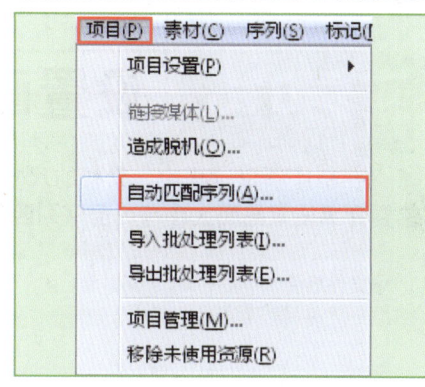

04 在弹出的对话框中可以设置素材排序方式和是否应用转场过渡等参数，然后单击【确定】按钮。

05 此时在项目窗口中选择的素材文件自动按顺序排列到时间线窗口中，并已经添加了转场特效。

06 可拖动时间线滑块查看最终效果。

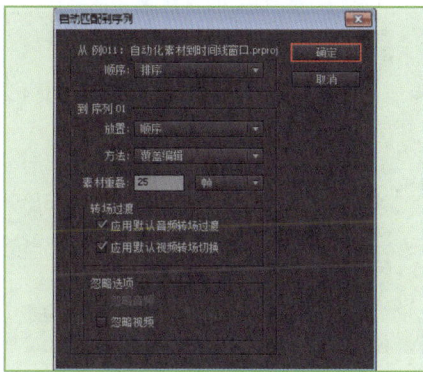
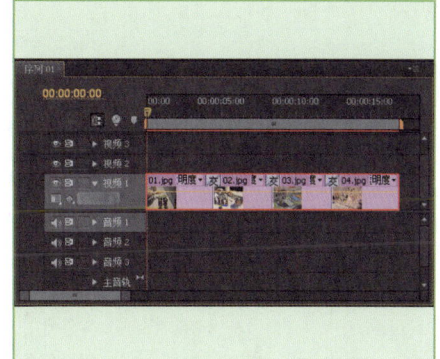

实例014　替换素材

Premiere中有时会出现素材文件储存路径更换和素材文件丢失等问题，可以使用【素材替换】命令对素材文件进行替换，而时间线上的素材也同时起作用。本例主要介绍替换素材的方法。

文件路径：源文件\第2章\例014　　视频文件：视频文件\第2章\例014.flv

01 选择时间线窗口中需要替换的素材文件，然后单击鼠标右键，在弹出的菜单中选择【替换素材】选项。

02 在弹出的对话框中选择所要替换为的素材文件，并单击【选择】按钮。

03 可拖动时间线滑块查看素材替换效果。

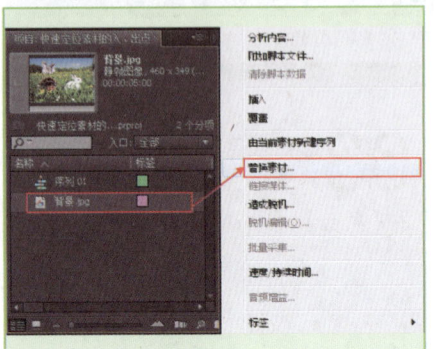  

实例015　设置画面大小与当前序列匹配

在制作项目过程中，素材的尺寸大小可能不相同，可以使用【缩放为当前画面大小】命令使其相匹配。本例主要介绍设置画面大小与当前序列匹配的方法。

文件路径：源文件\第2章\例015　　　　　视频文件：视频文件\第2章\例015.flv

01 将项目窗口中的素材文件拖曳到Video1轨道上。因为素材尺寸大于画面尺寸，所以此时监视器窗口中的素材显示不完整。

02 在时间线窗口中的素材文件上单击鼠标右键，然后在弹出的菜单中选择【缩放为当前画面大小】选项。

03 此时监视器窗口中的素材尺寸大小与画面尺寸已经相匹配。

 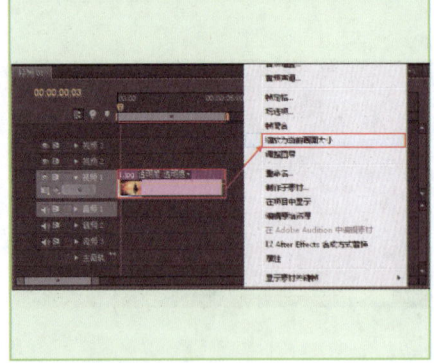 

实例016　查看素材属性

在编辑素材时，很多时候需要了解素材文件的相关属性，如素材的格式、帧速率、时间等。查看属性的方法也有很多种，本例主要介绍查看素材属性的方法。

文件路径：源文件\第2章\例016　　　　　视频文件：视频文件\第2章\例016.flv

第2章　Premiere基本操作

01 方法一：查看电脑磁盘中文件的属性。选择菜单栏中的【文件】|【获取属性】|【文件】命令。

02 在弹出的【获取属性】对话框中选择要查看属性的素材，然后单击【打开】按钮。

03 在弹出的【属性】面板中，显示该素材的属性分析。

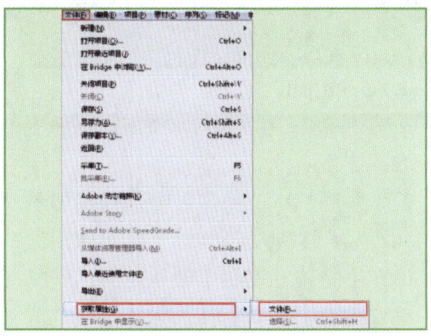
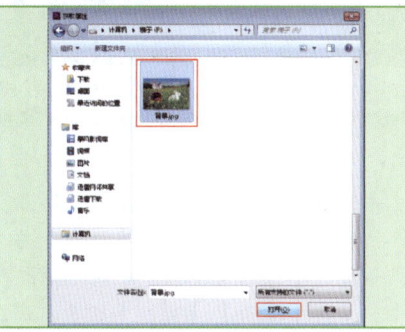
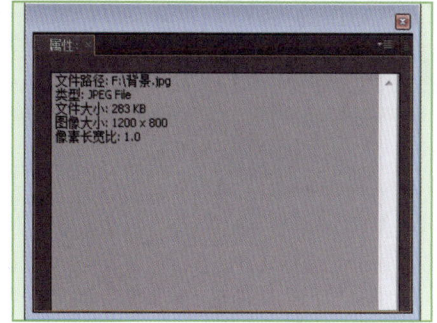

04 方法二：查看项目窗口中的素材属性。选择该素材，选择菜单栏中的【文件】|【获取属性】|【选择】命令，即可弹出素材文件的属性分析对话框。

05 方法三：通过项目窗口查看素材属性信息。将素材导入到项目窗口中，然后将项目窗口向右拖曳，就可以查看所有的素材属性。

06 方法四：选择菜单栏中的【窗口】|【信息】命令，选择某一素材时，【信息】面板中就显示出该素材的属性。

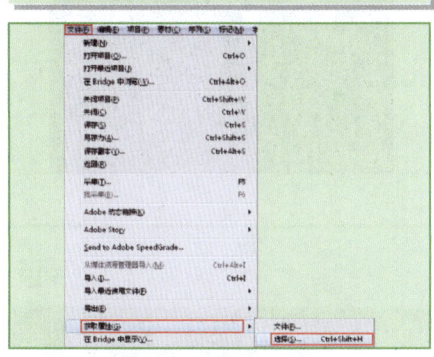
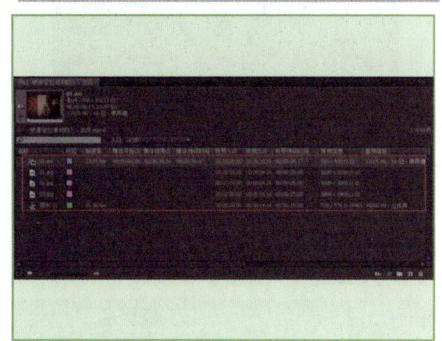
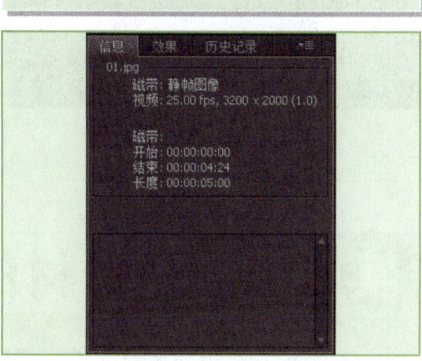

实例017　素材的复制和粘贴

在制作项目过程中，有时会有重复的素材效果出现，可以使用复制和粘贴的方法来方便快捷地进行操作。本例主要介绍素材的复制和粘贴的方法。

文件路径：源文件\第2章\例017　　视频文件：视频文件\第2章\例017.flv

01 选择时间线窗口中需要进行复制的素材文件，然后在菜单栏中选择【编辑】|【复制】命令。

02 选择要进行粘贴素材的轨道，然后将时间线拖到该位置，接着在菜单栏中选择【编辑】|【粘贴】命令。

03 此时时间线窗口中的指定位置出现了复制的素材文件。

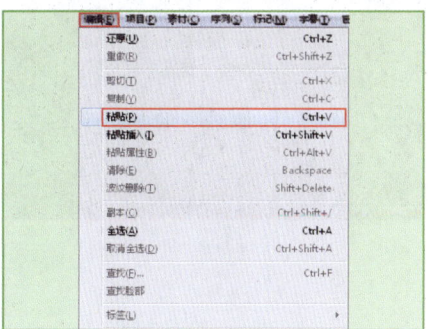
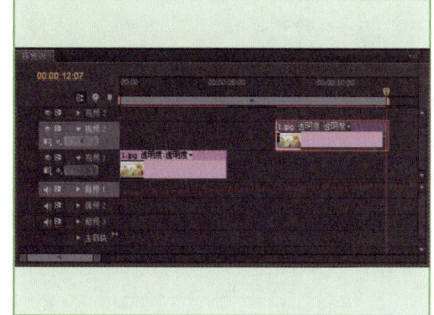

中文 Premiere Pro CS6 影视编辑剪辑设计与制作 300 例

实例018　素材特效的复制和粘贴

在不同素材上需要添加同样的特效时，可以使用复制和粘贴特效的方法来操作。本例主要介绍素材特效的复制和粘贴的方法。

文件路径：源文件\第2章\例018　　　视频文件：视频文件\第2章\例018.flv

01 将【特效】面板中的特效拖曳到时间线窗口中的某一素材图层上，并设置该特效参数。

02 在时间线中选择添加了特效的素材文件，然后选择【特效控制台】面板中的特效，再选择菜单栏中的【编辑】|【复制】命令，或者按快捷键Ctrl+C。

03 在时间线窗口中选择需要粘贴特效的素材文件，然后选择其【特效控制台】面板，再选择菜单栏中的【编辑】|【粘贴】命令，或者按快捷键Ctrl+V。

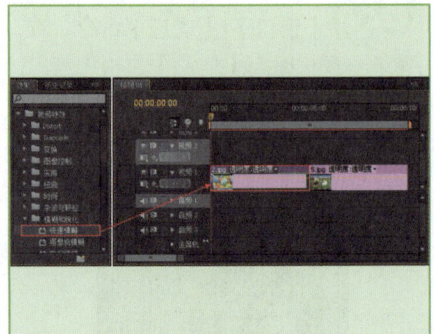
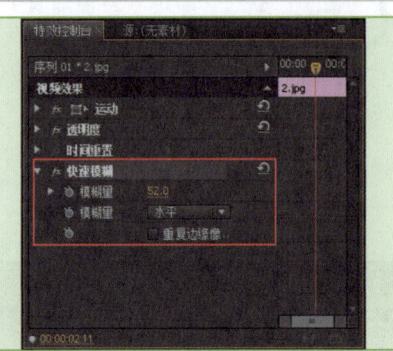
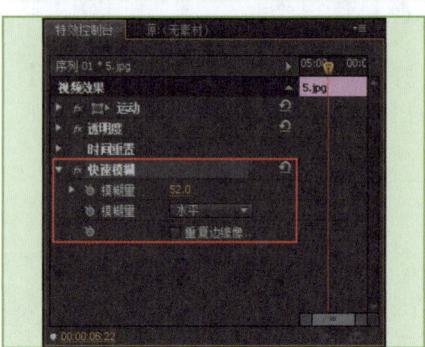

实例019　素材的成组和解组

成组命令可以对部分文件进行成组操作，非常方便对素材的统一移动、裁切，而不需要时可以选择文件进行解组。本例主要介绍素材的成组和解组的方法。

文件路径：源文件\第2章\例019　　　视频文件：视频文件\第2章\例019.flv

01 选择时间线窗口中需要编组的素材，然后选择菜单栏中的【素材】|【编组】命令。

02 编组完成后，选择该组中的任何素材多会选择整个组，此时可以统一进行移动、裁剪等操作。

03 若要解除编组关系，可以选择该组素材，然后选择菜单栏中的【素材】|【解组】命令。

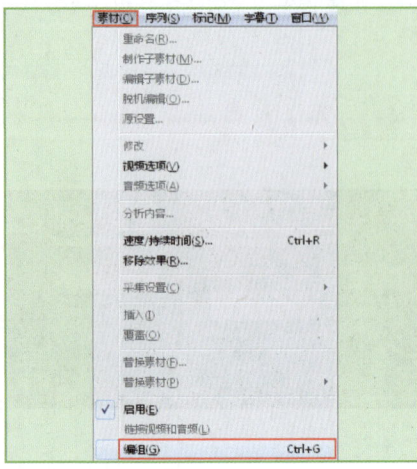
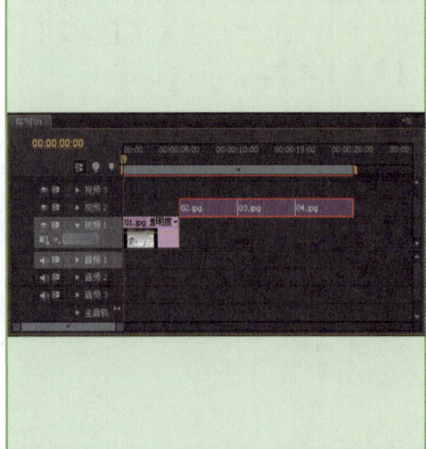
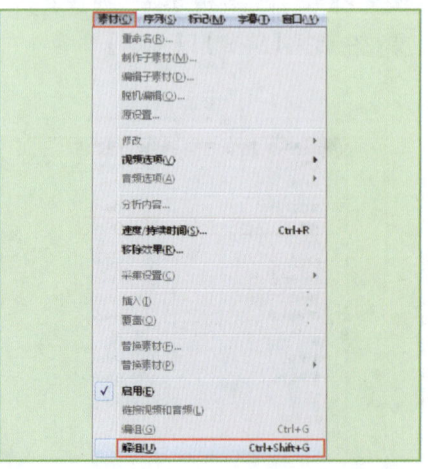

第2章　Premiere基本操作

实例020　解除和链接素材视音频

Premiere软件的视频和音频存在于不同的轨道中。当需要对视频和音频文件进行独立或合并的操作时，可以使用链接和解除命令。本例主要介绍解除和链接素材视音频的方法。

文件路径：源文件\第2章\例020　　　视频文件：视频文件\第2章\例020.flv

01 选择时间线窗口中带有音频的视频素材文件，然后单击鼠标右键，在弹出的菜单中选择【解除视音频链接】选项，或者选择菜单栏中的【素材】|【解除视音频链接】命令。

02 此时即解除了该素材的视音频链接，可以分别选择视频部分和音频部分进行独立操作。

03 需要将不同的视频和音频进行合并时，可以选择需要合并的视频和音频轨道上的素材文件，然后单击鼠标右键，在弹出的菜单中选择【链接视频和音频】选项，或者选择菜单栏中的【素材】|【链接视频和音频】命令。

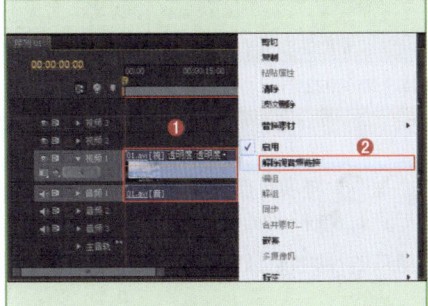
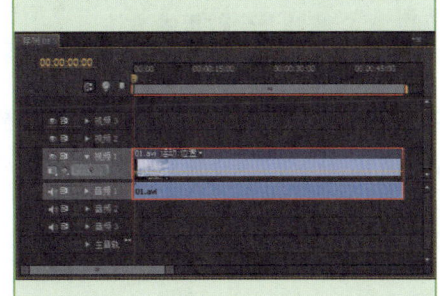
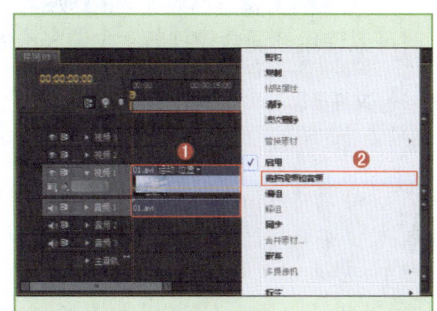

实例021　音频增益效果

音频增益是通过调节分贝增益来改变整个音频的音量。由于音频素材的格式和录制方式的多样，在编辑这些素材时可能会出现声音杂的情况，因此需要使用音频增益来编辑音频素材的正常输出。本例主要介绍音频增益的方法。

文件路径：源文件\第2章\例021　　　视频文件：视频文件\第2章\例021.flv

01 打开Premiere Pro CS6软件，新建项目，在弹出的【新建序列】对话框中选择【DV-PAL】|【标准48kHz】，设置【名称】为【序列01】，单击【确定】按钮。

02 在项目窗口中空白处双击鼠标左键或按快捷键Ctrl+I，在弹出的对话框中选择所需素材文件，并单击【打开】按钮。

03 将项目窗口中的【01.wma】素材文件按顺序拖曳到时间线窗口的音频1轨道上。

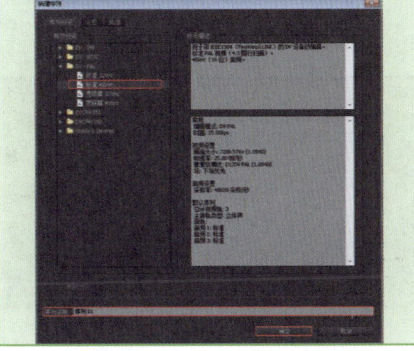
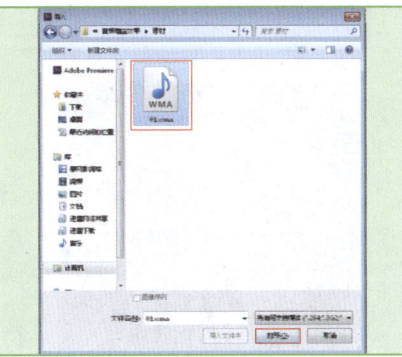
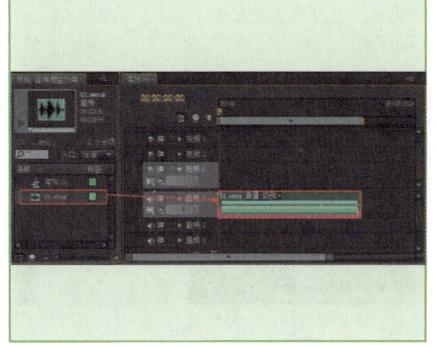

04 选择时间线窗口中的【01.wma】素材文件,然后单击鼠标右键,在弹出的菜单中选择【音频增益】选项。

05 在弹出的【音频增益】对话框中选择【设置增益为】,并设置为-10。然后单击【确定】按钮。

06 此时播放音频素材,音频降低了,同时声波的起伏也降低了。

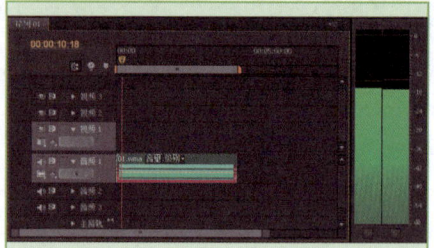

实例022 帧混合效果

对视频素材进行快放和慢放,会对原像素造成影响。如影片速度太慢,会发现画面有停顿或跳帧的效果,这时可以使用帧混合使视频更加流畅。本例主要介绍帧混合效果的方法。

文件路径:源文件\第2章\例022   视频文件:视频文件\第2章\例022.flv

01 打开Premiere Pro CS6软件,新建项目,在弹出的【新建序列】对话框中选择【DV-PAL】|【标准48kHz】,设置【名称】为【序列01】,接着单击【确定】按钮。

02 在项目窗口中空白处双击鼠标左键或按快捷键Ctrl+I,然后在弹出的对话框中选择所需素材文件,并单击【打开】按钮。

03 将项目窗口中的【01.avi】素材文件按顺序拖曳到时间线窗口的视频1轨道上。

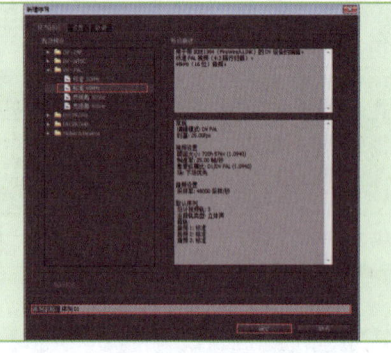 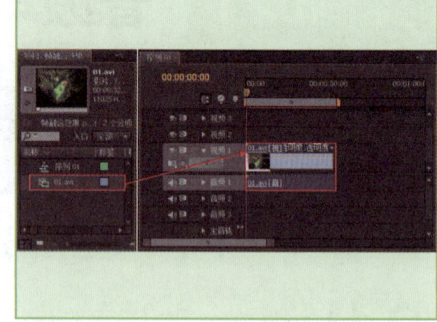

04 选择时间线窗口中的素材文件,然后单击鼠标右键,在弹出的菜单中选择【解除视音频链接】选项,并删除音频1轨道上的音频素材。

05 选择时间线窗口视频1轨道上的素材文件,单击鼠标右键,在弹出的菜单中选择【速度/持续时间】选项,接着在弹出的窗口中设置【速度】为50%,并单击【确定】按钮。

06 选择时间线窗口中视频1轨道上的【01.avi】素材文件,然后单击鼠标右键,在弹出的菜单中选择【帧混合】选项。

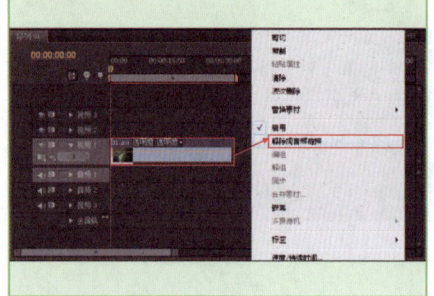 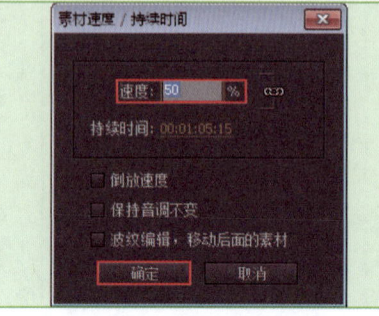 

实例023　素材的启用和失效

在制作项目过程中，有时会因为文件过大而导致操作和预览速度非常慢，可以将部分素材文件暂时设置为失效状态，在最终渲染时，再重新将失效的素材进行启用。本例主要介绍素材的启用和失效的方法。

文件路径：源文件\第2章\例023　　　视频文件：视频文件\第2章\例023.flv

01 选择时间线窗口中需要失效的素材文件，然后单击鼠标右键，在弹出的菜单中不选择【启用】选项，或者选择菜单栏中的【素材】|【启用】命令。

02 此时选择的素材文件颜色变浅，字体为灰色，证明该素材已经失效。

03 若将失效的素材重新启动，可以选择时间线窗口中已经失效的素材文件，然后单击鼠标右键，在弹出的菜单中选择【启用】选项，或者选择菜单栏中的【素材】|【启用】命令。

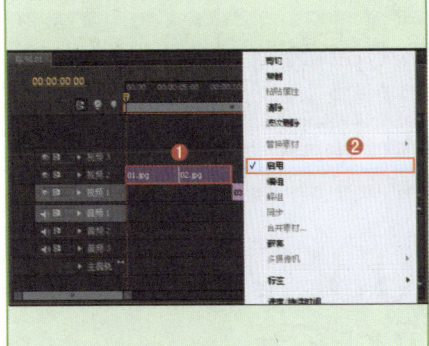 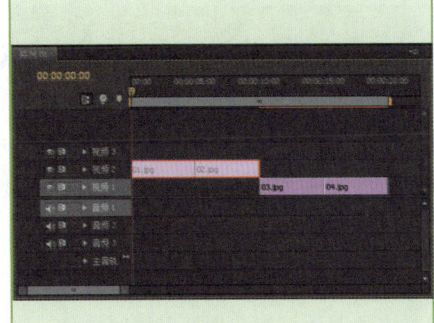 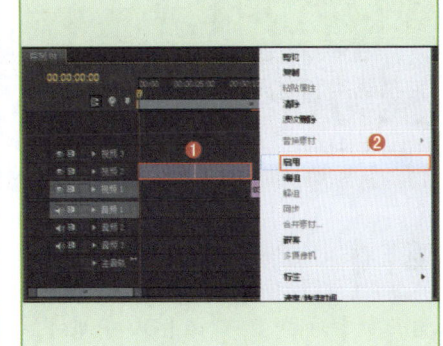

实例024　制作嵌套序列

嵌套即将多个素材文件组成一个新的序列，方便对多个素材文件图层统一添加特效等操作，而双击该嵌套即可打开这个序列。本例主要介绍制作嵌套序列的方法。

文件路径：源文件\第2章\例024　　　视频文件：视频文件\第2章\例024.flv

01 打开Premiere Pro CS6软件，新建项目，在弹出的【新建序列】对话框中选择【DV-PAL】|【标准48kHz】，设置【名称】为【序列01】，单击【确定】按钮。

02 在项目窗口中空白处双击鼠标左键或按快捷键Ctrl+I，然后在弹出的对话框中选择所需素材文件，并单击【打开】按钮。

03 将项目窗口中的素材文件按顺序拖曳到时间线的各个视频轨道上。

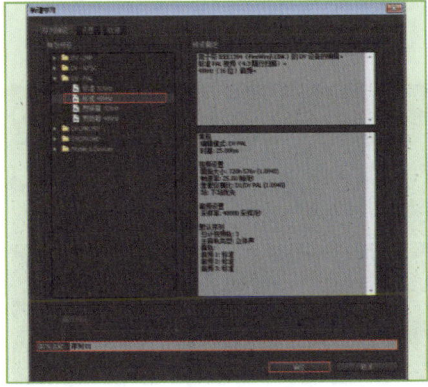 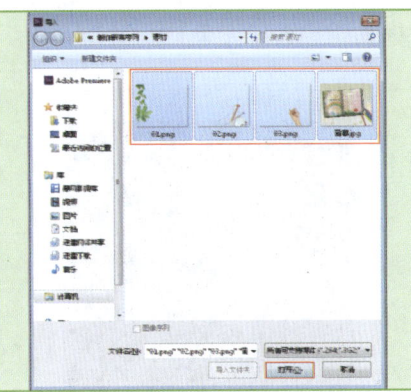 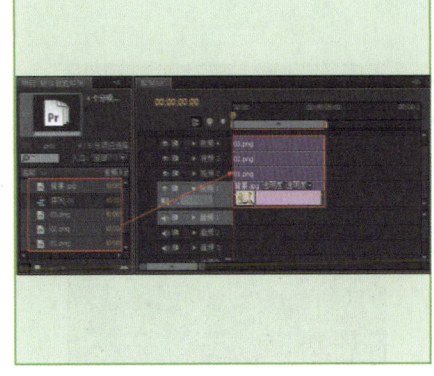

04 分别选择时间线窗口中的素材文件图层，然后在【特效控制台】面板中设置【缩放】为66。

05 选择需要组成新序列的素材文件图层，单击鼠标右键，在弹出的菜单中选择【嵌套】选项。

06 此时的时间线窗口中已经出现了一个嵌套序列。

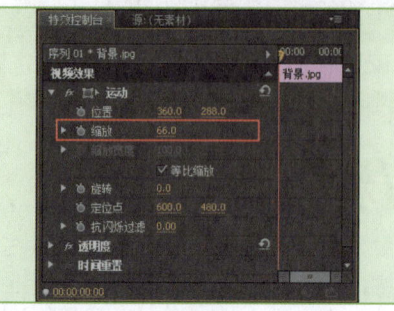
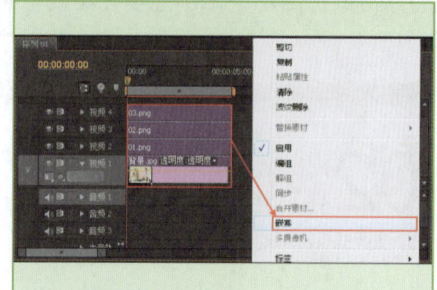
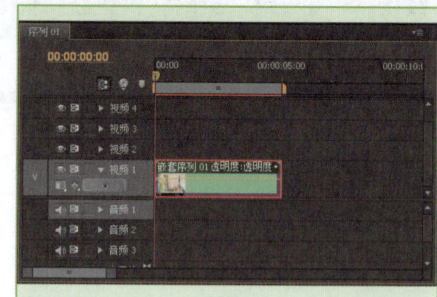

实例025　修改素材速度和时间

在Premiere中可以将视频或音频的播放速度进行修改，持续时间也会自动进行匹配修改。本例主要介绍修改素材速度和时间的方法。

文件路径：源文件\第2章\例025　　　视频文件：视频文件\第2章\例025.flv

01 打开Premiere Pro CS6软件，新建项目，在弹出的【新建序列】对话框中选择【DV-PAL】|【标准48kHz】，设置【名称】为【序列01】，单击【确定】按钮。

02 在项目窗口中空白处双击鼠标左键或按快捷键Ctrl+I，在弹出的对话框中选择所需素材文件，并单击【打开】按钮。

03 将项目窗口中的【01.avi】素材文件按顺序拖曳到时间线窗口的视频1轨道上。

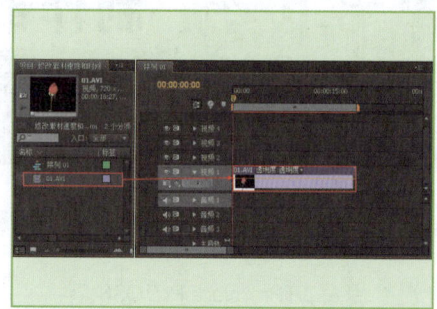

04 选择时间线窗口中的素材文件图层，在【特效控制台】面板中设置【缩放】为120。

05 选择视频1轨道上【01.avi】素材文件，单击鼠标右键，在弹出的菜单中选择【速度/持续时间】选项，接着在弹出的对话框中设置【速度】为240%，并单击【确定】按钮。

06 可拖动时间线滑块查看最终视频变快效果。

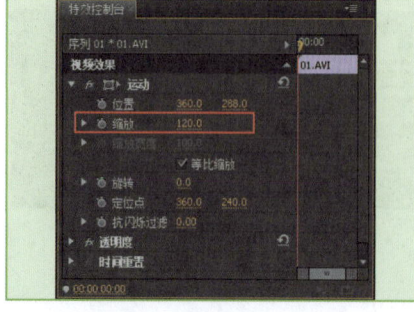
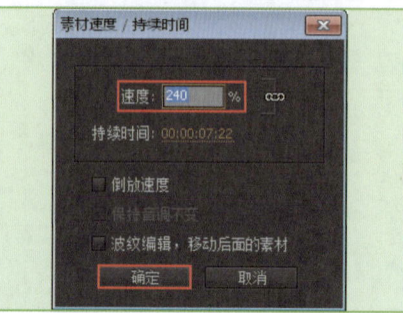

第2章　Premiere基本操作

实例026　设置标记点

在使用Premiere进行编辑时，很多时候需要对素材设置标记点，方便记住素材的位置。本例主要介绍设置标记点的方法。

文件路径：源文件\第2章\例026　　　**视频文件**：视频文件\第2章\例026.flv

01 打开Premiere Pro CS6软件，新建项目，在【新建项目】对话框中单击【浏览】按钮更改文件储存路径，在【名称】文本框修改文件名称，单击【确定】按钮。

02 在弹出的【新建序列】对话框中选择【DV-PAL】|【标准48kHz】，设置【名称】为【序列01】，单击【确定】按钮。

03 在项目窗口中空白处双击鼠标左键或按快捷键Ctrl+I，在弹出的对话框中选择所需素材文件，并单击【打开】按钮。

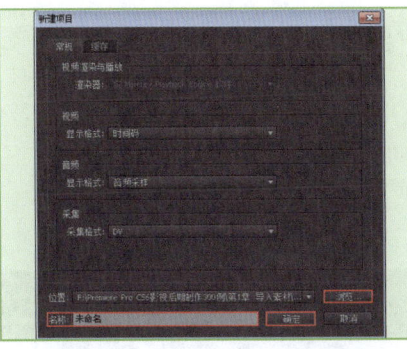
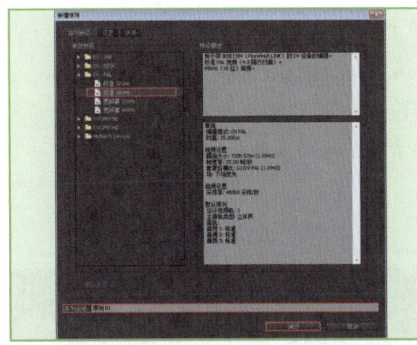
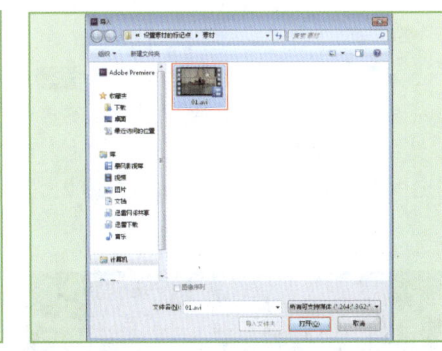

04 将项目窗口中的【01.avi】素材文件按顺序拖曳到时间线窗口的视频1轨道上。

05 选择时间线窗口中的素材文件图层，然后在【特效控制台】面板中设置【缩放】为133。

06 在素材文件上双击鼠标左键，然后单击【源素材监视器】窗口下面的▶（播放）按钮或直接拖动时间线滑块，在需要设置标注的位置，单击窗口下面的■（标记点）按钮，即可设置多个标记点。

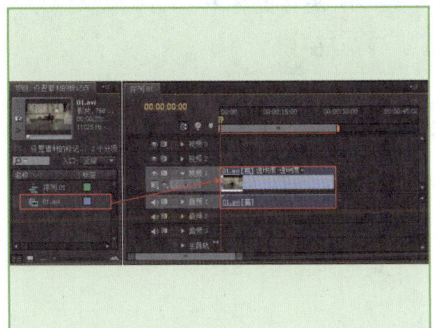
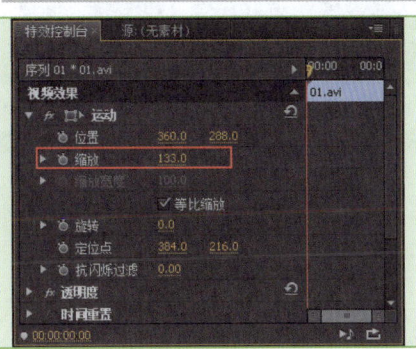

实例027　素材的提升和提取编辑

在制作过程中，可以对视频的片段进行提升和提取的处理。使用【提升】命令，素材中被删除的部分会自动用黑色画面代替。使用【提取】命令，后面的素材片段会自动前移，并自动清除删除的部分。本例主要介绍素材的提升和提取方法。

文件路径：源文件\第2章\例027　　　**视频文件**：视频文件\第2章\例027.flv

中文 Premiere Pro CS6 影视编辑剪辑设计与制作 300 例

01 打开Premiere Pro CS6软件，新建项目，在弹出的【新建序列】对话框中选择【DV-PAL】|【标准48kHz】，设置【名称】为【序列01】，单击【确定】按钮。

02 在项目窗口中空白处双击鼠标左键或按快捷键Ctrl+I，在弹出的对话框中选择所需素材文件，并单击【打开】按钮。

03 将项目窗口中的素材文件按顺序拖曳到时间线窗口的视频1轨道上。

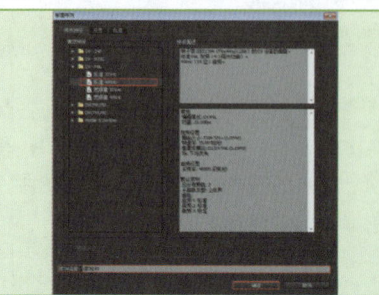
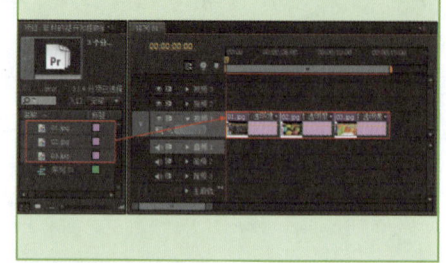

04 选择【风景.jpg】图层，单击【监视器】窗口底部的 ■（播放）按钮，在需要设置入点的位置，单击 ■（入点）按钮设置入点。在需要设置出点的位置，单击 ■（出点）按钮设置出点。

05 单击【监视器】窗口底部的 ■（提升）按钮，此时入、出点之间的素材被删除，其余部分的素材片段不改变。

06 在设置入、出点后，单击 ■（提取）按钮，此时被指定的素材被删除，后面的素材片段前移。

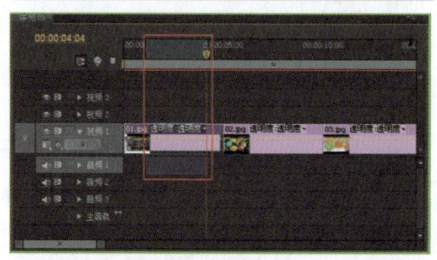
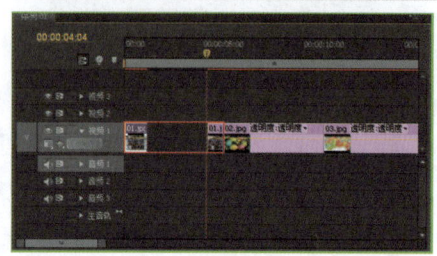

实例028　设置素材的入点和出点

在Premiere中，可以为源素材和序列设置入点和出点，设置后可以便捷地选择所需要的素材部分。此时影片的起点称之为入点，影片的结束称之为出点。本例主要介绍设置素材的入点和出点的方法。

文件路径：源文件\第2章\例028　　　视频文件：视频文件\第2章\例028.flv

01 新建项目，打开【设置】选项卡，设置【编辑模式】为【自定义】，【画面大小】为1024，【水平】为576，【像素纵横比】为【方形像素（1.0）】，设置【序列名称】为【序列01】，单击【确定】按钮。

02 在项目窗口的空白处双击鼠标左键或按快捷键Ctrl+I，在弹出的对话框中选择所需素材文件，并单击【打开】按钮。

03 选择项目窗口中的【电影片段.avi】素材文件，将其拖曳到时间线窗口中的视频1轨道上。

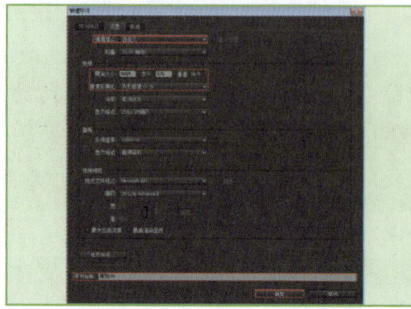
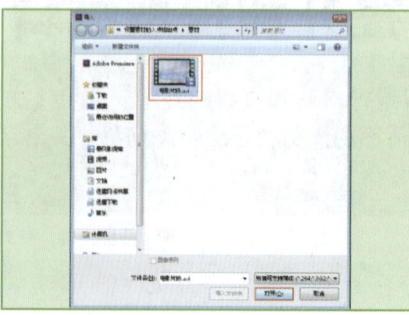
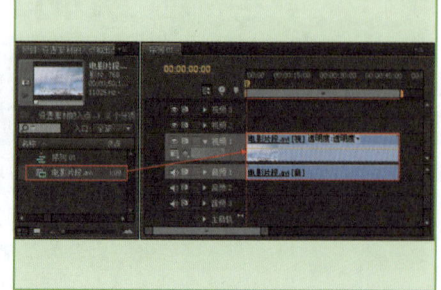

第2章 Premiere基本操作

04 在时间线窗口中的素材文件上双击鼠标左键，然后单击【源素材监视器】窗口下面的 ▶（播放）按钮或直接拖动时间线滑块，在需要设置入点的位置，单击 （入点）按钮设置入点。在设置出点的位置，单击 （出点）按钮设置出点。

05 在时间线窗口中的素材文件上双击鼠标左键，然后单击【源素材监视器】窗口下面的 ▶（播放）按钮或直接拖动时间线滑块，在需要设置入点的位置，选择菜单栏中的【标记】|【标记入点】命令，设置入点。在需要设置出点的位置，选择【标记】|【标记出点】命令，设置出点。

06 此时时间线窗口中出现了该素材文件的入点标记和出点标记。

 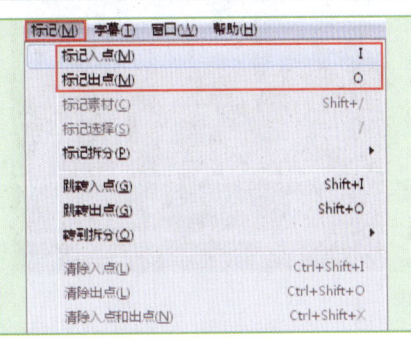 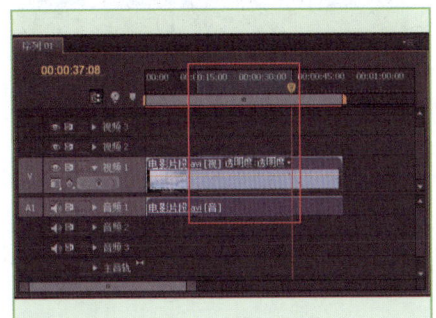

实例029 快速定位素材的入、出点

为素材和序列设置入点和出点后，可以使用【跳转入点】和【跳转出点】命令直接将时间线跳转到入点和出点的位置，还可以同时清除掉素材的入点和出点。本例主要介绍快速定位素材的入、出点的方法。

文件路径：源文件\第2章\例029　　　　视频文件：视频文件\第2章\例029.flv

01 双击时间线窗口中的素材文件，在【源素材监视器】窗口拖动时间线滑块，接着在菜单栏中选择【标记】|【跳转入点】命令和【跳转出点】命令。

02 选择跳转入点或出点后，时间线会自动定位到素材的入点和出点。

03 清除入、出点。在菜单栏中选择【标记】|【清除入点和出点】命令，即可清除素材上的入、出点。

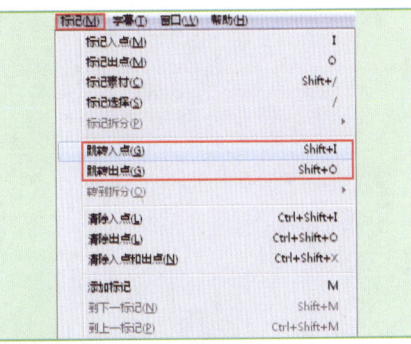 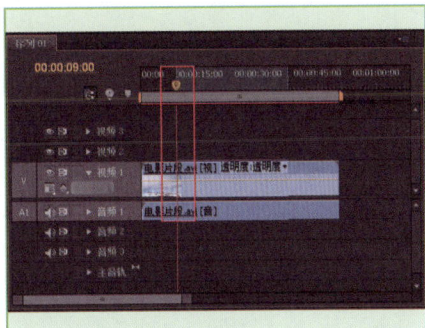 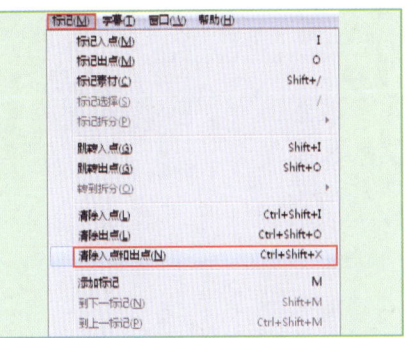

实例030 素材帧定格效果

在Premiere中，可以使时间线窗口中素材的播放画面在某一时刻静止，产生定格的效果。本例主要介绍素材帧定格效果的方法。

文件路径：源文件\第2章\例030　　　　视频文件：视频文件\第2章\例030.flv

01 打开Premiere Pro CS6软件，新建项目，在【新建项目】对话框中单击【浏览】按钮更改文件储存路径，在【名称】文本框修改文件名称，单击【确定】按钮。

02 在弹出的【新建序列】对话框中选择【DV-PAL】|【标准48kHz】，然后设置【名称】为【序列01】，单击【确定】按钮。

03 在项目窗口中空白处双击鼠标左键或按快捷键Ctrl+I，在弹出的对话框中选择所需素材文件，单击【打开】按钮。

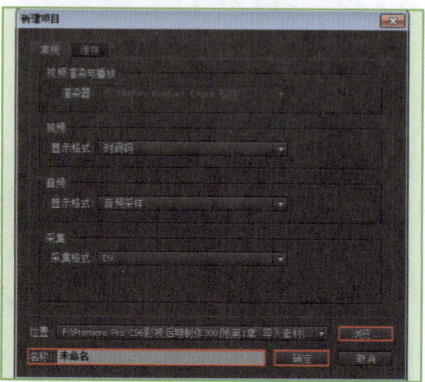
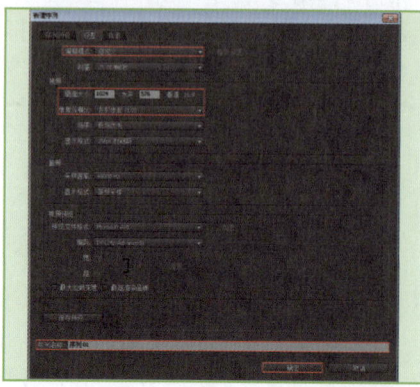
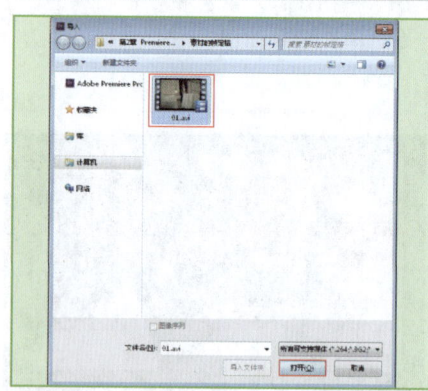

04 将项目窗口中的【01.avi】素材文件拖曳到时间线窗口中的视频1轨道上，并设置【特效控制台】面板中的【缩放】为133。

05 选择菜单栏中的【素材】|【视频选项】|【帧定格】命令，在弹出的【帧定格选项】对话框中设置【定格在】为【入点】，然后单击【确定】按钮。

06 可拖动时间线滑块查看最终视频帧定格效果。

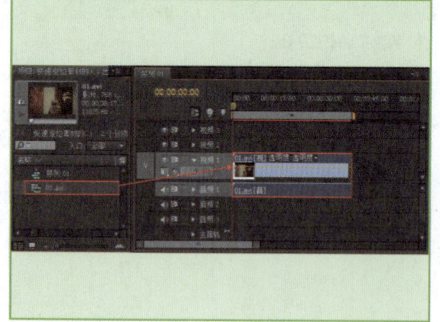
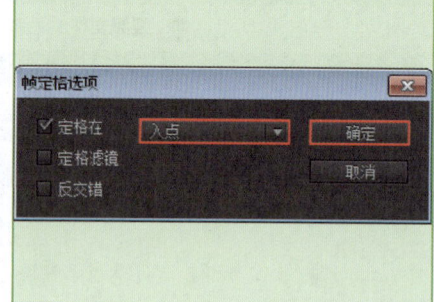

第3章
转场特效应用

转场特效是电影电视剧中应用非常广泛的一种手法。转场效果就是我们常说的过渡效果,指从一个场景切换到另一个场景时画面的表现形式。Premiere可以产生多种切换的效果,使得两个画面过渡非常和谐,常用来制作电影、电视剧、广告、电子相册等画面间的切换效果。

中文 Premiere Pro CS6 影视编辑剪辑设计与制作 300 例

实例031　门转场效果

门转场特效是素材B以关门的方式逐渐进入画面，并替换素材A。本例主要介绍制作门转场效果的方法。

文件路径：源文件\第3章\例031　　　视频文件：视频文件\第3章\例031.flv

01 新建项目，单击【浏览】按钮设置路径，在【名称】文本框修改文件名称，单击【确定】按钮。选择【DV-PAL】|【标准48kHz】，单击【确定】按钮。

02 在项目窗口中空白处双击鼠标左键或者按快捷键Ctrl+I，在弹出的对话框中选择所需素材文件，单击【打开】按钮。

03 将项目窗口中的【01.jpg】和【02.jpg】素材文件拖曳到视频1轨道上。

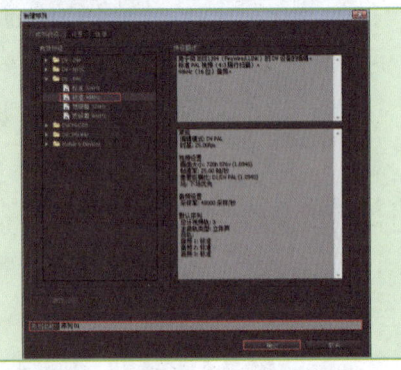
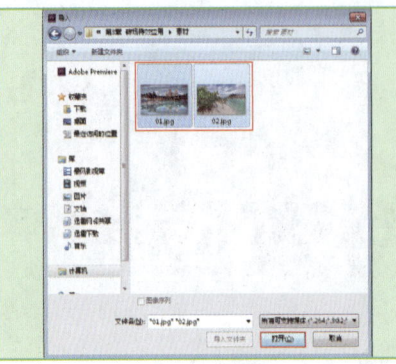
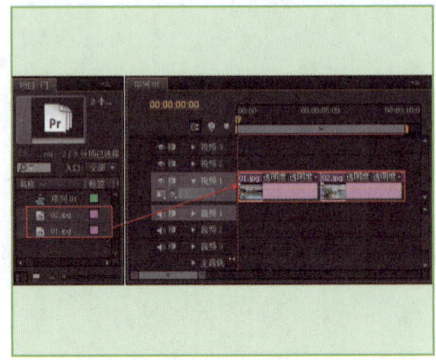

04 分别选择时间线窗口中的【01.jpg】和【02.jpg】素材文件，并在【特效控制台】面板中设置【缩放】为50。

05 选择【效果】面板中的【视频切换】|【三维运动】|【门】，然后将其拖曳到视频1轨道的【01.jpg】和【02.jpg】素材文件中间。

06 可拖动时间线滑块查看最终门转场效果。

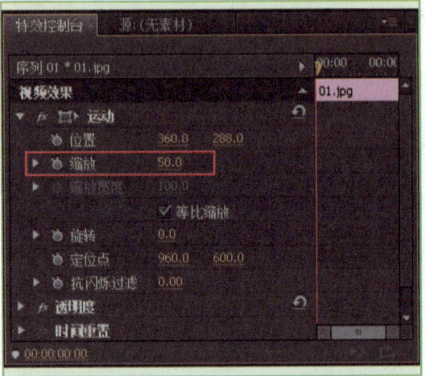
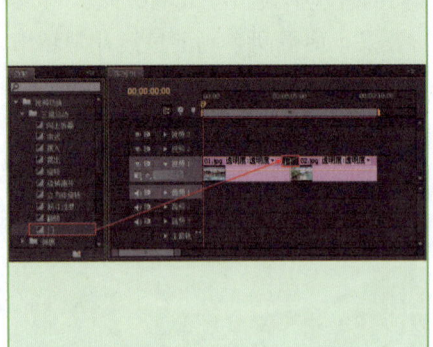

实例032　帘式转场效果

帘式转场特效是模仿窗帘的形式将素材A打开，逐渐显示出素材B。本例主要介绍制作帘式转场效果的方法。

文件路径：源文件\第3章\例032　　　视频文件：视频文件\第3章\例032.flv

第3章 转场特效应用

01 新建项目,单击【浏览】按钮设置路径,在【名称】文本框修改文件名称,单击【确定】按钮。选择【DV-PAL】|【标准48kHz】,单击【确定】按钮。

02 在项目窗口中空白处双击鼠标左键或者按快捷键Ctrl+I,在弹出的对话框中选择所需素材文件,单击【打开】按钮。

03 将项目窗口中的【01.jpg】和【02.jpg】素材文件拖曳到视频1轨道上。

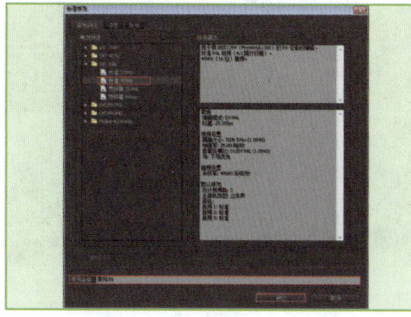

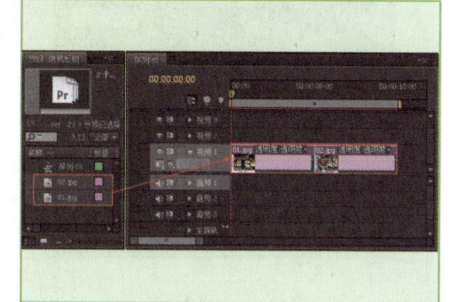

04 分别选择时间线窗口中的【01.jpg】和【02.jpg】素材文件,并在【特效控制台】面板中设置【缩放】为67。

05 选择【效果】面板中的【视频切换】|【三维运动】|【帘式】,然后将其拖曳到视频1轨道的【01.jpg】和【02.jpg】素材文件中间。

06 可拖动时间线滑块查看最终帘式转场效果。

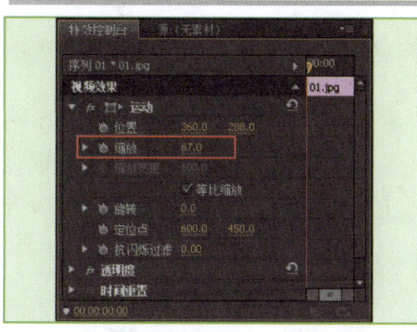
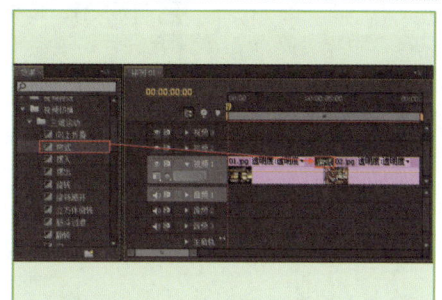

实例033 旋转转场效果

旋转转场特效是素材B以旋转的方式出现,并逐渐遮挡住素材A。本例主要介绍制作旋转转场特效的方法。

文件路径:源文件\第3章\例033   视频文件:视频文件\第3章\例033.flv

01 新建项目,单击【浏览】按钮设置路径,在【名称】文本框修改文件名称,单击【确定】按钮。选择【DV-PAL】|【标准48kHz】,单击【确定】按钮。

02 在项目窗口中空白处双击鼠标左键或者按快捷键Ctrl+I,在弹出的对话框中选择所需素材文件,单击【打开】按钮。

03 将项目窗口中的【01.jpg】和【02.jpg】素材文件拖曳到视频1轨道上。

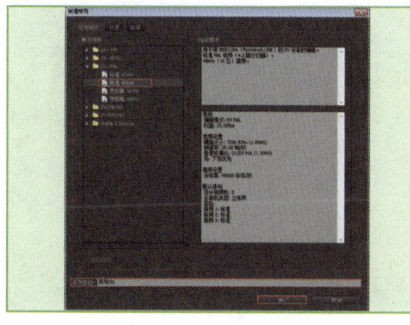
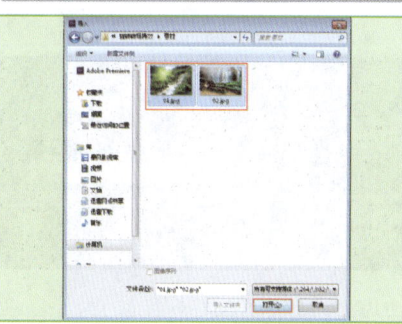
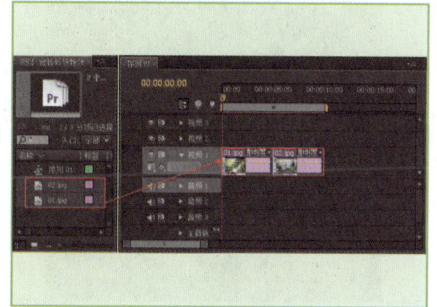

中文 Premiere Pro CS6 影视编辑剪辑设计与制作 300 例

04 分别选择时间线窗口中的【01.jpg】和【02.jpg】素材文件，并在【特效控制台】面板中设置【缩放】为87。

05 选择【效果】面板中的【视频切换】|【三维运动】|【旋转】，然后将其拖曳到视频1轨道的【01.jpg】和【02.jpg】素材文件中间。

06 可拖动时间线滑块查看最终旋转转场效果。

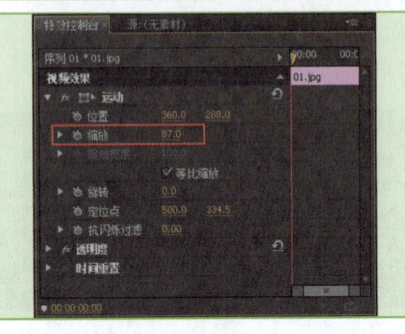
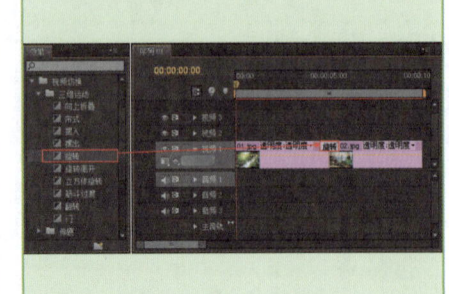

实例034　筋斗过渡转场效果

筋斗过渡转场效果是素材A逐渐变小翻转至消失，而后面的素材B逐渐显示出来。本例主要介绍制作筋斗过渡转场特效的方法。

文件路径：源文件\第3章\例034　　视频文件：视频文件\第3章\例034.flv

01 新建项目，单击【浏览】按钮设置路径，在【名称】文本框修改文件名称，单击【确定】按钮。选择【DV-PAL】|【标准48kHz】，单击【确定】按钮。

02 在项目窗口中空白处双击鼠标左键或者按快捷键Ctrl+I，在弹出的对话框中选择所需素材文件，单击【打开】按钮。

03 将项目窗口中的【01.jpg】和【02.jpg】素材文件拖曳到视频1轨道上。

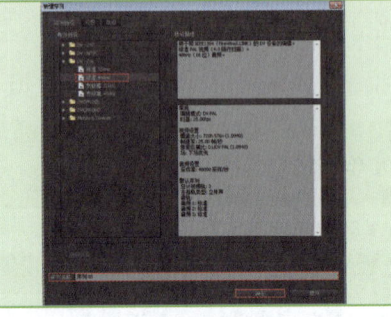

04 分别选择时间线窗口中的【01.jpg】和【02.jpg】素材文件，并在【特效控制台】面板中设置【缩放】为87。

05 选择【效果】面板中的【视频切换】|【三维运动】|【筋斗过渡】，然后将其拖曳到视频1轨道的【01.jpg】和【02.jpg】素材文件中间。

06 可拖动时间线滑块查看最终筋斗过渡转场效果。

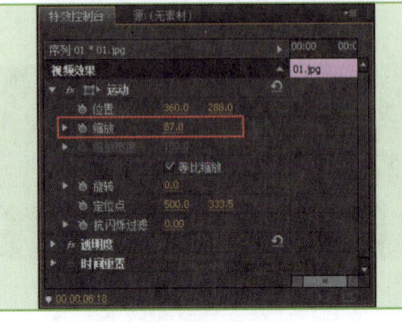
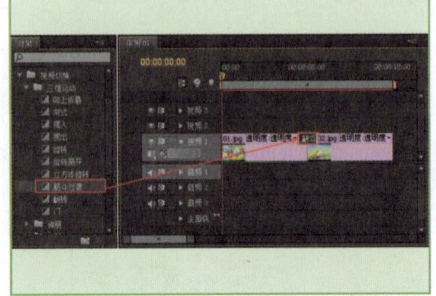

第3章　转场特效应用

实例035　伸展进入转场效果

伸展进入转场特效是素材B在素材A上横向伸展，逐渐收缩至原始大小并替换素材A。本例主要介绍制作伸展进入转场特效的方法。

文件路径：源文件\第3章\例035　　　视频文件：视频文件\第3章\例035.flv

01 新建项目，单击【浏览】按钮设置路径，在【名称】文本框修改文件名称，单击【确定】按钮。选择【DV-PAL】|【标准48kHz】，单击【确定】按钮。

02 在项目窗口中空白处双击鼠标左键或者按快捷键Ctrl+I，在弹出的对话框中选择所需素材文件，单击【打开】按钮。

03 将项目窗口中的【01.jpg】和【02.jpg】素材文件拖曳到视频1轨道上。

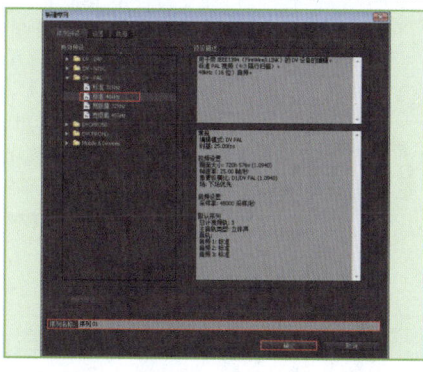
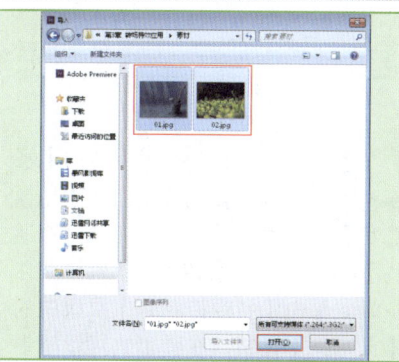
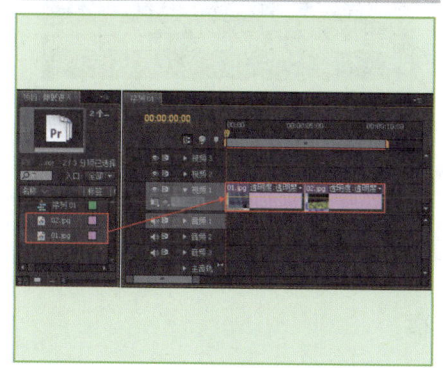

04 分别选择时间线窗口中的【01.jpg】和【02.jpg】素材文件，并在【特效控制台】面板中设置【缩放】为80。

05 选择【效果】面板中的【视频切换】|【伸展】|【伸展进入】，然后将其拖曳到视频1轨道的【01.jpg】和【02.jpg】素材文件中间。

06 可拖动时间线滑块查看最终伸展进入效果。

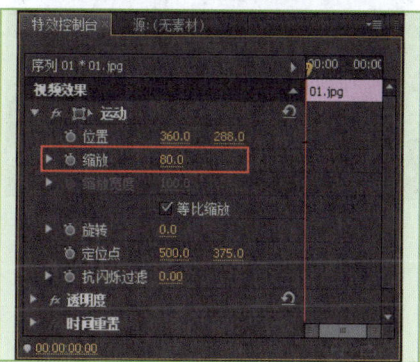
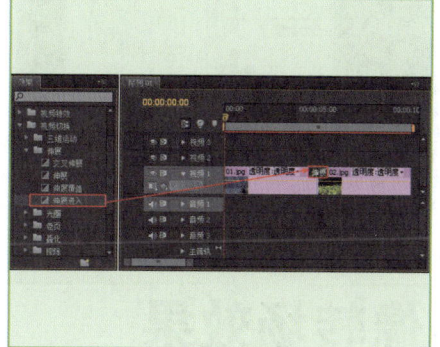

实例036　划像形状转场效果

划像形状转场特效是素材B逐渐以菱形、椭圆形和矩形的形状逐渐占据整个画面。本例主要介绍制作划像形状转场效果的方法。

文件路径：源文件\第3章\例036　　　视频文件：视频文件\第3章\例036.flv

Premiere Pro CS6 | 27

中文 Premiere Pro CS6 影视编辑剪辑设计与制作 300 例

01 新建项目，单击【浏览】按钮设置路径，在【名称】文本框修改文件名称，单击【确定】按钮。选择【DV-PAL】|【标准48kHz】，单击【确定】按钮。

02 在项目窗口中空白处双击鼠标左键或者按快捷键Ctrl+I，在弹出的对话框中选择所需素材文件，单击【打开】按钮。

03 将项目窗口中的【01.jpg】和【02.jpg】素材文件拖曳到视频1轨道上。

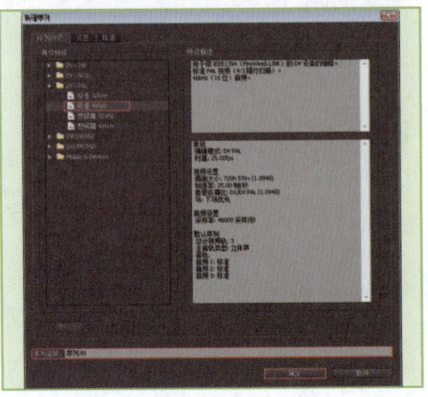
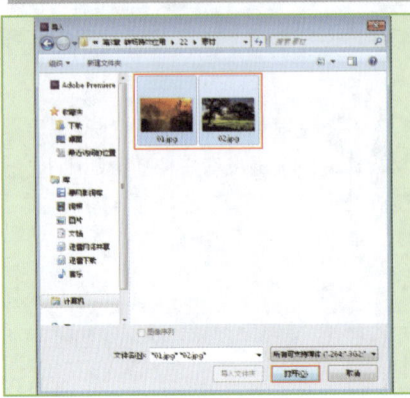
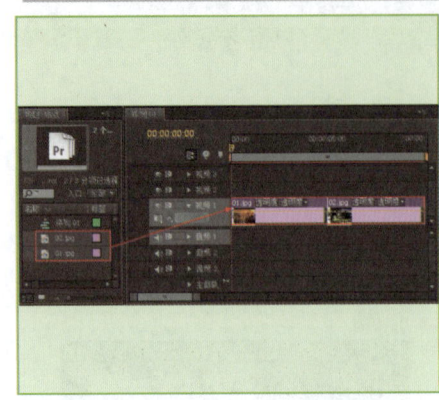

04 分别选择时间线窗口中的【01.jpg】和【02.jpg】素材文件，并在【特效控制台】面板中设置【缩放】为77。

05 选择【效果】面板中的【视频切换】|【光圈】|【划像形状】，然后将其拖曳到视频1轨道的【01.jpg】和【02.jpg】素材文件中间。单击【特效控制台】面板中的【自定义】按钮，在弹出的对话框中调节【宽】和【高】滑块，单击【确定】按钮。

06 可拖动时间线滑块查看最终划像形状转场效果。

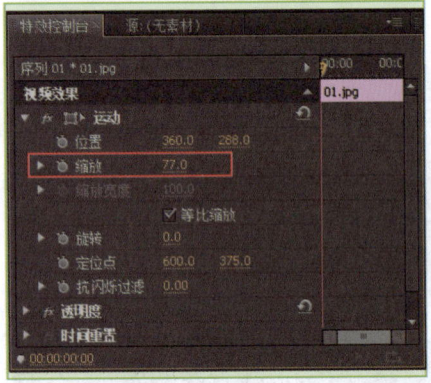
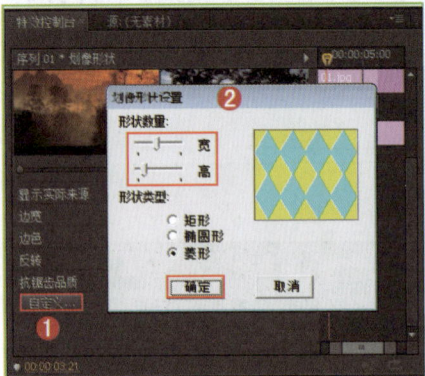

实例037　星形划像转场效果

　　星形划像转场特效是素材B以星形出现，并逐渐变大直至占据整个画面。本例主要介绍制作星形划像转场效果的方法。

文件路径：源文件\第3章\例037　　　　　视频文件：视频文件\第3章\例037.flv

第3章 转场特效应用

01 新建项目，单击【浏览】按钮设置路径，在【名称】文本框修改文件名称，单击【确定】按钮。选择【DV-PAL】|【标准48kHz】，单击【确定】按钮。

02 在项目窗口中空白处双击鼠标左键或者按快捷键Ctrl+I，在弹出的对话框中选择所需素材文件，单击【打开】按钮。

03 将项目窗口中的【01.jpg】和【02.jpg】素材文件拖曳到视频1轨道上。

 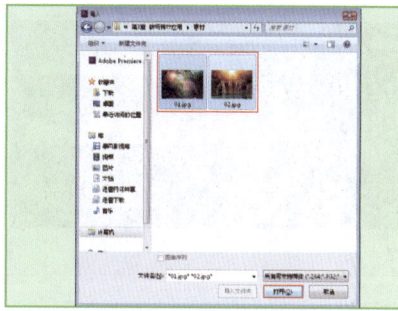 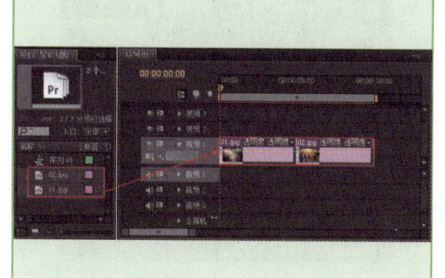

04 分别选择时间线窗口中的【01.jpg】和【02.jpg】素材文件，并在【特效控制台】面板中设置【缩放】为87。

05 选择【效果】面板中的【视频切换】|【光圈】|【星形划像】，然后将其拖曳到视频1轨道的【01.jpg】和【02.jpg】素材文件中间。

06 可拖动时间线滑块查看最终星形划像转场效果。

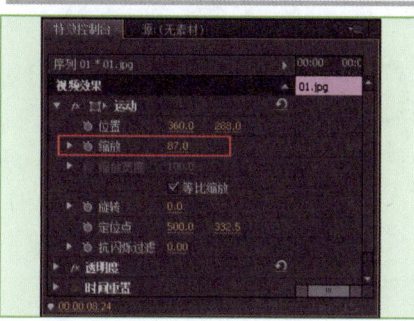 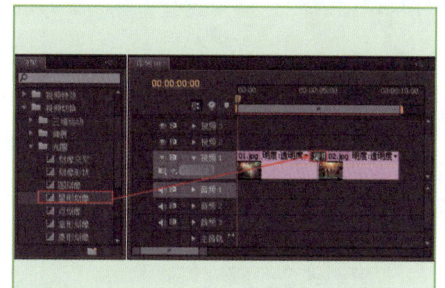 

实例038 点划像转场效果

点划像转场特效是素材B分成4份逐渐向中心点移动，并逐渐替换素材A。本例主要介绍制作点划像转场效果的方法。

文件路径：源文件\第3章\例038　　视频文件：视频文件\第3章\例038.flv

01 新建项目，单击【浏览】按钮设置路径，在【名称】文本框修改文件名称，单击【确定】按钮。选择【DV-PAL】|【标准48kHz】，单击【确定】按钮。

02 在项目窗口中空白处双击鼠标左键或者按快捷键Ctrl+I，在弹出的对话框中选择所需素材文件，单击【打开】按钮。

03 将项目窗口中的【01.jpg】和【02.jpg】素材文件拖曳到视频1轨道上。

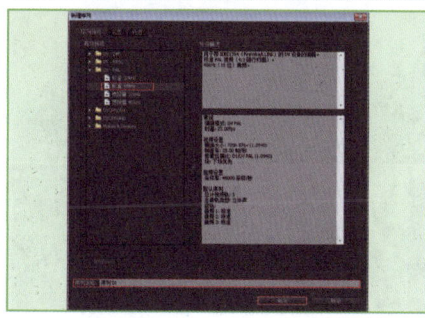  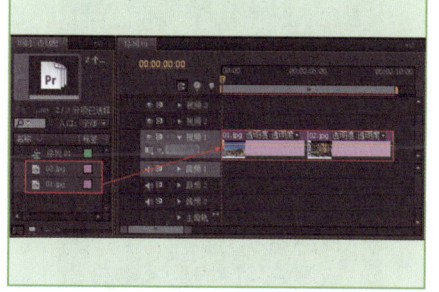

04 分别选择时间线窗口中的【01.jpg】和【02.jpg】素材文件，并在【特效控制台】面板中设置【缩放】为77。

05 选择【效果】面板中的【视频切换】|【光圈】|【点划像】，然后将其拖曳到视频1轨道的【01.jpg】和【02.jpg】素材文件中间。

06 可拖动时间线滑块查看最终点划像转场效果。

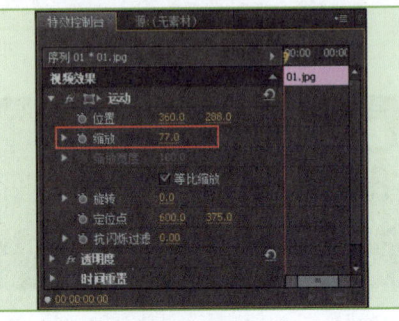 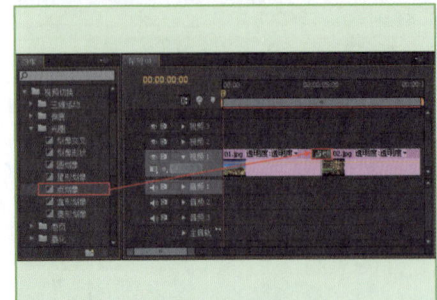 

实例039　页面剥落转场效果

页面剥落转场特效是素材A沿某一角逐渐卷起，显示出素材B。本例主要介绍制作页面剥落转场效果的方法。

文件路径：源文件\第3章\例039　　　　视频文件：视频文件\第3章\例039.flv

01 新建项目，单击【浏览】按钮设置路径，在【名称】文本框修改文件名称，单击【确定】按钮。选择【DV-PAL】|【标准48kHz】，单击【确定】按钮。

02 在项目窗口中空白处双击鼠标左键或者按快捷键Ctrl+I，在弹出的对话框中选择所需素材文件，单击【打开】按钮。

03 将项目窗口中的【01.jpg】和【02.jpg】素材文件拖曳到视频1轨道上。

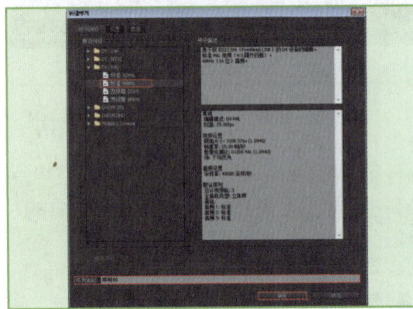 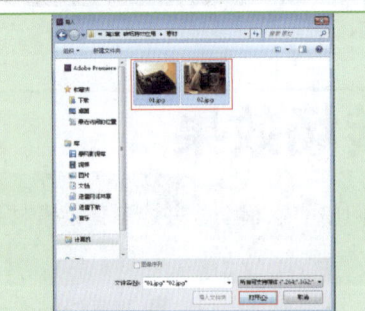

04 分别选择时间线窗口中的【01.jpg】和【02.jpg】素材文件，并在【特效控制台】面板中设置【缩放】为77。

05 选择【效果】面板中的【视频切换】|【卷页】|【页面剥落】，然后将其拖曳到视频1轨道的【01.jpg】和【02.jpg】素材文件中间，单击【特效控制台】面板中卷页方向的控制点。

06 可拖动时间线滑块查看最终页面剥落转场效果。

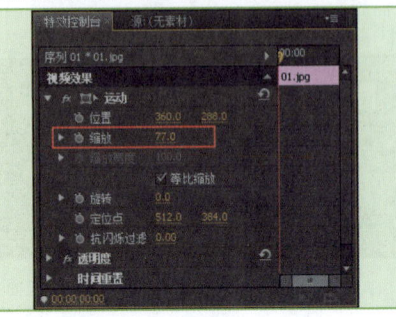  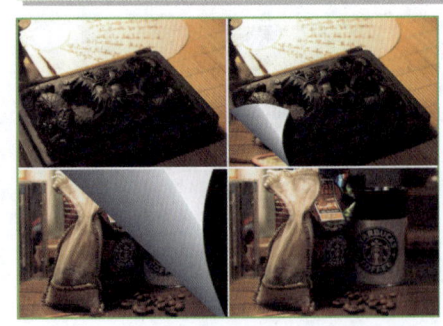

第3章 转场特效应用

实例040　中心剥落转场效果

中心剥落转场特效是素材A以中心开始，分为4块分别向四角卷起，显示出素材B。本例主要介绍制作中心剥落转场效果的方法。

文件路径：源文件\第3章\例040　　　视频文件：视频文件\第3章\例040.flv

01 新建项目，单击【浏览】按钮设置路径，在【名称】文本框修改文件名称，单击【确定】按钮。选择【DV-PAL】|【标准48kHz】，单击【确定】按钮。

02 在项目窗口中空白处双击鼠标左键或者按快捷键Ctrl+I，在弹出的对话框中选择所需素材文件，单击【打开】按钮。

03 将项目窗口中的【01.jpg】和【02.jpg】素材文件拖曳到视频1轨道上。

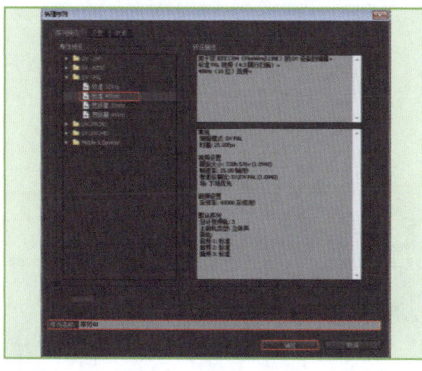  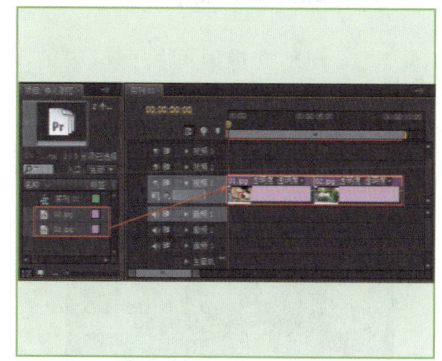

04 分别选择时间线窗口中的【01.jpg】和【02.jpg】素材文件，并在【特效控制台】面板中设置【缩放】为77。

05 选择【效果】面板中的【视频切换】|【卷页】|【中心剥落】，然后将其拖曳到视频1轨道的【01.jpg】和【02.jpg】素材文件中间。

06 可拖动时间线滑块查看最终中心剥落转场效果。

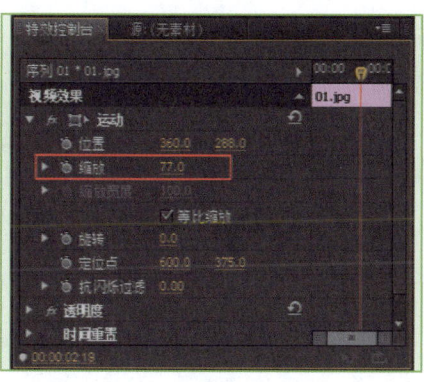 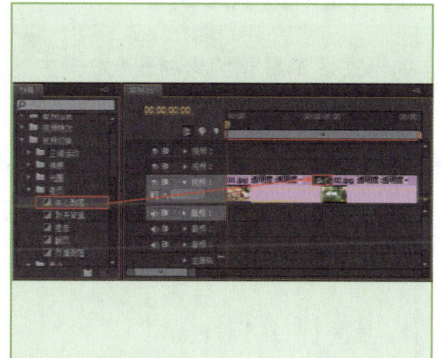 

实例041　翻页转场效果

翻页转场效果是素材A像纸一样以某一角卷起，卷起的背面为素材A相反图案，并逐渐显现出素材B。本例主要介绍制作翻页转场的方法。

文件路径：源文件\第3章\例041　　　视频文件：视频文件\第3章\例041.flv

中文 Premiere Pro CS6 影视编辑剪辑设计与制作 300 例

01 新建项目，单击【浏览】按钮设置路径，在【名称】文本框修改文件名称，单击【确定】按钮。选择【DV-PAL】|【标准48kHz】，单击【确定】按钮。

02 在项目窗口中空白处双击鼠标左键或者按快捷键Ctrl+I，在弹出的对话框中选择所需素材文件，单击【打开】按钮。

03 将项目窗口中的【01.jpg】和【02.jpg】素材文件拖曳到视频1轨道上。

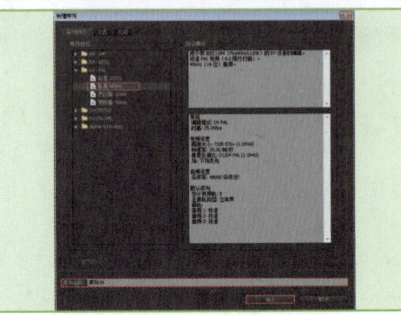 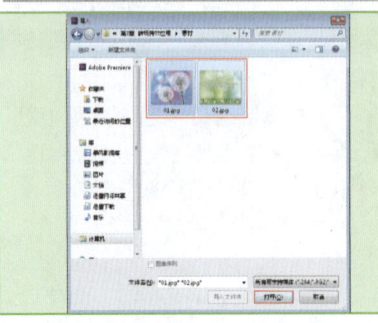 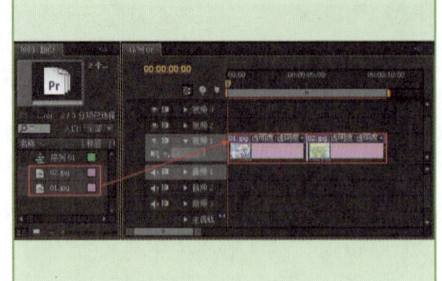

04 分别选择时间线窗口中的【01.jpg】和【02.jpg】素材文件，并在【特效控制台】面板中设置【缩放】为80。

05 选择【效果】面板中的【视频切换】|【卷页】|【翻页】，然后将其拖曳到视频1轨道的【01.jpg】和【02.jpg】素材文件中间。

06 可拖动时间线滑块查看最终翻页转场效果。

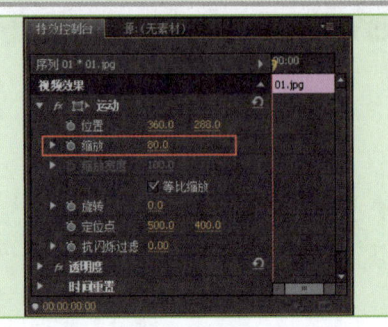 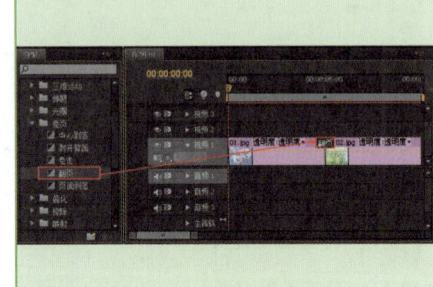 

实例042 抖动溶解转场效果

抖动溶解转场特效是素材A逐渐以点的形式逐渐叠化为素材B。本例主要介绍制作抖动溶解转场特效的方法。

文件路径：源文件\第3章\例042　　　视频文件：视频文件\第3章\例042.flv

01 新建项目，单击【浏览】按钮设置路径，在【名称】文本框修改文件名称，单击【确定】按钮。选择【DV-PAL】|【标准48kHz】，单击【确定】按钮。

02 在项目窗口中空白处双击鼠标左键或者按快捷键Ctrl+I，在弹出的对话框中选择所需素材文件，单击【打开】按钮。

03 将项目窗口中的【01.jpg】和【02.jpg】素材文件拖曳到视频1轨道上。

 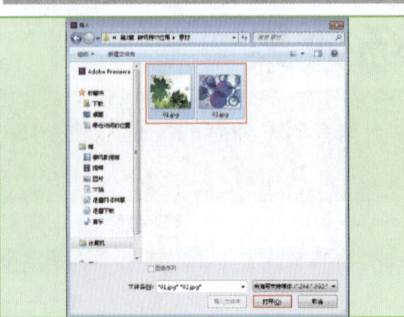 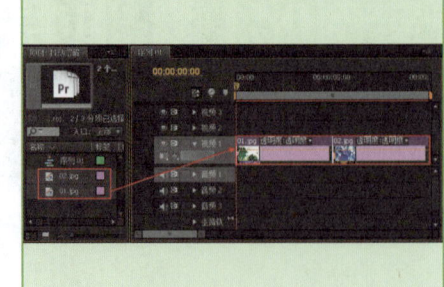

04 选择【效果】面板中的【视频切换】|【叠化】|【抖动溶解】，然后将其拖曳到视频1轨道的【01.jpg】和【02.jpg】素材文件中间。

05 选择时间线窗口中的【抖动溶解】转场效果，然后在【特效控制台】面板中设置【边宽】为1。

06 可拖动时间线滑块查看最终抖动溶解转场效果。

实例043　渐隐为白色转场效果

渐隐为白色转场特效是素材A逐渐变白，然后再逐渐消失显现出素材B。本例主要介绍制作渐隐为白色转场效果的方法。

文件路径：源文件\第3章\例043　　视频文件：视频文件\第3章\例043.flv

01 新建项目，单击【浏览】按钮设置路径，在【名称】文本框修改文件名称，单击【确定】按钮。选择【DV-PAL】|【标准48kHz】，单击【确定】按钮。

02 在项目窗口中空白处双击鼠标左键或者按快捷键Ctrl+I，在弹出的对话框中选择所需素材文件，单击【打开】按钮。

03 将项目窗口中的【01.jpg】和【02.jpg】素材文件拖曳到视频1轨道上。

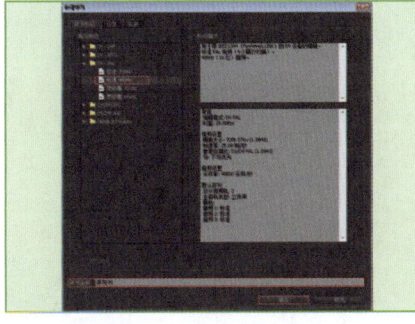
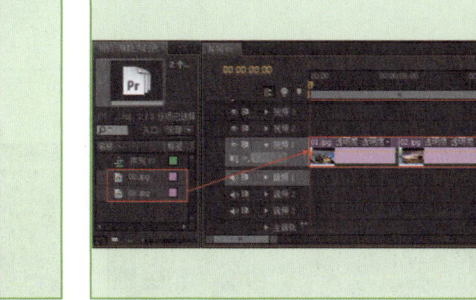

04 分别选择时间线窗口中的【01.jpg】和【02.jpg】素材文件，并在【特效控制台】面板中设置【缩放】为77。

05 选择【效果】面板中的【视频切换】|【叠化】|【渐隐为白色】，然后将其拖曳到视频1轨道的【01.jpg】和【02.jpg】素材文件中间。

06 可拖动时间线滑块查看最终渐隐为白色转场效果。

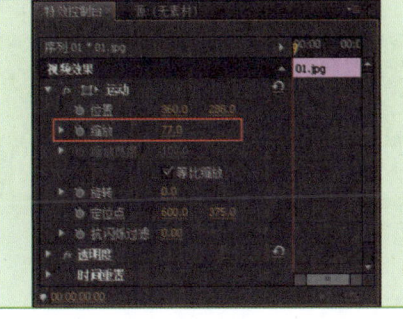
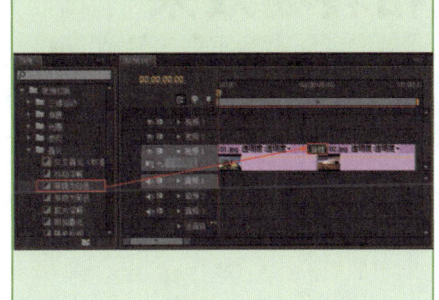

实例044　附加叠化转场效果

附加叠化转场特效是素材B逐渐淡化，直至显示出素材A。本例主要介绍制作附加叠化转场效果的方法。

文件路径：源文件\第3章\例044　　　视频文件：视频文件\第3章\例044.flv

01 新建项目，单击【浏览】按钮设置路径，在【名称】文本框修改文件名称，单击【确定】按钮。选择【DV-PAL】|【标准48kHz】，单击【确定】按钮。

02 在项目窗口中空白处双击鼠标左键或者按快捷键Ctrl+I，在弹出的对话框中选择所需素材文件，单击【打开】按钮。

03 将项目窗口中的【01.jpg】和【02.jpg】素材文件拖曳到视频1轨道上。

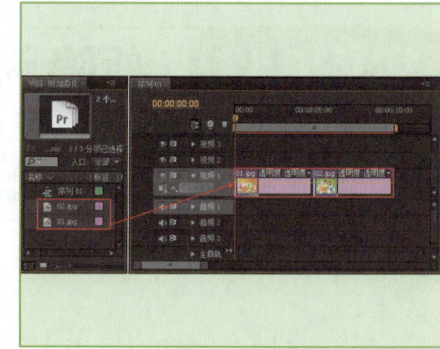

04 分别选择时间线窗口中的【01.jpg】和【02.jpg】素材文件，并在【特效控制台】面板中设置【缩放】为80。

05 选择【效果】面板中的【视频切换】|【叠化】|【附加叠化】，然后将其拖曳到视频1轨道的【01.jpg】和【02.jpg】素材文件中间。

06 可拖动时间线滑块查看最终附加叠化转场效果。

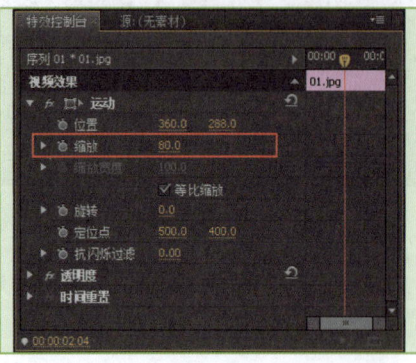
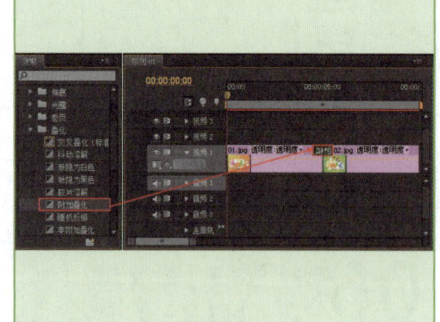

实例045　随机反相转场效果

随机反相转场特效是素材B以反相随机块的形式逐渐替换素材A。本例主要介绍制作随机反相转场效果的方法。

文件路径：源文件\第3章\例045　　　视频文件：视频文件\第3章\例045.flv

第3章 转场特效应用

01 新建项目，单击【浏览】按钮设置路径，在【名称】文本框修改文件名称，单击【确定】按钮。选择【DV-PAL】|【标准48kHz】，单击【确定】按钮。

02 在项目窗口中空白处双击鼠标左键或者按快捷键Ctrl+I，在弹出的对话框中选择所需素材文件，单击【打开】按钮。

03 将项目窗口中的【01.jpg】和【02.jpg】素材文件拖曳到视频1轨道上。

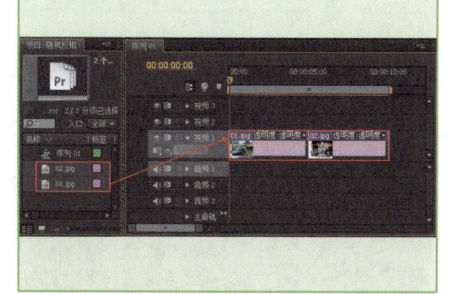

04 分别选择时间线窗口中的【01.jpg】和【02.jpg】素材文件，并在【特效控制台】面板中设置【缩放】为78。

05 选择【效果】面板中的【视频切换】|【叠化】|【随机反相】，然后将其拖曳到视频1轨道的【01.jpg】和【02.jpg】素材文件中间。

06 可拖动时间线滑块查看最终随机反相转场效果。

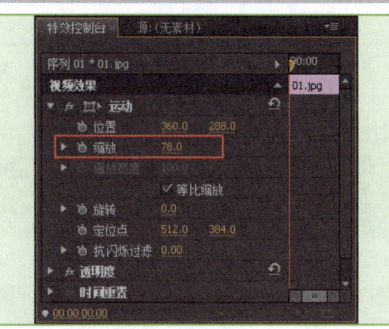
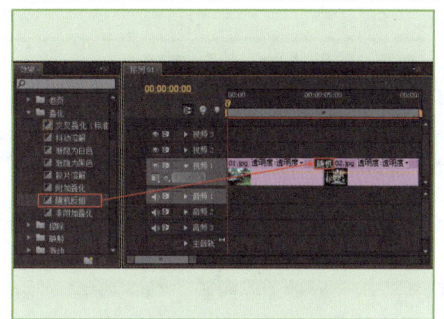

实例046 双侧平推门转场效果

双侧平推门转场特效是素材A以展开和关门的方式逐渐过渡到素材B。本例主要介绍制作双侧平推门转场效果的方法。

文件路径：源文件\第3章\例046　　　视频文件：视频文件\第3章\例046.flv

01 新建项目，单击【浏览】按钮设置路径，在【名称】文本框修改文件名称，单击【确定】按钮。选择【DV-PAL】|【标准48kHz】，单击【确定】按钮。

02 在项目窗口中空白处双击鼠标左键或者按快捷键Ctrl+I，在弹出的对话框中选择所需素材文件，单击【打开】按钮。

03 将项目窗口中的【01.jpg】和【02.jpg】素材文件拖曳到视频1轨道上。

04 分别选择时间线窗口中的【01.jpg】和【02.jpg】素材文件，并在【特效控制台】面板中设置【缩放】为80。

05 选择【效果】面板中的【视频切换】|【擦除】|【双侧平推门】，然后将其拖曳到视频1轨道的【01.jpg】和【02.jpg】素材文件中间，并在【特效控制台】面板中设置【边宽】为4。

06 可拖动时间线滑块查看最终双侧平推门转场效果。

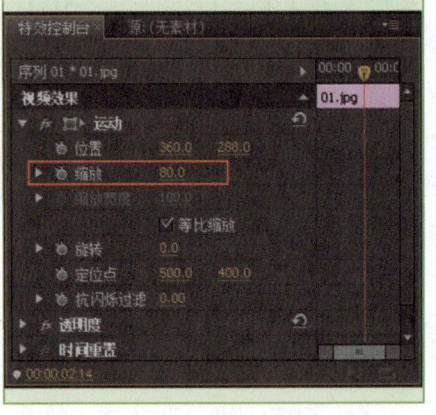

实例047　带状擦除转场效果

带状擦除转场特效是素材B从水平方向以若干条带效果进入画面并覆盖素材A。本例主要介绍制作带状擦除转场特效的方法。

文件路径：源文件\第3章\例047　　　视频文件：视频文件\第3章\例047.flv

01 新建项目，单击【浏览】按钮设置路径，在【名称】文本框修改文件名称，单击【确定】按钮。选择【DV-PAL】|【标准48kHz】，单击【确定】按钮。

02 在项目窗口中空白处双击鼠标左键或者按快捷键Ctrl+I，在弹出的对话框中选择所需素材文件，单击【打开】按钮。

03 将项目窗口中的【01.jpg】和【02.jpg】素材文件拖曳到视频1轨道上。

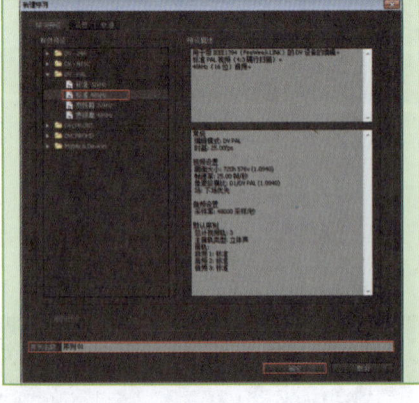
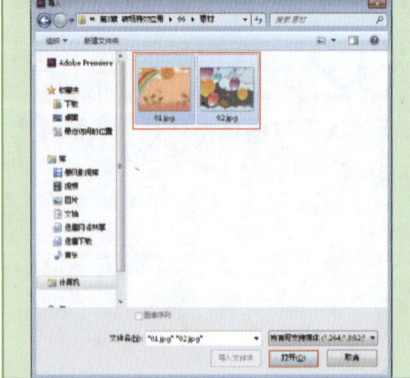

04 分别选择时间线窗口中的【01.jpg】和【02.jpg】素材文件，并在【特效控制台】面板中设置【缩放】为80。

05 选择【效果】面板中的【视频切换】|【擦除】|【带状擦除】，然后将其拖曳到视频1轨道的【01.jpg】和【02.jpg】素材文件中间。在【特效控制台】面板中单击【自定义】按钮，在弹出的对话框中设置【带数量】为9，单击【确定】按钮。

06 可拖动时间线滑块查看最终带状擦除转场效果。

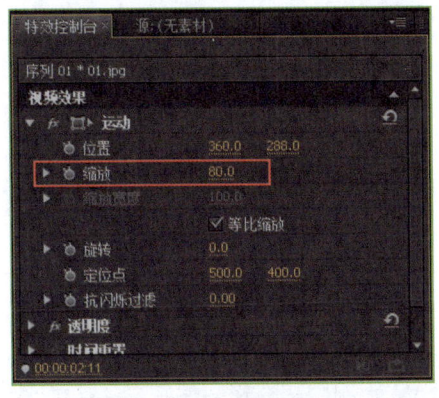

实例048 棋盘转场效果

棋盘转场特效的素材A以棋盘块的方式逐渐过渡消失，直至显示出素材B。本例主要介绍制作棋盘转场效果的方法。

文件路径：源文件\第3章\例048
视频文件：视频文件\第3章\例048.flv

01 新建项目，单击【浏览】按钮设置路径，在【名称】文本框修改文件名称，单击【确定】按钮。选择【DV-PAL】|【标准48kHz】，单击【确定】按钮。

02 在项目窗口中空白处双击鼠标左键或者按快捷键Ctrl+I，在弹出的对话框中选择所需素材文件，单击【打开】按钮。

03 将项目窗口中的【01.jpg】和【02.jpg】素材文件拖曳到视频1轨道上。

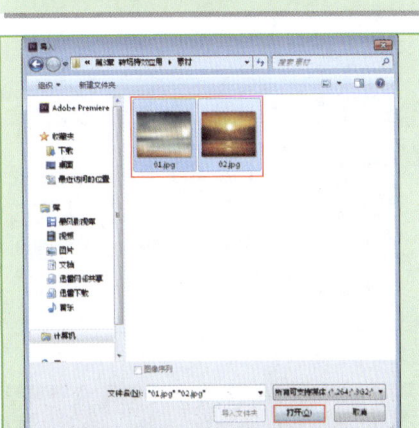
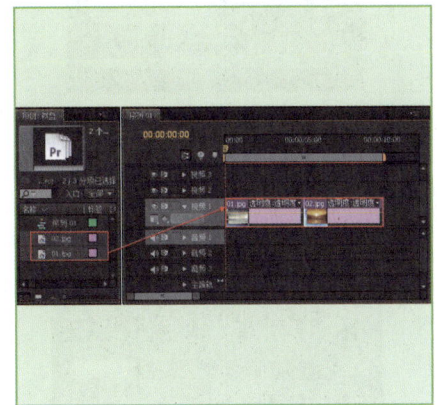

中文 Premiere Pro CS6 影视编辑剪辑设计与制作 300 例

04 分别选择时间线窗口中的【01.jpg】和【02.jpg】素材文件，并在【特效控制台】面板中设置【缩放】为80。

05 选择【效果】面板中的【视频切换】|【擦除】|【棋盘】，然后将其拖曳到视频1轨道的【01.jpg】和【02.jpg】素材文件中间，并在【特效控制台】面板中设置【边宽】为2。

06 可拖动时间线滑块查看最终棋盘转场效果。

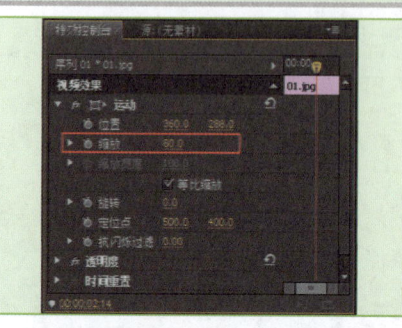 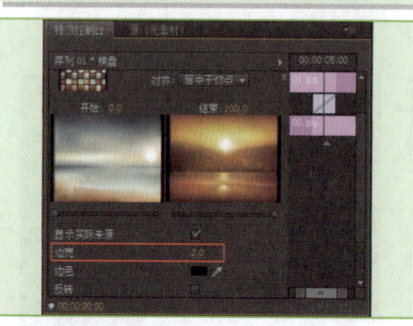 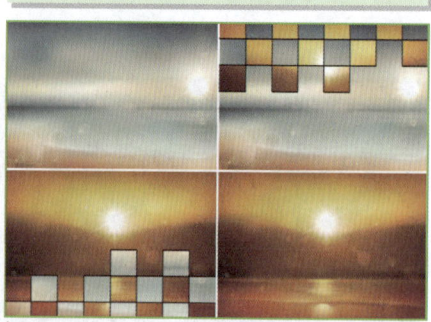

实例049　楔形划像转场效果

楔形划像转场特效是从素材B的中心点向两边以扇形的方式逐渐替换素材A。本例主要介绍制作楔形划像转场效果的方法。

文件路径：源文件\第3章\例049　　视频文件：视频文件\第3章\例049.flv

01 新建项目，单击【浏览】按钮设置路径，在【名称】文本框修改文件名称，单击【确定】按钮。选择【DV-PAL】|【标准48kHz】，单击【确定】按钮。

02 在项目窗口中空白处双击鼠标左键或者按快捷键Ctrl+I，在弹出的对话框中选择所需素材文件，单击【打开】按钮。

03 将项目窗口中的【01.jpg】和【02.jpg】素材文件拖曳到视频1轨道上。

 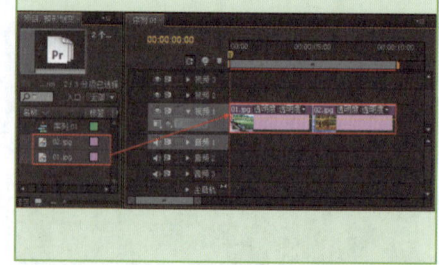

04 分别选择时间线窗口中的【01.jpg】和【02.jpg】素材文件，并在【特效控制台】面板中设置【缩放】为67。

05 选择【效果】面板中的【视频切换】|【擦除】|【楔形划像】，然后将其拖曳到视频1轨道的【01.jpg】和【02.jpg】素材文件中间。

06 可拖动时间线滑块查看最终楔形划像转场效果。

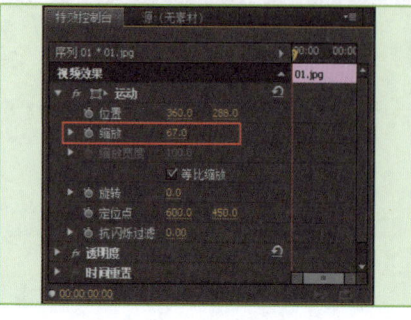 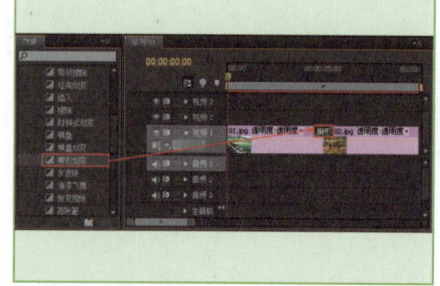 

第3章 转场特效应用

实例050 随机块转场效果

随机块转场特效是素材B以随机方块的方式由上至下逐渐擦除素材A。本例主要介绍制作随机块转场效果的方法。

文件路径：源文件\第3章\例050　　　视频文件：视频文件\第3章\例050.flv

01 新建项目，单击【浏览】按钮设置路径，在【名称】文本框修改文件名称，单击【确定】按钮。选择【DV-PAL】|【标准48kHz】，单击【确定】按钮。

02 在项目窗口中空白处双击鼠标左键或者按快捷键Ctrl+I，在弹出的对话框中选择所需素材文件，单击【打开】按钮。

03 将项目窗口中的【01.jpg】和【02.jpg】素材文件拖曳到视频1轨道上。

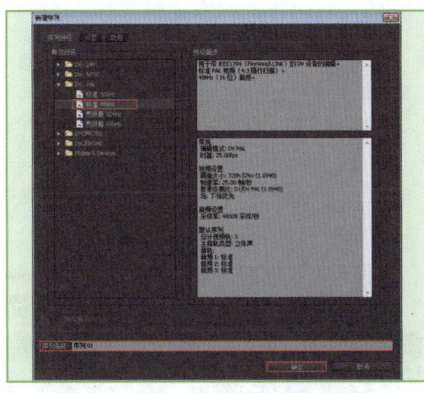

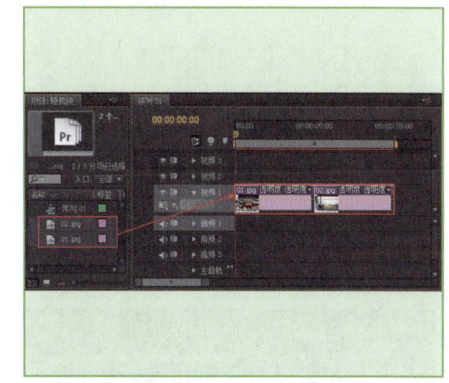

04 分别选择时间线窗口中的【01.jpg】和【02.jpg】素材文件，并在【特效控制台】面板中设置【缩放】为78。

05 选择【效果】面板中的【视频切换】|【擦除】|【随机块】，然后将其拖曳到视频1轨道的【01.jpg】和【02.jpg】素材文件中间。

06 可拖动时间线滑块查看最终随机块转场效果。

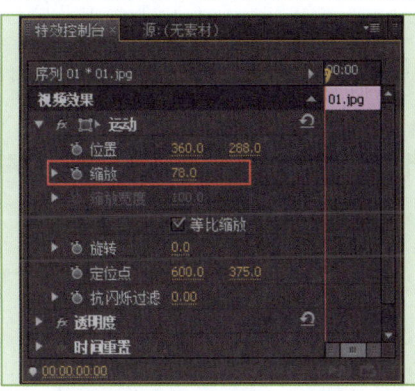

实例051 水波块转场效果

水波块转场特效是素材B沿Z字形交错擦除素材A，并可设置水平和垂直输入的方格数量。本例主要介绍制作水波块转场效果的方法。

文件路径：源文件\第3章\例051　　　视频文件：视频文件\第3章\例051.flv

中文 Premiere Pro CS6 影视编辑剪辑设计与制作 300例

01 新建项目，单击【浏览】按钮设置路径，在【名称】文本框修改文件名称，单击【确定】按钮。选择【DV-PAL】|【标准48kHz】，单击【确定】按钮。

02 在项目窗口中空白处双击鼠标左键或者按快捷键Ctrl+I，在弹出的对话框中选择所需素材文件，单击【打开】按钮。

03 将项目窗口中的【01.jpg】和【02.jpg】素材文件拖曳到视频1轨道上。

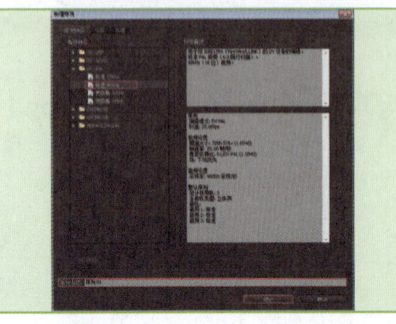
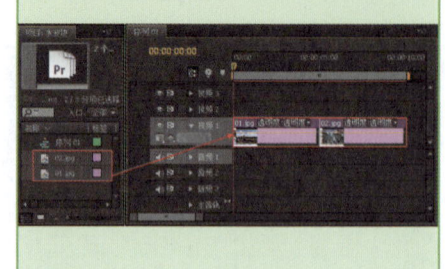

04 选择【效果】面板中的【视频切换】|【擦除】|【水波块】，然后将其拖曳到视频1轨道的【01.jpg】和【02.jpg】素材文件中间。

05 选择时间线窗口中的【水波块】转场特效，单击【特效控制台】面板中的【自定义】按钮，在弹出的对话框中设置【垂直】为5，单击【确定】按钮。

06 可拖动时间线滑块查看最终水波块转场效果。

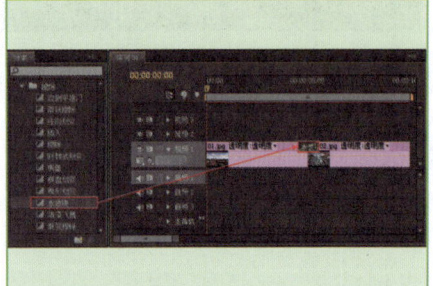
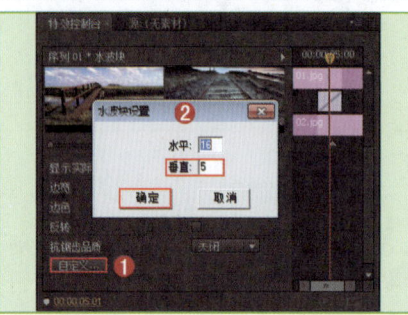

实例052　油漆飞溅转场效果

油漆飞溅转场特效是素材B以油漆喷溅的点逐渐状覆盖素材A。本例主要介绍制作油漆飞溅效果的方法。

文件路径：源文件\第3章\例052　　　视频文件：视频文件\第3章\例052.flv

01 新建项目，单击【浏览】按钮设置路径，在【名称】文本框修改文件名称，单击【确定】按钮。选择【DV-PAL】|【标准48kHz】，单击【确定】按钮。

02 在项目窗口中空白处双击鼠标左键或者按快捷键Ctrl+I，在弹出的对话框中选择所需素材文件，单击【打开】按钮。

03 将项目窗口中的【01.jpg】和【02.jpg】素材文件拖曳到视频1轨道上。

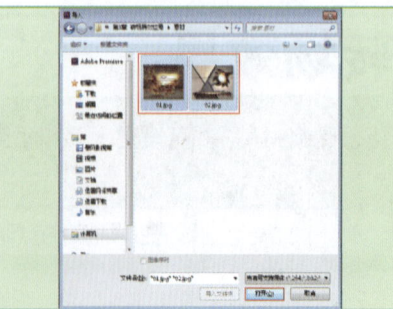
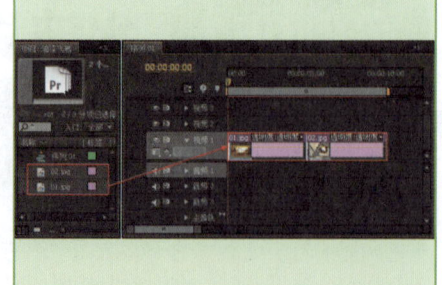

第3章 转场特效应用

04 分别选择时间线窗口中的【01.jpg】和【02.jpg】素材文件,并在【特效控制台】面板中设置【缩放】为80。

05 选择【效果】面板中的【视频切换】|【擦除】|【油漆飞溅】,然后将其拖曳到视频1轨道的【01.jpg】和【02.jpg】素材文件中间。

06 可拖动时间线滑块查看最终油漆飞溅转场效果。

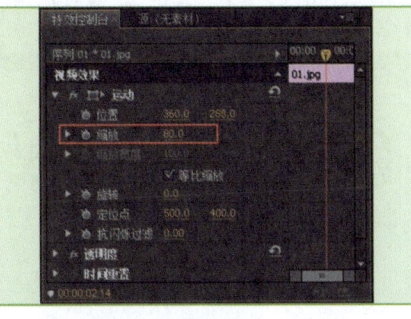
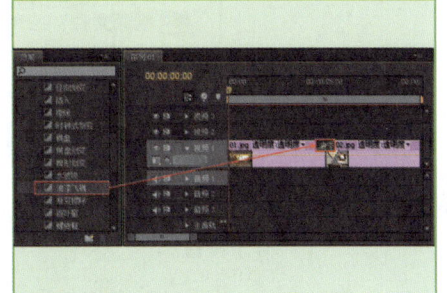
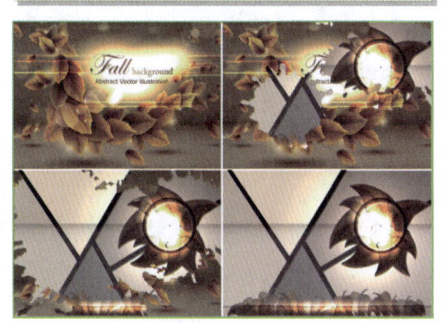

实例053 渐变擦除转场效果

渐变擦除转场特效是素材B以右上角的方向逐渐替换素材A。本例主要介绍制作渐变擦除转场效果的方法。

文件路径:源文件\第3章\例053
视频文件:视频文件\第3章\例053.flv

01 新建项目,单击【浏览】按钮设置路径,在【名称】文本框修改文件名称,单击【确定】按钮。选择【DV-PAL】|【标准48kHz】,单击【确定】按钮。

02 在项目窗口中空白处双击鼠标左键或者按快捷键Ctrl+I,在弹出的对话框中选择所需素材文件,单击【打开】按钮。

03 将项目窗口中的【01.jpg】和【02.jpg】素材文件拖曳到视频1轨道上。

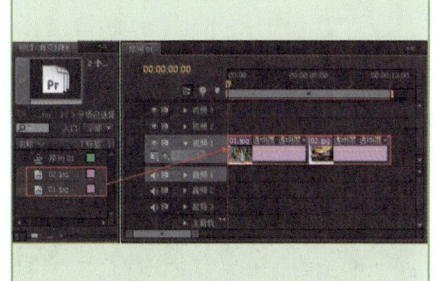

04 分别选择时间线窗口中的【01.jpg】和【02.jpg】素材文件,并在【特效控制台】面板中设置【缩放】为80。

05 选择【效果】面板中的【视频切换】|【擦除】|【渐变擦除】,然后将其拖曳到视频1轨道的【01.jpg】和【02.jpg】素材文件中间。在【特效控制台】面板中单击【自定义】按钮,在弹出的对话框中设置【柔和度】为15,单击【确定】按钮。

06 可拖动时间线滑块查看最终渐变擦除转场效果。

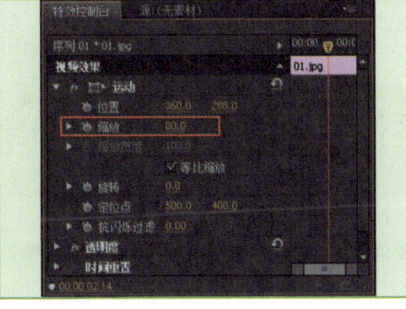
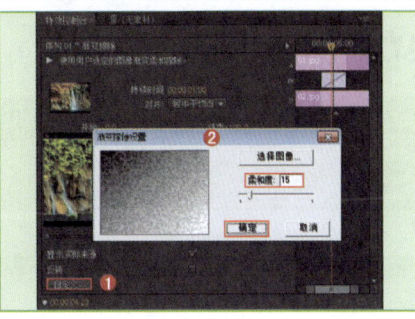

Premiere Pro CS6

实例054　风车转场效果

风车转场特效是素材B以风车的方式沿中心点旋转进入，并逐渐覆盖素材A。本例主要介绍制作风车转场效果的方法。

文件路径：源文件\第3章\例054　　　　　　视频文件：视频文件\第3章\例054.flv

01 新建项目，单击【浏览】按钮设置路径，在【名称】文本框修改文件名称，单击【确定】按钮。选择【DV-PAL】|【标准48kHz】，单击【确定】按钮。

02 在项目窗口中空白处双击鼠标左键或者按快捷键Ctrl+I，在弹出的对话框中选择所需素材文件，单击【打开】按钮。

03 将项目窗口中的【01.jpg】和【02.jpg】素材文件拖曳到视频1轨道上。

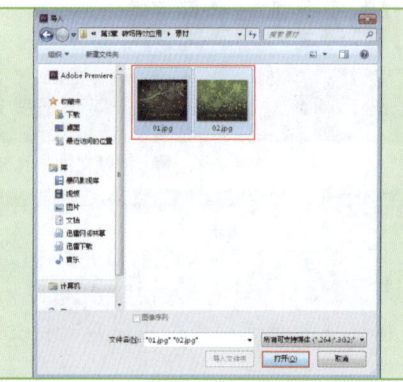
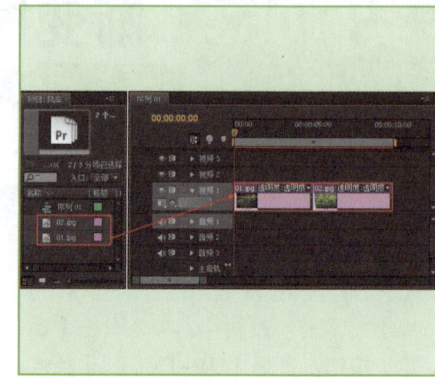

04 分别选择时间线窗口中的【01.jpg】和【02.jpg】素材文件，并在【特效控制台】面板中设置【缩放】为80。

05 选择【效果】面板中的【视频切换】|【叠化】|【风车】，然后将其拖曳到视频1轨道上的【01.jpg】和【02.jpg】素材文件中间。

06 可拖动时间线滑块查看最终风车转场效果。

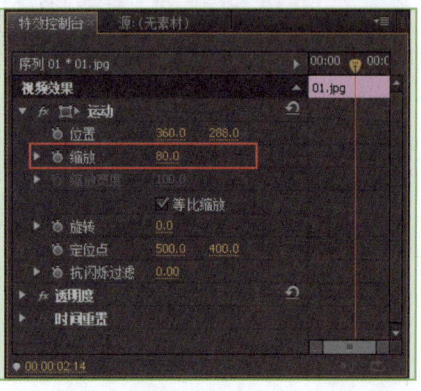
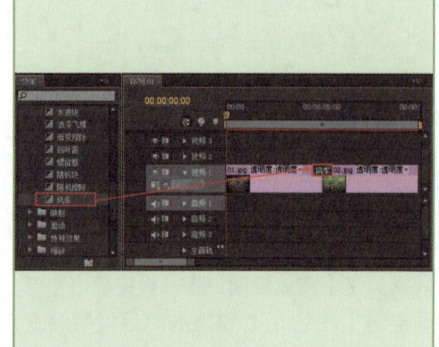

实例055　多旋转转场效果

多旋转转场特效是素材B以设置的四边形数量逐渐旋转进入，并逐渐替换素材A。本例主要介绍制作多旋转转场效果的方法。

文件路径：源文件\第3章\例055　　　　　　视频文件：视频文件\第3章\例055.flv

第3章 转场特效应用

01 新建项目，单击【浏览】按钮设置路径，在【名称】文本框修改文件名称，单击【确定】按钮。选择【DV-PAL】|【标准48kHz】，单击【确定】按钮。

02 在项目窗口中空白处双击鼠标左键或者按快捷键Ctrl+I，在弹出的对话框中选择所需素材文件，单击【打开】按钮。

03 将项目窗口中的【01.jpg】和【02.jpg】素材文件拖曳到视频1轨道上。

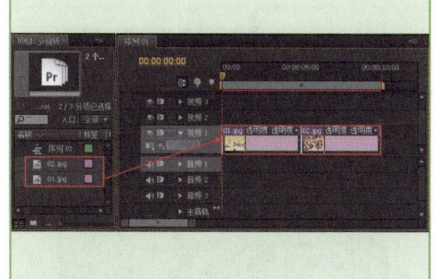

04 分别选择时间线窗口中的【01.jpg】和【02.jpg】素材文件，并在【特效控制台】面板中设置【缩放】为80。

05 选择【效果】面板中的【视频切换】|【擦除】|【多旋转】，然后将其拖曳到视频1轨道的【01.jpg】和【02.jpg】素材文件中间，并在【特效控制台】面板中设置【边宽】为4。

06 可拖动时间线滑块查看最终多旋转转场效果。

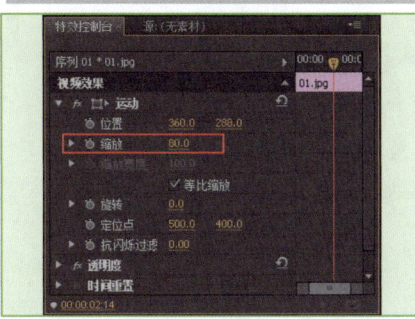
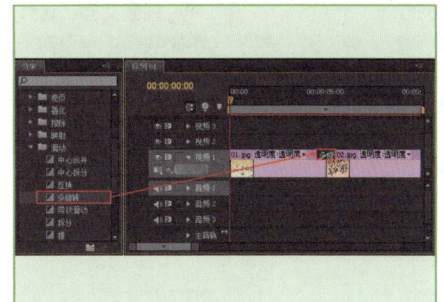

实例056 滑动带转场效果

滑动带转场特效是素材B以竖条状横向翻转进入，并逐渐覆盖素材A。本例主要介绍制作滑动带转场效果的方法。

文件路径：源文件\第3章\例056　　视频文件：视频文件\第3章\例056.flv

01 新建项目，单击【浏览】按钮设置路径，在【名称】文本框修改文件名称，单击【确定】按钮。选择【DV-PAL】|【标准48kHz】，单击【确定】按钮。

02 在项目窗口中空白处双击鼠标左键或者按快捷键Ctrl+I，在弹出的对话框中选择所需素材文件，单击【打开】按钮。

03 将项目窗口中的【01.jpg】和【02.jpg】素材文件拖曳到视频1轨道上。

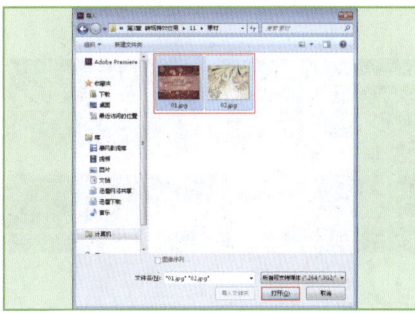
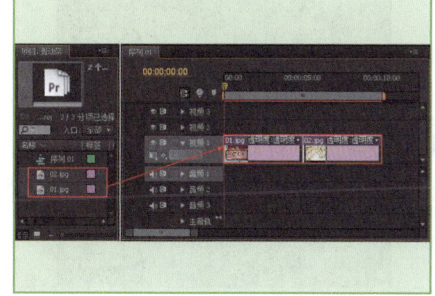

04 分别选择时间线窗口中的【01.jpg】和【02.jpg】素材文件，并在【特效控制台】面板中设置【缩放】为80。

05 选择【效果】面板中的【视频切换】|【擦除】|【滑动带】，然后将其拖曳到视频1轨道的【01.jpg】和【02.jpg】素材文件中间，并在【特效控制台】面板中设置【边宽】为4。

06 可拖动时间线滑块查看最终滑动带转场效果。

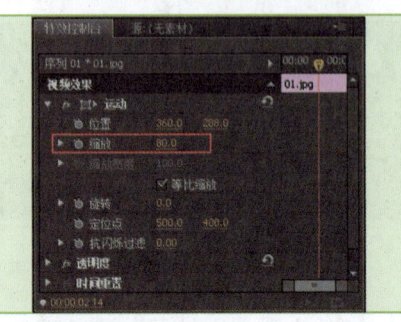
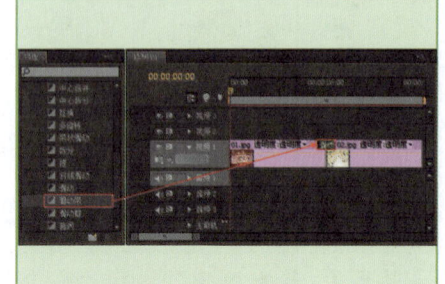

实例057　斜线滑动转场效果

斜线滑动转场特效是素材B以随机出现的线条状滑入画面，并逐渐替换素材A。本例主要介绍制作斜线滑动转场效果的方法。

文件路径：源文件\第3章\例057　　　　视频文件：视频文件\第3章\例057.flv

01 新建项目，单击【浏览】按钮设置路径，在【名称】文本框修改文件名称，单击【确定】按钮。选择【DV-PAL】|【标准48kHz】，单击【确定】按钮。

02 在项目窗口中空白处双击鼠标左键或者按快捷键Ctrl+I，在弹出的对话框中选择所需素材文件，单击【打开】按钮。

03 将项目窗口中的【01.jpg】和【02.jpg】素材文件拖曳到视频1轨道上。

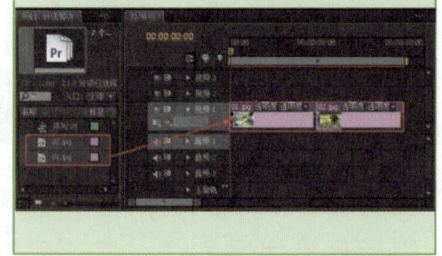

04 分别选择时间线窗口中的【01.jpg】和【02.jpg】素材文件，并在【特效控制台】面板中设置【缩放】为67。

05 选择【效果】面板中的【视频切换】|【滑动】|【斜线滑动】，然后将其拖曳到视频1轨道的【01.jpg】和【02.jpg】素材文件中间。

06 可拖动时间线滑块查看最终斜线滑动转场效果。

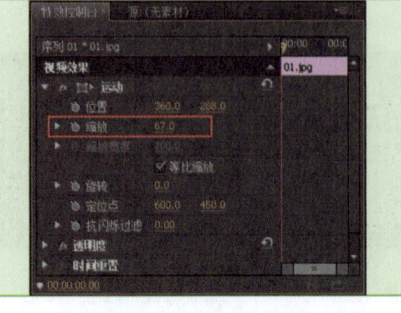
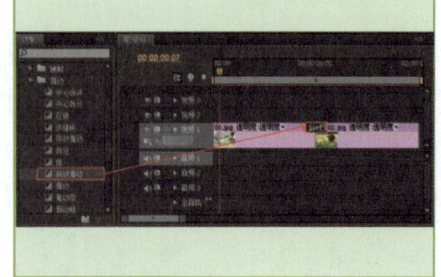

实例058　漩涡转场效果

漩涡转场特效是素材B以多个方块旋转的方式逐渐替换素材A。本例主要介绍制作漩涡转场效果的方法。

文件路径：源文件\第3章\例058　　　视频文件：视频文件\第3章\例058.flv

01 新建项目，单击【浏览】按钮设置路径，在【名称】文本框修改文件名称，单击【确定】按钮。选择【DV-PAL】|【标准48kHz】，单击【确定】按钮。

02 在项目窗口中空白处双击鼠标左键或者按快捷键Ctrl+I，在弹出的对话框中选择所需素材文件，单击【打开】按钮。

03 将项目窗口中的【01.jpg】和【02.jpg】素材文件拖曳到视频1轨道上。

  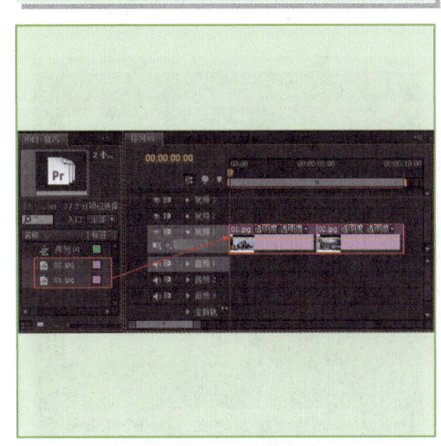

04 分别选择时间线窗口中的【01.jpg】和【02.jpg】素材文件，并在【特效控制台】面板中设置【缩放】为86。

05 选择【效果】面板中的【视频切换】|【滑动】|【漩涡】，然后将其拖曳到视频1轨道的【01.jpg】和【02.jpg】素材文件中间。单击【特效控制台】面板中【自定义】按钮，在弹出的对话框中设置【水平】为5，【垂直】为4，单击【确定】按钮。

06 可拖动时间线滑块查看最终漩涡转场效果。

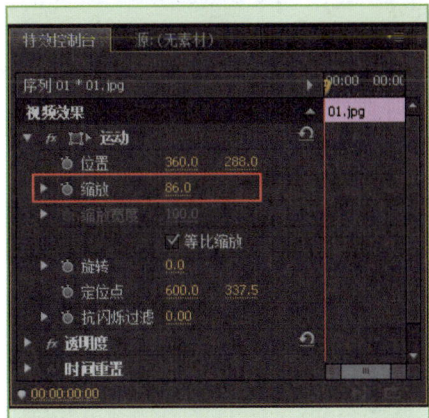 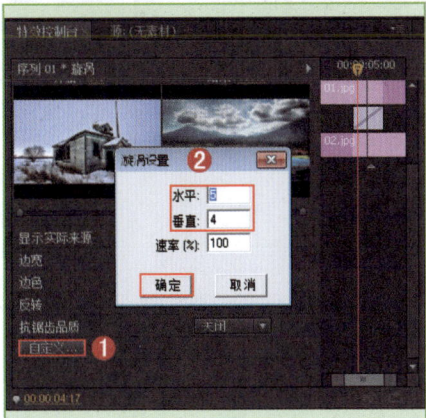 

中文 Premiere Pro CS6 影视编辑剪辑设计与制作 300 例

实例 059 缩放拖尾转场效果

缩放拖尾转场特效是素材A逐渐缩小并产生拖尾直至消失，并显示出素材B。本例主要介绍制作缩放拖尾转场效果的方法。

文件路径：源文件\第3章\例059　　　视频文件：视频文件\第3章\例059.flv

01 新建项目，单击【浏览】按钮设置路径，在【名称】文本框修改文件名称，单击【确定】按钮。选择【DV-PAL】|【标准48kHz】，单击【确定】按钮。

02 在项目窗口中空白处双击鼠标左键或者按快捷键Ctrl+I，在弹出的对话框中选择所需素材文件，单击【打开】按钮。

03 将项目窗口中的【01.jpg】和【02.jpg】素材文件拖曳到视频1轨道上。

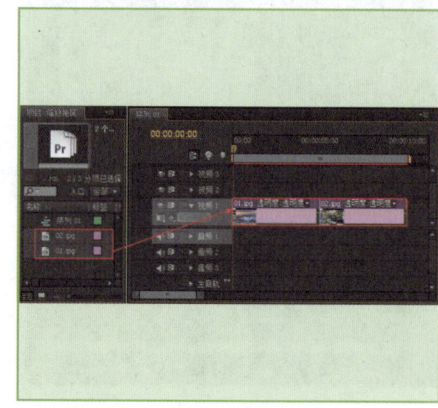

04 分别选择时间线窗口中的【01.jpg】和【02.jpg】素材文件，并在【特效控制台】面板中设置【缩放】为50。

05 选择【效果】面板中的【视频切换】|【缩放】|【缩放拖尾】，然后将其拖曳到视频1轨道的【01.jpg】和【02.jpg】素材文件中间。

06 可拖动时间线滑块查看最终缩放拖尾转场效果。

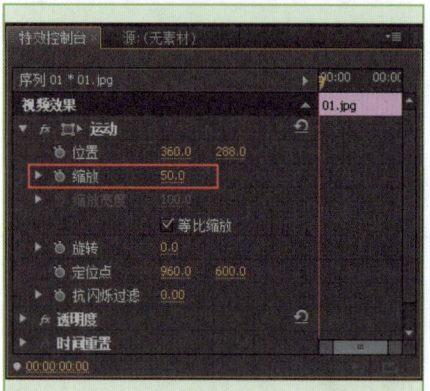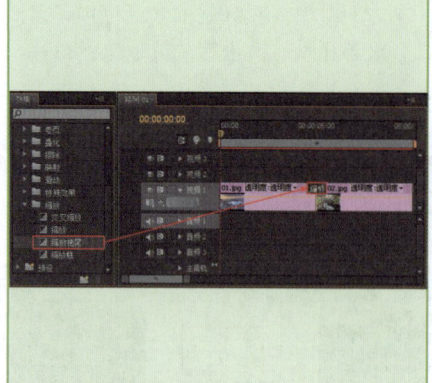

实例 060 缩放框转场效果

缩放框转场特效是素材B分为多个方块在素材A画面上逐渐出现并覆盖。本例主要介绍制作缩放框转场效果的方法。

文件路径：源文件\第3章\例060　　　视频文件：视频文件\第3章\例060.flv

第3章 转场特效应用

01 新建项目,单击【浏览】按钮设置路径,在【名称】文本框修改文件名称,单击【确定】按钮。选择【DV-PAL】|【标准48kHz】,单击【确定】按钮。

02 在项目窗口中空白处双击鼠标左键或者按快捷键Ctrl+I,在弹出的对话框中选择所需素材文件,单击【打开】按钮。

03 将项目窗口中的【01.jpg】和【02.jpg】素材文件拖曳到视频1轨道上。

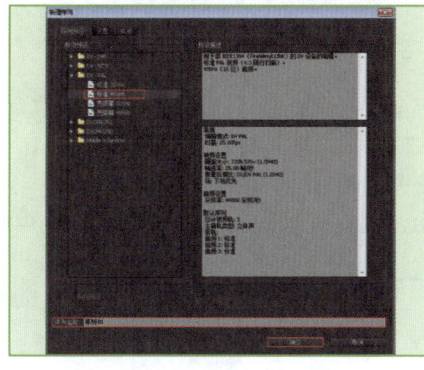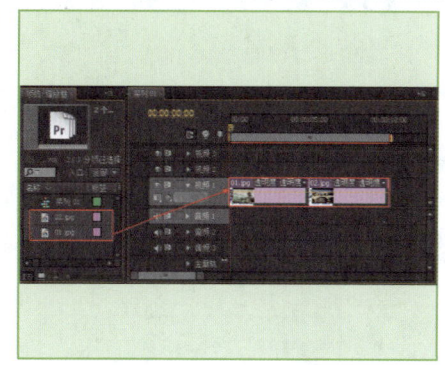

04 分别选择时间线窗口中的【01.jpg】和【02.jpg】素材文件,并在【特效控制台】面板中设置【缩放】为77。

05 选择【效果】面板中的【视频切换】|【缩放】|【缩放框】,然后将其拖曳到视频1轨道的【01.jpg】和【02.jpg】素材文件中间。

06 可拖动时间线滑块查看最终缩放框转场效果。

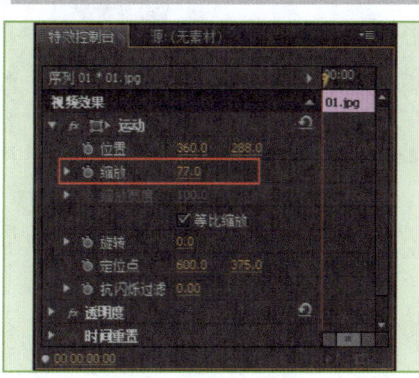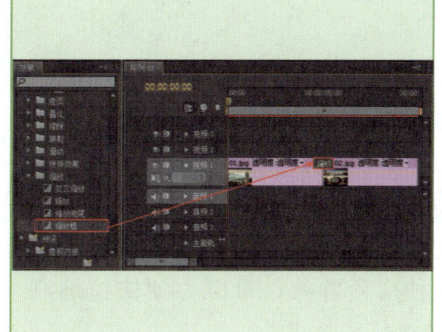

第4章
视频特效应用

使用各种视频特效可以使作品产生丰富的视觉效果,增加画面冲击力。在影视作品中使用视频特效,可以突出作品的主题和情感。在Premiere中,除了自带的视频特效,还可以运用外挂特效。熟练掌握各种视频特效,可以方便快捷地制作出各种特殊效果。

实例061 灯光效果

照明效果可以模拟出平行光、全光源和点光源效果，并可以添加多盏灯光效果。本例主要介绍制作灯光效果的方法。

文件路径：源文件\第4章\例061　　　视频文件：视频文件\第4章\例061.flv

01 新建项目，在弹出的对话框中单击【浏览】按钮设置储存路径，在【名称】文本框修改文件名称，单击【确定】按钮。

02 在弹出的对话框中选择【设置】选项卡，设置【编辑模式】为【自定义】，【画面大小】为1024×768，【像素纵横比】为【方形像素（1.0）】，设置【序列名称】，单击【确定】按钮。

03 在项目窗口中空白处双击鼠标左键或者按快捷键Ctrl+I，在弹出的对话框中选择所需素材文件，单击【打开】按钮。

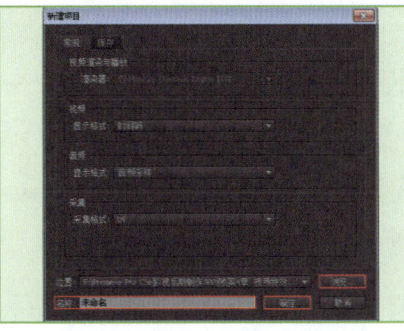
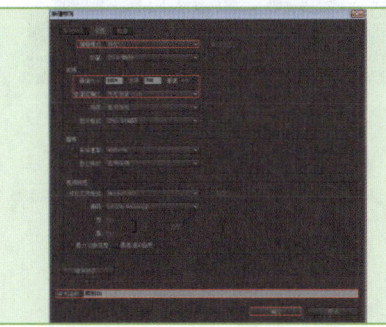
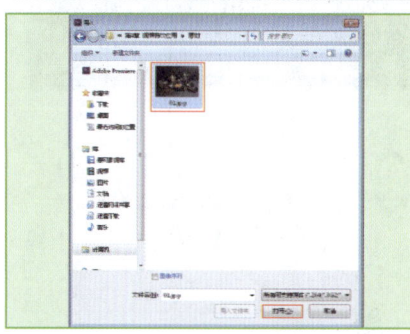

04 将项目窗口中的【01.jpg】素材文件拖曳到视频1轨道上，并在【特效控制台】中设置【缩放】为69。

05 在【效果】面板中搜索【照明效果】，然后将其拖曳到视频1轨道的【01.jpg】素材文件上，并设置【光照1】下的【照明颜色】为浅黄色（R：255，G：242，B：192），【主要半径】和【次要半径】为35。接着设置【环境照明色】为浅黄色（R：255，G：238，B：174），【环境照明强度】为5。

06 可拖动时间线滑块查看最终灯光效果。

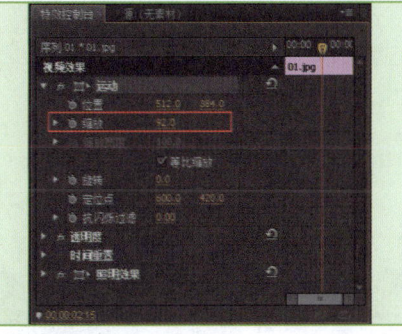
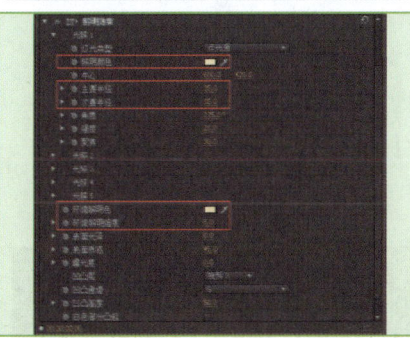

实例062 太阳光照效果

镜头光晕特效可以模拟出摄像机在强光照射下产生的镜头光晕效果，并可以提高光晕亮度模拟阳光效果。本例主要介绍制作太阳光照效果的方法。

文件路径：源文件\第4章\例062　　　视频文件：视频文件\第4章\例062.flv

中文 Premiere Pro CS6 影视编辑剪辑设计与制作 300 例

01 新建项目，在弹出的对话框中单击【浏览】按钮设置储存路径，在【名称】文本框修改文件名称，单击【确定】按钮。

02 在弹出的对话框中选择【设置】选项卡，设置【编辑模式】为【自定义】，【画面大小】为1024×768，【像素纵横比】为【方形像素（1.0）】，设置【序列名称】，单击【确定】按钮。

03 在项目窗口中空白处双击鼠标左键或者按快捷键Ctrl+I，在弹出的对话框中选择所需素材文件，单击【打开】按钮。

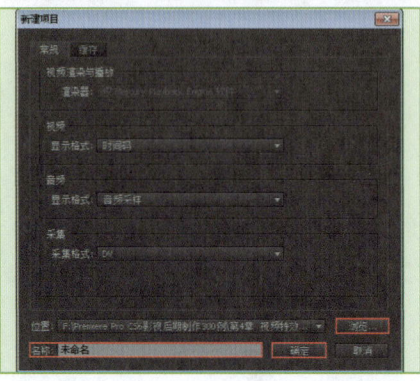 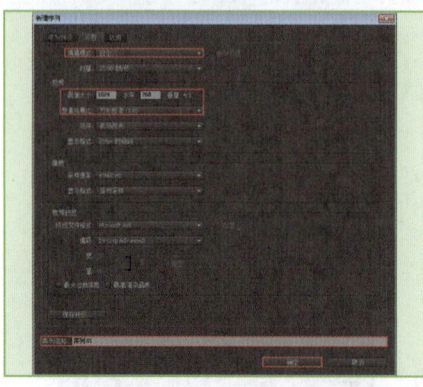 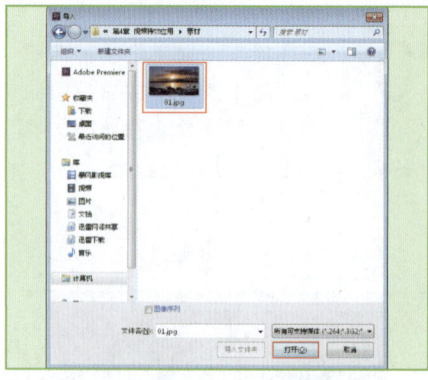

04 将项目窗口中的【01.jpg】素材文件拖曳到视频1轨道上，在【特效控制台】面板中设置【缩放】为96。

05 选择菜单栏中的【文件】|【新建】|【黑色视频】命令，在弹出对话框中单击【确定】按钮。

06 将项目窗口中的【黑色视频】重命名为【光晕】，并将其拖曳到视频2轨道上。

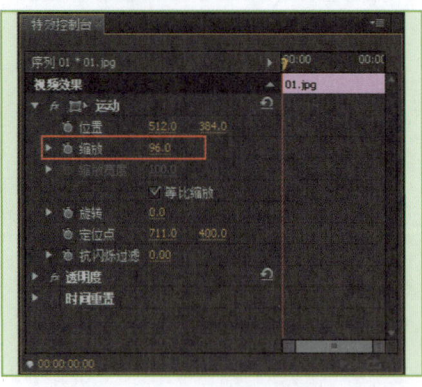 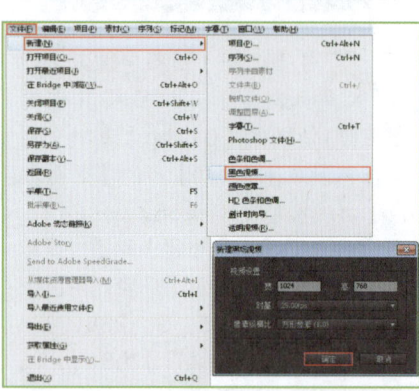 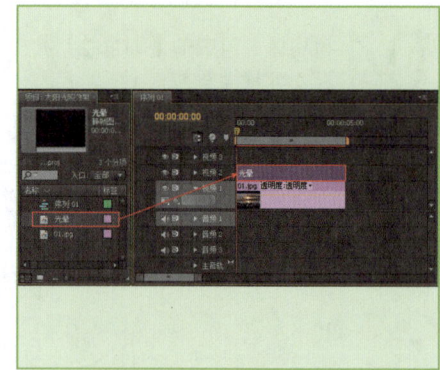

07 为【光晕】图层添加【镜头光晕】效果，并设置【光晕中心】为（474,281），【镜头类型】为【105毫米定焦】。

08 继续为【光晕】图层添加【RGB曲线】效果，并调整【红色】和【蓝色】的曲线形状。

09 可拖动时间线滑块查看最终太阳光照效果。

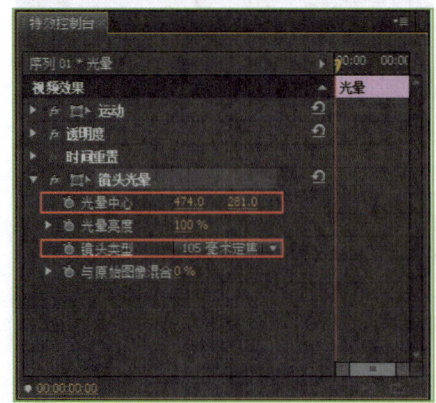 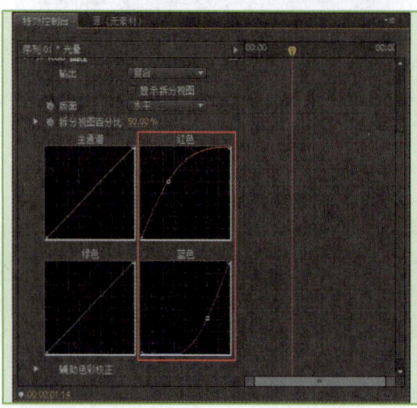 

第4章 视频特效应用

实例063　花纹浮雕效果

浮雕特效可以令素材产生灰色的浮雕效果，并可以调整浮雕的受光方向。本例主要介绍制作花纹浮雕效果的方法。

文件路径：源文件\第4章\例063　　　　视频文件：视频文件\第4章\例063.flv

01 新建项目，在弹出的对话框中单击【浏览】按钮设置储存路径，在【名称】文本框修改文件名称，单击【确定】按钮。

02 在弹出的对话框中选择【设置】选项卡，设置【编辑模式】为【自定义】，【画面大小】为1024×768，【像素纵横比】为【方形像素（1.0）】，设置【序列名称】，单击【确定】按钮。

03 在项目窗口中空白处双击鼠标左键或者按快捷键Ctrl+I，在弹出的对话框中选择所需素材文件，单击【打开】按钮。

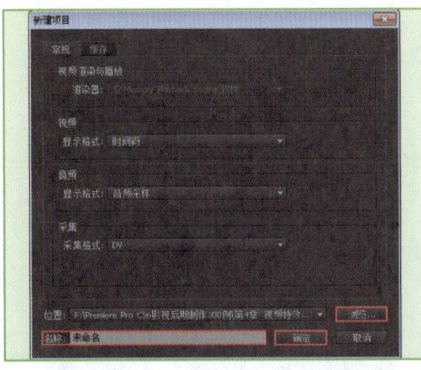 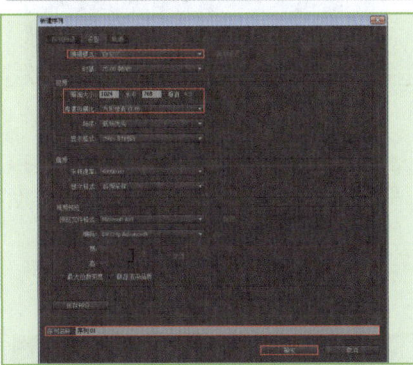 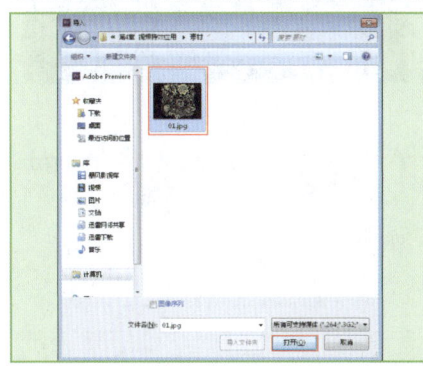

04 选择时间线窗口中的【01.jpg】素材文件，并在【特效控制台】面板中设置【缩放】为67。

05 在【效果】面板中搜索【黑白】和【浮雕】效果，并分别拖曳到【01.jpg】素材文件上。然后设置【浮雕】效果下的【方向】为196°，【凸现】为2，【对比度】为60。

06 可拖动时间线滑块查看最终花纹浮雕效果。

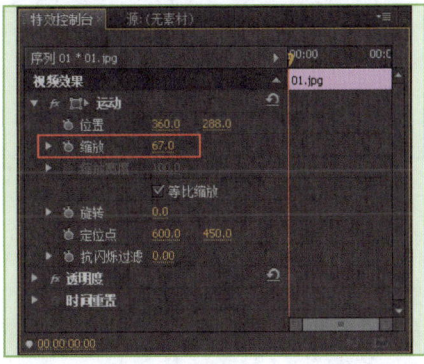 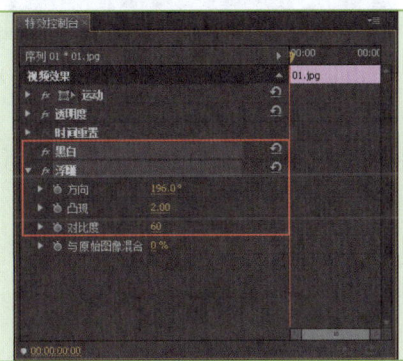 

实例064　马赛克背景效果

马赛克特效可以将画面分成若干格，每格内以平均色进行填充，使画面产生分块式的马赛克效果。本例主要介绍制作马赛克背景效果的方法。

文件路径：源文件\第4章\例064　　　　视频文件：视频文件\第4章\例064.flv

中文 Premiere Pro CS6 影视编辑剪辑设计与制作 300 例

01 新建项目，在弹出的对话框中单击【浏览】按钮设置储存路径，在【名称】文本框修改文件名称，单击【确定】按钮。

02 在弹出的对话框中选择【设置】选项卡，设置【编辑模式】为【自定义】，【画面大小】为1024×768，【像素纵横比】为【方形像素（1.0）】，设置【序列名称】，单击【确定】按钮。

03 在项目窗口中空白处双击鼠标左键或者按快捷键Ctrl+I，在弹出的对话框中选择所需素材文件，单击【打开】按钮。

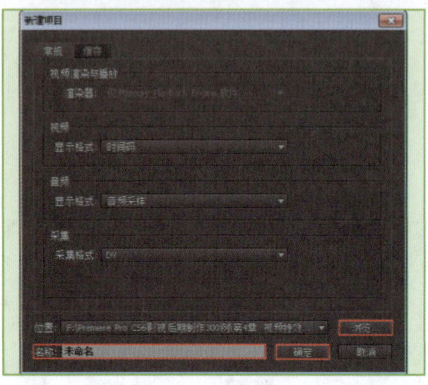 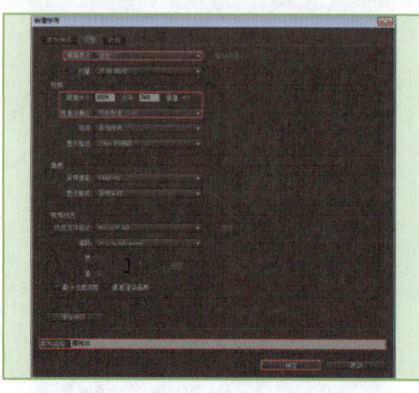 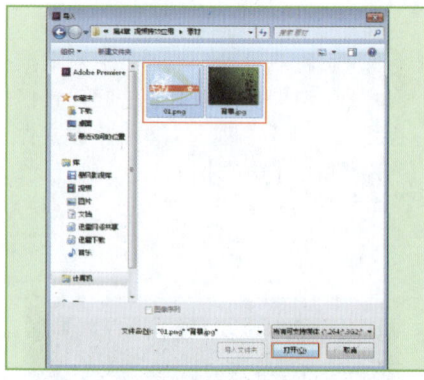

04 将项目窗口中的【背景.jpg】素材文件拖曳到时间线视频1轨道上。

05 选择时间线窗口中的【01.jpg】素材文件，并在【特效控制台】面板中设置【缩放】为86。

06 可拖动时间线滑块查看效果。

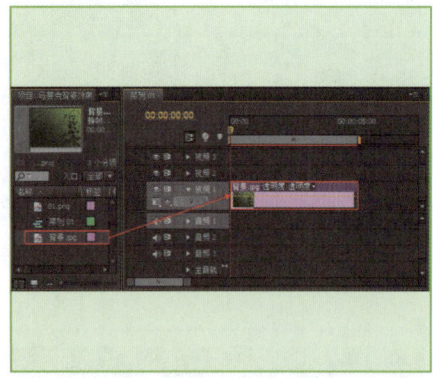 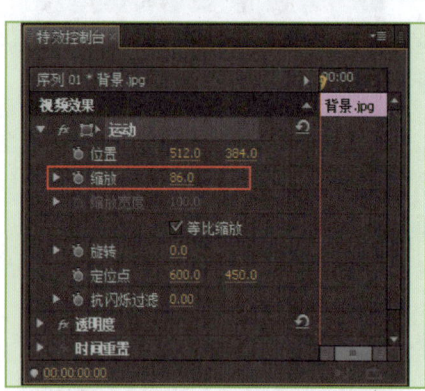 

07 为【背景.jpg】素材文件添加【马赛克】效果，并设置【水平块】为12，【垂直块】为10，然后勾选【锐化颜色】复选框。

08 选择项目窗口中的【01.png】素材文件，然后将其拖曳到时间线窗口中视频2轨道上。

09 可拖动时间线滑块查看最终马赛克背景效果。

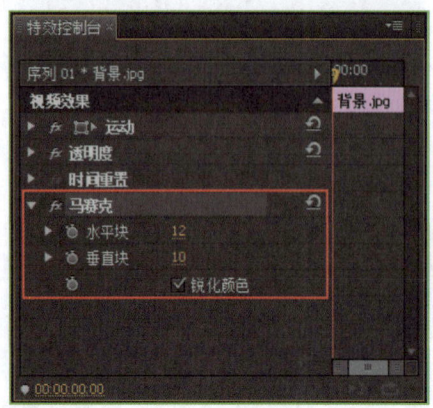  

第4章 视频特效应用

实例065 多画面效果

多画面特效可以将素材横向和纵向复制并排列，产生多个相同素材画面。本例主要介绍制作多画面效果的方法。

文件路径：源文件\第4章\例065　　　视频文件：视频文件\第4章\例065.flv

01 新建项目，在弹出的对话框中单击【浏览】按钮设置储存路径，在【名称】文本框修改文件名称，单击【确定】按钮。

02 在弹出的对话框中选择【设置】选项卡，设置【编辑模式】为【自定义】，【画面大小】为1024×768，【像素纵横比】为【方形像素（1.0）】，设置【序列名称】，单击【确定】按钮。

03 在项目窗口中空白处双击鼠标左键或者按快捷键Ctrl+I，在弹出的对话框中选择所需素材文件，单击【打开】按钮。

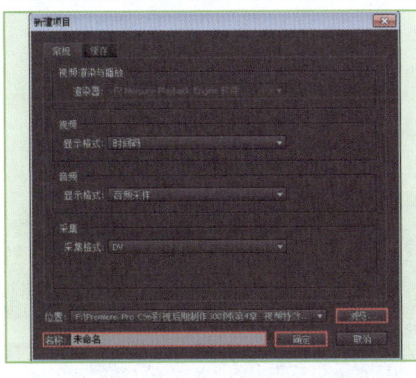
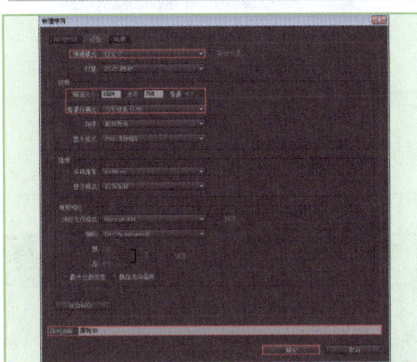
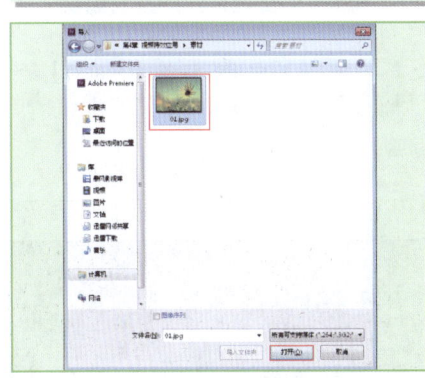

04 将项目窗口中的【01.jpg】素材文件拖曳到时间线视频1轨道上。

05 为时间线窗口中的【01.jpg】素材文件添加【复制】效果，并设置【计数】为4。

06 可拖动时间线滑块查看最终多画面效果。

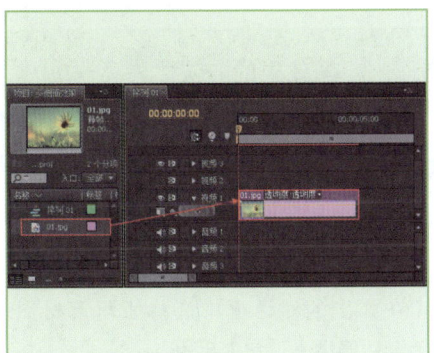
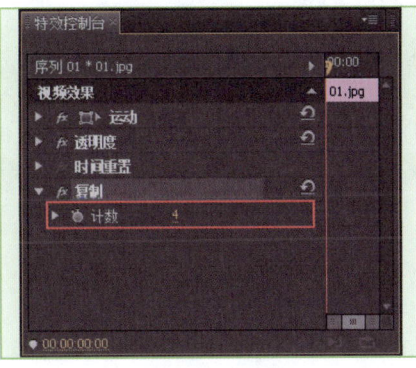
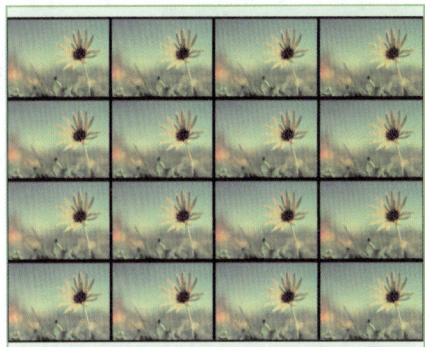

实例066 画面垂直保持效果

垂直保持特效可以使素材在垂直方向产生持续向上滚动效果。本例主要介绍制作画面垂直保持效果的方法。

文件路径：源文件\第4章\例066　　　视频文件：视频文件\第4章\例066.flv

Premiere Pro CS6 | 53

中文 Premiere Pro CS6 影视编辑剪辑设计与制作300例

01 新建项目，在弹出的对话框中单击【浏览】按钮设置储存路径，在【名称】文本框修改文件名称，单击【确定】按钮。

02 在弹出的对话框中选择【设置】选项卡，并设置【编辑模式】为【自定义】，【画面大小】为1024×768，【像素纵横比】为【方形像素（1.0）】，设置【序列名称】，单击【确定】按钮。

03 在项目窗口中空白处双击鼠标左键或者按快捷键Ctrl+I，在弹出的对话框中选择所需素材文件，单击【打开】按钮。

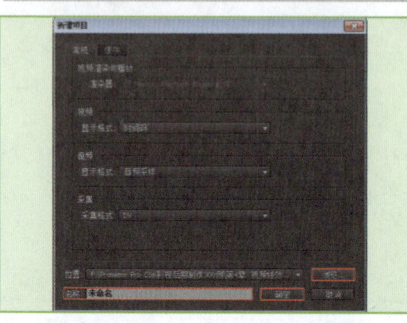
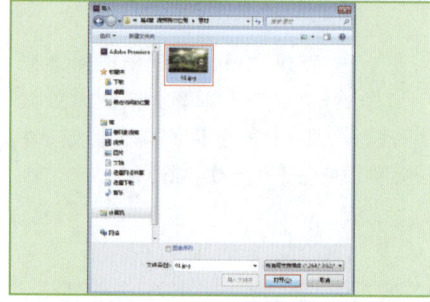

04 将项目窗口中的【01.jpg】素材文件拖曳到时间线视频1轨道上。

05 在【效果】面板中搜索【垂直保持】效果，并将其拖曳到时间线视频1轨道上。

06 可拖动时间线滑块查看最终画面垂直保持效果。

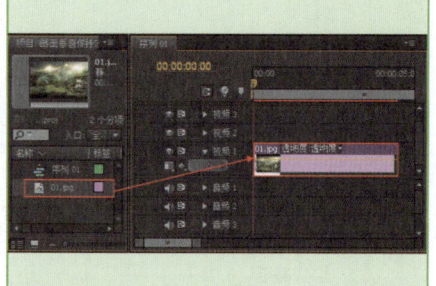
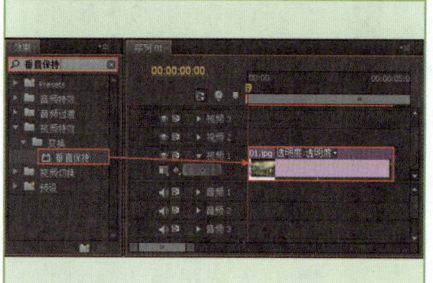

实例067　水粉画效果

笔触特效可以使素材产生类似画笔绘制的水粉画效果。本例主要介绍制作水粉画效果的方法。

文件路径：源文件\第4章\例067

视频文件：视频文件\第4章\例067.flv

01 新建项目，在弹出的对话框中单击【浏览】按钮设置储存路径，在【名称】文本框修改文件名称，单击【确定】按钮。

02 在弹出的对话框中选择【设置】选项卡，并设置【编辑模式】为【自定义】，【画面大小】为1024×768，【像素纵横比】为【方形像素（1.0）】，设置【序列名称】，最后单击【确定】按钮。

03 在项目窗口中空白处双击鼠标左键或者按快捷键Ctrl+I，在弹出的对话框中选择所需素材文件，单击【打开】按钮。

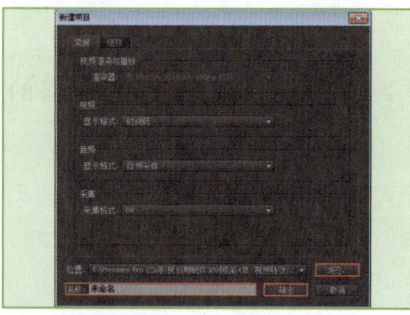
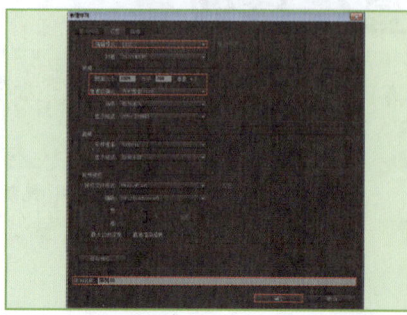
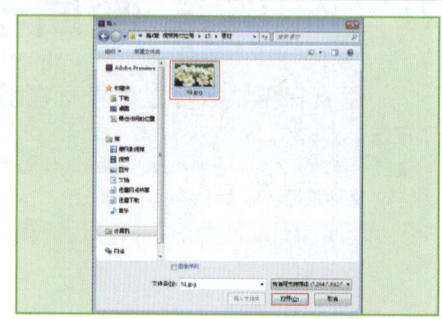

第4章 视频特效应用

04 将项目窗口中【01.jpg】素材文件按照顺序拖曳到时间线窗口中。

05 为时间线窗口中的【01.jpg】素材添加【笔触】效果，并设置【画笔大小】为5，【描绘长度】为10，【描绘浓度】为2，【描绘随机性】为2。

06 可拖动时间线滑块查看最终水粉画效果。

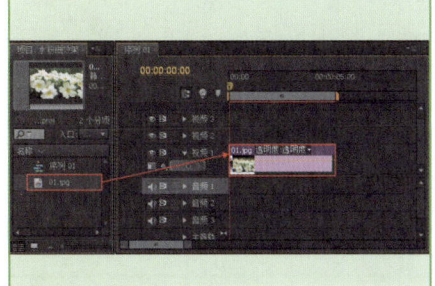
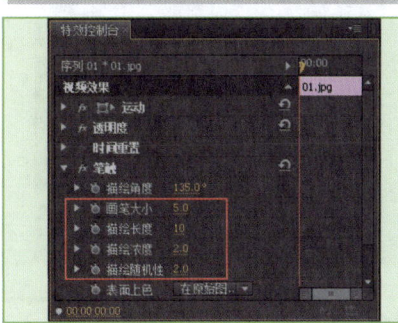

实例068　三维卡片效果

基本3D特效可以使素材进行三维变换，沿水平或垂直进行旋转，产生透视效果，并可以将素材进行拉近或推远。本例主要介绍制作三维卡片效果的方法。

文件路径：源文件\第4章\例068　　　　视频文件：视频文件\第4章\例068.flv

01 新建项目，在弹出的对话框中单击【浏览】按钮设置储存路径，在【名称】文本框修改文件名称，单击【确定】按钮。

02 在弹出的对话框中选择【设置】选项卡，并设置【编辑模式】为【自定义】，【画面大小】为1024×768，【像素纵横比】为【方形像素（1.0）】，设置【序列名称】，最后单击【确定】按钮。

03 在项目窗口中空白处双击鼠标左键或者按快捷键Ctrl+I，在弹出的对话框中选择所需素材文件，单击【打开】按钮。

04 将项目窗口中的【01.jpg】和【02.jpg】素材文件拖曳到时间线窗口视频1和视频2轨道上。

05 选择时间线窗口中的【01.jpg】素材文件，然后在【特效控制台】面板中设置【缩放】为77。

06 为时间线窗口中【02.jpg】图层添加【斜面Alpha】效果，并设置【边缘厚度】为15。

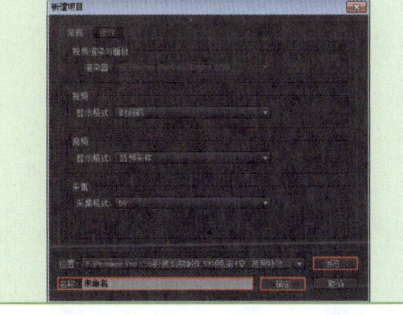
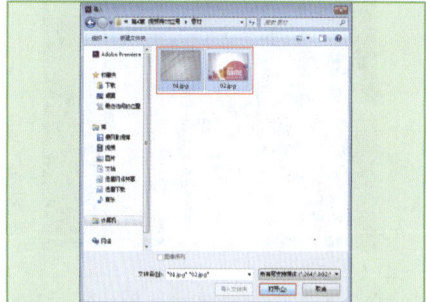
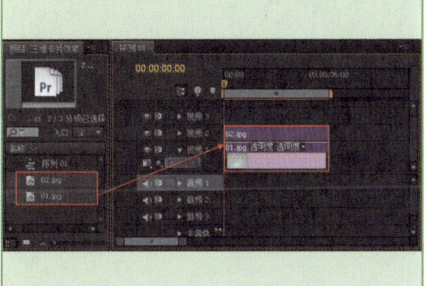
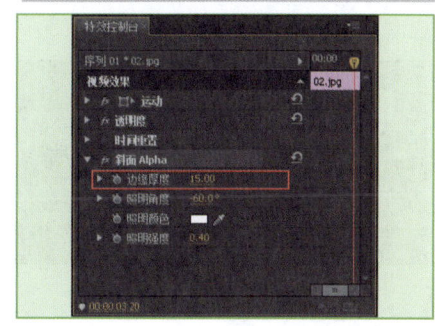

07 为【02.jpg】图层添加【基本3D】效果，并设置【旋转】为15°，【与图像的距离】为70。

08 继续为【02.jpg】素材文件添加【投影】效果，并设置【距离】为30，【柔和度】为90。

09 可拖动时间线滑块查看最终三维卡片效果。

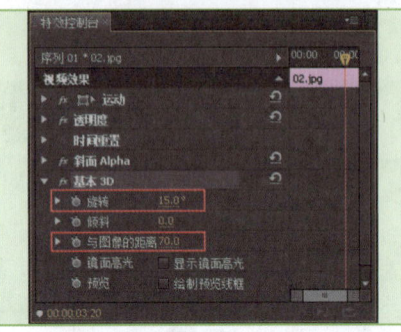
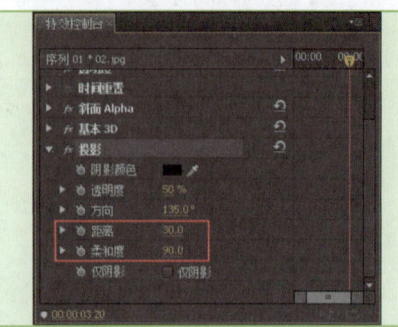

实例069　报纸人像纹理效果

纹理特效可以令素材表面产生浮雕形式的贴图效果。本例主要介绍制作报纸人像纹理效果的方法。

文件路径：源文件\第4章\例069

视频文件：视频文件\第4章\例069.flv

01 新建项目，在弹出的对话框中单击【浏览】按钮设置储存路径，接着在【名称】文本框修改文件名称，并单击【确定】按钮。

02 在弹出的对话框中选择【设置】选项卡，并设置【编辑模式】为【自定义】，【画面大小】为1024×768，【像素纵横比】为【方形像素（1.0）】，设置【序列名称】，最后单击【确定】按钮。

03 在项目窗口中空白处双击鼠标左键或者按快捷键Ctrl+I，在弹出的对话框中选择所需素材文件，并单击【打开】按钮。

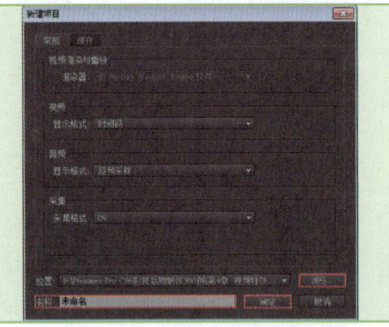

04 将项目窗口中的【01.jpg】和【02.jpg】素材文件拖曳到时间线视频1和视频2轨道上，然后隐藏视频2轨道上的【02.jpg】素材文件。

05 为时间线【01.jpg】素材文件添加【材质】效果，并设置【纹理图层】为【视频2】，【照明方向】为30°，【纹理对比度】为1.5。

06 可拖动时间线滑块查看最终报纸人像纹理效果。

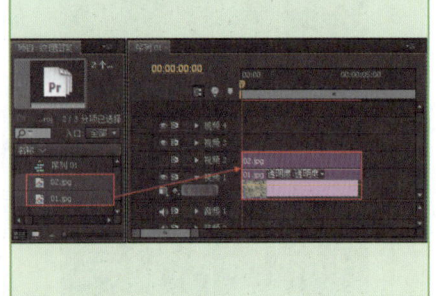
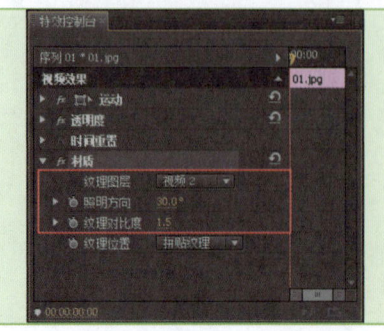

第4章 视频特效应用

实例070　数字钟表效果

时间码特效可以在素材上添加与摄像机同步的时间码，方便编辑与对位。本例主要介绍制作数字钟表效果的方法。

文件路径：源文件\第4章\例070　　　视频文件：视频文件\第4章\例070.flv

01 新建项目，在弹出的对话框中单击【浏览】按钮设置储存路径，在【名称】文本框修改文件名称，单击【确定】按钮。

02 在弹出的对话框中选择【设置】选项卡，并设置【编辑模式】为【自定义】，【画面大小】为1024×768，【像素纵横比】为【方形像素（1.0）】，接着设置【序列名称】，单击【确定】按钮。

03 在项目窗口中空白处双击鼠标左键或者按快捷键Ctrl+I，在弹出的对话框中选择所需素材文件，单击【打开】按钮。

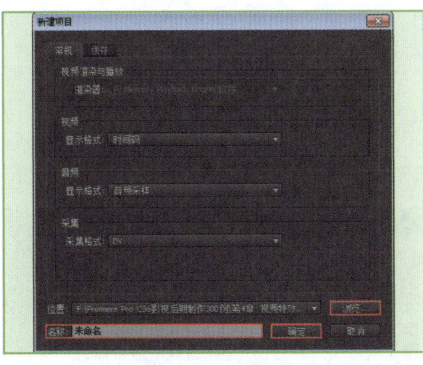
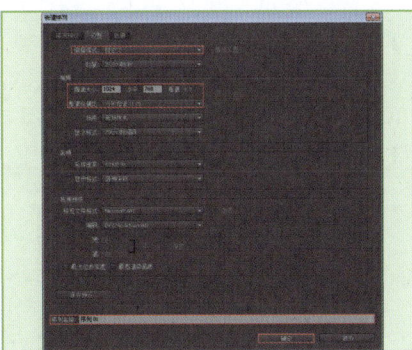
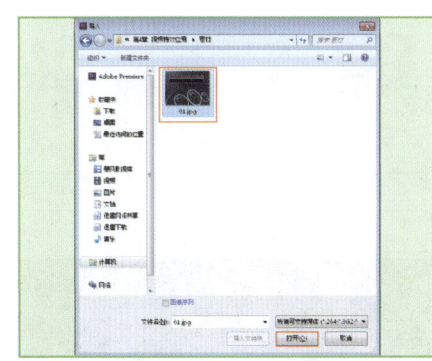

04 将项目窗口中的【01.jpg】素材文件拖曳到时间线视频1轨道上。

05 为时间线窗口中的【01.jpg】素材文件添加【时间码】效果，并设置【位置】为（502,184），【大小】为24%，【透明度】为0%，【时间显示】为24。

06 可拖动时间线滑块查看最终数字钟表效果。

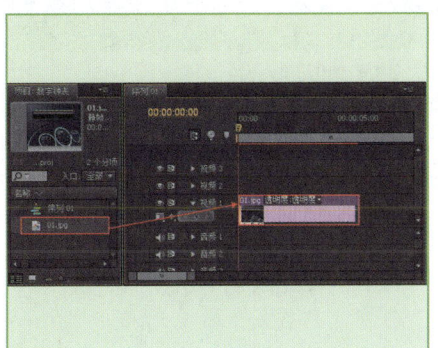
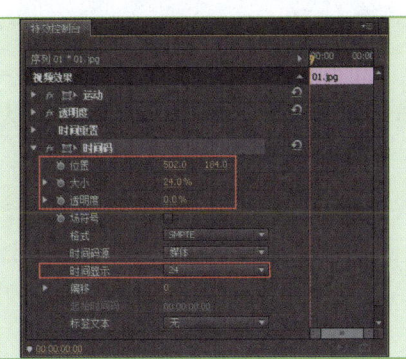
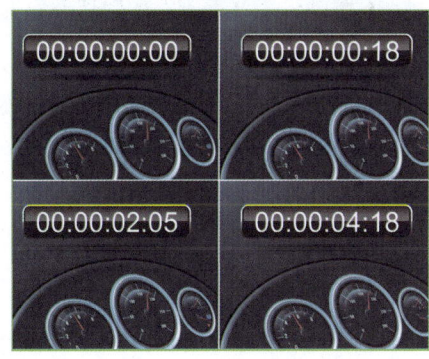

实例071　杂波画面效果

杂波特效能使素材的画面上出现颗粒状的杂波点效果，以模拟电视杂点效果。本例主要介绍制作杂波画面效果的方法。

文件路径：源文件\第4章\例071　　　视频文件：视频文件\第4章\例071.flv

Premiere Pro CS6 | 57

Chapter 04

01 新建项目，在弹出的对话框中单击【浏览】按钮设置储存路径，接着在【名称】文本框修改文件名称，并单击【确定】按钮。

02 在弹出的对话框中选择【设置】选项卡，并设置【编辑模式】为【自定义】，【画面大小】为1024×768，【像素纵横比】为【方形像素（1.0）】，设置【序列名称】，最后单击【确定】按钮。

03 在项目窗口中空白处双击鼠标左键或者按快捷键Ctrl+I，然后在弹出的对话框中选择所需素材文件，并单击【打开】按钮。

 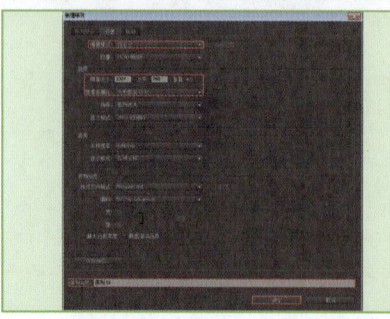 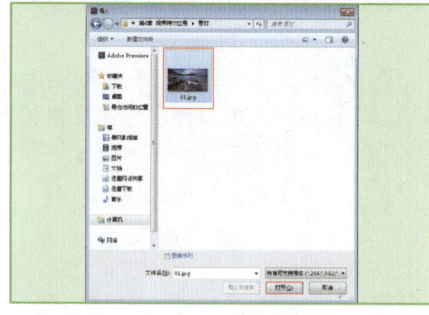

04 将项目窗口中的【01.jpg】素材文件拖曳到时间线视频1轨道上。

05 在【特效控制台】面板中设置【缩放】为73，然后为时间线窗口中的【01.jpg】素材文件添加【杂波】效果，并设置【杂波数量】为90%。

06 可拖动时间线滑块查看杂波画面效果。

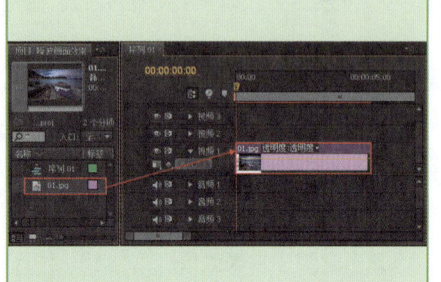 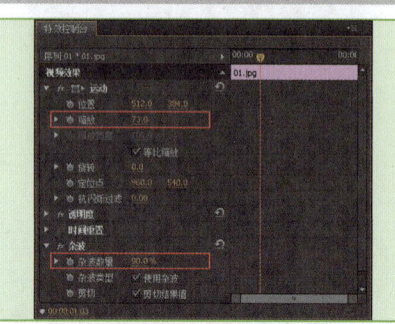 

实例072　画面扭曲效果

本例主要介绍制作画面扭曲效果的方法。

文件路径：源文件\第4章\例072
视频文件：视频文件\第4章\例072.flv

01 新建项目，在弹出的对话框中单击【浏览】按钮设置储存路径，接着在【名称】文本框修改文件名称，并单击【确定】按钮。

02 在弹出的对话框中选择【设置】选项卡，并设置【编辑模式】为【自定义】，【画面大小】为1024×768，【像素纵横比】为【方形像素（1.0）】，接着设置【序列名称】，最后单击【确定】按钮。

03 在项目窗口中空白处双击鼠标左键或者按快捷键Ctrl+I，然后在弹出的对话框中选择所需素材文件，并单击【打开】按钮。

 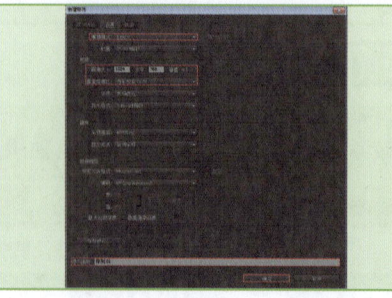 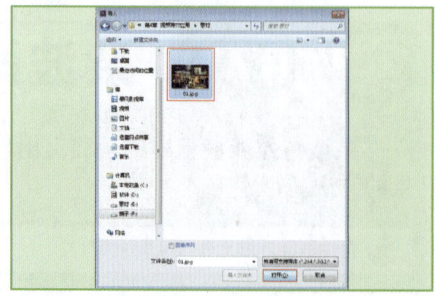

58 | Premiere Pro CS6

第4章 视频特效应用

04 将项目窗口中的【01.jpg】素材文件拖曳到时间线窗口中的视频1轨道上。

05 为时间线窗口中的【01.jpg】素材文件添加【紊乱置换】特效，并设置【数量】为120，【大小】为152，【演化】为41°。

06 可拖动时间线滑块查看最终画面扭曲效果。

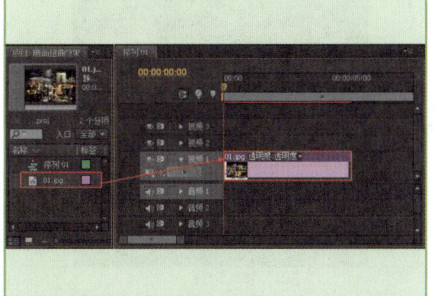 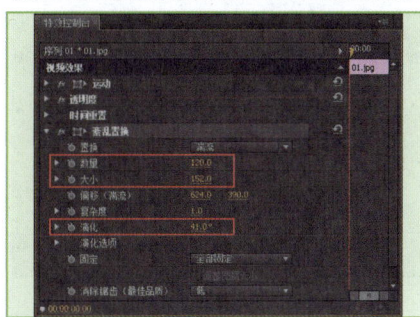 

实例073　倒影效果

本例介绍利用垂直翻转、线性擦除和快速模糊特效制作倒影效果的方法。

文件路径：源文件\第4章\例073　　　　视频文件：视频文件\第4章\例073.flv

01 新建项目，在弹出的对话框中单击【浏览】按钮设置储存路径，接着在【名称】文本框修改文件名称，并单击【确定】按钮。

02 在弹出的对话框中选择【设置】选项卡，并设置【编辑模式】为【自定义】，【画面大小】为1024×768，【像素纵横比】为【方形像素（1.0）】，接着设置【序列名称】，最后单击【确定】按钮。

03 在项目窗口中空白处双击鼠标左键或者按快捷键Ctrl+I，在弹出的对话框中选择所需素材文件，并单击【打开】按钮。

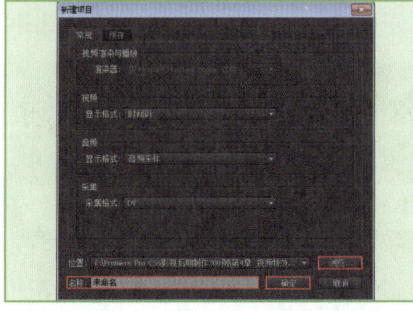

04 选择菜单栏中的【文件】|【新建】|【黑色视频】命令，在弹出对话框中单击【确定】按钮。

05 将项目窗口中的【黑色视频】重命名为【背景】，然后将其拖曳到时间线窗口中视频1轨道上。

06 为【背景】素材文件添加【渐变】效果，并设置【起始颜色】为浅灰色（R：220，G：220，B：220），设置【结束颜色】为深灰色（R：124，G：124，B：124）。

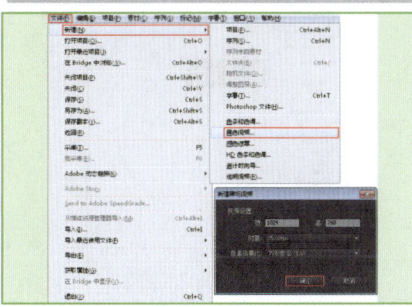 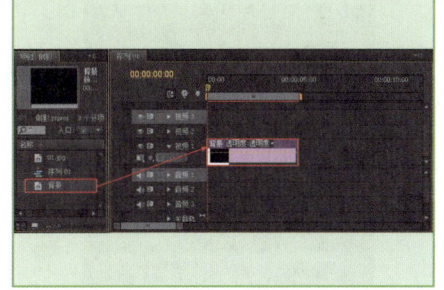 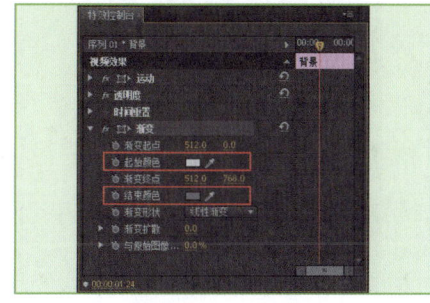

Premiere Pro CS6 | 59

07 将项目中的【01.png】素材文件拖曳到时间线窗口的视频2轨道上,然后在【特效控制台】面板中设置【位置】为(512,272)。

08 再次将项目窗口中的【01.jpg】素材文件拖曳到视频3轨道上,并重命名为【倒影】。

09 选择视频3轨道上的【倒影】素材文件,然后在【特效控制台】面板中设置【位置】为(512,585)。

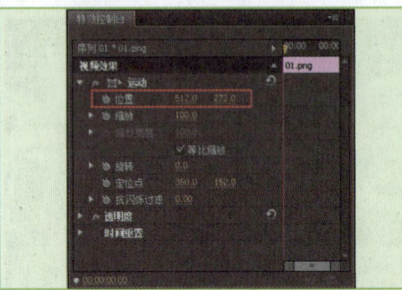  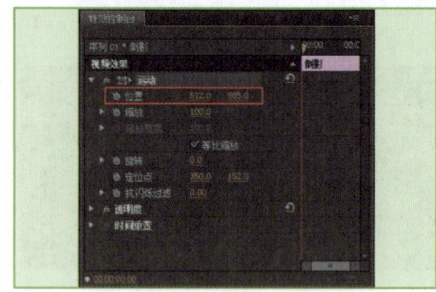

10 为视频3轨道上的【倒影】素材文件添加【垂直翻转】和【线性擦除】效果,并设置【线性擦除】下的【过渡完成】为50%,【羽化】为150。

11 为视频3轨道上的【倒影】素材文件添加【快速模糊】效果,并设置【模糊量】为7。

12 可拖动时间线滑块查看最终倒影效果。

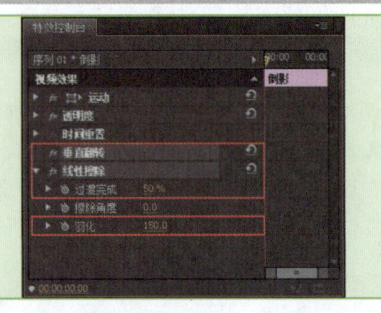 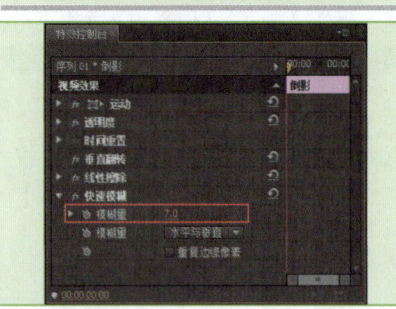 

实例074　镂空图案效果

轨道遮罩键特效可以使素材应用某一图层作为蒙板贴图,制作出镂空图案效果。本例主要介绍制作镂空图案效果的方法。

文件路径:源文件\第4章\例074　　视频文件:视频文件\第4章\例074.flv

01 新建项目,在弹出的对话框中单击【浏览】按钮设置储存路径,在【名称】文本框修改文件名称,单击【确定】按钮。

02 在弹出的对话框中选择【设置】选项卡,并设置【编辑模式】为【自定义】,【画面大小】为1024×768,【像素纵横比】为【方形像素(1.0)】,设置【序列名称】,单击【确定】按钮。

03 在项目窗口中空白处双击鼠标左键或者按快捷键Ctrl+I,在弹出的对话框中选择所需素材文件,并单击【打开】按钮。

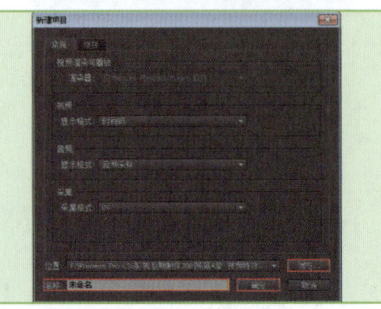 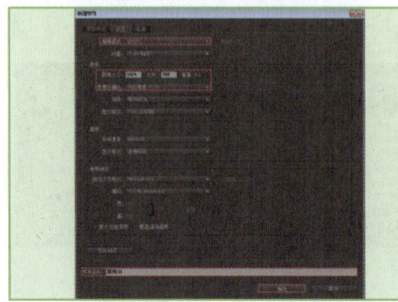 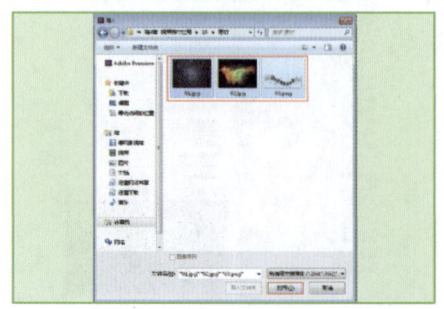

第4章　视频特效应用

04 将项目窗口中【01.jpg】、【02.jpg】和【03.png】素材文件按照顺序拖曳到时间线窗口中。

05 选择时间线窗口中的【03.png】素材文件，并设置【缩放】为220。

06 可拖动时间线滑块查看效果。

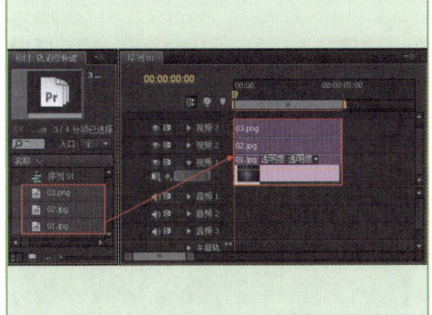 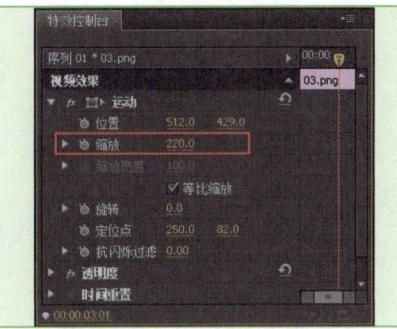 

07 选择【效果】面板中的【轨道遮罩键】效果，并将其拖曳到视频2轨道的【02.jpg】素材文件上。

08 选择视频2轨道上的【02.jpg】素材文件，并在【特效控制台】面板中设置【轨道遮罩键】的【遮罩】为【视频3】。

09 可拖动时间线滑块查看最终镂空图案效果。

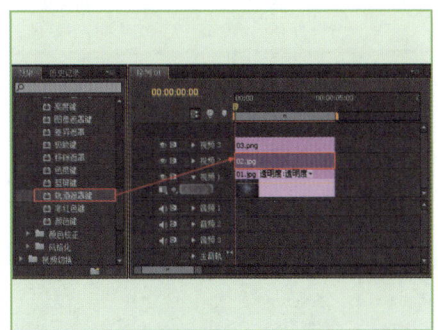 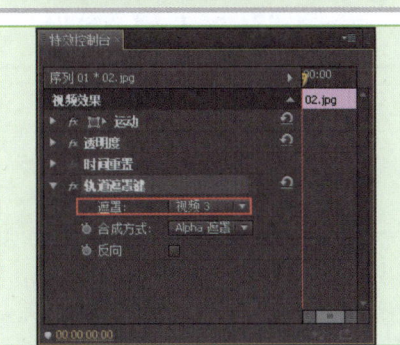 

实例075　网络科技效果

网格特效可以使素材出现网格效果，并可以调整网格数量。本例主要介绍制作网络科技效果的方法。

文件路径：源文件\第4章\例075　　　视频文件：视频文件\第4章\例075.flv

01 新建项目，在弹出的对话框中单击【浏览】按钮设置储存路径，在【名称】文本框修改文件名称，单击【确定】按钮。

02 在弹出的对话框中选择【设置】选项卡，设置【编辑模式】为【自定义】，【画面大小】为1024×768，【像素纵横比】为【方形像素（1.0）】，设置【序列名称】，单击【确定】按钮。

03 在项目窗口中空白处双击鼠标左键或者按快捷键Ctrl+I，在弹出的对话框中选择所需素材文件，单击【打开】按钮。

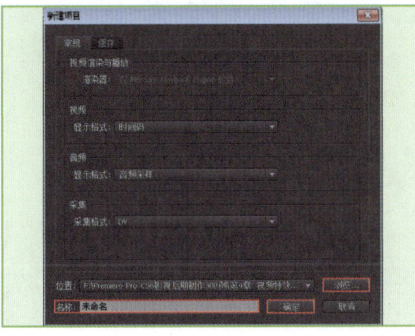 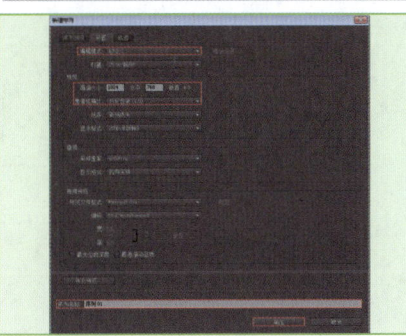 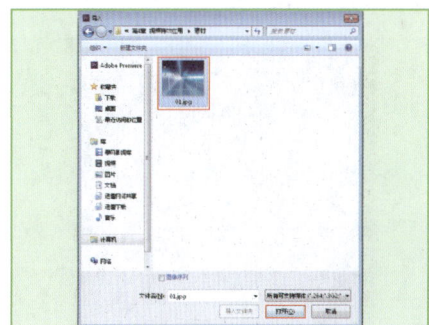

Premiere Pro CS6 | 61

04 将项目窗口中的【01.jpg】素材文件拖曳到时间线窗口中视频1轨道上。

05 将项目窗口中的【01.jpg】素材文件拖曳到时间线窗口中视频1轨道上，并在【效果控制台】面板中设置【缩放】为86。

06 可拖动时间线滑块查看效果。

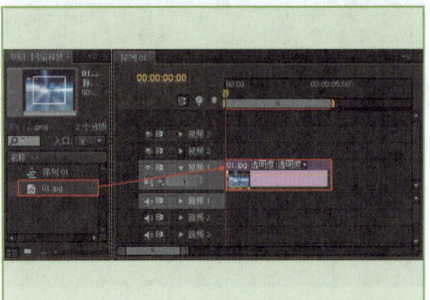
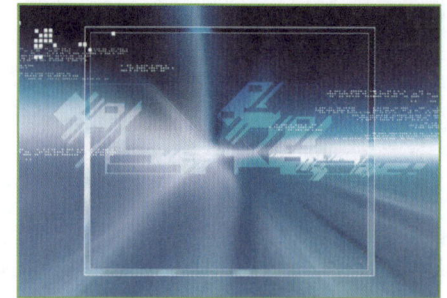

07 在【效果】面板中搜索【网格】效果，并将其拖曳到视频1轨道的【01.jpg】素材文件上。

08 为【01.jpg】添加【网格】效果，并设置【从以下位置开始的大小】为【宽度滑块】，【宽度】为65，【边框】为3，【透明度】为80%，【混合模式】为【叠加】。

09 可拖动时间线滑块查看最终网络科技效果。

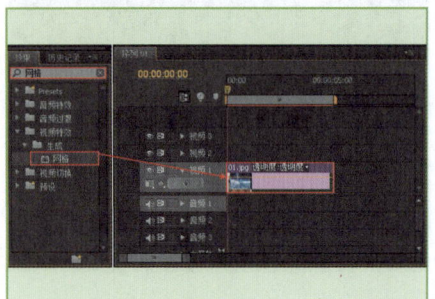
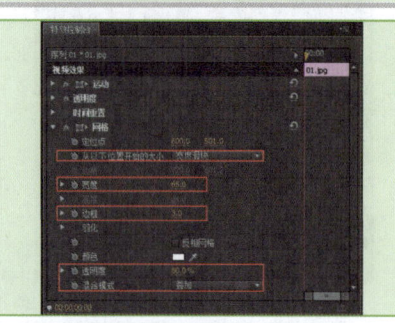
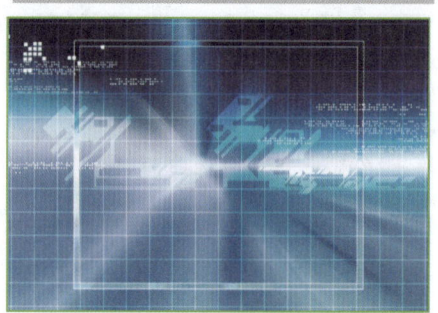

实例076　棋盘格背景效果

棋盘特效可以在素材上产生矩形的格子棋盘效果，并可以调整棋盘格的颜色。本例主要介绍制作棋盘格背景效果的方法。

文件路径：源文件\第4章\例076　　　　视频文件：视频文件\第4章\例076.flv

01 新建项目，然后在弹出的对话框中单击【浏览】按钮设置储存路径，接着在【名称】文本框修改文件名称，并单击【确定】按钮。

02 在弹出的对话框中选择【设置】选项卡，设置【编辑模式】为【自定义】，【画面大小】为1024×768，【像素纵横比】为【方形像素（1.0）】，设置【序列名称】，单击【确定】按钮。

03 在项目窗口中空白处双击鼠标左键或者按快捷键Ctrl+I，在弹出的对话框中选择所需素材文件，单击【打开】按钮。

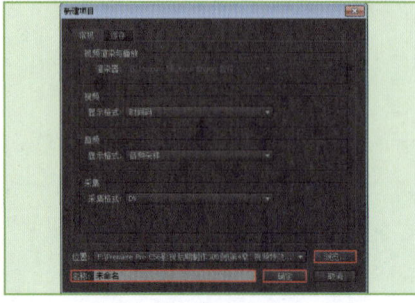
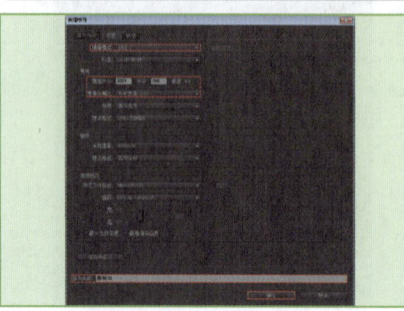
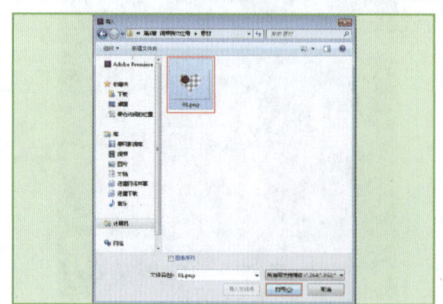

第4章 视频特效应用

04 选择菜单栏中的【文件】|【新建】|【黑色视频】命令，在弹出对话框中单击【确定】按钮。

05 将项目窗口中的【黑色视频】重命名为【背景】，然后将其拖曳到时间线视频1轨道上。

06 为视频1轨道上的【背景】素材文件添加【棋盘】效果，并设置【从以下位置开始的大小】为【宽度滑块】，【宽度】为65，【颜色】为浅灰色（R: 141，G: 143，B: 146）。

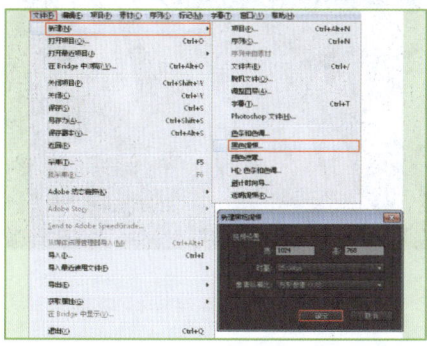
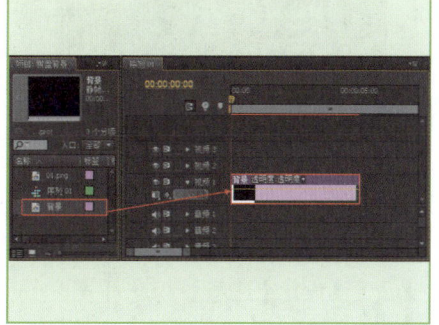
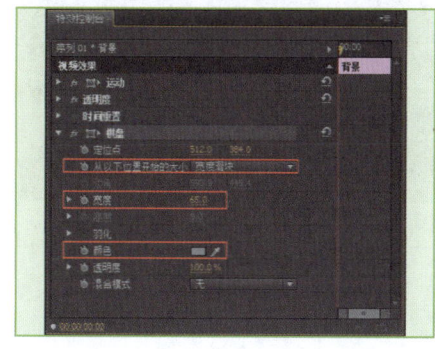

07 可拖动时间线滑块查看效果。

08 将项目窗口中的【01.png】素材文件拖曳到时间线视频2轨道上。

09 可拖动时间线滑块查看最终棋盘格背景效果。

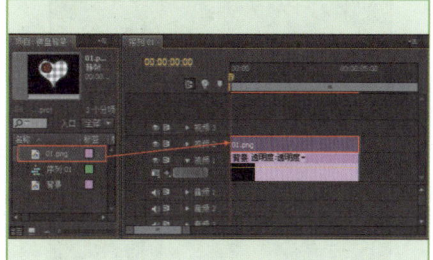

实例077 电流效果

闪电特效可以在素材上模拟出动态闪电的电流效果。本例主要介绍制作电流效果的方法。

文件路径：源文件\第4章\例077　　　视频文件：视频文件\第4章\例077.flv

01 新建项目，在弹出的对话框中单击【浏览】按钮设置储存路径，接着在【名称】文本框修改文件名称，并单击【确定】按钮。

02 在弹出的对话框中选择【设置】选项卡，设置【编辑模式】为【自定义】，【画面大小】为1024×768，【像素纵横比】为【方形像素（1.0）】，设置【序列名称】，单击【确定】按钮。

03 在项目窗口中空白处双击鼠标左键或者按快捷键Ctrl+I，在弹出的对话框中选择所需素材文件，单击【打开】按钮。

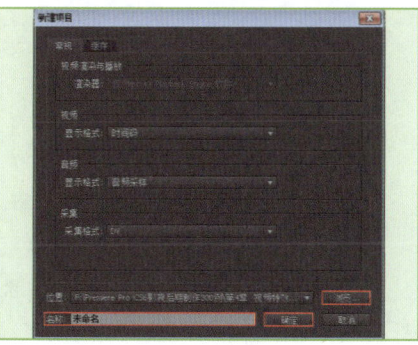
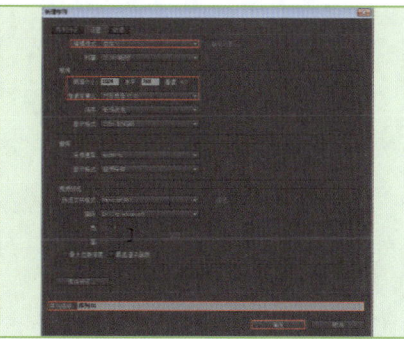

Premiere Pro CS6 | 63

04 将项目窗口中的【01.jpg】素材文件拖曳到时间线视频1轨道上。

05 选择视频1轨道上的【01.jpg】素材文件，在【特效控制台】面板中设置【缩放】为86。

06 可拖动时间线滑块查看效果。

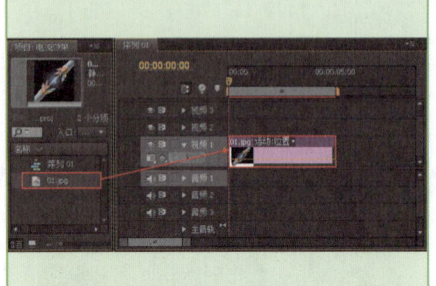
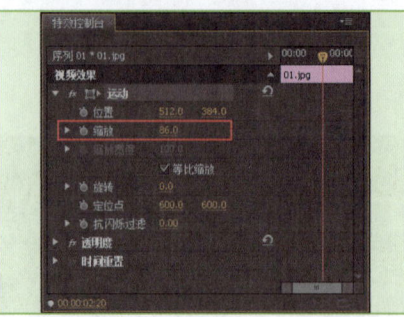

07 为【01.jpg】素材文件添加【闪电】效果，并设置【起始点】为（466,713），【结束点】为（727,458），【线段】为10，【分支】为0.5。

08 设置【速度】为5，【宽度】为9，【外部颜色】为浅蓝色（R：26，G：155，B：255）。

09 可拖动时间线滑块查看最终电流效果。

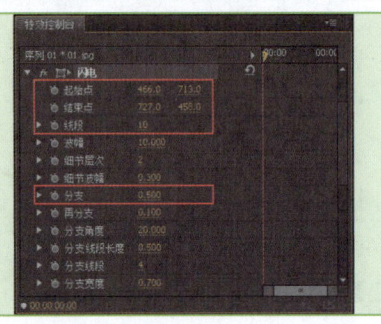
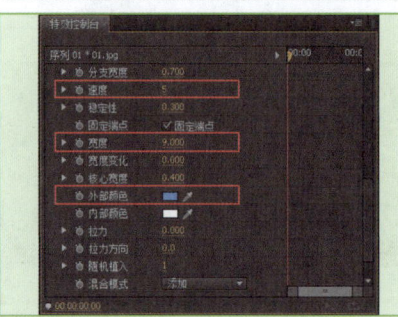
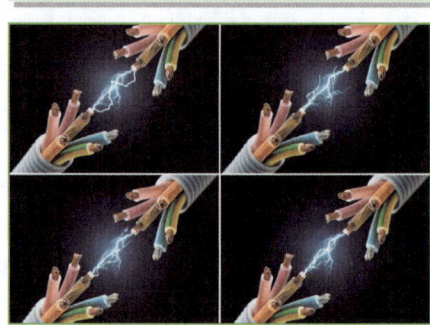

实例078　人物镜像效果

镜像特效可以使素材按照指定的方向和角度将图像沿某一方向分割为两部分，在素材范围内制作出镜像效果。本例主要介绍制作人物镜像效果的方法。

文件路径：源文件\第4章\例078

视频文件：视频文件\第4章\例078.flv

01 新建项目，在弹出的对话框中单击【浏览】按钮设置储存路径，接着在【名称】文本框修改文件名称，并单击【确定】按钮。

02 在弹出的对话框中选择【设置】选项卡，并设置【编辑模式】为【自定义】，【画面大小】为1024×768，【像素纵横比】为【方形像素（1.0）】，设置【序列名称】，单击【确定】按钮。

03 在项目窗口中空白处双击鼠标左键或者按快捷键Ctrl+I，在弹出的对话框中选择所需素材文件，单击【打开】按钮。

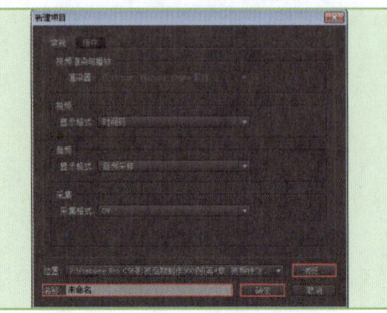
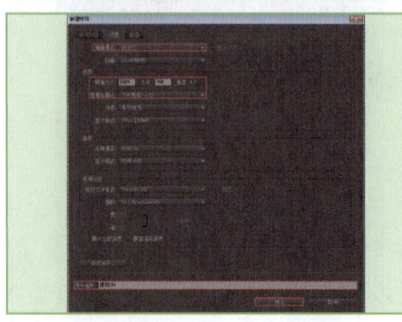

第4章 视频特效应用

04 将项目窗口中的【01.jpg】素材文件拖曳到时间线窗口中的视频1轨道上。

05 为视频1轨道上的【01.jpg】素材文件添加【镜像】效果,并设置【反射中心】为(600,398)。

06 可拖动时间线滑块查看最终镜像效果。

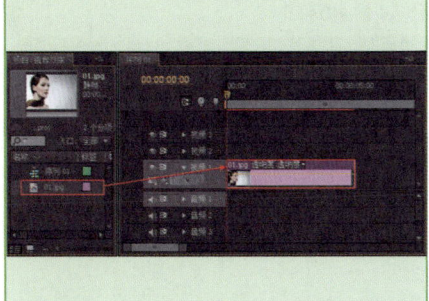
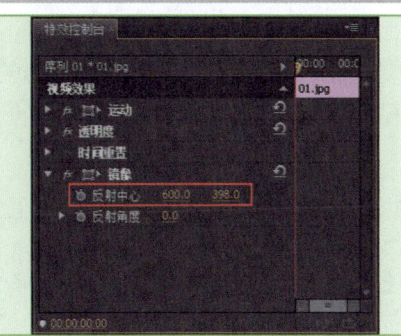

实例079 粗糙边缘效果

粗糙边缘特效可以使素材的边缘产生分离效果,模拟出边缘手绘擦除效果。本例主要介绍制作粗糙边缘效果的方法。

文件路径:源文件\第4章\例079
视频文件:视频文件\第4章\例079.flv

01 新建项目,在弹出的对话框中单击【浏览】按钮设置储存路径,接着在【名称】文本框修改文件名称,并单击【确定】按钮。

02 在弹出的对话框中选择【设置】选项卡,并设置【编辑模式】为【自定义】,【画面大小】为1024×768,【像素纵横比】为【方形像素(1.0)】,设置【序列名称】,单击【确定】按钮。

03 在项目窗口中空白处双击鼠标左键或者按快捷键Ctrl+I,在弹出的对话框中选择所需素材文件,单击【打开】按钮。

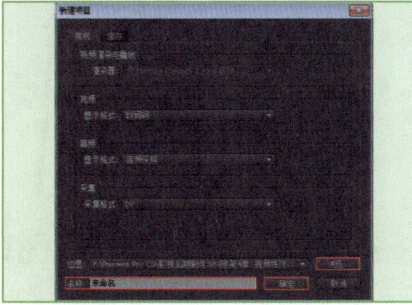
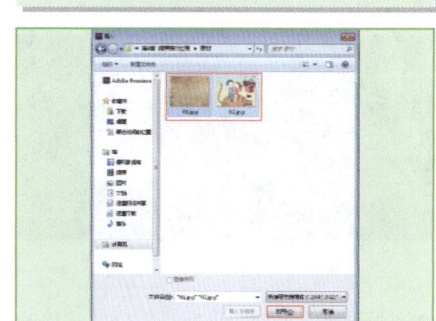

04 将项目窗口中的【01.jpg】和【02.jpg】素材文件按顺序拖曳到时间线窗口中的视频1和视频2轨道上。

05 为时间线窗口中的【02.jpg】素材文件添加【边缘粗糙】效果,并设置【边框】为150,【边缘锐度】为2,【复杂度】为3。

06 可拖动时间线滑块查看最终粗糙边缘效果。

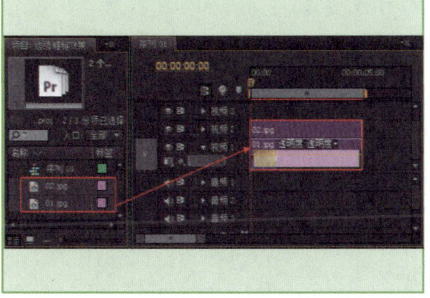
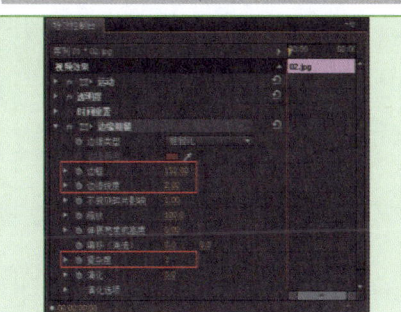

实例080 室外广告牌效果

边角固定特效可以利用素材图像的4个边角坐标位置的变化为图像制作透视效果。本例主要介绍制作室外广告牌的方法。

文件路径：源文件\第4章\例080

视频文件：视频文件\第4章\例080.flv

01 新建项目，在弹出的对话框中单击【浏览】按钮设置储存路径，在【名称】文本框修改文件名称，单击【确定】按钮。

02 在弹出的对话框中选择【设置】选项卡，并设置【编辑模式】为【自定义】，【画面大小】为1024×768，【像素纵横比】为【方形像素（1.0）】，设置【序列名称】，单击【确定】按钮。

03 在项目窗口中空白处双击鼠标左键或者按快捷键Ctrl+I，在弹出的对话框中选择所需素材文件，单击【打开】按钮。

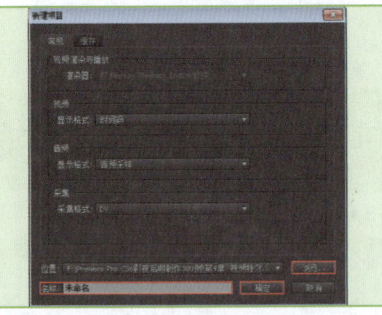

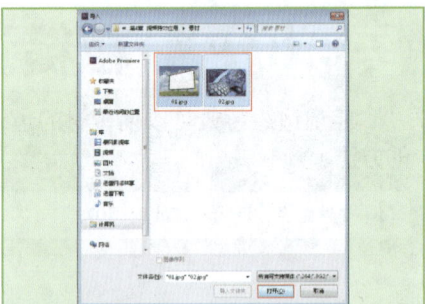

04 选择项目窗口中的【01.jpg】和【02.jpg】素材文件，按顺序拖曳到时间线窗口的视频1和视频2轨道上。

05 选择视频2轨道上的【02.jpg】素材文件，并在【特效控制台】面板中设置【缩放】为86。

06 可拖动时间线滑块查看效果。

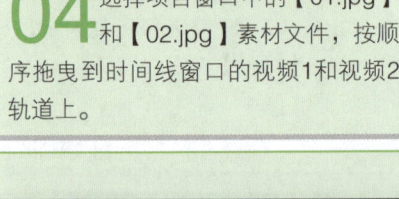

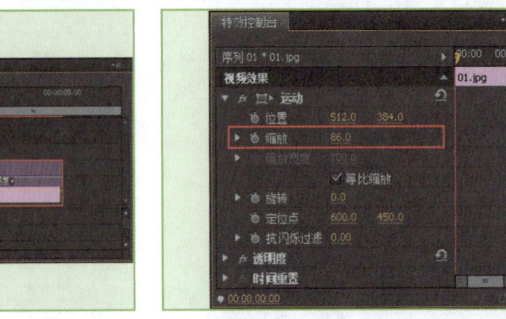

07 在【效果】面板中搜索【边角固定】效果，并将其拖曳到视频2轨道的【02.jpg】素材文件上。

08 为【02.jpg】素材文件添加【边角固定】效果，并设置【左上】为（261,196），【右上】为（885,55），【左下】为（248,553），【右下】为（918,522）。

09 可拖动时间线滑块查看最终广告牌效果。

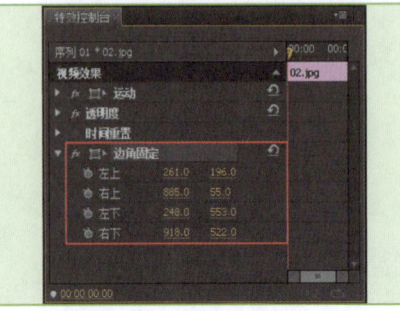

第4章 视频特效应用

实例081 放大镜效果

放大特效可以使素材产生类似放大镜的扭曲变形效果。本例主要介绍制作放大镜效果的方法。

文件路径：源文件\第4章\例081　　　**视频文件**：视频文件\第4章\例081.flv

01 新建项目，在弹出的对话框中单击【浏览】按钮设置储存路径，在【名称】文本框修改文件名称，单击【确定】按钮。

02 在弹出的对话框中选择【设置】选项卡，并设置【编辑模式】为【自定义】，【画面大小】为1024×768，【像素纵横比】为【方形像素（1.0）】，设置【序列名称】，单击【确定】按钮。

03 在项目窗口中空白处双击鼠标左键或者按快捷键Ctrl+I，在弹出的对话框中选择所需素材文件，单击【打开】按钮。

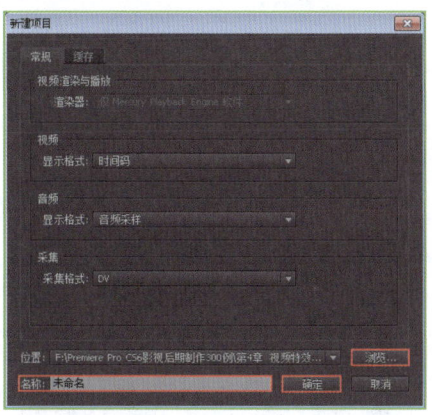
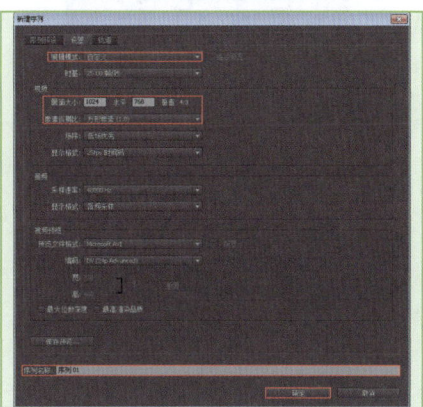
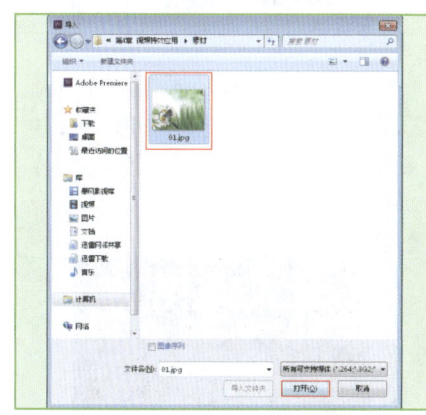

04 将项目窗口中的【01.jpg】素材文件拖曳到时间线窗口中视频1轨道上，然后在【特效控制台】面板中设置【缩放】为86。

05 为视频1轨道上的【01.jpg】素材文件添加【放大】效果，并设置【居中】为（297,615），【放大率】为160，【大小】为140。

06 可拖动时间线滑块查看最终放大镜效果。

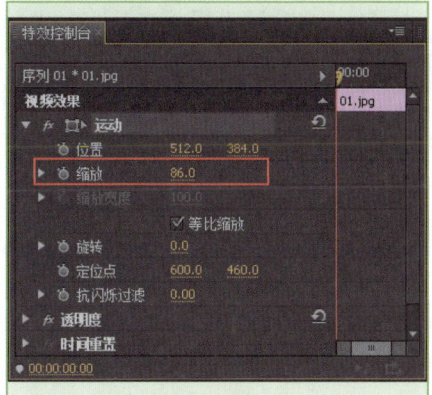
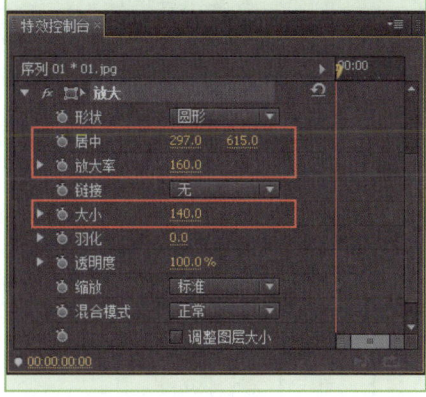

实例082 画面漩涡效果

旋转扭曲特效可以使素材产生沿指定中心进行旋转变形的效果。本例主要介绍制作画面漩涡效果的方法。

文件路径：源文件\第4章\例082　　　**视频文件**：视频文件\第4章\例082.flv

Premiere Pro CS6 | 67

中文 Premiere Pro CS6 影视编辑剪辑设计与制作 300 例

01 新建项目，在弹出的对话框中单击【浏览】按钮设置储存路径，在【名称】文本框修改文件名称，单击【确定】按钮。

02 在弹出的对话框中选择【设置】选项卡，并设置【编辑模式】为【自定义】，【画面大小】为1024×768，【像素纵横比】为【方形像素（1.0）】，设置【序列名称】，单击【确定】按钮。

03 在项目窗口中空白处双击鼠标左键或者按快捷键Ctrl+I，在弹出的对话框中选择所需素材文件，单击【打开】按钮。

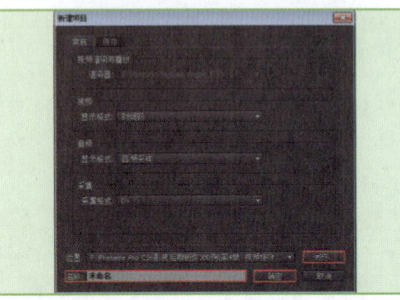 

04 将项目窗口中的【01.jpg】素材文件拖曳到时间线窗口中视频1轨道上，然后在【特效控制台】面板中设置【缩放】为80。

05 为视频1轨道上的【01.jpg】素材文件添加【旋转扭曲】效果，并设置【角度】为1×50°，【旋转扭曲半径】为30。

06 可拖动时间线滑块查看最终画面漩涡效果。

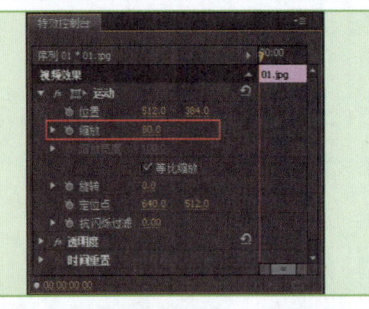 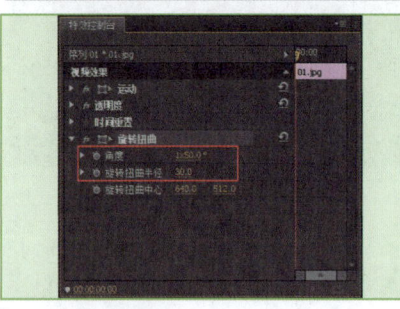 

实例083　斜面石板效果

斜角边特效可以使素材的边缘产生立体效果，且只能应用在矩形的素材上，但是该特效不能应用在带有Alpha通道的图像上。本例主要介绍制作斜面石板效果的方法。

文件路径：源文件\第4章\例083　　视频文件：视频文件\第4章\例083.flv

01 新建项目，在弹出的对话框中单击【浏览】按钮设置储存路径，在【名称】文本框修改文件名称，单击【确定】按钮。

02 在弹出的对话框中选择【设置】选项卡，设置【编辑模式】为【自定义】，【画面大小】为1024×768，【像素纵横比】为【方形像素（1.0）】，设置【序列名称】，单击【确定】按钮。

03 在项目窗口中空白处双击鼠标左键或者按快捷键Ctrl+I，在弹出的对话框中选择所需素材文件，单击【打开】按钮。

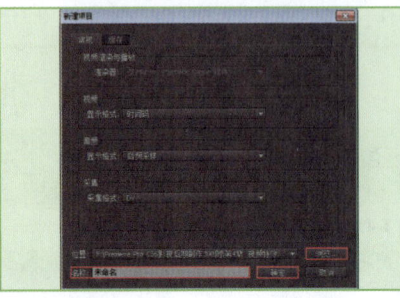 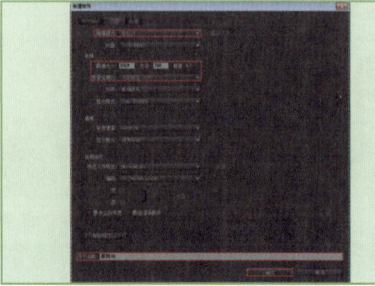 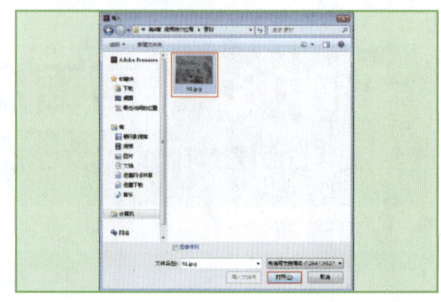

第4章 视频特效应用

04 将项目窗口中的【01.jpg】素材文件拖曳到时间线视频1轨道上。

05 为【01.jpg】素材文件添加【斜角边】效果,设置【边缘厚度】为0.08,【照明颜色】为浅灰色(R:220,G:220,B:220),【照明强度】为0.05。

06 可拖动时间线滑块查看最终斜面石板效果。

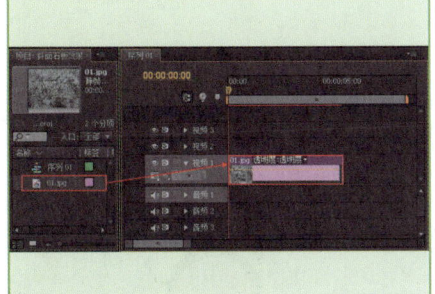
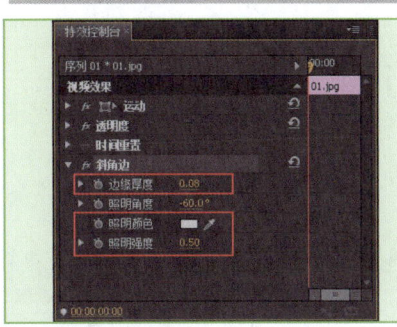
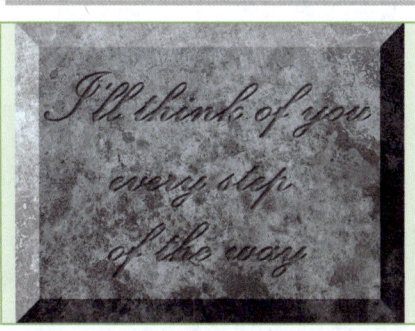

实例084 彩色圆环效果

圆特效可以为素材添加一个圆形,对其半径和颜色等参数进行调节可产生圆形或环形效果。本例主要介绍制作彩色圆环效果的方法。

文件路径:源文件\第4章\例084
视频文件:视频文件\第4章\例084.flv

01 新建项目,在弹出的对话框中单击【浏览】按钮设置储存路径,在【名称】文本框修改文件名称,单击【确定】按钮。

02 在弹出的对话框中选择【设置】选项卡,设置【编辑模式】为【自定义】,【画面大小】为1024×768,【像素纵横比】为【方形像素(1.0)】,设置【序列名称】,单击【确定】按钮。

03 在项目窗口中空白处双击鼠标左键或者按快捷键Ctrl+I,在弹出的对话框中选择所需素材文件,单击【打开】按钮。

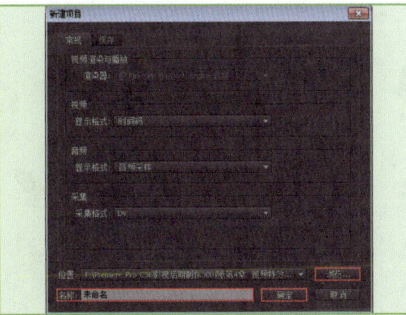
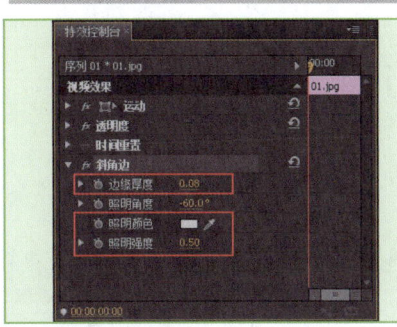
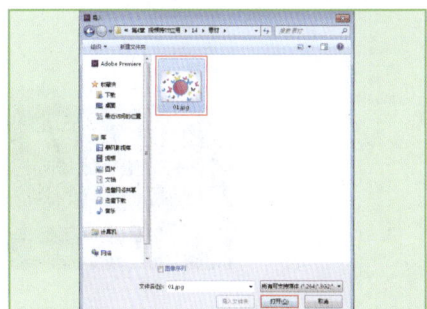

04 将项目窗口中的【01.jpg】素材文件拖曳到时间线窗口中视频1轨道上。

05 选择视频1轨道上的【01.jpg】素材文件,并在【效果控制台】窗口中设置【缩放】为86。

06 选择菜单栏中的【文件】|【新建】|【黑色视频】命令,在弹出的对话框中单击【确定】按钮。

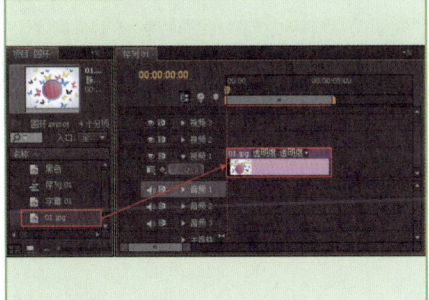
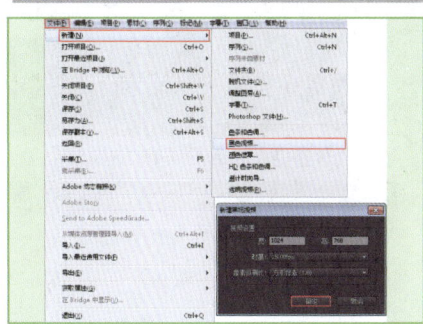
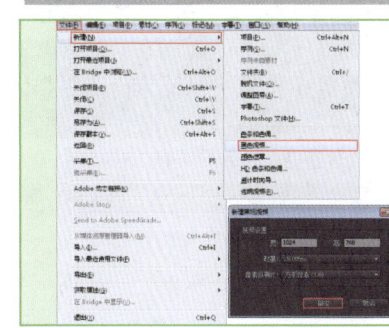

Premiere Pro CS6 | 69

07 将项目窗口中【黑色视频】素材重命名为【黑色】，然后将其拖曳到视频1轨道上。接着添加【圆】效果，并在【特效控制台】面板中设置【边缘】为【厚度】，【厚度】为23，【居中】为（512,426），【半径】为110。

08 可拖动时间线滑块查看效果。

09 同法制作出黄色圆环图层。

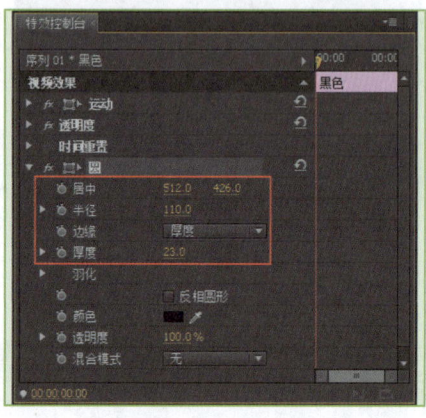

10 新建字幕。在菜单栏中选择【字幕】|【新建字幕】|【默认静态字幕】命令，在弹出的对话框中设置【名称】为【字幕01】，单击【确定】按钮。

11 在弹出的窗口中单击 T （横排文字工具），然后在字幕窗口中输入文字，并设置【字体】为【Calibri】，【字体样式】为【Bold】，【字体大小】为120。

12 可拖动时间线滑块查看最终彩色圆环效果。

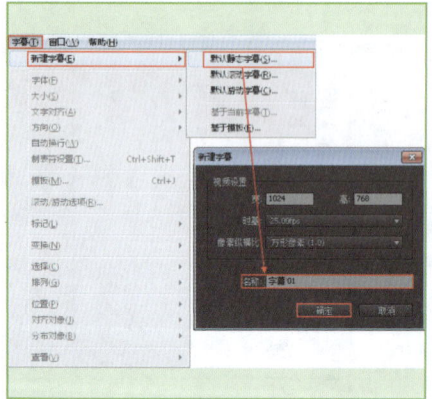
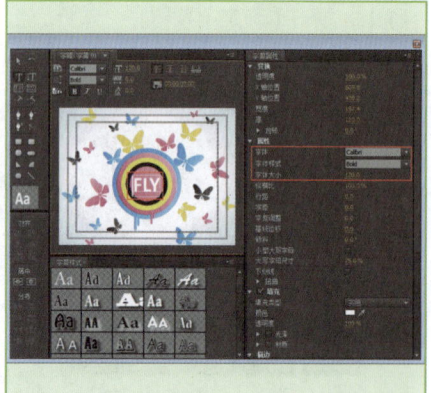

实例085 条纹背景效果

百叶窗特效可以使素材产生类似百叶窗的效果，并可以调整角度。本例主要介绍制作条纹背景效果的方法。

文件路径：源文件\第4章\例085　　　视频文件：视频文件\第4章\例085.flv

第4章 视频特效应用

01 新建项目，在弹出的对话框中单击【浏览】按钮设置储存路径，在【名称】文本框修改文件名称，单击【确定】按钮。

02 在弹出的对话框中选择【设置】选项卡，设置【编辑模式】为【自定义】，【画面大小】为1024×768，【像素纵横比】为【方形像素（1.0）】，设置【序列名称】，单击【确定】按钮。

03 在项目窗口中空白处双击鼠标左键或者按快捷键Ctrl+I，在弹出的对话框中选择所需素材文件，单击【打开】按钮。

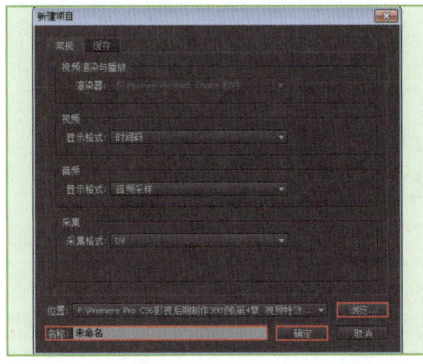
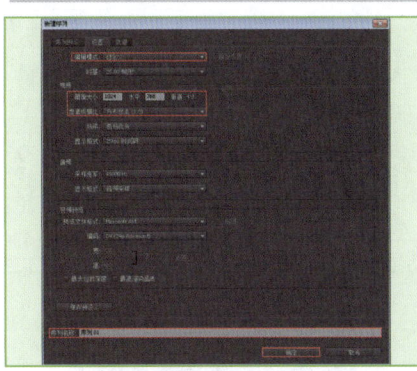
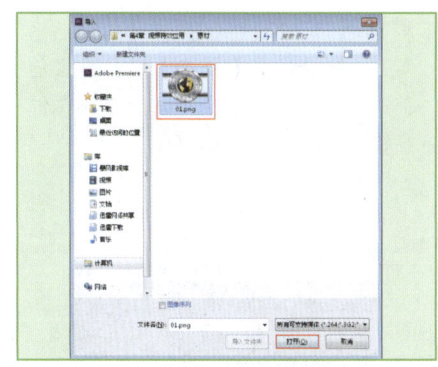

04 在菜单栏中选择【文件】|【新建】|【黑色视频】命令，在弹出的对话框中单击【确定】按钮。

05 将项目窗口中的【黑色视频】重命名为【背景】，并将其拖曳到视频1轨道上。

06 为时间线窗口中的【背景】素材文件添加【渐变】效果，并设置【渐变起点】为（0,0），【起始颜色】为橙色（R：255，G：150，B：0），【渐变终点】为（1024,768），【结束颜色】为浅黄色（R：255，G：240，B：0）。

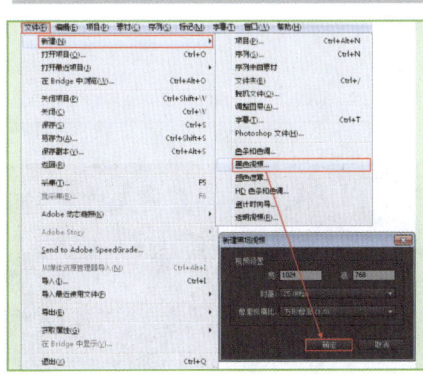
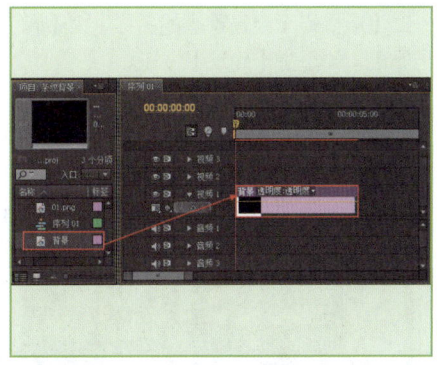
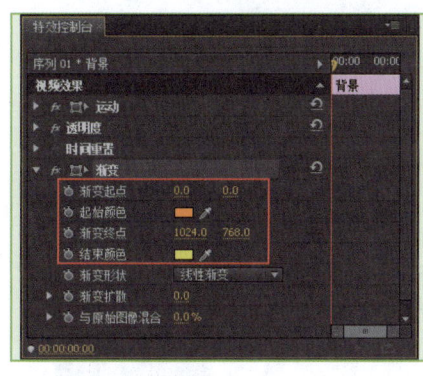

07 继续为【背景】素材文件添加【百叶窗】效果，并设置【过渡完成】为56%，【方向】为-45°，【宽度】为220。

08 将项目窗口中的【01.png】素材文件拖曳到时间线窗口视频2轨道上，并设置【缩放】为86。

09 可拖动时间线滑块查看最终条纹背景效果。

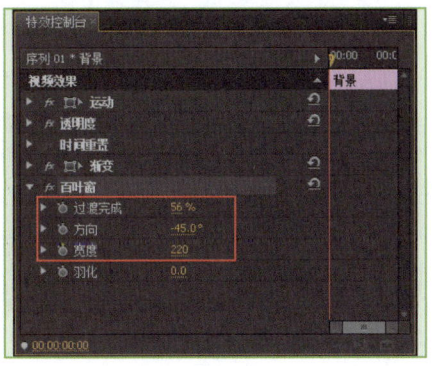
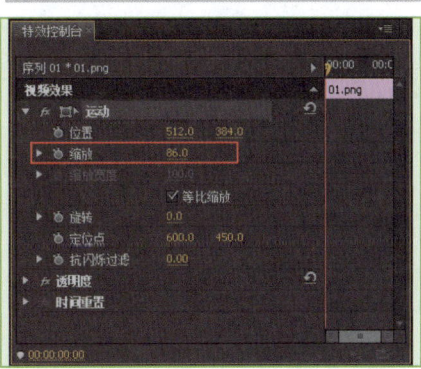

实例086 光盘阴影效果

投影特效可以使素材产生阴影效果，并可以调节阴影方向和距离，使素材产生空间感。本例主要介绍制作光盘阴影效果的方法。

文件路径：源文件\第4章\例086

视频文件：视频文件\第4章\例086.flv

01 新建项目，在弹出的对话框中单击【浏览】按钮设置储存路径，在【名称】文本框修改文件名称，单击【确定】按钮。

02 在弹出的对话框中选择【设置】选项卡，设置【编辑模式】为【自定义】，【画面大小】为1024×768，【像素纵横比】为【方形像素（1.0）】，设置【序列名称】，单击【确定】按钮。

03 在项目窗口中空白处双击鼠标左键或者按快捷键Ctrl+I，在弹出的对话框中选择所需素材文件，单击【打开】按钮。

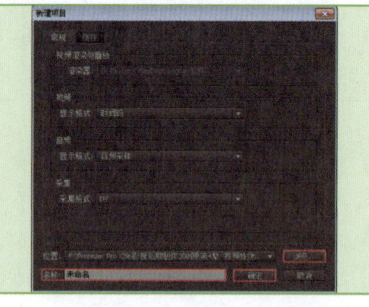
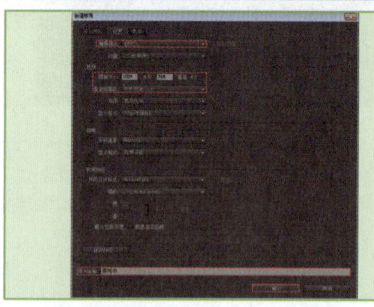
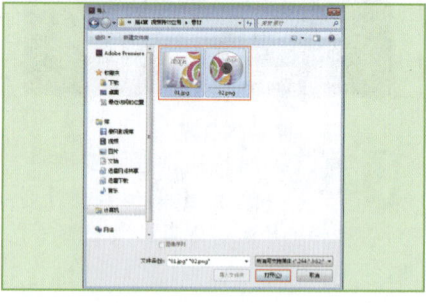

04 在菜单栏中选择【文件】|【新建】|【颜色遮罩】命令，在弹出的对话框中单击【确定】按钮。

05 在弹出的【颜色拾取】对话框中设置（R：102，G：102，B：102），接着在弹出的对话框中设置【选择用于新建蒙版的名称】为【背景】，并单击【确定】按钮。

06 将项目窗口中的【背景】素材文件拖曳到时间线窗口视频1轨道上。

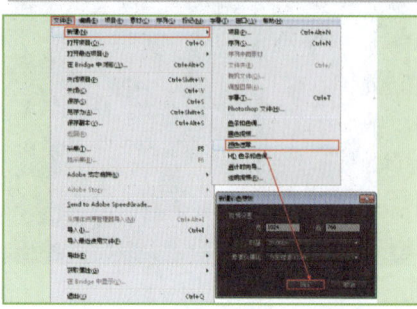
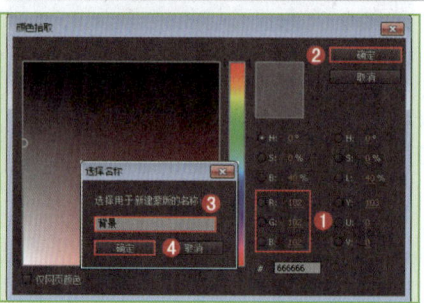
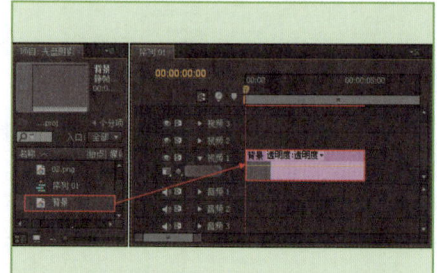

07 将项目窗口中的【01.jpg】素材文件拖曳到视频3轨道上，并设置【缩放】为63，【位置】为（335,384）。

08 为时间线窗口中的【01.jpg】素材文件添加【投影】效果，并设置【透明度】为100%，【方向】为90°，【距离】为0，【柔和度】为150。

09 将项目窗口中的【02.png】素材文件拖曳到时间线视频2轨道上。

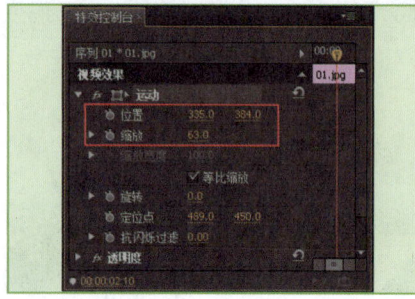
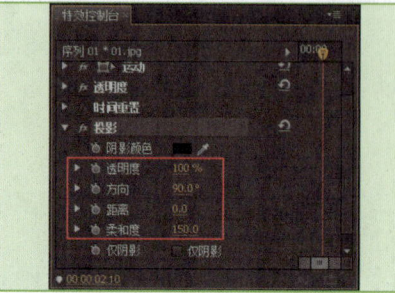
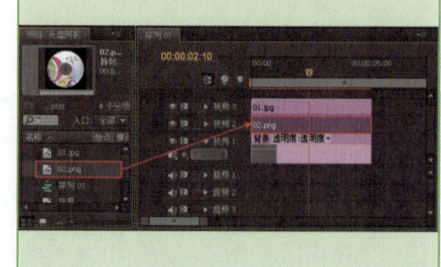

第4章 视频特效应用

10 选择视频2轨道上的【02.png】素材文件,并在【特效控制台】面板中设置【缩放】为67,【位置】为(724,384)。

11 为时间线窗口中的【02.png】素材文件添加【径向阴影】效果,并设置【光源】为(455,453),【投影距离】为5,【柔和度】为100。

12 可拖动时间线滑块查看最终光盘阴影效果。

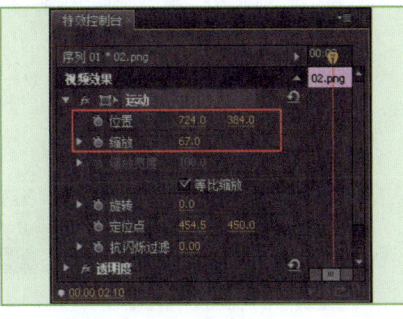
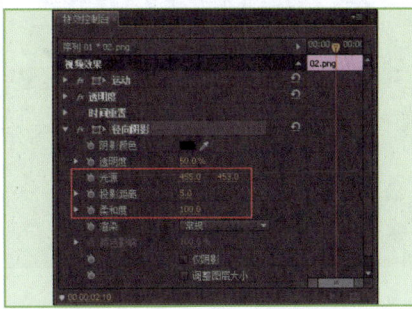

实例087 人物运动模糊效果

方向模糊特效可以使素材按照特定的方向进行模糊。本例主要介绍制作人物运动模糊效果的方法。

文件路径:源文件\第4章\例087   **视频文件**:视频文件\第4章\例087.flv

01 新建项目,在弹出的对话框中单击【浏览】按钮设置储存路径,在【名称】文本框修改文件名称,单击【确定】按钮。

02 在弹出的对话框中选择【设置】选项卡,设置【编辑模式】为【自定义】,【画面大小】为1024×768,【像素纵横比】为【方形像素(1.0)】,设置【序列名称】,单击【确定】按钮。

03 在项目窗口中空白处双击鼠标左键或者按快捷键Ctrl+I,在弹出的对话框中选择所需素材文件,单击【打开】按钮。

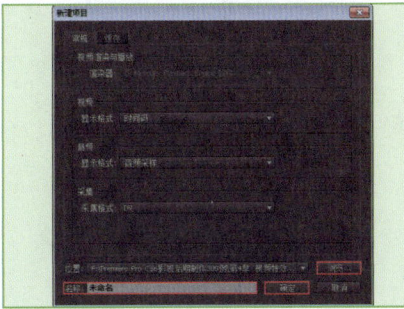
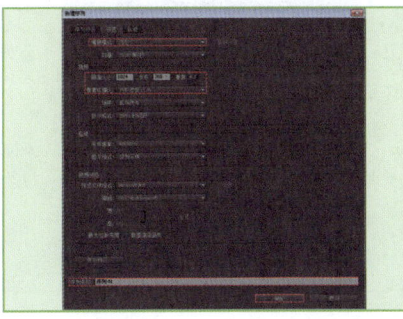
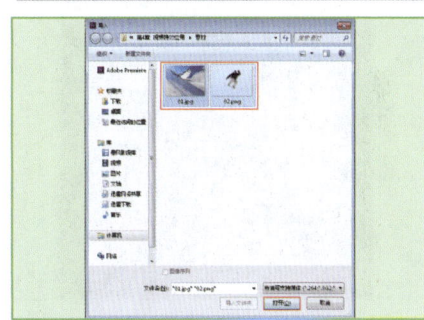

04 将项目窗口中的【01.jpg】和【02.png】素材文件按顺序拖曳到时间线视频1和视频2轨道上。

05 可拖动时间线滑块查看效果。

06 在【效果】面板中搜索【方向模糊】效果,并将其拖曳到视频2轨道是【02.png】素材文件上。

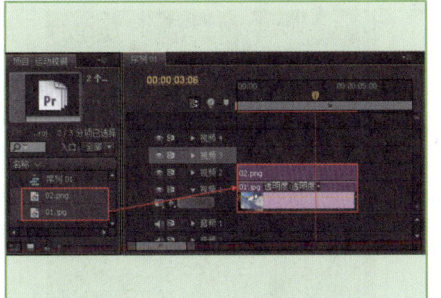

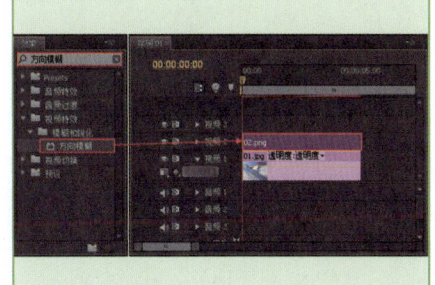

07 为时间线窗口中的【02.png】素材文件添加【方向模糊】效果，并设置【方向】为66°，【模糊长度】为20。

08 选择视频2轨道上的【02.png】素材文件，将其复制到视频3轨道上，并删除该素材文件上的【方向模糊】效果。

09 可拖动时间线滑块查看最终人物运动模糊效果。

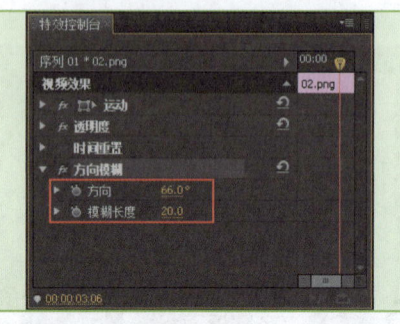
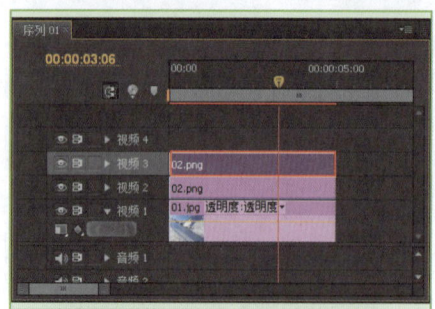

实例088　手电光效果

利用照明效果的点光源，可以模拟出灯光局部照射的效果。本例主要介绍制作手电光效果的方法。

文件路径：源文件\第4章\例088　　　视频文件：视频文件\第4章\例088.flv

01 新建项目，在弹出的对话框中单击【浏览】按钮设置储存路径，在【名称】文本框修改文件名称，单击【确定】按钮。

02 在弹出的对话框中选择【设置】选项卡，设置【编辑模式】为【自定义】，【画面大小】为1024×768，【像素纵横比】为【方形像素（1.0）】，设置【序列名称】，单击【确定】按钮。

03 在项目窗口中空白处双击鼠标左键或者按快捷键Ctrl+I，在弹出的对话框中选择所需素材文件，单击【打开】按钮。

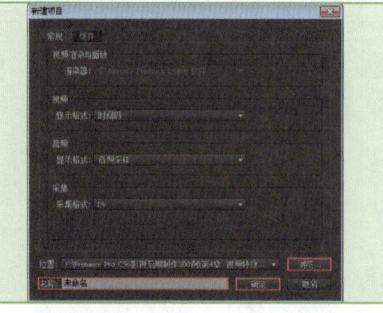
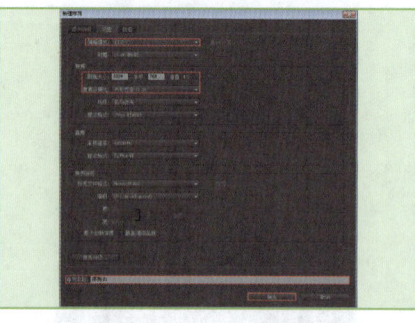

04 将项目窗口中的【01.jpg】素材文件拖曳到时间线视频1轨道上。

05 选择视频1轨道上的【01.jpg】素材文件，然后在【特效控制台】面板中设置【缩放】为96。

06 设置【照明颜色】为黄色（R:255，G:234，B:119），【主要半径】为10，【次要半径】为10，【强度】为45，【聚焦】为40。

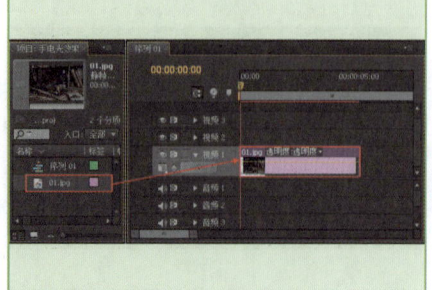
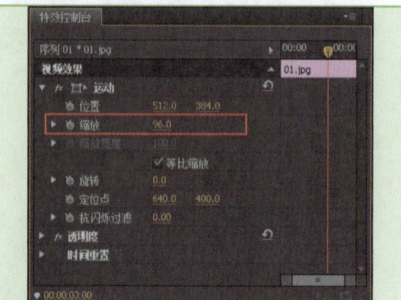
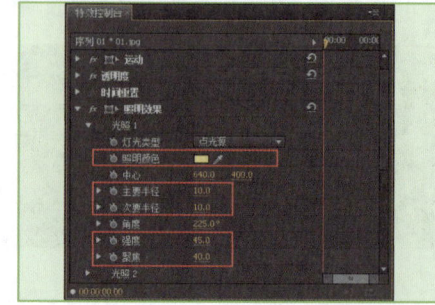

第4章 视频特效应用

07 继续设置【照明效果】下的【环境照明强度】为12，【表面质感】为40。

08 将时间线拖到起始帧的位置，开启【中心】的自动关键帧，并设置为（360,232）。将时间线拖到第1秒的位置，设置【中心】为（1030,397）。继续将时间线拖到第2秒的位置，设置【中心】为（856,643）。最后将时间线拖到第3秒的位置，设置【中心】为（453,516）。

09 可拖动时间线滑块查看最终手电光效果。

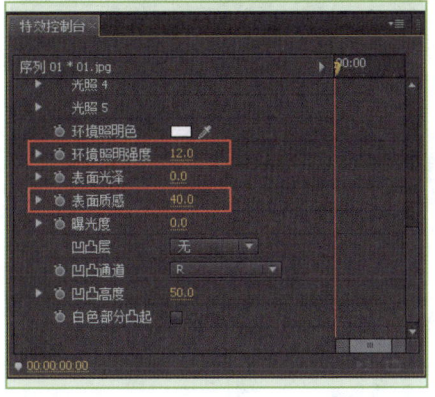
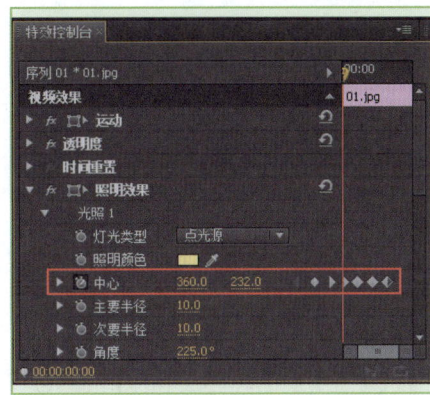

实例089　发光LOGO效果

闪耀特效是安装的插件效果，也是常用的效果之一，使用闪耀特效可以制作出各种颜色的发光和放射效果。本例主要介绍制作发光LOGO效果的方法。

文件路径：源文件\第4章\例089　　　视频文件：视频文件\第4章\例089.flv

01 新建项目，在弹出的对话框中单击【浏览】按钮设置储存路径，在【名称】文本框修改文件名称，单击【确定】按钮。

02 在弹出的对话框中选择【设置】选项卡，设置【编辑模式】为【自定义】，【画面大小】为1024×768，【像素纵横比】为【方形像素（1.0）】，设置【序列名称】，单击【确定】按钮。

03 在项目窗口中空白处双击鼠标左键或者按快捷键Ctrl+I，在弹出的对话框中选择所需素材文件，单击【打开】按钮。

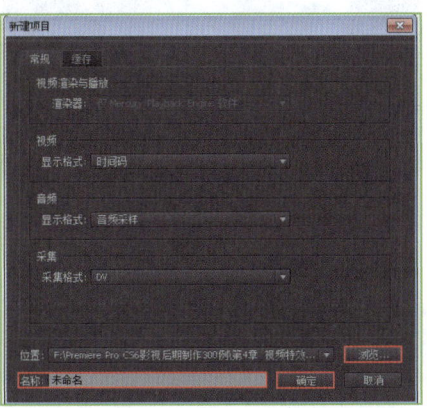
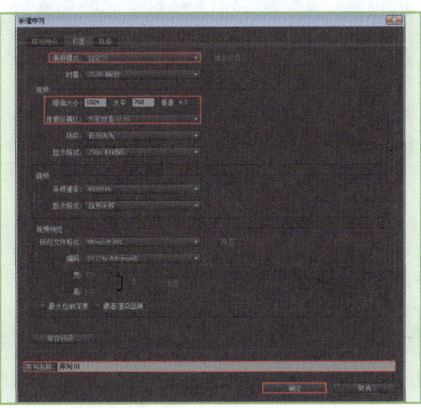
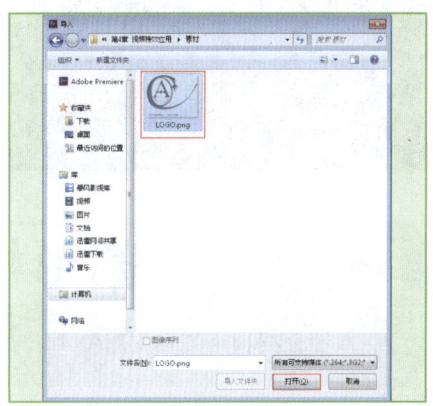

04 在菜单栏中选择【文件】|【新建】|【黑色视频】命令，在弹出的对话框中单击【确定】按钮。

05 将项目窗口中的【黑色视频】重命名为【背景】，并将其拖曳到视频1轨道上。

06 为【背景】图层添加【渐变】效果，并设置【渐变形状】为【径向渐变】，【渐变起点】为（512,384），【起始颜色】为蓝色（R:74, G:130, B:162），【渐变终点】为（512,900），【结束颜色】为黑色（R:0, G:0, B:0）。

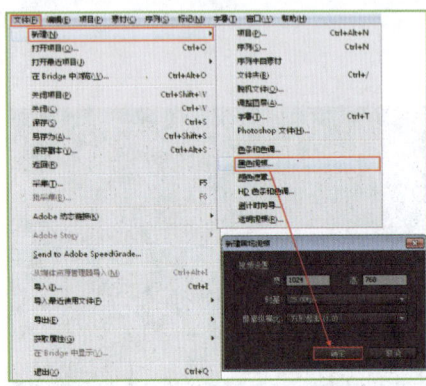 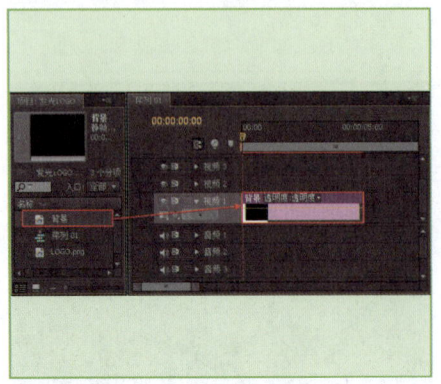 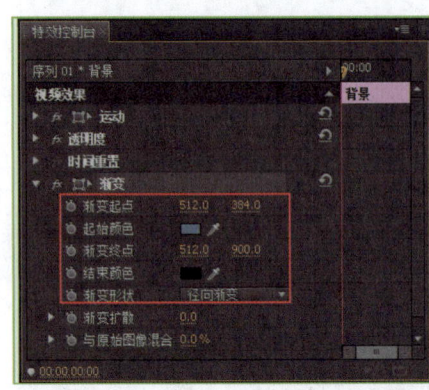

07 将【项目】窗口中的【LOGO.png】素材文件拖曳到时间线视频1轨道上，并在【特效控制台】面板中设置【位置】为（557,384）。

08 为时间线窗口中的【LOGO.png】素材文件添加【Shine（闪耀）】效果，并设置【Source Point（源点）】为（285,286），【Ray Length（射线长度）】为1.5，【Boost Light（提高光）】为4。设置【Midtones（中间调）】为浅蓝色（R:161, G:249, B:255），【Shadow（阴影）】为蓝色（R:114, G:231, B:252），最后设置【Transfer Mode（传输模式）】为【Add（添加）】。

09 可拖动时间线滑块查看最终发光LOGO效果。

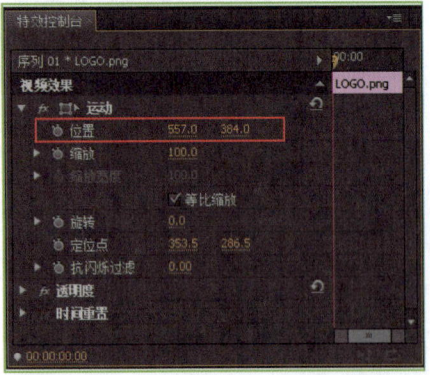 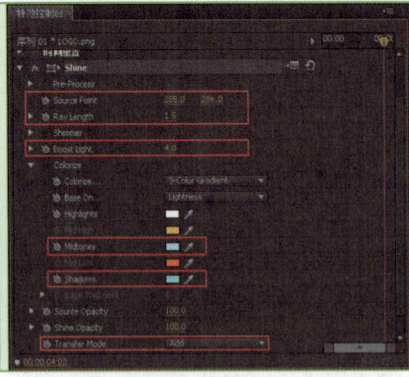 

实例090　圆形标志效果

本例介绍利用圆和斜面Alpha特效制作圆形标志效果的方法。

文件路径：源文件\第4章\例090　　　　视频文件：视频文件\第4章\例090.flv

第4章　视频特效应用

01 新建项目，在弹出的对话框中单击【浏览】按钮设置储存路径，在【名称】文本框修改文件名称，单击【确定】按钮。

02 在弹出的对话框中选择【设置】选项卡，设置【编辑模式】为【自定义】，【画面大小】为1024×768，【像素纵横比】为【方形像素（1.0）】，设置【序列名称】，单击【确定】按钮。

03 在项目窗口中空白处双击鼠标左键或者按快捷键Ctrl+I，在弹出的对话框中选择所需素材文件，单击【打开】按钮。

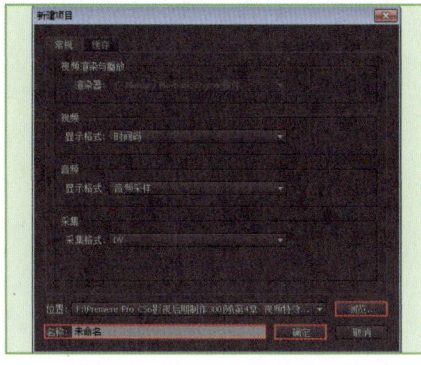
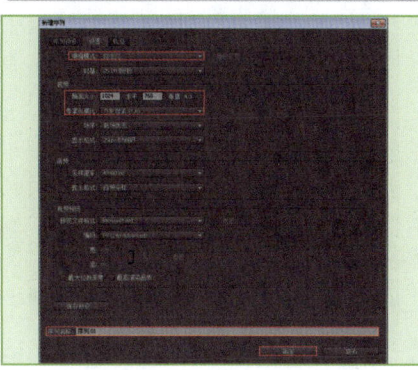
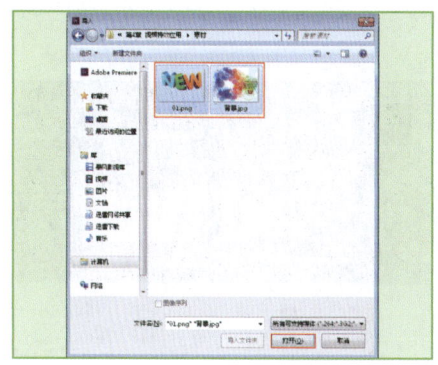

04 将项目窗口中的【背景】素材文件拖曳到时间线视频1轨道上。

05 在菜单栏中选择【文件】|【新建】|【黑色视频】命令，在弹出的对话框中单击【确定】按钮。

06 将项目窗口中的【黑色视频】重命名为【内圆】，并将其拖曳到视频1轨道上。

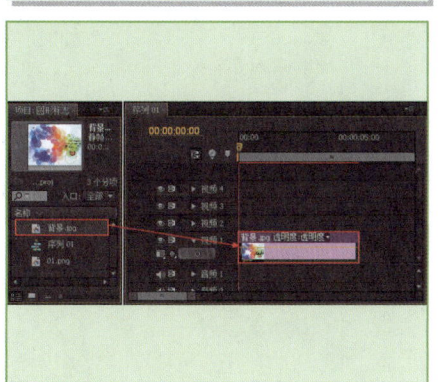
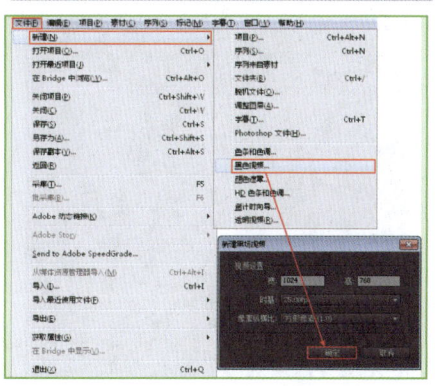
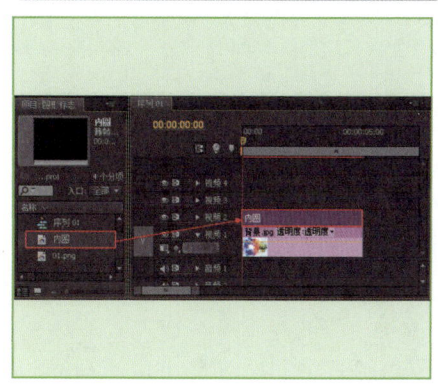

07 为时间线窗口中的【内圆】添加【圆】效果，并设置【居中】为（368，400），【半径】为202，【颜色】为红色（R：255，G：48，B：0）。

08 继续为【内圆】素材文件添加【斜面Alpha】效果，并设置【边缘厚度】为18，【照明角度】为−34°，【照明颜色】为浅灰色（R：213，G：213，B：213），【照明强度】为0.8。

09 可拖动时间线滑块查看此时效果。

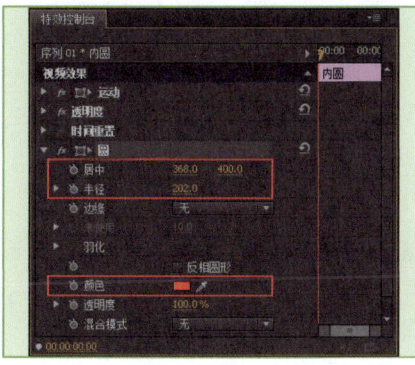
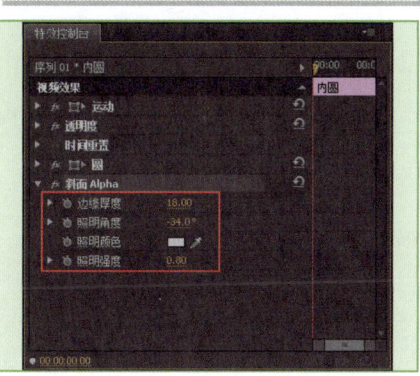

10 在项目窗口中将【内圆】进行复制,并重命名为【外圆】,然后将其拖曳到视频3轨道上。

11 为时间线窗口中的【外圆】素材文件添加【圆】效果,并设置【边缘】为【厚度】,【居中】为(368,400),【半径】为236,【厚度】为70,【颜色】为浅灰色(R:198, G:198, B:198)。

12 继续为【外圆】素材文件添加【斜面Alpha】效果,并设置【边缘厚度】为8,【照明角度】为-34°,【照明强度】为0.6。

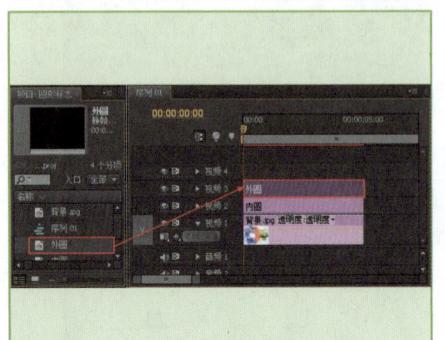 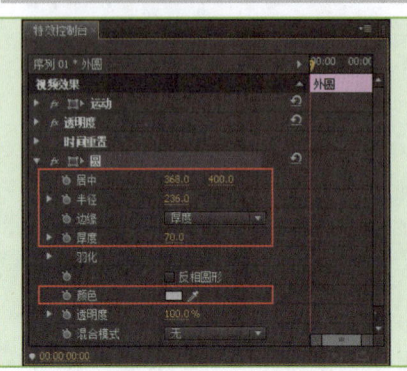 

13 将项目窗口中的【01.png】素材文件拖曳到时间线视频4轨道上。

14 选择视频4轨道上的【01.png】素材文件,然后在【特效控制台】面板中设置【位置】为(357,451)。

15 可拖动时间线滑块查看最终圆形标志效果。

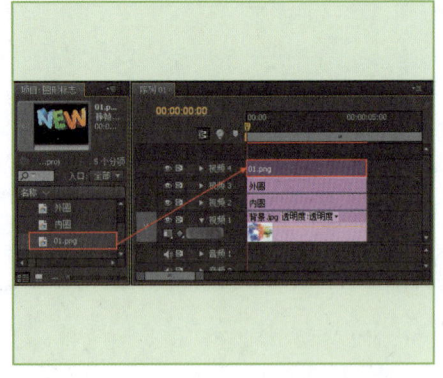 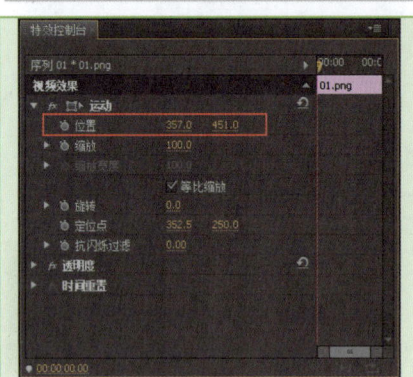 

Chapter 05

第5章
音频特效应用

人类能够听到的所有声音都称之为音频。声音被录制以后,无论是说话声、歌声,还是乐器声,都可以通过数字音乐软件处理。在Premiere中,对声音的处理主要集中在音量增减、声道设置和特效运用上。

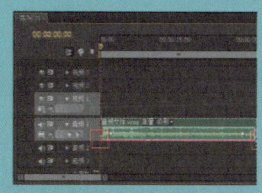

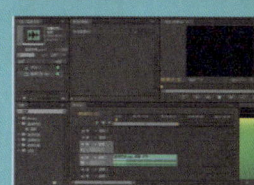

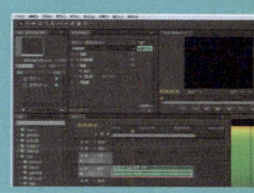

中文 Premiere Pro CS6 影视编辑剪辑设计与制作 300 例

实例091　音频淡入淡出效果

淡入淡出是指音频的起始位置声音逐渐变大和结束位置声音逐渐变小的效果，为音量属性添加关键帧可以做出音量变化的效果。本例主要介绍制作音频淡入淡出效果的方法。

文件路径：源文件\第5章\例091　　视频文件：视频文件\第5章\例091.flv

01 新建项目，单击【浏览】按钮设置路径，在【名称】文本框修改文件名称，单击【确定】按钮。接着选择【DV-PAL】|【标准48kHz】，单击【确定】按钮。

02 在项目窗口中空白处双击鼠标左键或者按快捷键Ctrl+I，在弹出的对话框中选择所需素材文件，单击【打开】按钮。

03 将项目窗口中的【音频文件.wma】素材拖曳到时间线窗口中的音频1轨道上。

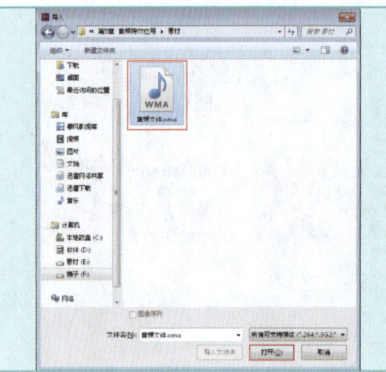
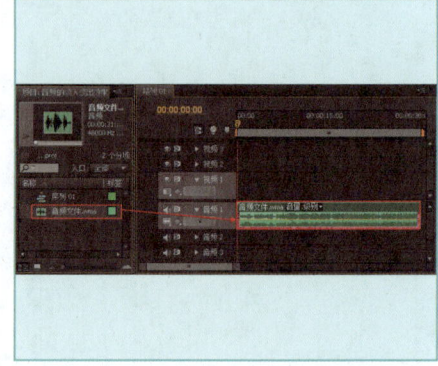

04 将时间线拖到起始帧的位置，单击 ◆（添加/移除关键帧）按钮，添加一个关键帧。接着时间线拖到第2秒10帧的位置，再次添加一个关键帧。

05 将时间线拖到第28秒10帧的位置，单击 ◆（添加/移除关键帧）按钮，添加一个关键帧。接着将时间线拖到结束帧的位置，再次添加一个关键帧。

06 选择 ♦（钢笔工具），按住鼠标左键将起始和结束位置的关键帧向下拖曳，制作出音频淡入淡出效果。

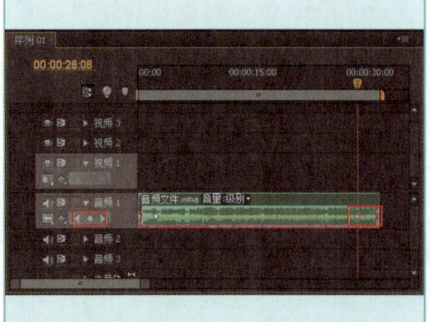
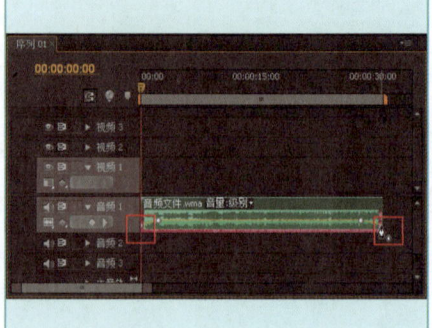

实例092　调整音频播放速度效果

利用【速度/持续时间】选项，可以调整素材的时间长度和速度百分比，方便延长和缩短素材。本例主要介绍调整音频播放速度的方法。

文件路径：源文件\第5章\例092　　视频文件：视频文件\第5章\例092.flv

第5章 音频特效应用

01 新建项目，单击【浏览】按钮设置路径，在【名称】文本框修改文件名称，单击【确定】按钮。接着选择【DV-PAL】|【标准48kHz】，单击【确定】按钮。

02 在项目窗口中空白处双击鼠标左键或者按快捷键Ctrl+I，在弹出的对话框中选择所需素材文件，单击【打开】按钮。

03 将项目窗口中的【音频文件.mp3】素材拖曳到时间线窗口中的音频1轨道上。

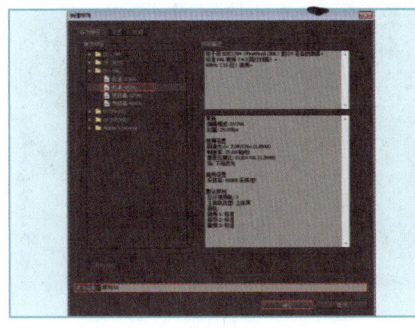
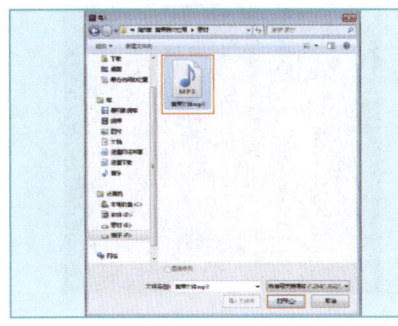
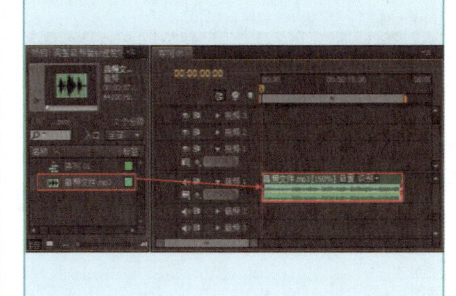

04 在时间线窗口中的【音频文件.mp3】上单击鼠标右键，在弹出的菜单中选择【速度/持续时间】选项。

05 在弹出的【素材速度/持续时间】对话框中设置【速度】为150%，并单击【确定】按钮。

06 此时播放时间线窗口中的音频文件，已经出现调整音频播放速度的效果。

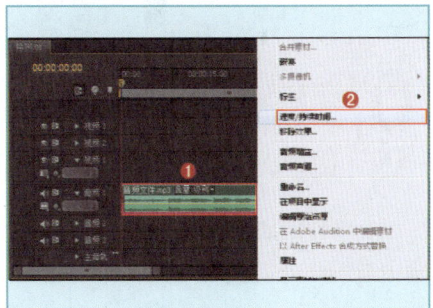
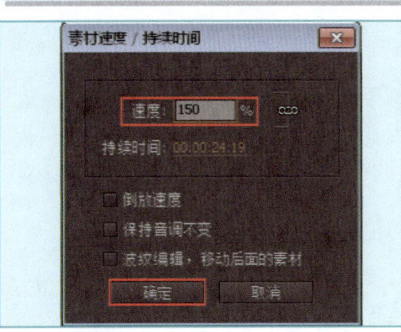
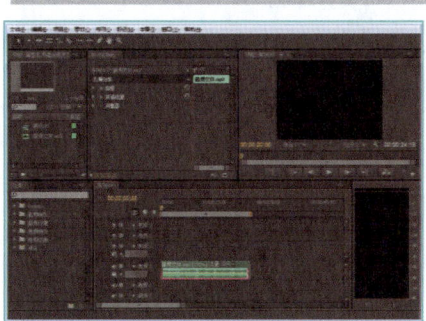

实例093　音频和声效果

可以利用速率、混合及反馈等属性可为音频素材制作出和声的效果。本例主要介绍制作音频和声效果的方法。

文件路径：源文件\第5章\例093　　　视频文件：视频文件\第5章\例093.flv

01 新建项目，单击【浏览】按钮设置路径，在【名称】文本框修改文件名称，单击【确定】按钮。接着选择【DV-PAL】|【标准48kHz】，最后单击【确定】按钮。

02 在项目窗口中空白处双击鼠标左键或者按快捷键Ctrl+I，在弹出的对话框中选择所需素材文件，单击【打开】按钮。

03 将项目窗口中的【音频文件.mp3】素材拖曳到时间线窗口中的音频1轨道上。

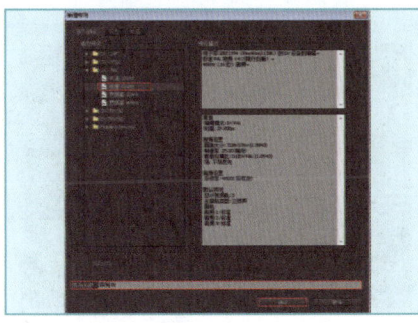
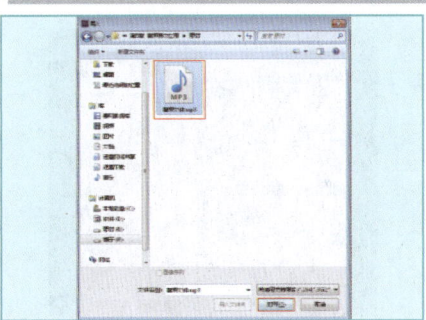

04 在【效果】面板中搜索【和声】特效,并将其拖曳到时间线窗口中的【音频文件.mp3】上。

05 选择时间线窗口中的【音频文件.mp3】,在【特效控制台】面板中设置【Rate(速率)】为0.6,【Mix(混合)】为70.1,【FeedBack(反馈)】为7.7。

06 此时播放时间线窗口中的音频文件,已经出现音频和声效果。

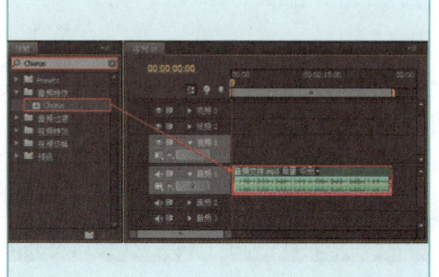
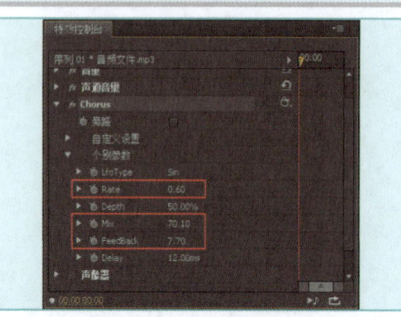
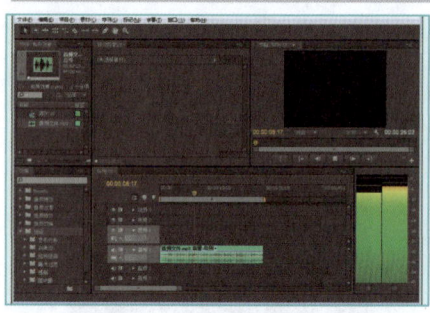

实例094 音频电流杂音效果

镶边特效可以将完好的音频素材调节成声音短期延误、停滞或随机间隔变化的音频信号。本例主要介绍制作音频电流杂音效果的方法。

文件路径:源文件\第5章\例094

视频文件:视频文件\第5章\例094.flv

01 新建项目,单击【浏览】按钮设置路径,在【名称】文本框修改文件名称,单击【确定】按钮。接着选择【DV-PAL】|【标准48kHz】,最后单击【确定】按钮。

02 在项目窗口中空白处双击鼠标左键或者按快捷键Ctrl+I,在弹出的对话框中选择所需素材文件,单击【打开】按钮。

03 将项目窗口中的【音频文件.mp3】素材拖曳到时间线窗口中的音频1轨道上。

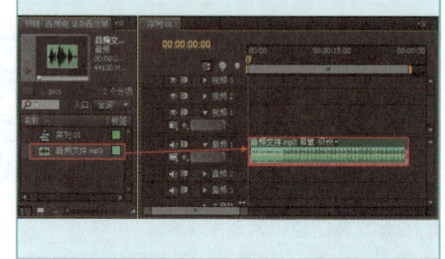

04 在【效果】面板中搜索【Flanger(镶边)】特效,并将其拖曳到时间线窗口中的【音频文件.mp3】上。

05 选择时间线窗口中的【音频文件.mp3】,并设置【Rate(速率)】为5.87,【Depth(深度)】为70%,【Mix(混合)】为68,【FeedBack(反馈)】为29.5,【Delay(延迟)】为3.30ms。

06 此时播放时间线窗口中的音频文件,已经出现音频电流杂音效果。

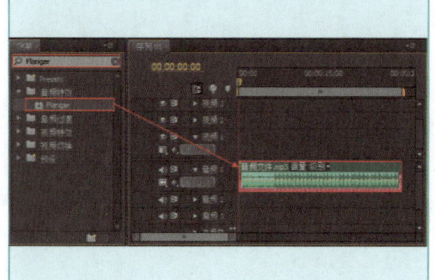
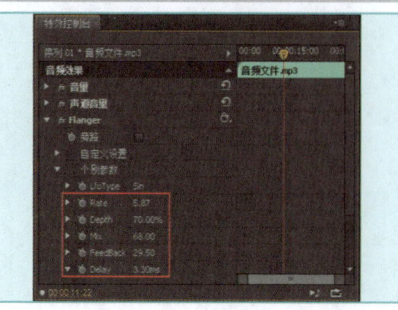
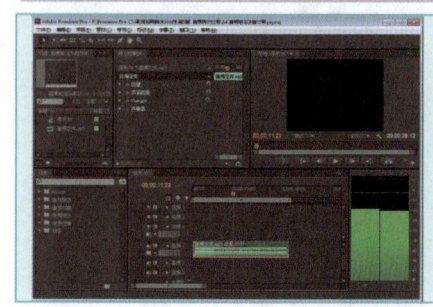

第5章 音频特效应用

实例095　音频低音效果

低音特效可以降低或增加音频素材的低音分贝。本例主要介绍制作音频低音效果的方法。

文件路径：源文件\第5章\例095　　　视频文件：视频文件\第5章\例095.flv

01 新建项目，单击【浏览】按钮设置路径，在【名称】文本框修改文件名称，单击【确定】按钮。接着选择【DV-PAL】|【标准48kHz】，最后单击【确定】按钮。

02 在项目窗口中空白处双击鼠标左键或者按快捷键Ctrl+I，在弹出的对话框中选择所需素材文件，并单击【打开】按钮。

03 将项目窗口中的【音频文件.wma】素材拖曳到时间线窗口中的音频1轨道上。

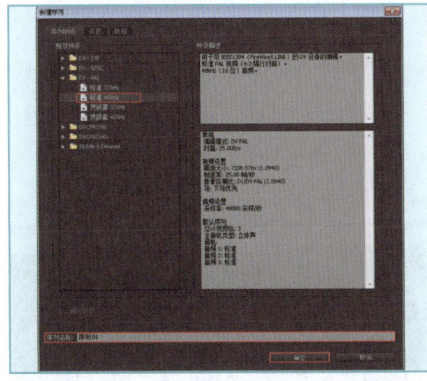
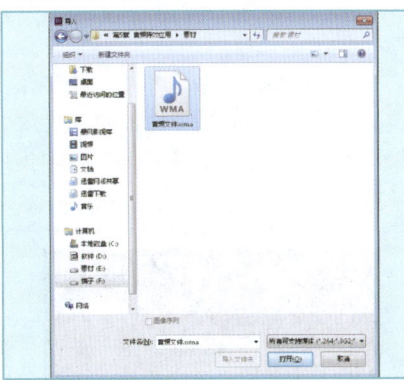
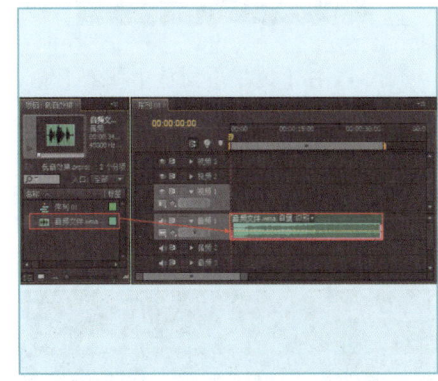

04 在【效果】面板中搜索【低音】特效，并将其拖曳到时间线窗口中的【音频文件.wma】上。

05 选择时间线窗口中的【音频文件.wma】，然后在【特效控制台】面板中设置【放大】为5.0dB。

06 此时播放时间线窗口中的音频文件，已经出现音频低音效果。

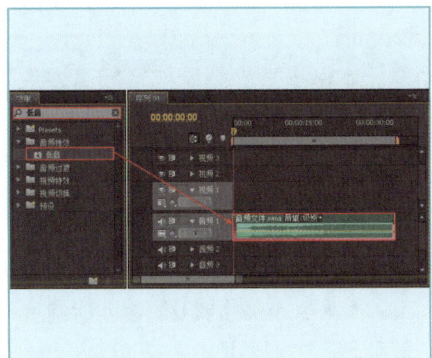
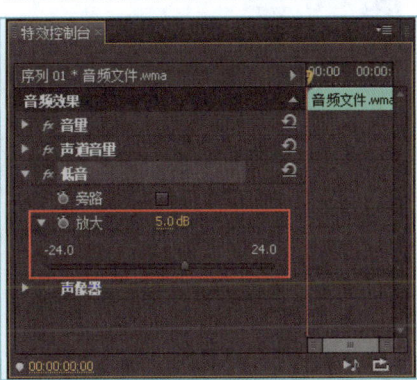

实例096　左声道静音效果

静音特效可以对音频和音频的左右声道进行静音处理。本例主要介绍制作左声道静音效果的方法。

文件路径：源文件\第5章\例096　　　视频文件：视频文件\第5章\例096.flv

Premiere Pro CS6 | 83

中文 Premiere Pro CS6 影视编辑剪辑设计与制作 300 例

01 新建项目，单击【浏览】按钮设置路径，在【名称】文本框修改文件名称，单击【确定】按钮。接着选择【DV-PAL】|【标准48kHz】，最后单击【确定】按钮。

02 在项目窗口中空白处双击鼠标左键或者按快捷键Ctrl+I，在弹出的对话框中选择所需素材文件，并单击【打开】按钮。

03 将项目窗口中的【音频文件.mp3】素材拖曳到时间线窗口中的音频1轨道上。

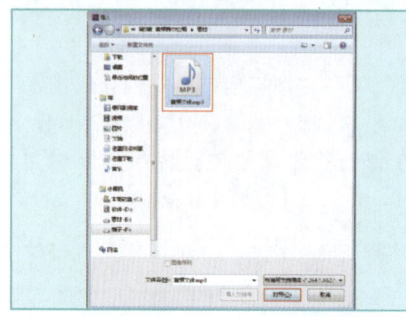
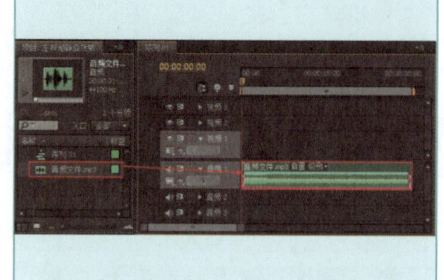

04 在【效果】面板中搜索【静音】特效，并将其拖曳到时间线窗口中的【音频文件.mp3】上。

05 选择时间线窗口中的【音频文件.mp3】，然后在【特效控制台】面板中设置【静音1】为1.0静音。

06 此时播放时间线窗口中的音频文件，已经出现左声道静音效果。

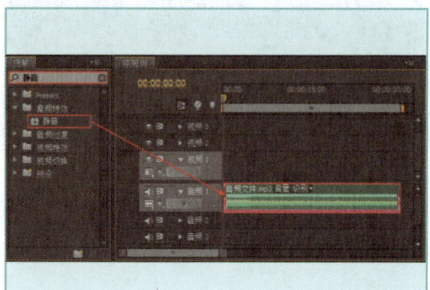
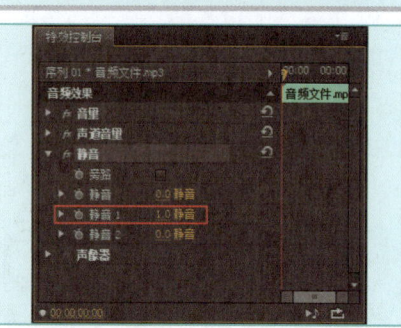
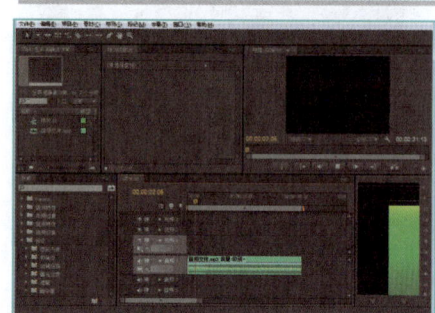

实例097　音频高通效果

高通特效可以将音频中的低频信号删除，并可以设置要消除低频的起始频率。本例主要介绍制作音频高通效果的方法。

　文件路径：源文件\第5章\例097　　　　　　　视频文件：视频文件\第5章\例097.flv

01 新建项目，单击【浏览】按钮设置路径，在【名称】文本框修改文件名称，单击【确定】按钮。接着选择【DV-PAL】|【标准48kHz】，最后单击【确定】按钮。

02 在项目窗口中空白处双击鼠标左键或者按快捷键Ctrl+I，在弹出的对话框中选择所需素材文件，单击【打开】按钮。

03 将项目窗口中的【音频文件.mp3】素材拖曳到时间线窗口中的音频1轨道上。

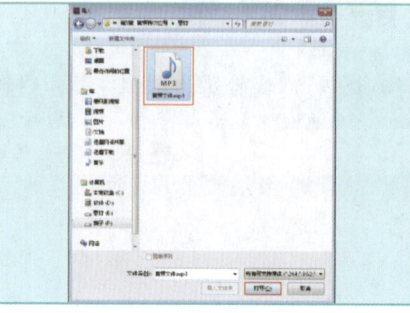
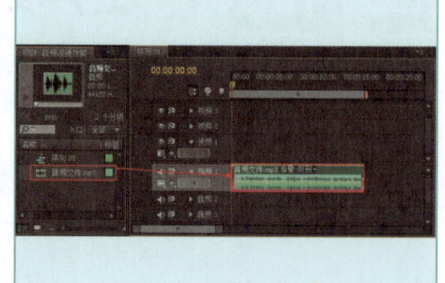

第5章 音频特效应用

04 在【效果】面板中搜索【高通】特效,并将其拖曳到时间线窗口中的【音频文件.mp3】上。

05 选择时间线窗口中的【音频文件.mp3】,在【特效控制台】面板中设置【屏蔽度】为364Hz。

06 此时播放时间线窗口中的音频文件,已经出现音频高通效果。

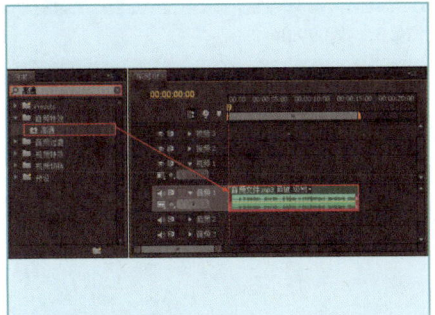
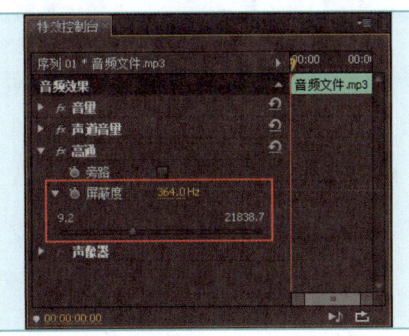

实例098 音频高音效果

高音特效用于调节音频素材中的的高音分贝。本例主要介绍制作音频高音效果的方法。

文件路径:源文件\第5章\例098

视频文件:视频文件\第5章\例098.flv

01 新建项目,单击【浏览】按钮设置路径,在【名称】文本框修改文件名称,单击【确定】按钮。接着选择【DV-PAL】|【标准48kHz】,最后单击【确定】按钮。

02 在项目窗口中空白处双击鼠标左键或者按快捷键Ctrl+I,在弹出的对话框中选择所需素材文件,单击【打开】按钮。

03 将项目窗口中的【音频文件.mp3】素材拖曳到时间线窗口中的音频1轨道上。

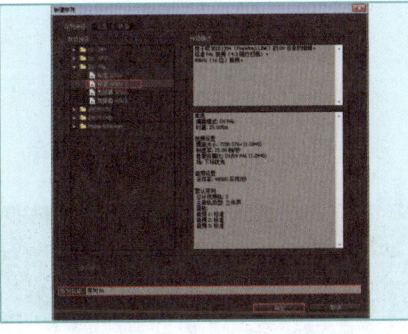
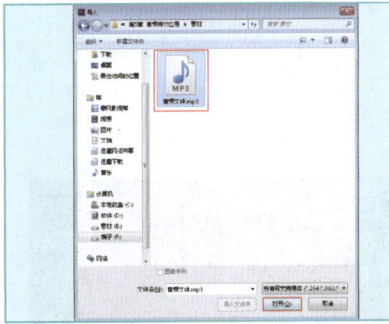
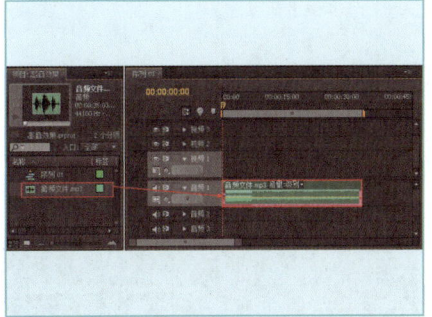

04 在【效果】面板中搜索【高音】特效,并将其拖曳到时间线窗口中的【音频文件.mp3】上。

05 选择时间线窗口中的【音频文件.mp3】,然后在【特效控制台】面板中设置【放大】为15.0dB。

06 此时播放时间线窗口中的音频文件,已经出现音频高音效果。

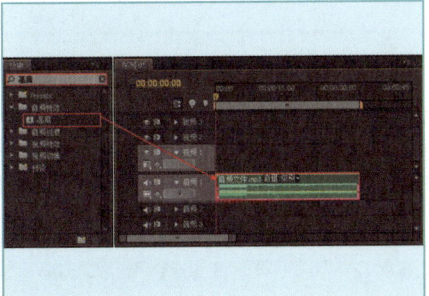
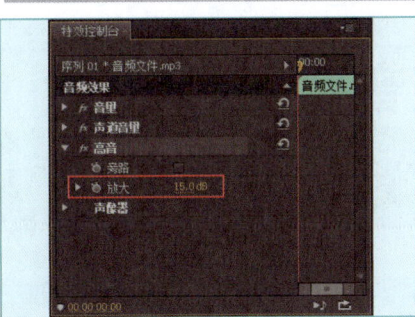
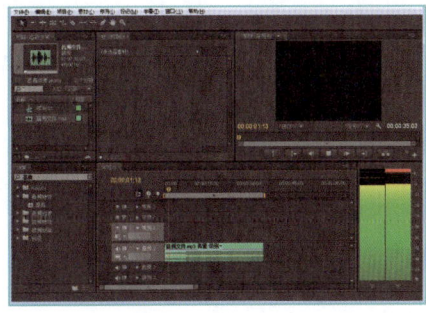

中文 Premiere Pro CS6 影视编辑剪辑设计与制作 300 例

实例099　音频混响效果

混响特效用于为素材添加回响效果，并可以调整声音反射时间和混合程度等。本例主要介绍制作音频混响效果的方法。

文件路径：源文件\第5章\例099

视频文件：视频文件\第5章\例099.flv

01 新建项目，单击【浏览】按钮设置路径，在【名称】文本框修改文件名称，单击【确定】按钮。接着选择【DV-PAL】|【标准48kHz】，最后单击【确定】按钮。

02 在项目窗口中空白处双击鼠标左键或者按快捷键Ctrl+I，在弹出的对话框中选择所需素材文件，单击【打开】按钮。

03 将项目窗口中的【音频文件.mp3】素材拖曳到时间线窗口中的音频1轨道上。

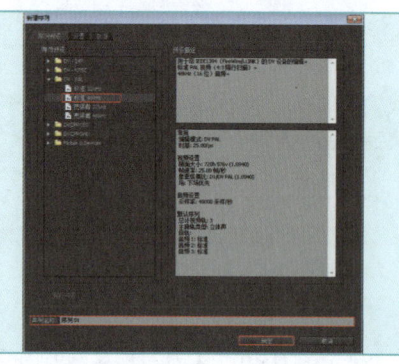
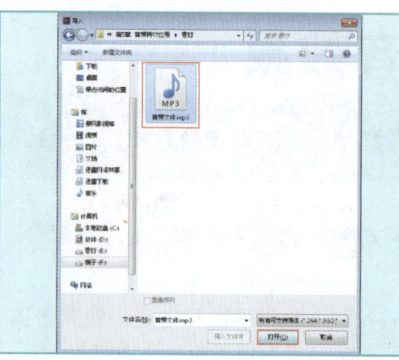
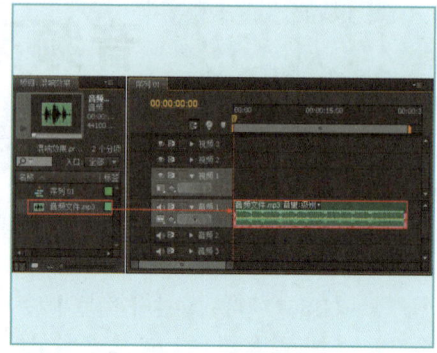

04 在【效果】面板中搜索【Reverb（混响）】特效，并将其拖曳到时间线窗口中的【音频文件.mp3】上。

05 选择时间线窗口中的【音频文件.mp3】，然后在【特效控制台】面板中设置【PreDelay（预延迟）】为30.85ms，【Size（大小）】为100%，【Density（强度）】为90.05%，【Mix（混合）】为100%。

06 此时播放时间线窗口中的音频文件，已经出现音频混响效果。

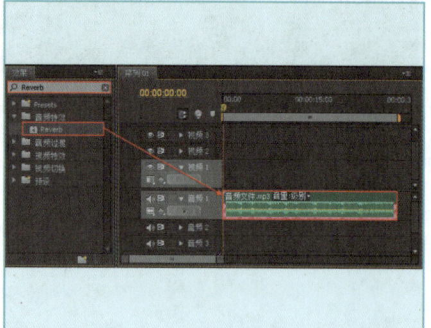
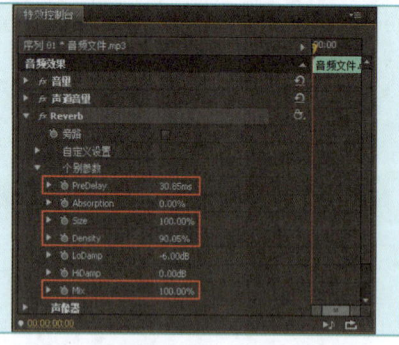

实例100　音频变音效果

变调特效用于改变音频素材的音调，并可以调整音调的变化量。本例主要介绍制作音频变音效果的方法。

文件路径：源文件\第5章\例100

视频文件：视频文件\第5章\例100.flv

第5章 音频特效应用

01 新建项目，单击【浏览】按钮设置路径，在【名称】文本框修改文件名称，单击【确定】按钮。接着选择【DV-PAL】|【标准48kHz】，最后单击【确定】按钮。

02 在项目窗口中空白处双击鼠标左键或者按快捷键Ctrl+I，在弹出的对话框中选择所需素材文件，单击【打开】按钮。

03 将项目窗口中的【音频文件.mp3】素材拖曳到时间线窗口中的音频1轨道上。

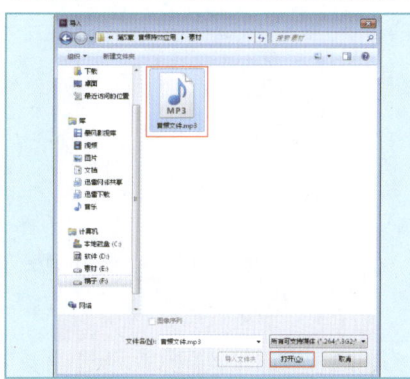
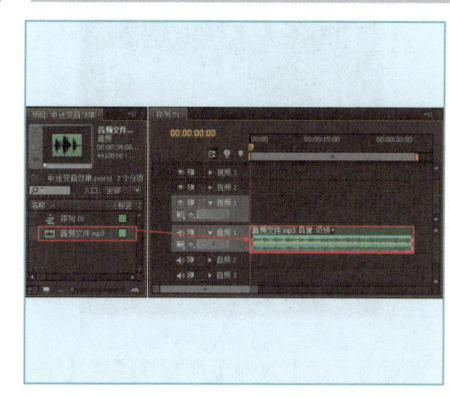

04 在【效果】面板中搜索【PitchShifter（变调）】特效，并将其拖曳到时间线窗口中的【音频文件.mp3】上。

05 选择时间线窗口中的【音频文件.mp3】，然后将时间线拖到第23秒的位置，单击【Pitch（声调）】前面的自动关键帧；将时间线拖到第23秒06帧的位置，设置【Pitch（声调）】为8。继续将时间线拖到第24秒21帧的位置，设置【Pitch（声调）】为8，最后将时间线拖到第25秒01帧的位置，设置【Pitch（声调）】为0。

06 此时播放时间线窗口中的音频文件，已经出现音频变音效果。

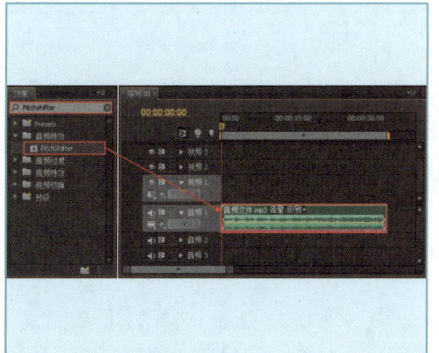
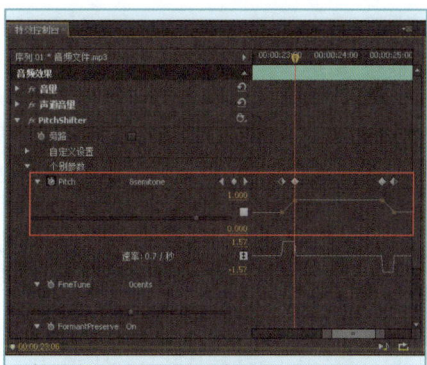
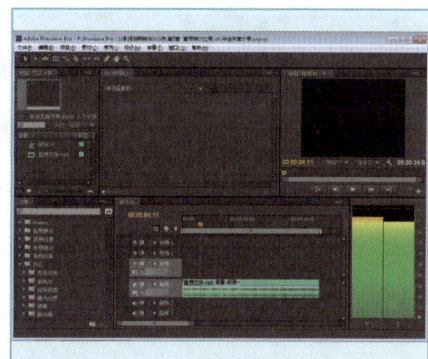

实例101　去除音乐指定频率效果

去除指定频率特效可消除设定中心范围内的指定频率频段，并可以调整去除强度。本例主要介绍制作去除音乐指定频率效果的方法。

文件路径：源文件\第5章\例101　　　视频文件：视频文件\第5章\例101.flv

01 新建项目，单击【浏览】按钮设置路径，在【名称】文本框修改文件名称，单击【确定】按钮。接着选择【DV-PAL】|【标准48kHz】，最后单击【确定】按钮。

02 在项目窗口中空白处双击鼠标左键或者按快捷键Ctrl+I，然后在弹出的对话框中选择所需素材文件，并单击【打开】按钮。

03 将项目窗口中的【音频文件.mp3】素材拖曳到时间线窗口中的音频1轨道上。

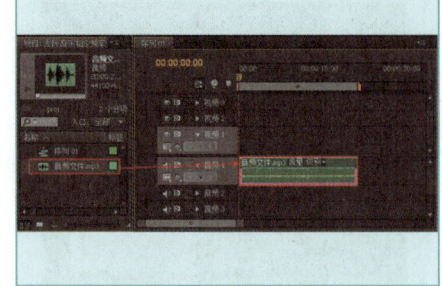

04 在【效果】面板中搜索【去除指定频率】特效，并将其拖曳到时间线窗口中的【音频文件.mp3】上。

05 选择时间线窗口中的【音频文件.mp3】，并设置【中置】为10 000Hz，【Q】为0.2。

06 此时播放时间线窗口中的音频文件，已经出现去除音乐指定频率效果。

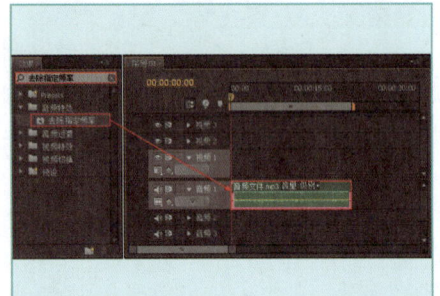
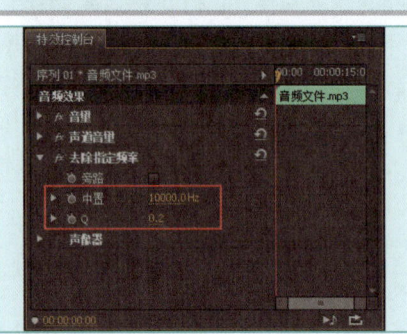
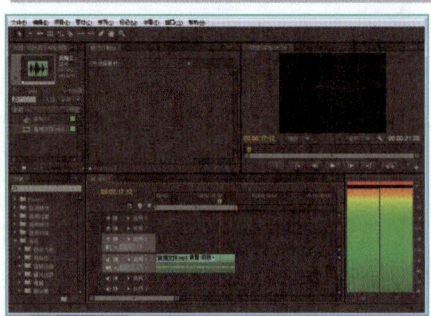

实例102　音频低通效果

低通特效可以将音频中的高频信号删除，并可以设置要消除高频的起始频率。本例主要介绍制作音频低通效果的方法。

文件路径：源文件\第5章\例102　　　视频文件：视频文件\第5章\例102.flv

01 新建项目，单击【浏览】按钮设置路径，在【名称】文本框修改文件名称，单击【确定】按钮。接着选择【DV-PAL】|【标准48kHz】，最后单击【确定】按钮。

02 在项目窗口中空白处双击鼠标左键或者按快捷键Ctrl+I，在弹出的对话框中选择所需素材文件，单击【打开】按钮。

03 将项目窗口中的【音频文件.mp3】素材拖曳到时间线窗口中的音频1轨道上。

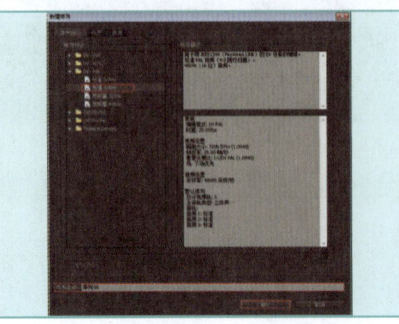
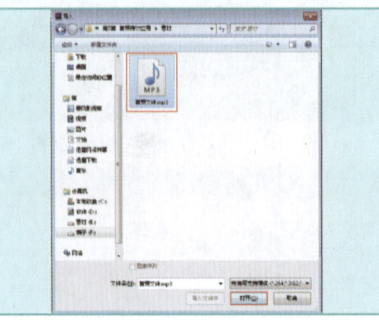
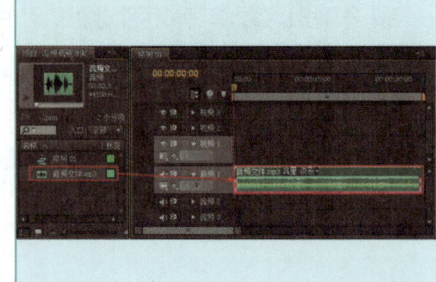

第5章 音频特效应用

04 在【效果】面板中搜索【低通】特效,并将其拖曳到时间线窗口中的【音频文件.mp3】上。

05 选择时间线窗口中的【音频文件.mp3】,并设置【屏蔽度】为3078Hz。

06 此时播放时间线窗口中的音频文件,已经出现音频低通效果。

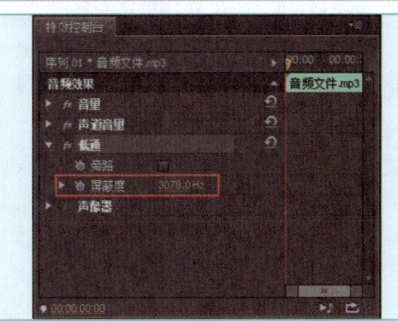
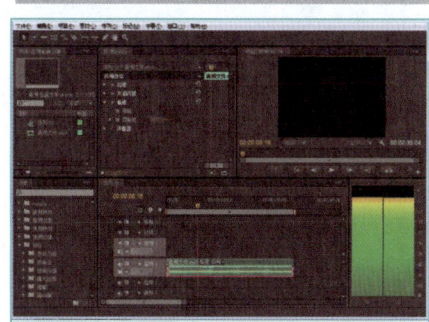

实例103 左右声道音量变化效果

声道音量特效用于设置左、右声道的音量大小。本例主要介绍制作左右声道音量变化效果的方法。

文件路径:源文件\第5章\例103
视频文件:视频文件\第5章\例103.flv

01 新建项目,单击【浏览】按钮设置路径,在【名称】文本框修改文件名称,单击【确定】按钮。接着选择【DV-PAL】|【标准48kHz】,最后单击【确定】按钮。

02 在项目窗口中空白处双击鼠标左键或者按快捷键Ctrl+I,在弹出的对话框中选择所需素材文件,单击【打开】按钮。

03 将项目窗口中的【音频文件.mp3】素材拖曳到时间线窗口中的音频1轨道上。

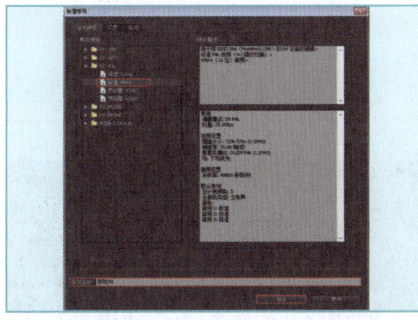
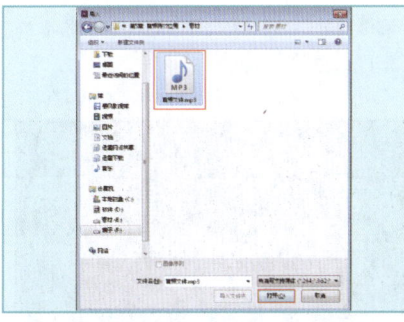
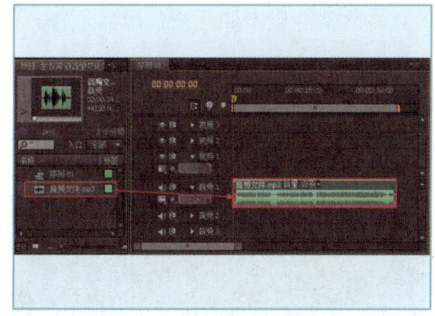

04 将时间线拖到起始帧的位置,单击【左】和【右】前面的自动关键帧,然后将时间线拖到第4秒的位置,设置【左】为6,【右】为-5。

05 将时间线拖到第8秒的位置,设置【左】为-5,【右】为6。接着将时间线拖到第12秒的位置,设置【左】和【右】为0。

06 此时播放时间线窗口中的音频文件,已经出现左右声道音量变化效果。

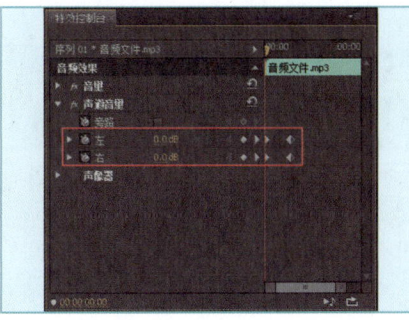
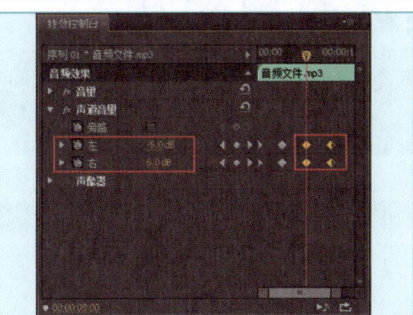

实例104　音频声道错位效果

相位特效可以使音频素材产生声道错位混合的效果。本例主要介绍制作音频声道错位效果的方法。

文件路径：源文件\第5章\例104　　　视频文件：视频文件\第5章\例104.flv

01 新建项目，单击【浏览】按钮设置路径，在【名称】文本框修改文件名称，单击【确定】按钮。接着选择【DV-PAL】|【标准48kHz】，最后单击【确定】按钮。

02 在项目窗口中空白处双击鼠标左键或者按快捷键Ctrl+I，在弹出的对话框中选择所需素材文件，单击【打开】按钮。

03 将项目窗口中的【音频文件.mp3】素材拖曳到时间线窗口中的音频1轨道上。

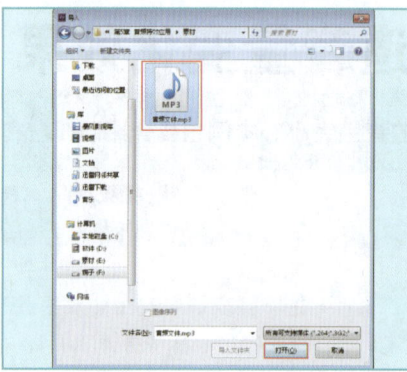
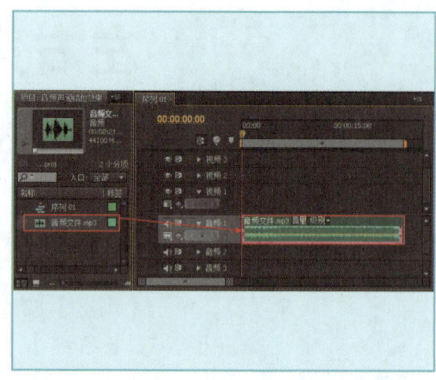

04 在【效果】面板中搜索【Phaser（相位）】特效，并将其拖曳到时间线窗口中的【音频文件.mp3】上。

05 选择时间线窗口中的【音频文件.mp3】，设置【Mix（混合）】为91，【FeedBack（反馈）】为37.10。

06 此时播放时间线窗口中的音频文件，已经出现音频声道错位效果。

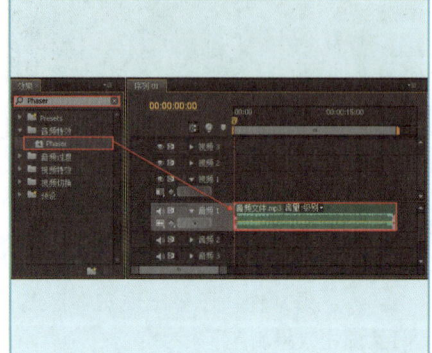
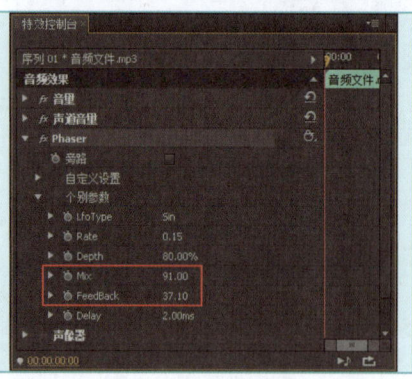

实例105　音频延迟重复效果

延迟特效可以为音频素材添加回声效果，并可以调整回声的持续时间和回声强度。本例主要介绍制作音频延迟重复效果的方法。

文件路径：源文件\第5章\例105　　　视频文件：视频文件\第5章\例105.flv

第5章　音频特效应用

01 新建项目，单击【浏览】按钮设置路径，在【名称】文本框修改文件名称，单击【确定】按钮。接着选择【DV-PAL】|【标准48kHz】，最后单击【确定】按钮。

02 在项目窗口中空白处双击鼠标左键或者按快捷键Ctrl+I，在弹出的对话框中选择所需素材文件，单击【打开】按钮。

03 将项目窗口中的【音频文件.mp3】素材拖曳到时间线窗口中的音频1轨道上。

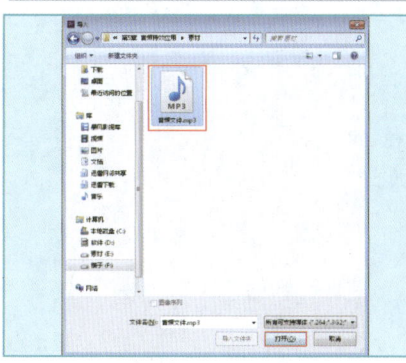
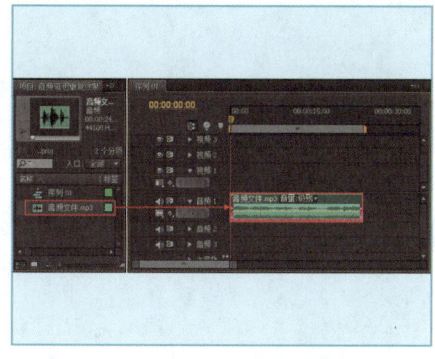

04 在【效果】面板中搜索【延迟】特效，并将其拖曳到时间线窗口中的【音频文件.mp3】上。

05 选择时间线窗口中的【音频文件.mp3】，并设置【Rate（速率）】为5.87，【Depth（深度）】为70%，【Mix（混合）】为68，【FeedBack（反馈）】为29.5，【Delay（延迟）】为3.30ms。

06 此时播放时间线窗口中的音频文件，已经出现音频延迟重复效果。

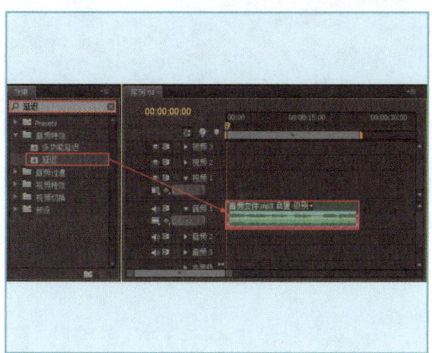
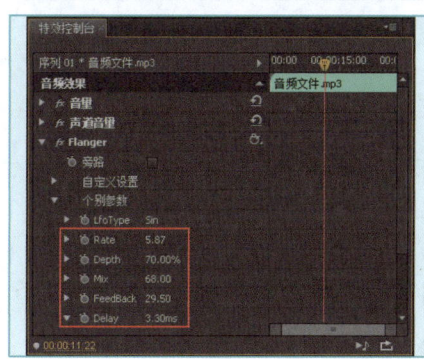
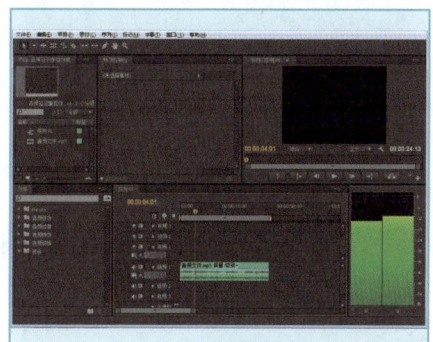

第6章
文字效果

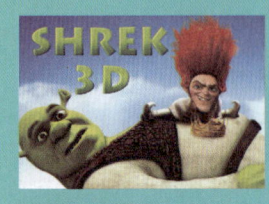

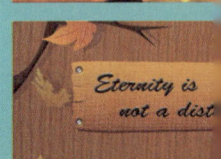

文字是文化的重要组成部分，文字效果直接影响着视觉传达效果。因此，文字设计是增强视觉传达效果、提高作品的诉求力、赋予版面审美价值的一种重要构成技术。Adobe Premiere中的【字幕】面板可以用来制作文字和图形。【字幕】面板包含有制作字幕文件的一些常用的工具。利用这些工具以及【字幕】菜单中的命令，就可以随心所欲地制作出多姿多彩的字幕。

实例106 电影海报文字效果

使用文字渐变属性可以使文字的颜色符合海报风格，使用斜角Alpha特效可以制作出文字立体效果。本例主要介绍制作电影海报文字效果的方法。

文件路径：源文件\第6章\例106　　　视频文件：视频文件\第6章\例106.flv

01 新建项目，在弹出的对话框中单击【浏览】按钮设置储存路径，在【名称】文本框修改文件名称，单击【确定】按钮。

02 在弹出的对话框中选择【设置】选项卡，设置【编辑模式】为【自定义】，【画面大小】为1024×768，【像素纵横比】为【方形像素（1.0）】，设置【序列名称】，单击【确定】按钮。

03 在项目窗口中空白处双击鼠标左键或者按快捷键Ctrl+I，在弹出的对话框中选择所需素材文件，单击【打开】按钮。

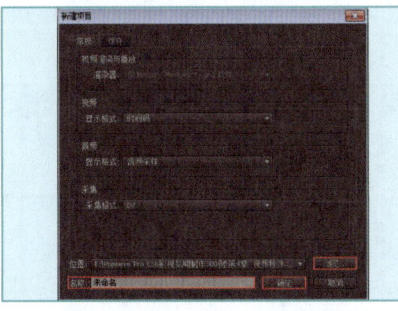 

04 将项目窗口中的【01.jpg】素材文件拖曳到时间线窗口视频1轨道上。

05 在菜单栏中选择【字幕】|【新建字幕】|【默认静态字幕】命令，在弹出的对话框中设置【名称】为【字幕01】，单击【确定】按钮。

06 选择 T（输入工具），在工作区输入文字，并设置【字体】为【Lithos Pro】，【字体样式】为【Black】，【字体大小】为157，【填充类型】为【线性渐变】，颜色为绿色（R: 186, G: 205, B: 41）和深绿色（R: 77, G: 115, B: 28）。

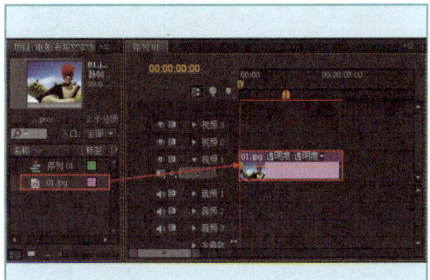 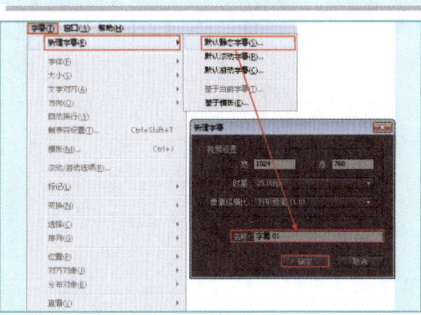 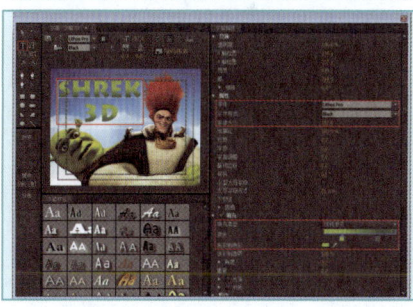

07 将项目窗口中的【字幕01】拖曳到时间线视频2轨道上。

08 为时间线窗口中的【字幕01】添加【斜面Alpha】特效，并在【特效控制台】面板中设置【边缘厚度】为6，【照明角度】为-70°。

09 可拖动时间线滑块查看最终电影海报文字效果。

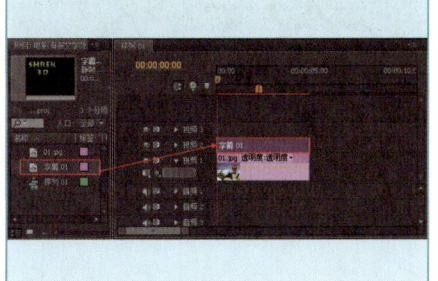 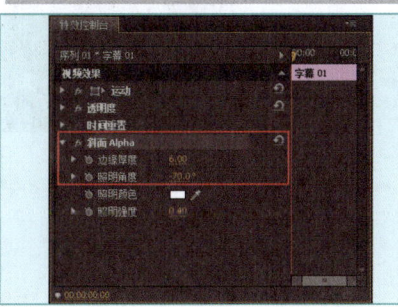 

实例107　彩色描边文字效果

使用文字的内侧边和外侧边属性可以制作出不同颜色的文字双重描边效果。本例主要介绍制作彩色描边文字效果的方法。

文件路径：源文件\第6章\例107

视频文件：视频文件\第6章\例107.flv

01 新建项目，在弹出的对话框中单击【浏览】按钮设置储存路径，在【名称】文本框修改文件名称，单击【确定】按钮。

02 在弹出的对话框中选择【设置】选项卡，设置【编辑模式】为【自定义】，【画面大小】为1024×768，【像素纵横比】为【方形像素（1.0）】，设置【序列名称】，单击【确定】按钮。

03 在项目窗口中空白处双击鼠标左键或者按快捷键Ctrl+I，在弹出的对话框中选择所需素材文件，单击【打开】按钮。

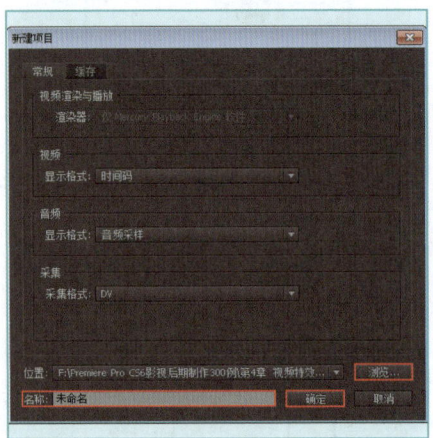
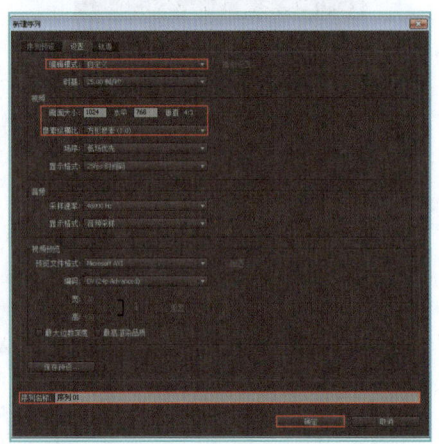

04 将项目窗口中的【01.jpg】素材文件拖曳到时间线窗口中的视频1轨道上。

05 在菜单栏中选择【字幕】|【新建字幕】|【默认静态字幕】命令，在弹出的对话框中设置【名称】为【字幕01】，单击【确定】按钮。

06 选择 T（输入工具），在工作区输入文字，并设置【字体】为【Hobo Std】，【字体样式】为【Medium】，【字体大小】为258，【填充类型】为【线性渐变】，颜色为白色（R：255，G：255，B：255）和浅绿色（R：238，G：251，B：177）。

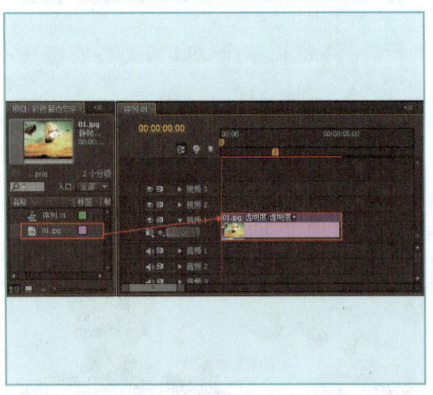
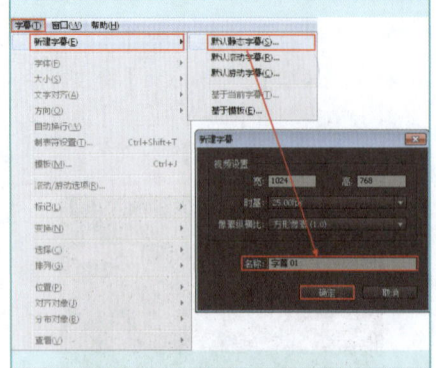
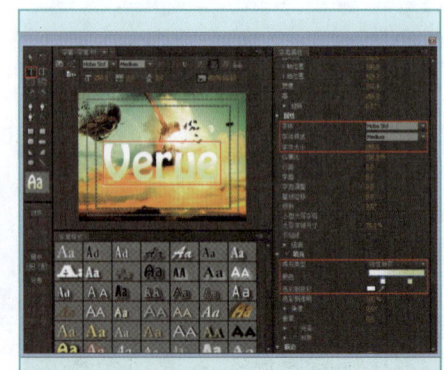

第6章　文字效果

07 选择文字，单击【内侧边】后面的【添加】按钮，设置【类型】为【凸出】，【大小】为25，【填充类型】为【线性渐变】，【颜色】为浅黄色（R：255，G：214，B：67）和橙色（R：217，G：52，B：14）。单击【外侧边】后面的【添加】按钮，设置【类型】为【凸出】，【大小】为40，【线性渐变】为浅粉色（R：255，G：130，B：172）和粉色（R：245，G：87，B：132）。

08 将项目窗口中的【字幕01】拖曳到时间线窗口中的视频2轨道上。

09 可拖动时间线滑块查看最终彩色描边文字效果。

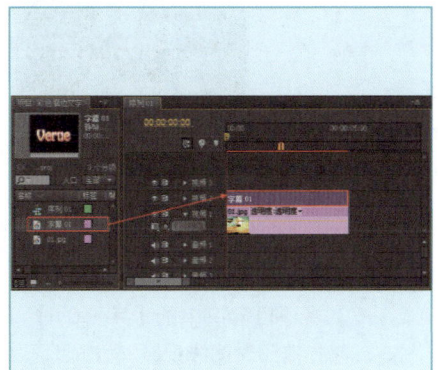

实例108　花样背景文字效果

使用文字描边属性可以制作出文字不同颜色和不同大小的描边效果。本例主要介绍制作花样背景文字效果的方法。

文件路径：源文件\第6章\例108　　　视频文件：视频文件\第6章\例108.flv

01 新建项目，在弹出的对话框中单击【浏览】按钮设置储存路径，在【名称】文本框修改文件名称，单击【确定】按钮。

02 在弹出的对话框中选择【设置】选项卡，设置【编辑模式】为【自定义】，【画面大小】为1024×768，【像素纵横比】为【方形像素（1.0）】，设置【序列名称】，单击【确定】按钮。

03 在项目窗口中空白处双击鼠标左键或者按快捷键Ctrl+I，在弹出的对话框中选择所需素材文件，单击【打开】按钮。

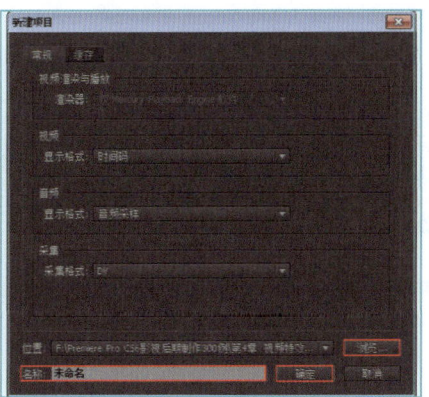
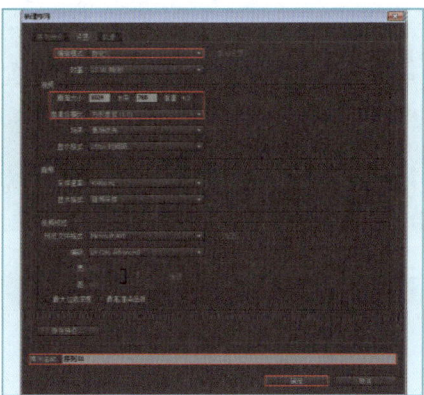
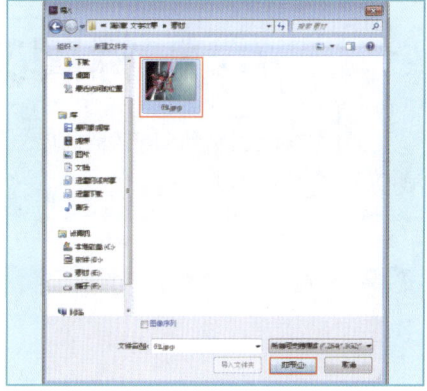

04 将项目窗口中的【01.jpg】素材文件拖曳到时间线视频1轨道上。

05 在菜单栏中选择【字幕】|【新建字幕】|【默认静态字幕】命令，在弹出的对话框中设置【名称】为【字幕01】，单击【确定】按钮。

06 选择 T（输入工具），在工作区输入文字，单击 （居中）按钮，设置【字体】为【Cooper Std】，【字体类型】为【Black】，【字体大小】为97，【填充类型】为【线性渐变】，【颜色】为浅蓝色（R：127，G：198，B：219）和蓝色（R：64，G：183，B：219）。

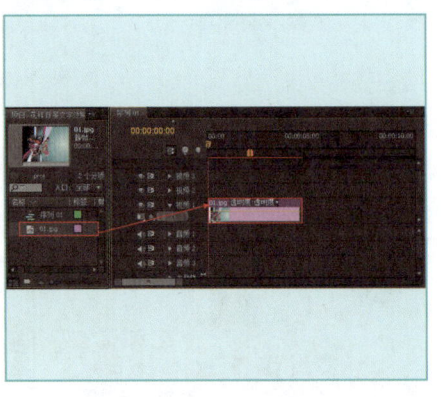 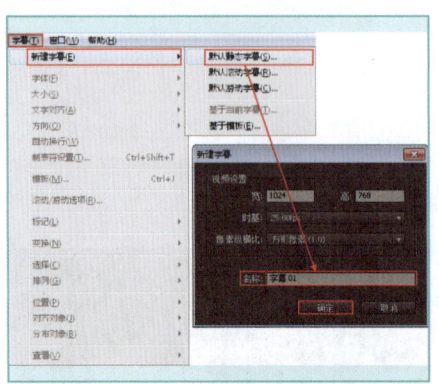 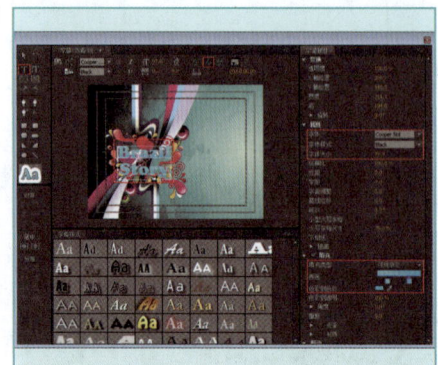

07 单击【内侧边】后面的【添加】按钮，设置【大小】为15，【颜色】为黑色（R：0，G：0，B：0）。单击【外侧边】后面的【添加】按钮，设置【大小】为156，【颜色】为白色（R：255，G：255，B：255）。

08 将项目窗口中的【字幕01】拖曳到时间线视频2轨道上。

09 可拖动时间线滑块查看最终花样背景文字效果。

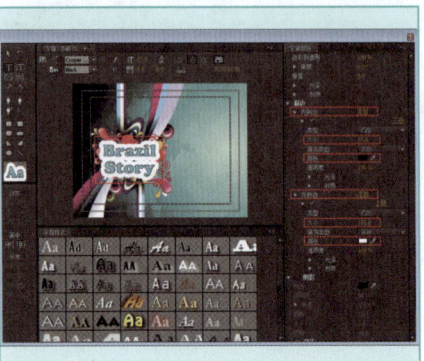 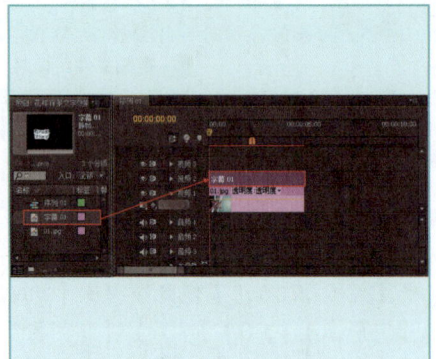 

实例109　标牌文字效果

为文字添加斜角Alpha特效后，可以调节光照角度和斜角厚度来表现出文字的厚度效果。本例主要介绍制作标牌文字效果的方法。

文件路径：源文件\第6章\例109　　　　　视频文件：视频文件\第6章\例109.flv

第6章 文字效果

01 新建项目，在弹出的对话框中单击【浏览】按钮设置储存路径，在【名称】文本框修改文件名称，单击【确定】按钮。

02 在弹出的对话框中选择【设置】选项卡，设置【编辑模式】为【自定义】，【画面大小】为1024×768，【像素纵横比】为【方形像素（1.0）】，设置【序列名称】，单击【确定】按钮。

03 在项目窗口中空白处双击鼠标左键或者按快捷键Ctrl+I，在弹出的对话框中选择所需素材文件，单击【打开】按钮。

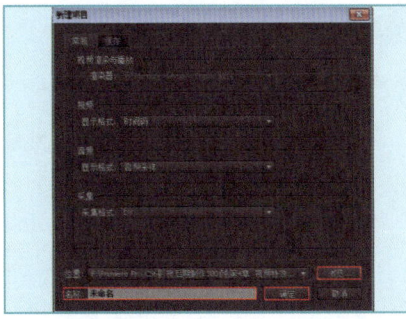  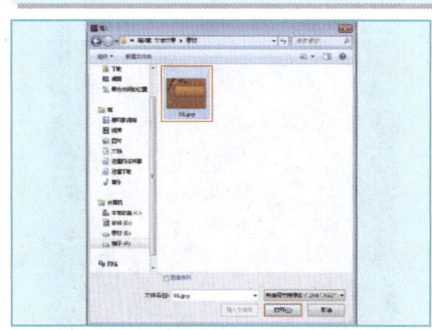

04 将项目窗口中的【01.jpg】素材文件拖曳到时间线窗口中的视频1轨道上。

05 在菜单栏中选择【字幕】|【新建字幕】|【默认静态字幕】命令，在弹出的对话框中设置【名称】为【字幕01】，单击【确定】按钮。

06 选择 T（输入工具），在工作区中输入文字，设置【字体】为【Brush Script Std】，【字体大小】为95，【颜色】为黑色（R：0，G：0，B：0）。

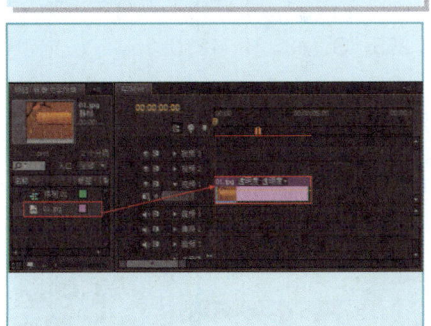 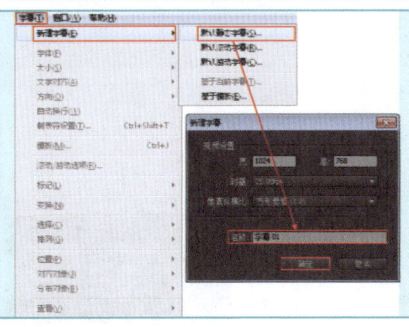 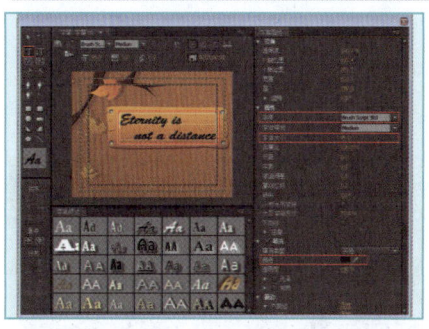

07 将项目窗口中的【字幕01】拖曳到时间线窗口中的视频2轨道上。

08 为时间线窗口中的【字幕01】添加【斜面Alpha】特效，并设置【边缘厚度】为4，【照明角度】为25°，【照明强度】为1。

09 可拖动时间线滑块查看最终标牌文字效果。

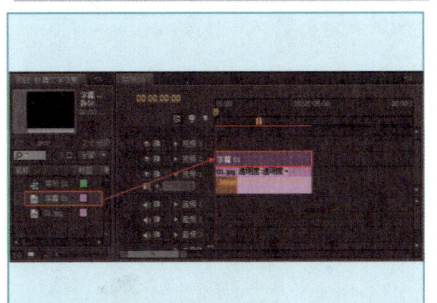 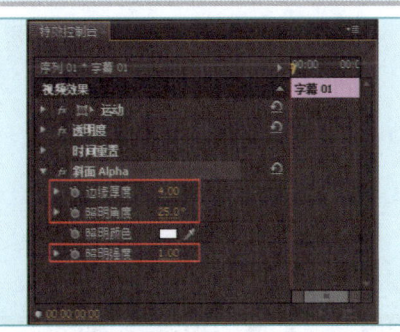 

实例110 剪纸文字效果

使用文字的外侧边属性制作出剪纸边缘效果后，勾选【阴影】属性，可表现出剪纸文字的空间效果。本例主要介绍制作剪纸文字效果的方法。

文件路径：源文件\第6章\例110　　　视频文件：视频文件\第6章\例110.flv

中文 Premiere Pro CS6 影视编辑剪辑设计与制作 300例

01 新建项目，在弹出的对话框中单击【浏览】按钮设置储存路径，在【名称】文本框修改文件名称，单击【确定】按钮。

02 在弹出的对话框中选择【设置】选项卡，设置【编辑模式】为【自定义】，【画面大小】为1024×768，【像素纵横比】为【方形像素（1.0）】，设置【序列名称】，单击【确定】按钮。

03 在项目窗口中空白处双击鼠标左键或者按快捷键Ctrl+I，在弹出的对话框中选择所需素材文件，并单击【打开】按钮。

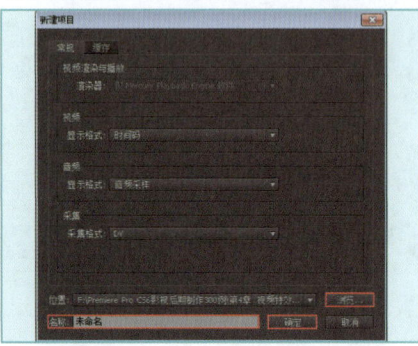
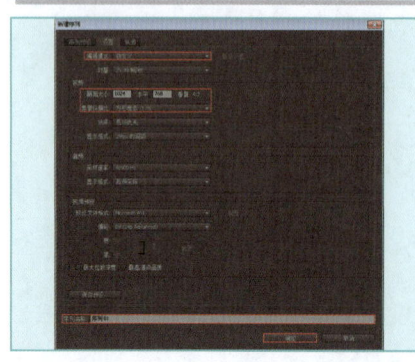

04 将项目窗口中的【01.jpg】素材文件拖曳到时间线窗口中的视频1轨道上。

05 在菜单栏中选择【字幕】|【新建字幕】|【默认静态字幕】命令，在弹出的对话框中设置【名称】为【字幕01】，单击【确定】按钮。

06 选择 T（输入工具），在工作区中输入文字，设置【字体】为【Elastic Wrath】，【字体大小】为97，【颜色】为粉色（R：255，G：43，B：123）。

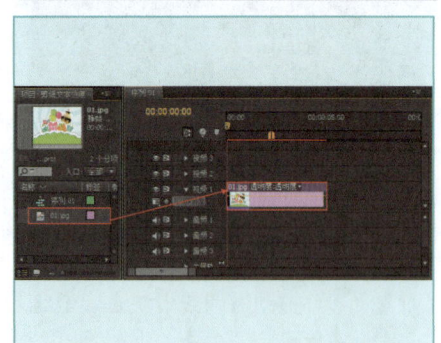
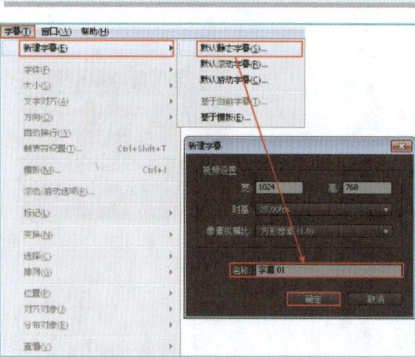
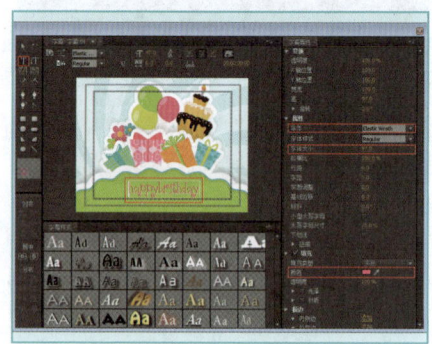

07 单击【外侧边】后面的【添加】按钮，设置【大小】为80，【颜色】为白色（R：255，G：255，B：255），勾选【阴影】，设置【透明度】为20%，【角度】为-51°，【距离】为15。

08 将项目窗口中的【字幕01】拖曳到时间线窗口中的视频2轨道上。

09 可拖动时间线滑块查看最终剪纸文字效果。

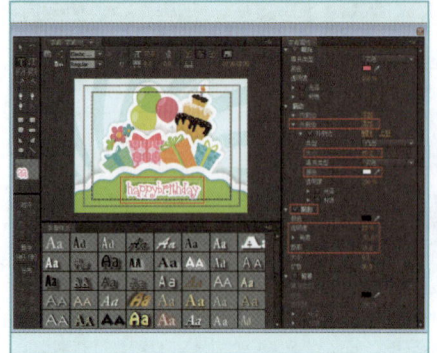
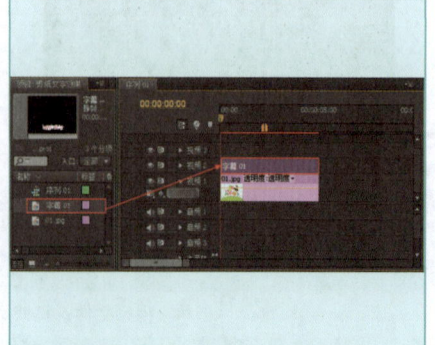

实例111　彩色模糊背景文字效果

使用快速模糊特效将文字进行模糊，可制作出彩色光晕模糊效果。本例主要介绍制作彩色模糊背景文字效果的方法。

文件路径：源文件\第6章\例111　　　视频文件：视频文件\第6章\例111.flv

01 新建项目，在弹出的对话框中单击【浏览】按钮设置储存路径，在【名称】文本框修改文件名称，单击【确定】按钮。

02 在弹出的对话框中选择【设置】选项卡，设置【编辑模式】为【自定义】，【画面大小】为1024×768，【像素纵横比】为【方形像素（1.0）】，设置【序列名称】，单击【确定】按钮。

03 在项目窗口中空白处双击鼠标左键或者按快捷键Ctrl+I，在弹出的对话框中选择所需素材文件，单击【打开】按钮。

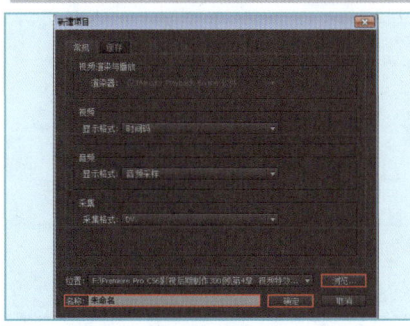
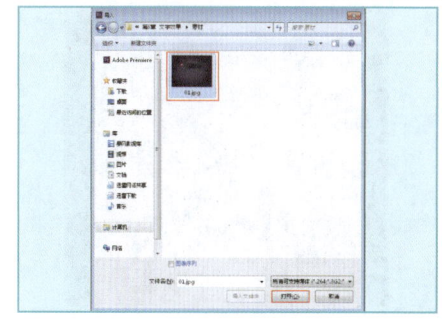

04 将项目窗口中的【01.jpg】素材文件拖曳到时间线视频1轨道上，在【特效控制台】面板中设置【缩放】为86。

05 在菜单栏中选择【字幕】|【新建字幕】|【默认静态字幕】命令，在弹出的对话框中设置【名称】为【字幕01】，单击【确定】按钮。

06 选择 T（输入工具），在工作区输入文字，设置【字体】为【Aetherfox】，【颜色】为黄色（R：251，G：242，B：0）和绿色（R：79，G：223，B：0）。

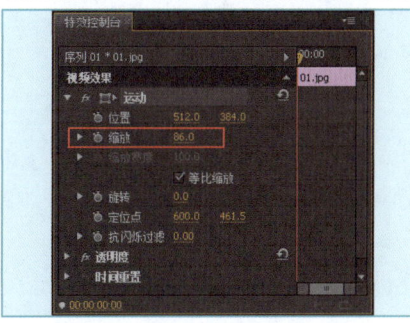
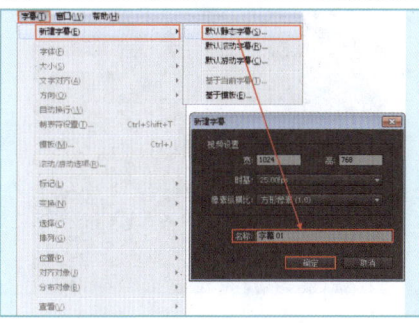
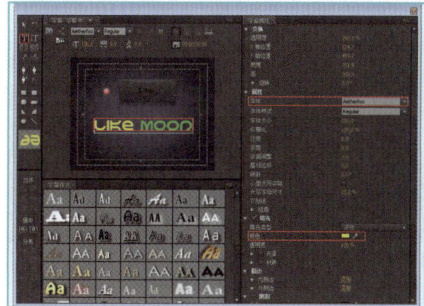

07 将项目窗口中的【字幕01】拖曳到时间线视频2轨道上，然后将视频2轨道上【字幕01】复制到视频3轨道上。

08 为时间线窗口中的【字幕01】添加【快速模糊】特效，并设置【模糊量】为50。

09 可拖动时间线滑块查看最终彩色模糊背景文字效果。

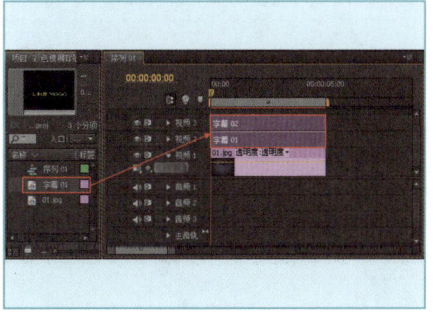
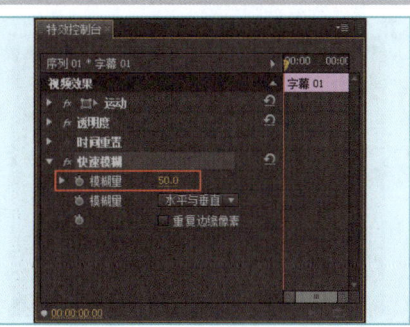

中文 Premiere Pro CS6 影视编辑剪辑设计与制作 300例

实例112　雨中文字效果

使用高斯模糊特效可制作出雨中模糊效果，添加轨道遮罩键特效可制作出文字形状的图案遮罩效果。本例主要介绍制作雨中文字效果的方法。

文件路径：源文件\第6章\例112　　　视频文件：视频文件\第6章\例112.flv

01 新建项目，在弹出的对话框中单击【浏览】按钮设置储存路径，在【名称】文本框修改文件名称，单击【确定】按钮。

02 在弹出的对话框中选择【设置】选项卡，设置【编辑模式】为【自定义】，【画面大小】为1024×768，【像素纵横比】为【方形像素（1.0）】，设置【序列名称】，单击【确定】按钮。

03 在项目窗口中空白处双击鼠标左键或者按快捷键Ctrl+I，在弹出的对话框中选择所需素材文件，单击【打开】按钮。

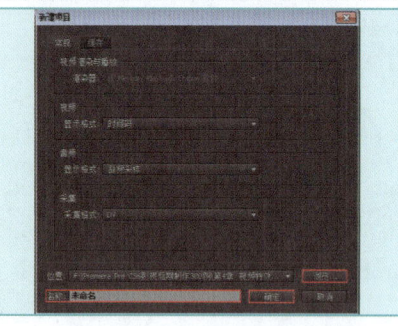
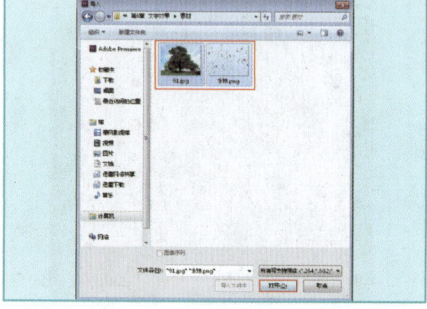

04 将项目窗口中的【01.jpg】素材文件拖曳到视频1轨道上。

05 选择时间线窗口中的【01.jpg】素材文件，设置【缩放】为90，【透明度】为55%。

06 为时间线窗口中的【01.jpg】素材文件添加【高斯模糊】特效，在【特效控制台】面板中设置【透明度】为55%，设置【高斯模糊】特效下的【模糊度】为45。

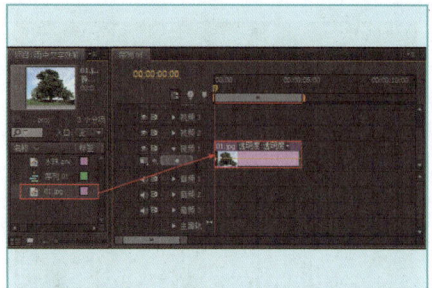
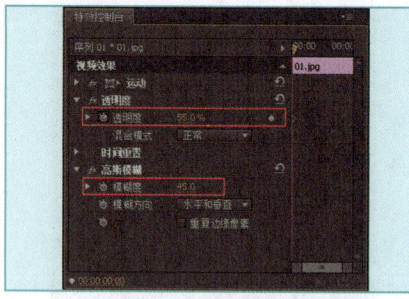

07 在菜单栏中选择【字幕】|【新建字幕】|【默认静态字幕】命令，在弹出的对话框中设置【名称】为【字幕01】，单击【确定】按钮。

08 选择 T（输入工具），在工作区输入文字【Rain】，设置【字体】为【Segoe Script】，【字体样式】为【Bold】，【字体大小】为244。

09 选择项目窗口中的【01.jpg】和【字幕01】素材文件，按顺序拖曳到视频2和视频3轨道上。

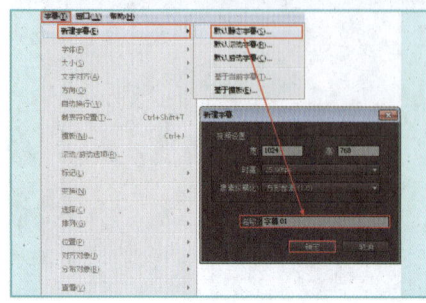

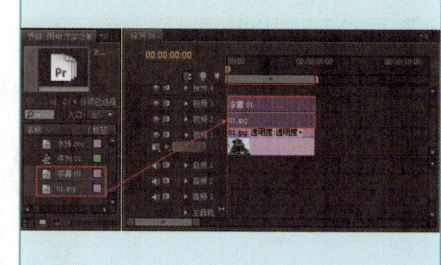

第6章 文字效果

10 选择视频2轨道上的【01.jpg】素材文件,设置【缩放】为90。然后为该素材文件添加【轨道遮罩键】特效,设置【遮罩】为【视频3】。

11 将项目窗口中的【水珠.png】素材文件拖曳到时间线窗口视频4轨道上,并在【特效控制台】面板中设置【混合模式】为【强光】。

12 可拖动时间线滑块查看最终雨中文字效果。

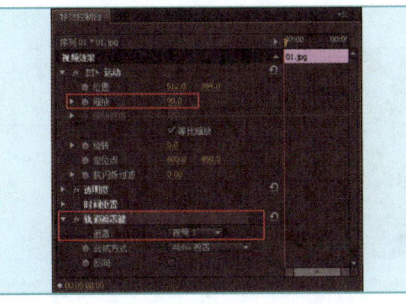
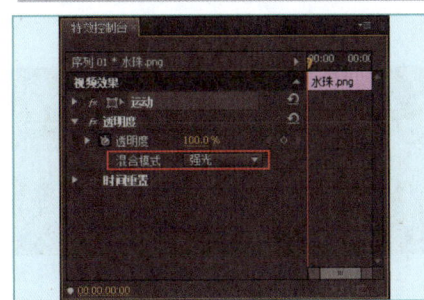

实例113 图案文字效果

使用嵌套序列可以将文字和花纹素材制作成在一个轨道上的素材,使用轨道遮罩键可制作出文字遮罩的图案。本例主要介绍制作图案文字效果的方法。

文件路径:源文件\第6章\例113　　　视频文件:视频文件\第6章\例113.flv

01 新建项目,在弹出的对话框中单击【浏览】按钮设置储存路径,在【名称】文本框修改文件名称,单击【确定】按钮。

02 在弹出的对话框中选择【设置】选项卡,设置【编辑模式】为【自定义】,【画面大小】为1024×768,【像素纵横比】为【方形像素(1.0)】,设置【序列名称】,单击【确定】按钮。

03 在项目窗口中空白处双击鼠标左键或者按快捷键Ctrl+I,在弹出的对话框中选择所需素材文件,单击【打开】按钮。

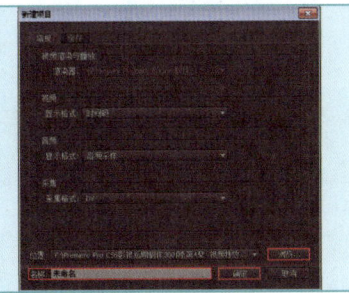
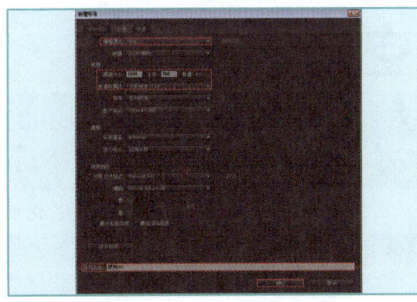
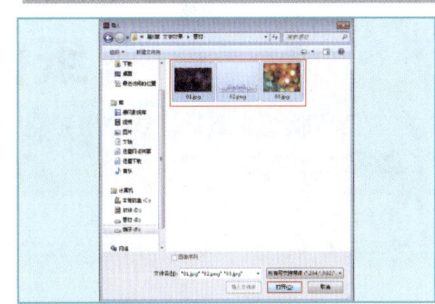

04 将项目窗口中的【01.jpg】和【02.png】素材文件按顺序拖曳到时间线窗口中的视频1和视频2轨道上。

05 选择时间线窗口中的【01.jpg】素材文件,在【特效控制台】面板中设置【缩放】为75。

06 在菜单栏中选择【字幕】|【新建字幕】|【默认静态字幕】命令,在弹出的对话框中设置【名称】为【字幕01】,单击【确定】按钮。

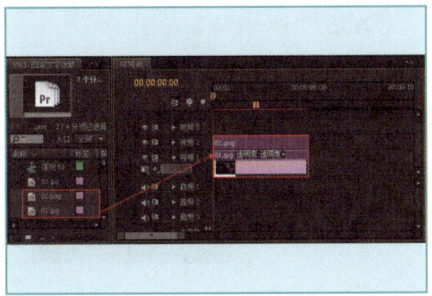

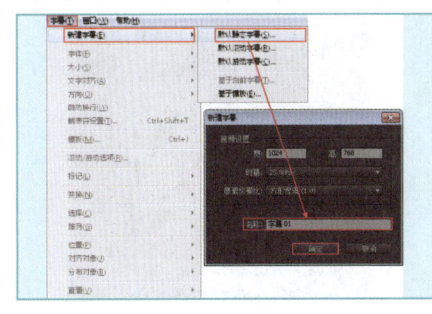

07 选择 T（输入工具），在工作区输入文字，设置【字体】为【AntsyPants】，【字体大小】为172，【颜色】为白色（R：255，G：255，B：255）。

08 将项目窗口中的【字幕01】拖曳到时间线窗口中视频3轨道上。

09 选择时间线窗口中的【字幕01】和【02.png】素材文件，然后单击鼠标右键，在弹出的菜单中选择【嵌套】选项。

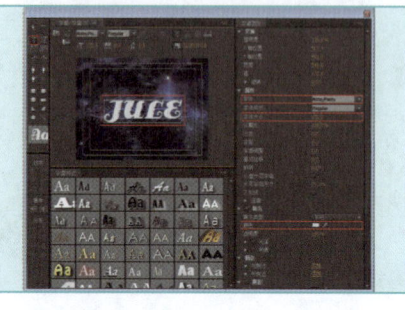  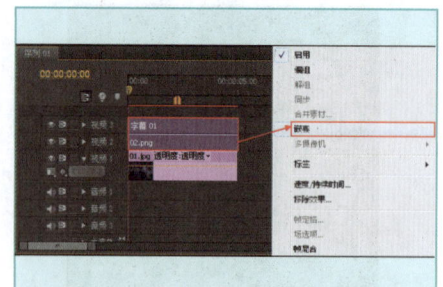

10 将形成的【嵌套序列01】拖曳到视频3轨道上，然后将【项目】窗口中的【03.jpg】拖曳到视频2轨道上。

11 为时间线窗口中的【03.jpg】素材文件添加【轨道遮罩键】特效，并设置【遮罩】为【视频3】。

12 可拖动时间线滑块查看最终图案文字效果。

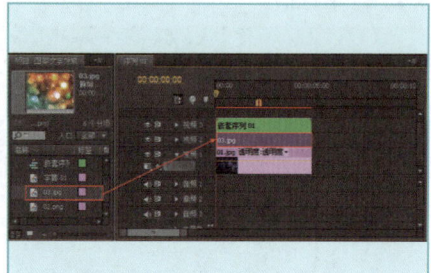 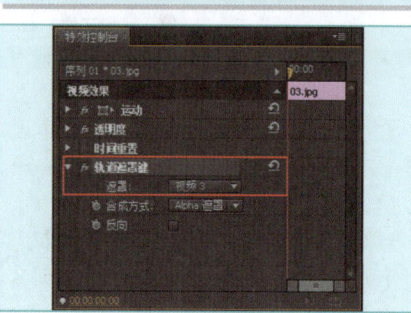 

实例114　剪纸镂空文字效果

使用轨道遮罩键可制作出镂空文字效果，然后添加投影特效可制作出空间感效果。本例主要介绍制作剪纸镂空文字效果的方法。

文件路径：源文件\第6章\例114　　　视频文件：视频文件\第6章\例114.flv

01 新建项目，在弹出的对话框中单击【浏览】按钮设置储存路径，在【名称】文本框修改文件名称，单击【确定】按钮。

02 在弹出的对话框中选择【设置】选项卡，设置【编辑模式】为【自定义】，【画面大小】为1024×768，【像素纵横比】为【方形像素（1.0）】，设置【序列名称】，单击【确定】按钮。

03 在菜单栏中选择【字幕】|【新建字幕】|【默认静态字幕】命令，在弹出的对话框中设置【名称】为【字幕01】，单击【确定】按钮。

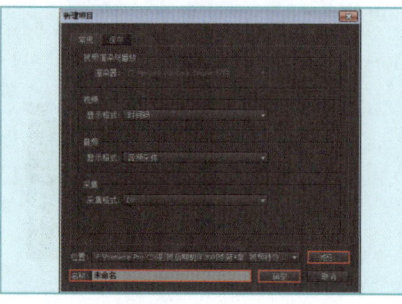 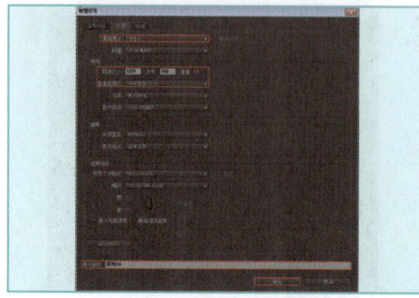 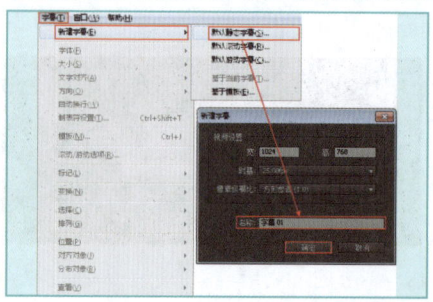

第6章 文字效果

04 选择 T（输入工具），在工作区中输入文字，设置【字体】为【Hobo Std】，【字体大小】为455，【渐变类型】为【线性渐变】，【颜色】为蓝色（R：11，G：145，B：235）和深蓝色（R：9，G：83，B：129）

05 选择菜单栏中的【文件】|【新建】|【黑色视频】命令，在弹出的对话框中单击【确定】按钮。

06 将项目窗口中的【黑色视频】重命名为【背景】，然后将【字幕01】和【背景】按顺序拖曳到时间线窗口中的视频1和视频2轨道上。

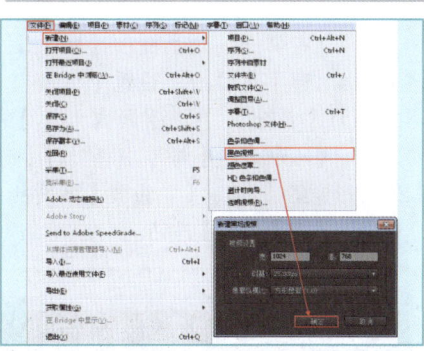
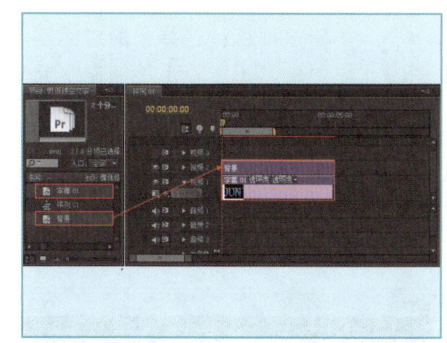

07 为时间线窗口中的【背景】添加【渐变】特效，设置【渐变起点】为（0,0），【起始颜色】为白色（R：255，G：255，B：255），【渐变终点】为（673,768），【结束颜色】为灰色（R：183，G：185，B：189）。

08 可拖动时间线滑块查看效果。

09 将时间线窗口中视频1轨道上的【字幕01】复制到视频3轨道上。

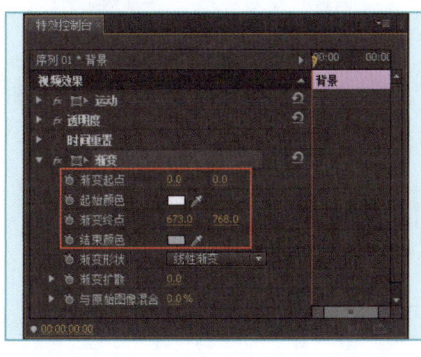

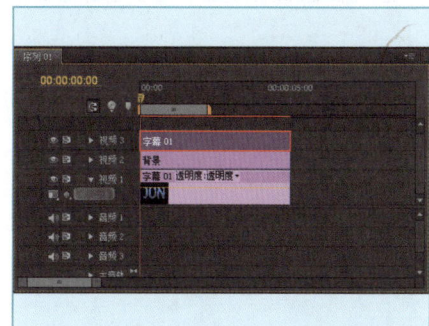

10 为时间线窗口中的【背景】添加【轨道遮罩键】特效，并设置【遮罩】为【视频3】，勾选【反向】。

11 为时间线窗口中的【背景】添加【投影】特效，并设置【透明度】为65%，【方向】为120°，【距离】为20，【柔和度】为30。

12 可拖动时间线滑块查看最终剪纸镂空文字效果。

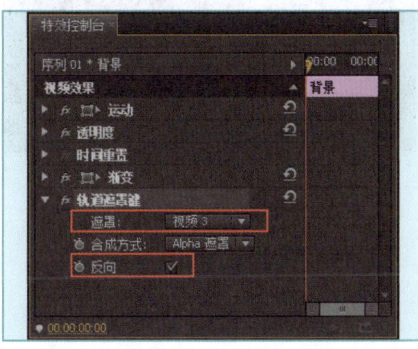
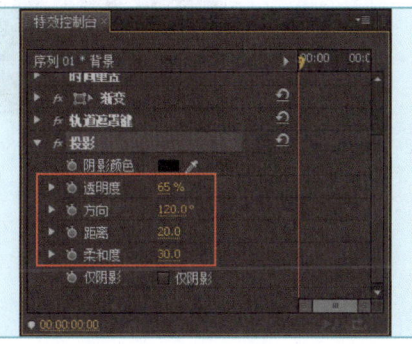

实例115 立体方块文字效果

在【字幕】面板中使用各种形状工具绘制出各种形状的图案后，添加外侧边属性可以制作出图案的厚度透视效果。本例主要介绍制作立体方块文字效果的方法。

文件路径：源文件\第6章\例115　　　视频文件：视频文件\第6章\例115.flv

01 新建项目，在弹出的对话框中单击【浏览】按钮设置储存路径，在【名称】文本框修改文件名称，单击【确定】按钮。

02 在弹出的对话框中选择【设置】选项卡，设置【编辑模式】为【自定义】，【画面大小】为1024×768，【像素纵横比】为【方形像素（1.0）】，设置【序列名称】，单击【确定】按钮。

03 在菜单栏中选择【字幕】|【新建字幕】|【默认静态字幕】命令，在弹出的对话框中设置【名称】为【字幕01】，单击【确定】按钮。

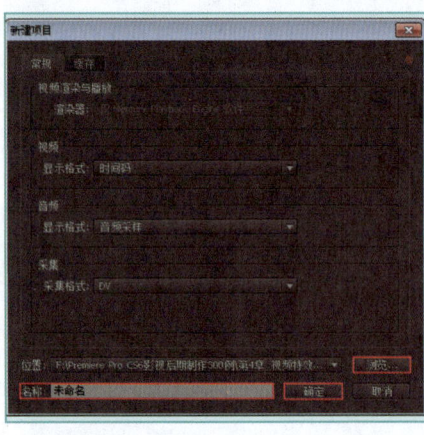
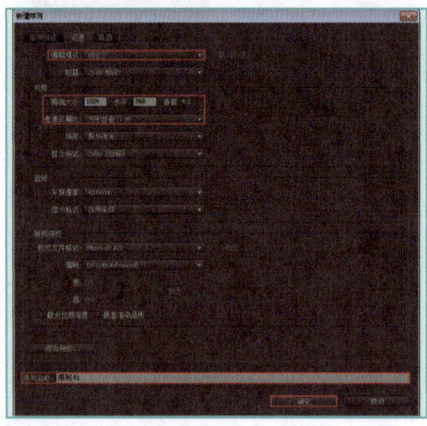
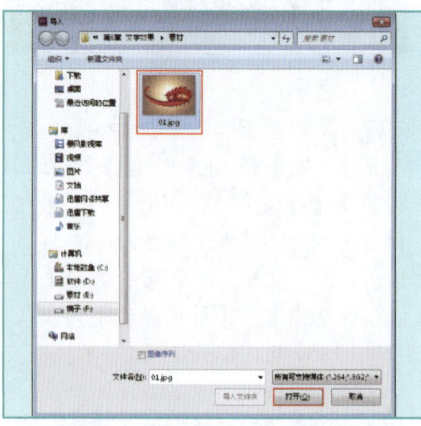

04 将项目窗口中的【01.jpg】素材文件拖曳到时间线窗口中的视频1轨道上。

05 在菜单栏中选择【字幕】|【新建字幕】|【默认静态字幕】命令，在弹出的对话框中设置【名称】为【字幕01】，单击【确定】按钮。

06 选择▭（矩形工具），在工作区中绘制一个矩形，设置【旋转】为11°，【填充类型】为【线性渐变】，【颜色】为橙色（R：223，G：86，B：3）和红色（R：199，G：6，B：0），【角度】为317°。

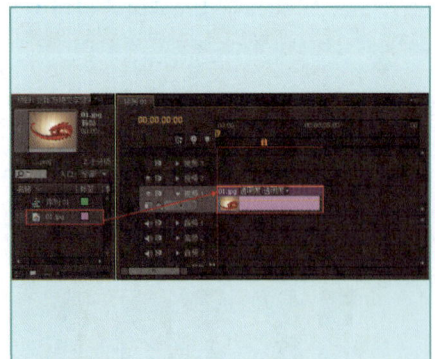
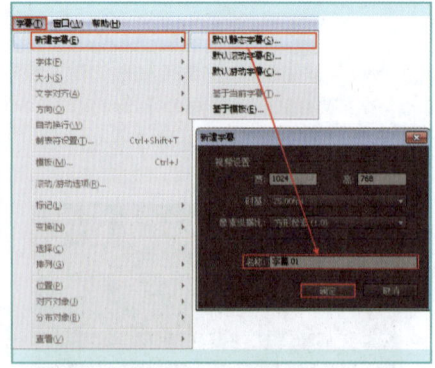
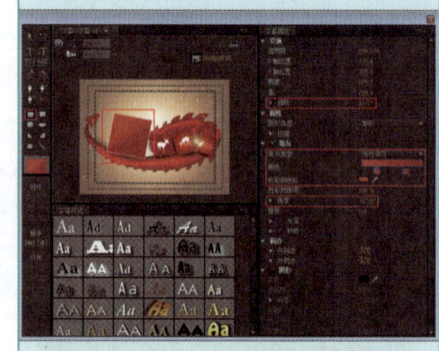

第6章 文字效果

07 单击【外侧边】后面的【添加】按钮,并设置【类型】为【深度】,【大小】为68,【角度】为339°,【填充类型】为【线性渐变】,【颜色】为浅红色(R:255, G:60, B:60)和红色(R:204, G:26, B:34)。勾选【阴影】,设置【角度】为-232°,【距离】为15,【扩散】为100。

08 选择 T(输入工具),在工作区中输入文字,并设置【字体】为【Impact】,【字体大小】为122,【颜色】为白色(R:255, G:255, B:255)。勾选【阴影】特效,设置【角度】为-243°,【距离】为5。

09 可拖动时间线滑块查看最终立体方块文字效果。

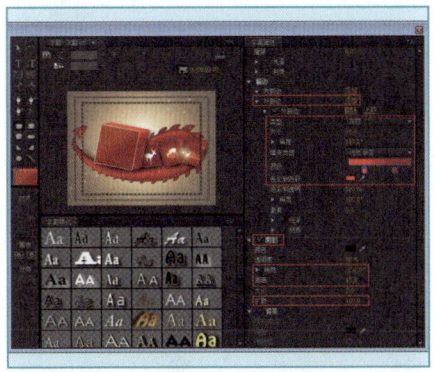
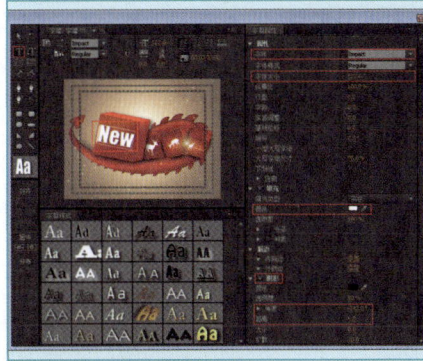

实例116　三维透视文字效果

使用基本3D特效可以将素材和文字进行空间的旋转,制作出远近的空间效果。本例主要介绍制作三维透视文字效果的方法。

文件路径:源文件\第6章\例116　　　视频文件:视频文件\第6章\例116.flv

01 新建项目,在弹出的对话框中单击【浏览】按钮设置储存路径,在【名称】文本框修改文件名称,单击【确定】按钮。

02 在弹出的对话框中选择【设置】选项卡,设置【编辑模式】为【自定义】,【画面大小】为1024×768,【像素纵横比】为【方形像素(1.0)】,设置【序列名称】,单击【确定】按钮。

03 在项目窗口中空白处双击鼠标左键或者按快捷键Ctrl+I,在弹出的对话框中选择所需素材文件,单击【打开】按钮。

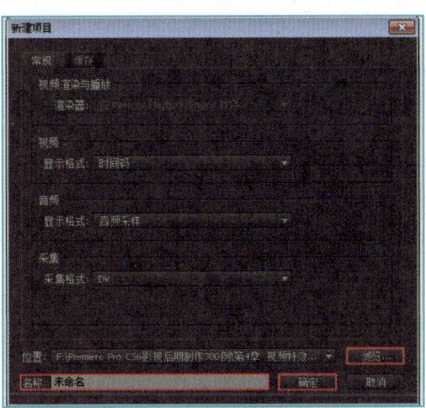
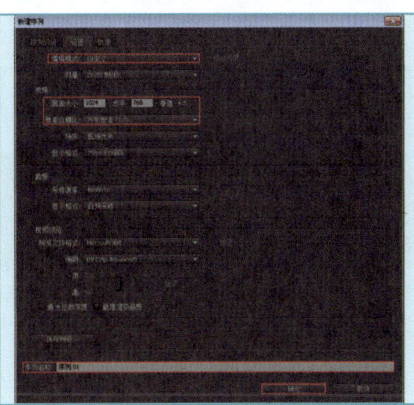
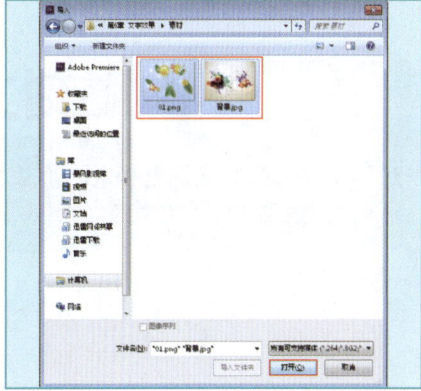

04 将项目窗口的【背景.jpg】素材文件拖曳到时间线窗口的视频1轨道上。

05 在菜单栏中选择【字幕】|【新建字幕】|【默认静态字幕】命令，在弹出的对话框中设置【名称】为【字幕01】，单击【确定】按钮。

06 选择 T（输入工具），在工作区输入文字，并设置【字体】为【Arial】，【字体样式】为【Bold】，【字体大小】为260，【颜色】为黄色（R：255，G：222，B：0）。单击【外侧边】后的【添加】按钮，设置【类型】为【深度】，【大小】为32，【角度】为153°，【颜色】为深黄色（R：217，G：143，B：0）。

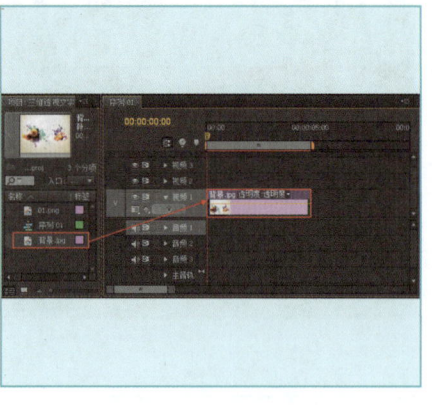
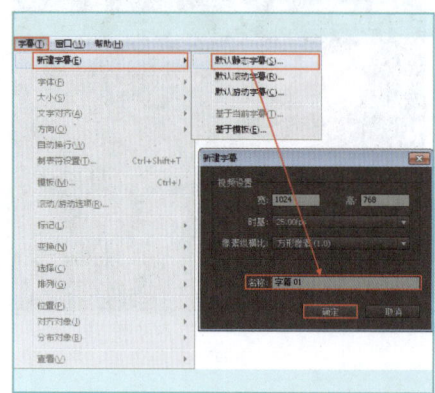

07 为时间线窗口中的【字幕01】添加【基本3D】效果，并设置【旋转】为-27°。

08 将项目窗口中的【01.png】素材文件拖曳到时间线窗口中的视频3轨道上。

09 可拖动时间线滑块查看最终三维透视文字效果。

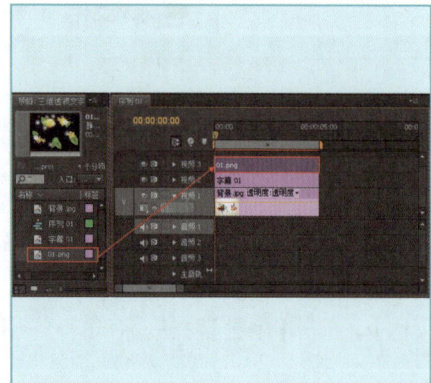

实例117　雕刻文字效果

使用正片叠底混合模式，能使文字显示出下面的素材背景纹理效果，添加斜面Alpha特效可加深文字深度效果。本例主要介绍制作雕刻文字效果的方法。

文件路径：源文件\第6章\例117　　　　视频文件：视频文件\第6章\例117.flv

第6章　文字效果

01 新建项目，在弹出的对话框中单击【浏览】按钮设置储存路径，在【名称】文本框修改文件名称，单击【确定】按钮。

02 在弹出的对话框中选择【设置】选项卡，设置【编辑模式】为【自定义】，【画面大小】为1024×768，【像素纵横比】为【方形像素（1.0）】，设置【序列名称】，单击【确定】按钮。

03 在项目窗口中空白处双击鼠标左键或者按快捷键Ctrl+I，在弹出的对话框中选择所需素材文件，单击【打开】按钮。

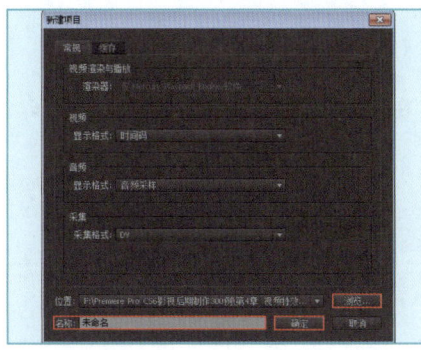 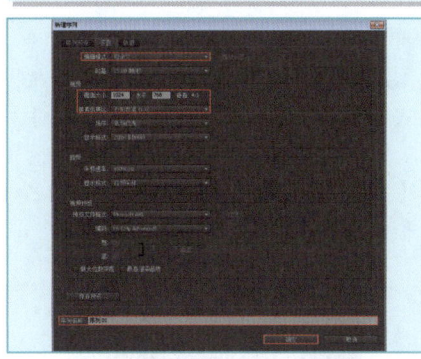 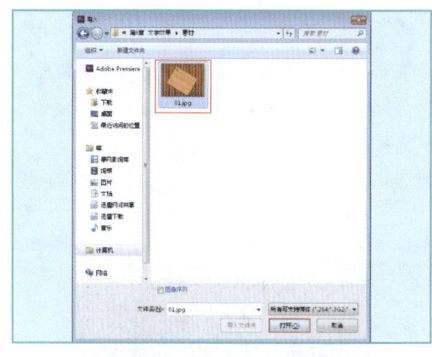

04 将项目窗口中的【01.jpg】素材文件拖曳到时间线窗口中的视频1轨道上。

05 在菜单栏中选择【字幕】|【新建字幕】|【默认静态字幕】命令，在弹出的对话框中设置【名称】为【字幕 01】，单击【确定】按钮。

06 选择 T（输入工具），在工作区输入文字，并设置【字体】为【Cooper Std】，【字体大小】为70，【颜色】为浅灰色（R：197，G：184，B：168）。

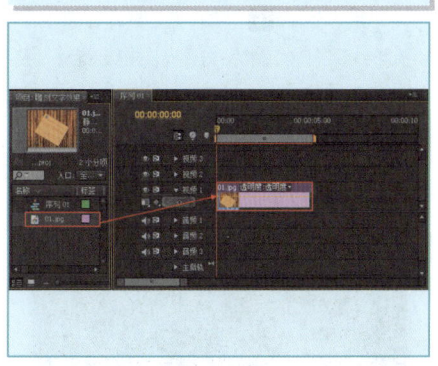 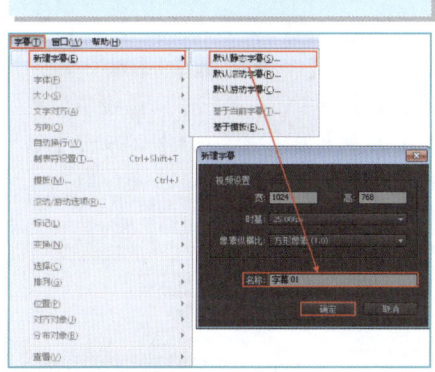 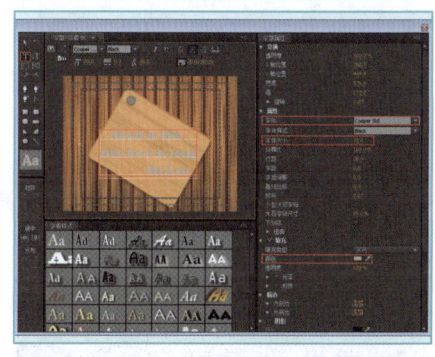

07 将项目窗口中的【字幕 01】拖曳到时间线窗口的视频2轨道上。

08 为时间线窗口中的【字幕 01】添加【斜面Alpha】特效，然后在【特效控制台】面板中设置【混合模式】为【正片叠底】。设置【斜面Alpha】特效下的【边缘厚度】为3，【照明角度】为120，【照明颜色】为浅灰色（R：215，G：215，B：215）。

09 可拖动时间线滑块查看最终雕刻文字效果。

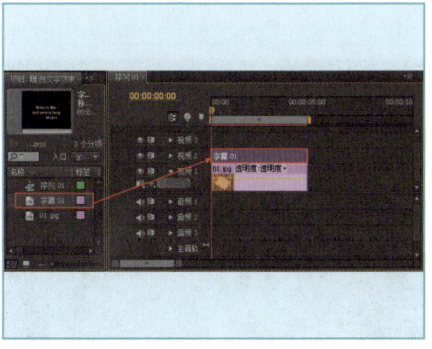 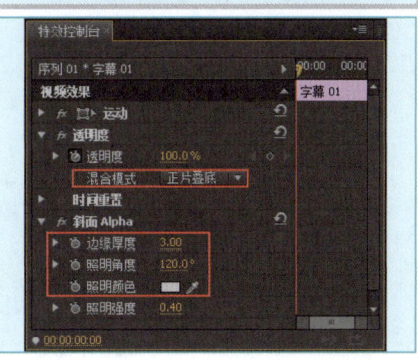 

实例118　欧式金属文字效果

使用【字幕】面板中的文字材质属性，可以为文字表面添加贴图材质效果。本例主要介绍制作欧式金属文字效果的方法。

文件路径：源文件\第6章\例118

视频文件：视频文件\第6章\例118.flv

01 新建项目，在弹出的对话框中单击【浏览】按钮设置储存路径，在【名称】文本框修改文件名称，单击【确定】按钮。

02 在弹出的对话框中选择【设置】选项卡，设置【编辑模式】为【自定义】，【画面大小】为1024×768，【像素纵横比】为【方形像素（1.0）】，设置【序列名称】，最后单击【确定】按钮。

03 在项目窗口中空白处双击鼠标左键或者按快捷键Ctrl+I，在弹出的对话框中选择所需素材文件，单击【打开】按钮。

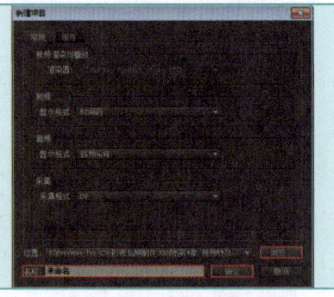
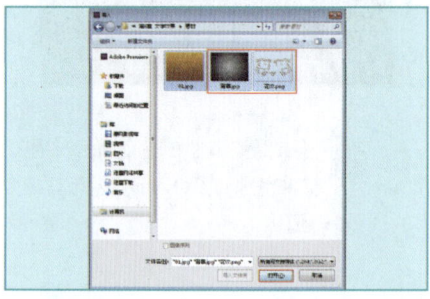

04 将项目窗口中的【背景.jpg】和【花纹.png】素材文件拖曳到时间线窗口的视频1和视频2轨道上。

05 在菜单栏中选择【字幕】|【新建字幕】|【默认静态字幕】命令，在弹出的对话框中设置【名称】为【字幕01】，单击【确定】按钮。

06 选择T（输入工具），在工作区输入文字，并设置【字体】为【Berliner】，【字体大小】为345，【高】为345。勾选【材质】选项，在材质框中单击，选择素材【01.jpg】作为材质。

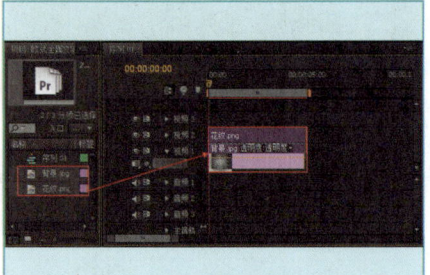
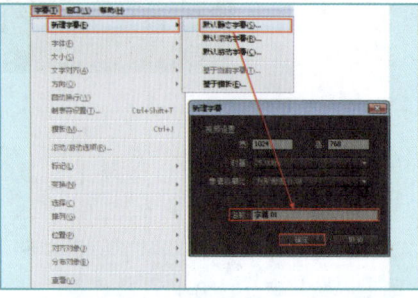

07 将项目窗口中的【字幕01】拖曳到时间线窗口中的视频3轨道上。

08 为时间线窗口中的【字幕01】添加【斜面Alpha】特效，并设置【边缘厚度】为6，【照明颜色】为黄色（R: 220, G: 159, B: 32），【照明强度】为0.6。

09 可拖动时间线滑块查看最终欧式金属文字效果。

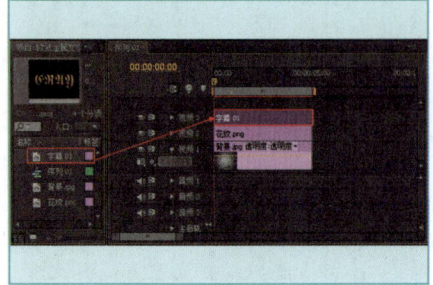
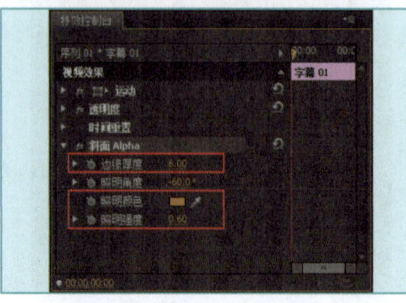

实例119　金属文字效果

利用【字幕】面板中的线性渐变可制作出金属的渐变颜色，勾选【光泽】选项为文字添加光泽，可突出金属等材质的高光效果。本例主要介绍制作金属文字效果的方法。

文件路径：源文件\第6章\例119　　　视频文件：视频文件\第6章\例119.flv

01 新建项目，在弹出的对话框中单击【浏览】按钮设置储存路径，在【名称】文本框修改文件名称，单击【确定】按钮。

02 在弹出的对话框中选择【设置】选项卡，设置【编辑模式】为【自定义】，【画面大小】为1024×768，【像素纵横比】为【方形像素（1.0）】，设置【序列名称】，单击【确定】按钮。

03 在项目窗口中空白处双击鼠标左键或者按快捷键Ctrl+I，在弹出的对话框中选择所需素材文件，单击【打开】按钮。

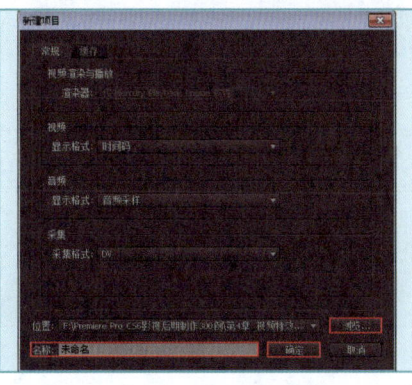
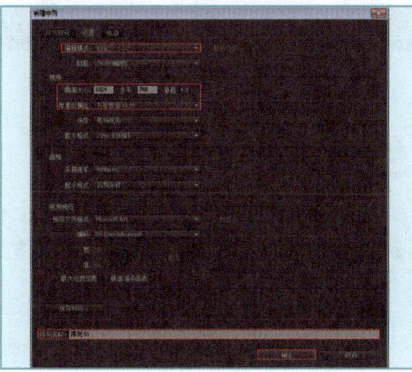
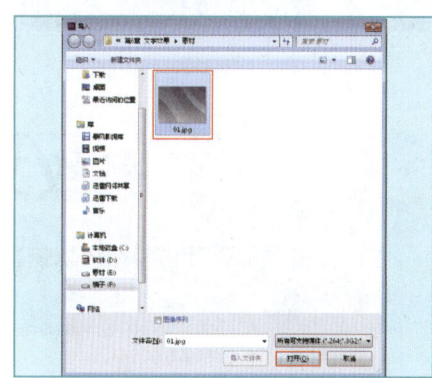

04 将项目窗口中的【01.jpg】素材文件拖曳到时间线窗口的视频1轨道上。

05 在菜单栏中选择【字幕】|【新建字幕】|【默认静态字幕】命令，在弹出的对话框中设置【名称】为【字幕01】，单击【确定】按钮。

06 选择 T（输入工具），在工作区输入文字，设置【字体】为【Ebrima】，【字体样式】为【Bold】，【字体大小】为202，【填充类型】为【线性渐变】，【颜色】为浅灰色（R：104，G：104，B：104）和深灰色（R：69，G：69，B：69）。

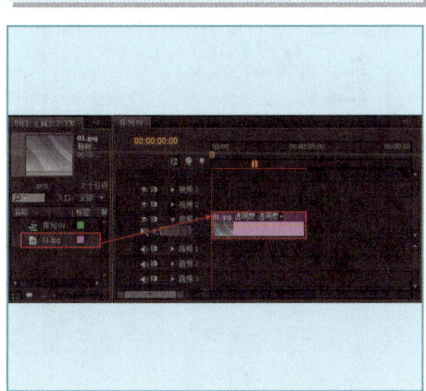
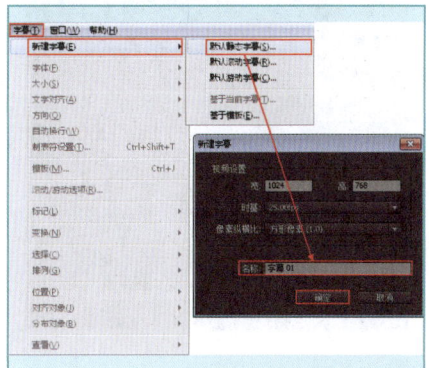
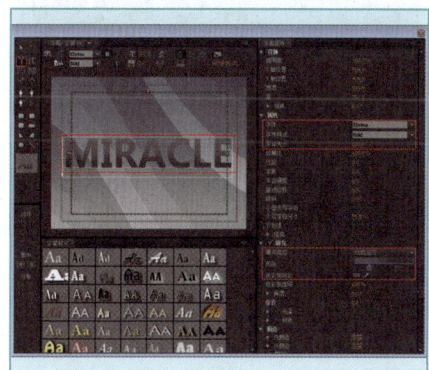

07 勾选【光泽】选项，设置【大小】为63；勾选【阴影】选项，设置【距离】为5，【扩散】为80。

08 将项目窗口中的【字幕01】拖曳到时间线视频2轨道上，为时间线窗口中的【字幕01】添加【斜面Alpha】特效，并设置【边缘厚度】为5，【照明角度】为36°。

09 可拖动时间线滑块查看最终金属文字效果。

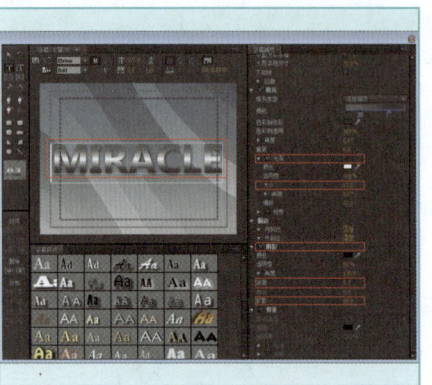
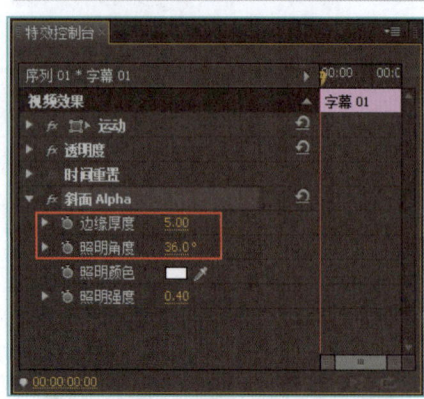

实例120 条纹文字效果

为文字添加百叶窗特效可以制作出条纹擦除效果，并可以调节条纹角度和宽度。本例主要介绍制作条纹文字效果的方法。

文件路径：源文件\第6章\例120   视频文件：视频文件\第6章\例120.flv

01 新建项目，在弹出的对话框中单击【浏览】按钮设置储存路径，在【名称】文本框修改文件名称，单击【确定】按钮。

02 在弹出的对话框中选择【设置】选项卡，设置【编辑模式】为【自定义】，【画面大小】为1024×768，【像素纵横比】为【方形像素（1.0）】，设置【序列名称】，单击【确定】按钮。

03 在项目窗口中空白处双击鼠标左键或者按快捷键Ctrl+I，在弹出的对话框中选择所需素材文件，单击【打开】按钮。

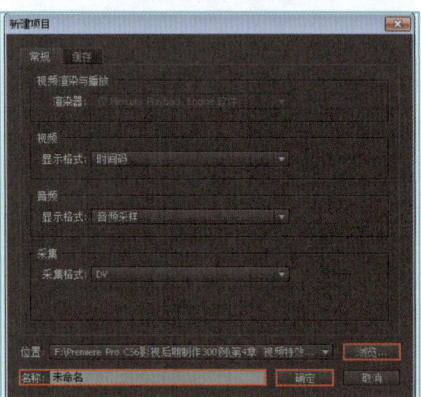
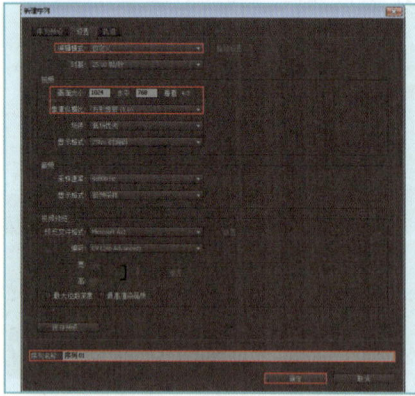
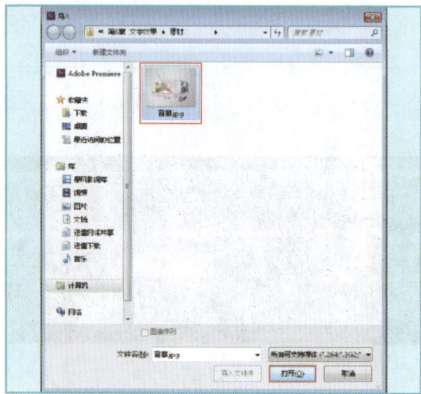

第6章 文字效果

04 将项目窗口中的【背景.jpg】素材文件拖曳到时间线窗口中的视频1轨道上。

05 在菜单栏中选择【字幕】|【新建字幕】|【默认静态字幕】命令，在弹出的对话框中设置【名称】为【字幕01】，单击【确定】按钮。

06 选择 T（输入工具），在工作区输入文字，设置【字体】为【Arial】，【字体样式】为【Bold】，【字体大小】为180，【颜色】为浅绿色（R: 75, G: 189, B: 83）。单击【外侧边】后面的【添加】按钮，设置【类型】为【深度】，【大小】为32，【角度】为180°，【颜色】为深绿色（R: 59, G: 154, B: 66）。

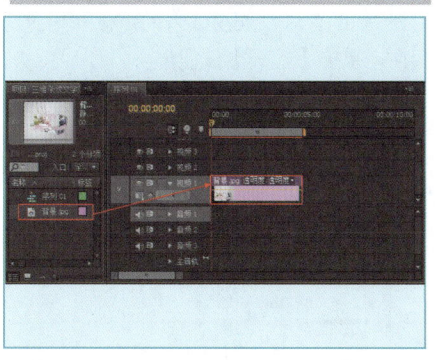
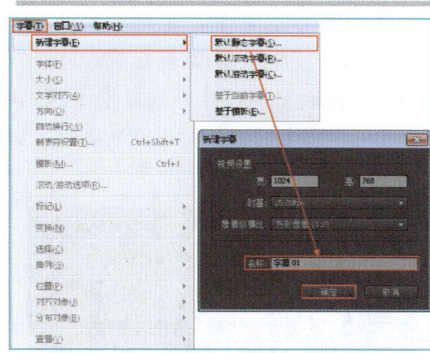
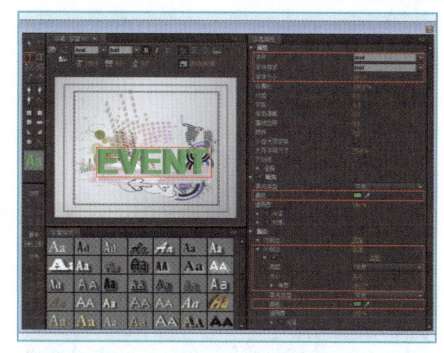

07 将视频2轨道上的【字幕01】复制到视频3轨道上，并重命名为【字幕02】。

08 双击打开【字幕02】，重新设置【颜色】为黄色（R: 255, G: 240, B: 4），设置【外侧边】的颜色为深黄色（R: 255, G: 175, B: 4）。

09 在【效果】面板中搜索【百叶窗】特效，并将其拖曳到时间线窗口的视频3轨道上。

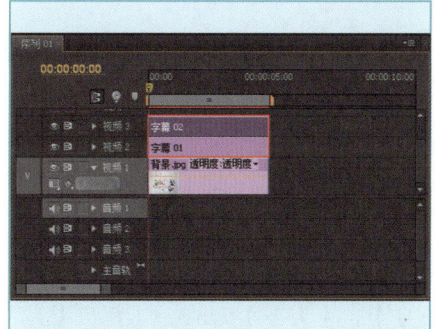
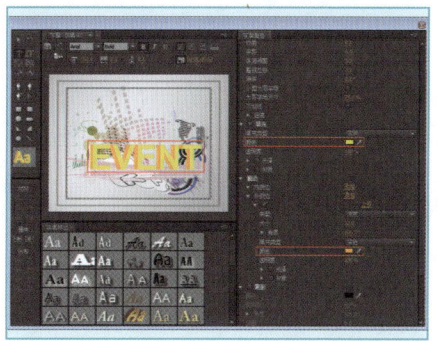
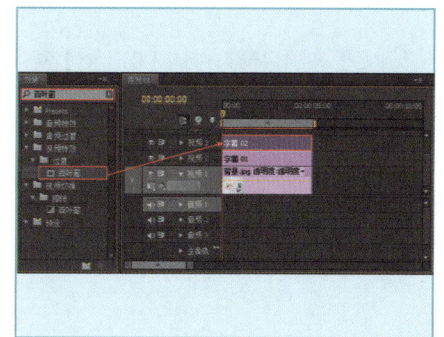

10 选择时间线窗口中的【字幕02】，然后在【特效控制台】面板中设置【过渡完成】为48%，【方向】为51°，【宽度】为48。

11 为时间线窗口中的【字幕01】添加【投影】特效，并设置【方向】为231°，【距离】为24，【柔和度】为30。

12 可拖动时间线滑块查看最终条纹文字效果。

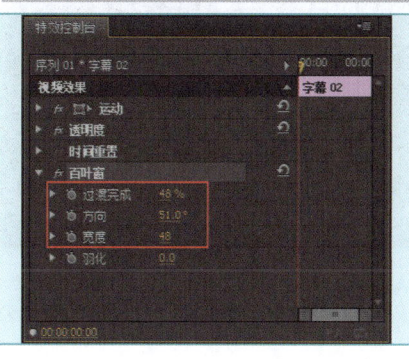
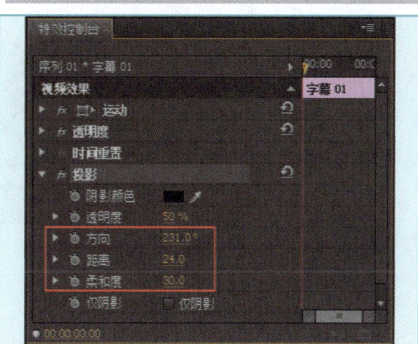

实例121　倒影文字效果

使用垂直翻转特效可以将素材进行垂直翻转，使用线性擦除特效并调整过渡完成百分比和羽化数值，可以制作出类似倒影的效果。本例主要介绍制作倒影文字效果的方法。

文件路径：源文件\第6章\例121

视频文件：视频文件\第6章\例121.flv

01 新建项目，在弹出的对话框中单击【浏览】按钮设置储存路径，在【名称】文本框修改文件名称，单击【确定】按钮。

02 在弹出的对话框中选择【设置】选项卡，设置【编辑模式】为【自定义】，【画面大小】为1024×768，【像素纵横比】为【方形像素（1.0）】，设置【序列名称】，单击【确定】按钮。

03 在项目窗口中空白处双击鼠标左键或者按快捷键Ctrl+I，在弹出的对话框中选择所需素材文件，单击【打开】按钮。

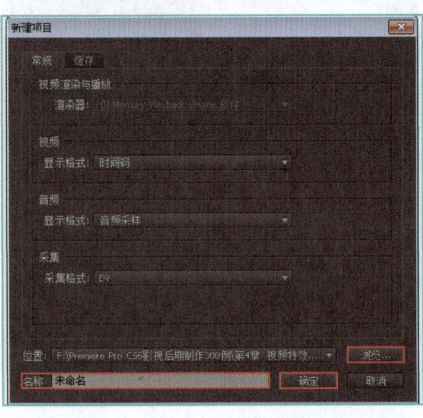
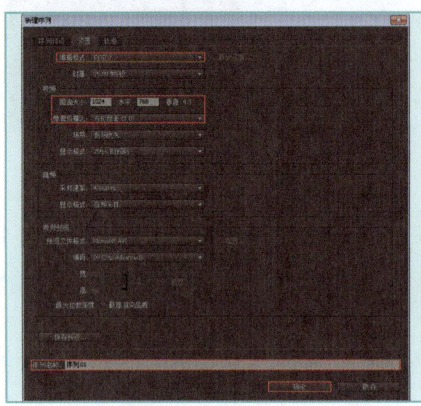
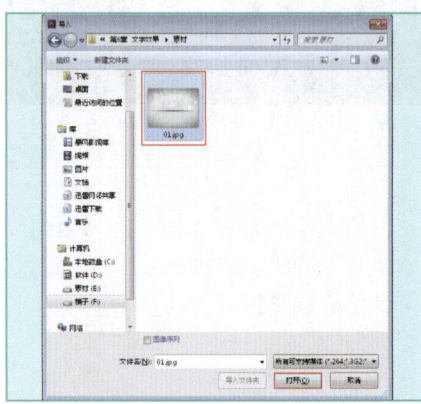

04 将项目窗口中的【01.jpg】素材文件拖曳到时间线窗口中的视频1轨道上。

05 在菜单栏中选择【字幕】|【新建字幕】|【默认静态字幕】命令，在弹出的对话框中设置【名称】为【字幕01】，单击【确定】按钮。

06 选择T（输入工具），在工作区输入文字，设置【字体】为【Arial】，【字体样式】为【Bold】，【字体大小】为235，【颜色】为浅绿色（R：187，G：192，B：194）。单击【外侧边】后面的【添加】按钮，设置【类型】为【深度】，【大小】为32，【角度】为180°，【颜色】为深绿色（R：74，G：92，B：105）。

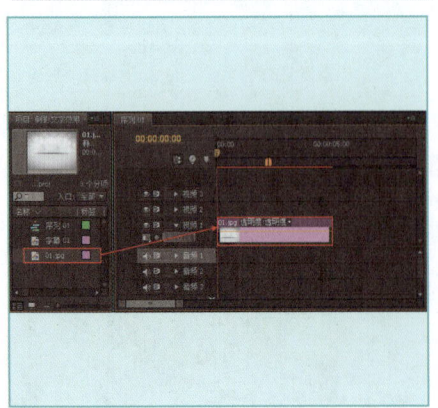
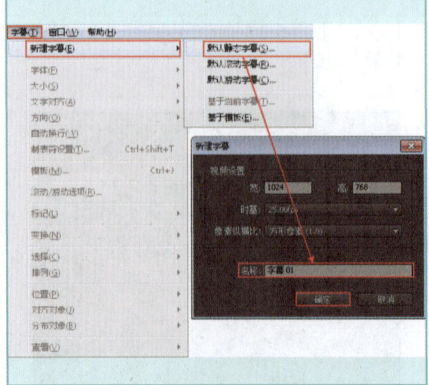
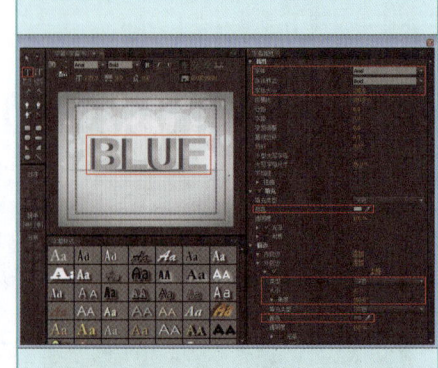

第6章 文字效果

07 选择后面的字母，重新设置颜色为红色（R：239，G：41，B：44），设置外侧边的颜色为深红色（R：117，G：4，B：8）。

08 可拖动时间线滑块查看效果。

09 将视频2轨道上的【字幕01】复制到视频3轨道上，并重命名为【倒影】。

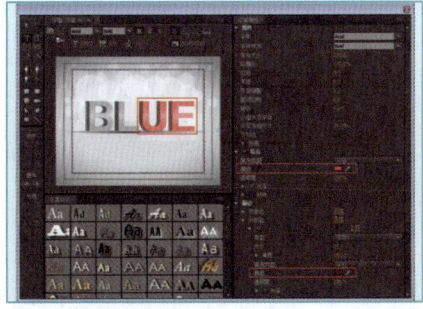

10 为时间线窗口中的【倒影】添加【垂直翻转】特效，并在【特效控制台】面板中设置【位置】为（512,516）。

11 继续为【倒影】添加【线性擦除】特效，并设置【过渡完成】为45%，【擦除角度】为0，【羽化】为120。

12 可拖动时间线滑块查看最终倒影文字效果。

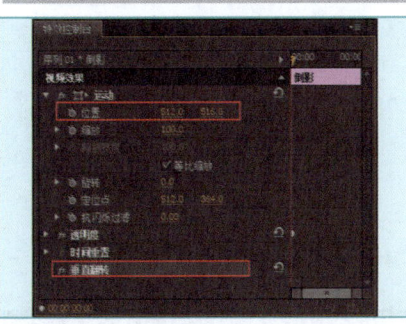
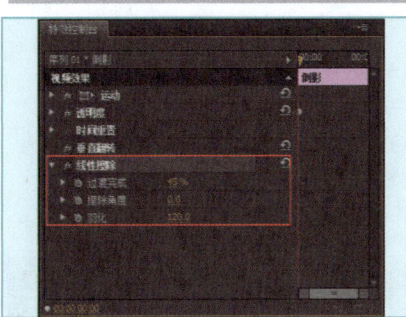

实例122 条纹包裹文字效果

添加百叶窗特效可制作出条纹文字，使用斜面Alpha特效可以制作出条纹的立体效果。本例主要介绍制作条纹包裹文字效果的方法。

文件路径：源文件\第6章\例122　　视频文件：视频文件\第6章\例122.flv

01 新建项目，在弹出的对话框中单击【浏览】按钮设置储存路径，在【名称】文本框修改文件名称，单击【确定】按钮。

02 在弹出的对话框中选择【设置】选项卡，设置【编辑模式】为【自定义】，【画面大小】为1024×768，【像素纵横比】为【方形像素（1.0）】，设置【序列名称】，单击【确定】按钮。

03 在项目窗口中空白处双击鼠标左键或者按快捷键Ctrl+I，在弹出的对话框中选择所需素材文件，单击【打开】按钮。

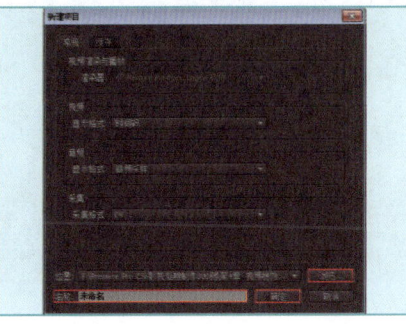
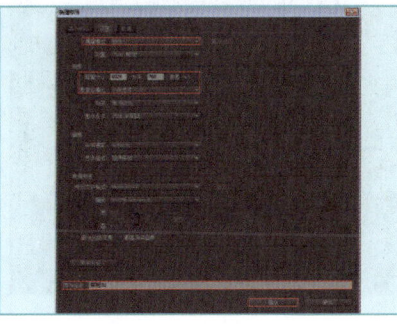
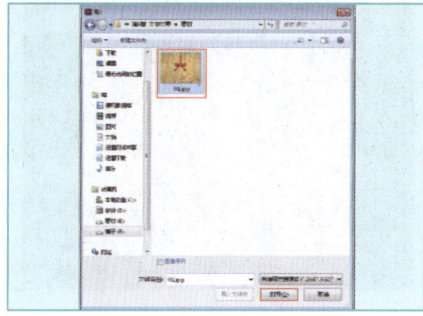

Premiere Pro CS6 | 113

04 将项目窗口中的【01.jpg】素材文件拖曳到时间线窗口的视频1轨道上。

05 在菜单栏中选择【字幕】|【新建字幕】|【默认静态字幕】命令，在弹出的对话框中设置【名称】为【字幕01】，单击【确定】按钮。

06 选择 T（输入工具），在工作区输入文字，设置【字体】为【Arial】，【字体样式】为【Black】，【字体大小】为258，【颜色】为红色（R: 205，G: 11，B: 12）。

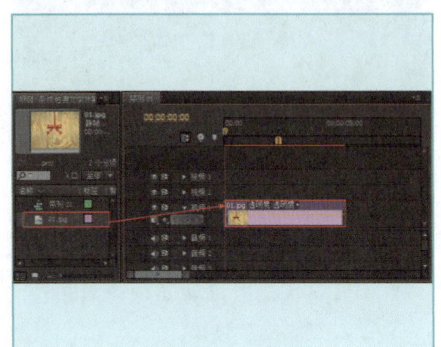
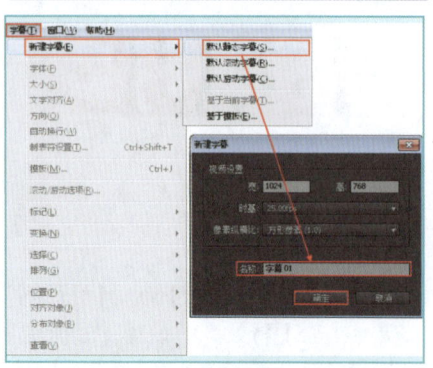

07 选择项目窗口中的【字幕01】，然后复制出【字幕02】。接着将【字幕01】和【字幕02】拖曳到时间线窗口的视频2和视频3轨道上。

08 双击打开【字幕02】，设置【颜色】为黄色（R: 223，G: 173，B: 38），勾选【光泽】，并设置【颜色】为浅黄色（R: 240，G: 231，B: 179），【大小】为75，【角度】为90°。

09 在【效果】面板中搜索【百叶窗】特效，然后将其拖曳到时间线窗口的视频3轨道的【字幕02】上。

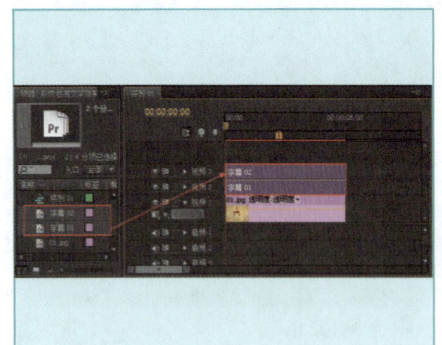
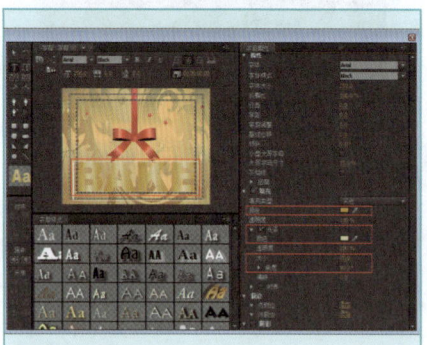
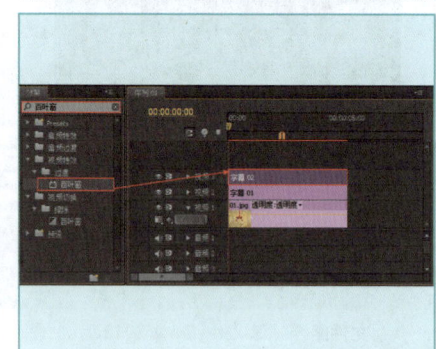

10 为【字幕02】添加【百叶窗】特效，并设置【过渡完成】为40%，【方向】为140°，【宽度】为70。

11 为【字幕02】添加【斜面Alpha】特效，并设置【边缘厚度】为6，【照明角度】为27°。

12 可拖动时间线滑块查看最终条纹包裹文字效果。

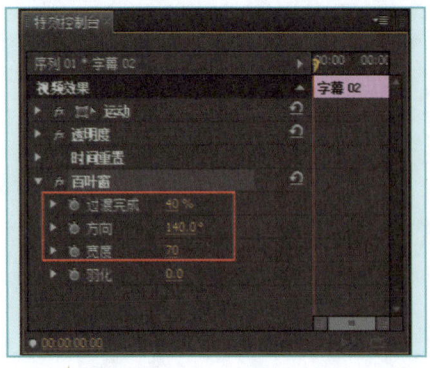
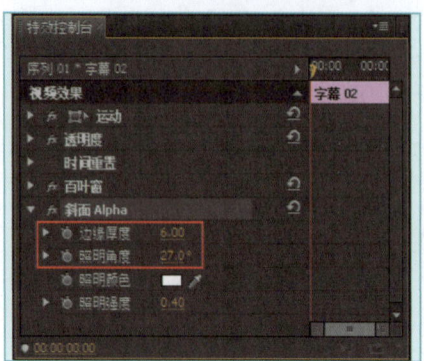

实例123 路径文字效果

使用路径文字工具可以绘制出各种形状的路径，并可按照绘制的路径输入文字。本例主要介绍制作路径文字效果的方法。

文件路径：源文件\第6章\例123

视频文件：视频文件\第6章\例123.flv

01 新建项目，在弹出的对话框中单击【浏览】按钮设置储存路径，在【名称】文本框修改文件名称，单击【确定】按钮。

02 在弹出的对话框中选择【设置】选项卡，设置【编辑模式】为【自定义】，【画面大小】为1024×768，【像素纵横比】为【方形像素（1.0）】，设置【序列名称】，最后单击【确定】按钮。

03 在项目窗口中空白处双击鼠标左键或者按快捷键Ctrl+I，在弹出的对话框中选择所需素材文件，单击【打开】按钮。

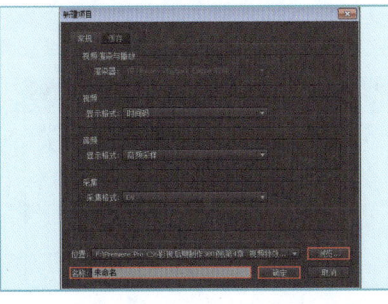
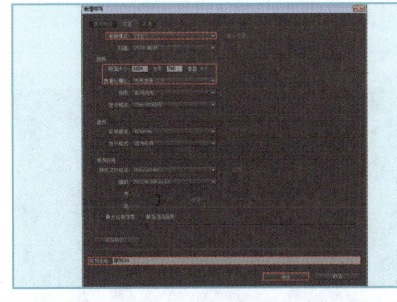
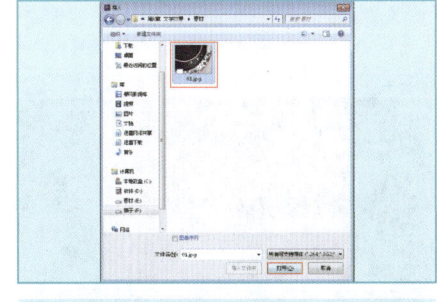

04 将项目窗口中的【01.jpg】素材文件拖曳到时间线窗口的视频1轨道上。

05 在菜单栏中选择【字幕】|【新建字幕】|【默认静态字幕】命令，在弹出的对话框中设置【名称】为【字幕01】，单击【确定】按钮。

06 选择 （路径文字工具），在工作区中绘制一个曲线，选择 （转换定位点工具）调节曲线弧度。

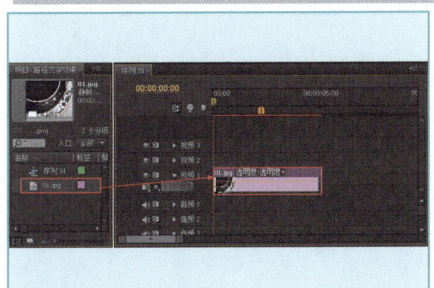
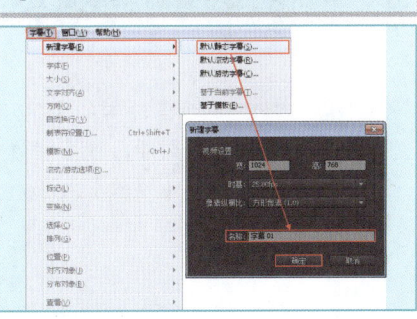
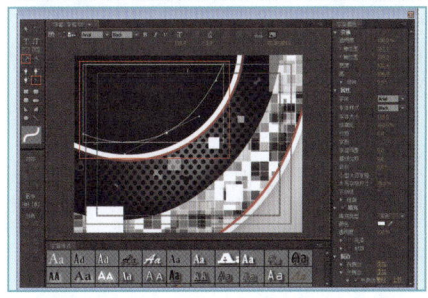

07 在工作区输入文字【Designed】，设置【字体】为【Arial】，【字体样式】为【Black】，【字体大小】为118，【颜色】为白色（R：255，G：255，B：255）。接着单击【外侧边】后面的【添加】按钮，设置【大小】为50，【颜色】为深红色（R：193，G：9，B：41）。

08 将项目窗口中的【字幕01】拖曳到时间线视频2轨道上。

09 可拖动时间线滑块查看最终路径文字效果。

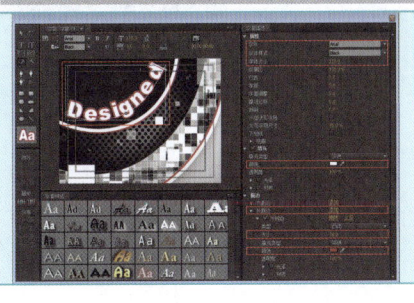
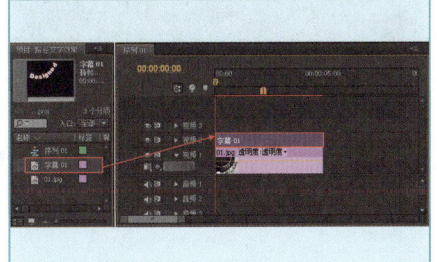

实例124　心形花边文字效果

根据素材图案效果使用路径文字工具绘制出图案路径，然后按路径输入文字，可制作出文字花边效果。本例主要介绍制作心形花边文字效果的方法。

文件路径：源文件\第6章\例124

视频文件：视频文件\第6章\例124.flv

01 新建项目，在弹出的对话框中单击【浏览】按钮设置储存路径，在【名称】文本框修改文件名称，单击【确定】按钮。

02 在弹出的对话框中选择【设置】选项卡，设置【编辑模式】为【自定义】，【画面大小】为1024×768，【像素纵横比】为【方形像素（1.0）】，设置【序列名称】，单击【确定】按钮。

03 在项目窗口中空白处双击鼠标左键或者按快捷键Ctrl+I，在弹出的对话框中选择所需素材文件，单击【打开】按钮。

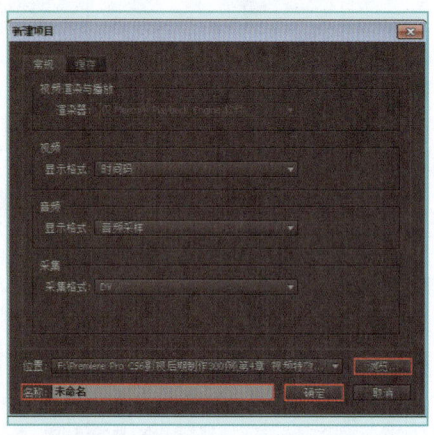
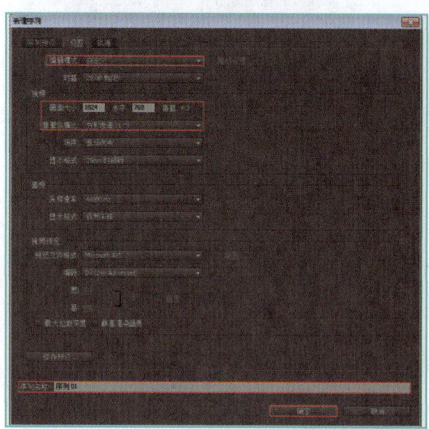
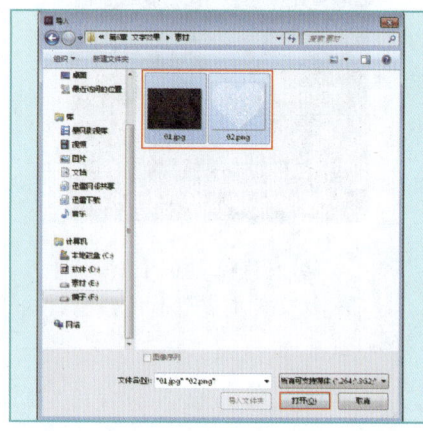

04 选择项目窗口中的【01.jpg】和【02.png】素材文件，然后按顺序拖曳到时间线窗口中的视频1和视频2轨道上。

05 选择时间线窗口中的【02.png】素材文件，在【特效控制台】面板中设置【缩放】为76，【透明度】为70%。

06 在菜单栏中选择【字幕】|【新建字幕】|【默认静态字幕】，在弹出的对话框中设置【名称】为【字幕01】，单击【确定】按钮。

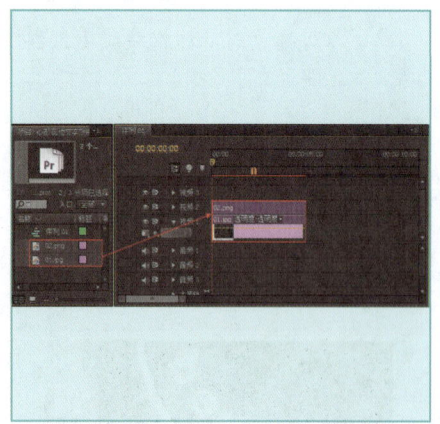
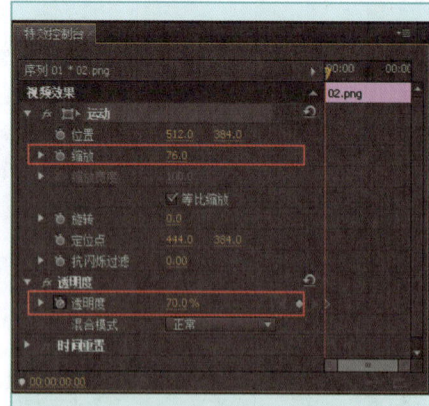
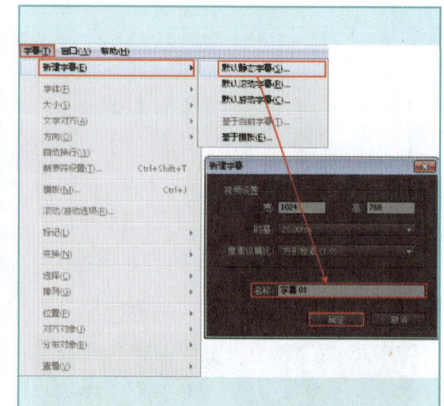

第6章 文字效果

07 选择 ▨（路径文字工具），在工作区中绘制一个心形路径，输入文字，设置【字体】为【Arial】，【字体样式】为【Bold】，【字体大小】为19，【颜色】为红色（R：187，G：0，B：0）。接着勾选【阴影】，设置【透明度】为80%，【距离】为5，【扩散】为10。

08 将项目窗口中的【字幕01】拖曳到时间线窗口中的视频3轨道上。

09 可拖动时间线滑块查看最终心形花边文字效果。

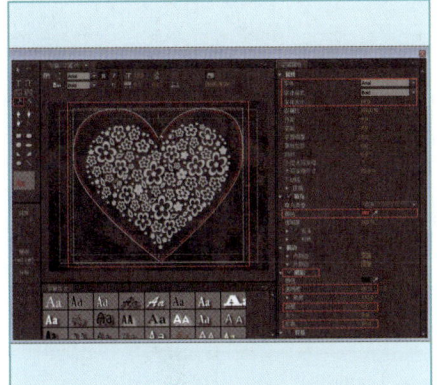
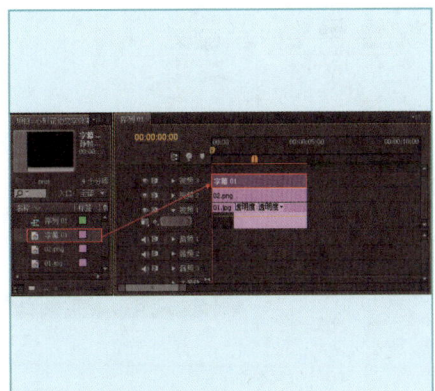

实例125　马赛克文字效果

为文字添加马赛克特效后，可调节马赛克的数量和大小。本例主要介绍制作马赛克文字效果的方法。

文件路径：源文件\第6章\例125　　　视频文件：视频文件\第6章\例125.flv

01 新建项目，在弹出的对话框中单击【浏览】按钮设置储存路径，在【名称】文本框修改文件名称，单击【确定】按钮。

02 在弹出的对话框中选择【设置】选项卡，设置【编辑模式】为【自定义】，【画面大小】为1024×768，【像素纵横比】为【方形像素（1.0）】，设置【序列名称】，单击【确定】按钮。

03 在项目窗口中空白处双击鼠标左键或者按快捷键Ctrl+I，在弹出的对话框中选择所需素材文件，单击【打开】按钮。

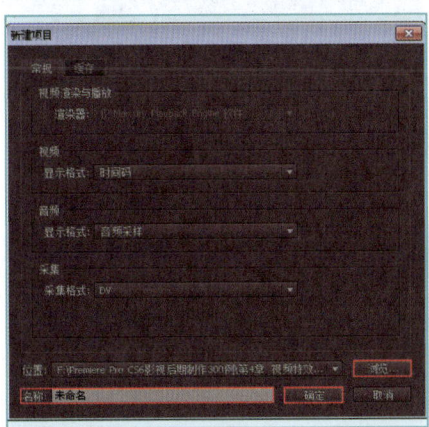
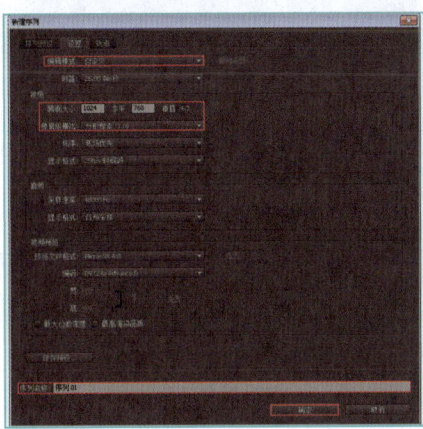
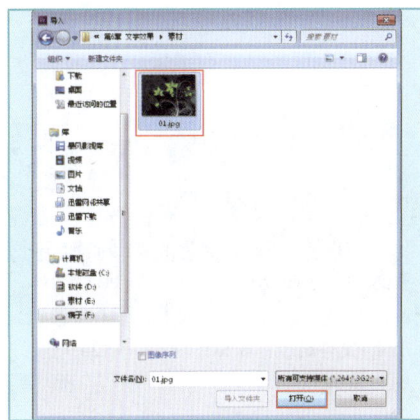

Premiere Pro CS6 | 117

04 将项目窗口中的【01.jpg】素材文件拖曳到时间线视频1轨道上。

05 在菜单栏中选择【字幕】|【新建字幕】|【默认静态字幕】命令，在弹出的对话框中设置【名称】为【字幕01】，单击【确定】按钮。

06 选择T（输入工具），在工作区输入文字，设置【字体】为【Arial】，【字体样式】为【Black】，【字体大小】为214，【填充类型】为【线性渐变】，【颜色】为黄色（R：254，G：197，B：0）和橙色（R：254，G：66，B：0）。

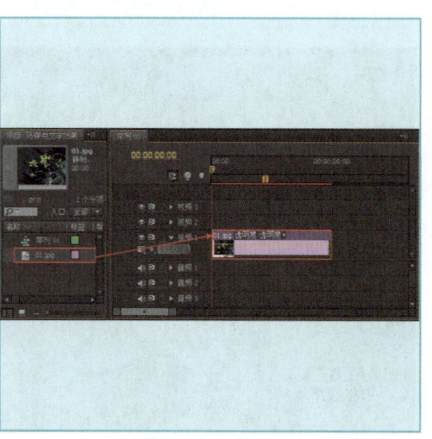 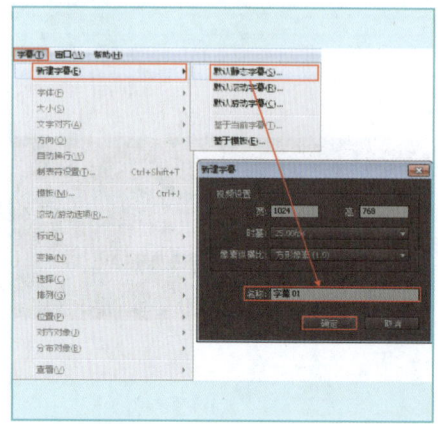 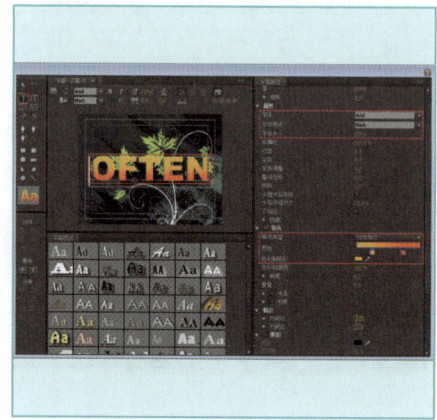

07 将项目窗口中的【字幕01】拖曳到时间线视频2轨道上。

08 为时间线窗口中的【字幕01】添加【马赛克】特效，并设置【水平块】为35，【垂直块】为30。

09 可拖动时间线滑块查看最终马赛克文字效果。

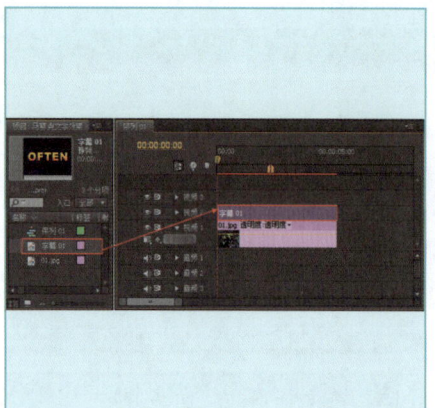 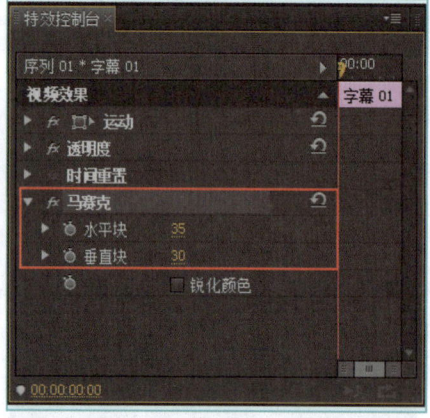 

实例126　网格文字效果

在素材和文字上添加网格特效可以制作出网格效果，并可以调节网格大小和粗细。本例主要介绍制作网格文字效果的方法。

文件路径：源文件\第6章\例126　　　视频文件：视频文件\第6章\例126.flv

第6章　文字效果

01 新建项目，在弹出的对话框中单击【浏览】按钮设置储存路径，在【名称】文本框修改文件名称，单击【确定】按钮。

02 在弹出的对话框中选择【设置】选项卡，设置【编辑模式】为【自定义】，【画面大小】为1024×768，【像素纵横比】为【方形像素（1.0）】，设置【序列名称】，单击【确定】按钮。

03 在项目窗口中空白处双击鼠标左键或者按快捷键Ctrl+I，在弹出的对话框中选择所需素材文件，单击【打开】按钮。

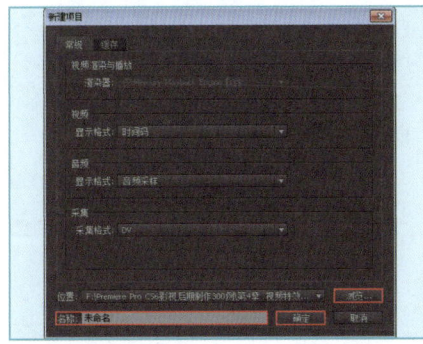
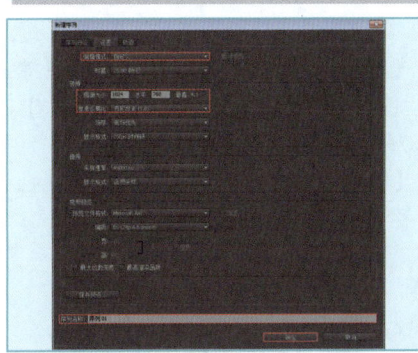
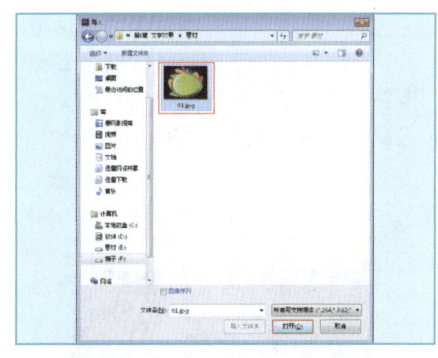

04 将项目窗口中的【01.jpg】素材文件拖曳到时间线窗口的视频1轨道上。

05 在菜单栏中选择【字幕】|【新建字幕】|【默认静态字幕】命令，在弹出的对话框中设置【名称】为【字幕01】，单击【确定】按钮。

06 选择T（输入工具），在工作区输入文字，设置【字体】为【Arial】，【字体样式】为【Black】，【字体大小】为200，【纵横比】为85，【填充类型】为【线性渐变】，【颜色】为橙色（R:247，G:172，B:57）和红色（R:186，G:38，B:38）。

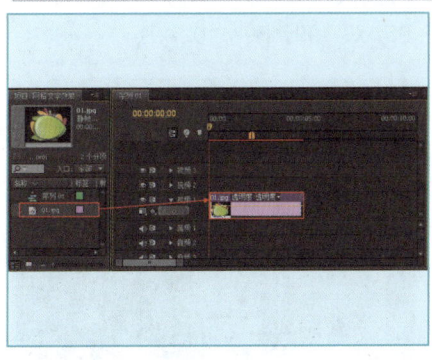
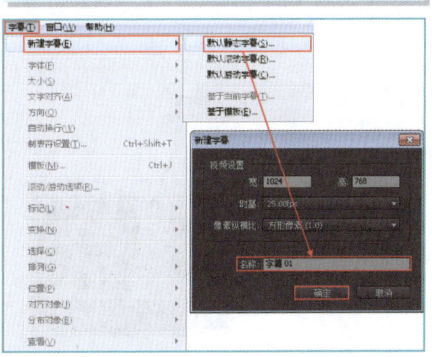
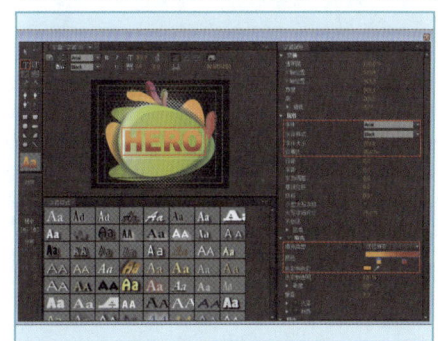

07 将项目窗口中的【字幕01】拖曳到时间线视频2轨道上。

08 为正文添加【网格】特效，并设置【从以下位置开始的大小】为【宽度滑块】，【宽度】为20，【边框】为4，【混合模式】为【叠加】。

09 可拖动时间线滑块查看最终网格文字效果。

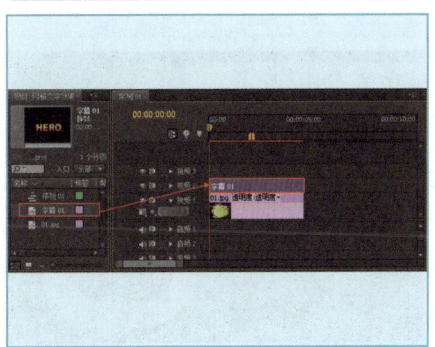
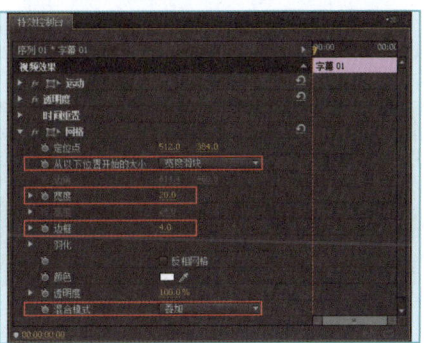

实例127 曲线创意文字效果

在【字幕】面板中使用钢笔工具绘制曲线并更改颜色和大小，可以制作出各种彩色线条效果。本例主要介绍制作曲线创意文字效果的方法。

文件路径：源文件\第6章\例127　　　视频文件：视频文件\第6章\例127.flv

01 新建项目，在弹出的对话框中单击【浏览】按钮设置储存路径，在【名称】文本框修改文件名称，单击【确定】按钮。

02 在弹出的对话框中选择【设置】选项卡，设置【编辑模式】为【自定义】，【画面大小】为1024×768，【像素纵横比】为【方形像素（1.0）】，设置【序列名称】，单击【确定】按钮。

03 在项目窗口中空白处双击鼠标左键或者按快捷键Ctrl+I，在弹出的对话框中选择所需素材文件，单击【打开】按钮。

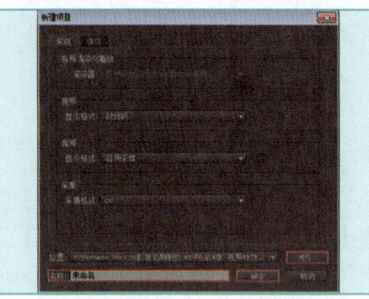
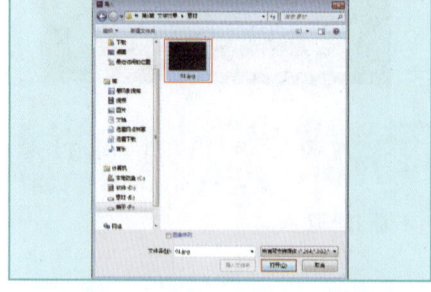

04 将项目窗口中的【01.jpg】素材文件拖曳到时间线窗口中的视频1轨道上。

05 在菜单栏中选择【字幕】|【新建字幕】|【默认静态字幕】命令，然后在弹出的对话框中设置【名称】为【字幕01】，单击【确定】按钮。

06 选择 （钢笔工具），在工作区中绘制两个曲线，设置【线宽】为60，【颜色】为粉色（R: 229, G: 4, B: 126）和灰色（R: 95, G: 99, B: 110）。

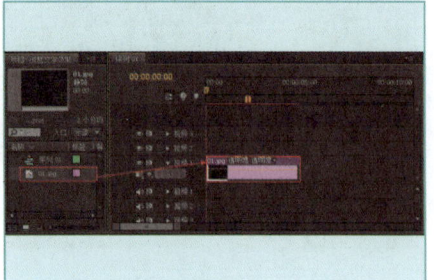
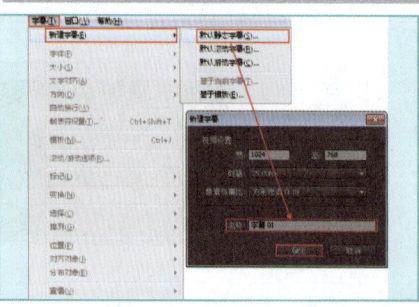

07 选择 （输入工具），在工作区输入文字，设置【字体】为【Arial】，【字体样式】为【Bold】，【字体大小】为50，【行距】为35，【颜色】为白色（R: 255, G: 255, B: 255）

08 将项目窗口中的【字幕01】拖曳到时间线窗口的视频2轨道上。

09 可拖动时间线滑块查看最终曲线创意文字效果。

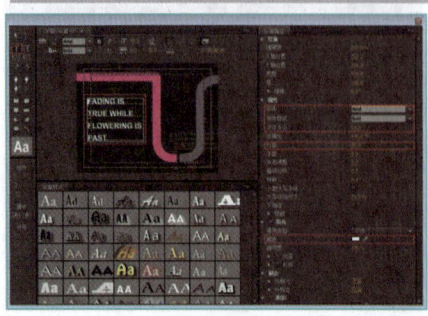
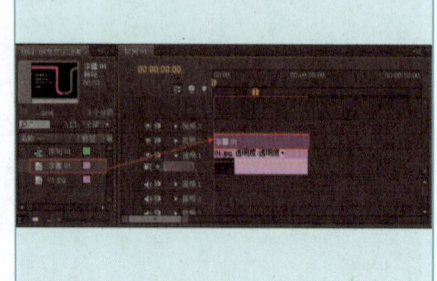
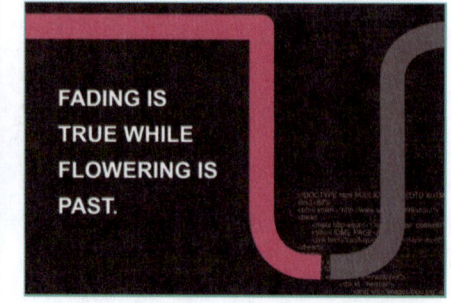

第6章 文字效果

实例128　文字花纹浮雕效果

为素材或文字添加材质特效，可选择纹理轨道，凸显材质的浮雕效果。本例主要介绍制作文字花纹浮雕效果的方法。

文件路径：源文件\第6章\例128　　　　视频文件：视频文件\第6章\例128.flv

01 新建项目，在弹出的对话框中单击【浏览】按钮设置储存路径，在【名称】文本框修改文件名称，单击【确定】按钮。

02 在弹出的对话框中选择【设置】选项卡，设置【编辑模式】为【自定义】，【画面大小】为1024×768，【像素纵横比】为【方形像素（1.0）】，设置【序列名称】，单击【确定】按钮。

03 在项目窗口中空白处双击鼠标左键或者按快捷键Ctrl+I，在弹出的对话框中选择所需素材文件，单击【打开】按钮。

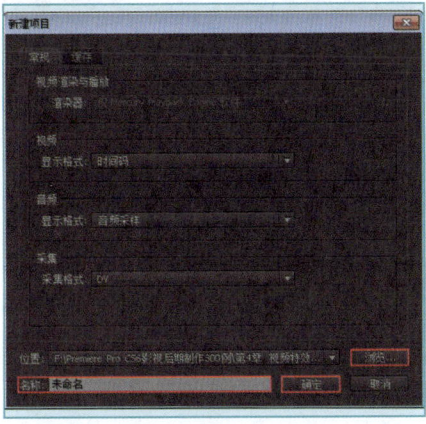
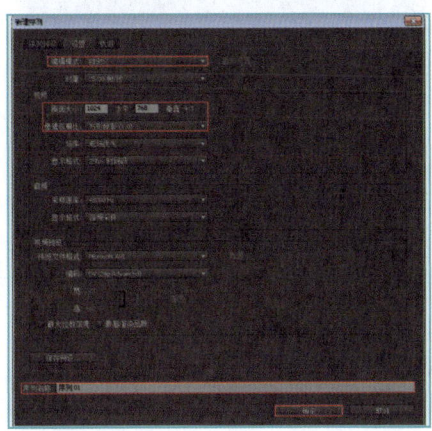
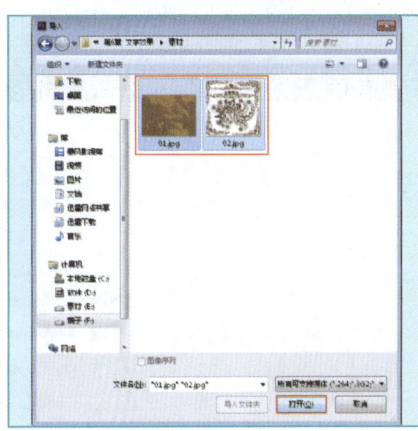

04 将项目窗口中的【01.jpg】素材文件拖曳到时间线视频1轨道上。

05 在菜单栏中选择【字幕】|【新建字幕】|【默认静态字幕】命令，在弹出的对话框中设置【名称】为【字幕01】，单击【确定】按钮。

06 选择T（输入工具），在工作区输入文字，设置【字体】为【Cooper Std】，【字体样式】为【Black】，【字体大小】为125，【颜色】为蓝色（R: 92, G: 148, B: 174）。

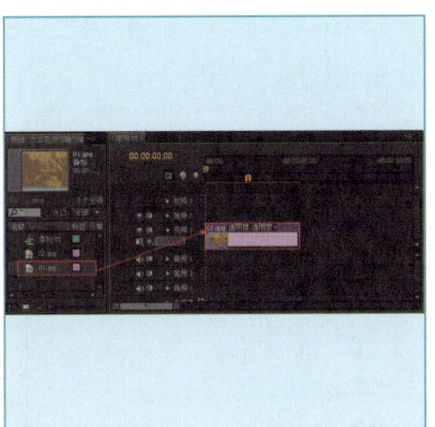
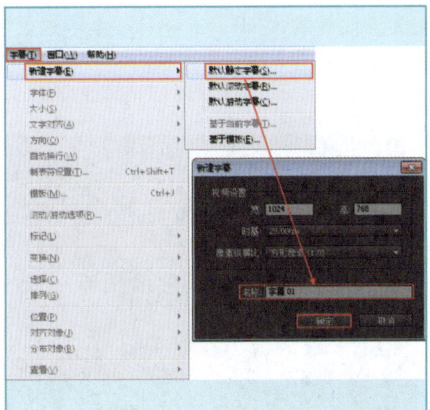
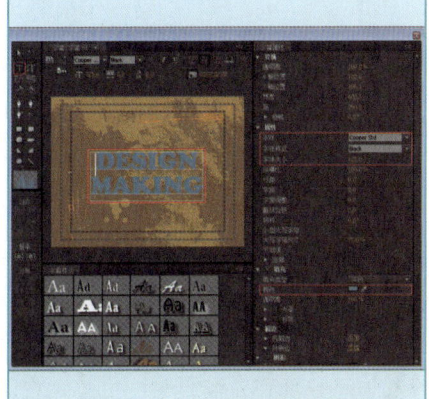

Premiere Pro CS6 | 121

07 选择项目窗口中的【字幕01】和【02.jpg】素材文件，然后将其拖曳到时间线窗口中的视频2和视频3轨道上，并隐藏视频3轨道上的【02.jpg】。

08 为时间线窗口中的【字幕01】添加【材质】和【投影】特效，并设置【材质】特效下的【纹理图层】为【视频3】，【照明方向】为40°，【纹理对比度】为0.4，【纹理位置】为【拉伸纹理以适配】。设置【投影】特效下的【透明度】为70%，【距离】为10，【柔和度】为30。

09 可拖动时间线滑块查看最终文字花纹浮雕效果。

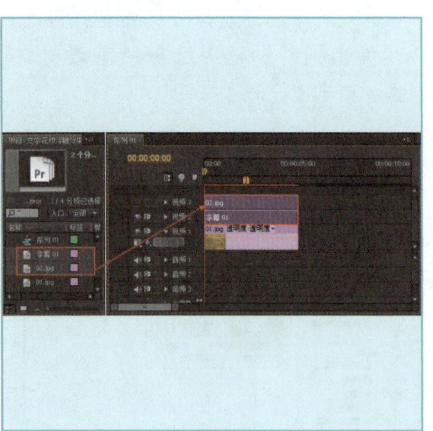
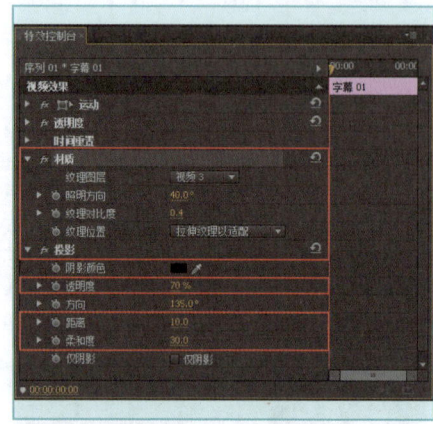

实例129　弯曲文字效果

在文字上添加紊乱置换特效，可以令文字产生各种形式的弯曲效果。本例主要介绍制作弯曲文字效果的方法。

文件路径：源文件\第6章\例129　　　　视频文件：视频文件\第6章\例129.flv

01 新建项目，在弹出的对话框中单击【浏览】按钮设置储存路径，在【名称】文本框修改文件名称，单击【确定】按钮。

02 在弹出的对话框中选择【设置】选项卡，设置【编辑模式】为【自定义】，【画面大小】为1024×768，【像素纵横比】为【方形像素（1.0）】，设置【序列名称】，单击【确定】按钮。

03 在项目窗口中空白处双击鼠标左键或者按快捷键Ctrl+I，在弹出的对话框中选择所需素材文件，单击【打开】按钮。

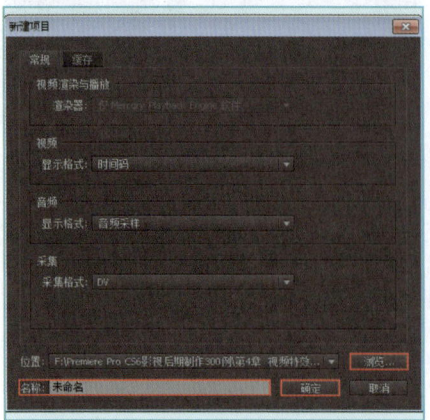
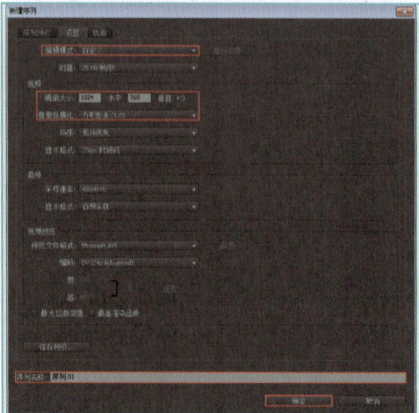

第6章 文字效果

04 将项目窗口中的【01.jpg】素材文件拖曳到时间线窗口中的视频1轨道上。

05 在菜单栏中选择【字幕】|【新建字幕】|【默认静态字幕】命令,在弹出的对话框中设置【名称】为【字幕01】,单击【确定】按钮。

06 选择 T（输入工具）,在工作区输入文字,并设置【字体】为【Arial】,【字体样式】为【Black】,【字体大小】为120,然后分别选择字母设置【颜色】。单击【外侧边】后面的【添加】按钮,设置【类型】为【深度】,【大小】为63,【角度】为240°,【颜色】为白色（R：255,G：255,B：255）。

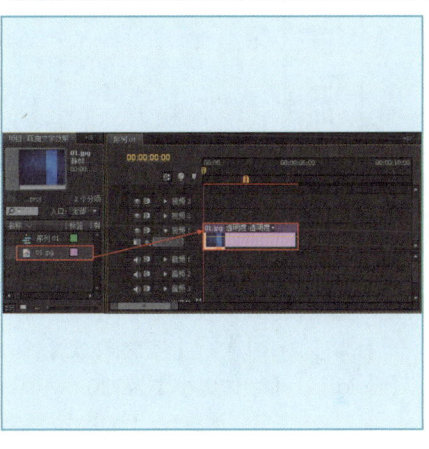
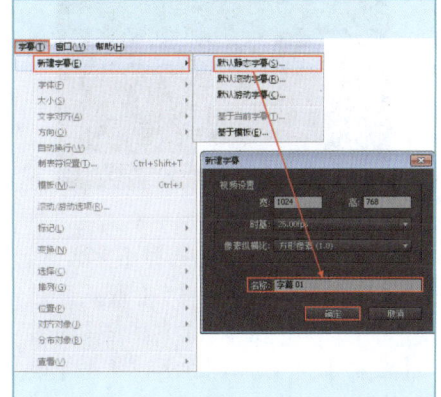

07 将项目窗口中的【字幕01】拖曳到时间线窗口中的视频2轨道上。

08 为【字幕01】添加【紊乱置换】特效,并设置【置换】为【垂直置换】,【数量】为70,【大小】为125。

09 可拖动时间线滑块查看最终弯曲文字效果。

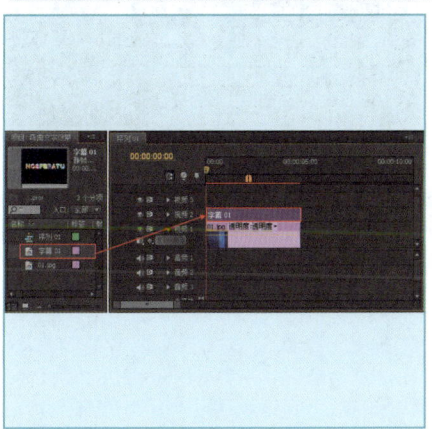
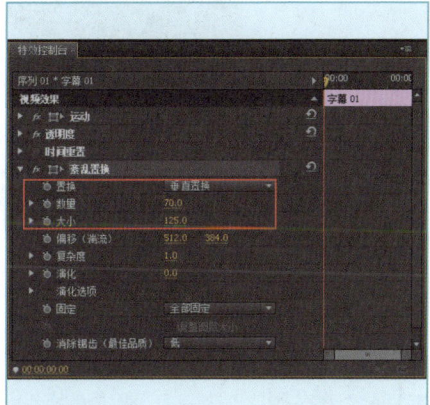

实例130 嵌入文字效果

在【字幕】面板中可添加文字外侧边,并可以设置外侧边的材质贴图。本例主要介绍制作嵌入文字效果的方法。

文件路径：源文件\第6章\例130　　　视频文件：视频文件\第6章\例130.flv

中文 Premiere Pro CS6 影视编辑剪辑设计与制作 300例

01 新建项目，在弹出的对话框中单击【浏览】按钮设置储存路径，在【名称】文本框修改文件名称，单击【确定】按钮。

02 在弹出的对话框中选择【设置】选项卡，设置【编辑模式】为【自定义】，【画面大小】为1024×768，【像素纵横比】为【方形像素（1.0）】，设置【序列名称】，单击【确定】按钮。

03 在项目窗口中空白处双击鼠标左键或者按快捷键Ctrl+I，在弹出的对话框中选择所需素材文件，单击【打开】按钮。

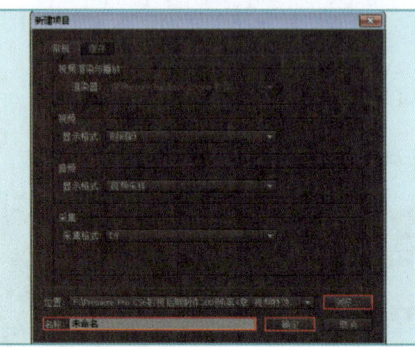
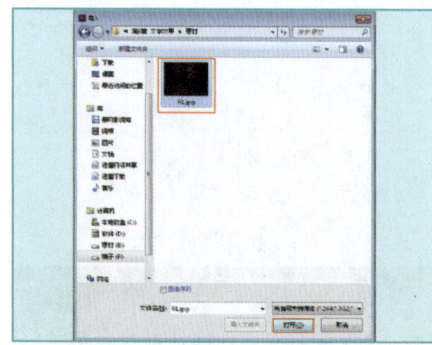

04 将项目窗口中的【01.jpg】素材文件拖曳到时间线窗口的视频1轨道上。

05 在菜单栏中选择【字幕】|【新建字幕】|【默认静态字幕】命令，在弹出的对话框中设置【名称】为【字幕01】，单击【确定】按钮。

06 选择【T】（输入工具），在工作区输入文字，并设置【字体】为【Arial】，【字体样式】为【Bold】，【字体大小】为330。

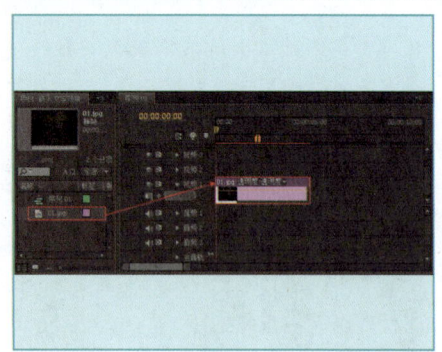
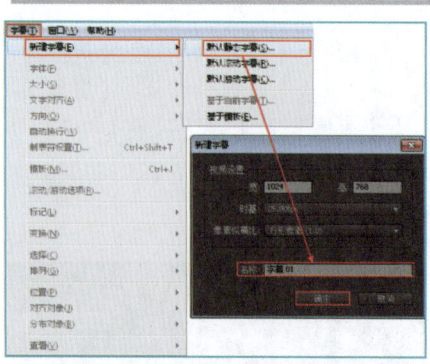
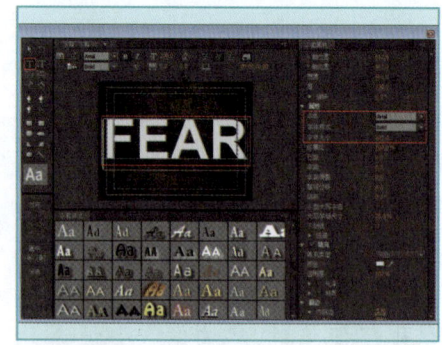

07 将项目窗口中的【字幕01】拖曳到时间线窗口的视频2轨道上。

08 为【字幕01】添加【渐变】特效，并设置【渐变形状】为【径向渐变】，【渐变起点】为（512,384），【起始颜色】为浅蓝色（R：206，G：247，B：253），【结束颜色】为蓝色（R：4，G：104，B：130）。

09 为【字幕01】添加【斜面Alpha】特效，并设置【边缘厚度】为7。

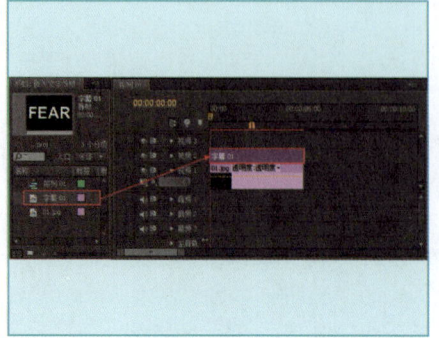
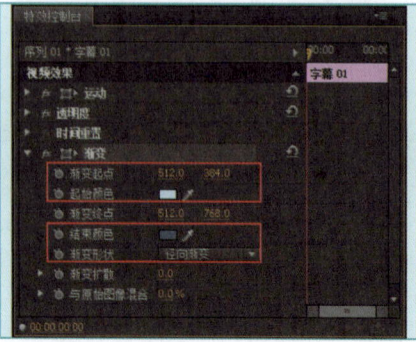
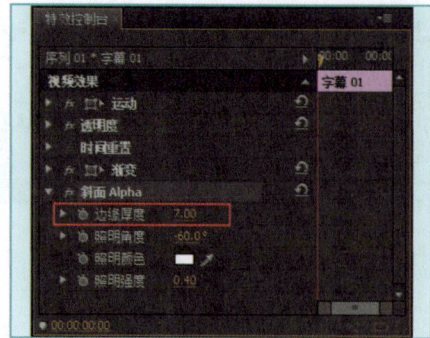

10 新建【字幕02】，然后选择 T（输入工具），在工作区输入文字，并设置【旋转】为6°，【字体】为【Impact】，【字体大小】为70，【填充类型】为【线性渐变】，【颜色】为白色（R：251，G：250，B：248）和灰色（R：100，G：100，B：100）。

11 单击【外侧边】后面的【添加】按钮，设置【大小】为120，勾选【材质】并单击材质框，在弹出的列表中选择【01.jpg】素材文件。

12 可拖动时间线滑块查看最终嵌入文字效果。

实例131　粗糙文字效果

边缘粗糙特效可以令素材或文字产生粗糙的不规则效果，并可以调节粗糙边缘锐度。本例主要介绍制作粗糙文字效果的方法。

文件路径：源文件\第6章\例131　　　视频文件：视频文件\第6章\例131.flv

01 新建项目，在弹出的对话框中单击【浏览】按钮设置储存路径，在【名称】文本框修改文件名称，单击【确定】按钮。

02 在弹出的对话框中选择【设置】选项卡，设置【编辑模式】为【自定义】，【画面大小】为1024×768，【像素纵横比】为【方形像素（1.0）】，设置【序列名称】，单击【确定】按钮。

03 在项目窗口中空白处双击鼠标左键或者按快捷键Ctrl+I，在弹出的对话框中选择所需素材文件，单击【打开】按钮。

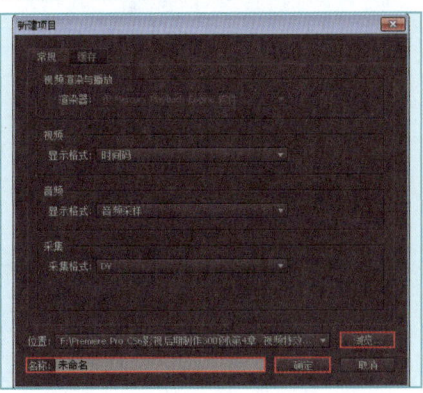
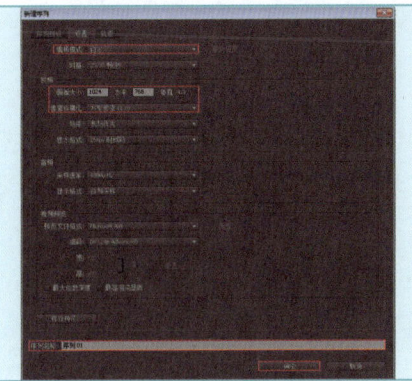
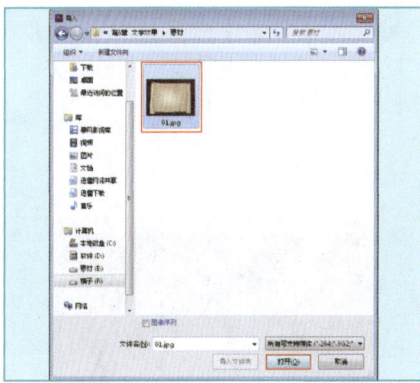

04 将项目窗口中的【01.jpg】素材文件拖曳到时间线窗口中的视频1轨道上。

05 在菜单栏中选择【字幕】|【新建字幕】|【默认静态字幕】命令，在弹出的对话框中设置【名称】为【字幕01】，单击【确定】按钮。

06 选择 T（输入工具），在工作区中输入文字，设置【字体】为【Arial】，【字体样式】为【Bold】，【字体大小】为169，【颜色】为褐色（R: 75, G: 46, B: 18）。

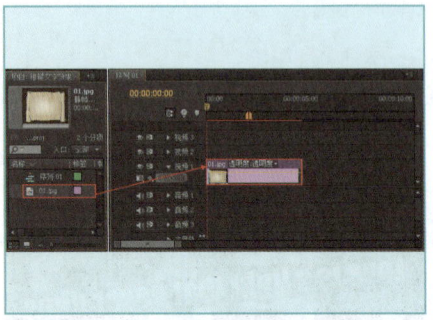
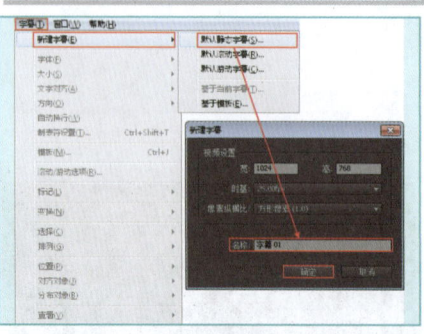

07 将项目窗口中的【字幕01】拖曳到时间线窗口中的视频2轨道上。

08 为时间线窗口中的【字幕01】添加【边缘粗糙】特效，并设置【边框】为30，【边缘锐度】为10，【缩放】为50。

09 可拖动时间线滑块查看最终粗糙文字效果。

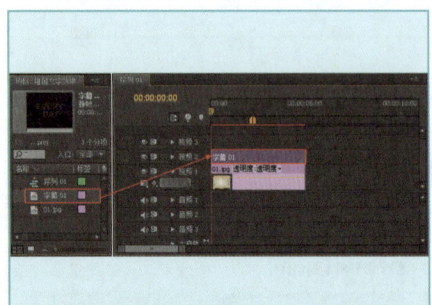

实例132　闪耀文字效果

为文字添加闪耀特效，可以调整闪耀的光线颜色和高光强度。本例主要介绍制作闪耀文字效果的方法。

文件路径：源文件\第6章\例132

视频文件：视频文件\第6章\例132.flv

01 新建项目，在弹出的对话框中单击【浏览】按钮设置储存路径，在【名称】文本框修改文件名称，单击【确定】按钮。

02 在弹出的对话框中选择【设置】选项卡，设置【编辑模式】为【自定义】，【画面大小】为1024×768，【像素纵横比】为【方形像素（1.0）】，设置【序列名称】，单击【确定】按钮。

03 在项目窗口中空白处双击鼠标左键或者按快捷键Ctrl+I，在弹出的对话框中选择所需素材文件，单击【打开】按钮。

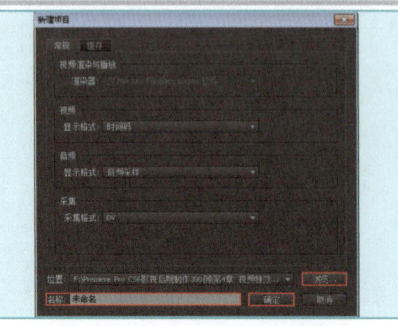
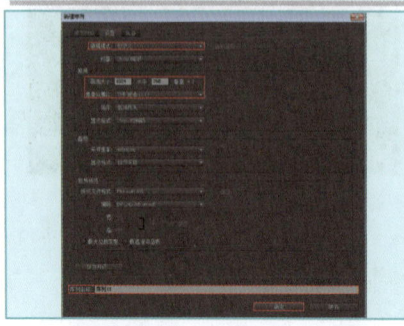
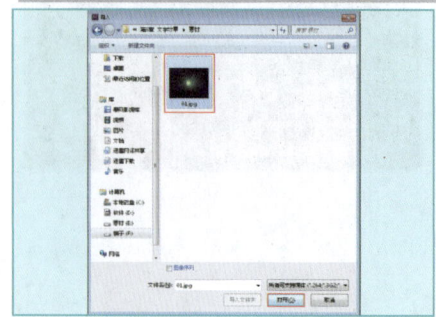

第6章 文字效果

04 将项目窗口中的【01.jpg】素材文件拖曳到时间线窗口中的视频1轨道上。

05 在菜单栏中选择【字幕】|【新建字幕】|【默认静态字幕】命令，在弹出的对话框中设置【名称】为【字幕01】，单击【确定】按钮。

06 选择T（输入工具），在工作区中输入文字，设置【字体】为【Consolas】，【字体样式】为【Bold】，【字体大小】为174。

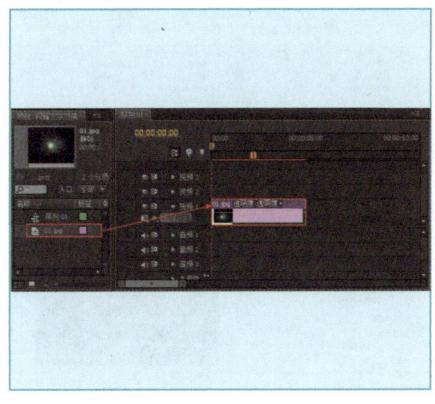
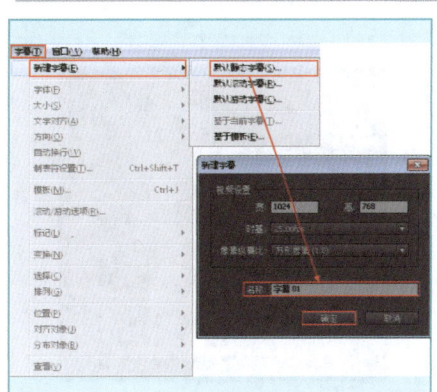

07 将项目窗口中的【字幕01】拖曳到时间线窗口中的视频2轨道上。

08 为时间线窗口中的【字幕01】添加【Shine（闪耀）】特效，设置【Boost Light（提高光）】为3，设置【Colorize（着色）】下的【Midtones（中间调）】为浅绿色（R：0，G：255，B：168），【Shadows（阴影）】为浅蓝色（R：0，G：192，B：167）。

09 可拖动时间线滑块查看最终闪耀文字效果。

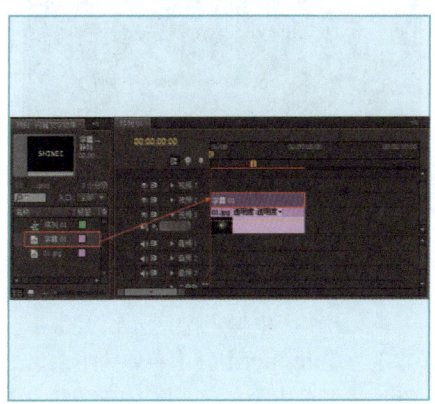
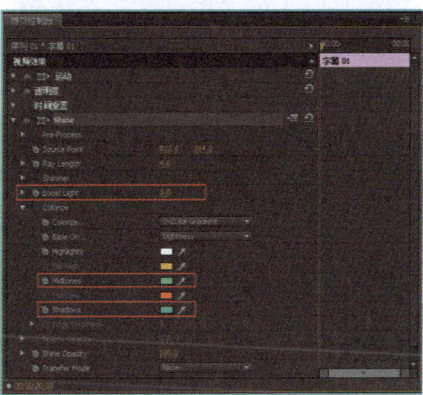

实例133　光晕背景文字效果

使用镜头光晕特效可以模拟光晕效果，再使用圆矩形工具绘制矩形并添加光泽属性效果，可制作出文字背景效果。本例主要介绍制作光晕背景文字效果的方法。

文件路径：源文件\第6章\例133　　　视频文件：视频文件\第6章\例133.flv

中文 Premiere Pro CS6 影视编辑剪辑设计与制作 300 例

01 新建项目，在弹出的对话框中单击【浏览】按钮设置储存路径，在【名称】文本框修改文件名称，单击【确定】按钮。

02 在弹出的对话框中选择【设置】选项卡，设置【编辑模式】为【自定义】，【画面大小】为1024×768，【像素纵横比】为【方形像素（1.0）】，设置【序列名称】，单击【确定】按钮。

03 选择菜单栏中的【文件】|【新建】|【黑色视频】命令，在弹出的对话框中单击【确定】按钮。

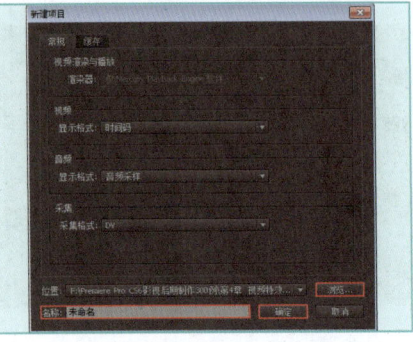
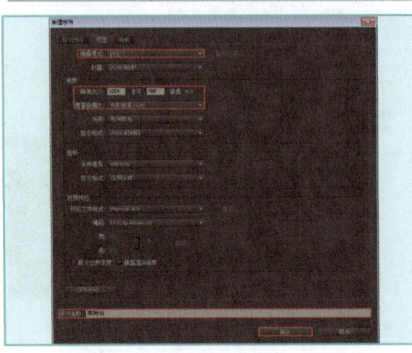
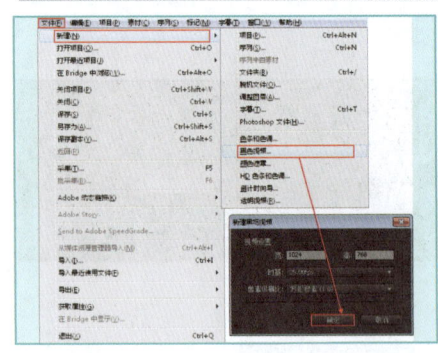

04 将项目窗口中的【黑色视频】重命名为【背景】，然后将其拖曳到时间线窗口中的视频1轨道上。

05 为时间线窗口中的【背景】添加【渐变】特效，并设置【起始颜色】为蓝色（R：24，G：37，B：77），【结束颜色】为深蓝色（R：14，G：21，B：45）。

06 为时间线窗口中的【背景】添加【镜头光晕】特效，并设置【光晕中心】为（44,44），【光晕亮度】为134%。

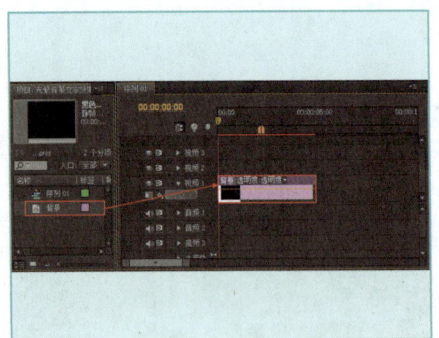
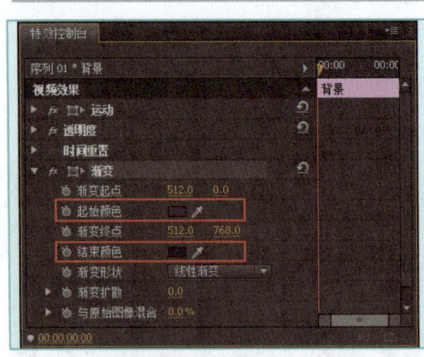

07 可拖动时间线滑块查看效果。

08 选择（圆矩形工具），在工作区中绘制一个圆矩形，并设置【颜色】为蓝色（R：30，G：71，B：169），勾选【光泽】，设置【大小】为100，【角度】为297°。单击【外侧边】后面的【添加】按钮，设置【大小】为10。

09 选择（输入工具），在工作区中输入文字，设置【字体】为【Impact】，【字体大小】为85，【颜色】为白色（R：255，G：255，B：255）。勾选【阴影】，设置【透明度】为70%，【距离】为5，【扩散】为0。

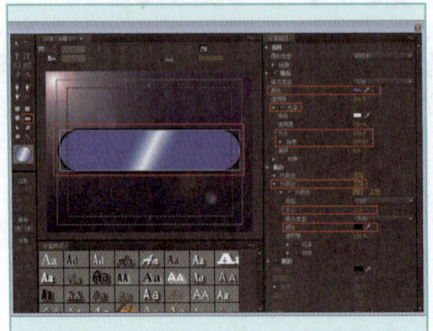
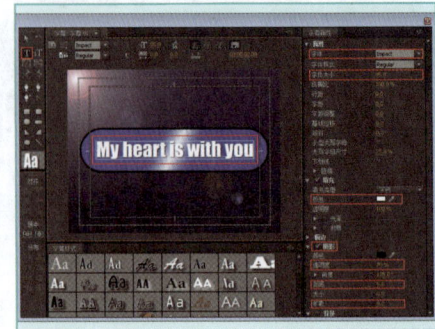

10 将项目窗口中的【字幕01】拖曳到时间线窗口中的视频2轨道上。

11 为时间线窗口中的【字幕01】添加【斜面Alpha】特效，并设置【边缘厚度】为8，【照明角度】为-48°，【照明强度】为1。

12 可拖动时间线滑块查看最终光晕背景文字效果。

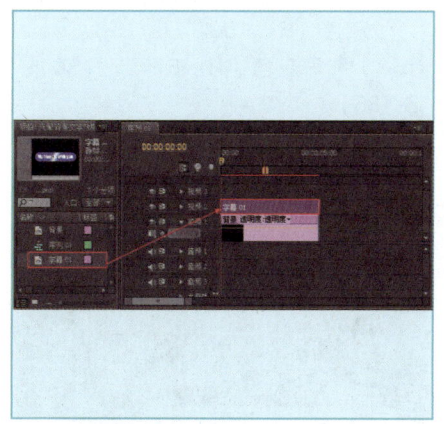
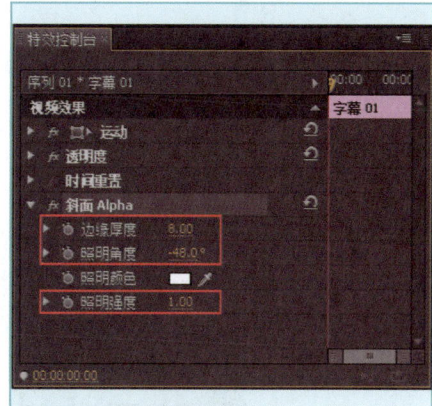
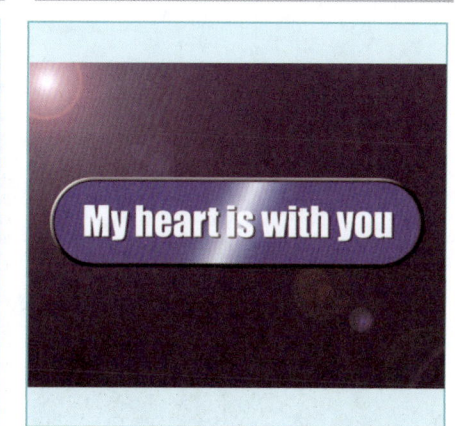

实例134　锈迹金属文字效果

利用线性渐变属性可制作出类似金属的颜色，添加边缘粗糙特效可制作出类似金属锈迹效果，继续添加斜角Alpha特效可以增加金属的厚度和深度。本例主要介绍制作锈迹金属文字效果的方法。

文件路径：源文件\第6章\例134

视频文件：视频文件\第6章\例134.flv

01 新建项目，在弹出的对话框中单击【浏览】按钮设置储存路径，在【名称】文本框修改文件名称，单击【确定】按钮。

02 在弹出的对话框中选择【设置】选项卡，设置【编辑模式】为【自定义】，【画面大小】为1024×768，【像素纵横比】为【方形像素（1.0）】，设置【序列名称】，单击【确定】按钮。

03 选择菜单栏中的【文件】|【新建】|【黑色视频】命令，在弹出的对话框中单击【确定】按钮。

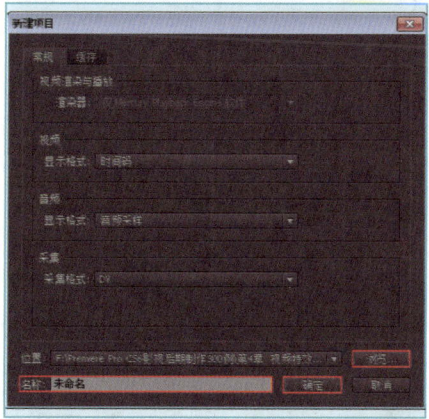
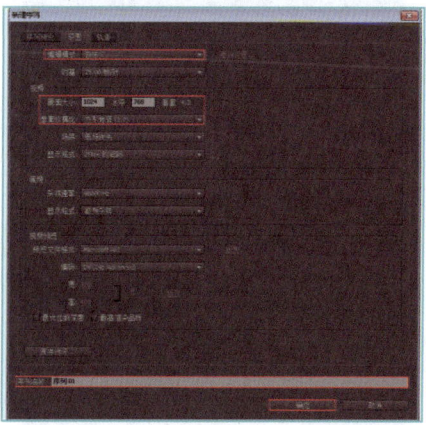
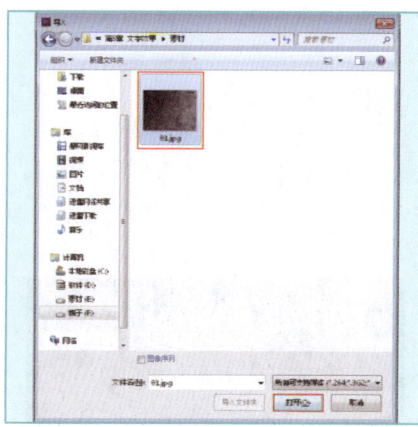

04 将项目窗口中的【01.jpg】素材文件拖曳到时间线窗口中的视频1轨道上。

05 在菜单栏中选择【字幕】|【新建字幕】|【默认静态字幕】命令，在弹出的对话框中设置【名称】为【字幕01】，单击【确定】按钮。

06 选择T（输入工具），在工作区中输入文字，设置【字体】为【Arial】，【字体样式】为【Bold】，【字体大小】为301，【渐变类型】为【线性渐变】，【颜色】为浅灰色（R：158，G：158，B：158）和深灰色（R：87，G：86，B：86）。

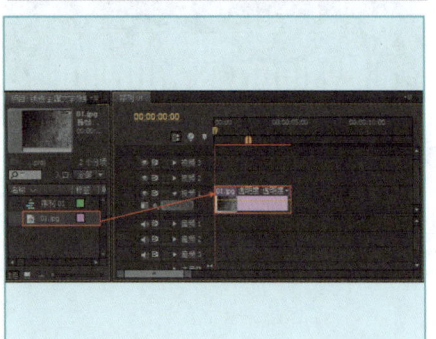
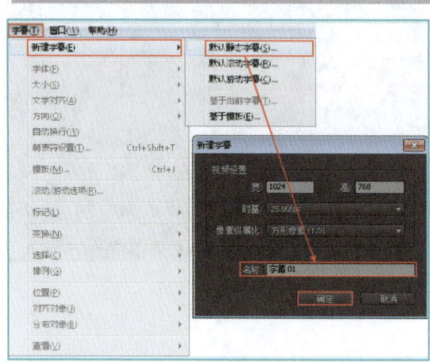
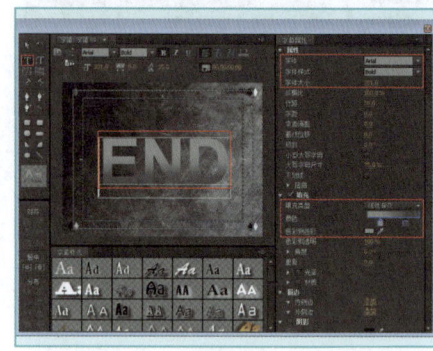

07 将项目窗口中的【字幕01】拖曳到时间线窗口中的视频2轨道上。

08 为时间线窗口中的【字幕01】添加【边缘粗糙】特效，并设置【边缘类型】为【生锈颜色】，【边框】为35，【边缘锐度】为0.6。

09 可拖动时间线滑块查看效果。

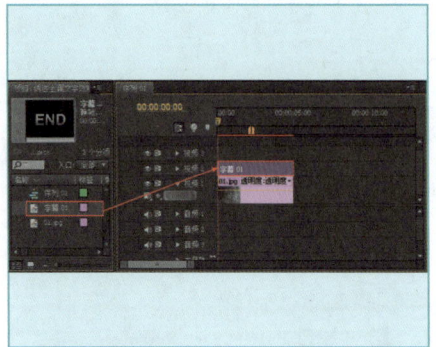
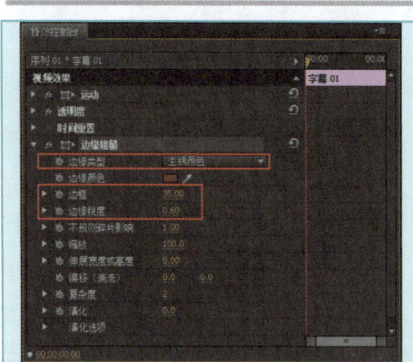

10 为时间线窗口中的【字幕01】添加【斜面Alpha】特效，并设置【边缘厚度】为5，【照明强度】为0.5。

11 为时间线窗口中的【字幕01】添加【投影】特效，并设置【透明度】为100%，【柔和度】为50。

12 可拖动时间线滑块查看最终锈迹金属文字效果。

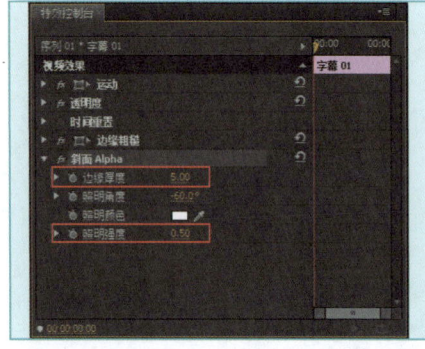
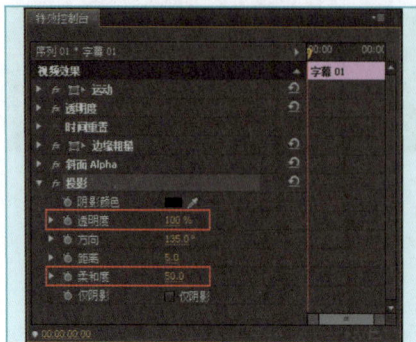

实例135　向上移动字幕效果

利用【字幕】面板中的滚动/游动选项，可以制作出字幕的滚动方向和位置。本例主要介绍制作向上移动字幕效果的方法。

文件路径：源文件\第6章\例135　　　视频文件：视频文件\第6章\例135.flv

01 新建项目，在弹出的对话框中单击【浏览】按钮设置储存路径，在【名称】文本框修改文件名称，单击【确定】按钮。

02 在弹出的对话框中选择【设置】选项卡，设置【编辑模式】为【自定义】，【画面大小】为1024×768，【像素纵横比】为【方形像素（1.0）】，设置【序列名称】，单击【确定】按钮。

03 在项目窗口中空白处双击鼠标左键或者按快捷键Ctrl+I，在弹出的对话框中选择所需素材文件，单击【打开】按钮。

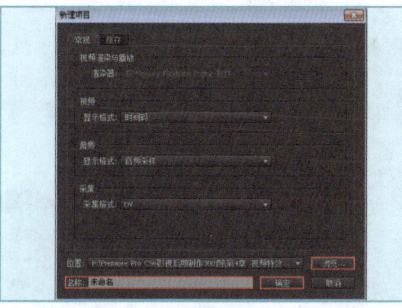
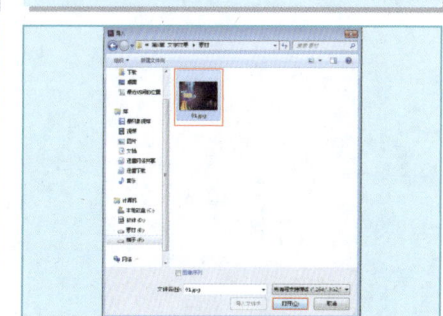

04 将项目窗口中的【01.jpg】素材文件拖曳到时间线窗口中的视频1轨道上。

05 在菜单栏中选择【字幕】|【新建字幕】|【默认滚动字幕】，在弹出的对话框中设置【名称】为【字幕01】，单击【确定】按钮。

06 选择 T（输入工具），在工作区中输入文字，并设置【字体】为【Arial】，【字体样式】为【Bold】，【字体大小】为55，【颜色】为白色（R: 255，G: 255，B: 255）。

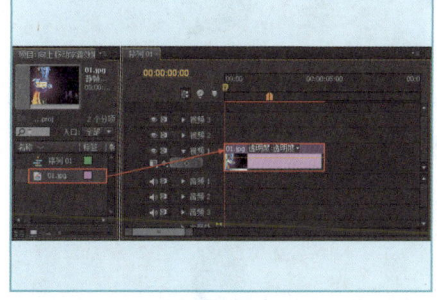
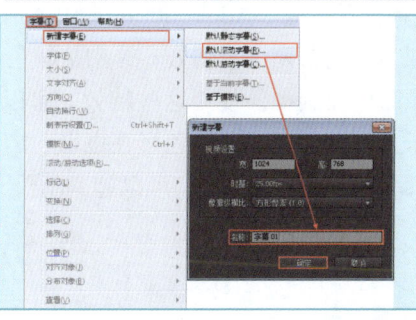
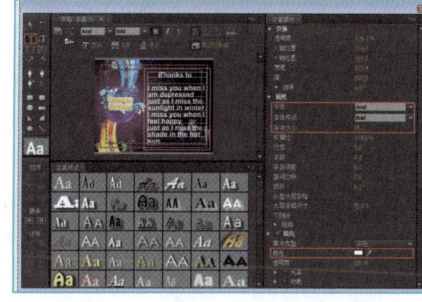

07 选择（滚动/游动选项），在弹出的对话框中勾选【开始于屏幕外】和【结束于屏幕外】，单击【确定】按钮。

08 将项目窗口中的【字幕01】拖曳到时间线视频2轨道上。

09 可拖动时间线滑块查看向上移动字幕最终效果。

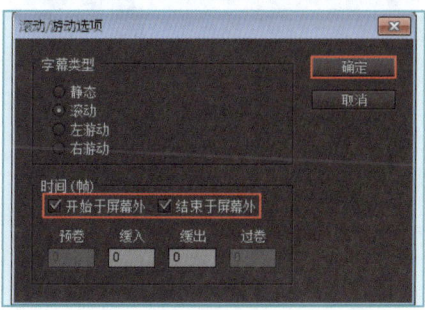

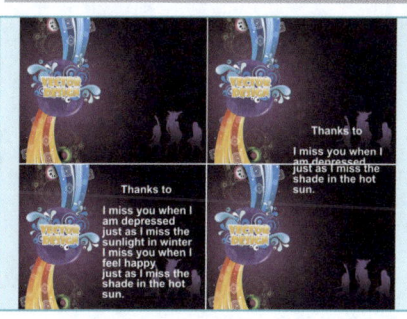

第7章
调色技术

Chapter 07

色彩在设计中是一种设计语言，能实现各种视觉享受。Adobe Premiere中的调色效果主要包括两大类特效，分别是颜色校正类和图像控制类。使用这些特效，可以调出成千上万种色彩，这些色彩在电影、广告等方面的应用非常广泛，可以起到渲染气氛、表达情感等作用。

实例136 改变沙发颜色效果

转换颜色特效可以将素材图像中的某些颜色转换为不同的颜色。本例主要介绍制作改变沙发颜色效果的方法。

文件路径：源文件\第7章\例136　　视频文件：视频文件\第7章\例136.flv

01 新建项目，在弹出的对话框中单击【浏览】按钮设置储存路径，在【名称】文本框修改文件名称，单击【确定】按钮。

02 在弹出的对话框中选择【设置】选项卡，设置【编辑模式】为【自定义】，【画面大小】为1024×768，【像素纵横比】为【方形像素（1.0）】，设置【序列名称】，单击【确定】按钮。

03 在项目窗口中空白处双击鼠标左键或者按快捷键Ctrl+I，在弹出的对话框中选择所需素材文件，单击【打开】按钮。

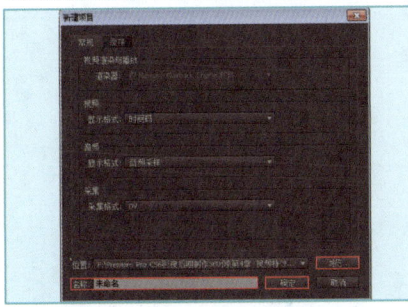
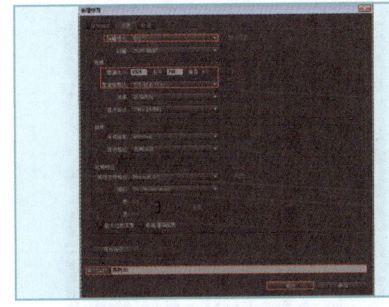
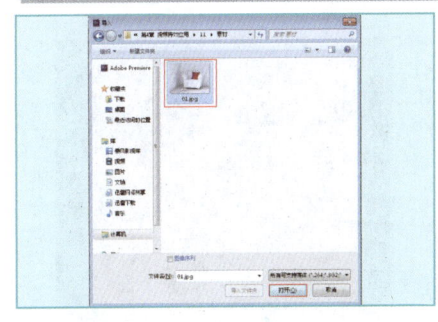

04 将项目窗口中的【01.jpg】素材文件拖曳到视频1轨道上。

05 选择时间线窗口中的【01.jpg】素材文件，并在【特效控制台】面板中设置【缩放】为70。

06 可拖动时间线滑块查看效果。

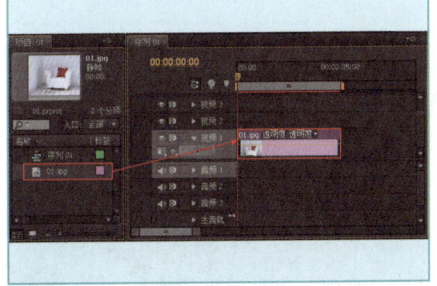
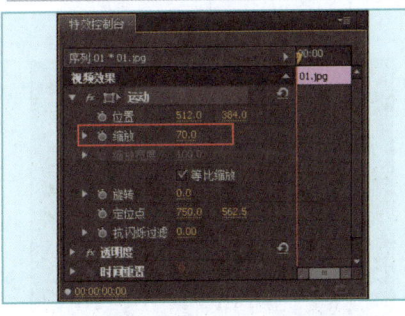

07 在【效果】面板中搜索【转换颜色】效果，并将其拖曳到时间线窗口的视频1轨道的【01.jpg】素材文件上。

08 选择时间线窗口中的【01.jpg】图层，在【效果控制台】面板中单击【从】后面的（吸管），吸取画面中需要转换的红色。设置转换【到】的颜色为浅蓝色（R:0，G:198，B:255），设置【色相】为100%。

09 可拖动时间线滑块查看最终转换颜色效果。

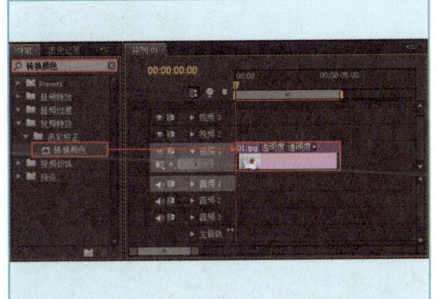
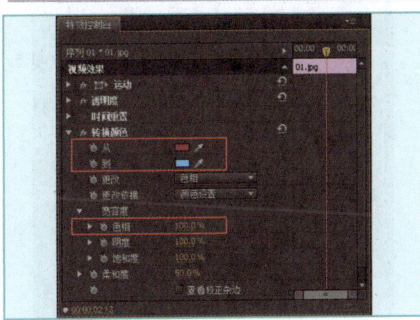

实例137　黑白颜色效果

黑白特效可以将素材的的颜色进行黑白处理，表现为黑白灰的效果。本例主要介绍制作黑白颜色效果的方法。

文件路径：源文件\第7章\例137　　　视频文件：视频文件\第7章\例137.flv

01 新建项目，在弹出的对话框中单击【浏览】按钮设置储存路径，在【名称】文本框修改文件名称，单击【确定】按钮。

02 在弹出的对话框中选择【设置】选项卡，并设置【编辑模式】为【自定义】，【画面大小】为1024×768，【像素纵横比】为【方形像素（1.0）】，设置【序列名称】，单击【确定】按钮。

03 在项目窗口中空白处双击鼠标左键或者按快捷键Ctrl+I，在弹出的对话框中选择所需素材文件，单击【打开】按钮。

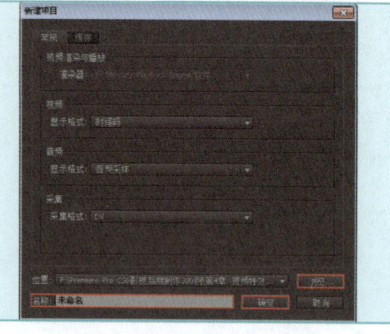
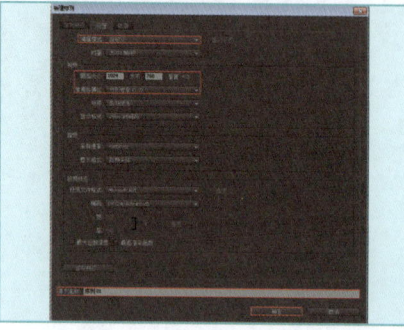
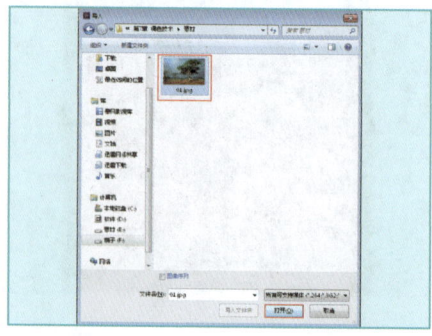

04 将项目窗口中的【01.jpg】素材文件拖曳到时间线窗口中的视频1轨道上。

05 选择时间线窗口中的【01.jpg】素材文件，在【特效控制台】面板中设置【缩放】为65。

06 可拖动时间线滑块查看效果。

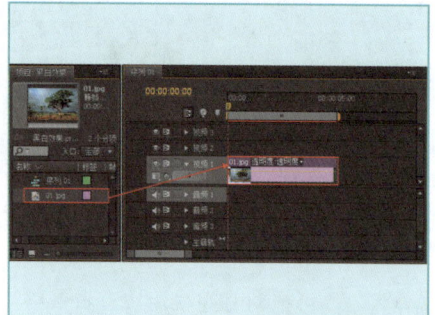
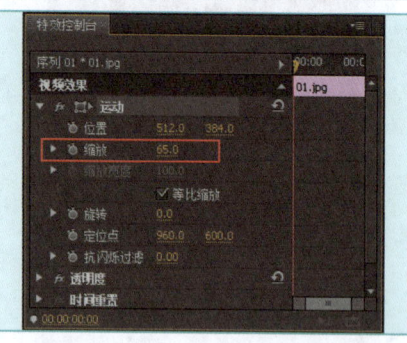

07 在【效果】面板中搜索【黑白】特效，并将其拖曳到时间线窗口中的视频1轨道上。

08 继续为时间线窗口中的【01.jpg】素材文件添加【亮度与对比度】特效，并设置【亮度】为5，【对比度】为30。

09 可拖动时间线滑块查看最终黑白颜色效果。

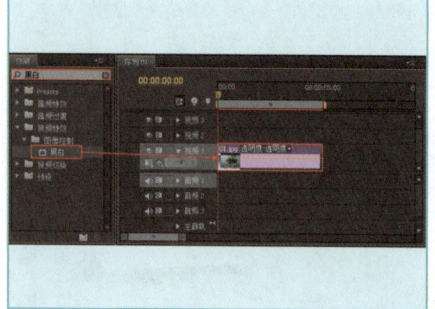
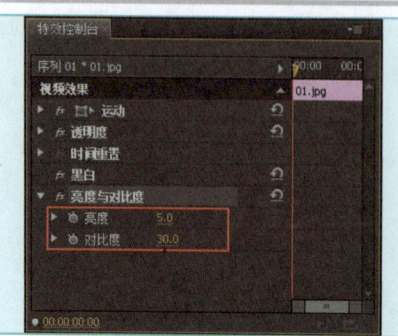

第7章　调色技术

实例138　彩色手绘效果

查找边缘特效可以对素材图像的边缘进行勾勒，表现手绘的线条和颜色效果。本例主要介绍制作彩色手绘效果的方法。

文件路径：源文件\第7章\例138　　　视频文件：视频文件\第7章\例138.flv

01 新建项目，在弹出的对话框中单击【浏览】按钮设置储存路径，在【名称】文本框修改文件名称，单击【确定】按钮。

02 在弹出的对话框中选择【设置】选项卡，设置【编辑模式】为【自定义】，【画面大小】为1024×768，【像素纵横比】为【方形像素（1.0）】，设置【序列名称】，单击【确定】按钮。

03 在项目窗口中空白处双击鼠标左键或者按快捷键Ctrl+I，在弹出的对话框中选择所需素材文件，单击【打开】按钮。

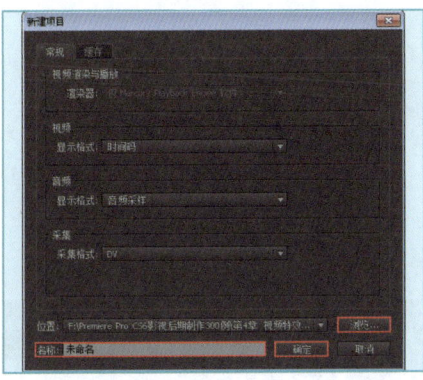
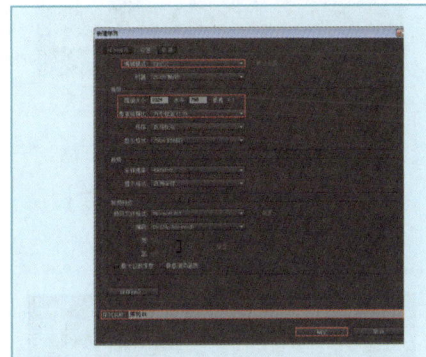

04 将项目窗口中的【01.jpg】素材文件拖曳到时间线窗口中的视频1轨道上。

05 为时间线窗口中的【01.jpg】素材文件添加【查找边缘】特效，并设置【与原始图像混合】为7%。

06 可拖动时间线滑块查看最终彩色手绘效果。

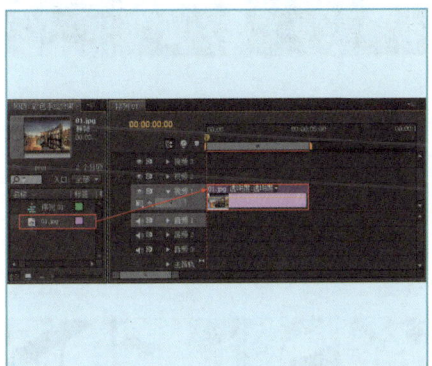
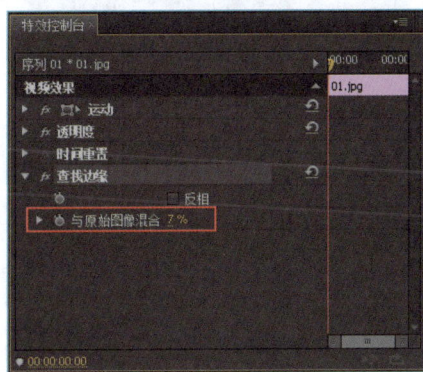

实例139　单色版画效果

阈值是基于图像亮度的黑白分界值，表现图像的黑白效果，添加染色特效可以在图像上映射不同的颜色。本例主要介绍制作单色版画效果的方法。

文件路径：源文件\第7章\例139　　　视频文件：视频文件\第7章\例139.flv

Premiere Pro CS6 | 135

中文 Premiere Pro CS6 影视编辑剪辑设计与制作 300 例

01 新建项目，在弹出的对话框中单击【浏览】按钮设置储存路径，在【名称】文本框修改文件名称，单击【确定】按钮。

02 在弹出的对话框中选择【设置】选项卡，设置【编辑模式】为【自定义】，【画面大小】为1024×768，【像素纵横比】为【方形像素（1.0）】，设置【序列名称】，单击【确定】按钮。

03 在项目窗口中空白处双击鼠标左键或者按快捷键Ctrl+I，在弹出的对话框中选择所需素材文件，单击【打开】按钮。

 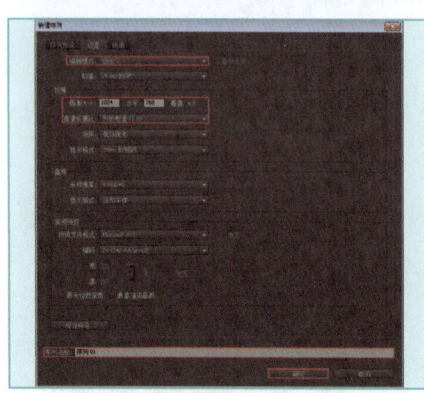 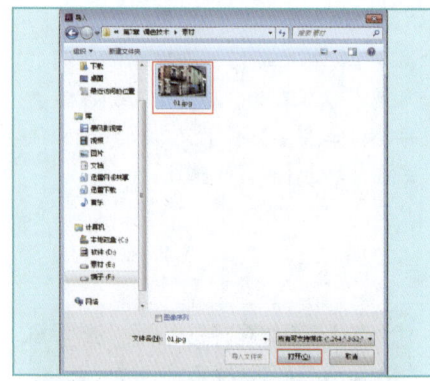

04 将项目窗口中的【01.jpg】素材文件拖曳到时间线窗口中的视频1轨道上。

05 选择时间线窗口中的【01.jpg】，然后在【特效控制台】面板中设置【缩放】为67。

06 可拖动时间线滑块查看效果。

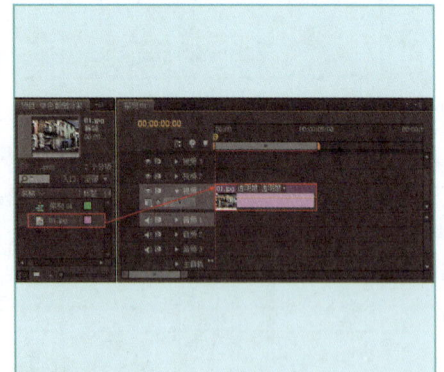 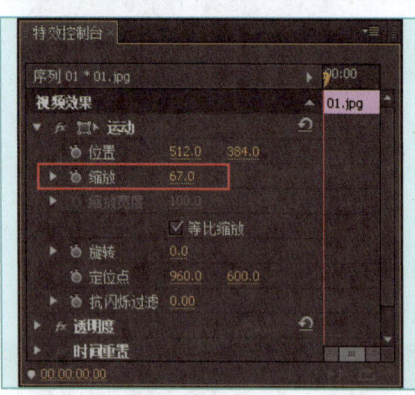 

07 为时间线窗口中的【01.jpg】素材文件添加【阈值】特效，并设置【色阶】为103。

08 继续为时间线窗口中的【01.jpg】素材文件添加【染色】特效，并设置【将黑色映射到】为深蓝色（R：0，G：22，B：68）。

09 可拖动时间线滑块查看最终单色版画效果。

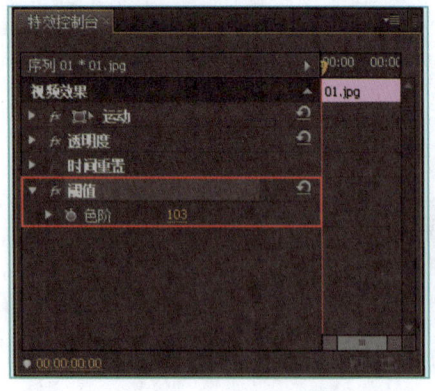 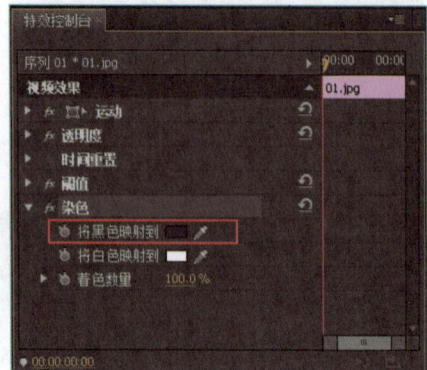 

第7章 调色技术

实例140 增加画面色彩度效果

快速色彩校正特效可以提高画面的饱和度与色阶效果。本例主要介绍制作增加画面色彩度效果的方法。

文件路径：源文件\第7章\例140　　　　视频文件：视频文件\第7章\例140.flv

01 新建项目，在弹出的对话框中单击【浏览】按钮设置储存路径，在【名称】文本框修改文件名称，单击【确定】按钮。

02 在弹出的对话框中选择【设置】选项卡，设置【编辑模式】为【自定义】，【画面大小】为1024×768，【像素纵横比】为【方形像素（1.0）】，设置【序列名称】，单击【确定】按钮。

03 在项目窗口中空白处双击鼠标左键或者按快捷键Ctrl+I，在弹出的对话框中选择所需素材文件，单击【打开】按钮。

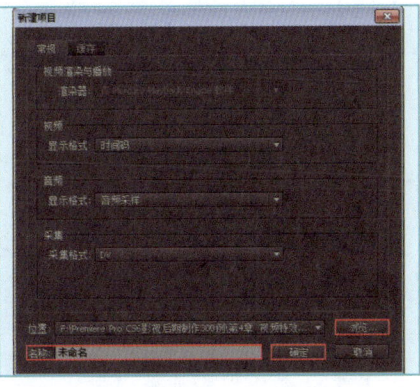 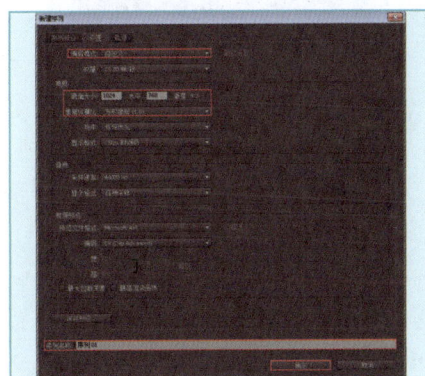 

04 将项目窗口中的【01.jpg】素材文件拖曳到时间线窗口中的视频1轨道上。

05 为时间线窗口中的【01.jpg】素材文件添加【快速色彩校正】特效，设置【色相角度】为20°，【饱和度】为200，【输入黑色阶】为45，【输出灰色阶】为0.7。

06 可拖动时间线滑块查看增加画面色彩度最终效果。

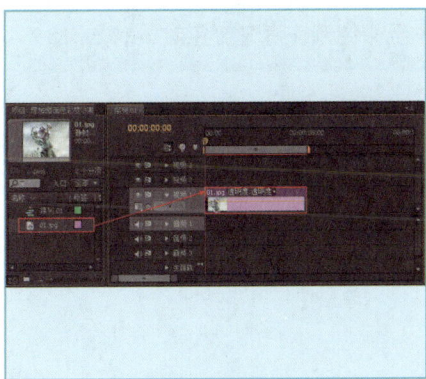 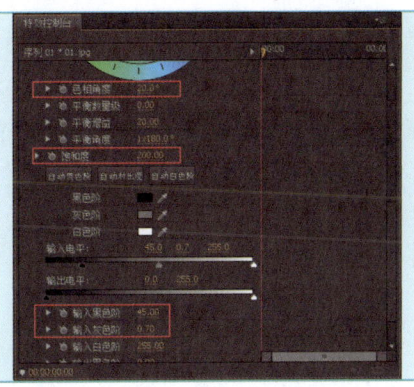 

实例141 增加画面对比度效果

亮度与对比度特效可以为画面调节对比度和亮度。本例主要介绍制作增加画面对比度效果的方法。

文件路径：源文件\第7章\例141　　　　视频文件：视频文件\第7章\例141.flv

01 新建项目，然后在弹出的对话框中单击【浏览】按钮设置储存路径，在【名称】文本框修改文件名称，单击【确定】按钮。

02 在弹出的对话框中选择【设置】选项卡，设置【编辑模式】为【自定义】，【画面大小】为1024×768，【像素纵横比】为【方形像素（1.0）】，设置【序列名称】，单击【确定】按钮。

03 在项目窗口中空白处双击鼠标左键或者按快捷键Ctrl+I，在弹出的对话框中选择所需素材文件，单击【打开】按钮。

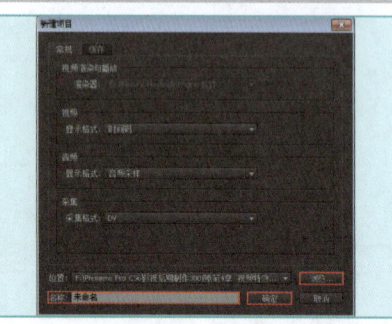

04 将项目窗口中的【01.jpg】素材文件拖曳到时间线窗口中的视频1轨道上。

05 为时间线窗口中的【01.jpg】素材文件添加【亮度与对比度】特效，并设置【亮度】为-40，【对比度】为50。

06 可拖动时间线滑块查看增加画面对比度最终效果。

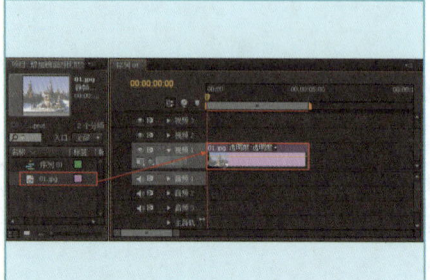
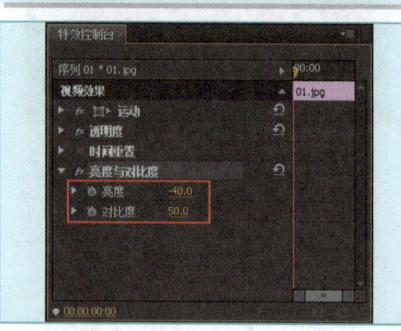

实例142　汽车变色效果

使用更改颜色特效，选择汽车的颜色，可以调整颜色的色相和宽容度。本例主要介绍制作汽车变色效果的方法。

文件路径：源文件\第7章\例142　　　视频文件：视频文件\第7章\例142.flv

01 新建项目，在弹出的对话框中单击【浏览】按钮设置储存路径，在【名称】文本框修改文件名称，单击【确定】按钮。

02 在弹出的对话框中选择【设置】选项卡，设置【编辑模式】为【自定义】，【画面大小】为1024×768，【像素纵横比】为【方形像素（1.0）】，设置【序列名称】，单击【确定】按钮。

03 在项目窗口中空白处双击鼠标左键或者按快捷键Ctrl+I，在弹出的对话框中选择所需素材文件，单击【打开】按钮。

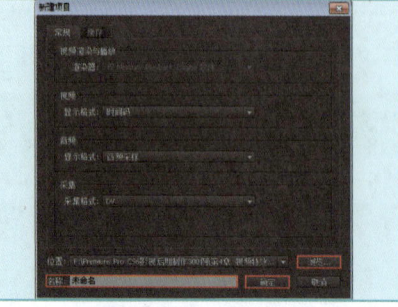
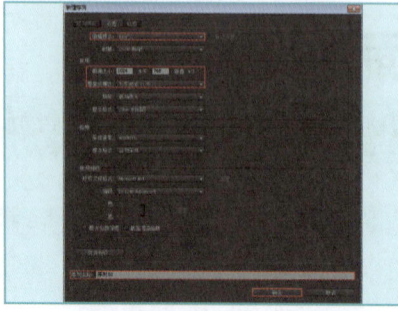
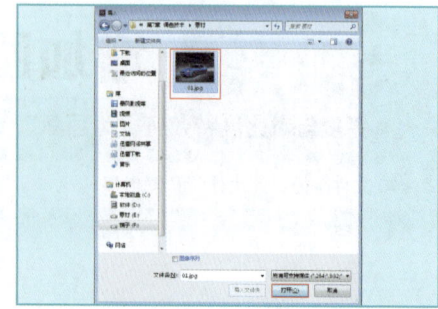

第7章 调色技术

04 将项目窗口中的【01.jpg】素材文件拖曳到时间线窗口中的视频1轨道上。

05 为时间线窗口中的【01.jpg】素材文件添加【更改颜色】特效，设置【要更改的颜色】为蓝色（R：8，G：121，B：215），【匹配颜色】为【使用色相】，【色相变换】为148，【匹配宽容度】为40%。

06 可拖动时间线滑块查看最终汽车变色效果。

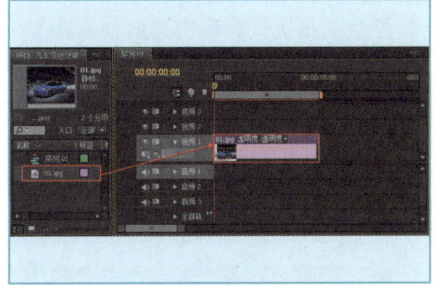
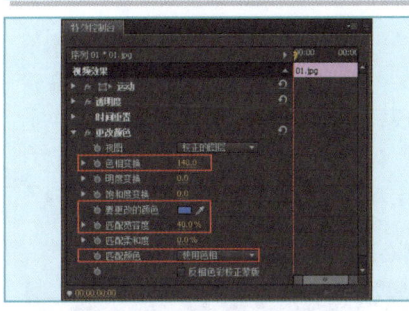

实例143　更改画面色调效果

使用快速色彩校正特效，可以调整画面的整体色相和色阶效果。本例主要介绍制作更改画面色调效果的方法。

文件路径：源文件\第7章\例143　　　视频文件：视频文件\第7章\例143.flv

01 新建项目，在弹出的对话框中单击【浏览】按钮设置储存路径，在【名称】文本框修改文件名称，单击【确定】按钮。

02 在弹出的对话框中选择【设置】选项卡，设置【编辑模式】为【自定义】，【画面大小】为1024×768，【像素纵横比】为【方形像素（1.0）】，设置【序列名称】，单击【确定】按钮。

03 在项目窗口中空白处双击鼠标左键或者按快捷键Ctrl+I，在弹出的对话框中选择所需素材文件，单击【打开】按钮。

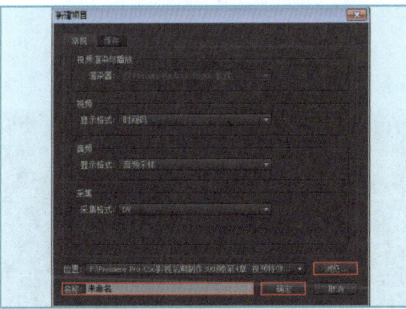

04 将项目窗口中的【01.jpg】素材文件拖曳到时间线窗口中的视频1轨道上。

05 为时间线窗口中的【01.jpg】素材文件添加【快速色彩校正】特效，设置【色相角度】为178°，【平衡角度】为0°，【输入黑色阶】为52。

06 可拖动时间线滑块查看最终更改画面色调效果。

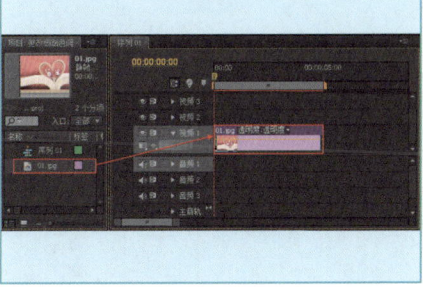
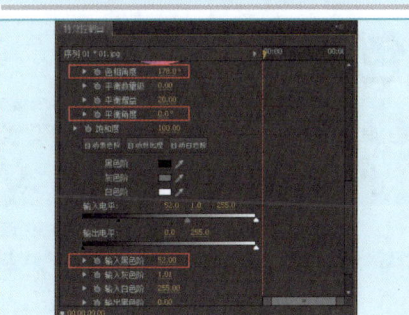

Premiere Pro CS6 | 139

中文 Premiere Pro CS6 影视编辑剪辑设计与制作300例

实例144　秋叶变绿效果

色彩平衡（HLS）特效可以调节素材画面中某些颜色的比例。本例主要介绍制作秋叶变绿效果的方法。

文件路径：源文件\第7章\例144　　　　视频文件：视频文件\第7章\例144.flv

01 新建项目，在弹出的对话框中单击【浏览】按钮设置储存路径，在【名称】文本框修改文件名称，单击【确定】按钮。

02 在弹出的对话框中选择【设置】选项卡，设置【编辑模式】为【自定义】，【画面大小】为1024×768，【像素纵横比】为【方形像素（1.0）】，设置【序列名称】，单击【确定】按钮。

03 在项目窗口中空白处双击鼠标左键或者按快捷键Ctrl+I，在弹出的对话框中选择所需素材文件，单击【打开】按钮。

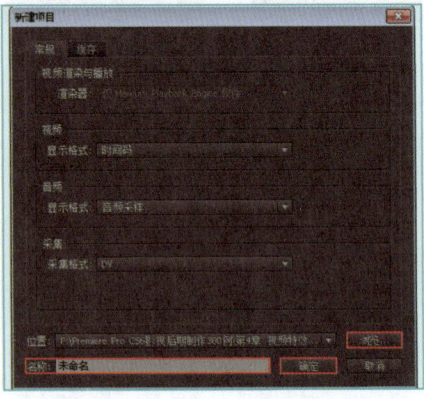
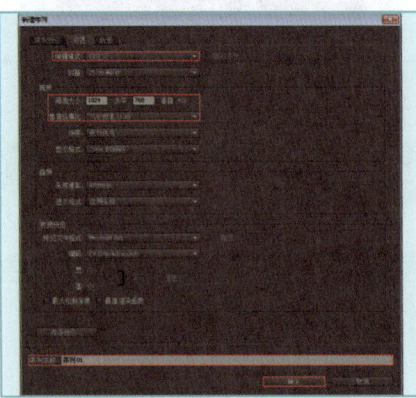
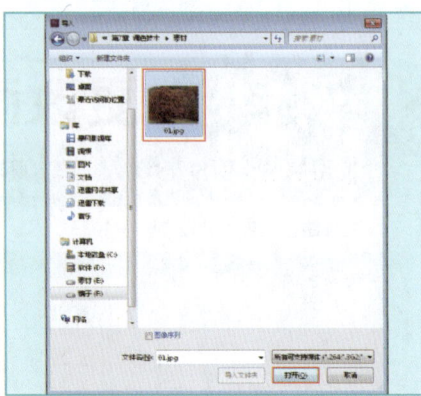

04 将项目窗口中的【01.jpg】素材文件拖曳到时间线窗口中的视频1轨道上。

05 为时间线窗口中的【01.jpg】素材文件添加【色彩平衡（HLS）】特效，并设置【色相】为40°。

06 可拖动时间线滑块查看最终秋叶变绿效果。

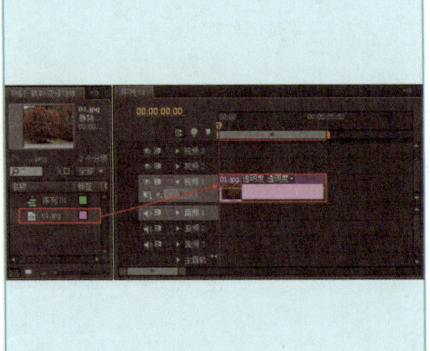
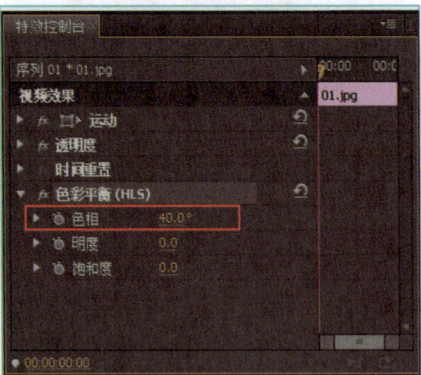

实例145　怀旧颜色效果

使用染色特效可以改变素材的整体色调，使用混合模式可令素材与背景进行混合。本例主要介绍制作怀旧颜色效果的方法。

文件路径：源文件\第7章\例145　　　　视频文件：视频文件\第7章\例145.flv

第7章　调色技术

01 新建项目，在弹出的对话框中单击【浏览】按钮设置储存路径，在【名称】文本框修改文件名称，单击【确定】按钮。

02 在弹出的对话框中选择【设置】选项卡，设置【编辑模式】为【自定义】，【画面大小】为1024×768，【像素纵横比】为【方形像素（1.0）】，接着设置【序列名称】，单击【确定】按钮。

03 在项目窗口中空白处双击鼠标左键或者按快捷键Ctrl+I，在弹出的对话框中选择所需素材文件，单击【打开】按钮。

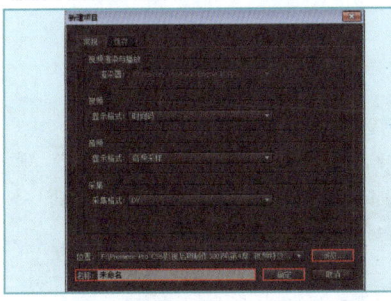
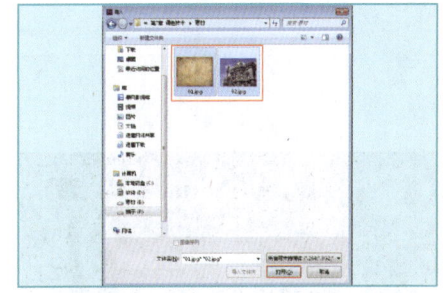

04 选择项目窗口中的【01.jpg】和【02.jpg】素材文件，然后按顺序拖曳到时间线视频1和视频2轨道上。

05 为时间线窗口中的【02.jpg】素材文件添加【染色】特效，设置【混合模式】为【强光】，设置【染色】特效下的【将白色映射到】为浅黄色（R：194，G：179，B：145）。

06 可拖动时间线滑块查看最终怀旧颜色效果。

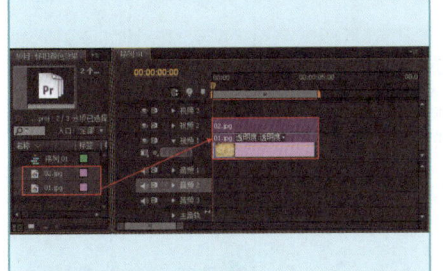
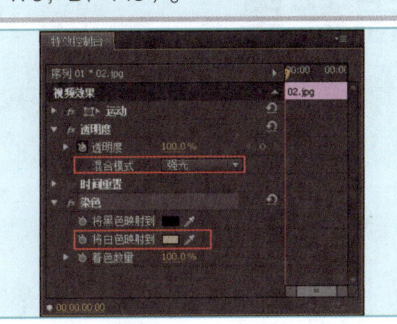

实例146　保留单色效果

添加分色特效，选择需要保留的颜色，可对其他的颜色进行脱色处理。本例主要介绍制作保留单色效果的方法。

文件路径：源文件\第7章\例146　　　视频文件：视频文件\第7章\例146.flv

01 新建项目，在弹出的对话框中单击【浏览】按钮设置储存路径，在【名称】文本框修改文件名称，单击【确定】按钮。

02 在弹出的对话框中选择【设置】选项卡，设置【编辑模式】为【自定义】，【画面大小】为1024×768，【像素纵横比】为【方形像素（1.0）】，设置【序列名称】，单击【确定】按钮。

03 在项目窗口中空白处双击鼠标左键或者按快捷键Ctrl+I，在弹出的对话框中选择所需素材文件，单击【打开】按钮。

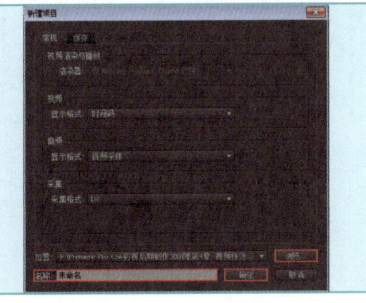
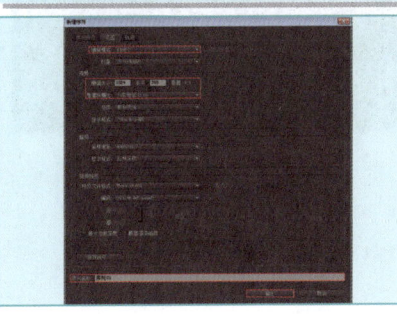
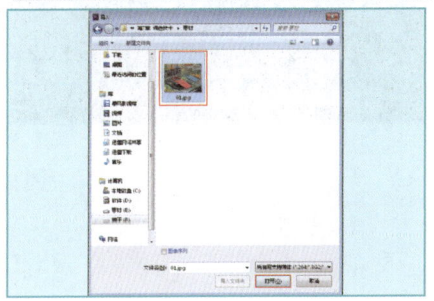

Premiere Pro CS6 | 141

04 将项目窗口中的【01.jpg】素材文件拖曳到时间线窗口中的视频1轨道上。

05 为时间线窗口中的【01.jpg】素材文件添加【分色】特效,并单击【要保留的颜色】后面的 （吸管工具），在素材中吸取需要保留的颜色,然后设置【匹配颜色】为【使用色相】,【脱色量】为100%,【宽容度】为10%。

06 可拖动时间线滑块查看最终保留单色效果。

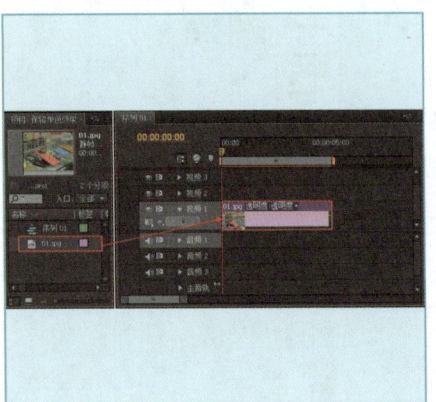 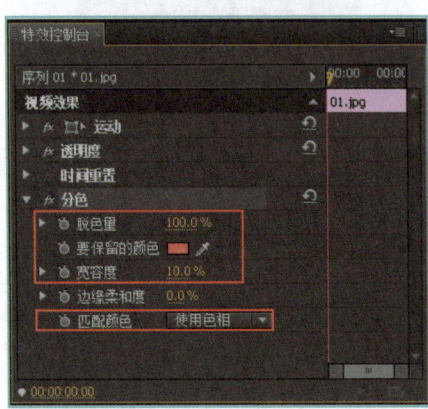 

实例147　多彩画面效果

　　四色渐变特效可以在画面上添加4种颜色的渐变效果,使用混合模式可以得到不同的颜色混合效果。本例主要介绍制作多彩画面效果的方法。

文件路径：源文件\第7章\例147

视频文件：视频文件\第7章\例147.flv

01 新建项目,在弹出的对话框中单击【浏览】按钮设置储存路径,在【名称】文本框修改文件名称,单击【确定】按钮。

02 在弹出的对话框中选择【设置】选项卡,设置【编辑模式】为【自定义】,【画面大小】为1024×768,【像素纵横比】为【方形像素（1.0）】,设置【序列名称】,单击【确定】按钮。

03 在项目窗口中空白处双击鼠标左键或者按快捷键Ctrl+I,在弹出的对话框中选择所需素材文件,单击【打开】按钮。

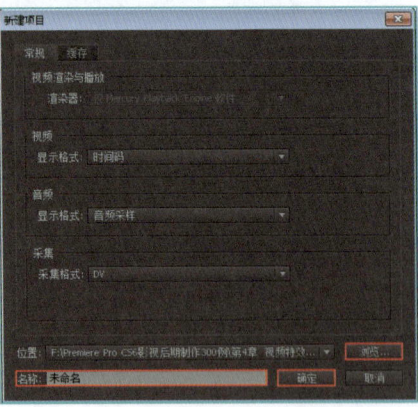 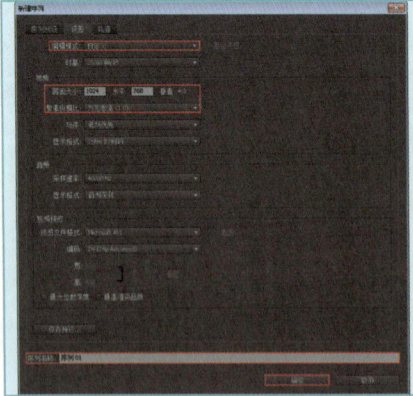 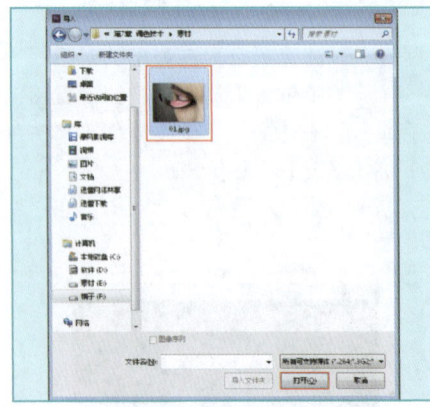

第7章　调色技术

04 将项目窗口中的【01.jpg】素材文件拖曳到时间线窗口中的视频1轨道上。

05 为【01.jpg】添加【四色渐变】特效，并设置【混合模式】为【叠加】，【颜色1】为粉色（R：253，G：174，B：224），【颜色2】为橙色（R：255，G：94，B：43），【颜色3】为紫色（R：177，G：41，B：255），【颜色4】为绿色（R：177，G：255，B：25）。

06 可拖动时间线滑块查看最终多彩画面效果。

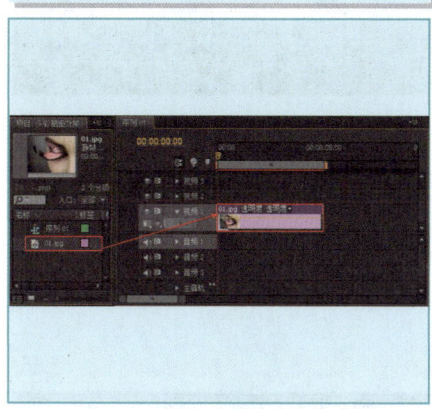
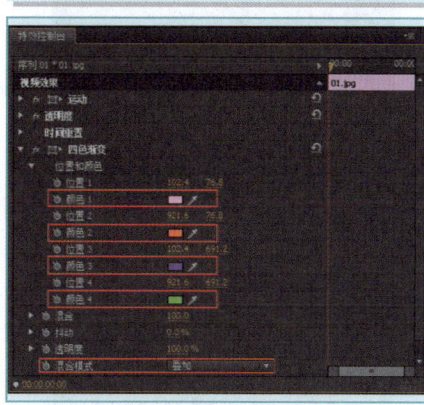

实例148　晴天变阴天效果

利用分色特效可对素材的部分颜色色相效果进行保留，如对天空部分的颜色进行脱色。本例主要介绍制作晴天变阴天效果的方法。

文件路径：源文件\第7章\例148　　　视频文件：视频文件\第7章\例148.flv

01 新建项目，在弹出的对话框中单击【浏览】按钮设置储存路径，在【名称】文本框修改文件名称，单击【确定】按钮。

02 在弹出的对话框中选择【设置】选项卡，设置【编辑模式】为【自定义】，【画面大小】为1024×768，【像素纵横比】为【方形像素（1.0）】，设置【序列名称】，单击【确定】按钮。

03 在项目窗口中空白处双击鼠标左键或者按快捷键Ctrl+I，在弹出的对话框中选择所需素材文件，单击【打开】按钮。

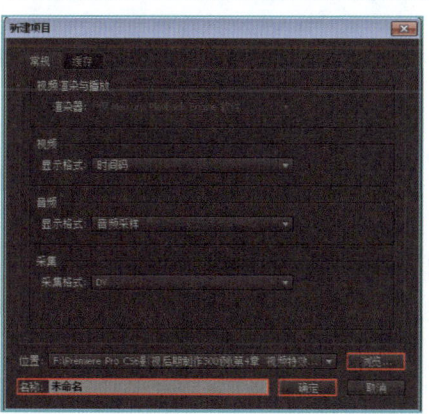
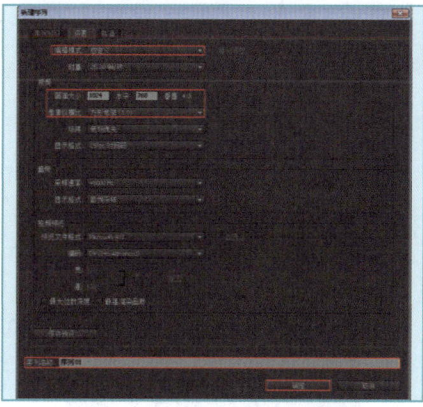
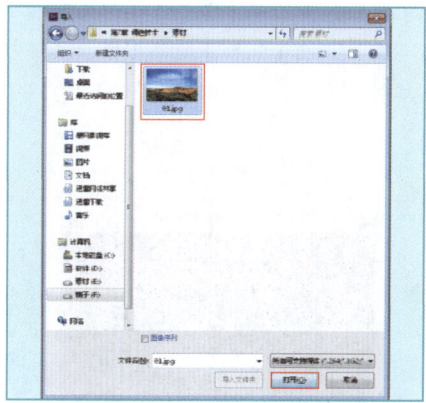

Premiere Pro CS6 | 143

04 将项目窗口中的【01.jpg】素材文件拖曳到时间线窗口中的视频1轨道上。

05 选择时间线窗口中的【01.jpg】素材文件，然后在【特效控制台】面板中设置【缩放】为73。

06 可拖动时间线滑块查看效果。

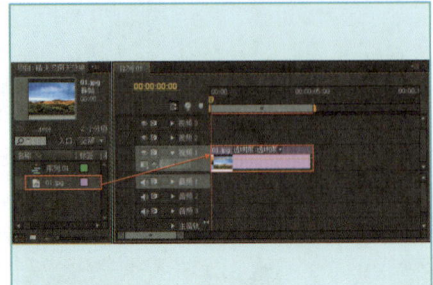 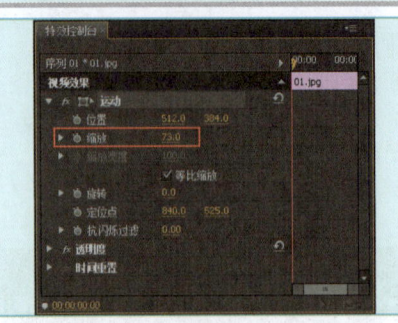 

07 为时间线窗口中的【01.jpg】素材文件添加【分色】特效，并单击【要保留的颜色】后面的（吸管工具），在素材中吸取需要保留的颜色，然后设置【脱色量】为93%，【宽容度】为52%。

08 继续为时间线窗口中的【01.jpg】素材文件添加【亮度与对比度】特效，并设置【亮度】为-50，【对比度】为-30。

09 可拖动时间线滑块查看最终阴天效果。

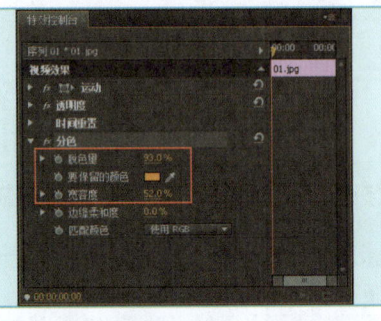 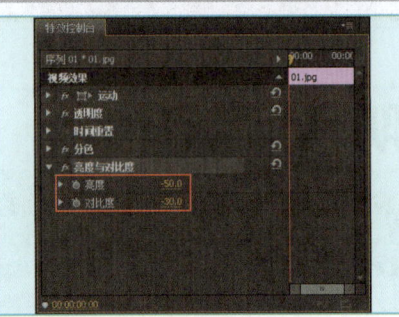 

实例149 妆容颜色变化效果

使用转换颜色特效可将人像的妆容颜色进行转换，并可以调整色彩的柔和度。本例主要介绍制作妆容颜色变化效果的方法。

文件路径：源文件\第7章\例149　　　视频文件：视频文件\第7章\例149.flv

01 新建项目，在弹出的对话框中单击【浏览】按钮设置储存路径，在【名称】文本框修改文件名称，单击【确定】按钮。

02 在弹出的对话框中选择【设置】选项卡，设置【编辑模式】为【自定义】，【画面大小】为1024×768，【像素纵横比】为【方形像素（1.0）】，设置【序列名称】，单击【确定】按钮。

03 在项目窗口中空白处双击鼠标左键或者按快捷键Ctrl+I，在弹出的对话框中选择所需素材文件，单击【打开】按钮。

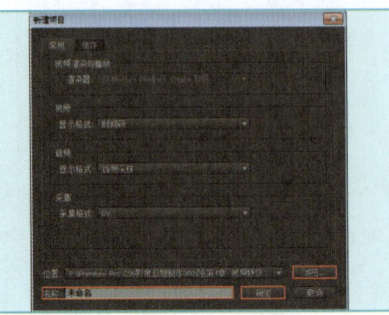 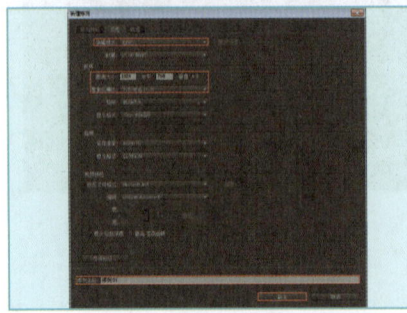 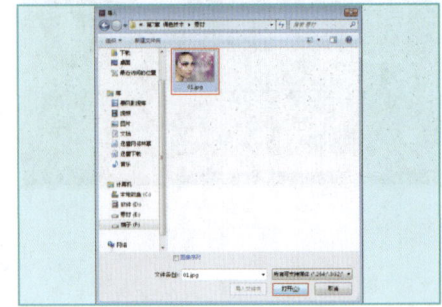

04 将项目窗口中的【01.jpg】素材文件拖曳到时间线窗口中的视频1轨道上。

05 为时间线窗口中的【01.jpg】添加【转换颜色】特效，并单击【从】后面的 （吸管工具），在素材中吸取需要转换的颜色，然后设置【色相】为30%，【柔和度】为100%。

06 可拖动时间线滑块查看最终妆容颜色变化效果。

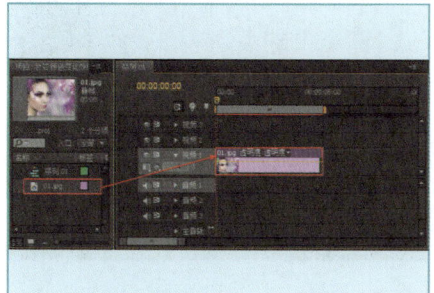
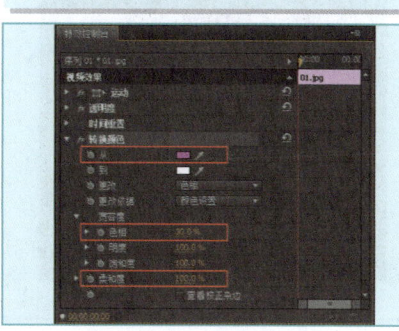

实例150　提高画面亮度效果

使用RGB色彩校正特效可调整素材画面的高光阈值和灰度系数。再添加亮度与对比度特效，可降低画面的亮度和提高对比度。本例主要介绍制作提高画面亮度效果的方法。

文件路径：源文件\第7章\例150

视频文件：视频文件\第7章\例150.flv

01 新建项目，在弹出的对话框中单击【浏览】按钮设置储存路径，在【名称】文本框修改文件名称，单击【确定】按钮。

02 在弹出的对话框中选择【设置】选项卡，设置【编辑模式】为【自定义】，【画面大小】为1024×768，【像素纵横比】为【方形像素（1.0）】，设置【序列名称】，单击【确定】按钮。

03 在项目窗口中空白处双击鼠标左键或者按快捷键Ctrl+I，在弹出的对话框中选择所需素材文件，单击【打开】按钮。

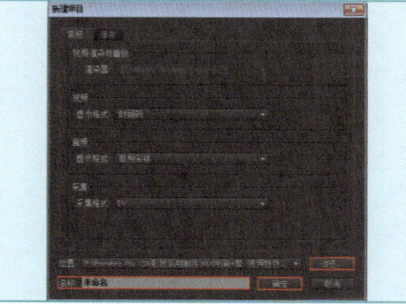
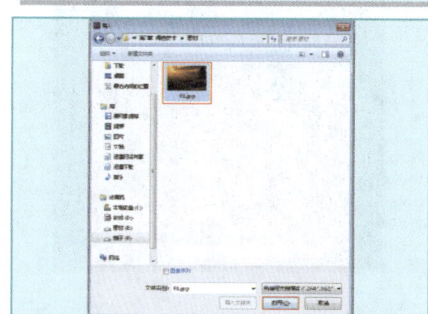

04 将项目窗口中的【01.jpg】素材文件拖曳到时间线窗口中的视频1轨道上。

05 选择时间线窗口中的【01.jpg】，然后在【特效控制台】面板中设置【位置】为（402,384），【缩放】为65。

06 可拖动时间线滑块查看效果。

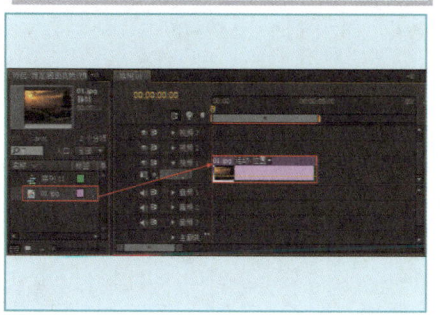
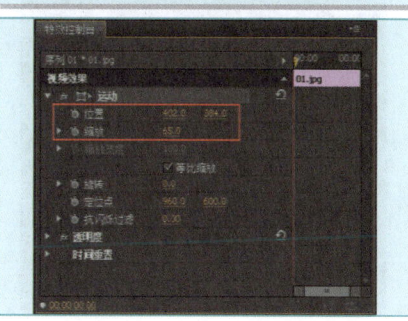

07 为时间线窗口中的【01.jpg】素材文件添加【RGB色彩校正】特效，并设置【高光阈值】为64，【灰度系数】为4.5。

08 为时间线窗口中的【01.jpg】素材文件添加【亮度与对比度】特效，并设置【亮度】为-50，【对比度】为65。

09 可拖动时间线滑块查看最终提高画面亮度效果。

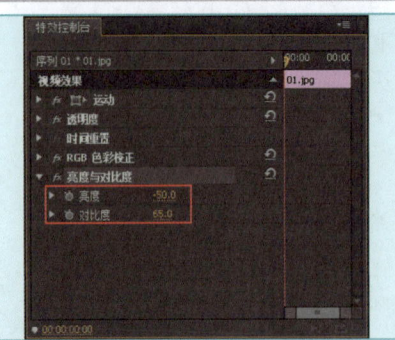

实例151　五线谱渐变效果

渐变特效可以在素材上直接添加不同颜色的渐变效果。本例主要介绍制作五线谱渐变效果的方法。

文件路径：源文件\第7章\例151

视频文件：视频文件\第7章\例151.flv

01 新建项目，在弹出的对话框中单击【浏览】按钮设置储存路径，在【名称】文本框修改文件名称，单击【确定】按钮。

02 在弹出的对话框中选择【设置】选项卡，设置【编辑模式】为【自定义】，【画面大小】为1024×768，【像素纵横比】为【方形像素（1.0）】，设置【序列名称】，单击【确定】按钮。

03 在项目窗口中空白处双击鼠标左键或者按快捷键Ctrl+I，在弹出的对话框中选择所需素材文件，单击【打开】按钮。

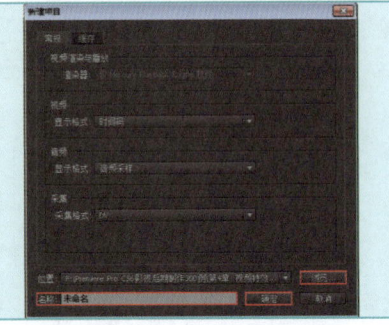
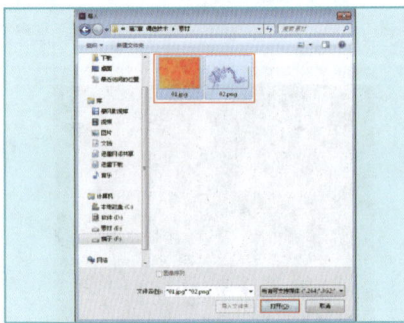

04 选择项目窗口中的【01.jpg】和【02.png】素材文件，并按顺序拖曳到时间线窗口中的视频1和视频2轨道上。

05 为时间线窗口中的【02.png】素材文件添加【渐变】特效，并设置【起始颜色】为黄色（R：255，G：255，B：0）。

06 可拖动时间线滑块查看最终五线谱渐变效果。

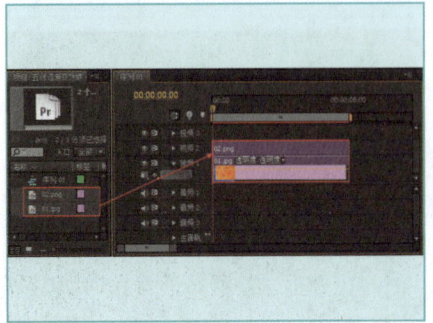
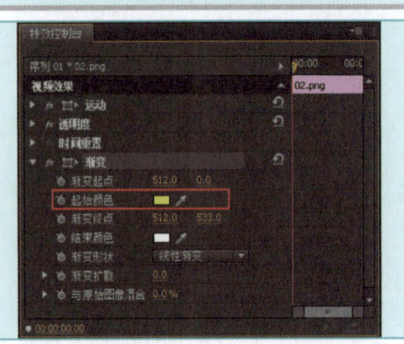

第7章　调色技术

实例152　调节风景色调效果

为素材添加色彩平衡特效，可以对画面的红、绿、蓝色调分别进行提高和降低。本例主要介绍调节风景色调的方法。

文件路径：源文件\第7章\例152　　　视频文件：视频文件\第7章\例152.flv

01 新建项目，在弹出的对话框中单击【浏览】按钮设置储存路径，在【名称】文本框修改文件名称，单击【确定】按钮。

02 在弹出的对话框中选择【设置】选项卡，设置【编辑模式】为【自定义】，【画面大小】为1024×768，【像素纵横比】为【方形像素（1.0）】，设置【序列名称】，单击【确定】按钮。

03 在项目窗口中空白处双击鼠标左键或者按快捷键Ctrl+I，在弹出的对话框中选择所需素材文件，单击【打开】按钮。

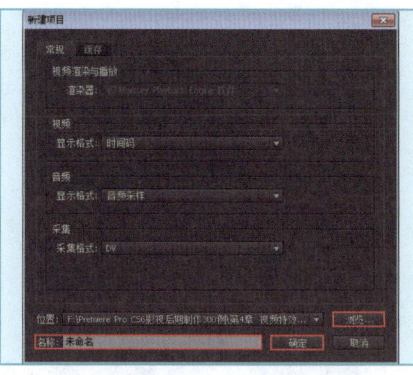 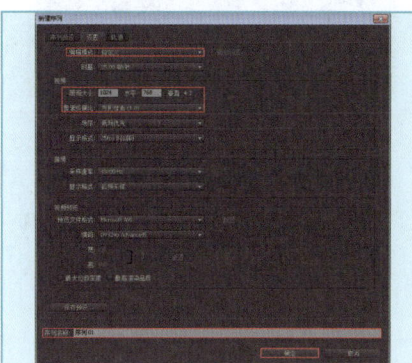 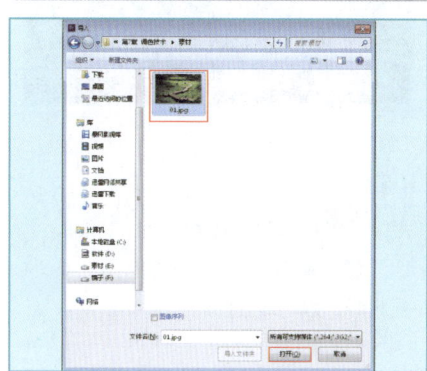

04 将项目窗口中的【01.jpg】素材文件拖曳到时间线窗口中的视频1轨道上。

05 为时间线窗口中的【01.jpg】素材文件添加【色彩平衡】特效，并设置【中间调红色平衡】为100，【中间调绿色平衡】为40，【中间调蓝色平衡】为-80，【高光红色平衡】为75。

06 可拖动时间线滑块查看最终调节风景色调效果。

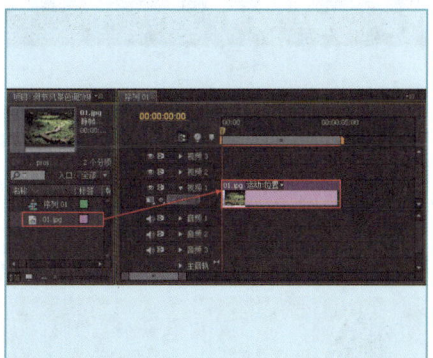  

实例153　旧印刷黑白画效果

为素材添加阈值和染色特效可以改变画面的颜色，制作出印刷的画面效果。本例主要介绍制作旧印刷黑白画效果的方法。

文件路径：源文件\第7章\例153　　　视频文件：视频文件\第7章\例153.flv

中文 Premiere Pro CS6 影视编辑剪辑设计与制作 300例

01 新建项目，在弹出的对话框中单击【浏览】按钮设置储存路径，在【名称】文本框修改文件名称，单击【确定】按钮。

02 在弹出的对话框中选择【设置】选项卡，并设置【编辑模式】为【自定义】，【画面大小】为1024×768，【像素纵横比】为【方形像素（1.0）】，设置【序列名称】，单击【确定】按钮。

03 在项目窗口中空白处双击鼠标左键或者按快捷键Ctrl+I，然后在弹出的对话框中选择所需素材文件，单击【打开】按钮。

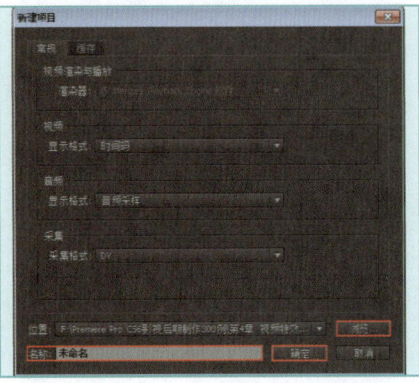
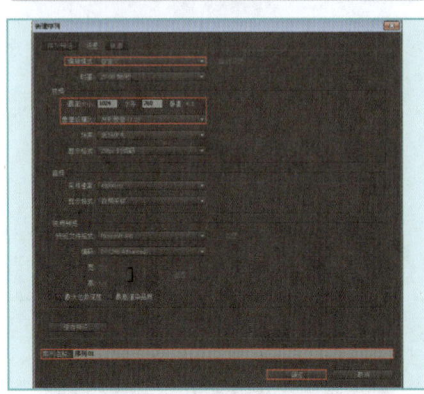
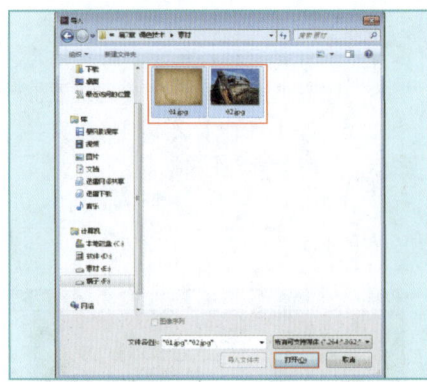

04 选择项目窗口中的【01.jpg】和【02.jpg】素材文件，并按顺序拖曳到时间线窗口中的视频1和视频2轨道上。

05 选择时间线窗口中的【02.jpg】素材文件，并在【特效控制台】面板中设置【混合模式】为【正片叠底】。

06 可拖动时间线滑块查看最终效果。

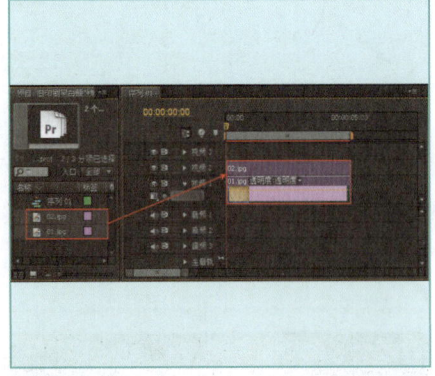
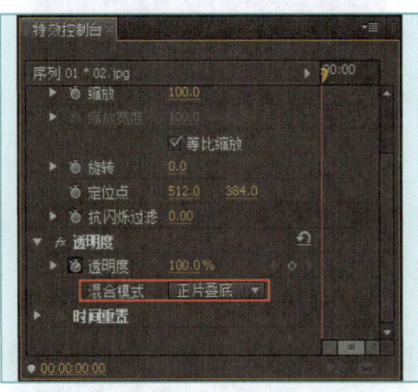

07 为时间线窗口中的【02.jpg】素材文件添加【阈值】特效，并设置【色阶】为60。

08 为时间线窗口中的【01.jpg】素材文件添加【染色】特效，并设置【将黑色映射到】为深黄色（R: 115, G: 72, B: 4）。

09 可拖动时间线滑块查看最终旧印刷黑白画效果。

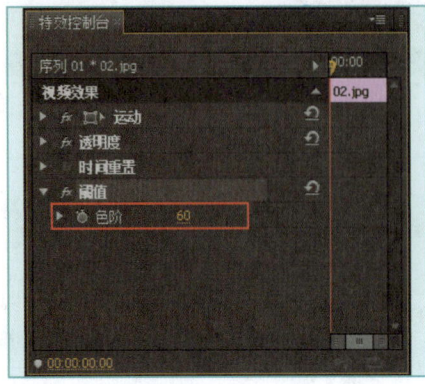

实例154 铅笔画效果

使用查找边缘特效对素材的边缘进行勾勒，可使素材产生类似素描或底片效果，而使用黑白特效可改变画面颜色。本例主要介绍制作制作铅笔画效果的方法。

文件路径：源文件\第7章\例154　　　视频文件：视频文件\第7章\例154.flv

01 新建项目，在弹出的对话框中单击【浏览】按钮设置储存路径，在【名称】文本框修改文件名称，单击【确定】按钮。

02 在弹出的对话框中选择【设置】选项卡，设置【编辑模式】为【自定义】，【画面大小】为1024×768，【像素纵横比】为【方形像素（1.0）】，设置【序列名称】，单击【确定】按钮。

03 在项目窗口中空白处双击鼠标左键或者按快捷键Ctrl+I，在弹出的对话框中选择所需素材文件，单击【打开】按钮。

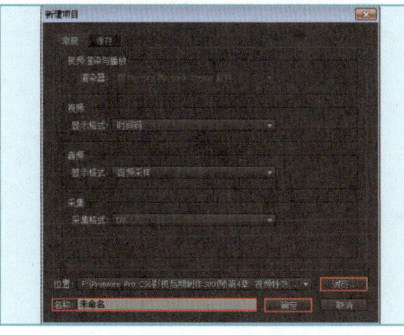
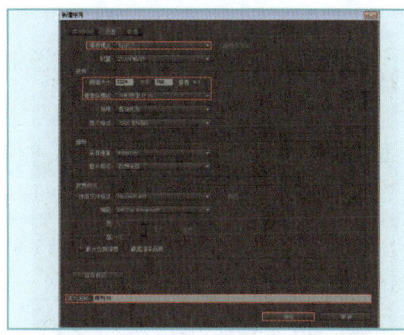
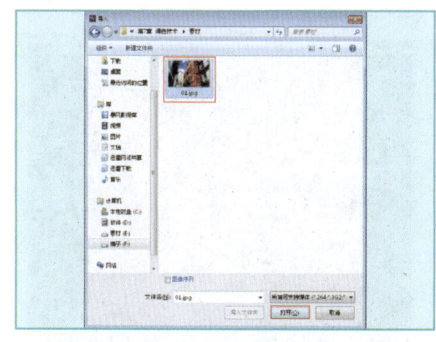

04 将项目窗口中的【01.jpg】素材文件拖曳到时间线窗口中的视频1轨道上。

05 选择时间线窗口中的【01.jpg】素材文件，并在【特效控制台】面板中设置【缩放】为65。

06 为时间线窗口中的【01.jpg】素材文件添加【查找边缘】特效。

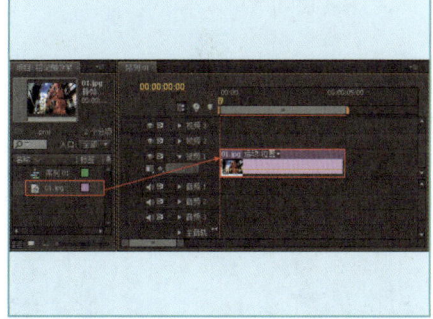
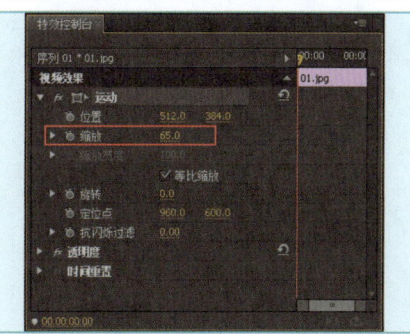
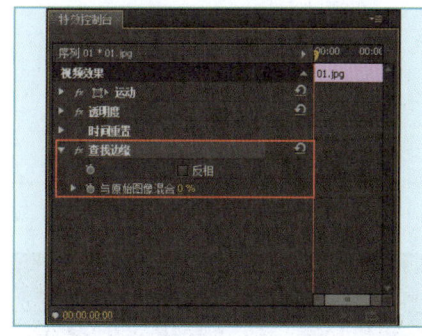

07 可拖动时间线滑块查看效果。

08 继续为时间线窗口中的【01.jpg】素材文件添加【黑白】和【亮度与对比度】特效，并设置【亮度】为-8，【对比度】为20。

09 可拖动时间线滑块查看最终铅笔画效果。

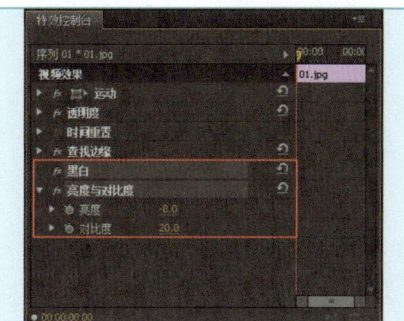

实例155　蓝调画面效果

使用RGB色彩校正特效提高颜色的灰度系数，可以将素材的画面倾向于某一颜色的色调。本例主要介绍制作蓝调画面效果的方法。

文件路径：源文件\第7章\例155　　　视频文件：视频文件\第7章\例155.flv

01 新建项目，在弹出的对话框中单击【浏览】按钮设置储存路径，在【名称】文本框修改文件名称，单击【确定】按钮。

02 在弹出的对话框中选择【设置】选项卡，设置【编辑模式】为【自定义】，【画面大小】为1024×768，【像素纵横比】为【方形像素（1.0）】，设置【序列名称】，单击【确定】按钮。

03 在项目窗口中空白处双击鼠标左键或者按快捷键Ctrl+I，在弹出的对话框中选择所需素材文件，单击【打开】按钮。

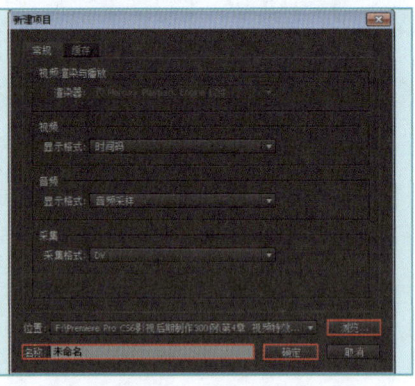
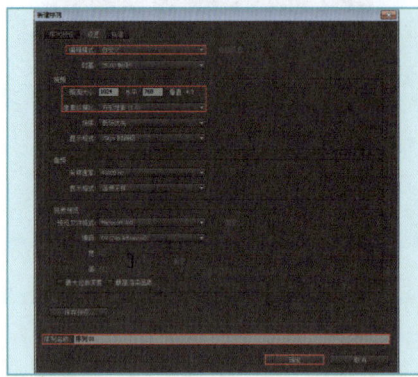

04 将项目窗口中的【01.jpg】素材文件拖曳到时间线窗口中的视频1轨道上。

05 为时间线窗口中的【01.jpg】素材文件添加【RGB色彩校正】特效，并设置【绿色灰度系数】为0.6，【蓝色灰度系数】为2，【蓝色基值】为0.5。

06 可拖动时间线滑块查看最终蓝调画面效果。

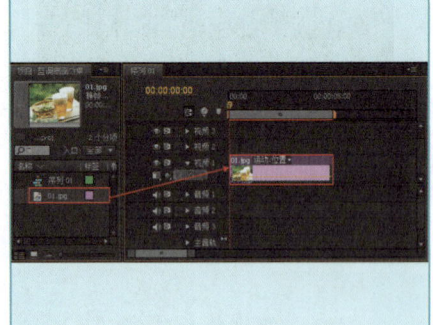
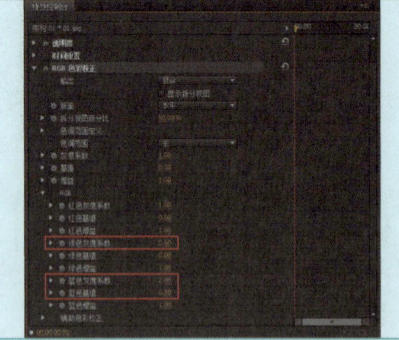

第8章
抠像合成技术

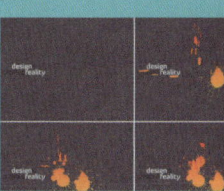

　　抠像技术在影视特效制作领域中的应用十分广泛，它可以根据需要合成出各种效果，如抠除和更换画面背景，重新添加新的背景并与图案合成。影视拍摄时，需要抠像的背景一般使用蓝屏或绿屏，然后通过抠像技术对影片进行后期处理，从而节省时间并得到较好或较特殊的效果。

中文 Premiere Pro CS6 影视编辑剪辑设计与制作 300 例

实例156 相框合成效果

4点无用信号遮罩特效可以通过调节4个顶点的位置来控制保留下来的四边形素材大小。本例主要介绍制作相框合成效果的方法。

文件路径：源文件\第8章\例156   视频文件：视频文件\第8章\例156.flv

01 新建项目，在弹出的对话框中单击【浏览】按钮设置储存路径，在【名称】文本框修改文件名称，单击【确定】按钮。

02 在弹出的对话框中选择【设置】选项卡，设置【编辑模式】为【自定义】，【画面大小】为1024×768，【像素纵横比】为【方形像素（1.0）】，设置【序列名称】，单击【确定】按钮。

03 在项目窗口中空白处双击鼠标左键或者按快捷键Ctrl+I，在弹出的对话框中选择所需素材文件，单击【打开】按钮。

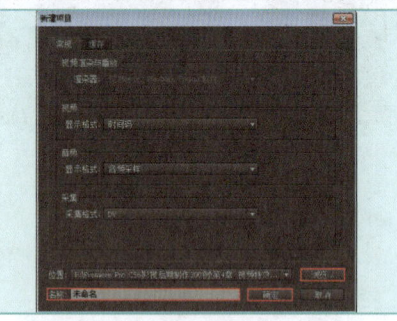
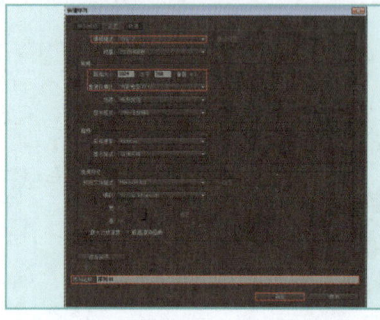
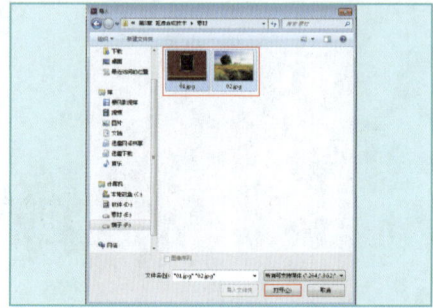

04 选中项目窗口中的【01.jpg】素材文件，然后将其拖曳到时间线窗口中的视频1轨道上。

05 可拖动时间线滑块查看效果。

06 将项目窗口中的【02.jpg】素材文件拖曳到时间线窗口中的视频2轨道上。

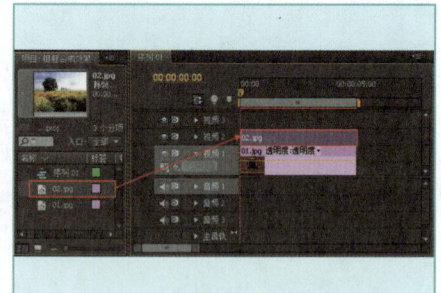

07 选择时间线窗口中的【02.jpg】素材文件，然后在【特效控制台】面板中设置【缩放】为40，【位置】为（568,330）。

08 为时间线窗口中的【02.jpg】素材文件添加【4点无用信号遮罩】特效，并设置【上左】为（260,50），【上右】为（1070,65），【下右】为（1070,1060），【下左】为（260,1060）。

09 可拖动时间线滑块查看最终相框合成效果。

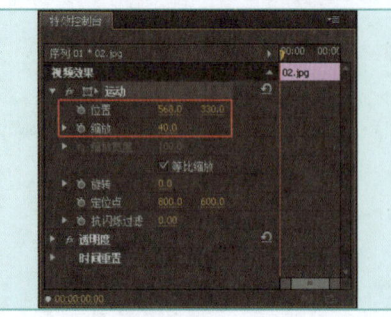
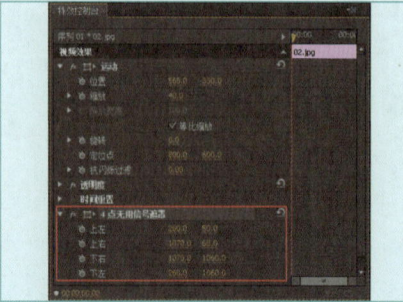

实例157 渐变喷溅墨滴效果

使用颜色键特效可使素材的背景颜色变为透明，添加渐变特效可以将素材剩余部分变为不同的渐变色效果。本例主要介绍制作渐变喷溅墨滴效果的方法。

文件路径：源文件\第8章\例157　　　**视频文件**：视频文件\第8章\例157.flv

01 新建项目，在弹出的对话框中单击【浏览】按钮设置储存路径，在【名称】文本框修改文件名称，单击【确定】按钮。

02 在弹出的对话框中选择【设置】选项卡，设置【编辑模式】为【自定义】，【画面大小】为1024×768，【像素纵横比】为【方形像素（1.0）】，设置【序列名称】，单击【确定】按钮。

03 在项目窗口中空白处双击鼠标左键或者按快捷键Ctrl+I，在弹出的对话框中选择所需素材文件，单击【打开】按钮。

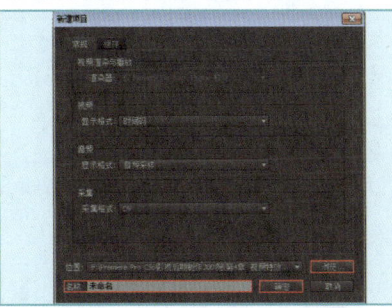
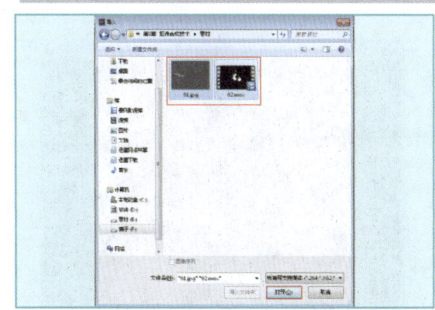

04 选择项目窗口中的【01.jpg】和【02.mov】素材文件，然后按顺序拖曳到时间线窗口中的视频1和视频2轨道上。

05 选择时间线窗口中的【02.mov】素材文件，并在【特效控制台】面板中设置【缩放】为107。

06 可拖动时间线滑块查看效果。

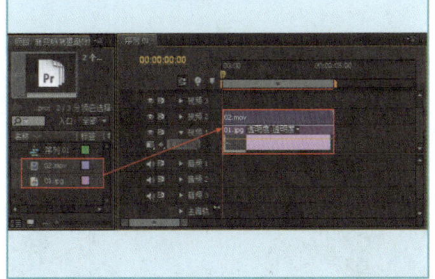
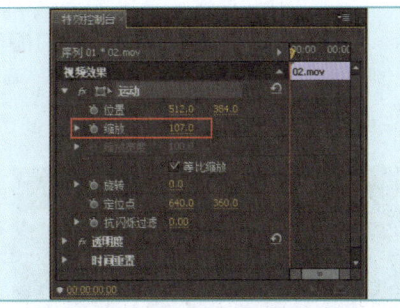
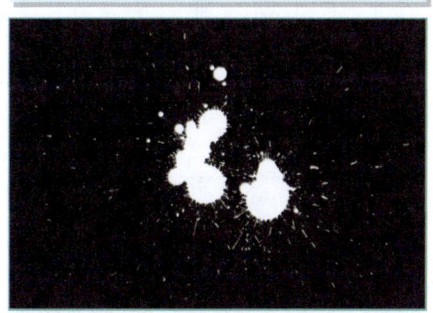

07 为时间线窗口中的【02.mov】素材文件添加【颜色键】特效，然后选择【主要颜色】后面的（吸管工具），吸取素材背景颜色，接着设置【颜色宽容度】为9。

08 为时间线窗口中的【02.mov】素材文件添加【渐变】特效，并设置【起始颜色】为红色（R：255，G：0，B：0），【渐变终点】为（640,608），【结束颜色】为黄色（R：255，G：234，B：0）。

09 可拖动时间线滑块查看最终渐变喷溅墨滴效果。

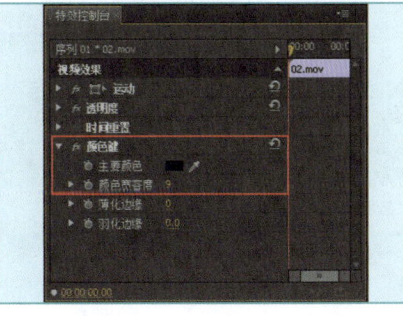
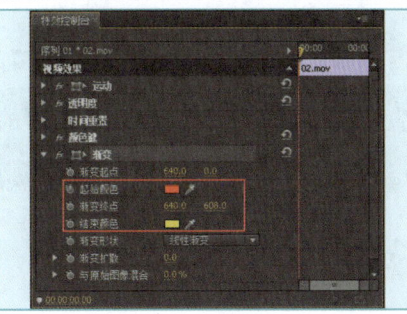
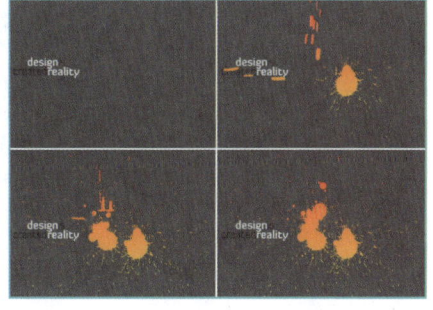

中文 Premiere Pro CS6 影视编辑剪辑设计与制作 300 例

实例158　梦想空间抠像合成效果

使用极致键特效可以将人物素材的单色背景快速抠除，使其背景为透明效果。本例主要介绍制作梦想空间抠像合成效果的方法。

文件路径：源文件\第8章\例158

视频文件：视频文件\第8章\例158.flv

01 新建项目，在弹出的对话框中单击【浏览】按钮设置储存路径，在【名称】文本框修改文件名称，单击【确定】按钮。

02 在弹出的对话框中选择【设置】选项卡，设置【编辑模式】为【自定义】，【画面大小】为1024×768，【像素纵横比】为【方形像素（1.0）】，设置【序列名称】，单击【确定】按钮。

03 在项目窗口中空白处双击鼠标左键或者按快捷键Ctrl+I，在弹出的对话框中选择所需素材文件，单击【打开】按钮。

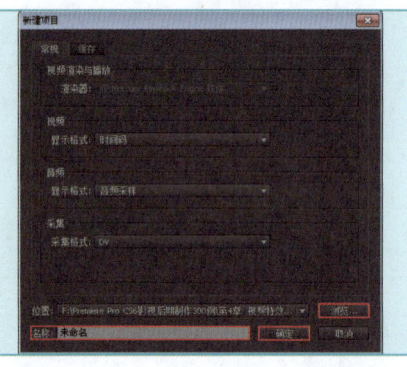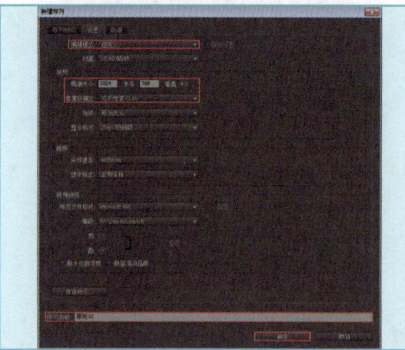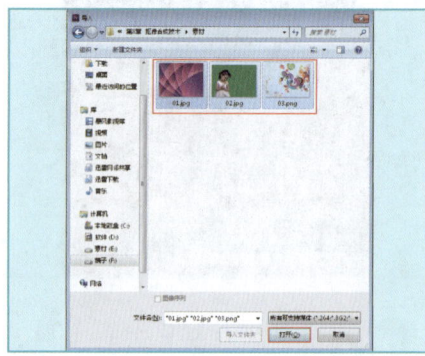

04 将项目窗口中的素材文件按顺序拖曳到时间线窗口中的视频1、视频2和视频3轨道上。

05 为时间线窗口中的【02.jpg】素材文件添加【极致键】特效，单击【键色】后面的 ✎（吸管工具），吸取素材的背景颜色，设置【缩放】为90。

06 可拖动时间线滑块查看最终梦想空间抠像合成效果。

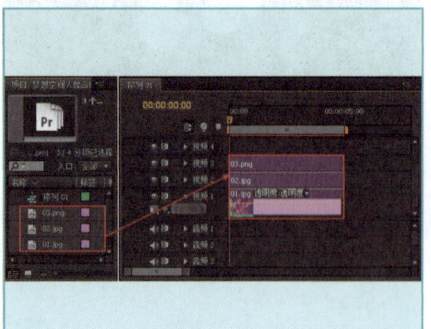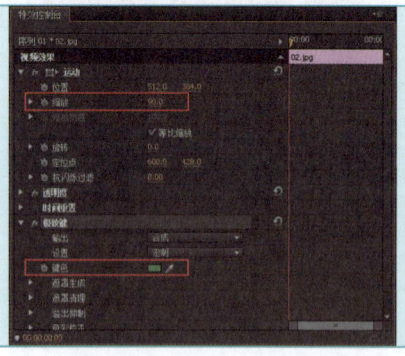

实例159　卡通风格抠像合成效果

使用色度键特效可以将人物素材的背景抠除，也可调整相似性和混合的参数。本例主要介绍制作卡通风格抠像合成效果的方法。

文件路径：源文件\第8章\例159

视频文件：视频文件\第8章\例159.flv

第8章 抠像合成技术

01 新建项目，在弹出的对话框中单击【浏览】按钮设置储存路径，在【名称】文本框修改文件名称，单击【确定】按钮。

02 在弹出的对话框中选择【设置】选项卡，设置【编辑模式】为【自定义】，【画面大小】为1024×768，【像素纵横比】为【方形像素（1.0）】，设置【序列名称】，单击【确定】按钮。

03 在项目窗口中空白处双击鼠标左键或者按快捷键Ctrl+I，在弹出的对话框中选择所需素材文件，单击【打开】按钮。

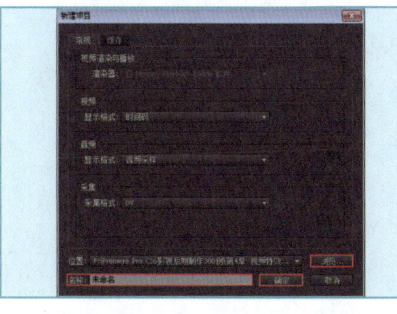
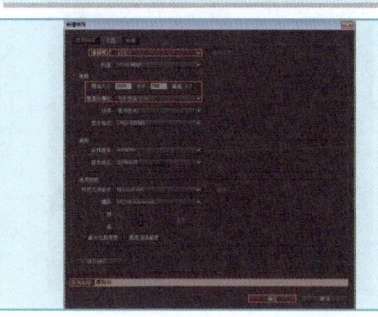
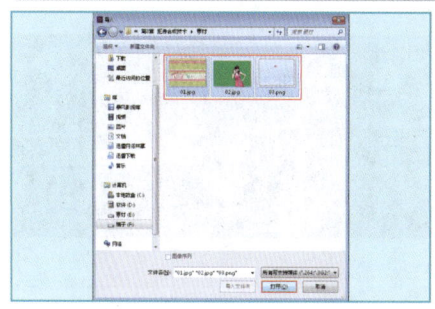

04 将项目窗口中的【01.jpg】、【02.jpg】和【03.png】素材文件按顺序拖曳到时间线窗口中的视频1、视频2和视频3轨道上。

05 为时间线窗口中的【02.jpg】素材文件添加【色度键】特效。然后单击【键色】后面的 ✏ （吸管工具），吸取素材的背景颜色，设置【相似性】为68%。

06 可拖动时间线滑块查看最终卡通风格抠像合成效果。

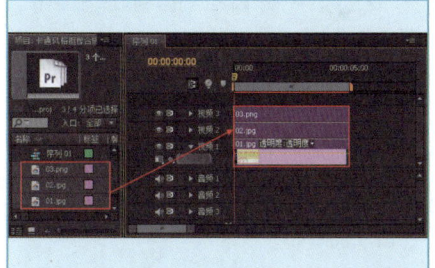
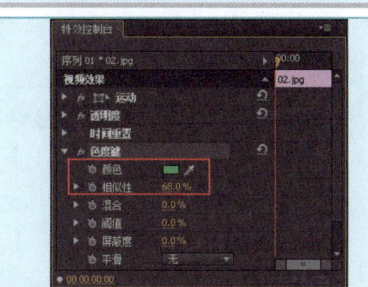

实例160 创意背景抠像效果

使用极致键特效可将人像背景变为透明，也可调整【抑制】值使背景抠除更加彻底。本例主要介绍制作创意背景抠像效果的方法。

文件路径：源文件\第8章\例160　　　视频文件：视频文件\第8章\例160.flv

01 新建项目，在弹出的对话框中单击【浏览】按钮设置储存路径，在【名称】文本框修改文件名称，单击【确定】按钮。

02 在弹出的对话框中选择【设置】选项卡，设置【编辑模式】为【自定义】，【画面大小】为1024×768，【像素纵横比】为【方形像素（1.0）】，设置【序列名称】，单击【确定】按钮。

03 在项目窗口中空白处双击鼠标左键或者按快捷键Ctrl+I，在弹出的对话框中选择所需素材文件，单击【打开】按钮。

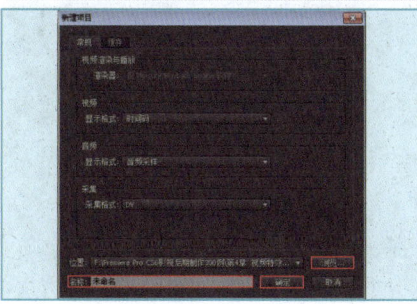
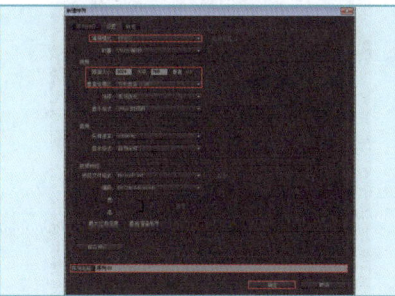
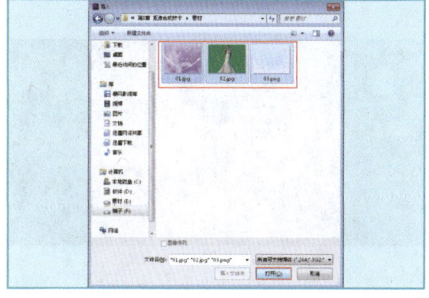

04 将项目窗口中的素材文件按顺序拖曳到时间线窗口中的视频轨道上。

05 为时间线窗口中的【02.jpg】素材文件添加【极致键】特效，单击【键色】后面的 ✎（吸管工具），吸取素材的背景颜色，设置【遮罩清理】下的【抑制】为17。

06 可拖动时间线滑块查看最终创意背景抠像效果。

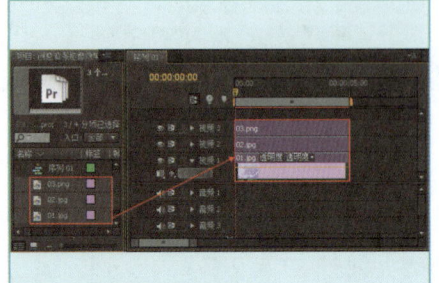
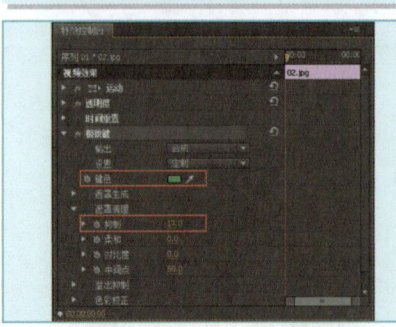

实例161　音乐主题人物合成效果

非红色键特效可以调整所选颜色的阈值，以及调整屏蔽度设置透明区域的细节效果。本例主要介绍制作音乐主题人物合成效果的方法。

文件路径：源文件\第8章\例161

视频文件：视频文件\第8章\例161.flv

01 新建项目，在弹出的对话框中单击【浏览】按钮设置储存路径，在【名称】文本框修改文件名称，单击【确定】按钮。

02 在弹出的对话框中选择【设置】选项卡，设置【编辑模式】为【自定义】，【画面大小】为1024×768，【像素纵横比】为【方形像素（1.0）】，设置【序列名称】，单击【确定】按钮。

03 在项目窗口中空白处双击鼠标左键或者按快捷键Ctrl+I，在弹出的对话框中选择所需素材文件，单击【打开】按钮。

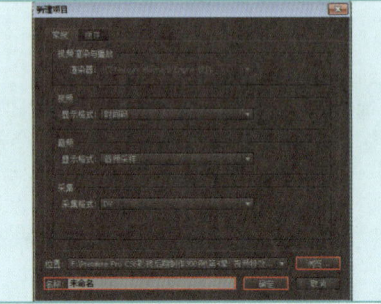

04 将项目窗口中的素材文件按顺序拖曳到时间线窗口中的视频轨道上。

05 为时间线窗口中的【02.jpg】素材文件添加【非红色键】特效，并设置【阈值】为9%，【屏蔽度】为7%。

06 可拖动时间线滑块查看最终音乐主题人物合成效果。

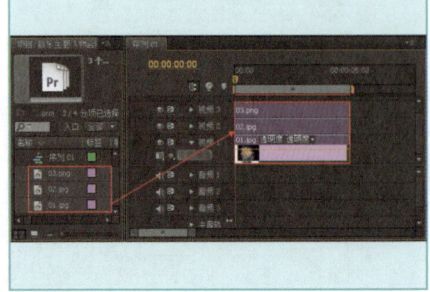
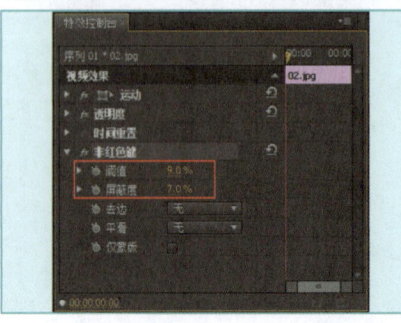

第8章 抠像合成技术

实例162　绿洲精灵抠像效果

极致键特效可以将被选择的键控颜色部分变为透明，同时可以控制键控色的相似程度，调整透明的效果。本例主要介绍制作绿洲精灵抠像效果的方法。

文件路径：源文件\第8章\例162

视频文件：视频文件\第8章\例162.flv

01 新建项目，在弹出的对话框中单击【浏览】按钮设置储存路径，在【名称】文本框修改文件名称，单击【确定】按钮。

02 在弹出的对话框中选择【设置】选项卡，设置【编辑模式】为【自定义】，【画面大小】为1024×768，【像素纵横比】为【方形像素（1.0）】，设置【序列名称】，单击【确定】按钮。

03 在项目窗口中空白处双击鼠标左键或者按快捷键Ctrl+I，在弹出的对话框中选择所需素材文件，单击【打开】按钮。

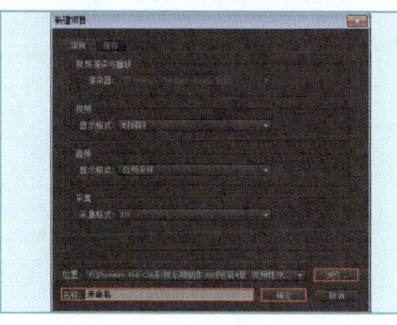
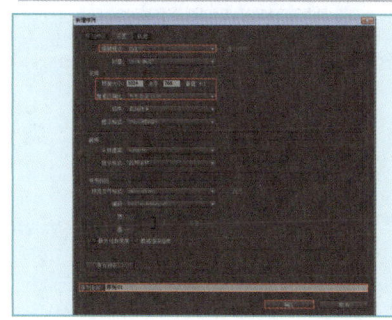
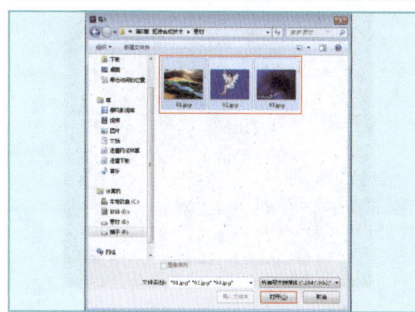

04 选择项目窗口中的【01.jpg】和【02.jpg】素材文件，然后按顺序拖曳到时间线窗口中的视频1和视频2轨道上。

05 为时间线窗口中的【02.jpg】素材文件添加【极致键】特效，然后单击【键色】后面的 ✎（吸管工具），吸取素材的背景颜色，设置【相似性】为30%，【混合】为24%。

06 可拖动时间线滑块查看效果。

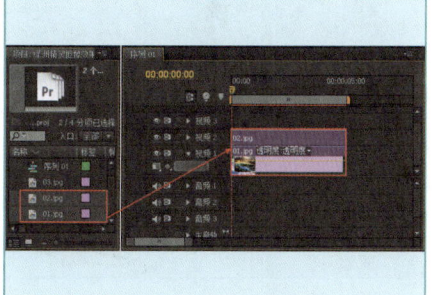
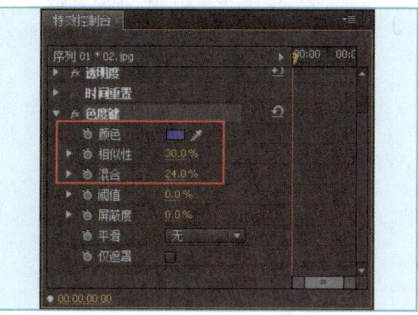

07 将项目窗口中的【03.jpg】素材文件拖曳到时间线窗口中的视频3轨道上。

08 选择时间线窗口中的【03.jpg】素材文件，设置【缩放】为69，【混合模式】为【滤色】。

09 可拖动时间线滑块查看最终绿洲精灵抠像效果。

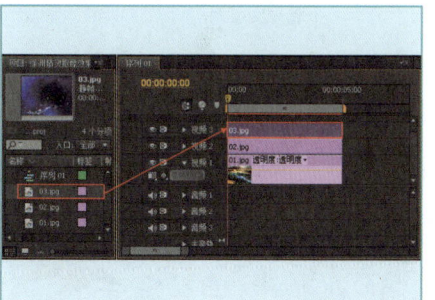
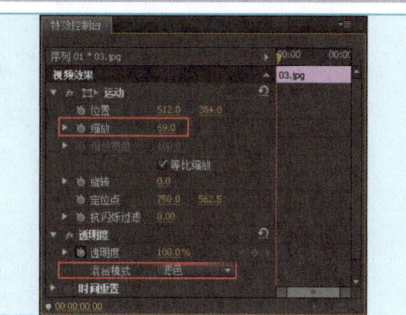

实例163　人物漂浮合成效果

颜色键特效可以使单一的背景颜色变透明，同时可以调整边缘薄化程度。本例主要介绍制作人物漂浮合成效果的方法。

文件路径：源文件\第8章\例163

视频文件：视频文件\第8章\例163.flv

01 新建项目，在弹出的对话框中单击【浏览】按钮设置储存路径，在【名称】文本框修改文件名称，单击【确定】按钮。

02 在弹出的对话框中选择【设置】选项卡，设置【编辑模式】为【自定义】，【画面大小】为1024×768，【像素纵横比】为【方形像素（1.0）】，设置【序列名称】，单击【确定】按钮。

03 在项目窗口中空白处双击鼠标左键或者按快捷键Ctrl+I，在弹出的对话框中选择所需素材文件，单击【打开】按钮。

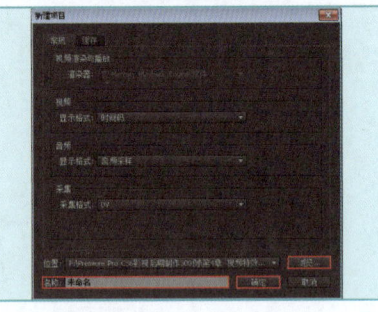
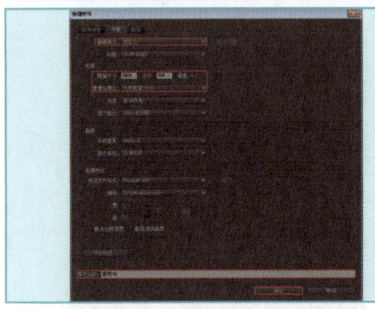
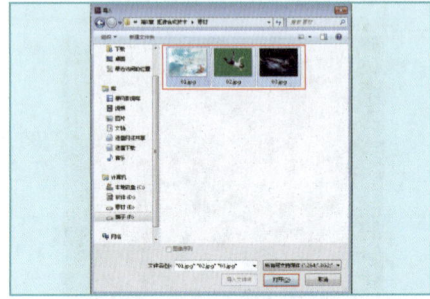

04 选择项目窗口中的【01.jpg】和【02.jpg】素材文件，然后将其拖曳到时间线窗口中的视频1和视频2轨道上。

05 为时间线窗口中的【02.jpg】素材文件添加【颜色键】特效，然后单击【键色】后面的（吸管工具），吸取素材的背景颜色，设置【颜色宽容度】为70，【薄化边缘】为1。

06 可拖动时间线滑块查看效果。

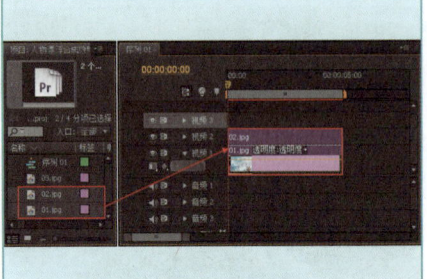
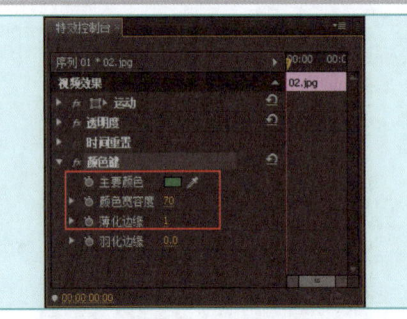

07 将项目窗口中的【03.jpg】素材文件拖曳到时间线窗口中的视频3轨道上。

08 选择时间线窗口中的【03.jpg】素材文件，并在【特效控制台】面板中设置【混合模式】为【滤色】。

09 可拖动时间线滑块查看最终人物漂浮合成效果。

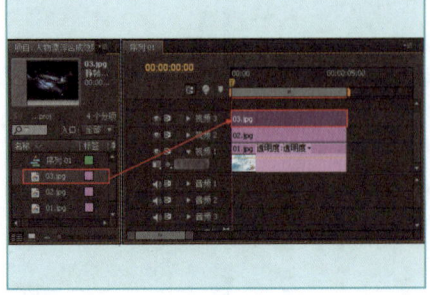
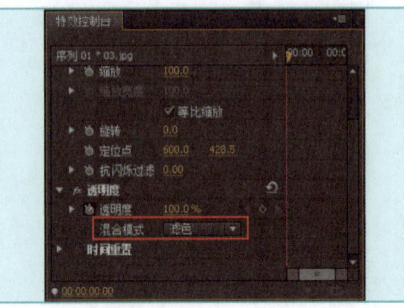

实例164 水墨芭蕾抠像合成效果

使用极致键特效可抠除人像的蓝色背景，还可调整人像饱和度，为前景图案使用线性擦除特效可使画面效果过渡自然。本例主要介绍制作水墨芭蕾抠像合成效果的方法。

文件路径：源文件\第8章\例164

视频文件：视频文件\第8章\例164.flv

01 新建项目，在弹出的对话框中单击【浏览】按钮设置储存路径，在【名称】文本框修改文件名称，单击【确定】按钮。

02 在弹出的对话框中选择【设置】选项卡，设置【编辑模式】为【自定义】，【画面大小】为1024×768，【像素纵横比】为【方形像素（1.0）】，设置【序列名称】，单击【确定】按钮。

03 在项目窗口中空白处双击鼠标左键或者按快捷键Ctrl+I，在弹出的对话框中选择所需素材文件，单击【打开】按钮。

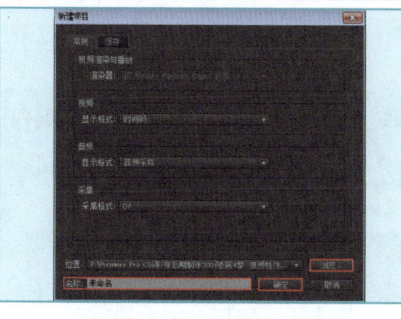
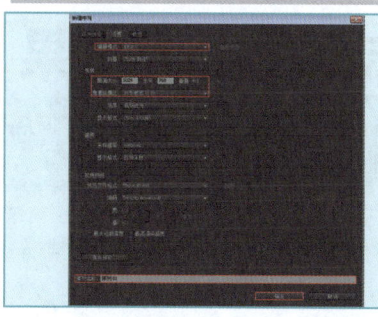
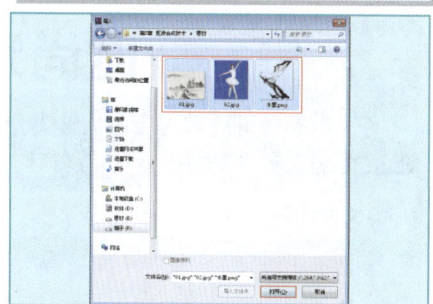

04 将项目窗口中的素材文件按顺序拖曳到时间线窗口中的视频1、视频2和视频3轨道上。

05 选择时间线窗口中的【水墨.png】素材文件，设置【缩放】为92，【位置】为（687,384）。

06 可拖动时间线滑块查看效果。

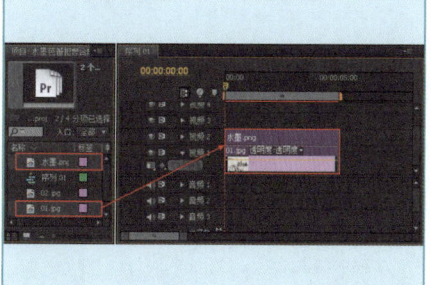
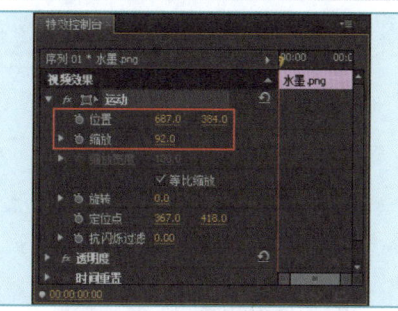

07 将项目窗口中的【02.jpg】素材文件拖曳到时间线窗口中的视频3轨道上。

08 选择时间线窗口中的【02.jpg】素材文件，设置【缩放】为66，【位置】为（594,461）。

09 为时间线窗口中的【02.jpg】素材文件添加【极致键】特效，然后单击【键色】后面的（吸管工具），吸取素材的背景颜色，设置【遮罩清理】下的【抑制】为20，【颜色校正】下的【饱和度】为70。

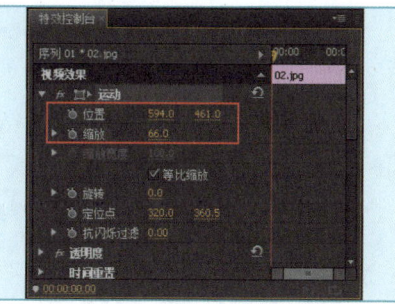
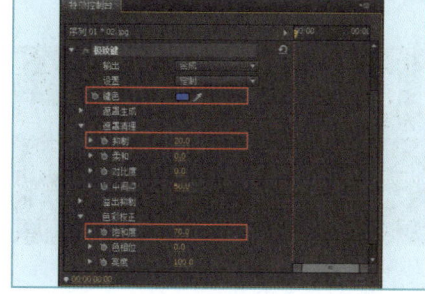

中文 Premiere Pro CS6 影视编辑剪辑设计与制作 300 例

10 将视频2轨道上的【水墨.png】素材文件复制到视频4轨道上。

11 为时间线窗口中的【水墨.png】素材文件添加【线性擦除】特效，设置【擦除角度】为170°，【过渡完成】为53%，【羽化】为10。

12 可拖动时间线滑块查看最终水墨芭蕾抠像合成效果。

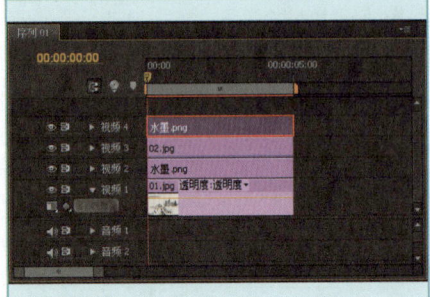
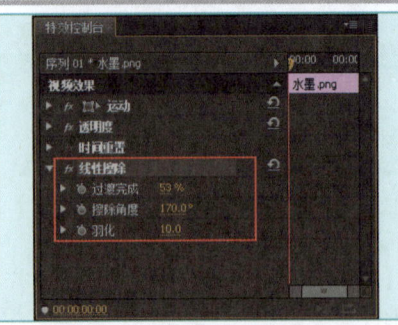

实例165　时尚杂志抠像合成效果

　　使用颜色键特效可抠除人像背景，并将多个素材形成嵌套序列，方便统一操作；使用基本3D和投影特效可制作出空间感效果。本例主要介绍制作时尚杂志抠像合成效果的方法。

　文件路径：源文件\第8章\例165　　　　　视频文件：视频文件\第8章\例165.flv

01 新建项目，在弹出的对话框中单击【浏览】按钮设置储存路径，在【名称】文本框修改文件名称，单击【确定】按钮。

02 在弹出的对话框中选择【设置】选项卡，设置【编辑模式】为【自定义】，【画面大小】为1024×768，【像素纵横比】为【方形像素（1.0）】，设置【序列名称】，单击【确定】按钮。

03 在项目窗口中空白处双击鼠标左键或者按快捷键Ctrl+I，在弹出的对话框中选择所需素材文件，单击【打开】按钮。

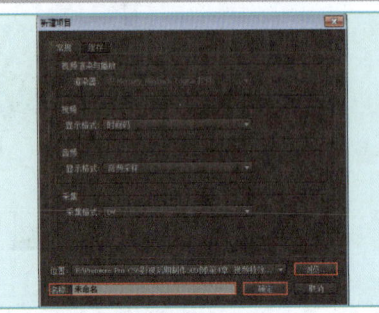
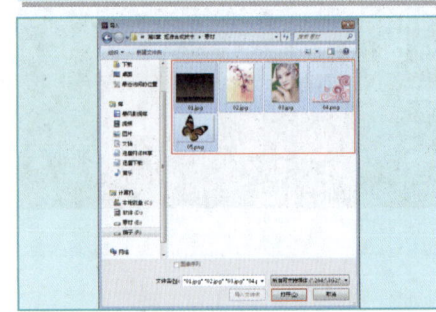

04 选择项目窗口中的【01.jpg】、【02.jpg】和【03.jpg】素材文件，然后按顺序拖曳到时间线窗口中的视频1、视频2和视频3轨道上。

05 为时间线窗口中的【03.jpg】素材文件添加【颜色键】特效，单击【键色】后面的 （吸管工具），吸取素材的背景颜色，设置【颜色宽容度】为30，【薄化边缘】为2。

06 将项目窗口中的【04.png】和【05.png】素材文件按顺序拖曳到时间线窗口中的视频4和视频5轨道上。

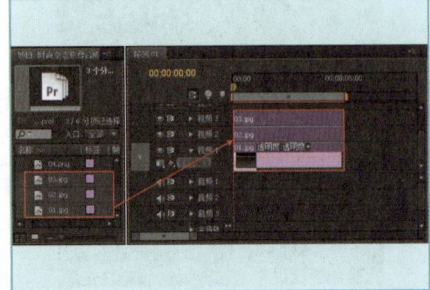
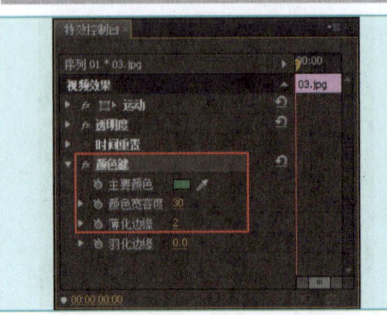
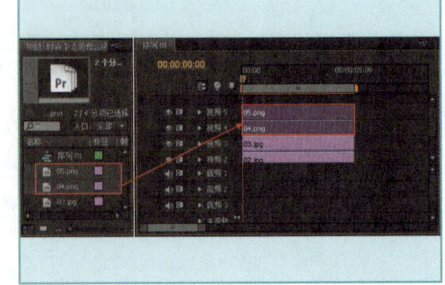

160 | Premiere Pro CS6

第8章 抠像合成技术

07 选择时间线窗口中的【04.png】素材文件，设置【缩放】为65,【位置】为（521,572）。

08 选择时间线窗口中的【05.png】素材文件，设置【缩放】为58,【位置】为（342,157）。

09 在时间线窗口中选择除【01.jpg】的所有素材文件，然后在素材文件上单击鼠标右键，在弹出的菜单中选择【嵌套】选项，形成【嵌套序列01】。

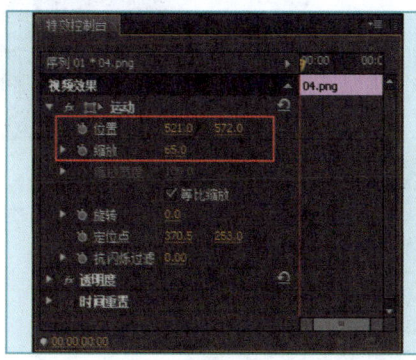
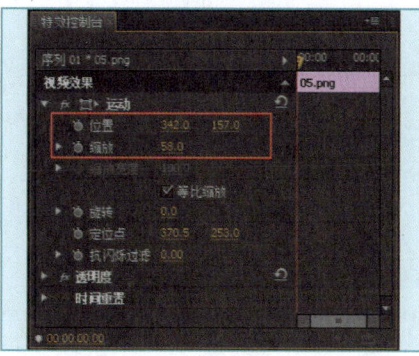
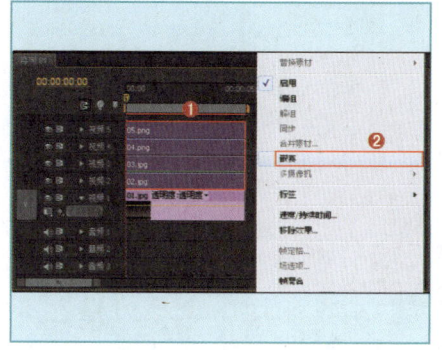

10 为时间线窗口中的【嵌套序列01】添加【基本3D】特效，并设置【倾斜】为-5°,【与图像的距离】为15。

11 继续为【嵌套序列01】添加【投影】特效，并设置【透明度】为100%，【方向】为180°，【柔和度】为100。

12 可拖动时间线滑块查看最终时尚杂志抠像合成效果。

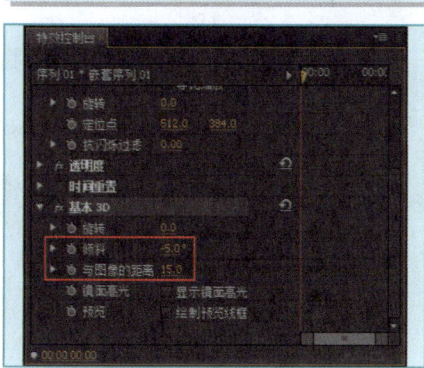
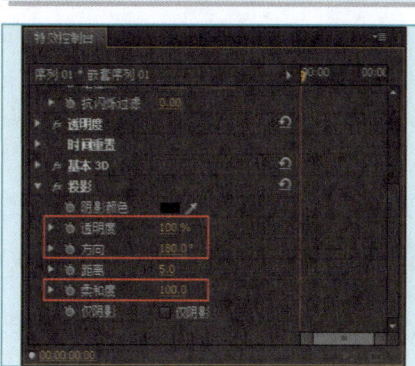

Chapter 09

第9章
动画技术

在Premiere Pro中，可以通过各个属性上的关键帧创建动画。方法是给需要制作动画的素材属性准备一组与时间相关的值，这些值都是从动画序列中比较关键的帧中提取出来的，而其他时间帧中的值可以利用这些关键值采用特定的插值方法计算得到，从而达到比较流畅的动画效果。关键帧是组成动画的基本元素，关键帧动画至少要通过两个关键帧来完成。掌握关键帧的应用，就掌握了动画的基础和关键。

实例166　风车旋转效果

旋转属性是围绕素材的中心点而进行旋转,可以制作出风车等素材的旋转效果。本例主要介绍制作风车旋转效果的方法。

文件路径:源文件\第9章\例166　　　视频文件:视频文件\第9章\例166.flv

01 新建项目,在弹出的对话框中单击【浏览】按钮设置储存路径,在【名称】文本框修改文件名称,单击【确定】按钮。

02 在弹出的对话框中选择【设置】选项卡,设置【编辑模式】为【自定义】,【画面大小】为1024×768,【像素纵横比】为【方形像素(1.0)】,设置【序列名称】,单击【确定】按钮。

03 在项目窗口中空白处双击鼠标左键或者按快捷键Ctrl+I,在弹出的对话框中选择所需素材文件,单击【打开】按钮。

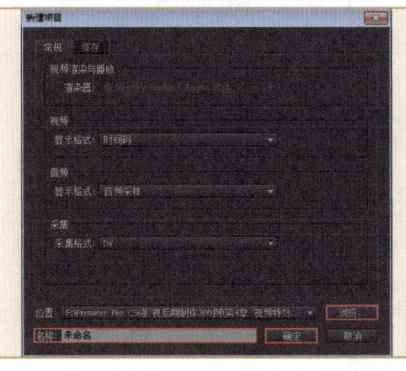

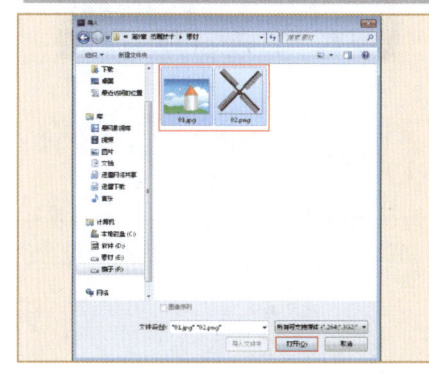

04 选择项目窗口中的【01.jpg】和【02.png】素材文件,然后按顺序拖曳到时间线窗口中的视频1和视频2轨道上。

05 选择时间线窗口中的【02.png】素材文件,设置【缩放】为62。接着将时间线拖到起始帧的位置,单击【旋转】前面的■,并设置【旋转】为0°,最后将时间线拖到结束帧的位置,设置【旋转】为2×170°。

06 可拖动时间线滑块查看最终风车旋转效果。

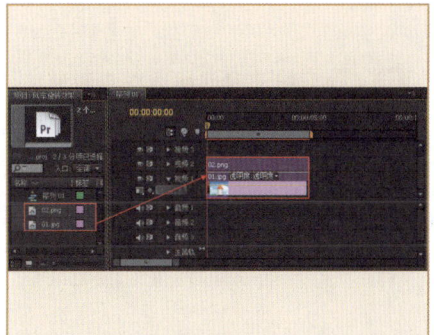
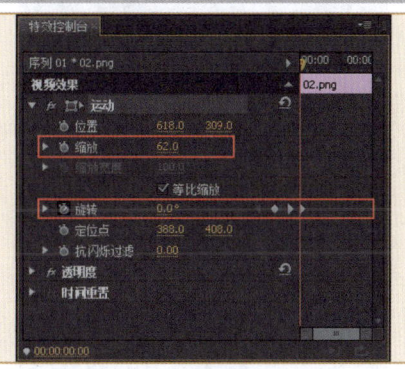

实例167　图案文字淡入效果

利用透明度属性的关键帧效果,可以制作出素材淡入淡出效果。本例主要介绍制作图案文字淡入效果的方法。

文件路径:源文件\第9章\例167　　　视频文件:视频文件\第9章\例167.flv

中文 Premiere Pro CS6 影视编辑剪辑设计与制作300例

01 新建项目，在弹出的对话框中单击【浏览】按钮设置储存路径，在【名称】文本框修改文件名称，单击【确定】按钮。

02 在弹出的对话框中选择【设置】选项卡，设置【编辑模式】为【自定义】，【画面大小】为1024×768，【像素纵横比】为【方形像素（1.0）】，设置【序列名称】，单击【确定】按钮。

03 在项目窗口中空白处双击鼠标左键或者按快捷键Ctrl+I，在弹出的对话框中选择所需素材文件，单击【打开】按钮。

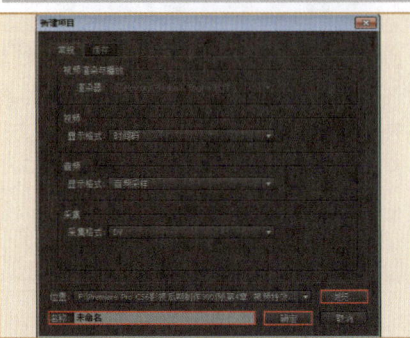 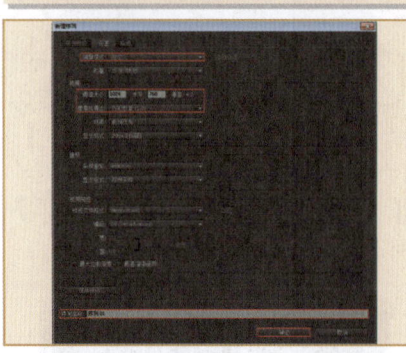 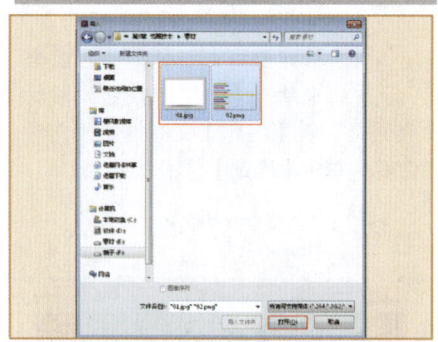

04 选择项目窗口中的【01.jpg】和【02.png】素材文件，然后按顺序拖曳到时间线窗口中的视频1和视频2轨道上。

05 选择时间线窗口中的【02.png】素材文件，然后将时间线拖到起始帧的位置，单击【透明度】前面的■，并设置【透明度】为0%；接着将时间线拖到第2秒的位置，设置【透明度】为100%。

06 选择菜单栏中的【字幕】|【新建字幕】|【默认静态字幕】命令，然后在弹出的对话框中设置【名称】为【字幕01】，单击【确定】按钮。

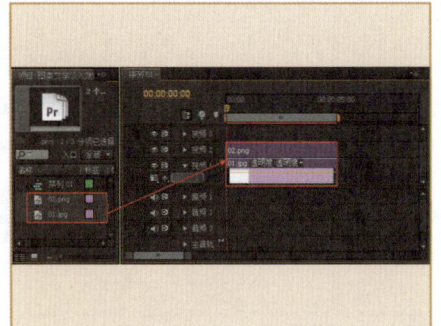 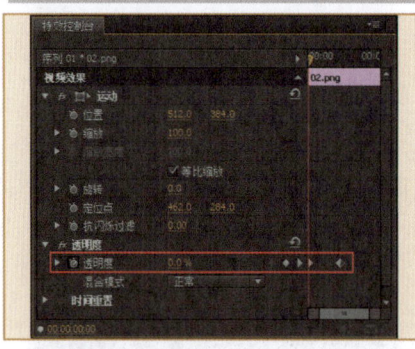 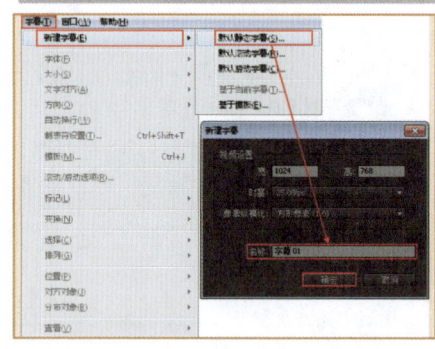

07 选择 T（输入工具），在工作区中输入文字，并设置【字体】为【Brush Script Std】，【字体大小】为82，【颜色】为黑色（R：0，G：0，B：0）。

08 将项目窗口中的【字幕01】拖曳到时间线窗口中的视频3轨道上，然后将时间线拖到第2秒的位置，单击【透明度】前面的■，并设置【透明度】为0%；接着将时间线拖到第4秒的位置，设置【透明度】为100%。

09 可拖动时间线滑块查看最终图案文字淡入效果。

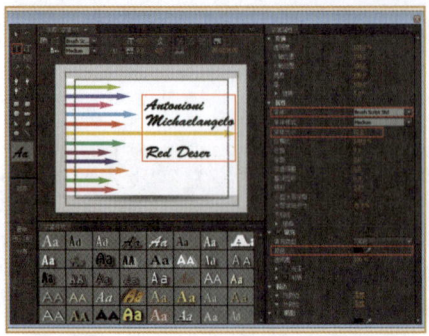 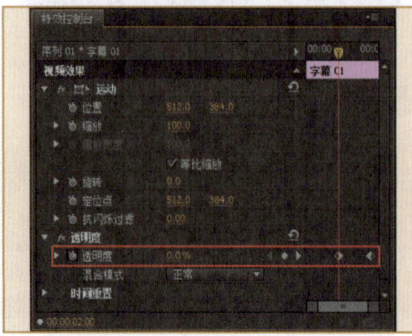 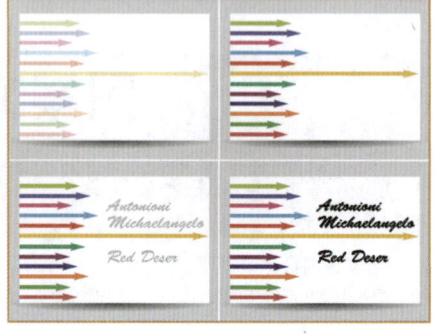

第9章　动画技术

实例168　文字移动效果

为文字素材的位置属性添加关键帧，可以制作出位移动画效果。本例主要介绍制作文字移动效果的方法。

文件路径：源文件\第9章\例168　　视频文件：视频文件\第9章\例168.flv

01 新建项目，在弹出的对话框中单击【浏览】按钮设置储存路径，在【名称】文本框修改文件名称，单击【确定】按钮。

02 在弹出的对话框中选择【设置】选项卡，设置【编辑模式】为【自定义】，【画面大小】为1024×768，【像素纵横比】为【方形像素（1.0）】，设置【序列名称】，单击【确定】按钮。

03 在项目窗口中空白处双击鼠标左键或者按快捷键Ctrl+I，在弹出的对话框中选择所需素材文件，单击【打开】按钮。

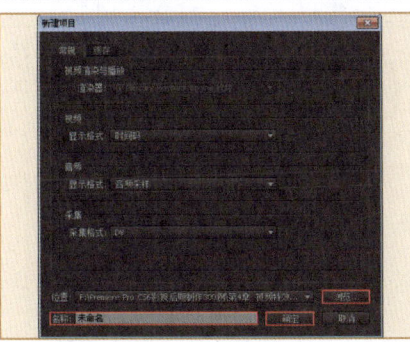
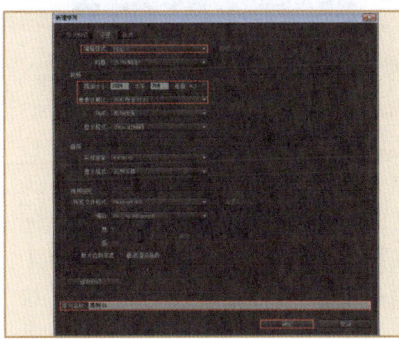
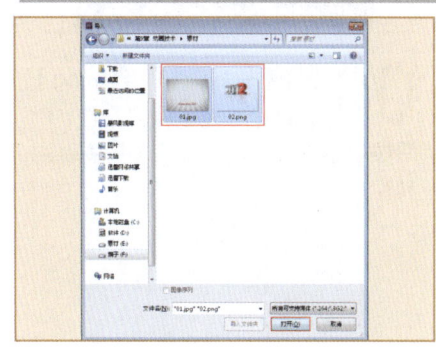

04 选择项目窗口中的【01.jpg】和【02.png】素材文件，然后按顺序拖曳到时间线窗口中的视频1和视频2轨道上。

05 选择时间线窗口中的【02.png】素材文件，然后将时间线拖到起始帧的位置，单击【位置】前面的按钮，设置【位置】为（-500,384）。接着将时间线拖到第3秒的位置，设置【位置】为（512,384）。最后设置【混合模式】为【深色】。

06 可拖动时间线滑块查看最终文字移动效果。

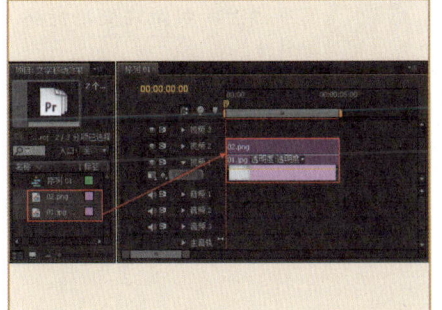
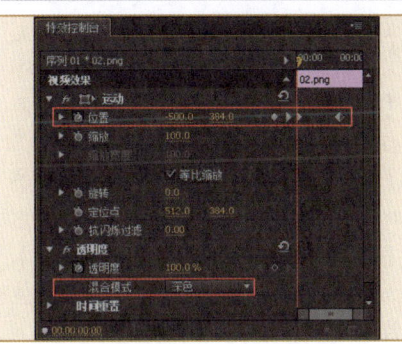

实例169　表针转动效果

调节素材的中心点位置，然后为旋转属性添加关键帧，可制作出旋转动画效果。本例主要介绍制作表针转动效果的方法。

文件路径：源文件\第9章\例169　　视频文件：视频文件\第9章\例169.flv

Premiere Pro CS6 | 165

中文 Premiere Pro CS6 影视编辑剪辑设计与制作 300 例

01 新建项目，在弹出的对话框中单击【浏览】按钮设置储存路径，在【名称】文本框修改文件名称，单击【确定】按钮。

02 在弹出的对话框中选择【设置】选项卡，设置【编辑模式】为【自定义】，【画面大小】为1024×768，【像素纵横比】为【方形像素（1.0）】，设置【序列名称】，单击【确定】按钮。

03 在项目窗口中空白处双击鼠标左键或者按快捷键Ctrl+I，在弹出的对话框中选择所需素材文件，单击【打开】按钮。

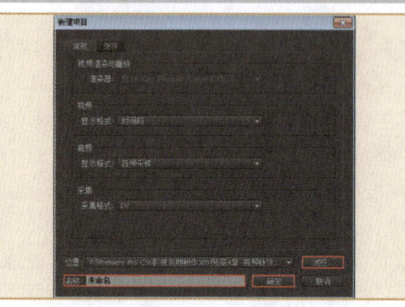 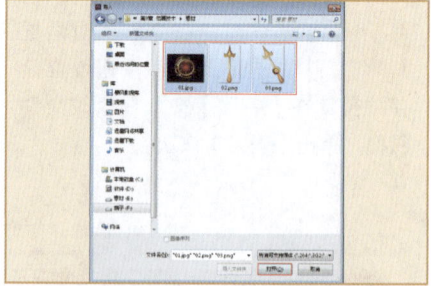

04 选择项目窗口中的【01.jpg】和【02.png】素材文件，然后按顺序拖曳到时间线窗口中的视频1和视频2轨道上。

05 选择时间线窗口中的【02.png】素材文件，然后在【特效控制台】面板中设置【定位点】为（151,355），【位置】为（527,361），【缩放】为42。将时间线拖到起始帧的位置，单击【旋转】前面的 ，并设置【旋转】为0°。最后将时间线拖到第3秒的位置，设置【旋转】为10°。

06 可拖动时间线滑块查看效果。

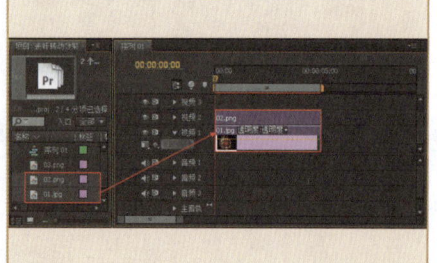 

07 将项目窗口中的【03.png】素材文件拖曳到时间线窗口中的视频3轨道上。

08 选择时间线窗口中的【03.png】素材文件，然后在【特效控制台】面板中设置【定位点】为（190,332），【位置】为（529,352），【缩放】为41。接着将时间线拖到起始帧的位置，单击【旋转】前面的 ，并设置【旋转】为0°。最后将时间线拖到第3秒的位置，设置【旋转】为1×29°。

09 可拖动时间线滑块查看最终表针转动效果。

 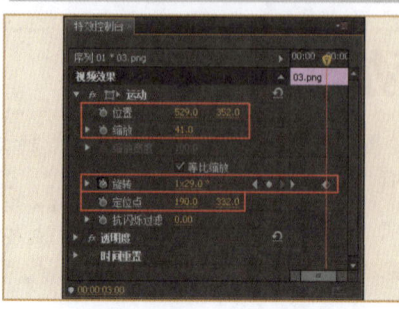 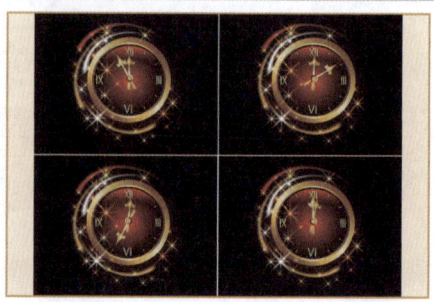

实例170 相框摇摆效果

调节相框的中心点位置，然后为旋转属性添加关键帧，可制作出摇摆动画；调整关键帧的属性为曲线，可使动画更加圆滑和流畅。本例主要介绍制作相框摇摆效果的方法。

文件路径：源文件\第9章\例170

视频文件：视频文件\第9章\例170.flv

01 新建项目，在弹出的对话框中单击【浏览】按钮设置储存路径，在【名称】文本框修改文件名称，单击【确定】按钮。

02 在弹出的对话框中选择【设置】选项卡，设置【编辑模式】为【自定义】，【画面大小】为1024×768，【像素纵横比】为【方形像素（1.0）】，设置【序列名称】，单击【确定】按钮。

03 在项目窗口中空白处双击鼠标左键或者按快捷键Ctrl+I，在弹出的对话框中选择所需素材文件，单击【打开】按钮。

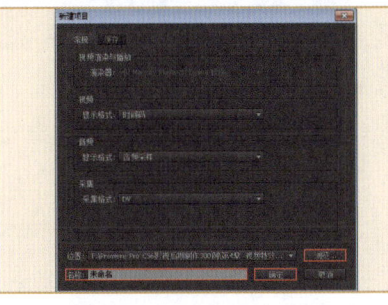 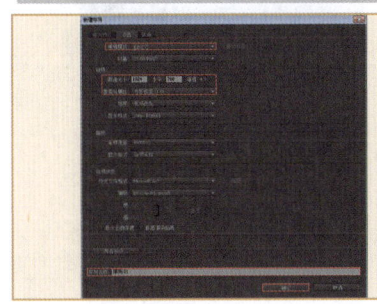 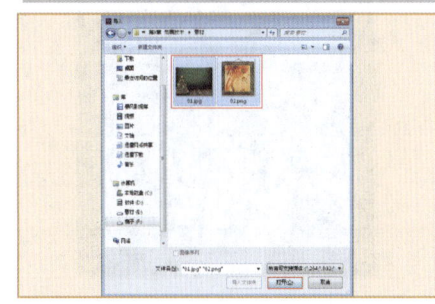

04 选择项目窗口中的【01.jpg】和【02.png】素材文件，然后按顺序拖曳到时间线窗口中的视频1和视频2轨道上。

05 选择时间线窗口中的【02.png】素材文件，并设置【定位点】为（185,6），【位置】为（580,63），【缩放】为85。

06 为【02.png】素材文件添加【投影】特效，并设置【透明度】为80%，【距离】为0，【柔和度】为30。

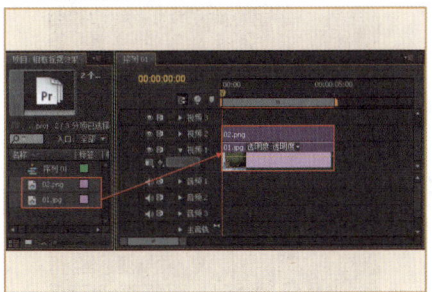 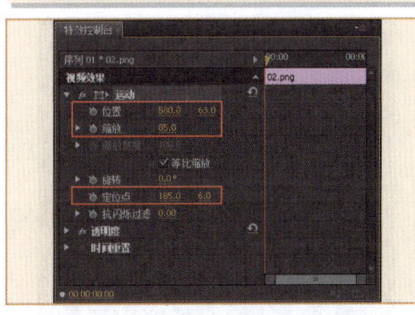 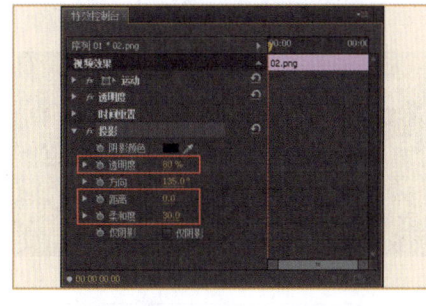

07 将时间线拖到起始帧的位置，单击【旋转】前面的按钮，并设置【旋转】为30°；将时间线拖到第1秒的位置，设置【旋转】为-30°；最后将时间线拖到第2秒的位置，设置【旋转】为15。

08 将时间线拖到第3秒的位置，设置【旋转】为-15°；将时间线拖到4秒的位置，设置【旋转】为5°；将时间线拖到结束帧的位置，设置【旋转】为0°；最后选择所有的关键帧，单击鼠标右键，并在弹出的菜单中选择【曲线】选项。

09 可拖动时间线滑块查看最终相框摇摆效果。

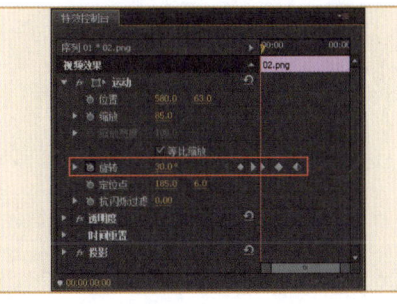 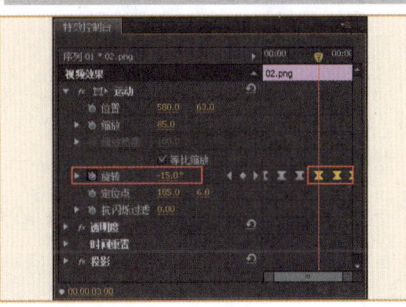 

中文 Premiere Pro CS6 影视编辑剪辑设计与制作 300例

实例171　图案摆动效果

调节图案素材的中心点位置，并利用旋转关键帧可制作出摆动效果。本例主要介绍制作图案摆动效果的方法。

文件路径：源文件\第9章\例171　　　　视频文件：视频文件\第9章\例171.flv

01 新建项目，在弹出的对话框中单击【浏览】按钮设置储存路径，在【名称】文本框修改文件名称，单击【确定】按钮。

02 在弹出的对话框中选择【设置】选项卡，设置【编辑模式】为【自定义】，【画面大小】为1024×68，【像素纵横比】为【方形像素（1.0）】，设置【序列名称】，单击【确定】按钮。

03 在项目窗口中空白处双击鼠标左键或者按快捷键Ctrl+I，在弹出的对话框中选择所需素材文件，单击【打开】按钮。

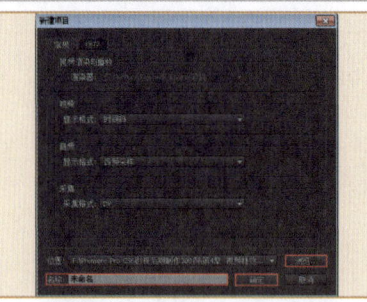
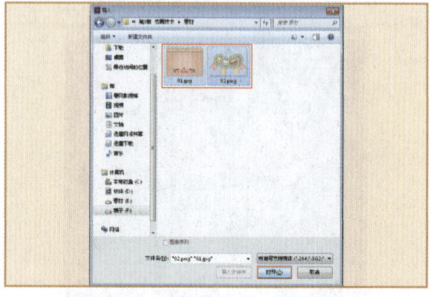

04 将项目窗口中的【01.jpg】和【02.png】素材文件按顺序拖曳到时间线窗口中的视频1和视频2轨道上。

05 选择时间线窗口中的【02.png】素材文件，并设置【定位点】为（338,0），【位置】为（529,110）。

06 将时间线拖到起始帧的位置，单击【旋转】前面的■，并设置【旋转】为20°。将时间线拖到第1秒的位置，设置【旋转】为-20°。

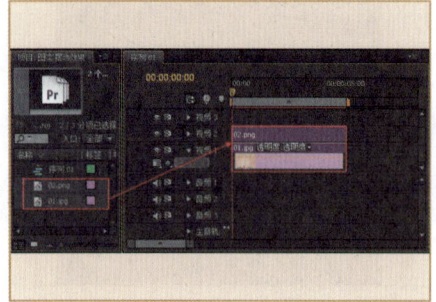

07 将时间线拖到第2秒的位置，设置【旋转】为15°。将时间线拖到第3秒的位置，设置【旋转】为-10°。将时间线拖到第4秒的位置，设置【旋转】为0°。

08 选择【02.png】上的所有关键帧，然后单击鼠标右键，在弹出的菜单中选择【曲线】选项。为【02.png】添加【阴影】特效，并设置【透明度】为75%，【柔和度】为20。

09 可拖动时间线滑块查看最终图案摆动效果。

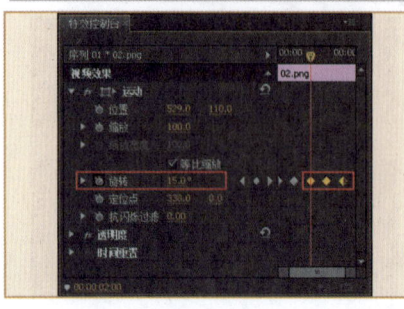
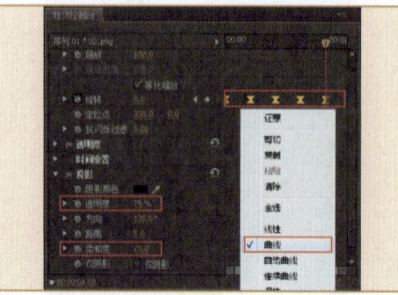
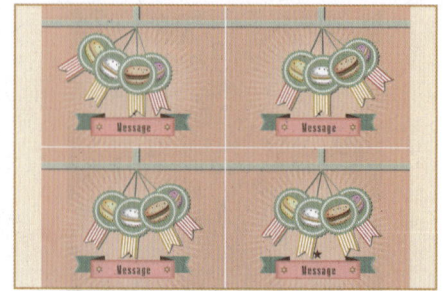

168 | Premiere Pro CS6

实例172 光盘旋转出现效果

利用光盘素材文件的旋转和位置属性，可制作出关键帧动画效果。本例主要介绍制作光盘旋转出现效果的方法。

文件路径：源文件\第9章\例172

视频文件：视频文件\第9章\例172.flv

01 新建项目，在弹出的对话框中单击【浏览】按钮设置储存路径，在【名称】文本框修改文件名称，单击【确定】按钮。

02 在弹出的对话框中选择【设置】选项卡，设置【编辑模式】为【自定义】，【画面大小】为1024×768，【像素纵横比】为【方形像素（1.0）】，设置【序列名称】，单击【确定】按钮。

03 在项目窗口中空白处双击鼠标左键或者按快捷键Ctrl+I，在弹出的对话框中选择所需素材文件，单击【打开】按钮。

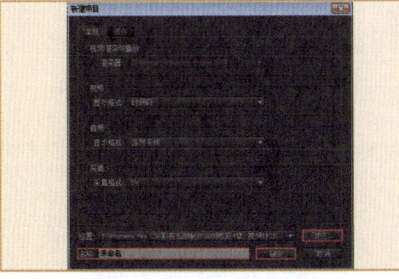 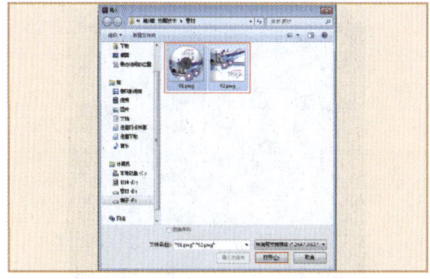

04 选择菜单栏中的【文件】|【新建】|【颜色遮罩】命令，在弹出的对话框中单击【确定】按钮。设置颜色为灰色（R：73，G：73，B：73），名称为【背景】。

05 将项目窗口中的【背景】、【01.png】和【02.png】按顺序拖曳到时间线窗口中视频轨道上。

06 选择时间线窗口中的【02.png】素材文件，设置【位置】为（285,384），【缩放】为68。

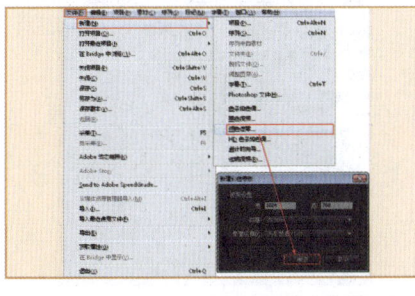 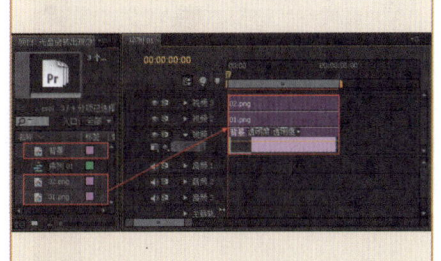 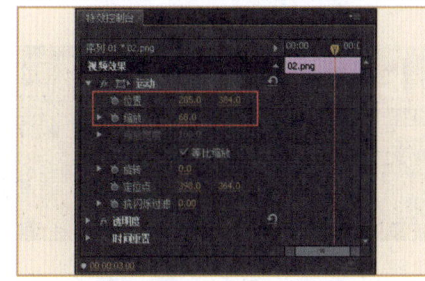

07 为时间线窗口中的【02.png】素材文件添加【投影】特效，设置【透明度】为80%，【距离】为0，【柔和度】为50。

08 选择时间线窗口中的【01.png】素材文件，并设置【缩放】为60。将时间线拖到起始帧的位置，单击【位置】和【旋转】前面的 ，并设置【位置】为（303,384），【旋转】为0°。将时间线拖到第3秒的位置，设置【位置】为（725,384），【旋转】为2×0°。

09 可拖动时间线滑块查看最终光盘旋转出现效果。

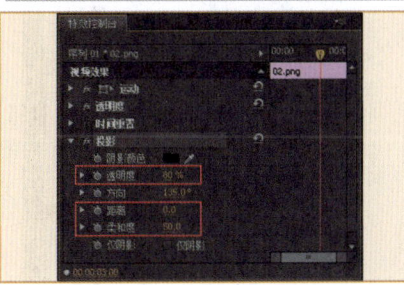 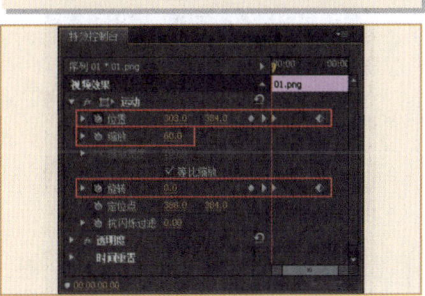 

Premiere Pro CS6 | 169

中文 Premiere Pro CS6 影视编辑剪辑设计与制作 300例

实例173 落叶效果

可调节树叶的的中心点位置，也可为位置和旋转属性添加关键帧动画。本例主要介绍制作落叶效果的方法。

文件路径：源文件\第9章\例173　　　　视频文件：视频文件\第9章\例173.flv

01 新建项目，在弹出的对话框中单击【浏览】按钮设置储存路径，在【名称】文本框修改文件名称，单击【确定】按钮。

02 在弹出的对话框中选择【设置】选项卡，设置【编辑模式】为【自定义】，【画面大小】为1024×768，【像素纵横比】为【方形像素（1.0）】，设置【序列名称】，单击【确定】按钮。

03 在项目窗口中空白处双击鼠标左键或者按快捷键Ctrl+I，在弹出的对话框中选择所需素材文件，单击【打开】按钮。

04 选择项目窗口中的【01.jpg】和【02.png】素材文件，然后按顺序拖曳到时间线窗口中的视频1和视频2轨道上。

05 可拖动时间线滑块查看效果。

06 选择时间线窗口中的【02.png】素材文件，并在【特效控制台】面板中设置【缩放】为20，【定位点】为（631,395）。

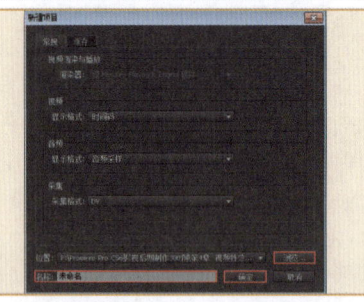 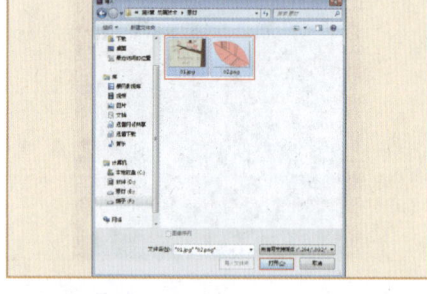

07 将时间线拖到起始帧的位置，单击【位置】和【旋转】前面的 ，设置【位置】为（210,180），【旋转】为0。将时间线拖到第1秒的位置，设置【位置】为（243,298），【旋转】为-120°。

08 将时间线拖到第2秒的位置，设置【位置】为（447,387），【旋转】为-208°。将时间线拖到第3秒的位置，设置【位置】为（353,597），【旋转】为0°。将时间线拖到第4秒的位置，设置【位置】为（536,859）。

09 可拖动时间线滑块查看最终落叶效果。

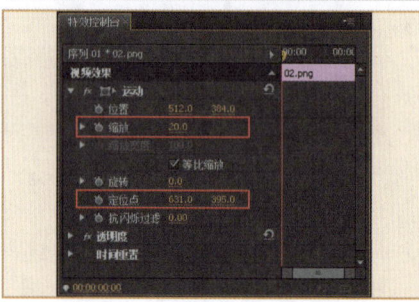 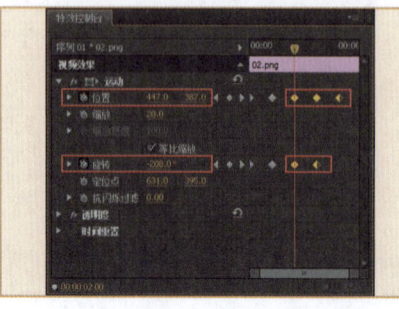 

实例174 齿轮旋转效果

调整好素材的位置,然后为旋转属性添加关键帧动画,可制作出素材不断旋转的效果。本例主要介绍制作齿轮旋转效果的方法。

文件路径:源文件\第9章\例174

视频文件:视频文件\第9章\例174.flv

01 新建项目,在弹出的对话框中单击【浏览】按钮设置储存路径,在【名称】文本框修改文件名称,单击【确定】按钮。

02 在弹出的对话框中选择【设置】选项卡,设置【编辑模式】为【自定义】,【画面大小】为1024×768,【像素纵横比】为【方形像素(1.0)】,设置【序列名称】,单击【确定】按钮。

03 在项目窗口中空白处双击鼠标左键或者按快捷键Ctrl+I,在弹出的对话框中选择所需素材文件,单击【打开】按钮。

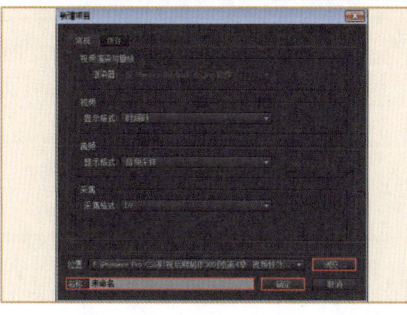 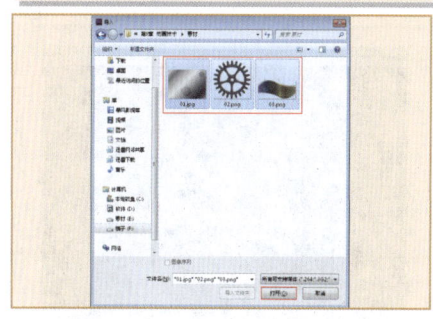

04 选择项目窗口中的【01.jpg】和【02.png】素材文件,并按顺序拖曳到时间线窗口中的视频1和视频2轨道上。

05 选择时间线窗口中的【02.png】素材文件,设置【位置】为(352,496),【缩放】为75。将时间线拖到起始帧的位置,单击【旋转】前面的 ,设置【旋转】为0°。最后将时间线拖到结束帧的位置,设置【旋转】为1×0°。

06 将视频2轨道上的【02.png】素材文件复制到视频3轨道上。

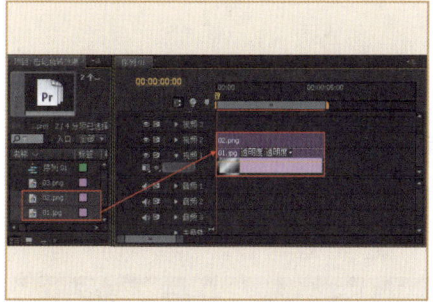 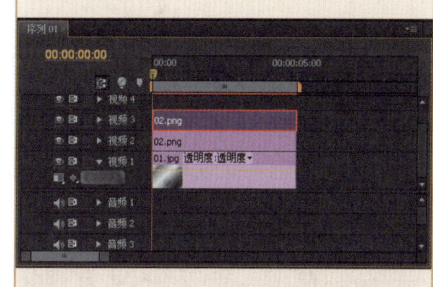

07 选择视频3轨道上的【02.png】素材文件,设置【位置】为(767,227),【缩放】为65。

08 将项目窗口中的【03.png】素材文件拖曳到时间线窗口中的视频4轨道上。

09 可拖动时间线滑块查看最终齿轮旋转效果。

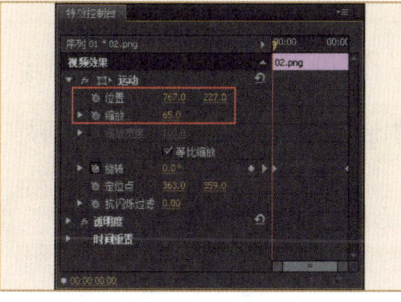 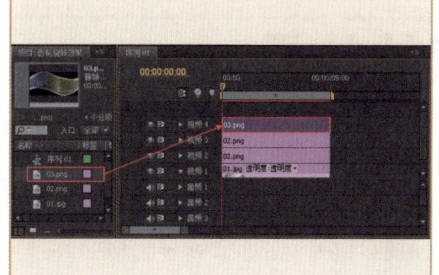 

中文 **Premiere Pro CS6** 影视编辑剪辑设计与制作**300**例

实例175　汽车移动效果

为素材的位置和缩放添加关键帧动画，可制作出由远到近、逐渐出现的效果。本例主要介绍制作汽车移动效果的方法。

文件路径：源文件\第9章\例175　　　　　视频文件：视频文件\第9章\例175.flv

01 新建项目，在弹出的对话框中单击【浏览】按钮设置储存路径，在【名称】文本框修改文件名称，单击【确定】按钮。

02 在弹出的对话框中选择【设置】选项卡，设置【编辑模式】为【自定义】，【画面大小】为1024×768，【像素纵横比】为【方形像素（1.0）】，设置【序列名称】，单击【确定】按钮。

03 在项目窗口中空白处双击鼠标左键或者按快捷键Ctrl+I，在弹出的对话框中选择所需素材文件，单击【打开】按钮。

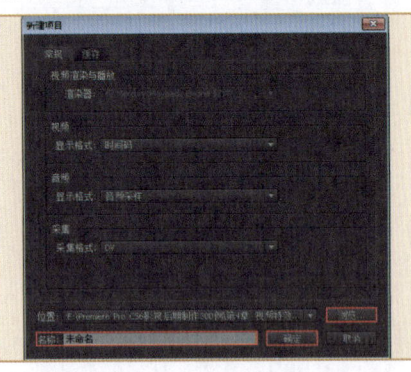 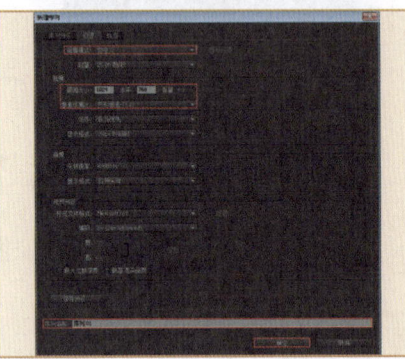 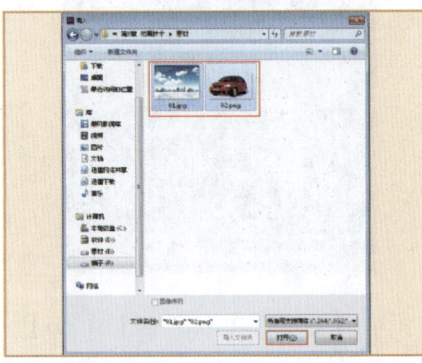

04 选择项目窗口中的【01.jpg】和【02.png】素材文件，然后按顺序拖曳到时间线窗口中的视频1和视频2轨道上。

05 选择时间线窗口中的【02.png】，然后将时间线拖到起始帧的位置，单击【位置】和【缩放】前面的●，设置【位置】为（1050，608），【缩放】为0。将时间线拖到第2秒的位置，设置【位置】为（337，617），【缩放】为55。

06 可拖动时间线滑块查看最终汽车移动效果。

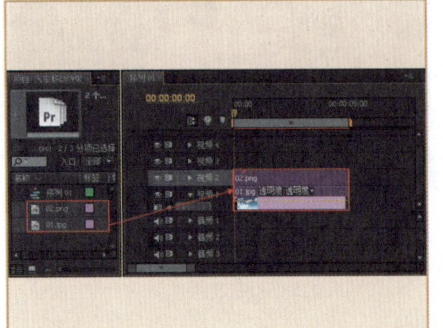 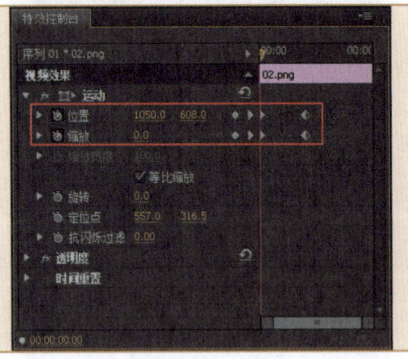 

实例176　文字缩放效果

为素材的缩放属性添加关键帧动画，可制作出不断变化的缩放动画效果。本例主要介绍制作文字缩放效果的方法。

文件路径：源文件\第9章\例176　　　　　视频文件：视频文件\第9章\例176.flv

第9章　动画技术

01 新建项目，在弹出的对话框中单击【浏览】按钮设置储存路径，在【名称】文本框修改文件名称，单击【确定】按钮。

02 在弹出的对话框中选择【设置】选项卡，设置【编辑模式】为【自定义】，【画面大小】为1024×768，【像素纵横比】为【方形像素（1.0）】，设置【序列名称】，单击【确定】按钮。

03 在项目窗口中空白处双击鼠标左键或者按快捷键Ctrl+I，在弹出的对话框中选择所需素材文件，单击【打开】按钮。

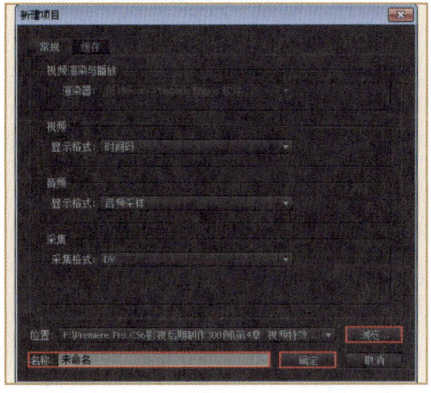
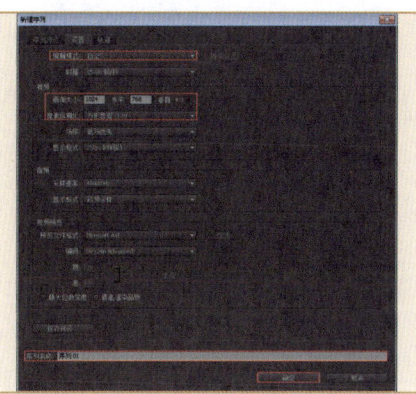

04 选择项目窗口中【01.jpg】和【02.png】素材文件，然后按顺序拖曳到时间线窗口中的视频1和视频2轨道上。

05 选择时间线窗口中的【02.png】，然后将时间线拖到起始帧的位置，单击【缩放】前面的■，设置【缩放】为0。将时间线拖到第2秒的位置，设置【缩放】为85。将时间线拖到第2秒12帧的位置，设置【缩放】为60。最后将时间线拖到第3秒的位置，设置【缩放】为85。

06 可拖动时间线滑块查看最终文字缩放效果。

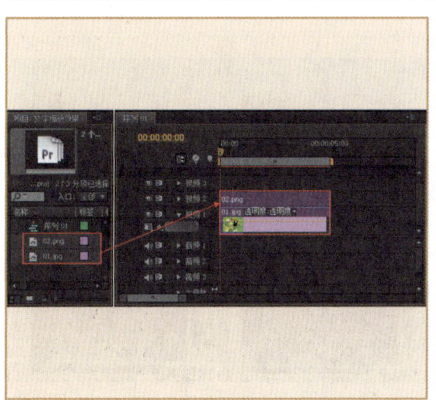
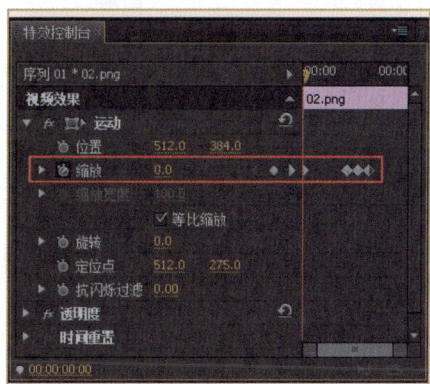

实例177　黑板文字出现效果

为素材添加特效，然后为特效的属性添加关键帧，可制作出特效动画效果。本例主要介绍制作黑板文字出现效果的方法。

文件路径：源文件\第9章\例177　　　视频文件：视频文件\第9章\例177.flv

中文 Premiere Pro CS6 影视编辑剪辑设计与制作 300例

01 新建项目，在弹出的对话框中单击【浏览】按钮设置储存路径，在【名称】文本框修改文件名称，单击【确定】按钮。

02 在弹出的对话框中选择【设置】选项卡，设置【编辑模式】为【自定义】，【画面大小】为1024×768，【像素纵横比】为【方形像素（1.0）】，设置【序列名称】，单击【确定】按钮。

03 在项目窗口中空白处双击鼠标左键或者按快捷键Ctrl+I，在弹出的对话框中选择所需素材文件，单击【打开】按钮。

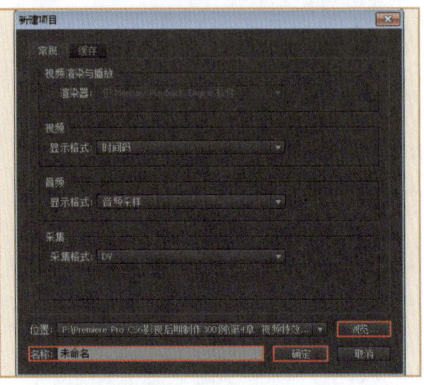 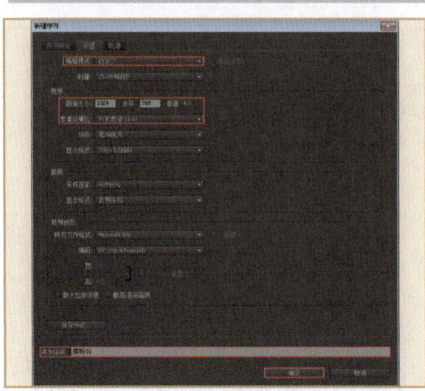 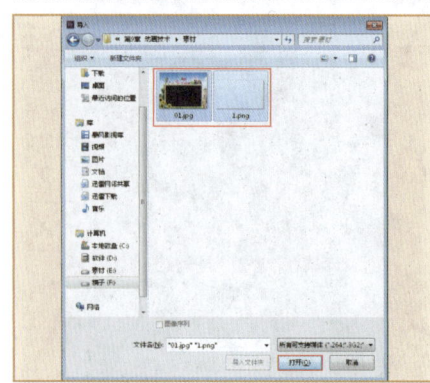

04 选择项目窗口中的【01.jpg】和【02.png】素材文件，然后按顺序拖曳到时间线窗口中的视频1和视频2轨道上。

05 选择时间线窗口中的【02.png】，并设置【位置】为（539,491）。添加【线性擦除】特效，并设置【擦除角度】为45°，【羽化】为150。将时间线拖到起始帧的位置，单击【过渡完成】前面的 ◎ ，并设置为100%。最后将时间线拖到第3秒的位置，设置【过渡完成】为0%。

06 可拖动时间线滑块查看最终黑板文字出现效果。

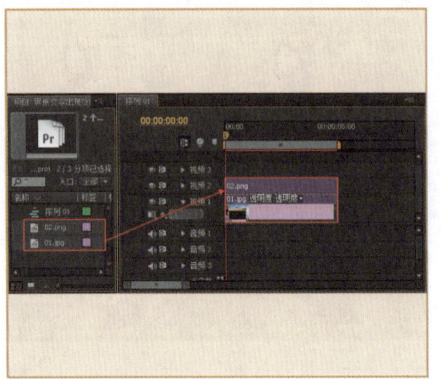 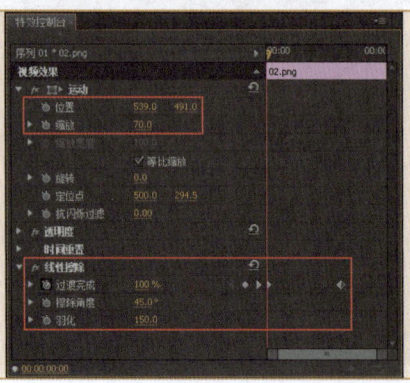 

实例178　图像扭曲动画效果

为素材添加紊乱置换特效，然后改变特效的演变属性，可制作出关键帧动画效果。本例主要介绍制作图像扭曲动画效果的方法。

文件路径：源文件\第9章\例178　　　视频文件：视频文件\第9章\例178.flv

第9章 动画技术

01 新建项目，在弹出的对话框中单击【浏览】按钮设置储存路径，在【名称】文本框修改文件名称，单击【确定】按钮。

02 在弹出的对话框中选择【设置】选项卡，设置【编辑模式】为【自定义】，【画面大小】为1024×768，【像素纵横比】为【方形像素（1.0）】，设置【序列名称】，单击【确定】按钮。

03 在项目窗口中空白处双击鼠标左键或者按快捷键Ctrl+I，在弹出的对话框中选择所需素材文件，单击【打开】按钮。

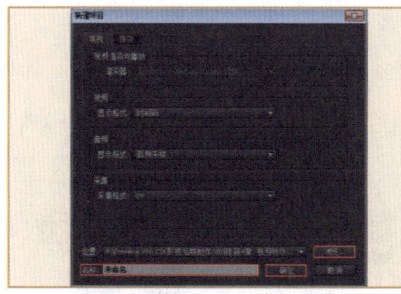
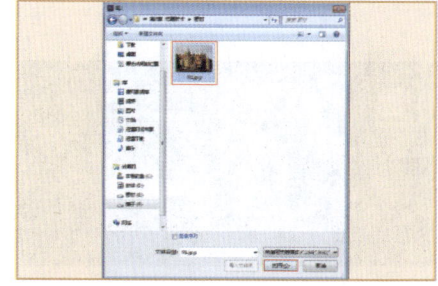

04 将项目窗口中的【01.jpg】素材文件拖曳到时间线窗口中的视频1轨道上。

05 为时间线窗口中的【01.jpg】添加【紊乱置换】特效，接着将时间线拖到起始帧的位置，单击【演化】前面的 ，并设置【演化】为0。最后将时间线拖到第4秒的位置，设置【演化】为280°。

06 可拖动时间线滑块查看最终图像扭曲动画效果。

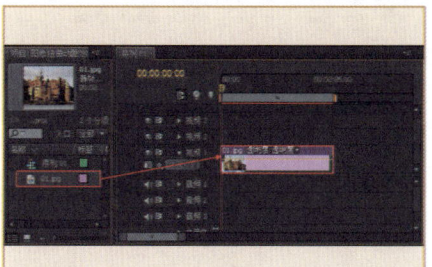
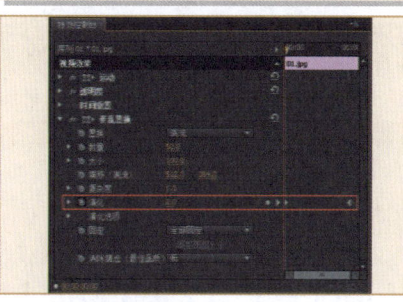

实例179 文字下落效果

为素材的位置属性添加关键帧，可制作出素材垂直下落的动画效果。本例主要介绍制作文字下落效果的方法。

文件路径：源文件\第9章\例179　　　视频文件：视频文件\第9章\例179.flv

01 新建项目，在弹出的对话框中单击【浏览】按钮设置储存路径，在【名称】文本框修改文件名称，单击【确定】按钮。

02 在弹出的对话框中选择【设置】选项卡，设置【编辑模式】为【自定义】，【画面大小】为1024×768，【像素纵横比】为【方形像素（1.0）】，设置【序列名称】，单击【确定】按钮。

03 在项目窗口中空白处双击鼠标左键或者按快捷键Ctrl+I，在弹出的对话框中选择所需素材文件，单击【打开】按钮。

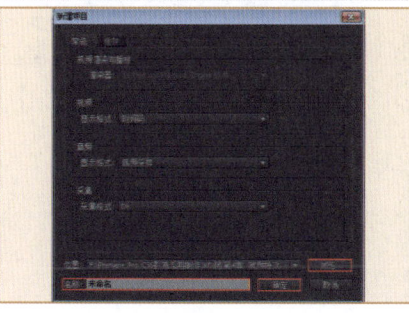
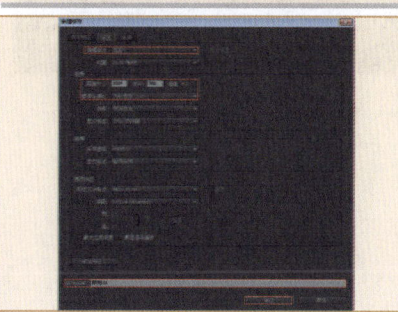
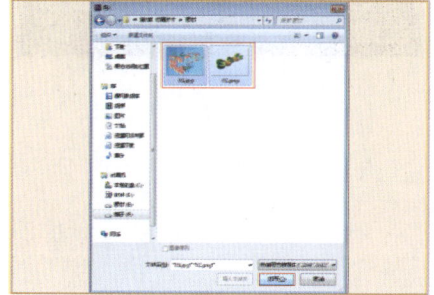

中文 Premiere Pro CS6 影视编辑剪辑设计与制作 300 例

04 选择项目窗口中的【01.jpg】和【02.png】素材文件，然后按顺序拖曳到时间线窗口中的视频1和视频2轨道上。

05 将时间线拖到起始帧的位置，单击【位置】前面的●，并设置【位置】为（512，-250）。将时间线拖到第2秒的位置，设置【位置】为（512,384）。

06 可拖动时间线滑块查看最终文字下落效果。

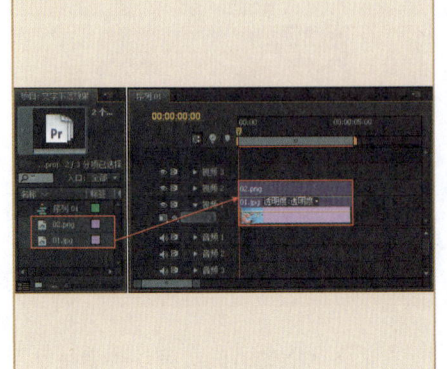
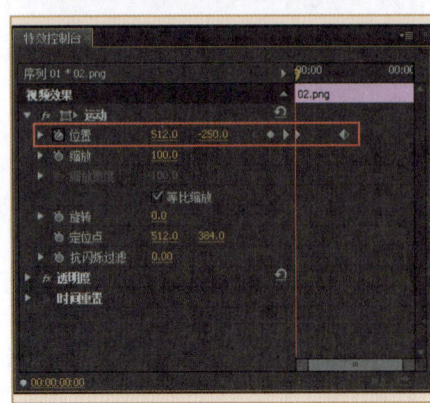
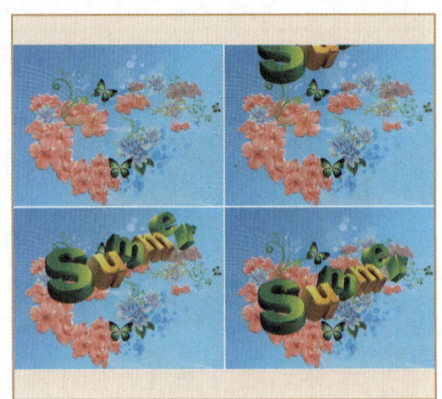

实例180 剪纸动画效果

不勾选素材的【等比缩放】选项，然后为缩放高度和位置属性添加关键帧，可制作出素材逐渐伸展出现效果。本例主要介绍制作剪纸动画效果的方法。

📀 文件路径：源文件\第9章\例180

🎬 视频文件：视频文件\第9章\例180.flv

01 新建项目，在弹出的对话框中单击【浏览】按钮设置储存路径，在【名称】文本框修改文件名称，单击【确定】按钮。

02 在弹出的对话框中选择【设置】选项卡，设置【编辑模式】为【自定义】，【画面大小】为1024×768，【像素纵横比】为【方形像素（1.0）】，设置【序列名称】，单击【确定】按钮。

03 在项目窗口中空白处双击鼠标左键或者按快捷键Ctrl+I，在弹出的对话框中选择所需素材文件，单击【打开】按钮。

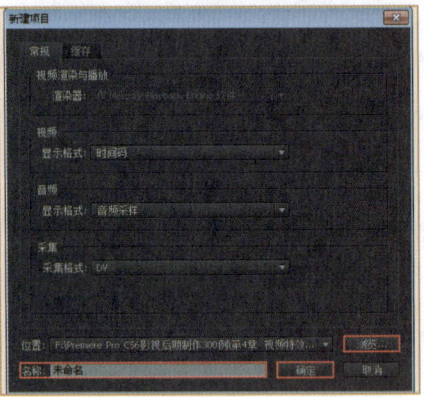
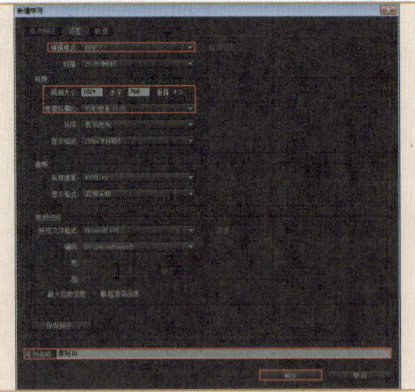
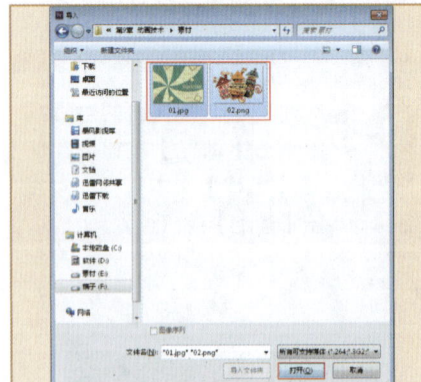

第9章 动画技术

04 选择时间线窗口中的【01.jpg】和【02.png】素材文件，然后按顺序拖曳到时间线窗口中的视频1和视频2轨道上。

05 选择时间线窗口中的【02.png】素材文件，不勾选【等比缩放】。将时间线拖到起始帧的位置，单击【位置】和【缩放高度】前面的 ，并设置【位置】为（512,768），【缩放高度】为0。将时间线拖到第2秒的位置，设置【位置】为（512,384），【缩放高度】为100。

06 可拖动时间线滑块查看最终剪纸动画效果。

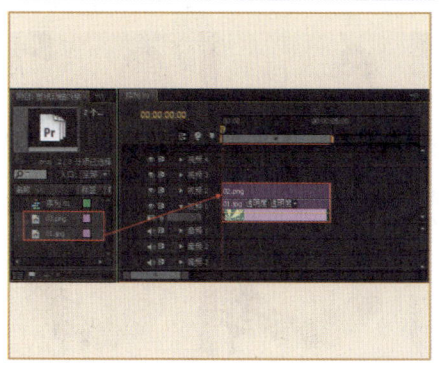
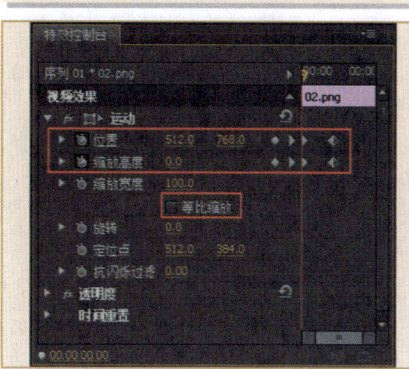

实例181　水墨文字动画效果

为文字素材的缩放和透明度属性添加关键帧动画，可制作出淡入和缩放的效果。本例主要介绍制作水墨文字动画效果的方法。

文件路径：源文件\第9章\例181　　　视频文件：视频文件\第9章\例181.flv

01 新建项目，在弹出的对话框中单击【浏览】按钮设置储存路径，在【名称】文本框修改文件名称，单击【确定】按钮。

02 在弹出的对话框中选择【设置】选项卡，设置【编辑模式】为【自定义】，【画面大小】为1024×768，【像素纵横比】为【方形像素（1.0）】，设置【序列名称】，单击【确定】按钮。

03 在项目窗口中空白处双击鼠标左键或者按快捷键Ctrl+I，在弹出的对话框中选择所需素材文件，单击【打开】按钮。

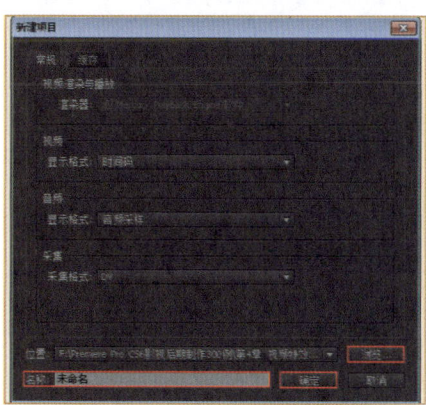
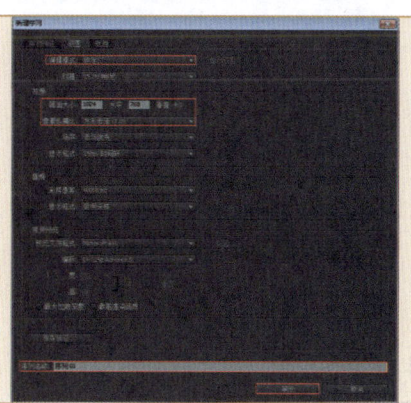
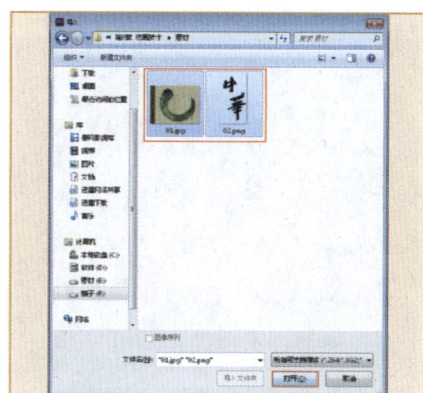

Premiere Pro CS6 | 177

04 选择项目窗口中的【01.jpg】和【02.png】素材文件，然后按顺序拖曳到时间线窗口中的视频1和视频2轨道上。

05 选择时间线窗口中的【02.png】，然后将时间线拖到起始帧的位置，单击【位置】和【缩放】前面的，设置【位置】为（1556,384），【缩放】为300，【透明度】为0%。将时间线拖到第3秒的位置，设置【位置】为（745,384），【缩放】为85，【透明度】为100%。

06 可拖动时间线滑块查看最终水墨文字动画效果。

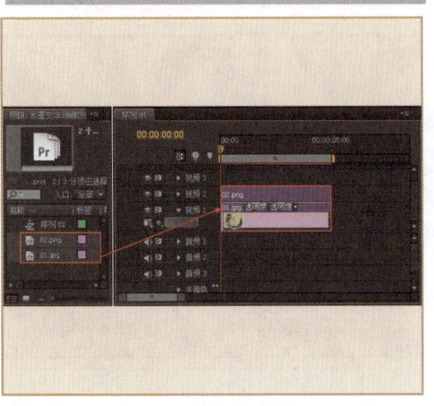
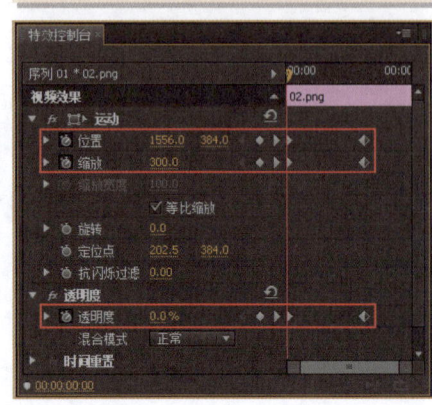

实例182　气球升空效果

　　分别为素材的位置属性添加关键帧动画，可制作出垂直向上的效果，并可为素材添加摆动效果的关键帧动画。本例主要介绍制作气球升空效果的方法。

文件路径：源文件\第9章\例182　　　　　视频文件：视频文件\第9章\例182.flv

01 新建项目，在弹出的对话框中单击【浏览】按钮设置储存路径，在【名称】文本框修改文件名称，单击【确定】按钮。

02 在弹出的对话框中选择【设置】选项卡，设置【编辑模式】为【自定义】，【画面大小】为1024×768，【像素纵横比】为【方形像素（1.0）】，设置【序列名称】，单击【确定】按钮。

03 在项目窗口中空白处双击鼠标左键或者按快捷键Ctrl+I，在弹出的对话框中选择所需素材文件，单击【打开】按钮。

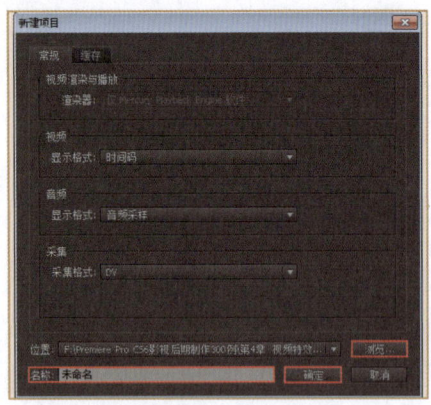
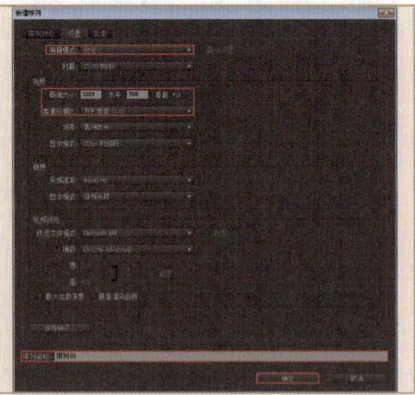
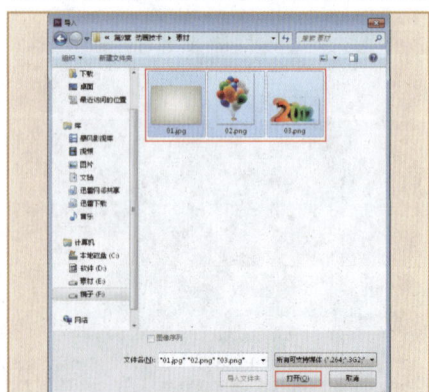

第9章 动画技术

04 将项目窗口中的【01.jpg】、【02.png】和【03.png】素材文件按顺序拖曳到时间线窗口中的视频轨道上。

05 选择时间线窗口中的【02.png】素材文件，然后将时间线拖到起始帧的位置，单击【位置】前面的，并设置【位置】为（512，384）。接着将时间线拖到第4秒的位置，设置【位置】为（512，-580）。

06 可拖动时间线滑块查看最终气球升空效果。

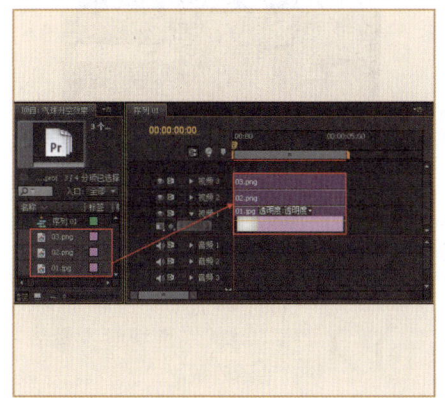
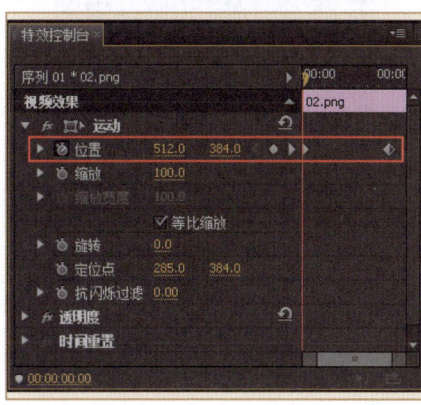

实例183　科技动画效果

为素材的位置和缩放属性添加关键帧动画，可制作出素材逐渐变大出现的效果。本例主要介绍制作科技动画效果的方法。

文件路径：源文件\第9章\例183
视频文件：视频文件\第9章\例183.flv

01 新建项目，在弹出的对话框中单击【浏览】按钮设置储存路径，在【名称】后修改文件名称，单击【确定】按钮。

02 在弹出的对话框中选择【设置】选项卡，设置【编辑模式】为【自定义】，【画面大小】为1024×768，【像素纵横比】为【方形像素（1.0）】，设置【序列名称】，单击【确定】按钮。

03 在项目窗口中空白处双击鼠标左键或者按快捷键Ctrl+I，在弹出的对话框中选择所需素材文件，单击【打开】按钮。

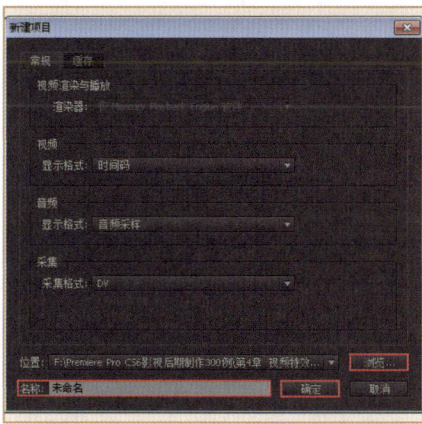
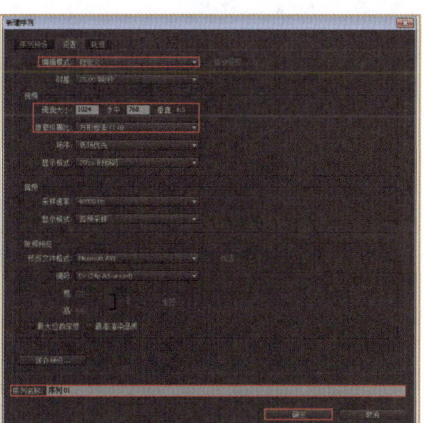
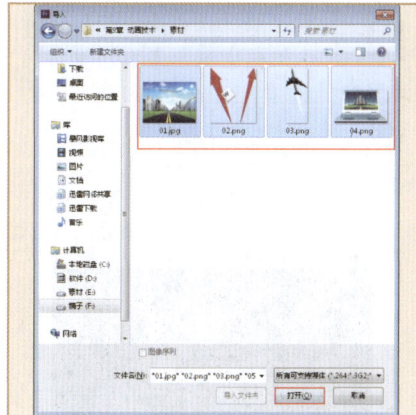

中文 Premiere Pro CS6 影视编辑剪辑设计与制作 300 例

04 将项目窗口中的【01.jpg】、【02.png】和【03.png】素材文件按顺序拖曳到时间线窗口中的视频1、视频2和视频3轨道上。

05 选择时间线窗口中的【02.png】素材文件，然后将时间线拖曳到起始帧的位置，单击【位置】和【缩放】前面的 ◎，并设置【位置】为（519,568），【缩放】为0。将时间线拖到第1秒的位置，设置【位置】为（519,318），【缩放】为56。

06 选择时间线窗口中的【03.png】素材文件，然后将时间线拖曳到第1秒的位置，单击【位置】和【缩放】前面的 ◎，并设置【位置】为（512,627），【缩放】为0。将时间线拖到第2秒的位置，设置【位置】为（512,210），【缩放】为45。

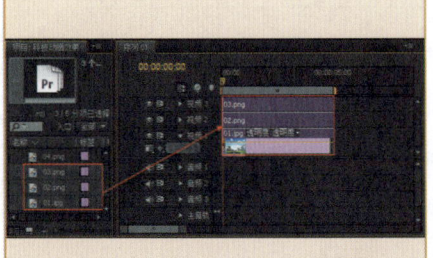
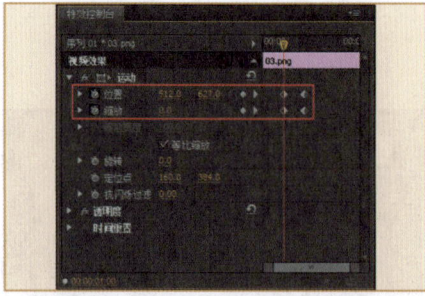

07 将项目窗口中的【04.png】素材文件拖曳到时间线窗口中的视频4轨道上。

08 选择时间线窗口中的【04.png】素材文件，并设置【位置】为（512,576），【缩放】为65。

09 可拖动时间线滑块查看最终科技动画效果。

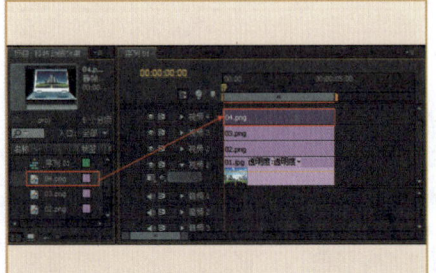
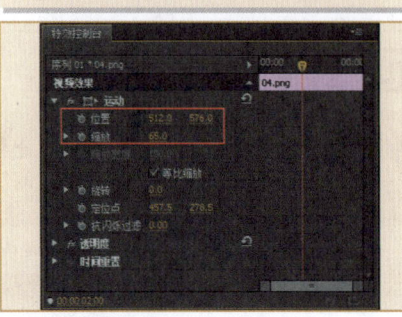

实例184　创意动画效果

为百叶窗特效添加关键帧动画，可制作出素材以百叶窗形态出现的效果。本例主要介绍制作创意动画效果的方法。

文件路径：源文件\第9章\例184
视频文件：视频文件\第9章\例184.flv

01 新建项目，在弹出的对话框中单击【浏览】按钮设置储存路径，在【名称】文本框修改文件名称，单击【确定】按钮。

02 在弹出的对话框中选择【设置】选项卡，设置【编辑模式】为【自定义】，【画面大小】为1024×768，【像素纵横比】为【方形像素（1.0）】，设置【序列名称】，单击【确定】按钮。

03 在项目窗口中空白处双击鼠标左键或者按快捷键Ctrl+I，在弹出的对话框中选择所需素材文件，单击【打开】按钮。

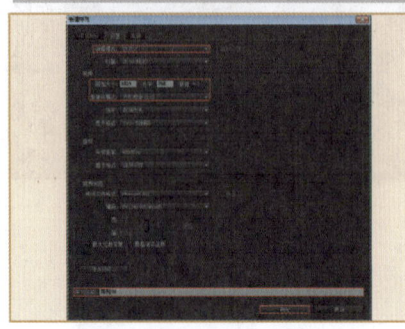
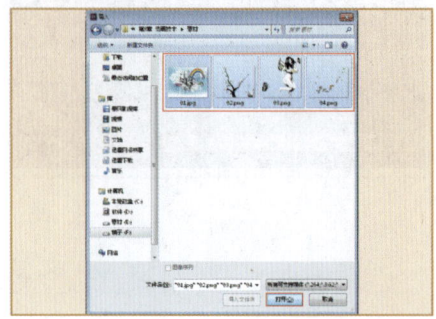

04 将项目窗口中的【01.jpg】和【02.png】素材文件按顺序拖曳到时间线窗口中的视频1和视频2轨道上。

05 选择时间线窗口中的【02.png】素材文件,然后将时间线拖到起始帧的位置,单击【位置】和【缩放】前面的 ,并设置【位置】为(512,776),【缩放】为0。将时间线拖到第1秒的位置,设置【位置】为(512,384),【缩放】为100。

06 将项目窗口中的【03.png】和【04.png】文件按顺序拖曳到时间线窗口中的视频3和视频4轨道上。

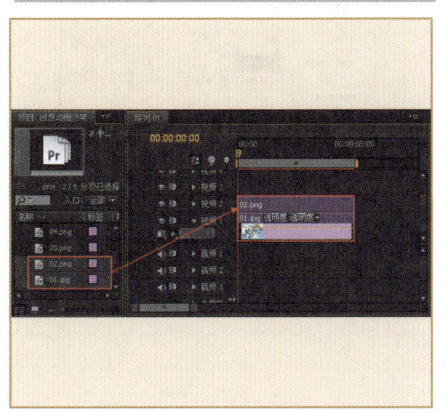
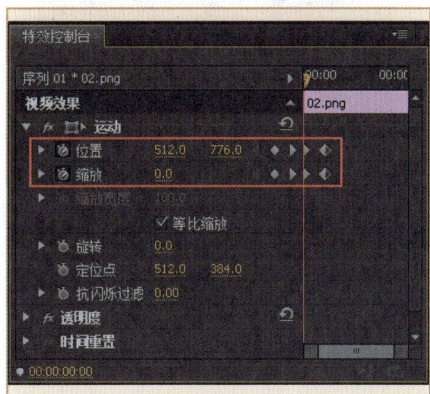
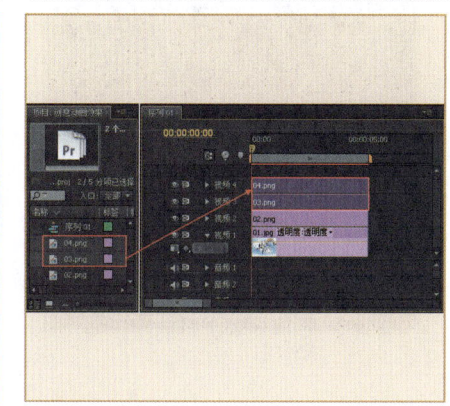

07 为时间线窗口中的【03.png】素材文件添加【百叶窗】特效,并设置【方向】为46°,【宽度】为17,【羽化】为0。将时间线拖到第1秒的位置,单击【过渡完成】前面的 ,并设置为100%。将时间线拖到第3秒的位置,设置【过渡完成】为0%。

08 选择时间线窗口中的【04.png】素材文件,然后将时间线拖到起始帧的位置,设置【透明度】为0%。将时间线拖到第3秒的位置,设置【透明度】为100%。

09 可拖动时间线滑块查看最终创意动画效果。

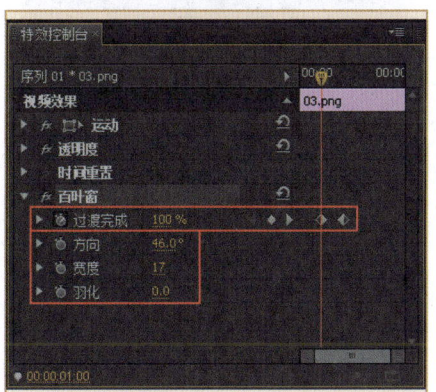
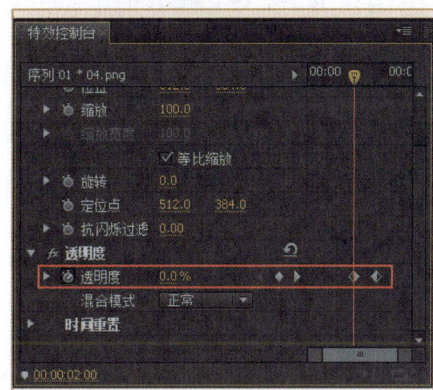

实例185 网页图片移动效果

为素材的位置属性添加关键帧,并调整素材在时间线窗口中的位置,可制作出连续的水平位移动画效果。本例主要介绍制作网页图片移动效果的方法。

文件路径:源文件\第9章\例185　　　视频文件:视频文件\第9章\例185.flv

中文 Premiere Pro CS6 影视编辑剪辑设计与制作 300例

01 新建项目，在弹出的对话框中单击【浏览】按钮设置储存路径，在【名称】文本框修改文件名称，单击【确定】按钮。

02 在弹出的对话框中选择【设置】选项卡，设置【编辑模式】为【自定义】，【画面大小】为1024×768，【像素纵横比】为【方形像素（1.0）】，设置【序列名称】，单击【确定】按钮。

03 在项目窗口中空白处双击鼠标左键或者按快捷键Ctrl+I，在弹出的对话框中选择所需素材文件，单击【打开】按钮。

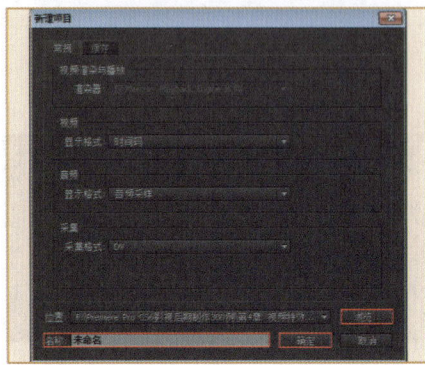 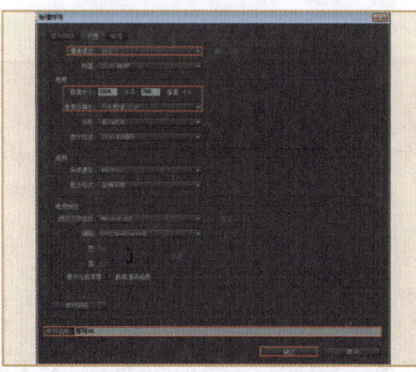 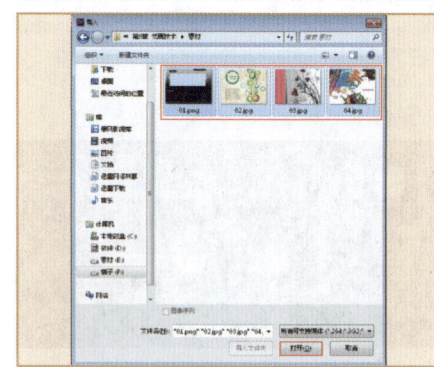

04 将项目窗口中的【01.png】素材文件拖曳到时间线窗口中的视频4轨道上。

05 将项目窗口中的【02.jpg】、【03.jpg】和【04.jpg】素材文件按顺序拖曳到时间线窗口中的视频1、视频2和视频3轨道上。

06 分别设置【02.jpg】、【03.jpg】和【04.jpg】的【缩放】为50。将时间线拖到起始帧的位置，单击【位置】前的码表，并设置【位置】为（-180,235）。将时间线拖到第3秒的位置，设置【位置】为（1070,235）。

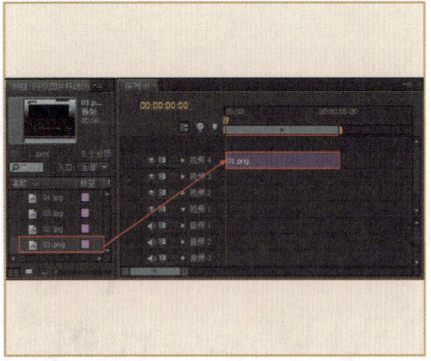 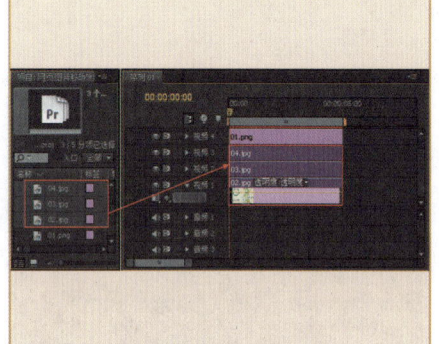 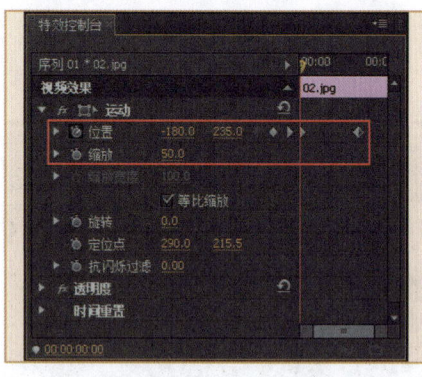

07 将时间线窗口中的【03.jpg】和【04.jpg】素材文件依次向后移动20帧的位置。

08 分别将时间线窗口中的【03.jpg】和【04.jpg】素材文件的结束时间设置为第5秒的位置。

09 可拖动时间线滑块查看最终网页图片移动效果。

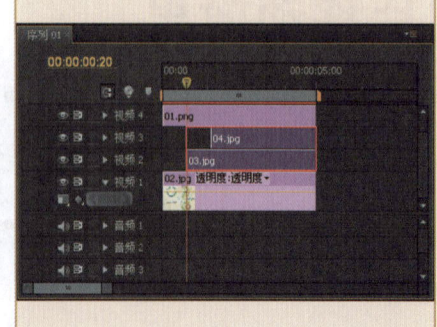 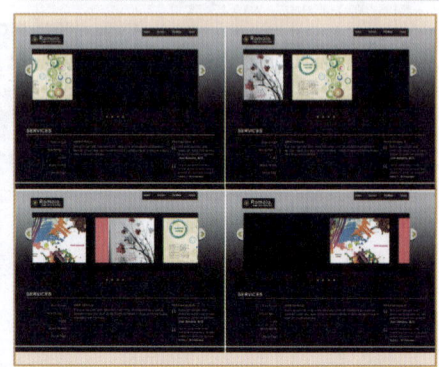

Chapter 10

第10章
常用效果
综合应用

在Adobe Premiere Pro CS6中，利用多种特效和工具可以制作出非常多的效果，而且效果更容易修改和控制，所以熟练掌握Adobe Premiere Pro CS6中的各种效果，是非常重要的。

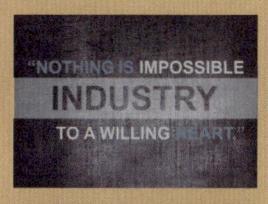

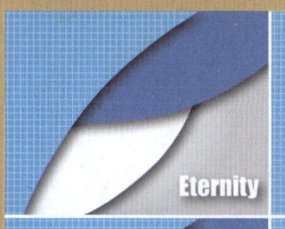

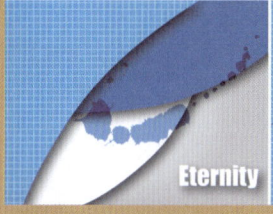

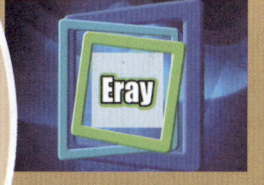

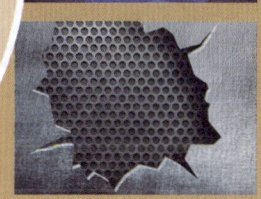

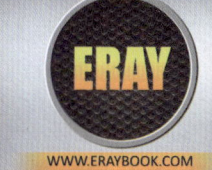

实例186 文字混合模式效果

利用【字幕】面板中的工具可以制作出各种颜色的背景图形和文字,调节视频轨道上的字幕混合模式可以得到不同于背景的混合效果。本例主要介绍制作文字混合模式效果的方法。

文件路径:源文件\第10章\例186

视频文件:视频文件\第10章\例186.flv

01 新建项目,在弹出的对话框中单击【浏览】按钮设置储存路径,在【名称】文本框修改文件名称,单击【确定】按钮。

02 在弹出的对话框中选择【设置】选项卡,设置【编辑模式】为【自定义】,【画面大小】为1024×768,【像素纵横比】为【方形像素(1.0)】,设置【序列名称】,单击【确定】按钮。

03 在项目窗口中空白处双击鼠标左键或者按快捷键Ctrl+I,在弹出的对话框中选择所需素材文件,单击【打开】按钮。

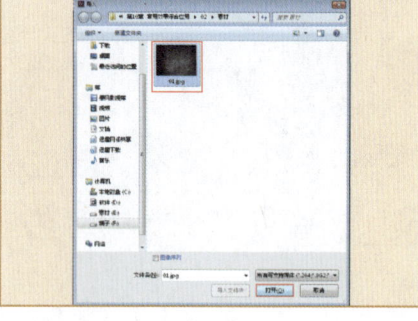

04 将项目窗口中的【01.jpg】素材文件拖曳到时间线窗口中的视频1轨道上。

05 选择菜单栏中的【字幕】|【新建字幕】|【默认静态字幕】命令,在弹出的对话框中设置【名称】为【字幕01】,单击【确定】按钮。

06 选择 ■(矩形工具),在工作区中绘制一个矩形,并设置【颜色】为白色,【透明度】为40%。

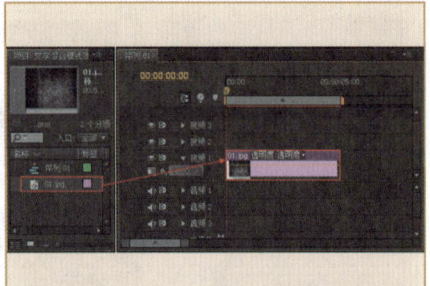
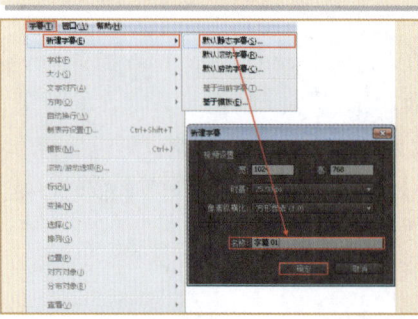
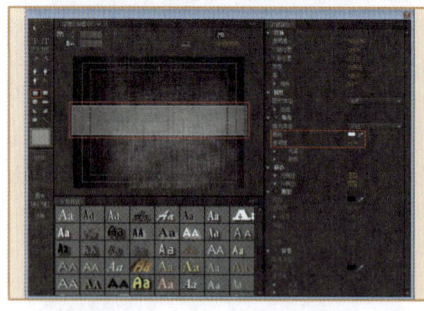

07 选择 T (输入工具),在工作区中输入文字,设置【字体】为【Arial】,【字体样式】为【Bold】,【字体大小】为130,【颜色】为黑色(R:0,G:0,B:0)。

08 将项目窗口中的【字幕01】拖曳到时间线窗口中的视频2轨道上。

09 选择时间线窗口中的【字幕01】,然后在【特效控制台】面板中设置【混合模式】为【滤色】。

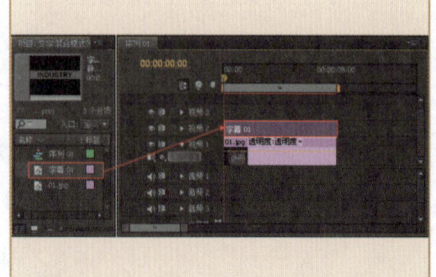
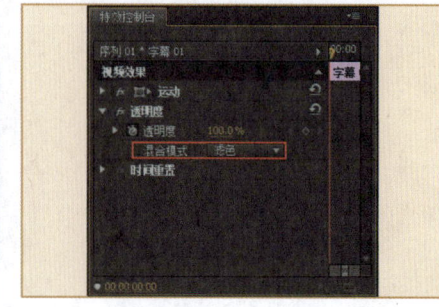

10 新建【字幕02】，然后选择 T（输入工具），在工作区中输入文字，设置【字体】为【Arial】，【字体样式】为【Bold】，【字体大小】为67，【颜色】为蓝色（R：63，G：117，B：144）和浅灰色（R：194，G：194，B：194）。

11 将项目窗口中的【字幕02】拖曳到时间线窗口中的视频3轨道上。

12 可拖动时间线滑块查看最终文字混合模式效果。

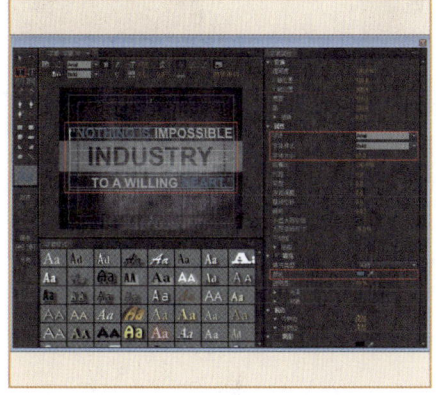
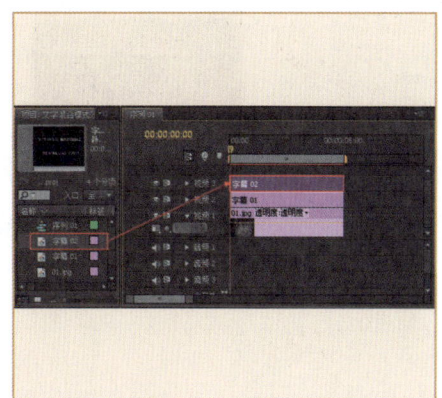
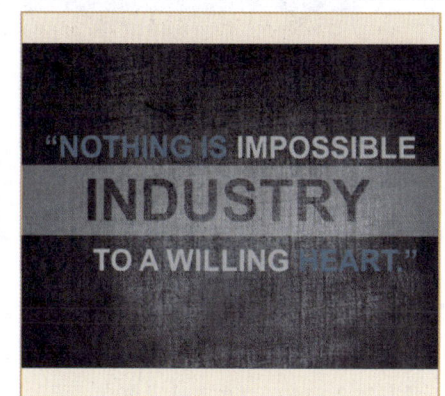

实例187　绿叶文字效果

使用轨道遮罩键可以为文字添加不同的图片贴图，添加阴影特效可以突出文字的空间感。本例主要介绍制作绿叶文字效果的方法。

文件路径：源文件\第10章\例187

视频文件：视频文件\第10章\例187.flv

01 新建项目，在弹出的对话框中单击【浏览】按钮设置储存路径，在【名称】文本框修改文件名称，单击【确定】按钮。

02 在弹出的对话框中选择【设置】选项卡，设置【编辑模式】为【自定义】，【画面大小】为1024×768，【像素纵横比】为【方形像素（1.0）】，设置【序列名称】，单击【确定】按钮。

03 在项目窗口中空白处双击鼠标左键或者按快捷键Ctrl+I，在弹出的对话框中选择所需素材文件，单击【打开】按钮。

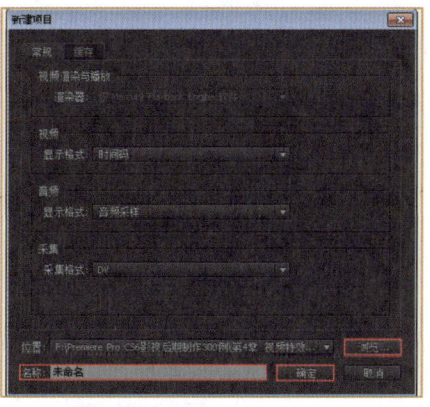
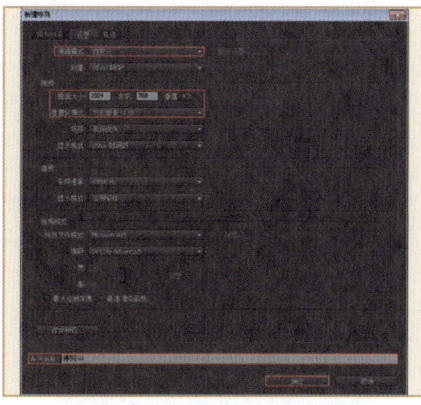
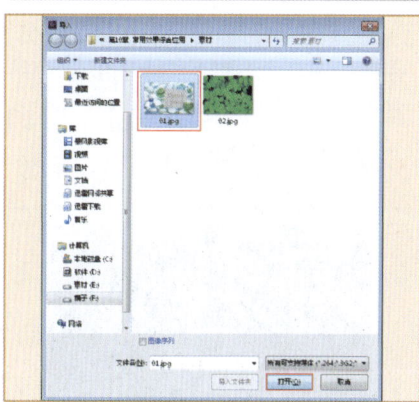

04 将项目窗口中的【01.jpg】素材文件拖曳到时间线窗口中的视频1轨道上。

05 选择菜单栏中的【字幕】|【新建字幕】|【默认静态字幕】命令，在弹出的对话框中设置【名称】为【字幕01】，单击【确定】按钮。

06 选择 T（输入工具），在工作区中输入文字，设置【旋转】为19°，【字体】为【Chaparral Pro】，【字体样式】为【Bold】，【字体大小】为500。

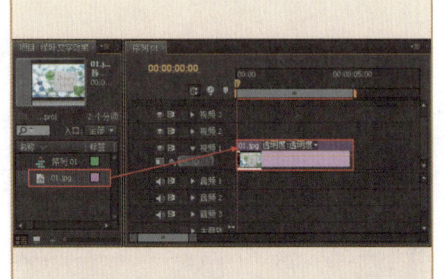
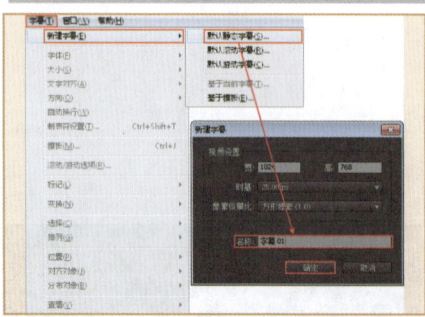
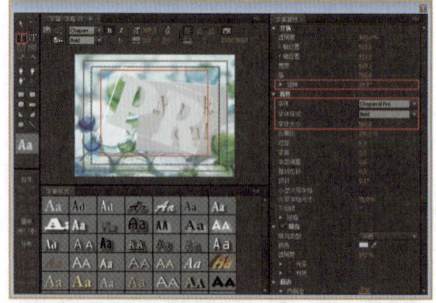

07 勾选【材质】选项，选择材质为【02.jpg】，设置【缩放】下的【水平】为200%。接着勾选【阴影】，设置【透明度】为60%，【距离】为40，【扩散】为100。

08 将项目窗口中的【字幕01】拖曳到时间线窗口中的视频2轨道上。

09 可拖动时间线滑块查看最终绿叶文字效果。

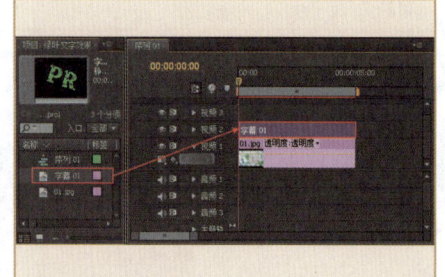

实例188 光晕文字效果

利用快速模糊特效可制作出模糊背景，使用轨道遮罩键可将视频轨道上的图层作为文字的蒙板遮罩。本例主要介绍制作光晕文字效果的方法。

文件路径：源文件\第10章\例188
视频文件：视频文件\第10章\例188.flv

01 新建项目，在弹出的对话框中单击【浏览】按钮设置储存路径，在【名称】文本框修改文件名称，单击【确定】按钮。

02 在弹出的对话框中选择【设置】选项卡，设置【编辑模式】为【自定义】，【画面大小】为1024×768，【像素纵横比】为【方形像素（1.0）】，设置【序列名称】，单击【确定】按钮。

03 在菜单栏中选择【文件】|【新建】|【黑色视频】命令，然后在弹出的对话框中单击【确定】按钮。

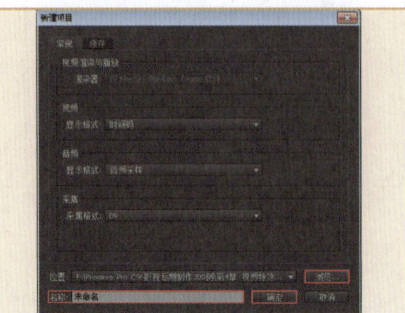
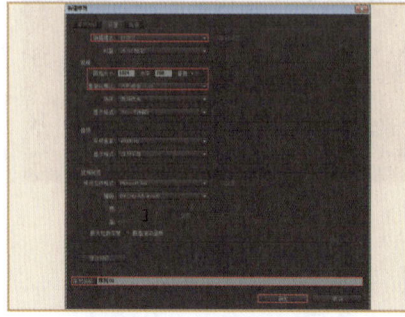
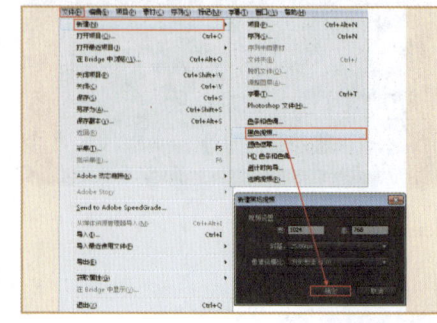

第10章 常用效果综合应用

04 将项目窗口中的【黑色视频】重命名为【背景】，然后将其拖曳到时间线窗口中的视频1轨道上。

05 为时间线窗口中的【背景】添加【渐变】特效，并设置【渐变形状】为【径向渐变】，【渐变起点】为（512,384），【起始颜色】为蓝色（R：47，G：111，B：148），【渐变终点】为（512,848），【结束颜色】为深蓝色（R：14，G：32，B：42）。

06 为时间线窗口中的【背景】添加【镜头光晕】特效，并设置【光晕中心】为（352,308）。

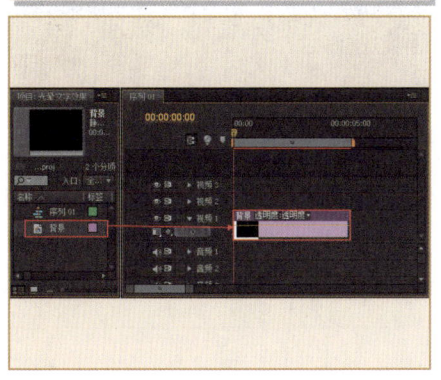
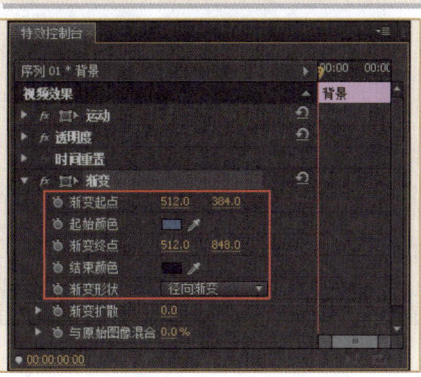
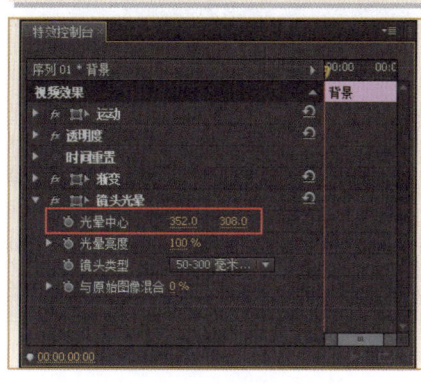

07 继续为时间线窗口中的【背景】添加【快速模糊】特效，并设置【模糊量】为100，然后勾选【重复边缘像素】。

08 将视频1轨道上的【背景】复制到视频2轨道上，并重命名为【文字光晕】。

09 选择时间线窗口中的【文字光晕】，并删除【快速模糊】特效。然后重新设置【镜头光晕】特效下的【光晕亮度】为140%。

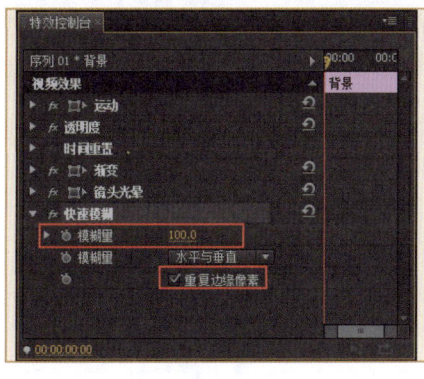
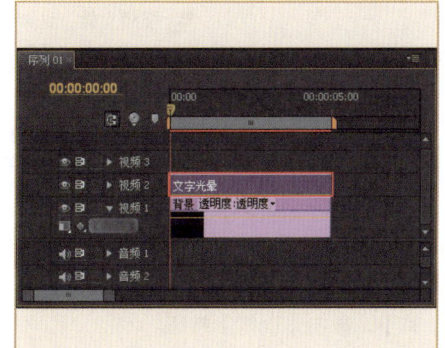

10 选择菜单栏中的【字幕】|【新建字幕】|【默认静态字幕】命令，在弹出的对话框中设置【名称】为【字幕01】，单击【确定】按钮。

11 选择T（输入工具），在工作区中输入文字，并设置【字体】为【Chaparral Pro】，【字体样式】为【Bold】，【字体大小】为199，【颜色】为白色（R：0，G：0，B：0）。

12 将项目窗口中的【字幕01】拖曳到时间线窗口中的视频3轨道上。

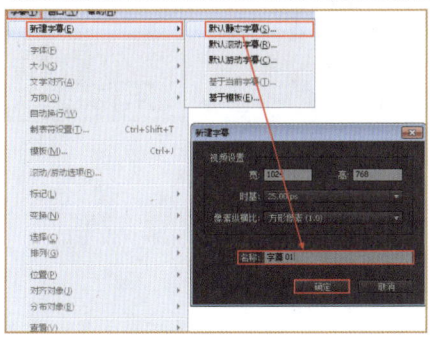

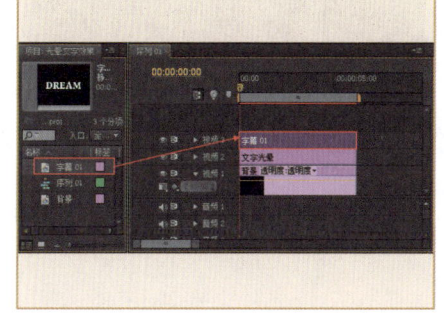

13 为时间线窗口中的【文字光晕】添加【轨道遮罩键】和【斜面Alpha】特效,并设置【轨道遮罩键】下的【遮罩】为【视频3】,设置【斜面Alpha】特效下的【照明强度】为0.8。

14 继续为时间线窗口中的【文字光晕】添加【投影】特效,并设置【透明度】为70%,【柔和度】为10。

15 可拖动时间线滑块查看最终光晕文字效果。

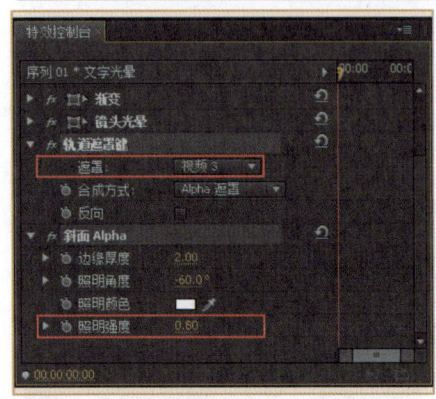
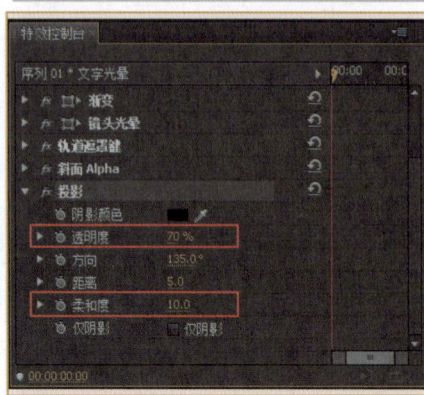

实例189 光盘效果

使用百叶窗特效和字幕可制作出背景,使用圆特效可制作出光盘的整体效果。本例主要介绍制作光盘效果的方法。

文件路径:源文件\第10章\例189

视频文件:视频文件\第10章\例189.flv

01 新建项目,在弹出的对话框中单击【浏览】按钮设置储存路径,在【名称】文本框修改文件名称,单击【确定】按钮。

02 在弹出的对话框中选择【设置】选项卡,设置【编辑模式】为【自定义】,【画面大小】为1024×768,【像素纵横比】为【方形像素(1.0)】,设置【序列名称】,单击【确定】按钮。

03 在项目窗口中空白处双击鼠标左键或者按快捷键Ctrl+I,在弹出的对话框中选择所需素材文件,单击【打开】按钮。

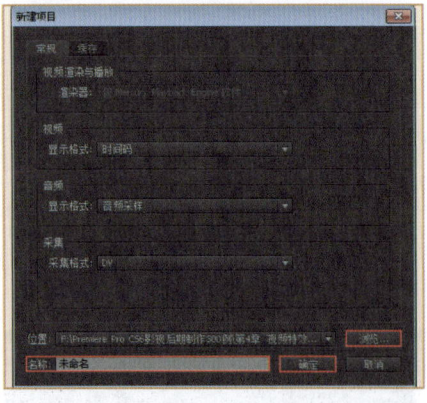
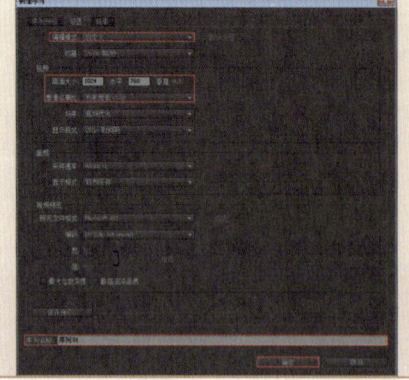

第10章　常用效果综合应用

04 在菜单栏中选择【文件】|【新建】|【颜色遮罩】命令，在弹出的对话框中单击【确定】按钮。设置颜色为浅蓝色（R：212，G：224，B：231），接着在弹出的对话框中设置【选择用于新建蒙版的名称】为【背景】，最后单击【确定】按钮。

05 将项目窗口中的【背景】拖曳到时间线窗口中的视频1轨道上。

06 为时间线窗口中的【背景】添加【百叶窗】特效，并设置【过渡完成】为25%，【方向】为-35°，【宽度】为20。

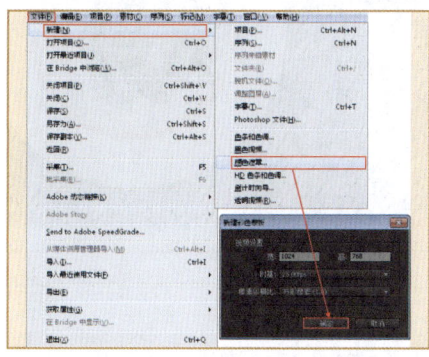
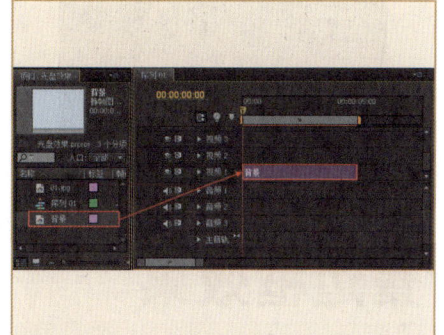
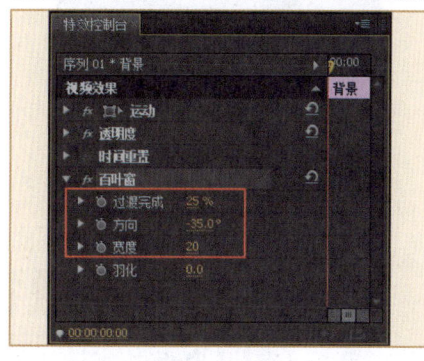

07 选择菜单栏中的【字幕】|【新建字幕】|【默认静态字幕】命令，在弹出的对话框中设置【名称】为【字幕01】，单击【确定】按钮。

08 选择 T（输入工具），在工作区中输入文字，并设置【旋转】为16°，【字体】为【Impact】，【字体大小】为166，【颜色】为浅蓝色（R：1，G：118，B：179）。

09 将项目窗口中的【字幕01】和【01.jpg】拖曳到时间线窗口中的视频2和视频3轨道上。

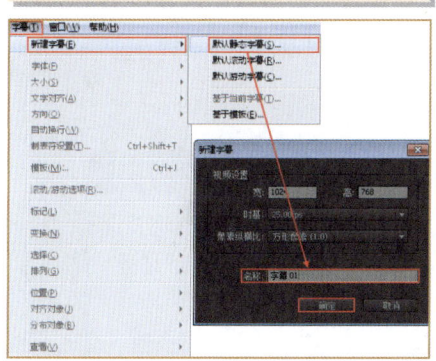
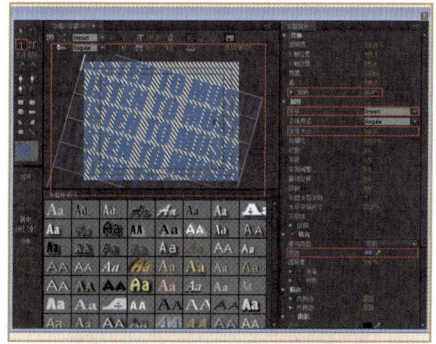
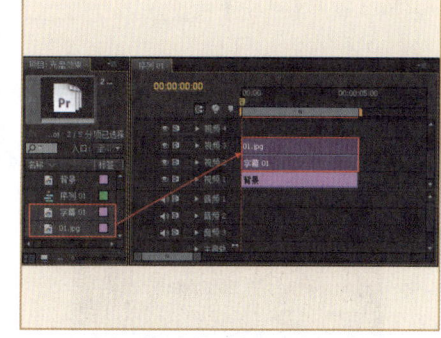

10 在菜单栏中选择【文件】|【新建】|【黑色视频】命令，在弹出的对话框中单击【确定】按钮。

11 将项目窗口中的【黑色视频】拖曳到时间线窗口中的视频4轨道上，并重命名为【圆1】。

12 为时间线窗口中的【圆1】添加【圆】特效，并设置【居中】为（716,276），【半径】为310，【边缘】为【厚度】，【厚度】为120。

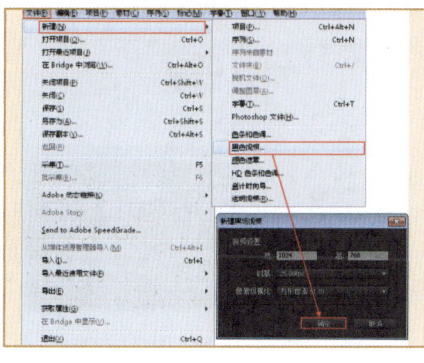
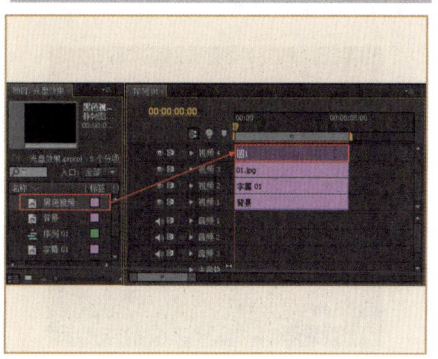
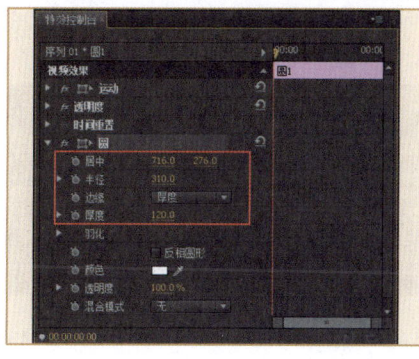

Chapter 10

13 为时间线窗口中的【圆1】添加【径向阴影】特效,并设置【光源】为(747,253),【投影距离】为3,【柔和度】为80。

14 将视频4轨道上的【圆1】复制到视频5轨道上,并重命名为【圆2】。然后删除【径向阴影】特效,接着重新设置【圆】特效下的【半径】为248,【厚度】为20,【颜色】为橙色(R: 255, G: 108, B: 0)。

15 可拖动时间线滑块查看最终光盘效果。

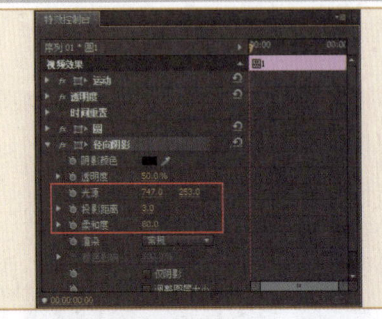
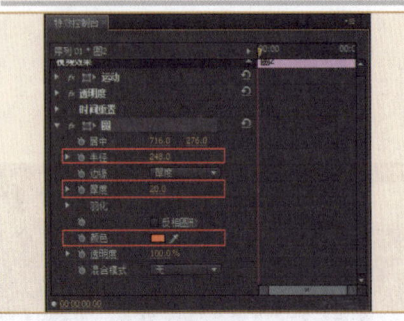

实例190 人像背景边框效果

利用【字幕】面板中的矩形工具和钢笔工具可绘制人像边框和文字背景,添加镜头光晕特效可增加画面效果。本例主要介绍制作人像背景边框效果的方法。

文件路径:源文件\第10章\例190

视频文件:视频文件\第10章\例190.flv

01 新建项目,在弹出的对话框中单击【浏览】按钮设置储存路径,在【名称】文本框修改文件名称,单击【确定】按钮。

02 在弹出的对话框中选择【设置】选项卡,设置【编辑模式】为【自定义】,【画面大小】为1024×768,【像素纵横比】为【方形像素(1.0)】,设置【序列名称】,单击【确定】按钮。

03 在项目窗口中空白处双击鼠标左键或者按快捷键Ctrl+I,在弹出的对话框中选择所需素材文件,单击【打开】按钮。

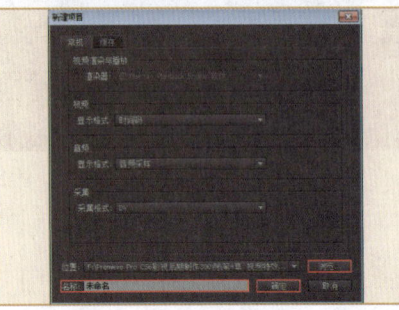

04 选择项目窗口中的【01.jpg】和【02.jpg】素材文件,然后拖曳到时间线窗口中的视频1和视频2轨道上。

05 选择时间线窗口中的【02.jpg】素材文件,并设置【位置】为(512,331),【缩放】为70,【透明度】为85%。

06 选择菜单栏中的【字幕】|【新建字幕】|【默认静态字幕】命令,在弹出的对话框中设置【名称】为【字幕01】,单击【确定】按钮。

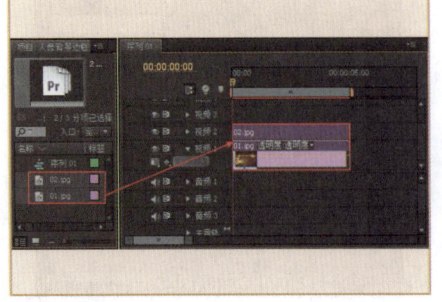
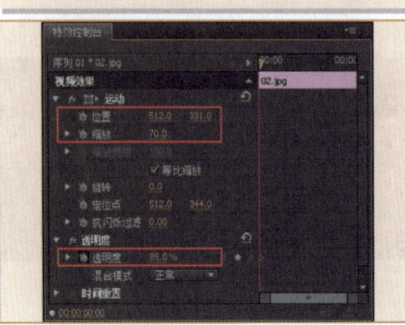
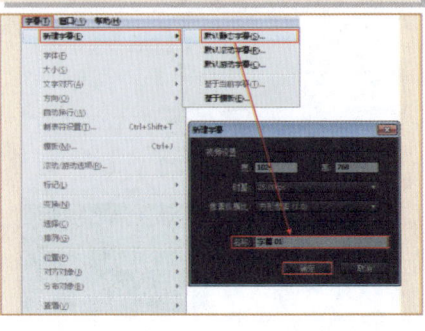

第10章 常用效果综合应用

07 选择■（矩形工具），在工作区中绘制一个矩形，设置【图形类型】为【关闭曲线】，【线宽】为53，【颜色】为浅红色（R：202，G：131，B：86），【透明度】为50%。

08 选择♦（钢笔工具），在工作区中绘制一个图形，并设置【图形类型】为【填充曲线】。

09 选择T（输入工具），在工作区中输入文字，并设置【字体】为【Arial】，【字体样式】为【Bold】，【字体大小】为48，【颜色】为浅黄色（R：255，G：232，B：79）。接着勾选【阴影】，设置【角度】为0°，【距离】为5，【扩散】为0。

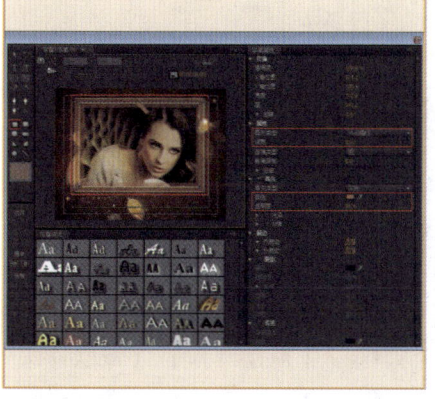

10 在菜单栏中选择【文件】|【新建】|【黑色视频】命令，在弹出的对话框中单击【确定】按钮。

11 将项目窗口中的【黑色视频】重命名为【光晕】，拖曳到时间线窗口中的视频4轨道上，添加【镜头光晕】特效，设置【光晕中心】为（922,68），【光晕亮度】为140%。

12 可拖动时间线滑块查看最终人像背景边框效果。

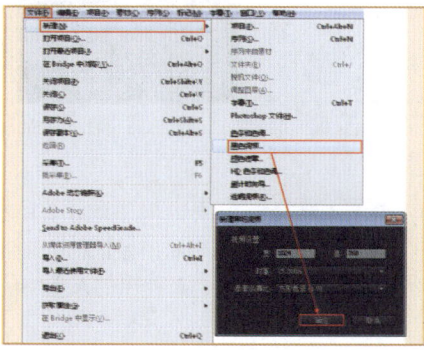
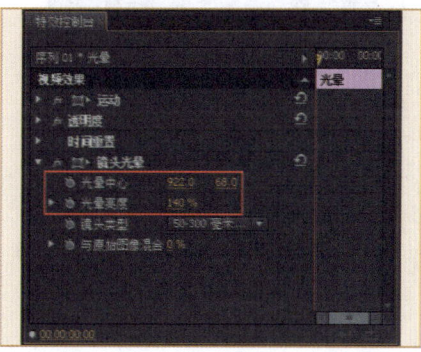

实例191　商务科技倒影效果

　　使用【字幕】面板中的矩形工具和光泽选项可制作出金属边框效果；将多个图层制作出嵌套序列，并利用垂直翻转和线性擦除特效可制作出倒影效果。本例主要介绍制作商务科技倒影效果的方法。

文件路径：源文件\第10章\例191　　　　　　　　　视频文件：视频文件\第10章\例191.flv

01 新建项目，在弹出的对话框中单击【浏览】按钮设置储存路径，在【名称】文本框修改文件名称，单击【确定】按钮。

02 在弹出的对话框中选择【设置】选项卡，设置【编辑模式】为【自定义】，【画面大小】为1024×768，【像素纵横比】为【方形像素（1.0）】，设置【序列名称】，单击【确定】按钮。

03 在项目窗口中空白处双击鼠标左键或者按快捷键Ctrl+I，在弹出的对话框中选择所需素材文件，单击【打开】按钮。

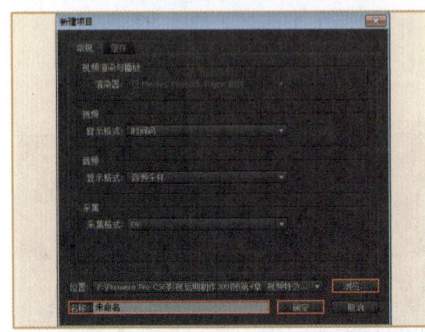 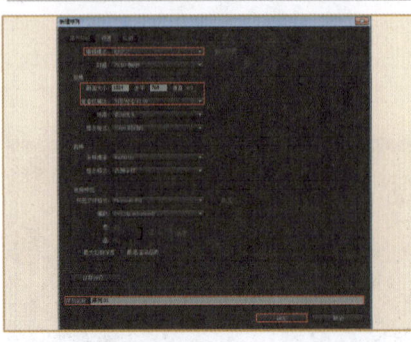 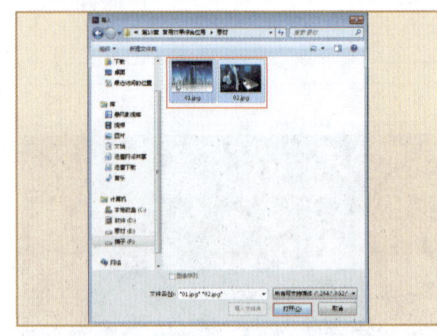

04 选择项目窗口中的【01.jpg】和【02.jpg】素材文件，拖曳到时间线窗口中的视频1和视频2轨道上。

05 选择时间线窗口中的【02.jpg】素材文件，在【特效控制台】面板中设置【缩放】为62，【位置】为（615,471）。

06 选择菜单栏中的【字幕】|【新建字幕】|【默认静态字幕】命令，在弹出的对话框中设置【名称】为【字幕01】，单击【确定】按钮。

 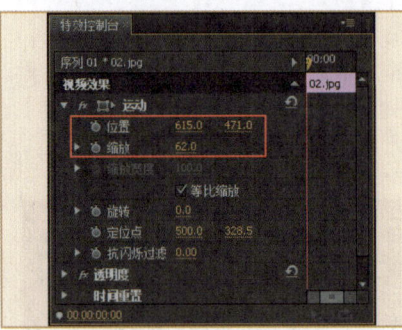 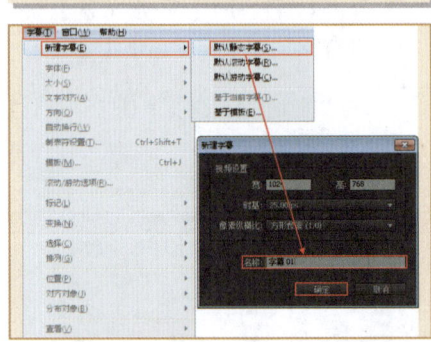

07 选择■（矩形工具），在工作区中绘制一个矩形，设置【图形类型】为【关闭曲线】，【线宽】为30，【颜色】为浅灰色（R:168，G:168，B:168）和深灰色（R:85，G:85，B:85）。接着勾选【光泽】选项，设置【大小】为100，【偏移】为35。

08 将项目窗口中的【字幕01】拖曳到时间线窗口中的视频3轨道上，添加【斜面Alpha】特效，设置【边缘厚度】为3，【照明强度】为1。

09 选择时间线窗口中的【01.jpg】和【02.jpg】素材文件，单击鼠标右键，在弹出的菜单中选择【嵌套】选项。

 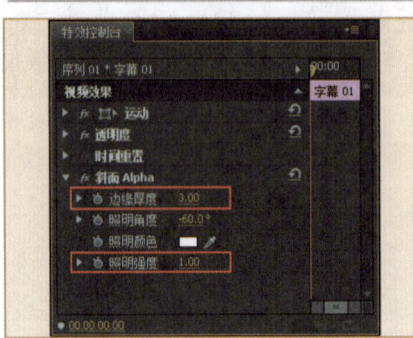 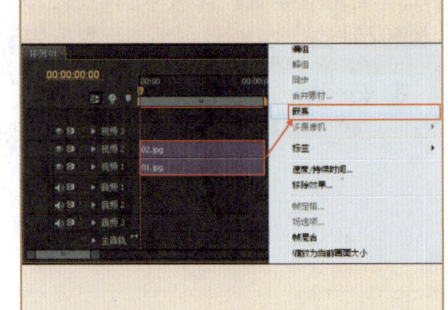

第10章 常用效果综合应用

10 将时间线窗口中视频2轨道上的【嵌套序列01】复制到视频3轨道上,并重命名为【倒影】。

11 为时间线窗口中的【倒影】添加【垂直翻转】和【线性擦除】特效,并设置【线性擦除】特效下的【擦除角度】为0,【过渡完成】为85%,【羽化】为150。

12 可拖动时间线滑块查看最终商务科技倒影效果。

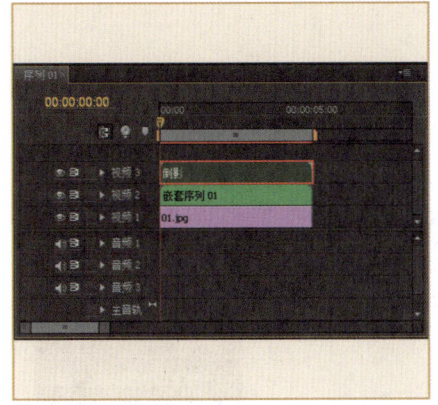
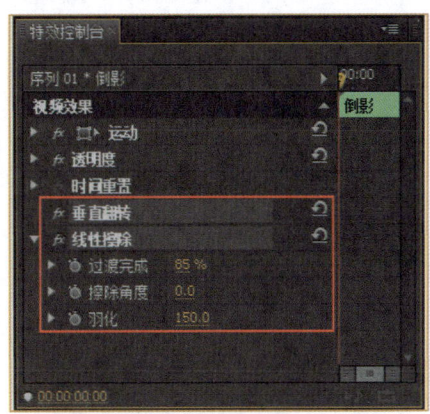

实例192 多层创意图形效果

利用【字幕】面板中的钢笔工具可绘制出多个形状;分别添加阴影特效,可表现出多层次效果。本例主要介绍制作多层创意图形效果的方法。

文件路径:源文件\第10章\例192
视频文件:视频文件\第10章\例192.flv

01 新建项目,在弹出的对话框中单击【浏览】按钮设置储存路径,在【名称】文本框修改文件名称,单击【确定】按钮。

02 在弹出的对话框中选择【设置】选项卡,设置【编辑模式】为【自定义】,【画面大小】为1024×768,【像素纵横比】为【方形像素(1.0)】,设置【序列名称】,单击【确定】按钮。

03 在项目窗口中空白处双击鼠标左键或者按快捷键Ctrl+I,在弹出的对话框中选择所需素材文件,单击【打开】按钮。

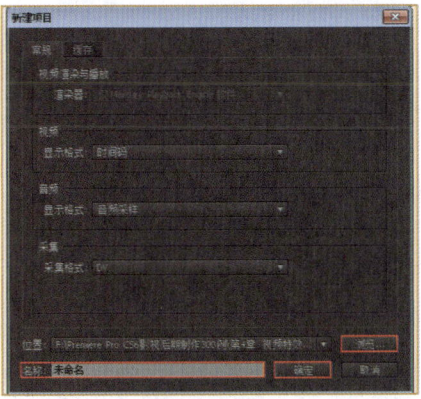
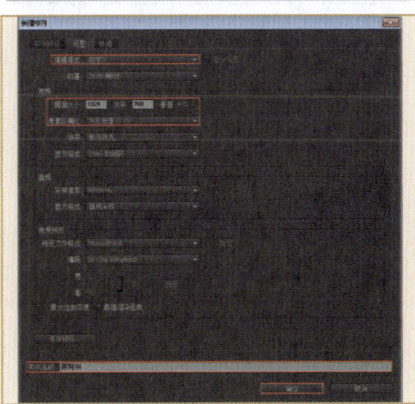
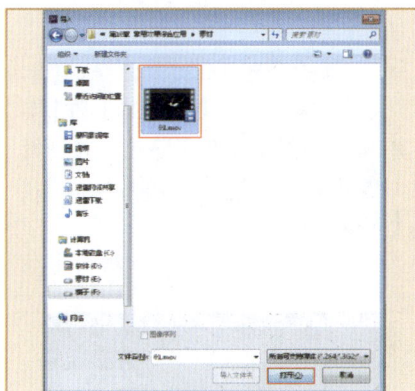

中文 Premiere Pro CS6 影视编辑剪辑设计与制作 300例

04 在菜单栏中选择【文件】|【新建】|【黑色视频】命令，在弹出的对话框中单击【确定】按钮。

05 将项目窗口中的【黑色视频】重命名为【背景】，并拖曳到时间线窗口中的视频1轨道上。接着为【背景】添加【渐变】特效，设置【渐变形状】为【径向渐变】，【渐变起点】为（512,384），【起始颜色】为白色（R：255，G：255，B：255），【结束颜色】为灰色（R：204，G：204，B：204）。

06 选择菜单栏中的【字幕】|【新建字幕】|【默认静态字幕】命令，在弹出的对话框中设置【名称】为【字幕01】，单击【确定】按钮。

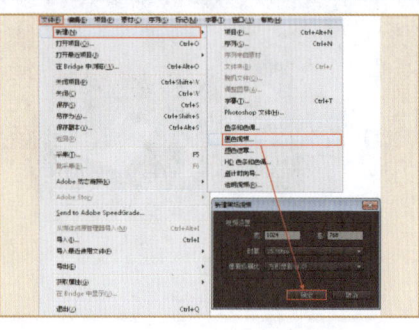
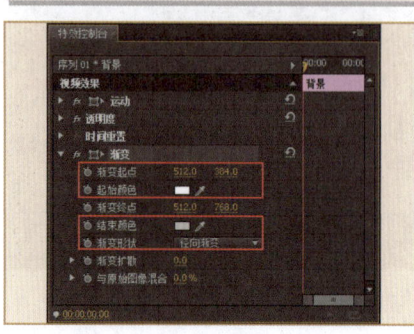
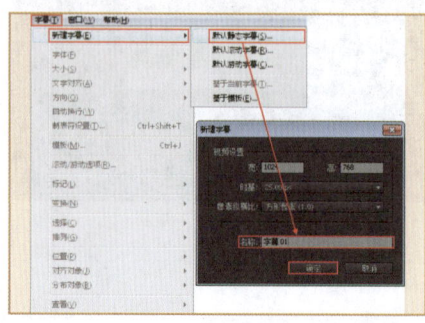

07 选择 ✎（钢笔工具），在工作区中绘制一个图形，并设置【图形类型】为【填充曲线】，【颜色】为白色（R：255，G：255，B：255）。

08 选择 Ｔ（输入工具），在工作区中输入文字，设置【字体】为【Impact】，【字体大小】为88，【颜色】为白色（R：255，G：255，B：255）。

09 依此类推制作出【字幕02】和【字幕03】的图形。

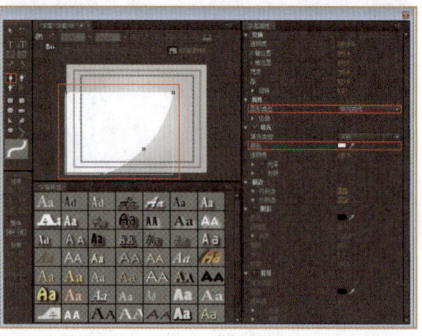
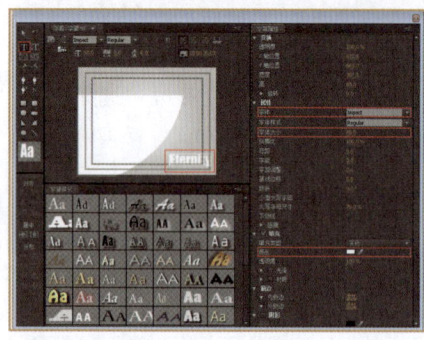
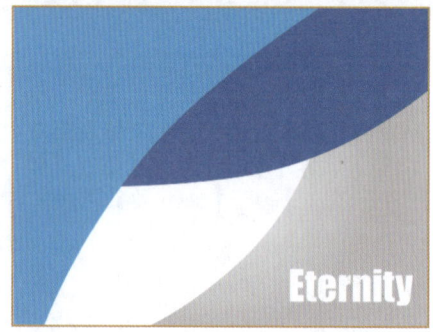

10 分别为时间线窗口中的【字幕01】、【字幕02】和【字幕03】添加【投影】特效，并设置【透明度】为70%，【距离】为25，【柔和度】为90。

11 为时间线窗口中的【字幕03】添加【网格】特效，并拖曳到【投影】特效上方，然后设置【从以下位置开始的大小】为【宽度滑块】，【宽度】为25，【透明度】为50%，【混合模式】为【滤色】。

12 将项目窗口中的【01.mov】素材文件拖曳到时间线窗口中的视频5轨道上。

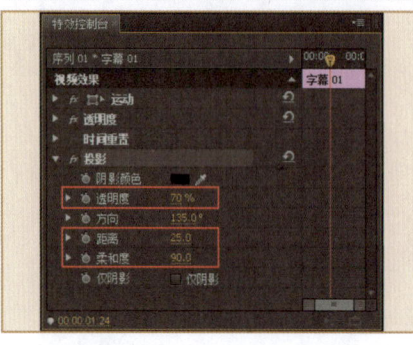
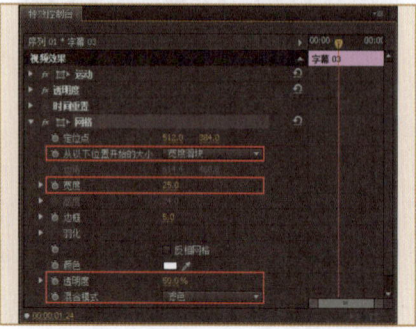
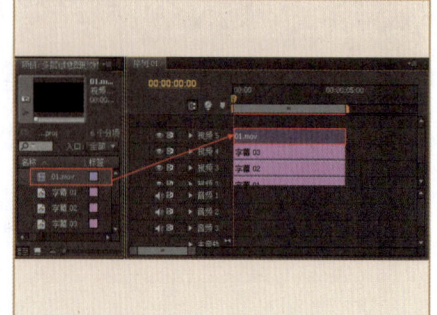

第10章 常用效果综合应用

13 选择时间线窗口中的【01.mov】素材文件,设置【位置】为（334,466），【缩放】为200。然后为【01.mov】添加【颜色键】特效,选择【主要颜色】后面的 ■（吸管工具）吸取素材背景,设置【颜色宽容度】为56。

14 选择时间线窗口中的【01.mov】素材文件,设置【混合模式】为【线性加深】。接着为【01.mov】添加【渐变】特效,并设置【起始颜色】为深蓝色（R：96, G：148, B：185），【结束颜色】为蓝色（R：99, G：190, B：255）。

15 可拖动时间线滑块查看最终多层创意图形效果。

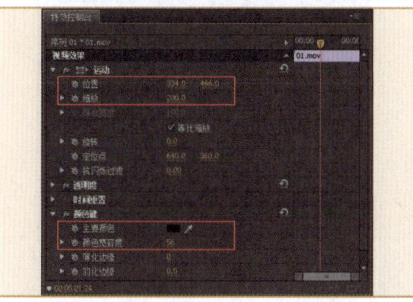 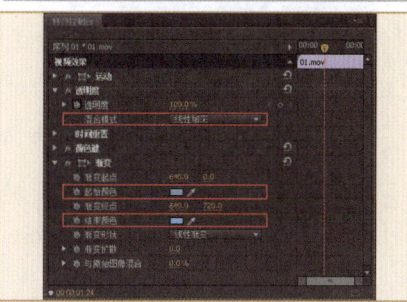 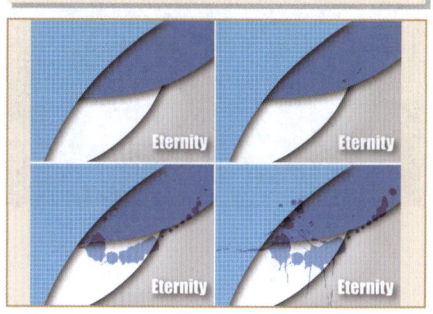

实例193 立体方框效果

利用【字幕】面板中的矩形工具可制作出方框,为其添加斜面Alpha和基本3D特效可制作出方框的空间效果。本例主要介绍制作立体方框效果的方法。

文件路径：源文件\第10章\例193　　　视频文件：视频文件\第10章\例193.flv

01 新建项目,在弹出的对话框中单击【浏览】按钮设置储存路径,在【名称】文本框修改文件名称,单击【确定】按钮。

02 在弹出的对话框中选择【设置】选项卡,设置【编辑模式】为【自定义】,【画面大小】为1024×768,【像素纵横比】为【方形像素（1.0）】,设置【序列名称】,单击【确定】按钮。

03 在项目窗口中空白处双击鼠标左键或者按快捷键Ctrl+I,在弹出的对话框中选所需素材文件,单击【打开】按钮。

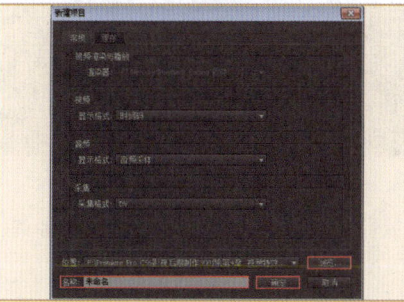  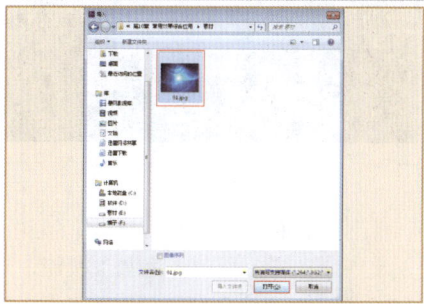

04 将项目窗口中的【01.jpg】素材文件拖曳到时间线窗口中的视频1轨道上。

05 选择菜单栏中的【字幕】|【新建字幕】|【默认静态字幕】命令,在弹出的对话框中设置【名称】为【方框01】,单击【确定】按钮。

06 选择 ■（矩形工具）,在工作区中绘制一个矩形,并设置【图形类型】为【关闭曲线】,【线宽】为77,【颜色】为蓝色（R：8, G：73, B：227）。

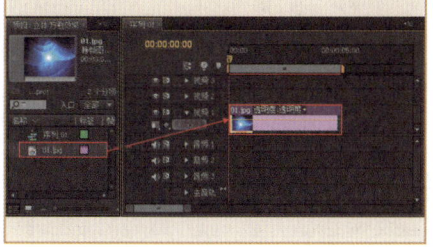 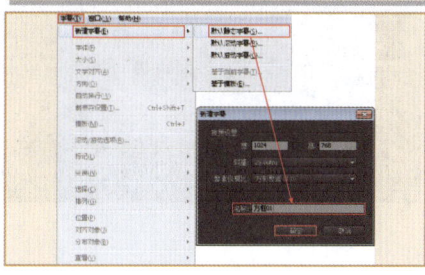 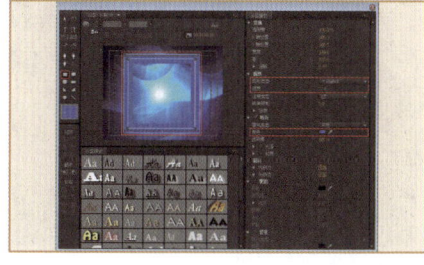

07 将项目窗口中【方框01】拖曳到时间线窗口中的视频2轨道上。

08 为时间线窗口中的【方框01】添加【斜面Alpha】特效，并设置【斜面Alpha】特效下的【边缘厚度】为16，【照明强度】为0.5。

09 为时间线窗口中的【方框01】添加【基本3D】特效，并设置【基本3D】特效下的【旋转】为22°。

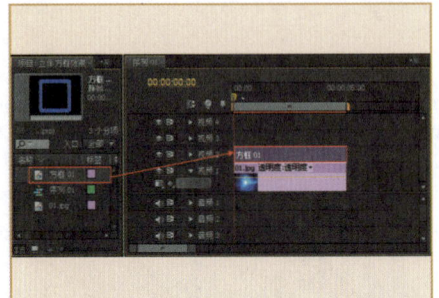
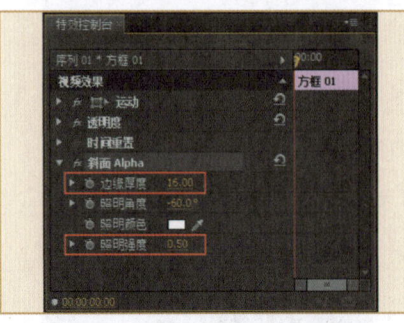
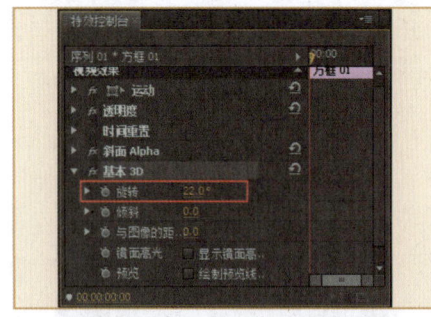

10 依此类推制作出【方框02】和【方框03】，并拖曳到时间线窗口中的视频3和视频4轨道上。

11 可拖动时间线滑块查看效果。

12 新建【字幕01】，然后选择 ■（矩形工具），在工作区中绘制一个矩形，设置【颜色】为浅蓝色（R：217，G：231，B：240）。接着选择 T（输入工具），在工作区中输入文字，设置【字体】为【Impact】，【字体大小】为116，【颜色】为白色（R：255，G：255，B：255）。

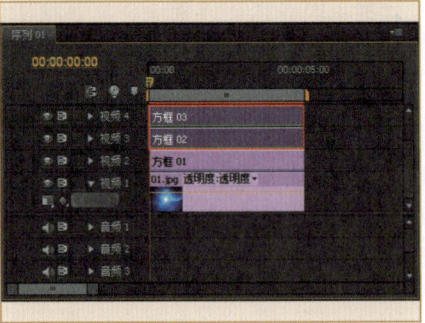

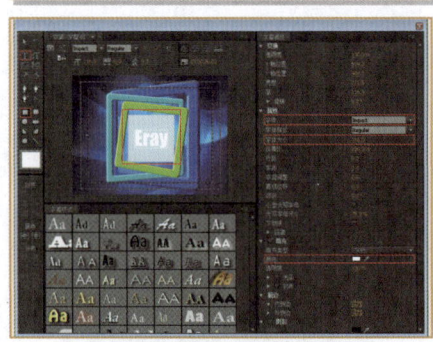

13 选择文字，然后单击【外侧边】后面的【添加】按钮，并设置【大小】为40。再次单击【添加】按钮，设置【颜色】为绿色（R：145，G：251，B：1），【大小】为60。

14 将项目中的【字幕01】拖曳到时间线窗口中的视频5轨道上。

15 可拖动时间线滑块查看最终立体方框效果。

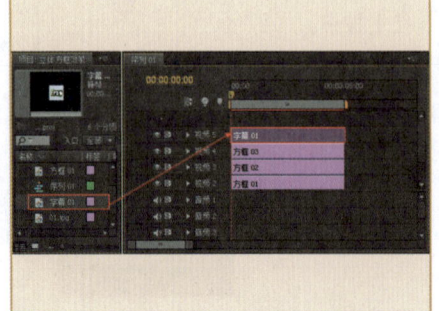

实例194 水墨画卷效果

为素材文件添加黑白特效可以将图像由彩色变为黑白,添加亮度与对比度特效可以将画面的黑白对比度调高,使用中值特效可以制作出类似水墨画的效果。本例主要介绍制作水墨画卷效果的方法。

文件路径:源文件\第10章\例194　　　　视频文件:视频文件\第10章\例194.flv

01 新建项目,在弹出的对话框中单击【浏览】按钮设置储存路径,在【名称】文本框修改文件名称,单击【确定】按钮。

02 在弹出的对话框中选择【设置】选项卡,设置【编辑模式】为【自定义】,【画面大小】为1024×768,【像素纵横比】为【方形像素(1.0)】,设置【序列名称】,单击【确定】按钮。

03 在项目窗口中空白处双击鼠标左键或者按快捷键Ctrl+I,在弹出的对话框中选择所需素材文件,单击【打开】按钮。

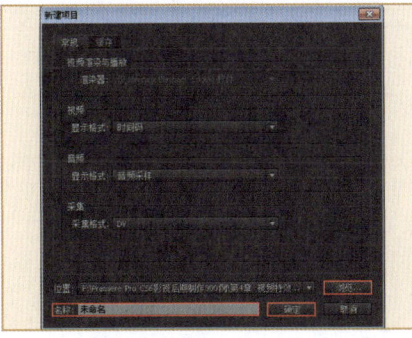
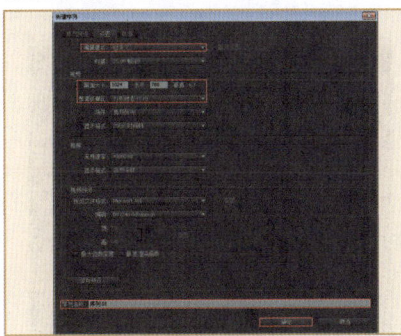
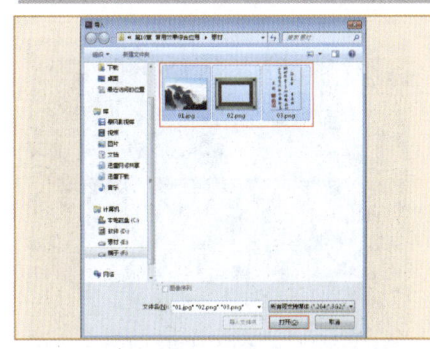

04 选择项目窗口中的【01.jpg】和【02.png】素材文件,然后按顺序拖曳到时间线窗口中的视频1和视频2轨道上。

05 为时间线窗口中的【01.jpg】素材文件添加【黑白】和【亮度与对比度】特效,并设置【亮度】为-32,【对比度】为10。

06 继续为【01.jpg】素材文件添加【中值】特效,并设置【半径】为4。

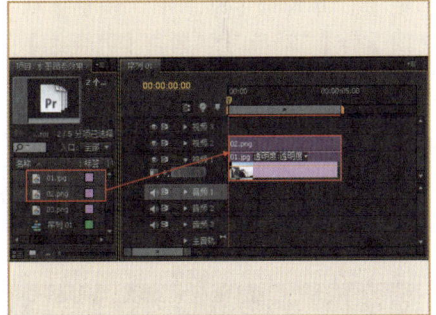
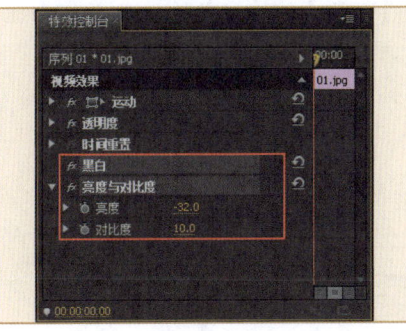
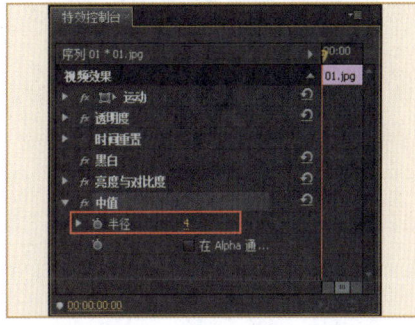

07 将项目窗口中的【03.png】素材文件拖曳到时间线窗口中的视频3轨道上。

08 选择时间线窗口中的【03.png】素材文件,并设置【位置】为(784,313),【缩放】为55。

09 可拖动时间线滑块查看最终水墨画卷效果。

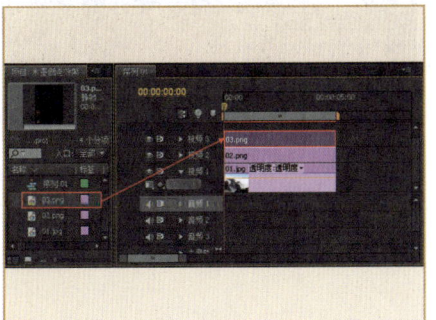
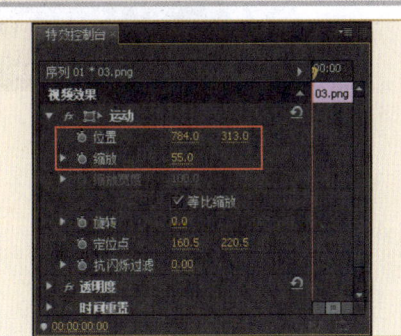

中文 Premiere Pro CS6 影视编辑剪辑设计与制作 300例

实例195　金属破裂效果

使用字幕面板中的钢笔工具可绘制出裂痕的边缘形状，为绘制的形状可添加金属材质贴图。本例主要介绍制作金属破裂效果的方法。

文件路径：源文件\第10章\例195　　　　视频文件：视频文件\第10章\例195.flv

01 新建项目，在弹出的对话框中单击【浏览】按钮设置储存路径，在【名称】文本框修改文件名称，单击【确定】按钮。

02 在弹出的对话框中选择【设置】选项卡，设置【编辑模式】为【自定义】，【画面大小】为1024×768，【像素纵横比】为【方形像素（1.0）】，设置【序列名称】，单击【确定】按钮。

03 在项目窗口中空白处双击鼠标左键或者按快捷键Ctrl+I，在弹出的对话框中选择所需素材文件，单击【打开】按钮。

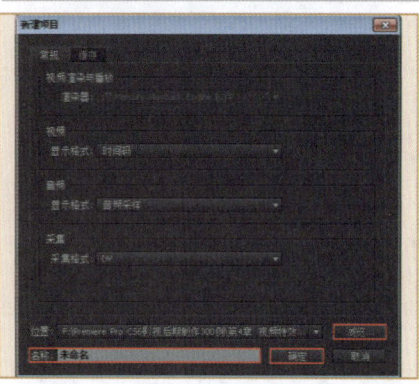 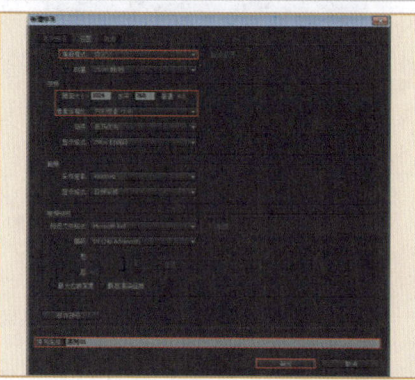 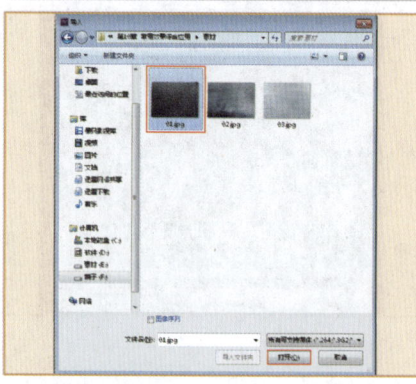

04 将项目窗口中的【01.jpg】素材文件拖曳到时间线窗口中的视频1轨道上。

05 选择菜单栏中的【字幕】|【新建字幕】|【默认静态字幕】命令，在弹出的对话框中设置【名称】为【字幕01】，单击【确定】按钮。

06 选择 （钢笔工具），在工作区中绘制一个闭合图案，然后设置【图形类型】为【填充曲线】，并勾选【材质】，设置【材质】为【02.jpg】。单击【外侧边】后面的【添加】按钮，设置【大小】为13，【角度】为235°，最后勾选【材质】，设置【材质】为【03.jpg】。

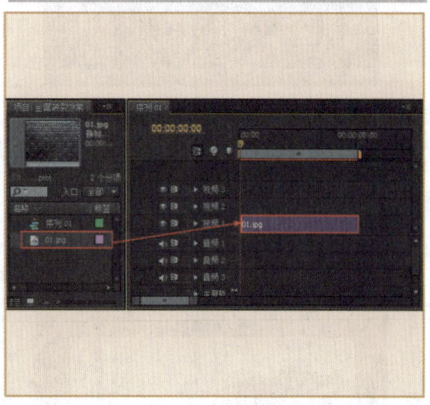 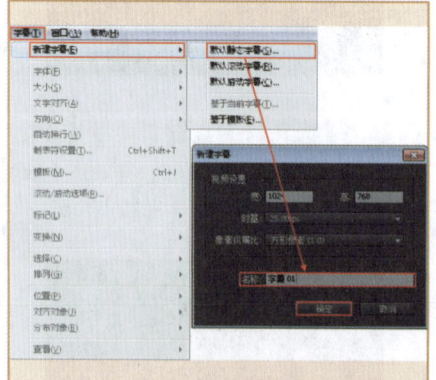 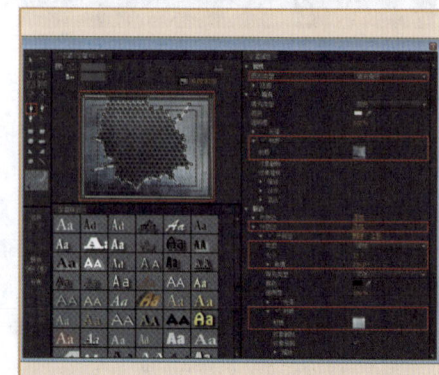

第10章　常用效果综合应用

07 将项目窗口中的【字幕01】拖曳到时间线窗口中的视频2轨道上。

08 为时间线窗口中的【字幕01】添加【投影】特效，并设置【透明度】为90%，【方向】为244°，【距离】为70，【柔和度】为200。

09 可拖动时间线滑块查看最终金属破裂效果。

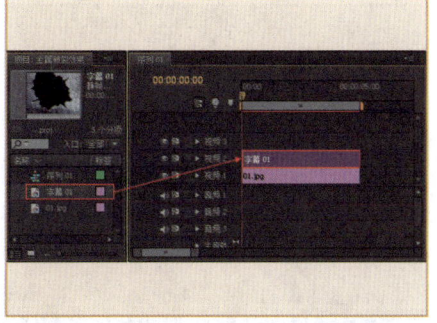 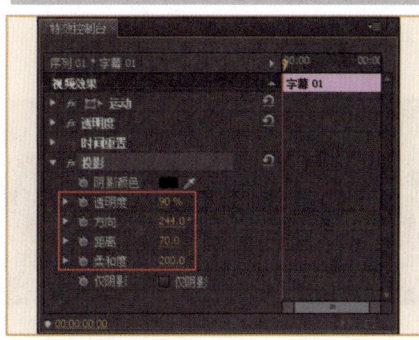 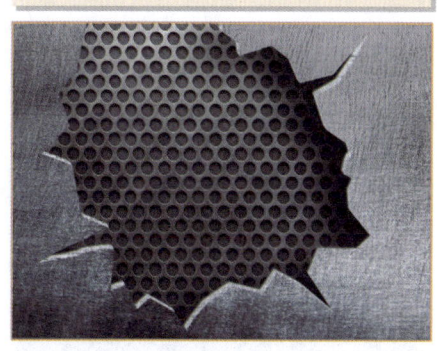

实例196　模糊文字效果

利用高斯模糊的模糊方向可为素材水平和垂直方向制作模糊效果。本例主要介绍制作模糊文字效果的方法。

文件路径：源文件\第10章\例196　　　视频文件：视频文件\第10章\例196.flv

01 新建项目，在弹出的对话框中单击【浏览】按钮设置储存路径，在【名称】文本框修改文件名称，单击【确定】按钮。

02 在弹出的对话框中选择【设置】选项卡，设置【编辑模式】为【自定义】，【画面大小】为1024×768，【像素纵横比】为【方形像素（1.0）】，设置【序列名称】，单击【确定】按钮。

03 在项目窗口中空白处双击鼠标左键或者按快捷键Ctrl+I，在弹出的对话框中选择所需素材文件，单击【打开】按钮。

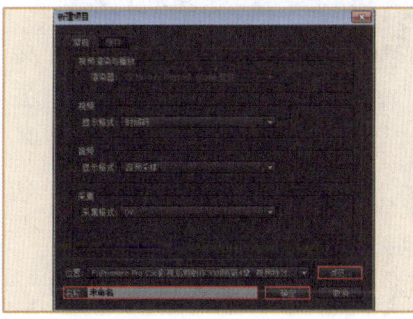

04 将项目窗口中的【01.jpg】素材文件拖曳到时间线窗口中的视频1轨道上。

05 为时间线窗口中的【01.jpg】素材文件添加【亮度与对比度】特效，并设置【亮度】为-51，【对比度】为-20。

06 选择菜单栏中的【字幕】|【新建字幕】|【默认静态字幕】命令，在弹出的对话框中设置【名称】为【字幕01】，单击【确定】按钮。

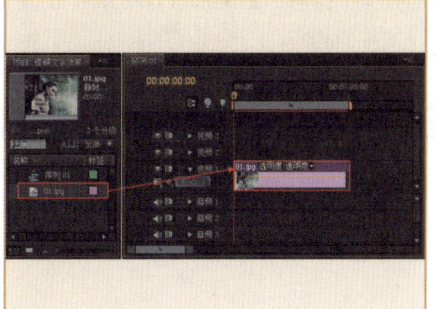 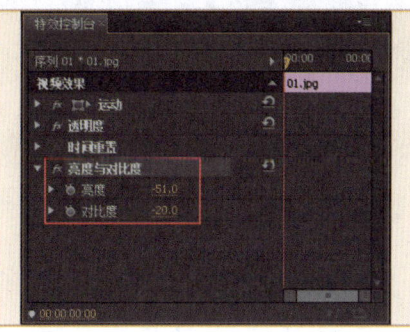 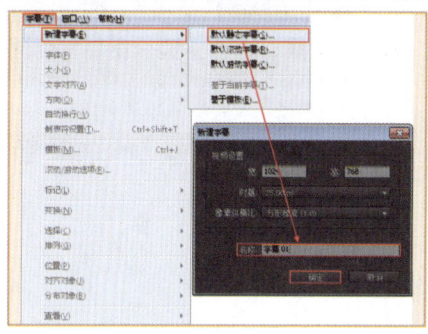

07 选择 ▧（直线工具），并设置【线宽】为26和47，设置【颜色】为绿色（R：2，G：115，B：105）和黄色（R：184，G：134，B：8）。

08 将项目窗口中的【字幕01】拖曳到时间线窗口中的视频2轨道上。

09 为时间线窗口中的【字幕01】添加【高斯模糊】特效，并设置【模糊方向】为【垂直】，【模糊度】为50。

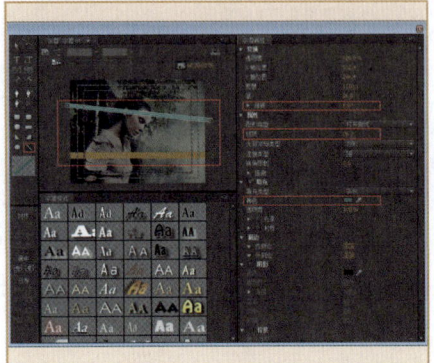 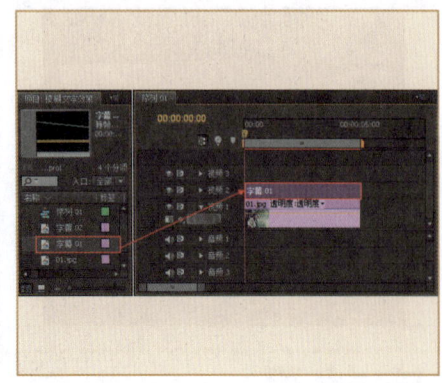 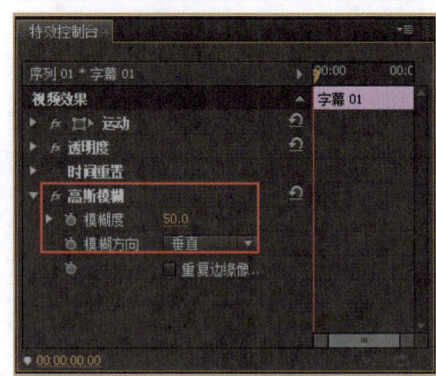

10 新建【字幕02】。选择（输入工具），在工作区中输入文字，并设置【旋转】为6°，【字体】为【Ebrima】，【字体样式】为【Bold】，【字体大小】为143，【颜色】为绿色（R：2，G：115，B：105）和黄色（R：184，G：134，B：8）。

11 将项目窗口中的【字幕02】拖曳到时间线窗口中的视频3轨道上，为【字幕02】添加【高斯模糊】特效，并设置【模糊方向】为【水平】，【模糊度】为40。

12 可拖动时间线滑块查看最终模糊文字效果。

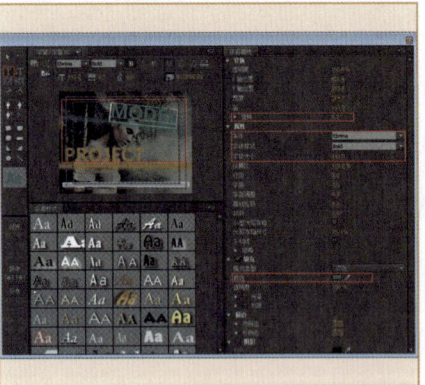 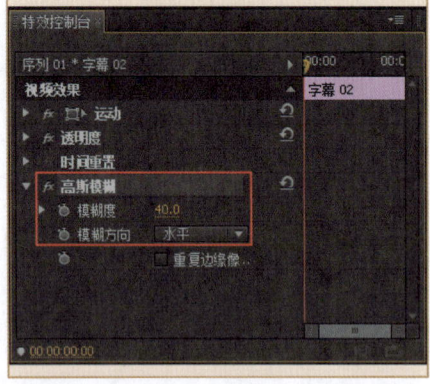 

实例197　金属背景文字效果

利用【字幕】面板中的矩形工具和材质选项可制作出金属背景效果，利用垂直翻转和线性擦除特效可制作出金属倒影效果。本例主要介绍制作金属背景文字效果的方法。

文件路径：源文件\第10章\例197　　　视频文件：视频文件\第10章\例197.flv

第10章 常用效果综合应用

01 新建项目，在弹出的对话框中单击【浏览】按钮设置储存路径，在【名称】文本框修改文件名称，单击【确定】按钮。

02 在弹出的对话框中选择【设置】选项卡，设置【编辑模式】为【自定义】，【画面大小】为1024×768，【像素纵横比】为【方形像素（1.0）】，设置【序列名称】，单击【确定】按钮。

03 在菜单栏中选择【文件】|【新建】|【黑色视频】命令，在弹出的对话框中单击【确定】按钮。

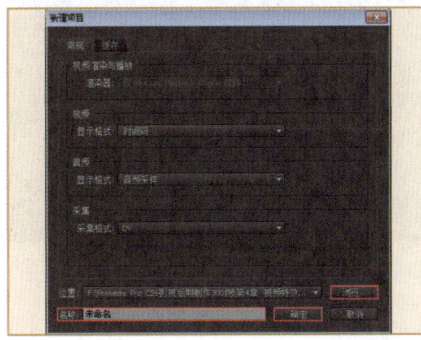
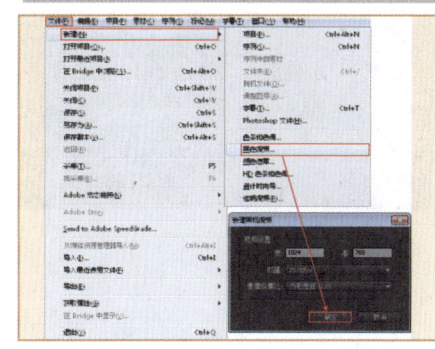

04 将项目窗口中的【黑色视频】重命名为【背景】，并拖曳到时间线窗口中的视频1轨道上。

05 为时间线窗口中的【背景】添加【渐变】特效，并设置【起始颜色】为灰色（R：122，G：122，B：122），【结束颜色】为深灰色（R：22，G：22，B：22）。

06 选择菜单栏中的【字幕】|【新建字幕】|【默认静态字幕】命令，在弹出的对话框中设置【名称】为【字幕01】，单击【确定】按钮。

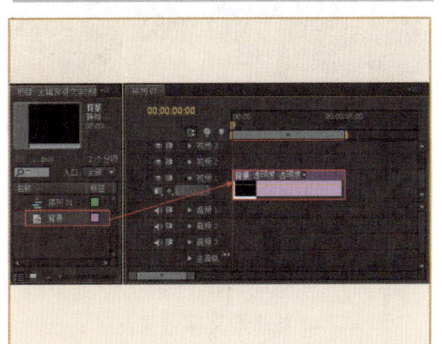
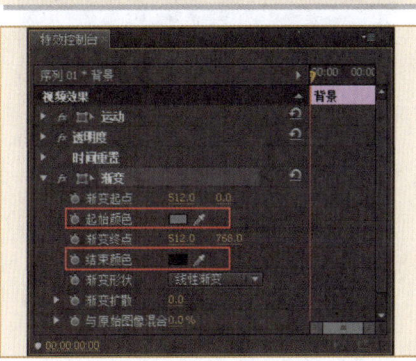
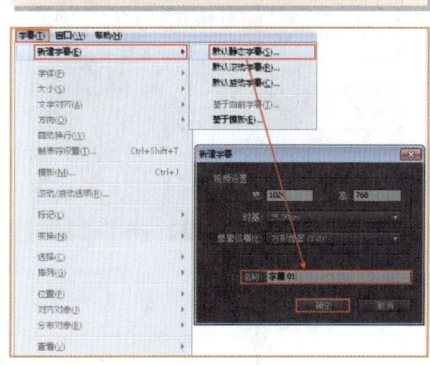

07 选择■（矩形工具），在工作区中绘制一个矩形，并勾选【材质】。接着单击材质后面的材质框，在弹出的列表中选择【01.jpg】。

08 再次选择■（矩形工具），在工作区中绘制一个矩形，并设置【图形类型】为【闭合曲线】，【线宽】为35，【填充类型】为【线性渐变】，【颜色】为浅灰色（R：123，G：123，B：123）和深灰色（R：80，G：80，B：80）。接着勾选【光泽】，并设置【大小】为100。

09 选择T（输入工具），在工作区中输入文字，并设置【字体】为【Impact】，【字体大小】为406，【颜色】为黄色（R：255，G：165，B：0）。

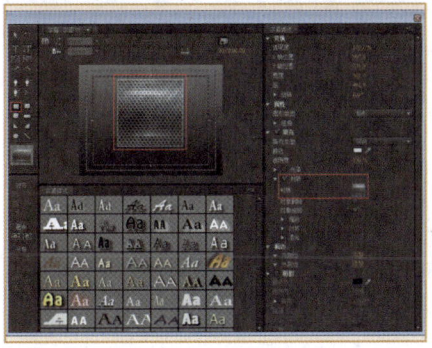
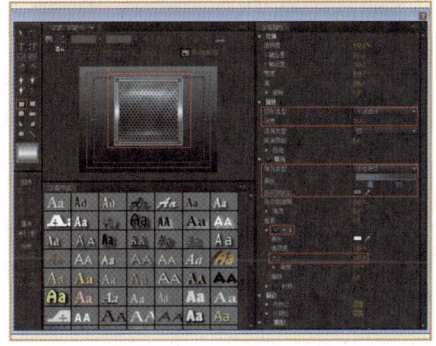
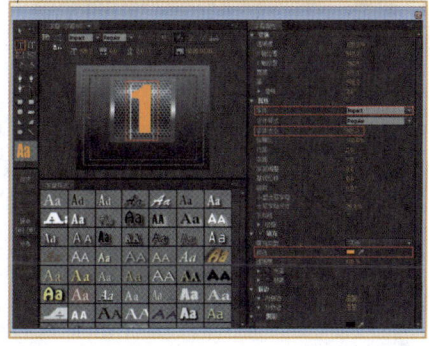

10 将项目窗口中的【字幕01】拖曳到时间线窗口中的视频3轨道上。

11 为时间线窗口中的【字幕01】添加【斜面Alpha】特效,并设置【边缘厚度】为6,【照明角度】为-20°,【照明强度】为0.8。

12 将视频3轨道上的【字幕01】复制到视频2轨道上,并重命名为【图案】。

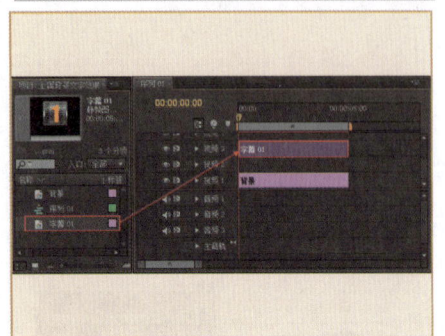
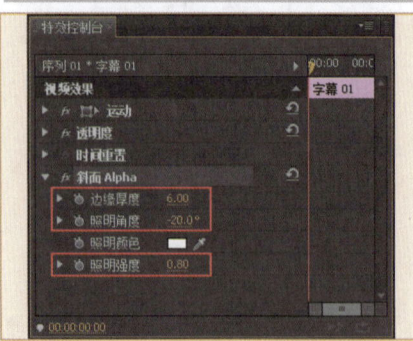
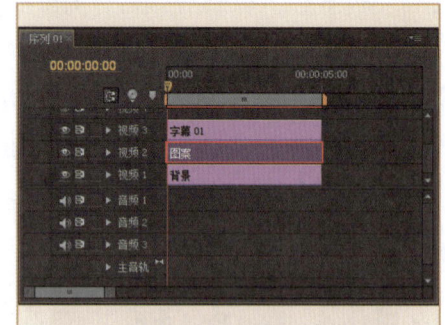

13 选择时间线窗口中的【图案】,并设置【缩放】为160,【位置】为(426,405),【透明度】为20%,【混合模式】为【叠加】。

14 为时间线窗口中的【图案】添加【基本3D】,并设置【旋转】为24°,【倾斜】为-5°。

15 将视频3轨道上的【字幕01】复制到视频4轨道上,并重命名为【倒影】。

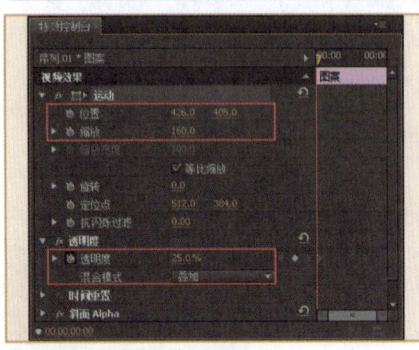
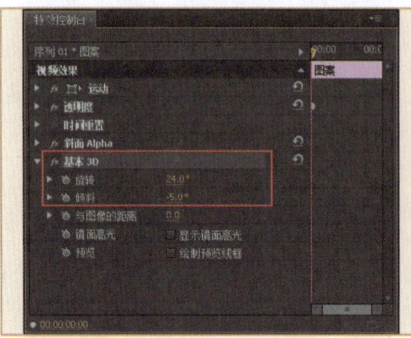
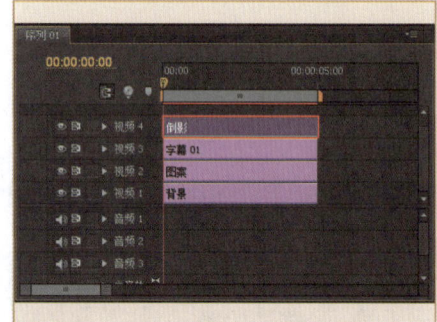

16 为时间线窗口中的【倒影】添加【垂直翻转】特效,并设置【位置】为(512,744)。

17 为时间线窗口中的【倒影】添加【线性擦除】特效,并设置【擦除角度】为0°,【过渡完成】为60%,【羽化】为160。

18 可拖动时间线滑块查看最终金属背景文字效果。

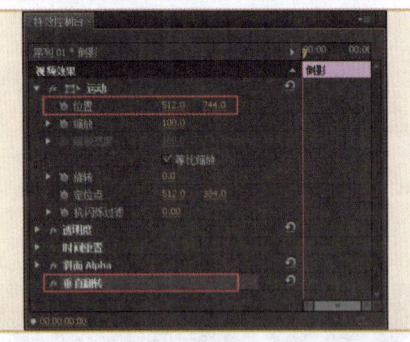
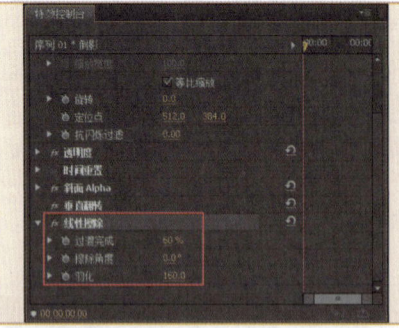

实例198　圆形标志效果

利用轨道遮罩键特效可制作出圆形图案形状,利用快速模糊特效可制作出文字背景的边缘渐隐效果。本例主要掌握制作圆形标志效果的方法。

文件路径:源文件\第10章\例198　　　视频文件:视频文件\第10章\例198.flv

第10章 常用效果综合应用

01 新建项目，在弹出的对话框中单击【浏览】按钮设置储存路径，在【名称】文本框修改文件名称，单击【确定】按钮。

02 在弹出的对话框中选择【设置】选项卡，设置【编辑模式】为【自定义】，【画面大小】为1024×768，【像素纵横比】为【方形像素（1.0）】，设置【序列名称】，单击【确定】按钮。

03 在项目窗口中空白处双击鼠标左键或者按快捷键Ctrl+I，在弹出的对话框中选择所需素材文件，单击【打开】按钮。

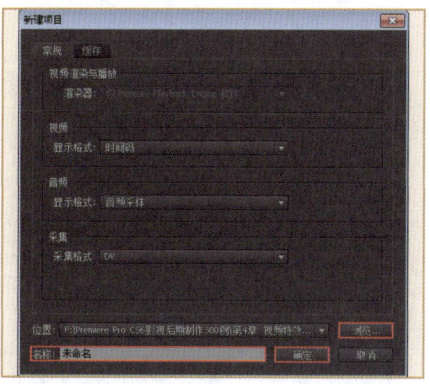 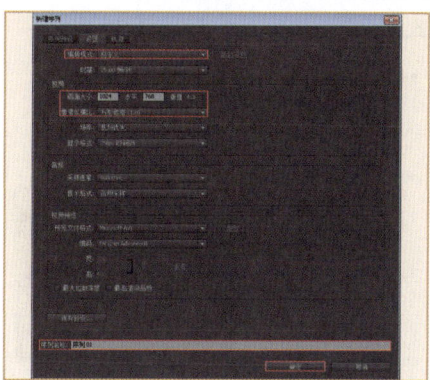 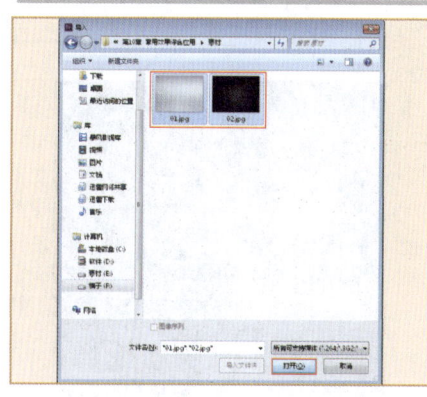

04 选择项目窗口中的【01.jpg】和【02.jpg】素材文件，然后按顺序拖曳到时间线窗口中的视频1和视频2轨道上。

05 在菜单栏中选择【文件】|【新建】|【黑色视频】命令，在弹出的对话框中单击【确定】按钮。

06 将项目窗口中的【黑色视频】拖曳到时间线窗口中的视频3轨道上，并重命名为【圆形蒙板】。

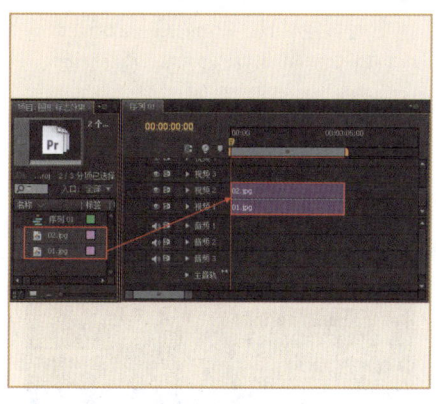 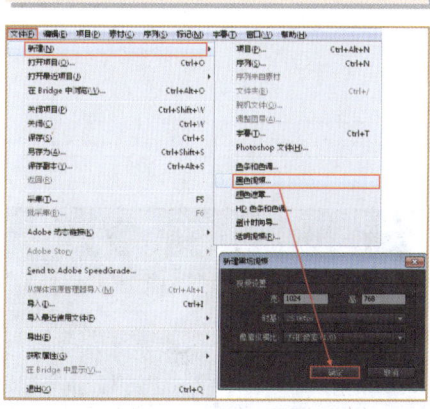 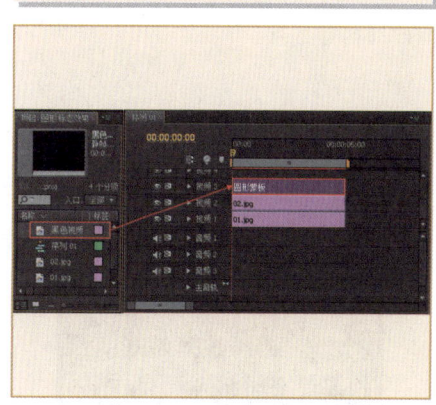

07 为时间线窗口中的【圆形蒙板】添加【圆】特效，并设置【居中】为（512,326），【半径】为270。

08 为时间线窗口中的【02.jpg】素材文件添加【轨道遮罩键】特效，并设置【遮罩】为【视频3】。

09 将时间线窗口中的【圆形蒙板】复制到视频4轨道上，并重命名为【圆环】。

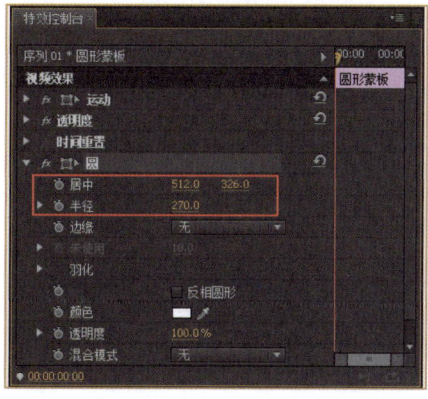 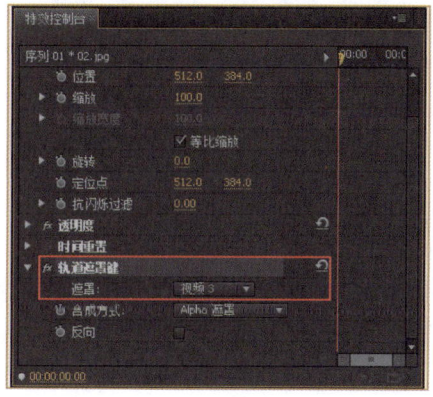 

10 选择时间线窗口中的【圆环】，并重新设置【圆】特效下的【边缘】为【厚度】，【厚度】为30，【半径】为280，【颜色】为灰色（R：150，G：150，B：150）。继续添加【斜面Alpha】特效，并设置【边缘厚度】为6，【照明强度】为0.6。

11 选择菜单栏中的【字幕】|【默认静态字幕】命令，在弹出的对话框中设置【名称】为【字幕01】，单击【确定】按钮。

12 选择■（矩形工具），在工作区中绘制一个矩形，并设置【填充类型】为【线性渐变】，【颜色】为黄色（R：255，G：192，B：0）和深黄色（R：255，G：162，B：0）。接着勾选【阴影】，并设置【透明度】为70%，【角度】为0°，【距离】为8。

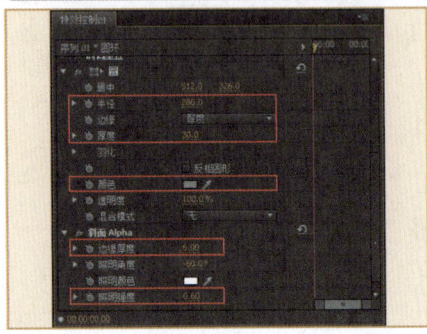 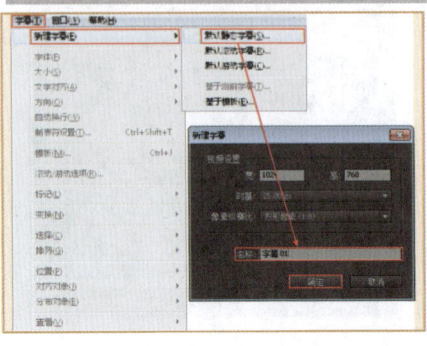 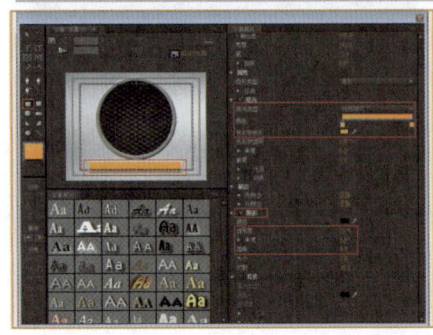

13 为时间线窗口中的【字幕01】添加【快速模糊】特效，并设置【模糊】为【水平】，【模糊量】为130。

14 将项目窗口中的【字幕01】拖曳到时间线窗口中的视频5轨道上。

15 新建【字幕02】，然后选择 T（输入工具），在工作区中输入文字，并设置【字体】为【Impact】，【字体大小】为181，【填充类型】为【线性渐变】，【颜色】为黄色（R：255，G：255，B：0）和深黄色（R：255，G：162，B：0）。

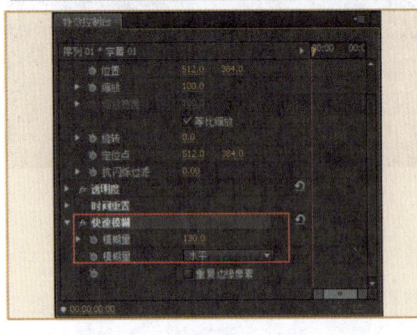 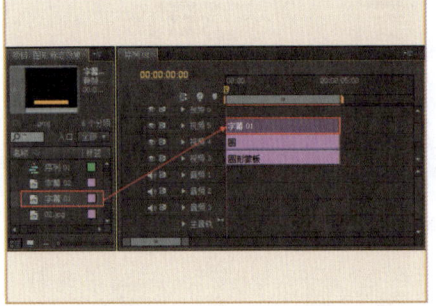 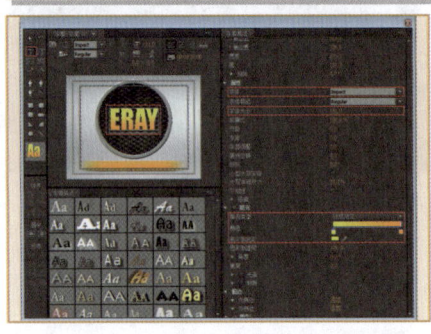

16 继续选择 T（输入工具），在工作区中输入文字，并设置【字体】为【Calibri】，【字体大小】为59，【颜色】为黑色（R：0，G：0，B：0）。

17 将项目窗口中的【字幕01】拖曳到时间线窗口中的视频6轨道上。

18 可拖动时间线滑块查看最终圆形标志效果。

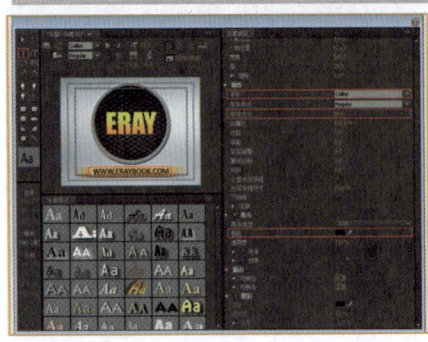 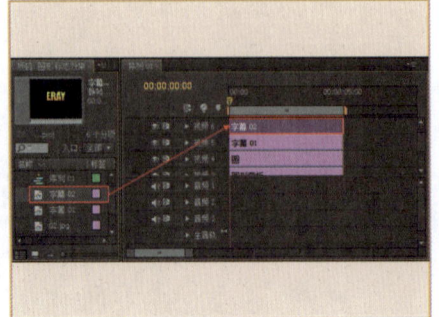 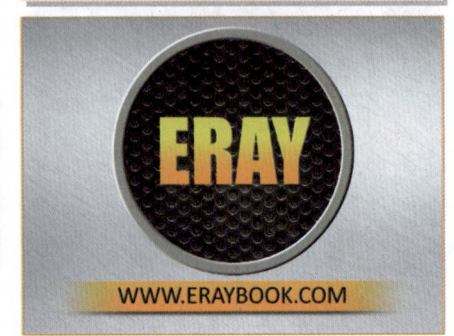

第10章 常用效果综合应用

实例199　彩色指示牌效果

利用【字幕】面板中的钢笔工具可绘制出指示牌的形状,使用外侧边选项可制作出指示牌形状的立体效果。本例主要介绍制作彩色指示牌效果的方法。

文件路径：源文件\第10章\例199　　　　**视频文件**：视频文件\第10章\例199.flv

01 新建项目,在弹出的对话框中单击【浏览】按钮设置储存路径,在【名称】文本框修改文件名称,单击【确定】按钮。

02 在弹出的对话框中选择【设置】选项卡,设置【编辑模式】为【自定义】,【画面大小】为1024×768,【像素纵横比】为【方形像素(1.0)】,设置【序列名称】,单击【确定】按钮。

03 在项目窗口中空白处双击鼠标左键或者按快捷键Ctrl+I,在弹出的对话框中选择所需素材文件,单击【打开】按钮。

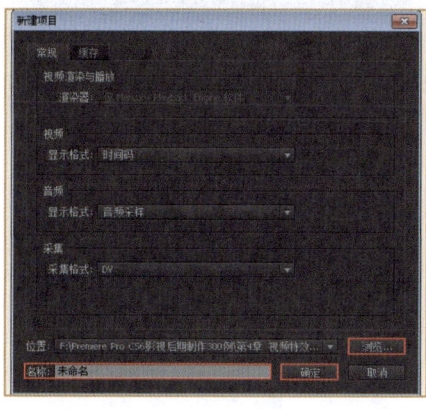 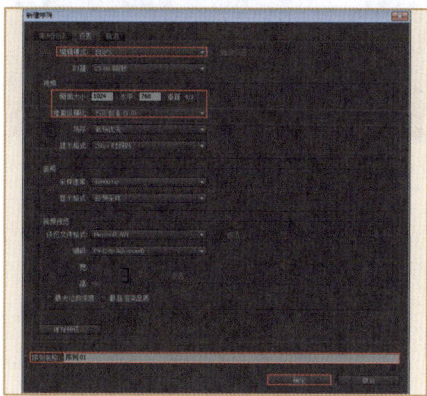 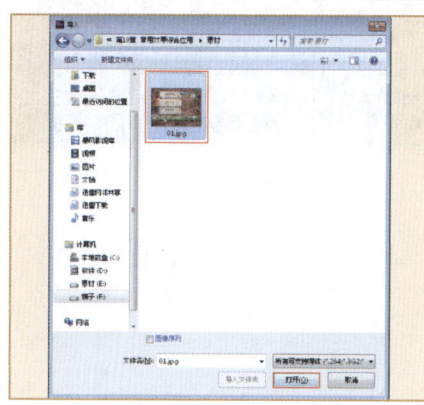

04 将项目窗口中的【01.jpg】拖曳到时间线窗口中的视频1轨道上。

05 选择菜单栏中的【字幕】|【新建字幕】|【默认静态字幕】命令,在弹出的对话框中设置【名称】为【字幕01】,单击【确定】按钮。

06 选择■(矩形工具),在工作区中绘制一个矩形,并设置【颜色】为橙色(R:255,G:162,B:0)。

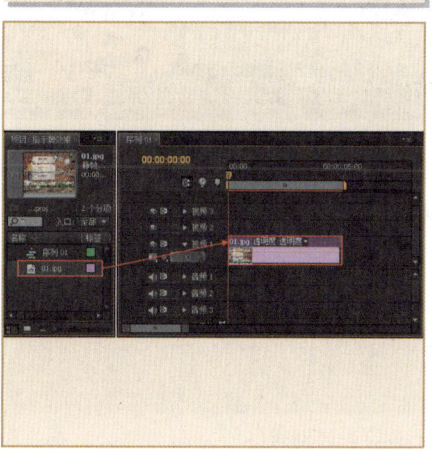 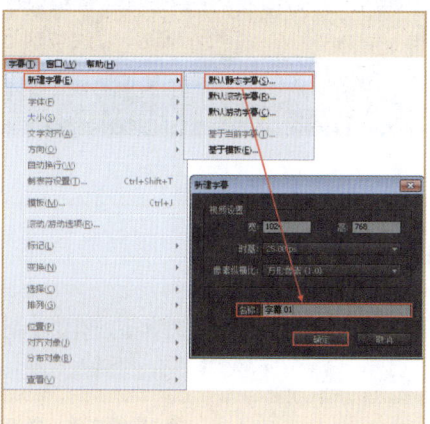 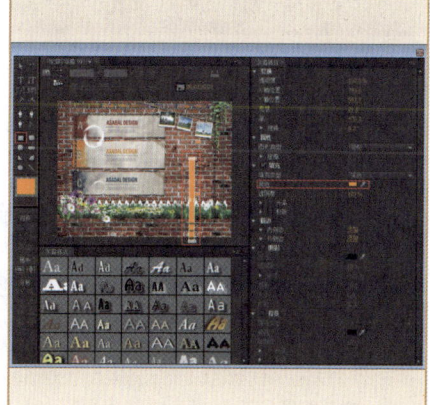

Premiere Pro CS6 | 205

07
选择 ■（钢笔工具），在工作区中绘制一个指示牌形状，并设置【图形类型】为【填充曲线】，【颜色】为蓝色（R：0，G：204，B：255）。接着单击【外侧边】后面的【添加】按钮，并设置【类型】为【深度】，【大小】为14，【角度】为149°，【颜色】为深蓝色（R：0，G：144，B：180）。

08
依此类推，在工作区中制作出其余的彩色指示牌形状。

09
选择 T（输入工具），在工作区中输入文字，并调整旋转角度，设置【字体】为【Arial】，【字体样式】为【Black】，【字体大小】为55，【颜色】为黑色（R：0，G：0，B：0）。

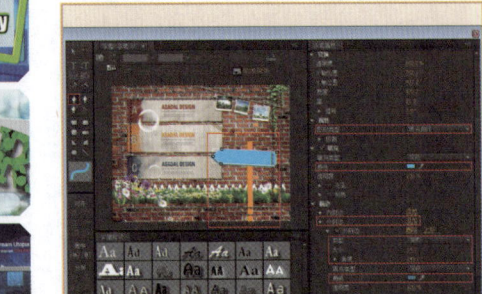
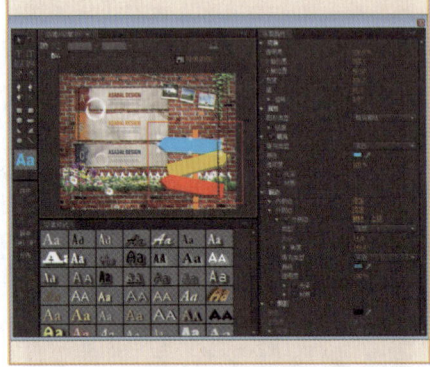
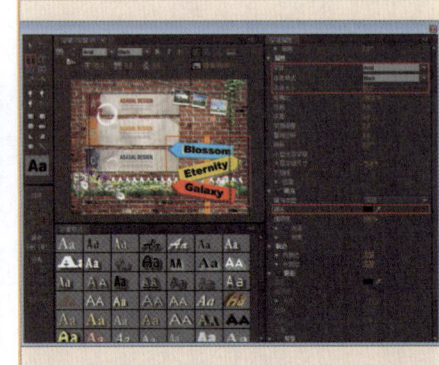

10
将项目窗口中的【01.jpg】素材文件拖曳到时间线窗口中的视频2轨道上。

11
为时间线窗口中的【字幕01】添加【投影】特效，并设置【方向】为221°，【距离】为10，【柔和度】为30。

12
可拖动时间线滑块查看最终彩色指示牌效果。

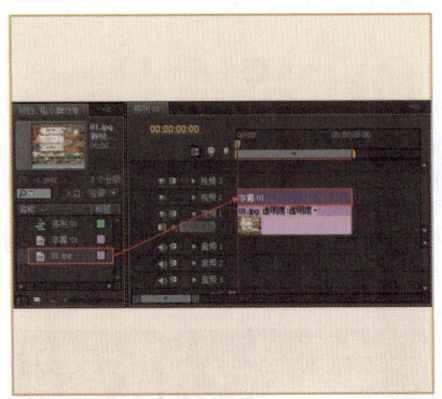
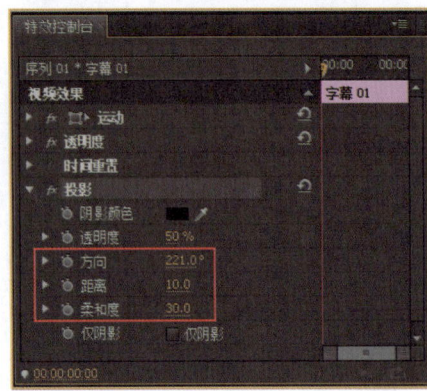

实例200　彩色方块效果

利用【字幕】面板中的矩形工具可绘制出正方形，添加外侧边选项可制作出渐变的立体效果。本例主要介绍制作彩色方块效果的方法。

文件路径：源文件\第10章\例200　　　视频文件：视频文件\第10章\例200.flv

第10章 常用效果综合应用

01 新建项目,在弹出的对话框中单击【浏览】按钮设置储存路径,在【名称】文本框修改文件名称,单击【确定】按钮。

02 在弹出的对话框中选择【设置】选项卡,设置【编辑模式】为【自定义】,【画面大小】为1024×768,【像素纵横比】为【方形像素(1.0)】,设置【序列名称】,单击【确定】按钮。

03 在菜单栏中选择【文件】|【新建】|【黑色视频】命令,在弹出的对话框中单击【确定】按钮。

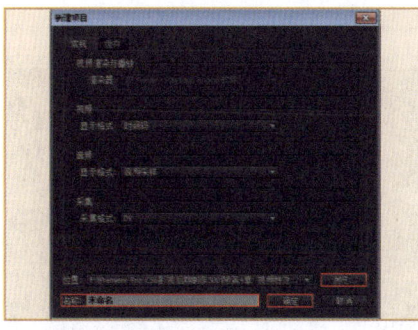

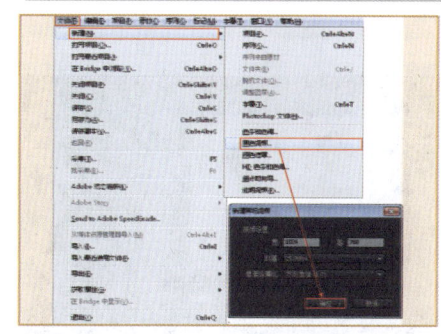

04 将项目窗口中的【黑色视频】重命名为【背景】,然后将其拖曳到时间线窗口中的视频1轨道上。

05 为时间线窗口中的【背景】添加【渐变】特效,并设置【渐变类型】为【径向渐变】,【渐变起点】为(512,384),【起始颜色】为白色(R:255,G:255,B:255),【渐变终点】为(512,1101),【结束颜色】为灰色(R:180,G:180,B:180)。

06 选择菜单栏中的【字幕】|【新建字幕】|【默认静态字幕】命令,在弹出的对话框中设置【名称】为【字幕01】,单击【确定】按钮。

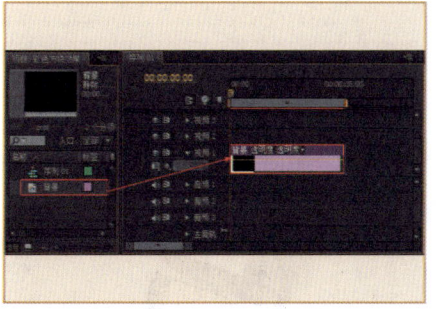

07 可拖动时间线滑块查看效果。

08 选择■(矩形工具),在工作区中绘制一个矩形,设置【旋转】为306°,【颜色】为蓝色(R:31,G:134,B:200)。

09 单击【外侧边】后面的【添加】按钮,并设置【类型】为【深度】,【大小】为85,【角度】为107°,【颜色】为灰色(R:75,G:75,B:75)和黑色(R:0,G:0,B:0)。接着勾选【阴影】,并设置【角度】为-86°,【距离】为12,【扩散】为100。

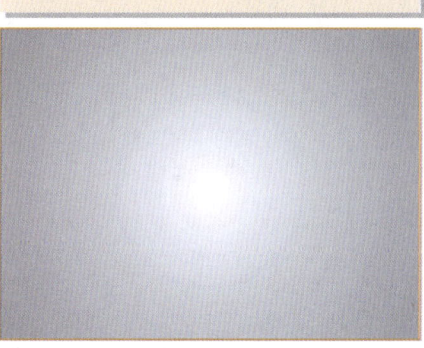

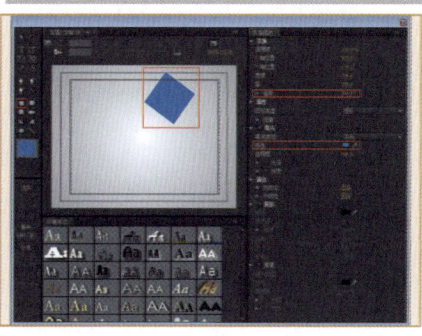

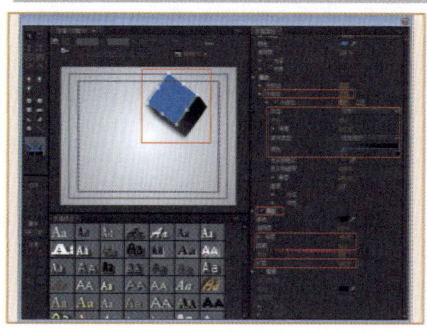

10 依此类推，在工作区中制作出其余的彩色方块。

11 将项目窗口中的【字幕01】拖曳到时间线窗口中的视频2轨道上。

12 选择■（圆矩形工具），在工作区中绘制一个圆矩形，设置【颜色】为白色（R: 255, G: 255, B: 255）。接着勾选【外侧边】后面的【添加】按钮，并设置【颜色】为灰色（R: 135, G: 135, B: 135）。

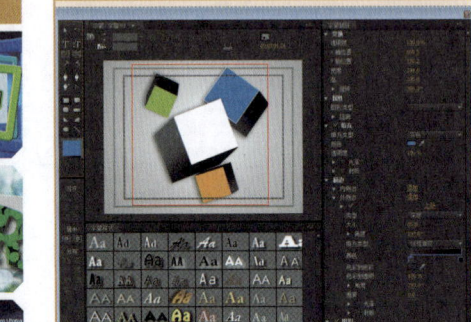
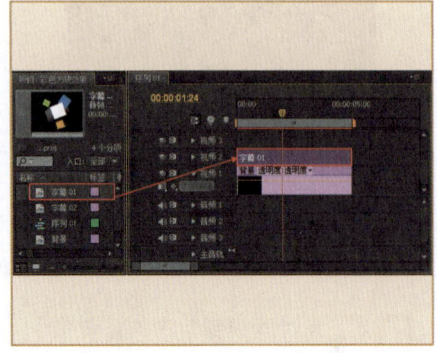
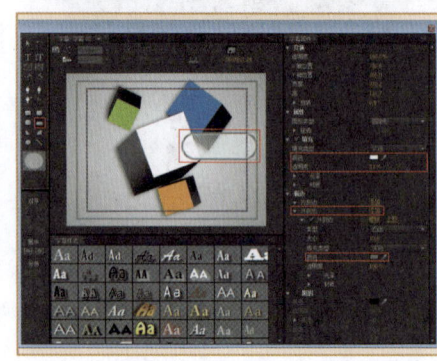

13 选择■（输入工具），在工作区中输入文字，并设置【字体】为【Ebrima】，【字体样式】为【Bold】，【字体大小】为90，【颜色】为黑色（R: 0, G: 0, B: 0）。

14 将项目窗口中的【字幕02】拖曳到时间线窗口中的视频3轨道上。

15 可拖动时间线滑块查看最终彩色方块效果。

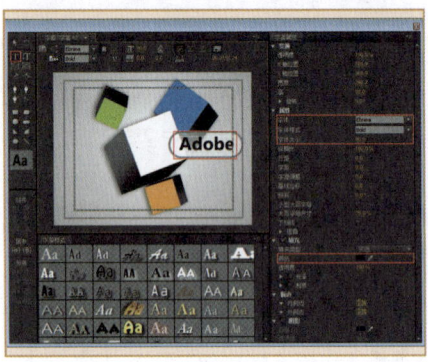
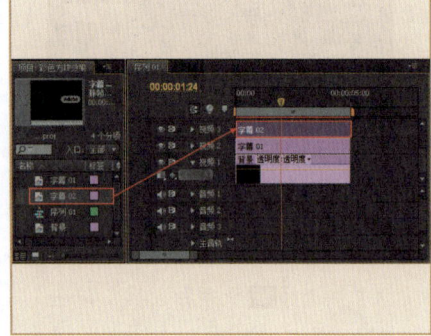

第11章
输出影片

渲染输出是指在Adobe Premiere Pro CS6中将完成的工程文件生成最终影片的过程。因为Adobe Premiere Pro CS6的源文件无法在电视、电影、广告、播放器中播放使用，因此需要根据实际情况，选择不同的格式进行输出。

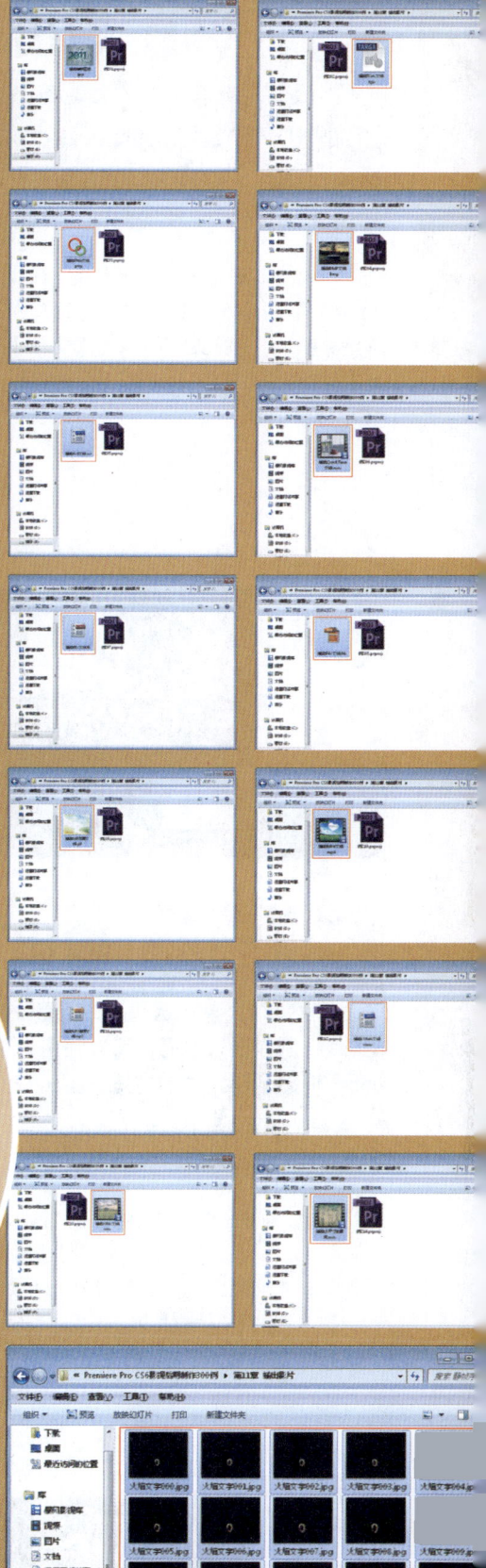

中文 Premiere Pro CS6 影视编辑剪辑设计与制作 300 例

实例201 输出单帧图像

JPG格式是最常用的一种图片格式，该格式为有损压缩，是降低图像质量将文件进行压缩的一种格式。本例主要介绍输出JPG格式的单帧图像的方法。

文件路径：源文件\第11章\例201

视频文件：视频文件\第11章\例201.flv

01 打开光盘中的【例201.prproj】素材文件，选择时间线窗口，选择菜单栏中的【文件】|【导出】|【媒体】命令或按快捷键Ctrl+M。

02 在弹出的对话框中设置【格式】为【JPEG】，【预设】为【自定】。然后单击【输出名称】按钮，在弹出的对话框中设置输出路径和文件名称。设置【宽度】为1024，【高度】为768，不勾选【导出为序列】，设置【纵横比】为【方形像素（1.0）】，最后单击【导出】按钮。

03 此时在设置的输出路径下出现了一个单帧图像。

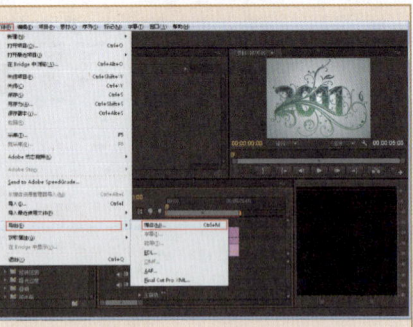
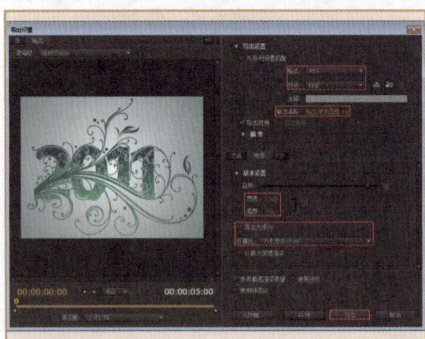
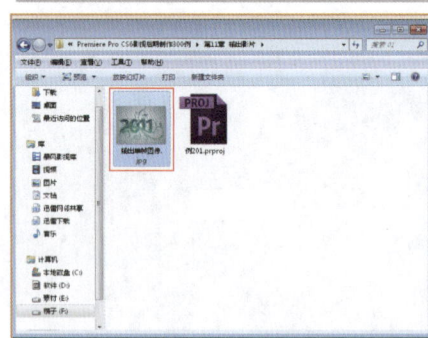

实例202 输出TGA文件

TGA格式是计算机上应用最广泛的图象格式，它在兼顾了BMP的图像质量的同时又兼顾了JPEG的体积优势。三维软件制作出来的图像可以利用TGA格式的优势，在图像内部生成一个通道，方便了在平面软件中的工作。本例主要介绍输出TGA文件的方法。

文件路径：源文件\第11章\例202

视频文件：视频文件\第11章\例202.flv

01 打开光盘中的【例202.prproj】素材文件，选择时间线窗口，然后选择菜单栏中的【文件】|【导出】|【媒体】命令或按快捷键Ctrl+M。

02 在弹出的对话框中设置【格式】为【Targa】，然后单击【输出名称】按钮，在弹出的对话框中设置输出路径和文件名称。接着设置【宽度】为1024，【高度】为768，设置【纵横比】为【方形像素（1.0）】，最后单击【导出】按钮。

03 此时在设置的输出路径下出现了一个TGA文件。

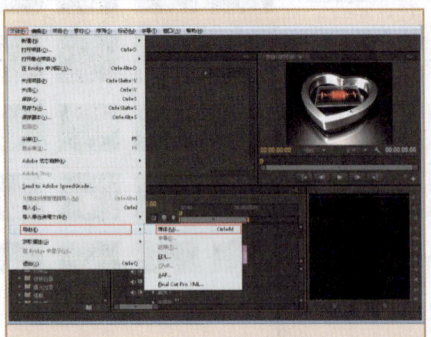
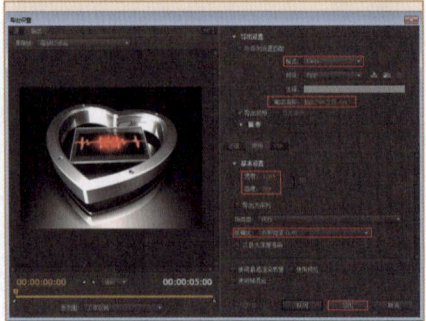
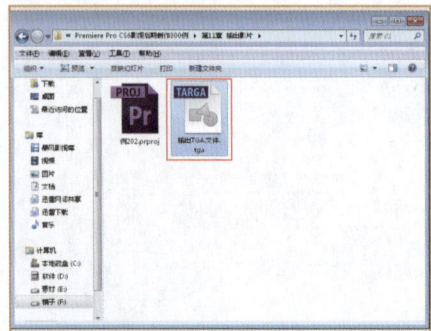

第11章 输出影片

实例203 输出PNG文件

PNG格式的图片具有透明性及文件体积较小等特性,被广泛应用于网页设计和平面设计中。本例主要介绍输出PNG文件的方法。

文件路径:源文件\第11章\例203

视频文件:视频文件\第11章\例203.flv

01 打开光盘中的【例203.prproj】素材文件,选择时间线窗口,然后选择菜单栏中的【文件】|【导出】|【媒体】命令或按快捷键Ctrl+M。

02 在弹出的对话框中设置【格式】为【PNG】,然后单击【输出名称】按钮,在弹出的对话框中设置输出路径和文件名称。接着设置【宽度】为1024,【高度】为768,不勾选【导出为序列】,设置【纵横比】为【方形像素(1.0)】,最后单击【导出】按钮。

03 此时在设置的输出路径下出现了一个PNG格式文件。

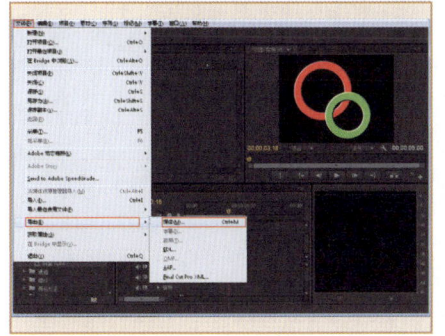
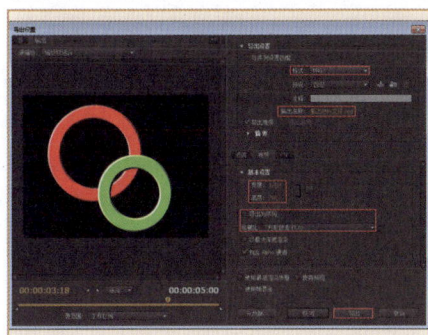
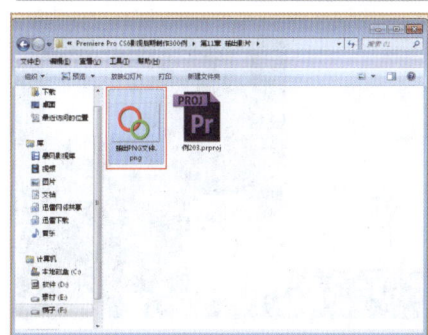

实例204 输出BMP文件

BMP是Window操作系统中的标准图像文件格式,在Windows环境中运行的图形图像软件都支持BMP图像格式,但BMP文件所占用的空间比较大。本例主要介绍输出BMP文件的方法。

文件路径:源文件\第11章\例204

视频文件:视频文件\第11章\例204.flv

01 打开光盘中的【例204.prproj】素材文件,选择时间线窗口,然后选择菜单栏中的【文件】|【导出】|【媒体】命令或按快捷键Ctrl+M。

02 在弹出的对话框中设置【格式】为【BMP】,然后单击【输出名称】按钮,在弹出的对话框中设置输出路径和文件名称。接着设置【宽度】为1024,【高度】为768,不勾选【导出为序列】,设置【纵横比】为【方形像素(1.0)】,最后单击【导出】按钮。

03 此时在设置的输出路径下出现了一个BMP格式文件。

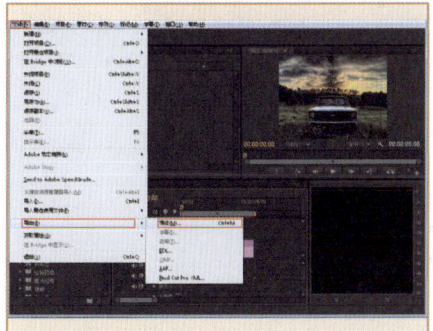

中文 Premiere Pro CS6 影视编辑剪辑设计与制作 300 例

实例205　输出AVI文件

AVI是音频视频交错格式，采用了一种有损压缩方式，主要应用在多媒体光盘上，用来保存各种影像信息。本例主要介绍输出AVI文件的方法。

文件路径：源文件\第11章\例205　　　视频文件：视频文件\第11章\例205.flv

01 打开光盘中的【例205.prproj】素材文件，选择时间线窗口，然后选择菜单栏中的【文件】|【导出】|【媒体】命令或按快捷键Ctrl+M。

02 在弹出的对话框中设置【格式】为【无压缩Microsoft AVI】，然后单击【输出名称】按钮，在弹出的对话框中设置输出路径和文件名称。接着设置【宽度】为1024，【高度】为768，设置【纵横比】为【方形像素（1.0）】，最后单击【导出】按钮。

03 此时在设置的输出路径下出现了一个AVI格式文件。

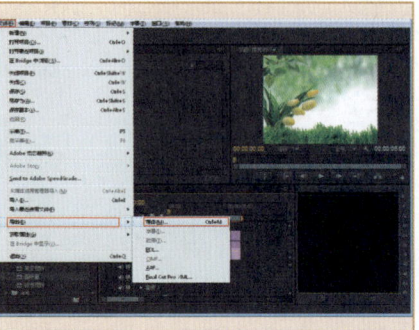

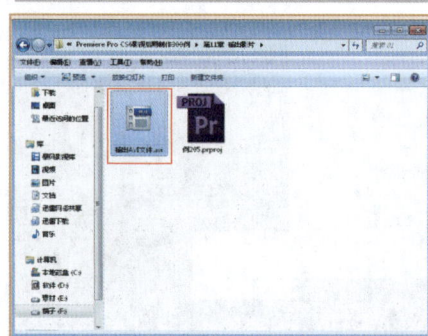

实例206　输出QuickTime文件

QuickTime文件格式为MOV，画面较为清晰，该格式是把压缩、储存、播放与文本、声音、动画和图像结合在一起的文件。本例主要介绍输出QuickTime文件的方法。

文件路径：源文件\第11章\例206　　　视频文件：视频文件\第11章\例206.flv

01 打开光盘中的【例206.prproj】素材文件，选择时间线窗口，然后选择菜单栏中的【文件】|【导出】|【媒体】命令或按快捷键Ctrl+M。

02 在弹出的对话框中设置【格式】为【QuickTime】，然后单击【输出名称】按钮，在弹出的对话框中设置输出路径和文件名称。接着设置【宽度】为1024，【高度】为768，设置【纵横比】为【方形像素（1.0）】，最后单击【导出】按钮。

03 此时在设置的输出路径下出现了一个MOV格式文件。

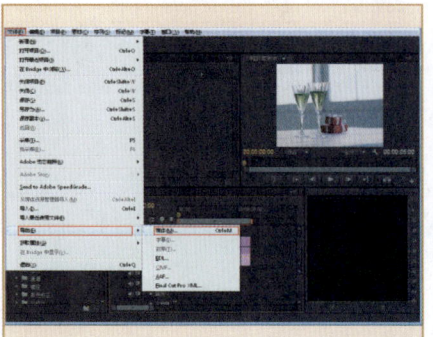
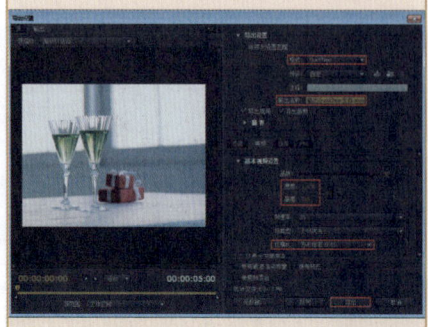

第11章 输出影片

实例207　输出FLV文件

FLV是FLASH VIDEO的简称，是H.263编码的视频格式，该格式形成的文件极小、加载速度极快，常用于网络视频。本例主要介绍输出FLV文件的方法。

文件路径：源文件\第11章\例207　　　视频文件：视频文件\第11章\例207.flv

01 打开光盘中的【例207.prproj】素材文件，选择时间线窗口，然后选择菜单栏中的【文件】|【导出】|【媒体】命令或按快捷键Ctrl+M。

02 在弹出的对话框中设置【格式】为【FLV】，然后单击【输出名称】按钮，在弹出的对话框中设置输出路径和文件名称。勾选【使用最高渲染质量】，最后单击【导出】按钮。

03 此时在设置的输出路径下出现了一个FLV格式文件。

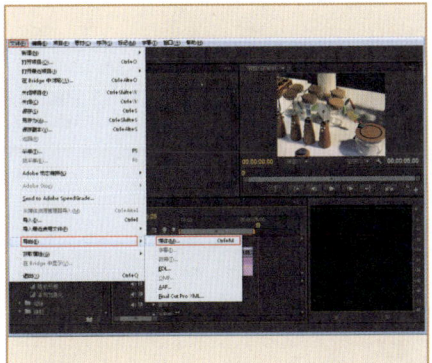
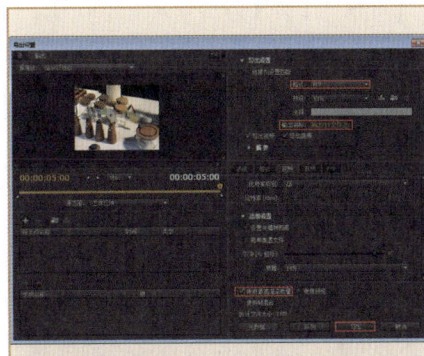

实例208　输出F4V文件

F4V是支持H.264编码的高清晰视频格式，在文件大小相同的情况下，清晰度高于FLV格式视频。本例主要介绍输出F4V文件的方法。

文件路径：源文件\第11章\例208　　　视频文件：视频文件\第11章\例208.flv

01 打开光盘中的【例208.prproj】素材文件，选择时间线窗口，然后选择菜单栏中的【文件】|【导出】|【媒体】命令或按快捷键Ctrl+M。

02 在弹出的对话框中设置【格式】为【F4V】，然后单击【输出名称】按钮，在弹出的对话框中设置输出路径和文件名称。勾选【使用最高渲染质量】，最后单击【导出】按钮。

03 此时在设置的输出路径下出现了一个F4V文件。

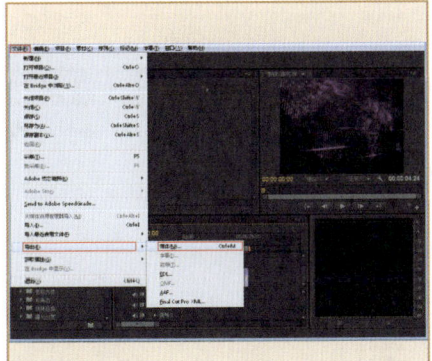
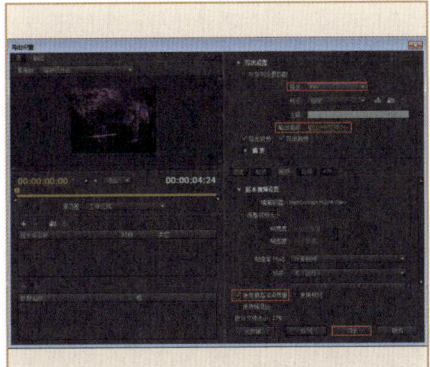
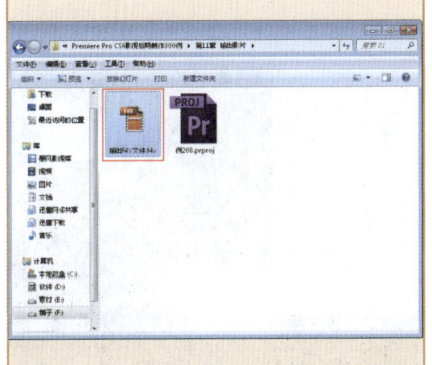

实例209 输出GIF动画文件

GIF分为静态GIF和动画GIF两种，是一种压缩位图格式，支持透明背景图像，多应用于网页上的很多小动画。其实GIF是将多幅图像保存为一个图像文件，从而形成动画，所以GIF仍然是图片文件格式。本例主要介绍输出GIF动画文件的方法。

文件路径：源文件\第11章\例209　　　　　视频文件：视频文件\第11章\例209.flv

01 打开光盘中的【例209.prproj】素材文件，选择时间线窗口，然后选择菜单栏中的【文件】|【导出】|【媒体】命令或按快捷键Ctrl+M。

02 在弹出的对话框中设置【格式】为【GIF】，然后单击【输出名称】按钮，在弹出的对话框中设置输出路径和文件名称。接着设置【宽度】为1024，【高度】为768，不勾选【导出为序列】，设置【纵横比】为【方形像素（1.0）】，最后单击【导出】按钮。

03 此时在设置的输出路径下出现了一个GIF格式动画文件。

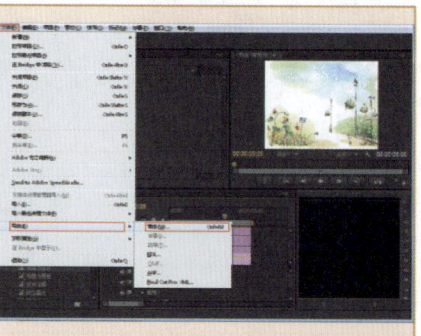

实例210 输出MP4文件

MP4是一种常见的视频格式，该格式可以用最少的数据获得最佳的图像质量，目前该格式广泛应该于掌上媒体等领域。本例主要介绍输出MP4文件的方法。

文件路径：源文件\第11章\例210　　　　　视频文件：视频文件\第11章\例210.flv

01 打开光盘中的【例210.prproj】素材文件，选择时间线窗口，然后选择菜单栏中的【文件】|【导出】|【媒体】命令或按快捷键Ctrl+M。

02 在弹出的对话框中设置【格式】为【H.264】，然后单击【输出名称】按钮，在弹出的对话框中设置输出路径和文件名称。接着设置【宽度】为1024，【高度】为768，【纵横比】为【方形像素（1.0）】，最后单击【导出】按钮。

03 此时在设置的输出路径下出现了一个MP4格式文件。

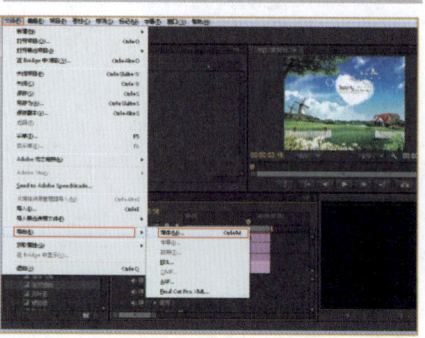

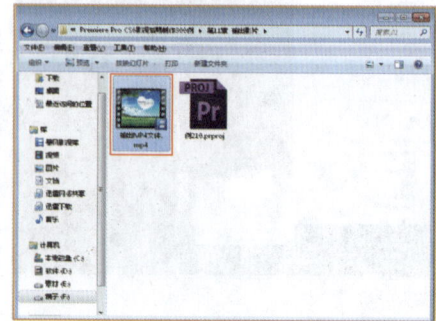

第11章　输出影片

实例211　输出MP3文件

MP3是一种音频压缩技术，它可以压缩成容量较小的文件，音质与最初的不压缩音频相比没有明显的下降。本例主要介绍输出MP3文件的方法。

文件路径：源文件\第11章\例211　　　视频文件：视频文件\第11章\例211.flv

01 打开光盘中的【例211.prproj】素材文件，选择时间线窗口，然后选择菜单栏中的【文件】|【导出】|【媒体】命令或按快捷键Ctrl+M。

02 在弹出的对话框中设置【格式】为【MP3】，然后单击【输出名称】按钮，在弹出的对话框中设置输出路径和文件名称。接着设置【音频比特率】为320Kbps，最后单击【导出】按钮。

03 此时在设置的输出路径下出现了一个MP3格式音频文件。

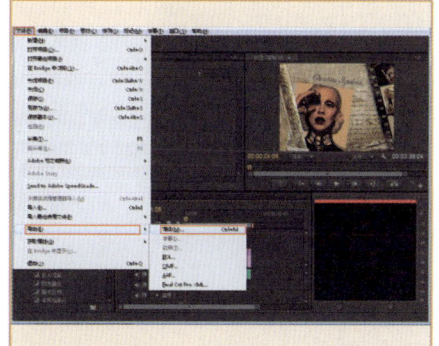 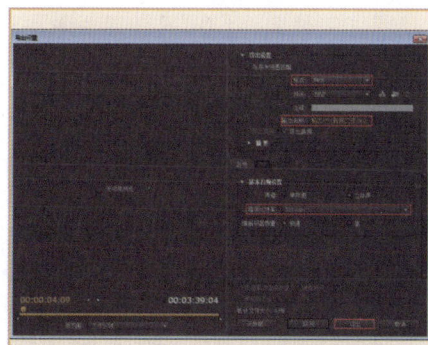 

实例212　输出WMA音频文件

WMA是与MP3格式齐名的一种音频格式。WMA在压缩比和音质方面都超过了MP3，即使在较低的采样频率下也能产生较好的音质。本例主要介绍输出WMA音频文件的方法。

文件路径：源文件\第11章\例212　　　视频文件：视频文件\第11章\例212.flv

01 打开光盘中的【例212.prproj】素材文件，选择时间线窗口，然后选择菜单栏中的【文件】|【导出】|【媒体】命令或按快捷键Ctrl+M。

02 在弹出的对话框中设置【格式】为【Windows Media】，然后单击【输出名称】按钮，在弹出的对话框中设置输出路径和文件名称。不勾选【导出视频】，并设置【采样速率】为48 000Hz，最后单击【导出】按钮。

03 此时在设置的输出路径下出现了一个WMA格式文件。

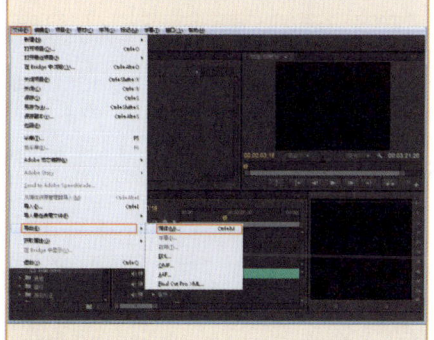 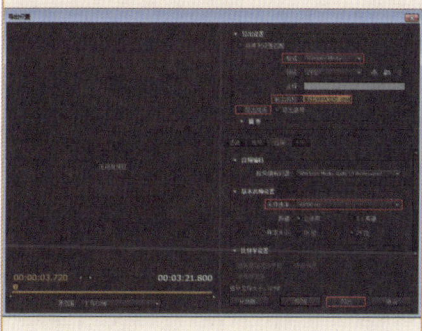 

中文 Premiere Pro CS6 影视编辑剪辑设计与制作 300例

实例213　输出WMV文件

WMV是一种流媒体格式，体积非常小，该格式将视频和音频保存在一个文件里，并且允许音频同步于视频播放。本例主要介绍输出WMV文件的方法。

文件路径：源文件\第11章\例213　　　　视频文件：视频文件\第11章\例213.flv

01 打开光盘中的【例213.prproj】素材文件，选择时间线窗口，然后选择菜单栏中的【文件】|【导出】|【媒体】命令或按快捷键Ctrl+M。

02 在弹出的对话框中设置【格式】为【Windows Media】，然后单击【输出名称】按钮，在弹出的对话框中设置输出路径和文件名称。接着勾选【导出视频】和【导出音频】，并设置【宽度】为1024，【高度】为768，【纵横比】为【方形像素（1.0）】，最后单击【导出】按钮。

03 此时在设置的输出路径下出现了一个WMV格式文件。

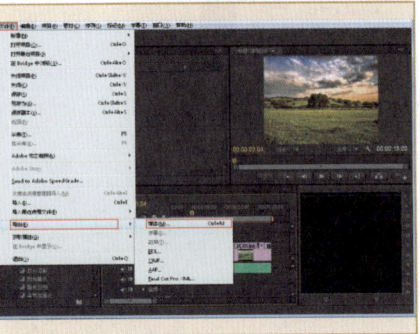

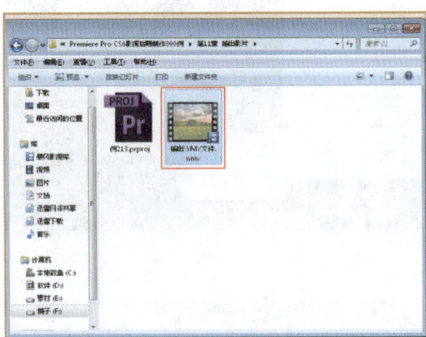

实例214　输出小尺寸的影片

在输出模块中的导出设置窗口中可以调整画面输出的尺寸。本例主要介绍输出小尺寸影片的方法。

文件路径：源文件\第11章\例214　　　　视频文件：视频文件\第11章\例214.flv

01 打开光盘中的【例214.prproj】素材文件，选择时间线窗口，然后选择菜单栏中的【文件】|【导出】|【媒体】命令或按快捷键Ctrl+M。

02 在弹出的对话框中设置【格式】为【QuickTime】，然后单击【输出名称】按钮，在弹出的对话框中设置输出路径和文件名称。接着设置【宽度】为800，【高度】为600，【纵横比】为【方形像素（1.0）】，最后单击【导出】按钮。

03 此时在设置的输出路径下出现了一个小尺寸的影片文件。

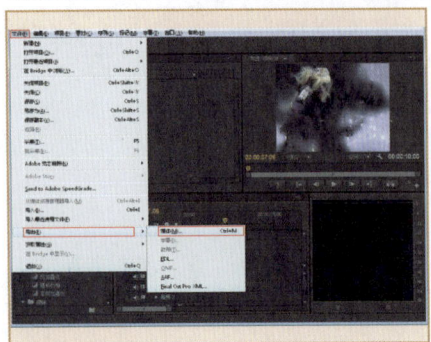
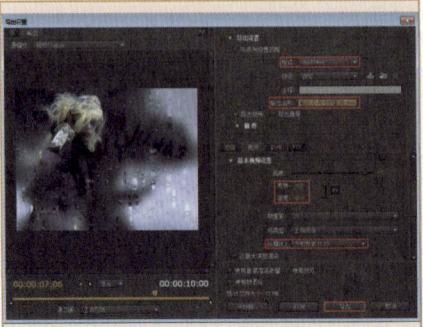

实例215　输出静帧序列文件

序列图片是将一定时间内的时间帧以某种单帧图像的方式逐次渲染出来。本例主要介绍输出静帧序列文件的方法。

文件路径：源文件\第11章\例215　　　**视频文件**：视频文件\第11章\例215.flv

01 打开光盘中的【例215.prproj】素材文件，选择时间线窗口，然后选择菜单栏中的【文件】|【导出】|【媒体】命令或按快捷键Ctrl+M。

02 在弹出的对话框中设置【格式】为【JPEG】，然后单击【输出名称】按钮，在弹出的对话框中设置输出路径和文件名称。接着设置【宽度】为1024，【高度】为768，勾选【导出为序列】，设置【纵横比】为【方形像素（1.0）】，最后单击【导出】按钮。

03 此时在设置的输出路径下出现了输出的静帧序列文件。

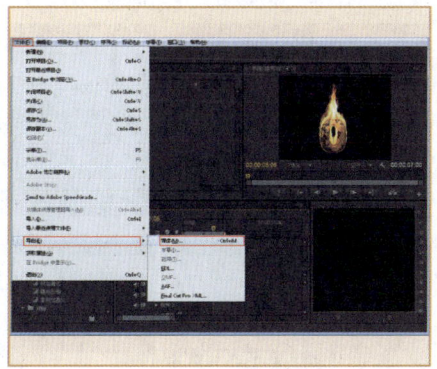
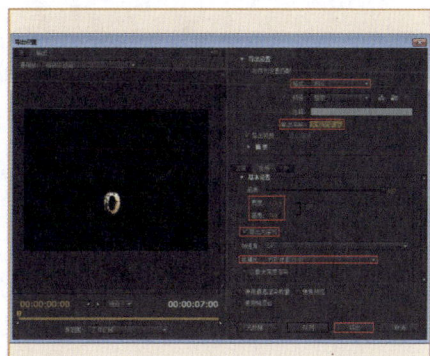
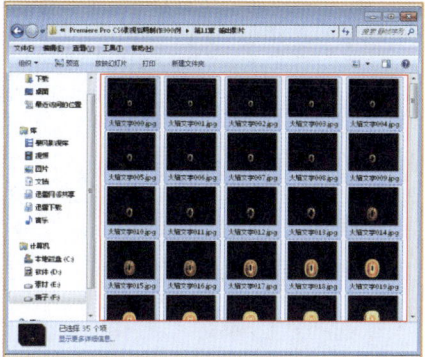

第12章
高级视频剪辑技巧

熟练利用Adobe Premiere Pro CS6中的各种剪辑工具和效果,可将影片制作中所拍摄的大量素材,经过选择、取舍、分解与组接,最终完成为一个连贯流畅、含义明确、主题鲜明并有艺术气息的作品。

第12章 高级视频剪辑技巧

实例216　叠化镜头效果

利用剃刀工具可对素材文件进行切割，使用交叉叠化切换特效可制作出画面重叠效果。本例主要介绍制作叠化镜头效果的方法。

文件路径：源文件\第12章\例216　　　视频文件：视频文件\第12章\例216.flv

01 新建项目，在弹出的对话框中单击【浏览】按钮设置储存路径，在【名称】文本框修改文件名称，单击【确定】按钮。

02 在弹出的对话框中选择【标准48kHz】，设置【序列名称】为【序列01】，并单击【确定】按钮。

03 在项目窗口中空白处双击鼠标左键或者按快捷键Ctrl+I，在弹出的对话框中选择所需素材文件，单击【打开】按钮。

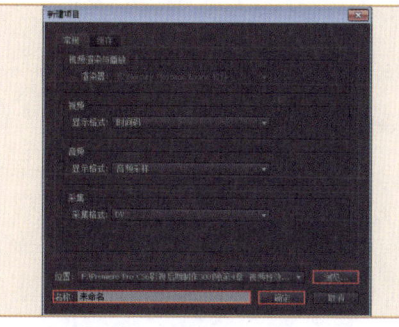
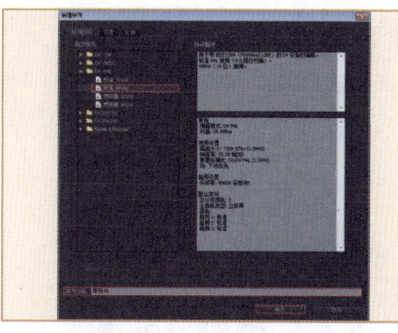
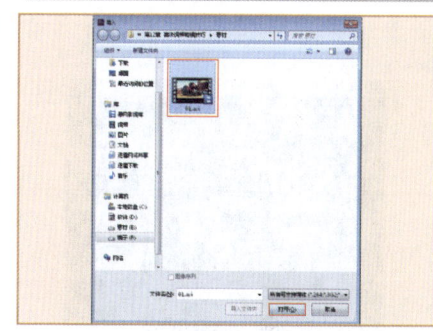

04 将项目窗口中的【01.avi】素材文件拖曳到时间线窗口的视频1轨道上，并在【特效控制台】面板中适当调节素材缩放大小。

05 在时间线窗口的【01.avi】素材文件上单击鼠标右键，然后在弹出的菜单中选择【解除视音频链接】选项。

06 选择音频1轨道上的【01.avi】素材文件，然后按键盘上的Delete键删除。

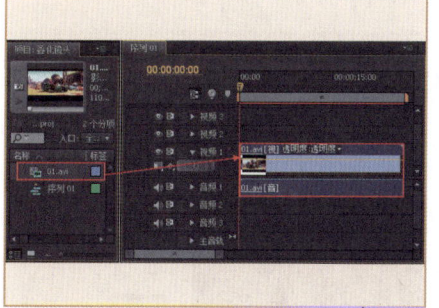
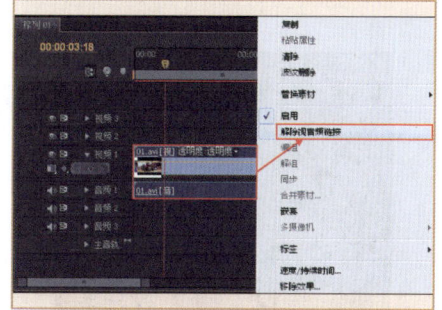

07 选择（剃刀工具），然后将时间线拖到第3秒11帧，单击鼠标左键进行切割。接着将前半部分素材拖曳到视频2轨道上。

08 将【效果】面板中的【交叉叠化（标准）】视频切换特效拖曳到视频2轨道的【01.avi】素材文件结束位置上。然后将视频1轨道上的【01.avi】素材，文件拖曳到第2秒11帧。

09 可拖动时间线滑块查看叠化镜头效果。

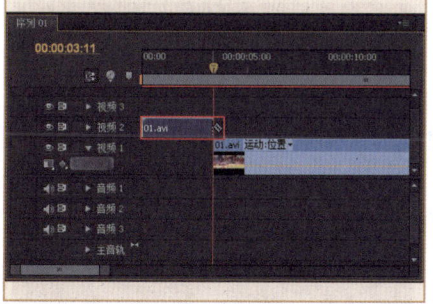
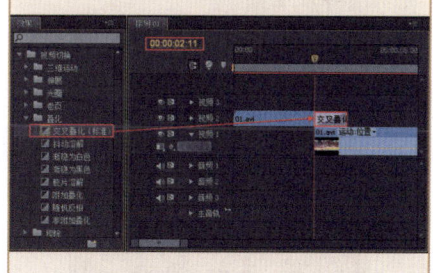

Premiere Pro CS6 | 219

实例217 视频剪辑倒放效果

利用剃刀工具可对素材进行剪辑，利用【速度/持续时间】选项中的【倒放速度】，可使画面倒序进行播放。本例主要介绍制作视频剪辑倒放效果的方法。

文件路径：源文件\第12章\例217

视频文件：视频文件\第12章\例217.flv

01 新建项目，在弹出的对话框中单击【浏览】按钮设置储存路径，在【名称】文本框修改文件名称，单击【确定】按钮。

02 在弹出的对话框中选择【设置】选项卡，设置【编辑模式】为【自定义】，【画面大小】为1024×768，【像素纵横比】为【方形像素（1.0）】，设置【序列名称】，单击【确定】按钮。

03 在项目窗口中空白处双击鼠标左键或者按快捷键Ctrl+I，在弹出的对话框中选择所需素材文件，单击【打开】按钮。

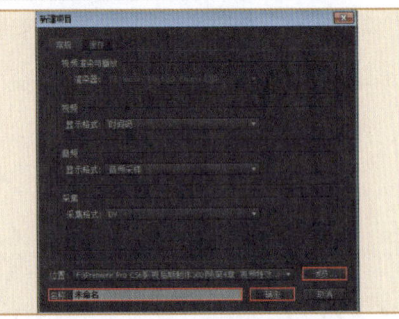
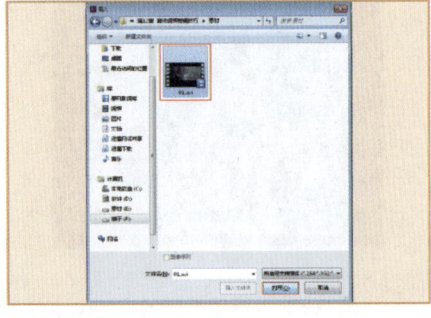

04 将项目窗口中的【01.avi】素材文件拖曳到时间线窗口的视频1轨道上。

05 在【特效控制台】面板中设置【01.avi】素材文件的【缩放】为185，【位置】为（360,334）。

06 在时间线窗口的【01.avi】素材文件上单击鼠标右键，然后在弹出的菜单中选择【解除视音频链接】选项。

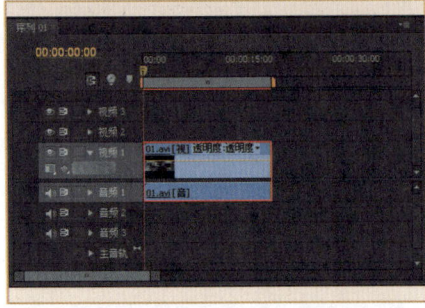
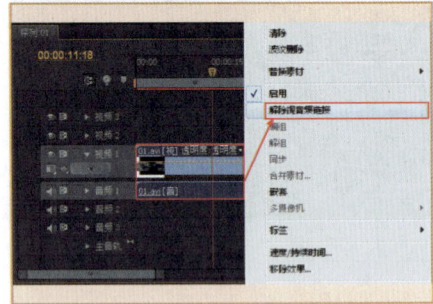

07 选择（剃刀工具），将时间线拖到第8秒，单击鼠标左键进行切割。

08 在视频1轨道上的后半部分素材上单击鼠标右键，然后在弹出的菜单中选择【速度/持续时间】选项，接着在弹出的对话框中勾选【倒放速度】，并单击【确定】按钮。

09 可拖动时间线滑块查看视频剪辑倒放效果。

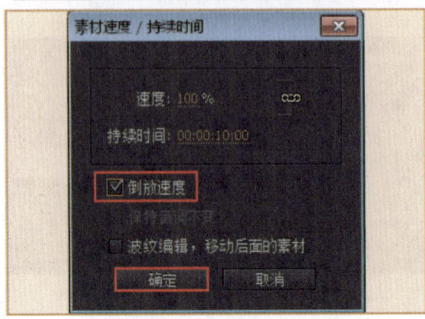

实例218 视频交叉剪辑效果

利用剃刀工具可将素材中关联的画面交叉剪辑到一起，使画面节奏紧凑。本例主要介绍制作视频交叉剪辑效果的方法。

文件路径：源文件\第12章\例218

视频文件：视频文件\第12章\例218.flv

01 新建项目，在弹出的对话框中单击【浏览】按钮设置储存路径，在【名称】文本框修改文件名称，单击【确定】按钮。

02 在弹出的对话框中选择【设置】选项卡，设置【编辑模式】为【自定义】，【画面大小】为1024×768，【像素纵横比】为【方形像素（1.0）】，设置【序列名称】，单击【确定】按钮。

03 在项目窗口中空白处双击鼠标左键或者按快捷键Ctrl+I，在弹出的对话框中选择所需素材文件，单击【打开】按钮。

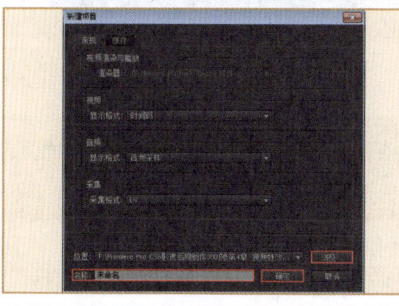
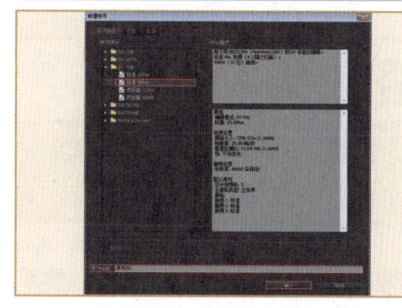
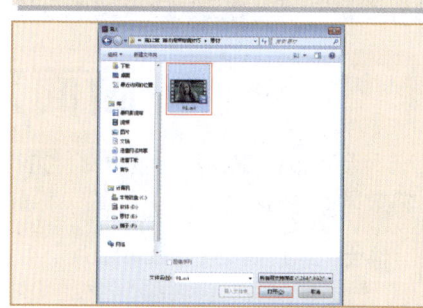

04 将项目窗口中的【01.avi】素材文件拖曳到时间线窗口的视频1轨道上。

05 在时间线窗口的【01.avi】素材文件上单击鼠标右键，然后在弹出的菜单中选择【解除视音频链接】选项。

06 选择（剃刀工具），将时间线拖到第58秒15帧，单击鼠标左键进行切割。继续将时间线拖到第1分14秒24帧，单击鼠标左键进行切割。接着将第一部分素材文件删除。

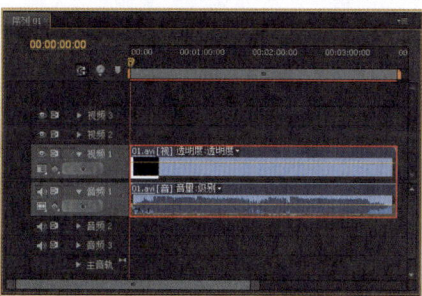
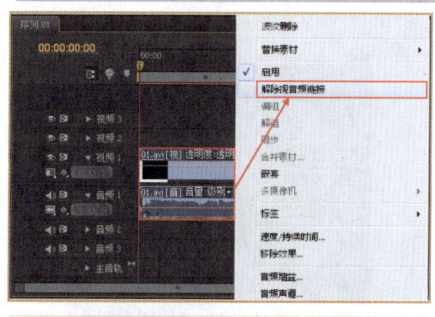
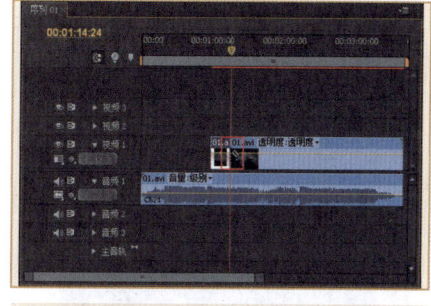

07 选择（剃刀工具），将时间线拖到第2分52秒09帧，单击鼠标左键进行切割。继续将时间线拖到第2分54秒14帧，单击鼠标左键进行切割。接着将第中间部分素材文件删除。

08 选择（剃刀工具），将时间线拖到第3分2秒06帧，单击鼠标左键进行切割。继续将时间线拖到第3分09秒12帧，单击鼠标左键进行切割。接着将第中间部分素材文件和结尾部分素材文件删除。

09 分别在视频1轨道上的素材文件空白处单击鼠标右键，选择【波纹删除】选项，使素材文件全部向前靠拢。

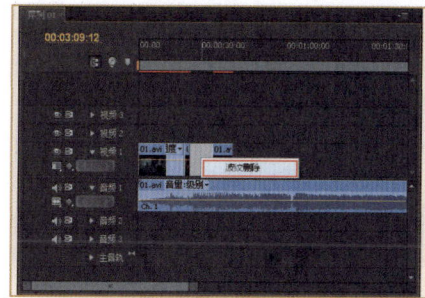

10 选择 ▨（剃刀工具），然后将时间线拖到第25秒20帧，单击鼠标左键对音频1轨道上的素材文件进行切割，并将剩余的音频素材进行删除。

11 将【效果】面板中的【渐隐为黑色】视频切换特效拖曳到时间线窗口中的素材文件起始位置上。

12 可拖动时间线滑块查看视频交叉剪辑效果。

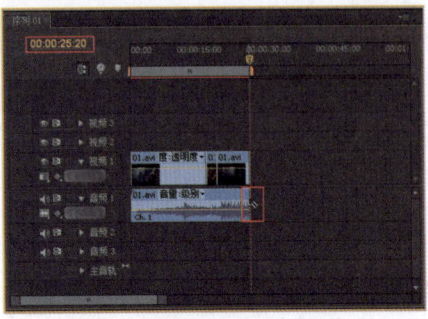 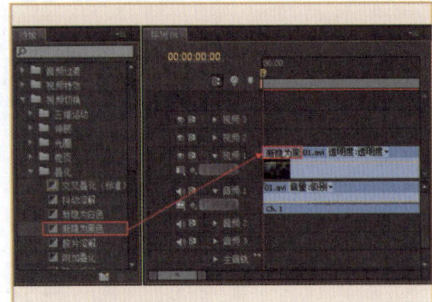 

实例219　画面定格效果

利用剃刀工具可对素材文件进行剪辑，设置帧定格的位置可使其画面定格在该位置。本例主要介绍制作画面定格效果的方法。

文件路径：源文件\第12章\例219　　　视频文件：视频文件\第12章\例219.flv

01 新建项目，在弹出的对话框中单击【浏览】按钮设置储存路径，在【名称】文本框修改文件名称，单击【确定】按钮。

02 在弹出的对话框中选择【设置】选项卡，设置【编辑模式】为【自定义】，【画面大小】为1024×768，【像素纵横比】为【方形像素（1.0）】，设置【序列名称】，单击【确定】按钮。

03 在项目窗口中空白处双击鼠标左键或者按快捷键Ctrl+I，在弹出的对话框中选择所需素材文件，单击【打开】按钮。

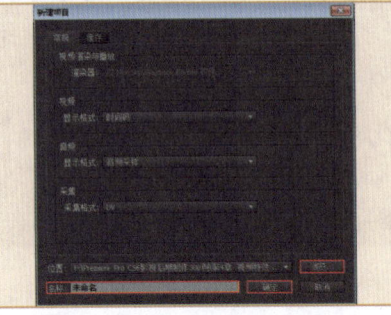 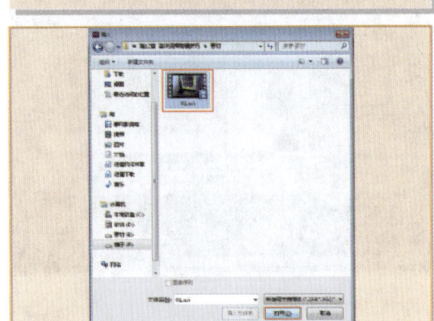

04 将项目窗口中的【01.avi】素材文件拖曳到时间线窗口的视频1轨道上。

05 在【特效控制台】面板中设置【01.avi】的【缩放】为103。

06 选择 ▨（剃刀工具），将时间线拖到第10秒，单击鼠标左键进行切割。

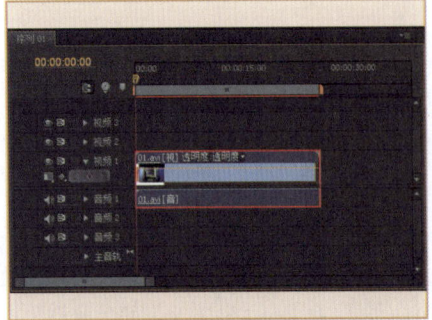 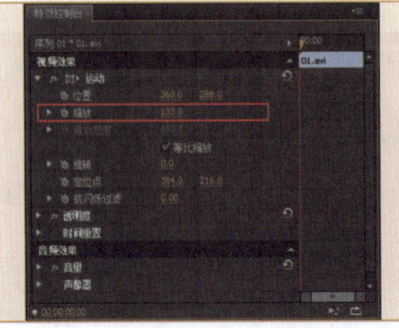 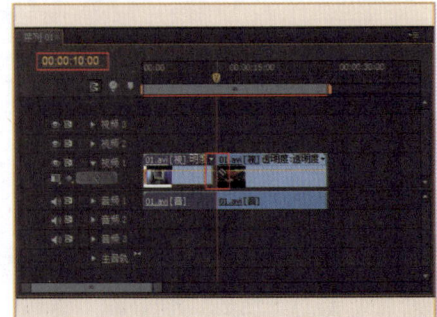

第12章 高级视频剪辑技巧

07 在视频1轨道上的后半部分素材文件上单击鼠标右键，然后在弹出的菜单中选择【帧定格】选项。

08 在弹出的【帧定格选项】对话框中勾选【定格在】，并设置为【入点】，然后单击【确定】按钮。

09 可拖动时间线滑块查看画面定格效果。

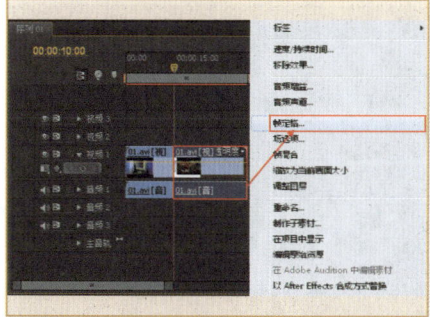
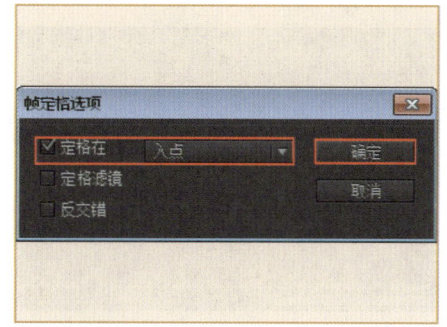
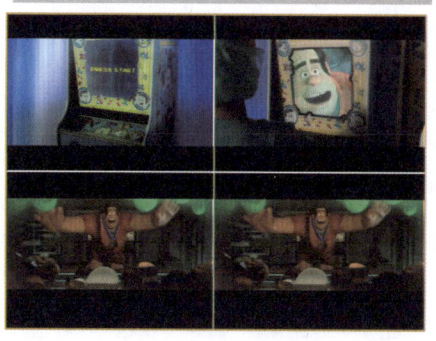

实例220　慢镜头效果

通过修改素材文件的速度/持续时间可降低其播放速度，将画面播放效果放慢。本例主要介绍制作慢镜头效果的方法。

文件路径：源文件\第12章\例220　　　　视频文件：视频文件\第12章\例220.flv

01 新建项目，在弹出的对话框中单击【浏览】按钮设置储存路径，在【名称】文本框修改文件名称，单击【确定】按钮。

02 在弹出的对话框中选择【设置】选项卡，设置【编辑模式】为【自定义】，【画面大小】为1024×768，【像素纵横比】为【方形像素（1.0）】，设置【序列名称】，单击【确定】按钮。

03 在项目窗口中空白处双击鼠标左键或者按快捷键Ctrl+I，在弹出的对话框中选择所需素材文件，单击【打开】按钮。

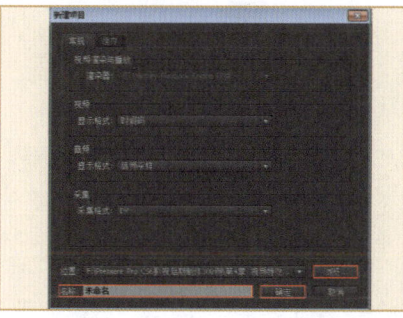
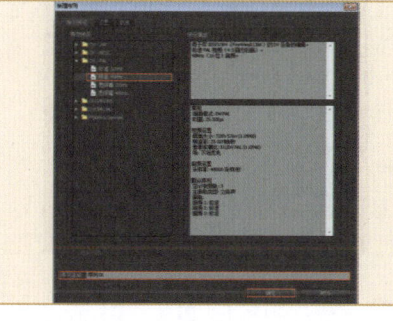

04 将项目窗口中的【01.avi】素材文件拖曳到视频1轨道上。

05 在视频1轨道的【01.avi】素材文件上单击鼠标右键，然后在弹出的菜单中选择【解除视音频链接】选项。

06 在视频1轨道的【01.avi】素材文件上单击鼠标右键，在弹出的菜单中选择【速度/持续时间】选项。

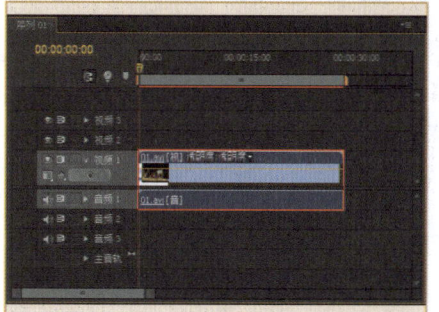
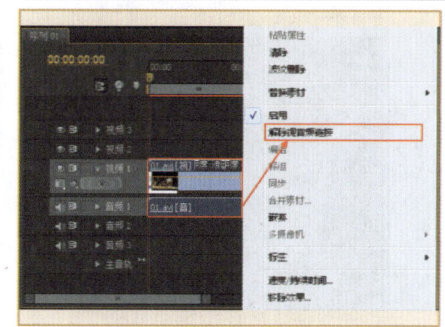

中文 Premiere Pro CS6 影视编辑剪辑设计与制作 300例

07 在弹出的【素材速度/持续时间】对话框中设置【速度】为30%，然后单击【确定】按钮。

08 选择 ■（剃刀工具），将时间线拖到第28秒07帧，单击鼠标左键进行切割。接着将剩余部分素材进行删除。

09 可拖动时间线滑块查看慢镜头效果。

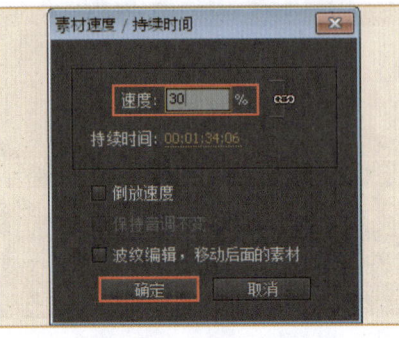 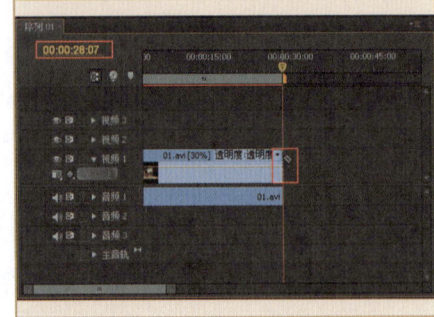 

实例221　快镜头效果

通过修改素材文件的速度/持续时间的播放速度，可以将画面加快播放。本例主要介绍制作快镜头效果的方法。

文件路径：源文件\第12章\例221　　　视频文件：视频文件\第12章\例221.flv

01 新建项目，在弹出的对话框中单击【浏览】按钮设置储存路径，在【名称】文本框修改文件名称，单击【确定】按钮。

02 在弹出的对话框中选择【标准48kHz】，设置【序列名称】为【序列01】，单击【确定】按钮。

03 在项目窗口中空白处双击鼠标左键或者按快捷键Ctrl+I，在弹出的对话框中选择所需素材文件，单击【打开】按钮。

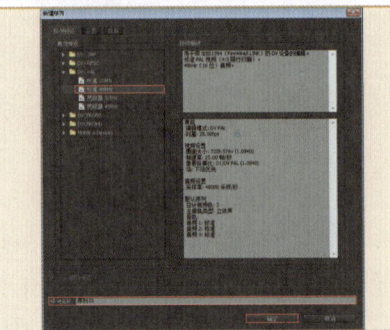 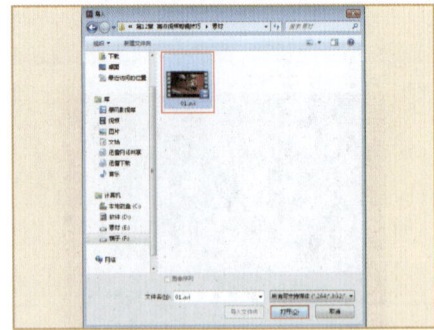

04 将项目窗口中的【01.avi】素材文件拖曳到视频1轨道上。

05 在视频1轨道的【01.avi】素材文件上单击鼠标右键，在弹出的菜单中选择【速度/持续时间】选项，在弹出的对话框中设置【速度】为200%，并单击【确定】按钮。

06 可拖动时间线滑块查看快镜头效果。

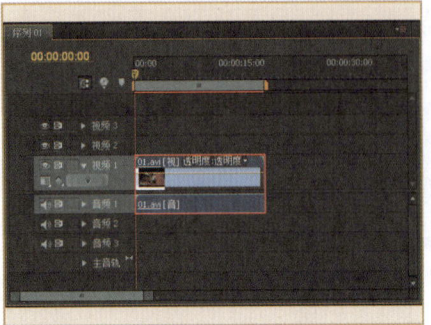 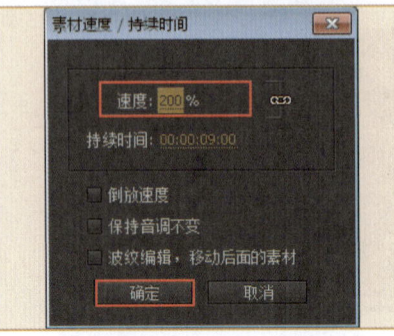 

第12章 高级视频剪辑技巧

实例222　对比画面效果

通过调节素材文件的属性并添加染色特效，可制作出双色的对比画面。本例主要介绍制作对比画面效果的方法。

文件路径：源文件\第12章\例222　　　视频文件：视频文件\第12章\例222.flv

01 新建项目，在弹出的对话框中单击【浏览】按钮设置储存路径，在【名称】文本框修改文件名称，单击【确定】按钮。

02 在弹出的对话框中选择【标准48kHz】，设置【序列名称】为【序列01】，单击【确定】按钮。

03 在项目窗口中空白处双击鼠标左键或者按快捷键Ctrl+I，在弹出的对话框中选择所需素材文件，单击【打开】按钮。

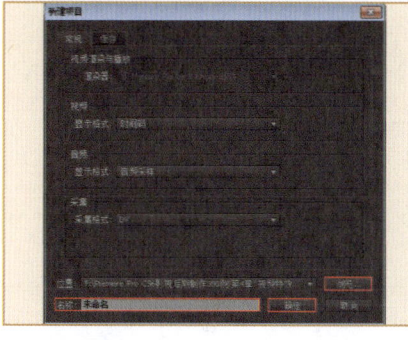
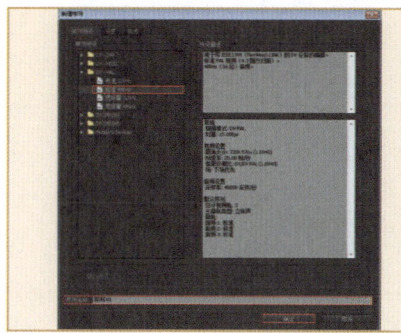
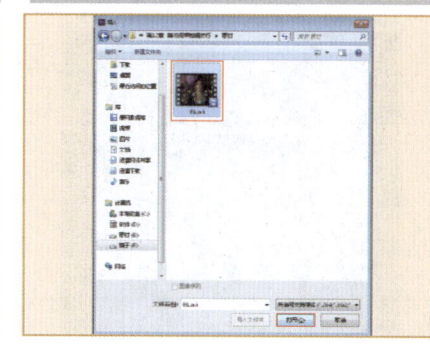

04 将项目窗口中的【01.avi】素材文件拖曳到视频1轨道上。

05 在【特效控制台】面板中设置【01.avi】素材文件的【缩放】为50，【位置】为（211,146）。

06 将视频1轨道上的【01.avi】素材文件复制到视频2轨道上，并重命名为【02.avi】。接着删除【02.avi】的音频文件。

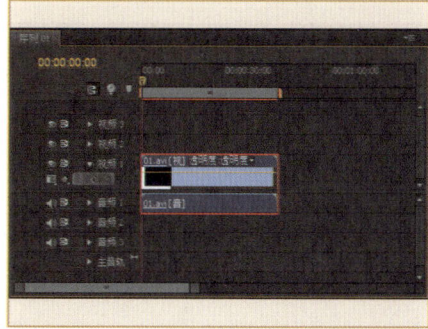
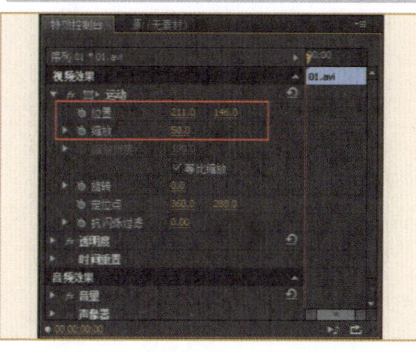
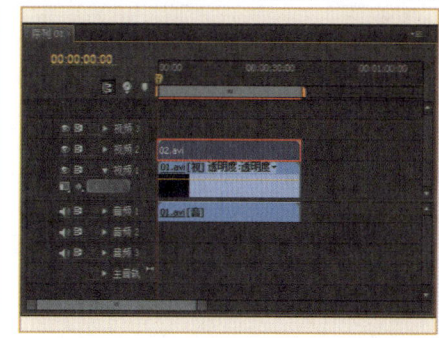

07 在【特效控制台】面板中设置【02.avi】素材文件的【位置】为（515,436）。

08 为【02.avi】素材文件添加【染色】特效，并设置【将白色映射到】为浅蓝色（R：79，G：223，B：255），【着色数量】为50%。

09 可拖动时间线滑块查看对比画面效果。

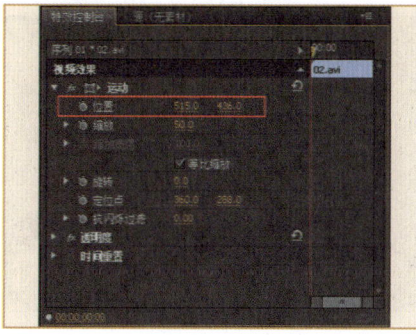
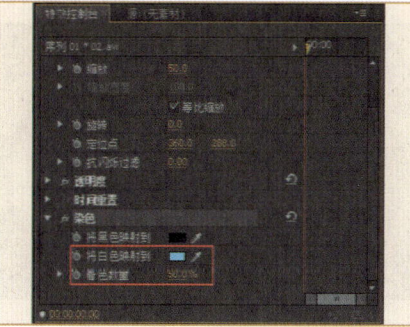

Premiere Pro CS6 | 225

中文Premiere Pro CS6 影视编辑剪辑设计与制作300例

实例223　视频剪辑过渡效果

利用剃刀工具和视频切换特效可为素材文件之间添加柔和的过渡效果。本例主要介绍制作视频剪辑过渡效果的方法。

文件路径：源文件\第12章\例223　　　视频文件：视频文件\第12章\例223.flv

01 新建项目，在弹出的对话框中单击【浏览】按钮设置储存路径，在【名称】文本框修改文件名称，单击【确定】按钮。

02 在弹出的对话框中选择【标准48kHz】，设置【序列名称】为【序列01】，单击【确定】按钮。

03 在项目窗口中空白处双击鼠标左键或者按快捷键Ctrl+I，在弹出的对话框中选择所需素材文件，单击【打开】按钮。

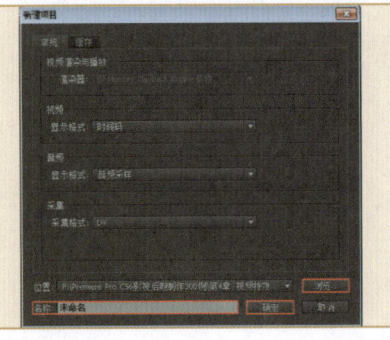  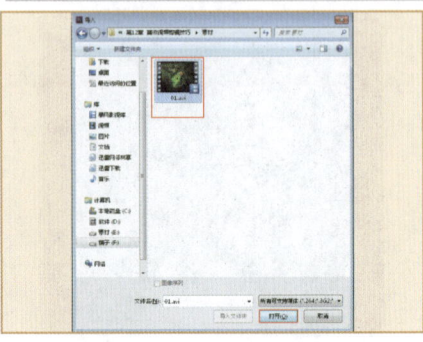

04 将项目窗口中的【01.avi】素材文件拖曳到视频1轨道上。

05 在【特效控制台】面板中设置【01.avi】素材文件的【缩放】为145。

06 选择（剃刀工具），将时间线拖到第18秒13帧，单击鼠标左键进行切割。接着将剩余部分素材进行删除。

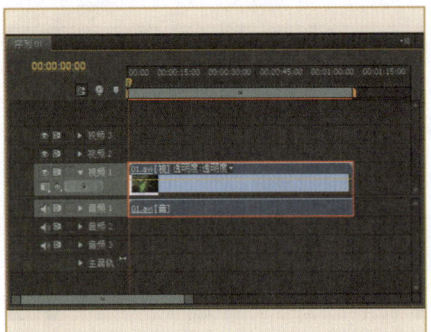 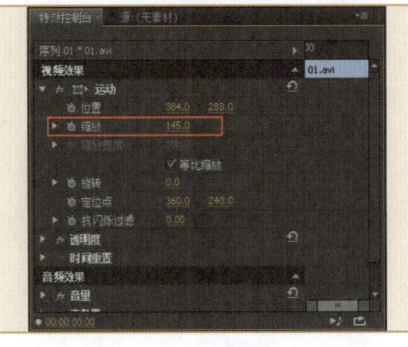 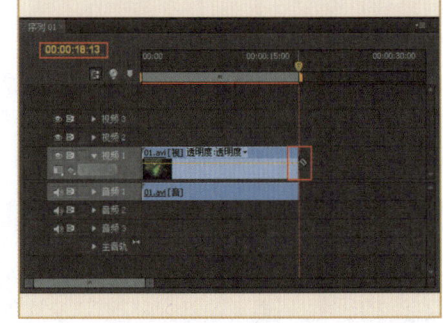

07 选择（剃刀工具），将时间线拖到第2秒05帧，单击鼠标左键进行切割。继续将时间线拖到第10秒19帧，单击鼠标左键进行切割。

08 分别为视频1轨道上的素材文件之间添加【渐隐为黑色】视频切换效果。

09 可拖动时间线滑块查看视频剪辑过渡效果。

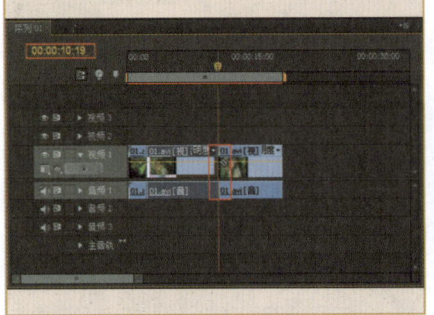 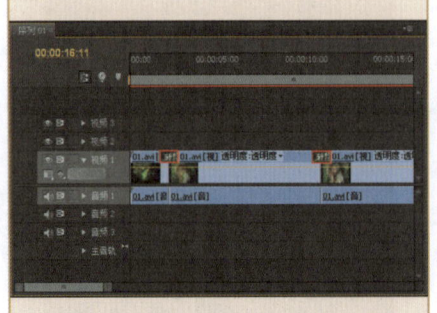 

第12章 高级视频剪辑技巧

实例224　双画面特写效果

利用剃刀工具、素材属性和线性擦除特效可制作出同步双画面效果。本例主要介绍制作双画面特写效果的方法。

文件路径：源文件\第12章\例224

视频文件：视频文件\第12章\例224.flv

01 新建项目，在弹出的对话框中单击【浏览】按钮设置储存路径，在【名称】文本框修改文件名称，单击【确定】按钮。

02 在弹出的对话框中选择【标准48kHz】，设置【序列名称】为【序列01】，单击【确定】按钮。

03 在项目窗口中空白处双击鼠标左键或者按快捷键Ctrl+I，在弹出的对话框中选择所需素材文件，单击【打开】按钮。

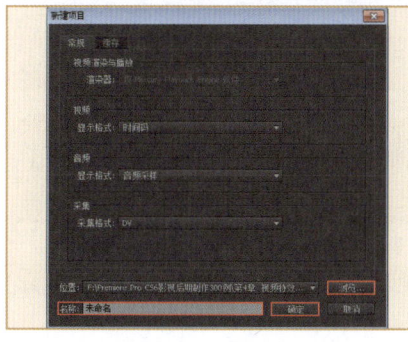
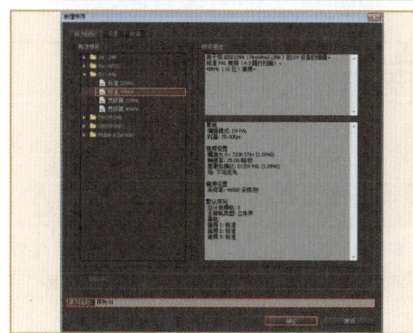
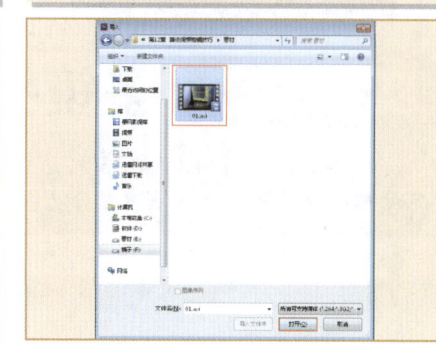

04 将项目窗口中的【01.avi】素材文件拖曳到视频1轨道上。

05 在【特效控制台】面板中设置【01.avi】素材文件的【缩放】为120。

06 选择 （剃刀工具），将时间线拖到第5秒19帧，单击鼠标左键进行切割。继续将时间线拖到第7秒15帧，单击鼠标左键进行切割。

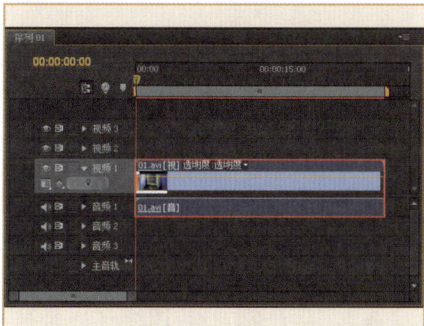
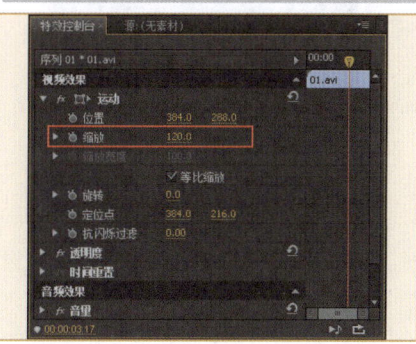
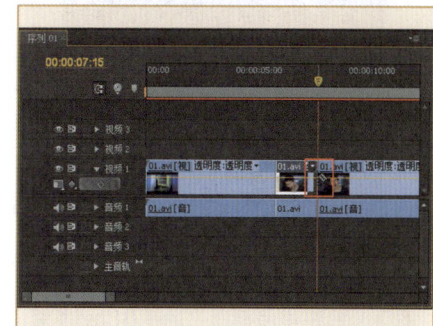

07 在中间部分的【01.avi】素材文件上单击鼠标右键，然后在弹出的菜单中选择【解除视音频链接】选项。

08 在【特效控制台】面板中设置中间部分素材文件的【位置】为（179,288）。

09 将视频1轨道上中间部分的【01.avi】复制到视频2轨道上，并重命名为【02.avi】。

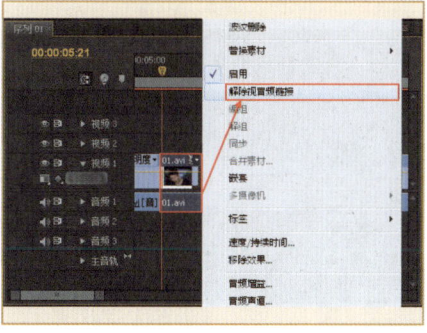
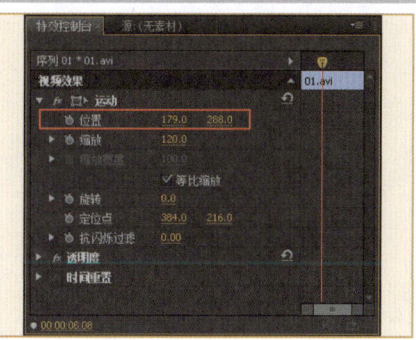
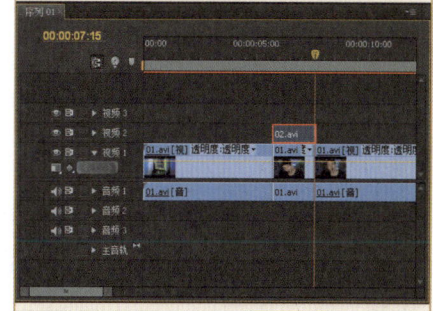

Premiere Pro CS6 | 227

10 在【特效控制台】面板中设置【02.avi】素材文件的【位置】为（575,288）。

11 为【02.avi】素材文件添加【线性擦除】特效，并设置【过渡完成】为29%。

12 可拖动时间线滑块查看双画面特写效果。

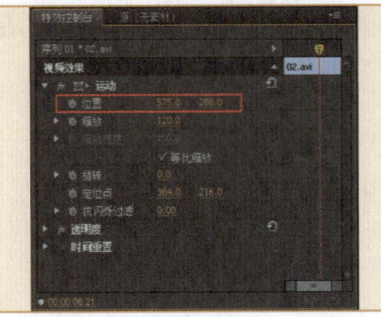 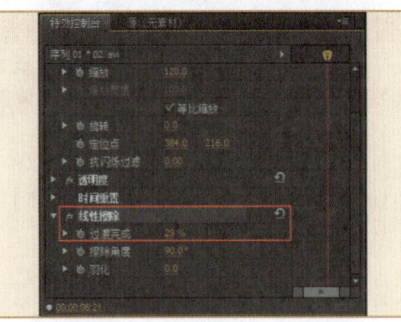 

实例225　多镜头画面效果

利用剃刀工具可对素材文件进行剪辑，使用【速度/持续时间】命令可调整素材播放时间，制作出同时间播放多个镜头画面效果。本例主要介绍制作多镜头画面效果的方法。

文件路径：源文件\第12章\例225　　　　视频文件：视频文件\第12章\例225.flv

01 新建项目，在弹出的对话框中单击【浏览】按钮设置储存路径，在【名称】文本框修改文件名称，单击【确定】按钮。

02 在弹出的对话框中选择【标准48kHz】，设置【序列名称】为【序列01】，单击【确定】按钮。

03 在项目窗口中空白处双击鼠标左键或者按快捷键Ctrl+I，在弹出的对话框中选择所需素材文件，单击【打开】按钮。

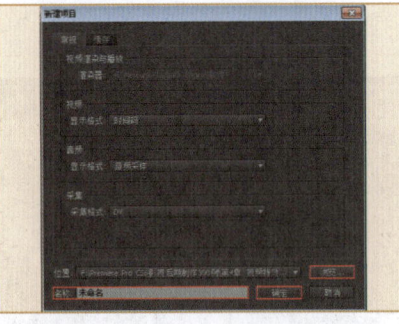

04 将项目窗口中的【01.avi】素材文件拖曳到视频1轨道上，然后在【01.avi】素材文件上单击鼠标右键，然后在弹出的菜单中选择【解除视音频链接】选项。

05 在【特效控制台】面板中设置【01.avi】素材文件的【缩放】为110。

06 选择 （剃刀工具），将时间线拖到第18帧，单击鼠标左键进行切割。将时间线拖到第1秒12帧，单击鼠标左键进行切割。将时间线拖到第2秒09帧，单击鼠标左键进行切割。重命名为【02.avi】和【03.avi】。

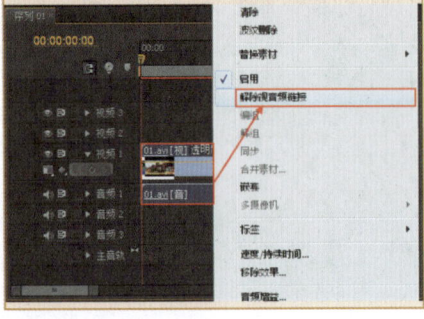 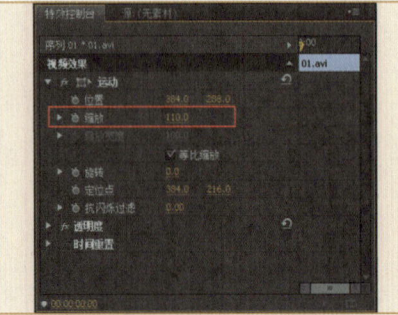 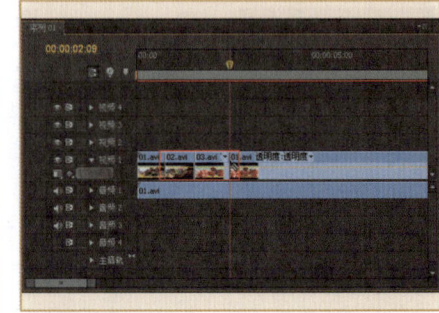

第12章 高级视频剪辑技巧

07 将视频1轨道上的【02.avi】和【03.avi】素材文件分别拖曳到视频2和视频3轨道上。

08 在视频1轨道的【01.avi】素材文件上单击鼠标右键,然后在弹出的菜单中选择【速度/持续时间】选项,在弹出的对话框中设置【持续时间】为【00:00:02:09】,并单击【确定】按钮。

09 分别设置【02.avi】和【03.avi】素材文件的【持续时间】为【00:00:02:00】,并单击【确定】按钮。

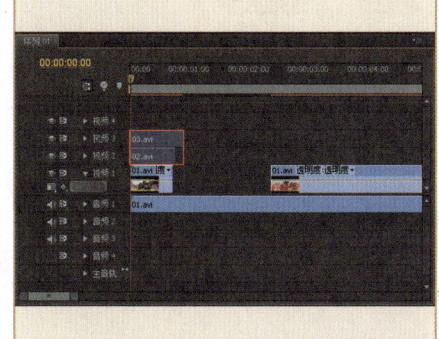
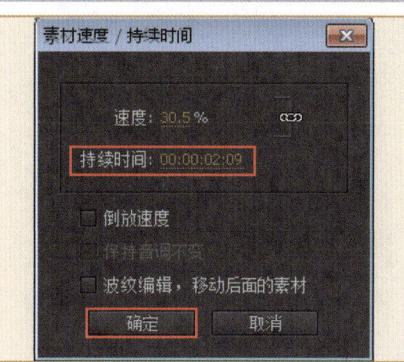
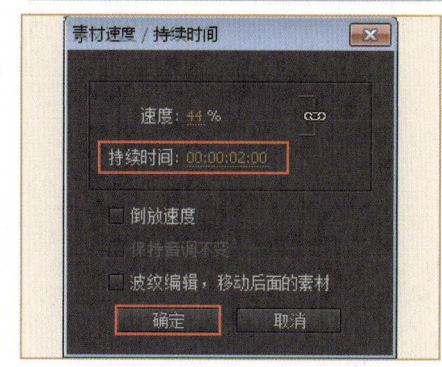

10 为【02.avi】素材文件添加【线性擦除】特效,并设置【擦除角度】为270°,【过渡完成】为53%;然后将时间线拖到起始帧,开启【位置】的自动关键帧,并设置为(292,-238);接着将时间线拖到第10帧,设置【位置】为(292,288)。

11 为【03.avi】素材文件添加【线性擦除】特效,并设置【过渡完成】为48%;将时间线拖到起始帧,开启【位置】的自动关键帧,并设置为(539,829);接着将时间线拖到第10帧,设置【位置】为(539,288)。

12 可拖动时间线滑块查看多镜头画面效果。

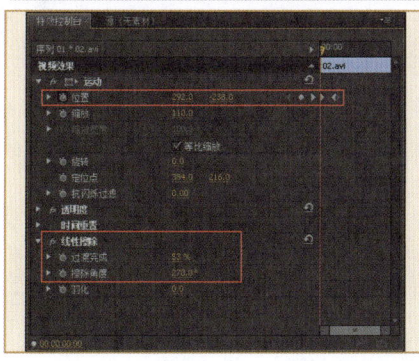
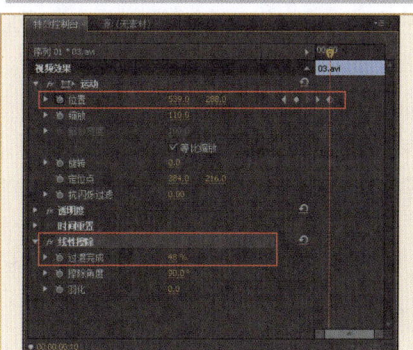

第13章
常用广告制作

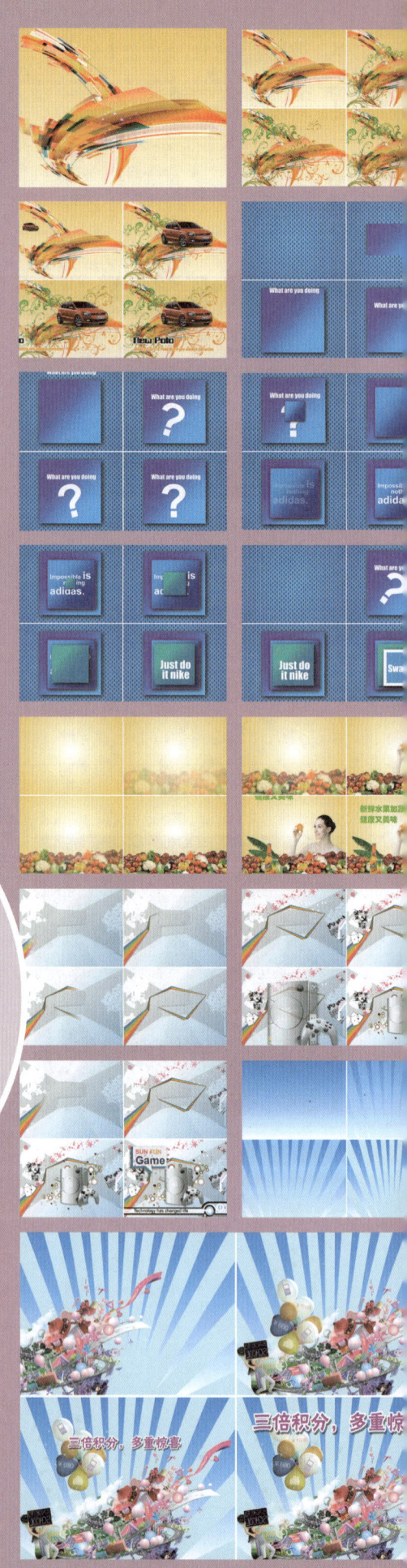

广告是通过一定形式的媒体，公开而广泛地向公众传递信息的宣传手段，其主要目的是推广，是商品生产者、经营者和消费者之间沟通信息的重要手段。使用Adobe Premiere Pro CS6软件中的特效，可以制作出多种类型的常用广告合成效果。

第13章 常用广告制作

实例226 制作汽车广告背景效果

利用渐变特效和素材合成可制作出广告背景效果。本例主要介绍制作汽车广告背景效果的方法。

文件路径：源文件\第13章\例226　　　视频文件：视频文件\第13章\例226.flv

01 新建项目，在弹出的对话框中单击【浏览】按钮设置储存路径，在【名称】文本框修改文件名称，单击【确定】按钮。

02 在弹出的对话框中选择【设置】选项卡，设置【编辑模式】为【自定义】，【画面大小】为1024×768，【像素纵横比】为【方形像素（1.0）】，设置【序列名称】，单击【确定】按钮。

03 在项目窗口中空白处双击鼠标左键或者按快捷键Ctrl+I，在弹出的对话框中选择所需素材文件，单击【打开】按钮。

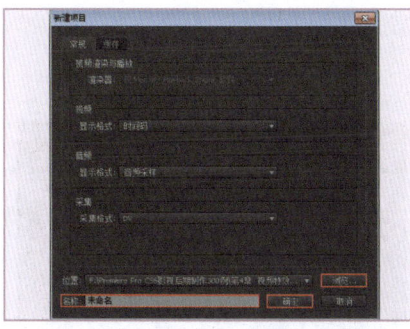
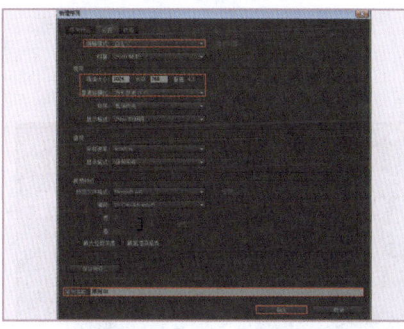
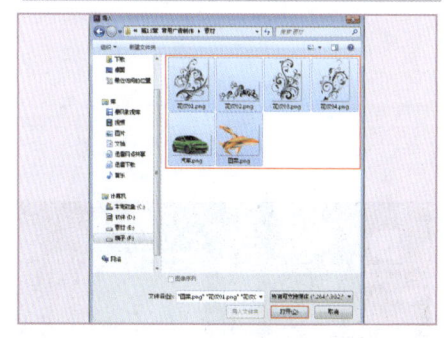

04 在菜单栏中选择【文件】|【新建】|【黑色视频】命令，在弹出的对话框中单击【确定】按钮。

05 将项目窗口中的【黑色视频】重命名为【背景】，然后将其拖曳到时间线窗口视频1轨道上。

06 为视频1轨道上的【背景】添加【渐变】特效，并设置【起始颜色】为浅黄色（R：255，G：223，B：112）。

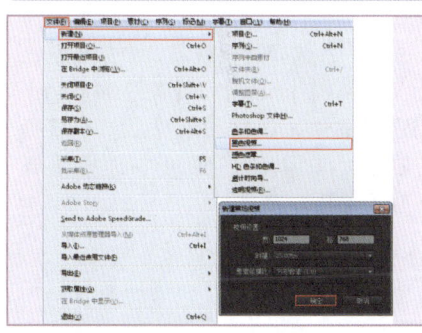
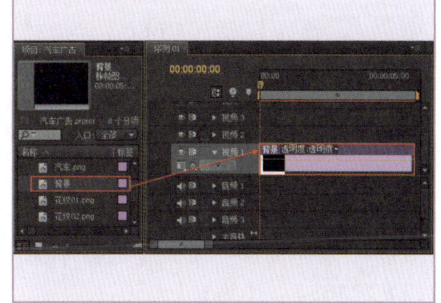
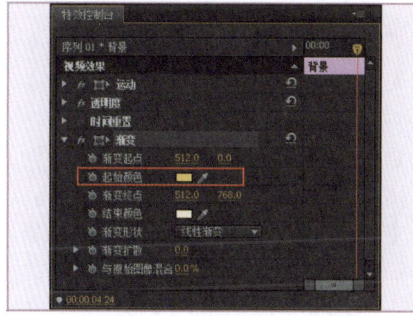

07 将项目窗口中【图案.png】素材文件拖曳到时间线窗口中的视频2轨道上。

08 选择时间线窗口中的【图案.png】素材文件，然后在【特效控制台】面板中设置【缩放】为69。

09 可拖动时间线滑块查看汽车广告背景效果。

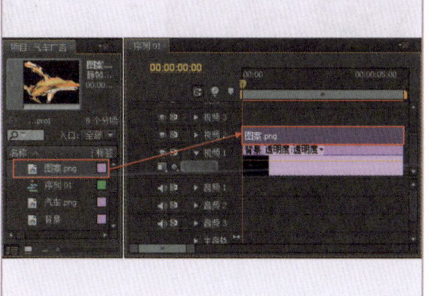
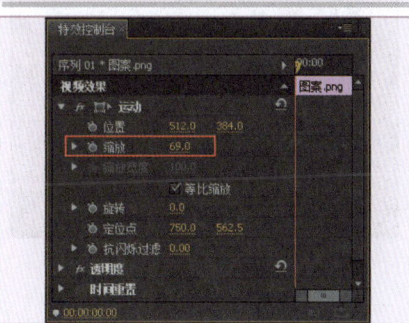

Premiere Pro CS6 | 231

实例227 制作汽车广告花纹动画效果

利用关键帧和渐变特效可为多个花纹素材制作动画和渐变效果。本例主要介绍制作汽车广告花纹动画效果的方法。

文件路径：源文件\第13章\例227

视频文件：视频文件\第13章\例227.flv

01 将项目窗口中的【花纹01.png】、【花纹02.png】、【花纹03.png】和【花纹04.png】素材文件按顺序拖曳到时间线窗口中的视频3至视频6轨道上，并设置所有素材结束时间为第6秒。

02 选择【花纹01.png】素材文件，然后将时间线拖到第1秒的位置，开启【位置】和【缩放】的自动关键帧，并设置【位置】为（-190,797），【缩放】为0。接着将时间线拖到第2秒的位置，设置【位置】为（180,566），【缩放】为65。

03 选择【花纹02.png】素材文件，然后将时间线拖到第1秒12帧的位置，开启【位置】和【缩放】的自动关键帧，并设置【位置】为（582,294），【缩放】为0。接着将时间线拖到第2秒12帧的位置，设置【位置】为（215,182），【缩放】为91。

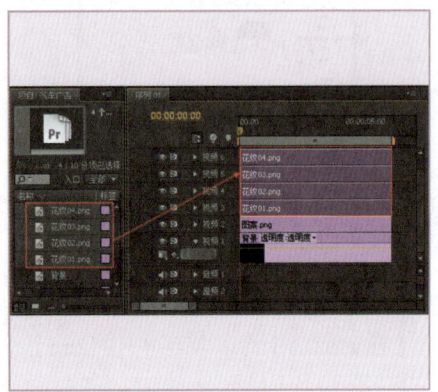
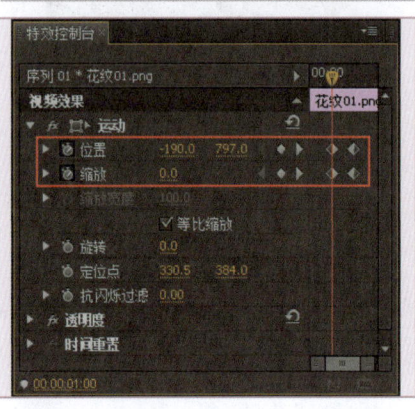
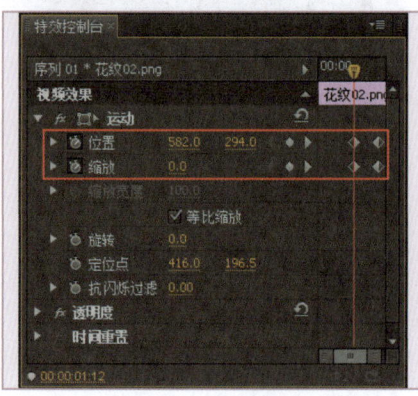

04 选择【花纹03.png】素材文件，设置【旋转】为93°，将时间线拖到第1秒15帧的位置，开启【位置】和【缩放】的自动关键帧，并设置【位置】为（638,286），【缩放】为0。接着将时间线拖到第2秒15帧的位置，设置【位置】为（703,505），【缩放】为80。

05 选择【花纹04.png】素材文件，设置【旋转】为40°，将时间线拖到第2秒12帧的位置，开启【位置】和【缩放】的自动关键帧，并设置【位置】为（655,163），【缩放】为0。接着将时间线拖到第3秒12帧的位置，设置【位置】为（807,163），【缩放】为50。

06 选择时间线窗口中的【花纹01.png】~【花纹04.png】素材文件，然后在素材上单击鼠标右键，在弹出的菜单中选择【嵌套】选项。

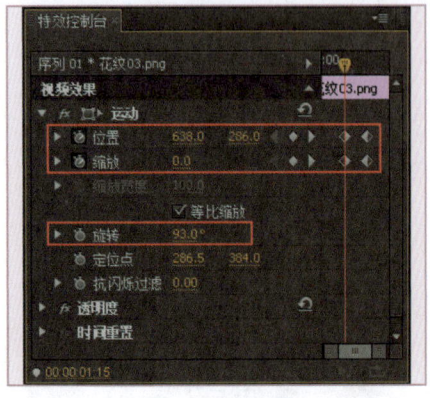
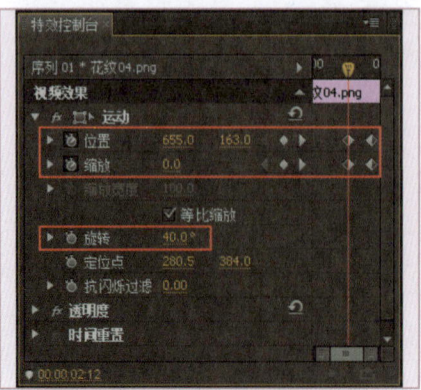
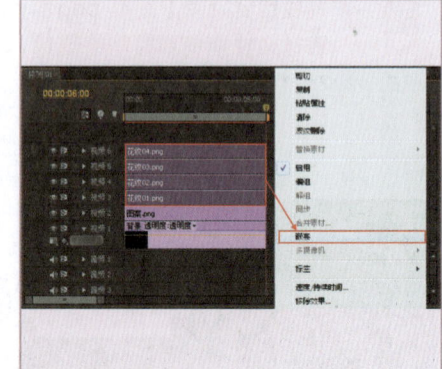

第13章 常用广告制作

07 此时时间线窗口的视频3轨道上出现了【嵌套序列01】。

08 为时间线窗口中的【嵌套序列01】添加【渐变】特效，并设置【渐变起点】为（95,30），【起始颜色】为绿色（R：95，G：200，B：46），【渐变终点】为（688,554），【结束颜色】为橙色（R：255，G：138，B：0）。

09 可拖动时间线滑块查看汽车广告花纹动画效果。

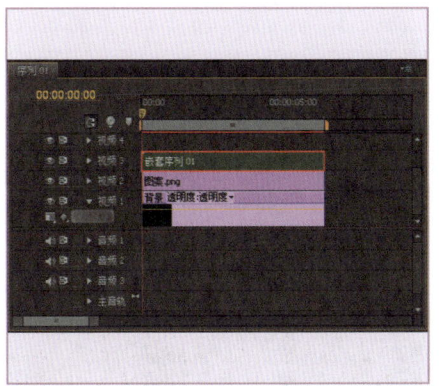
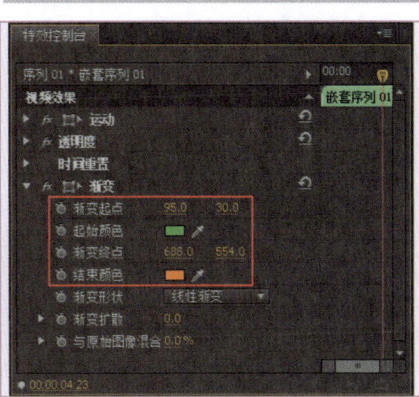

实例228 制作最终汽车广告效果

利用更改颜色特效和输入工具可制作汽车的颜色和文字效果。本例主要介绍最终汽车广告效果的方法。

文件路径：源文件\第13章\例228　　　视频文件：视频文件\第13章\例228.flv

01 将项目窗口中的【汽车.png】素材文件拖曳到时间线视频4轨道上，并设置结束时间为第6秒的位置。

02 为时间线窗口中【汽车.png】素材文件添加【更改颜色】特效，然后选择【要更改的颜色】后的（吸管工具），吸取汽车素材的颜色。设置【匹配颜色】为【使用色相】，【色相变换】为271，【明度变换】为5。

03 可拖动时间线滑块查看汽车颜色效果。

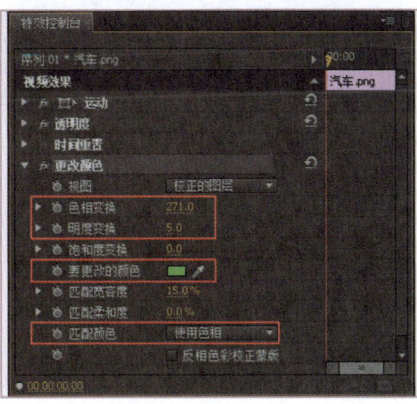

04 将时间线拖到起始帧的位置,开启【位置】和【缩放】的自动关键帧,并设置【位置】为(-127,228),【缩放】为0。接着将时间线拖到第1秒的位置,设置【位置】为(641,325),【缩放】为55。

05 选择菜单栏中的【字幕】|【新建字幕】|【默认静态字幕】命令,在弹出的对话框中设置【名称】为【字幕01】,单击【确定】按钮。

06 选择T(垂直文字工具),在合成窗口中输入文字,并设置【字体】为【Black Wolf】,【字体大小】为95,【颜色】为黑色(R:0,G:0,B:0)。接着单击【外侧边】后面的【添加】按钮,并设置【颜色】为白色(R:255,G:255,B:255),【大小】为50。

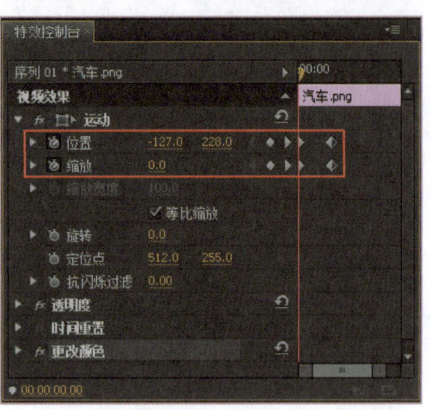 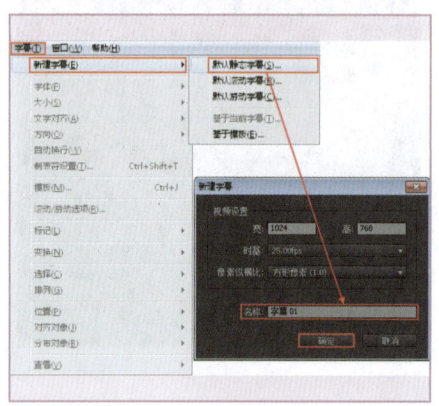 

07 继续在合成窗口中输入文字,设置【字体】为【Impact】,【字体大小】为38,【颜色】为橙色(R:255,G:174,B:0)。接着单击【外侧边】后面的【添加】按钮,并设置【颜色】为白色(R:255,G:255,B:255),【大小】为50。

08 将项目窗口中的【字幕01】拖曳到时间线窗口的视频5轨道上,并设置起始时间为第3秒12帧,结束时间为第6秒。接着将【效果】面板中的【滑动】视频切换特效拖曳到时间线窗口中的【字幕01】起始位置上。

09 可拖动时间线滑块查看最终汽车广告效果。

 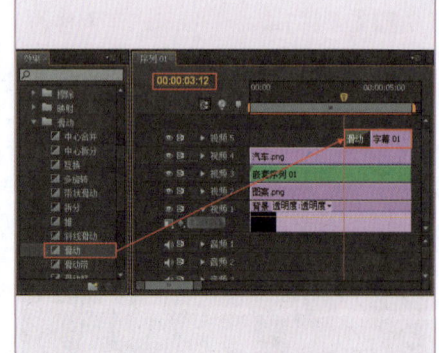 

实例229 制作文字广告背景效果

利用【文字】面板中的矩形工具和投影特效可制作出方块背景效果。本例主要介绍制作文字广告背景效果的方法。

文件路径:源文件\第13章\例229　　　视频文件:视频文件\第13章\例229.flv

第13章 常用广告制作

01 新建项目,在弹出的对话框中单击【浏览】按钮设置储存路径,在【名称】文本框修改文件名称,单击【确定】按钮。

02 在弹出的对话框中选择【设置】选项卡,设置【编辑模式】为【自定义】,【画面大小】为1024×768,【像素纵横比】为【方形像素(1.0)】,设置【序列名称】,单击【确定】按钮。

03 在项目窗口中空白处双击鼠标左键或者按快捷键Ctrl+I,在弹出的对话框中选择所需素材文件,单击【打开】按钮。

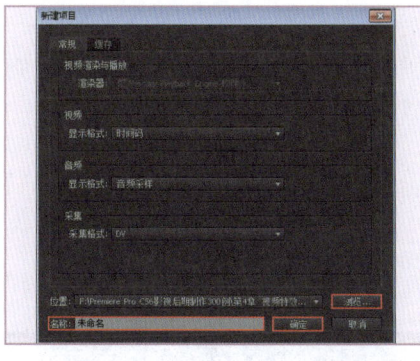
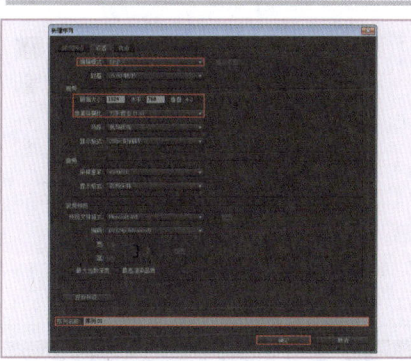
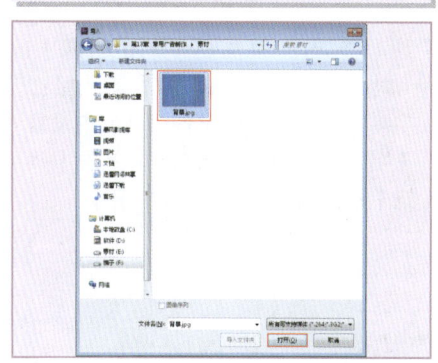

04 将项目窗口中的【背景.jpg】素材文件拖曳到时间线窗口中的视频1轨道上,并设置结束时间为第12秒。

05 选择菜单栏中的【字幕】|【新建字幕】|【默认静态字幕】命令,在弹出的对话框中设置【名称】为【方形01】,单击【确定】按钮。

06 选择■(矩形工具),按住Shift键绘制出一个正矩形。设置【填充类型】为【线性渐变】,并设置颜色为紫色(R:125,G:59,B:176)和浅蓝色(R:57,G:190,B:255),【角度】为315°。

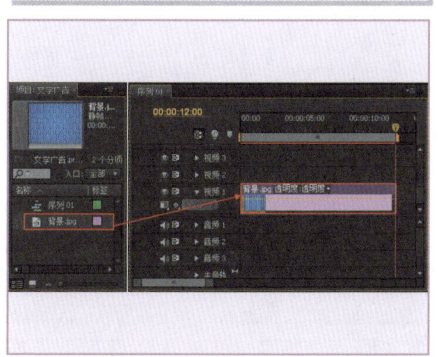
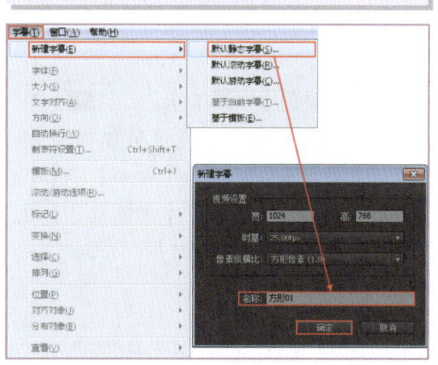
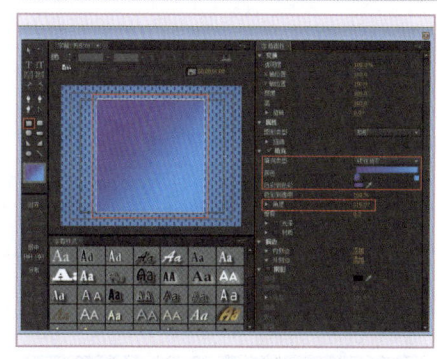

07 将项目窗口中的【方形01】拖曳到视频2轨道上,然后将【效果】面板中的【双侧平推门】视频切换特效拖曳到时间线窗口中的【方形01】上。

08 为【方形01】添加【投影】特效,并设置【透明度】为100%,【距离】为15,【柔和度】为100。

09 可拖动时间线滑块查看文字广告背景效果。

实例230 制作文字广告第一部分效果

利用输入工具和关键帧可制作出文字摇摆动画效果。本例主要介绍制作文字广告第一部分效果的方法。

文件路径：源文件\第13章\例230

视频文件：视频文件\第13章\例230.flv

01 选择菜单栏中的【字幕】|【新建字幕】|【默认静态字幕】命令，在弹出的对话框中设置【名称】为【字幕01】，单击【确定】按钮。

02 新建【字幕01】。选择 T（输入工具），在合成窗口中输入文字，并设置【字体】为【Impact】，【字体大小】为56，【颜色】为白色（R：255，G：255，B：255）。

03 将项目窗口中的【字幕01】拖曳到时间线窗口中的视频3轨道上，并与下方素材对齐。

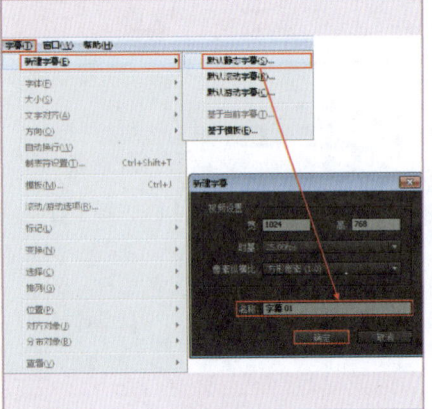
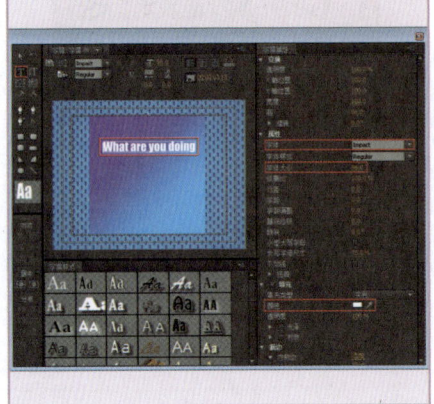
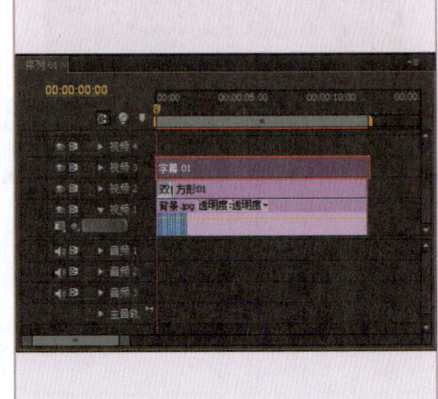

04 选择【字幕01】，然后将时间线拖到第1秒的位置，开启【位置】的自动关键帧，并设置【位置】为（512，-18）。接着将时间线拖到第2秒的位置，设置【位置】为（512，384）。

05 新建【字幕02】。选择 T（输入工具），在合成窗口中输入，并设置【字体】为【Arial】，【字体样式】为【Bold】，【字体大小】为420，【颜色】为白色（R：255，G：255，B：255）。

06 将项目窗口中的【字幕02】拖曳到时间线视频4轨道上，并设置起始时间为第2秒的位置，结束时间为第12秒的位置。

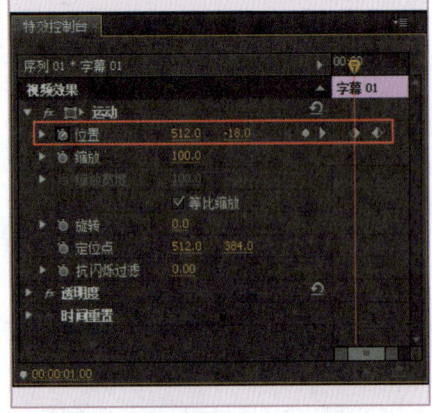
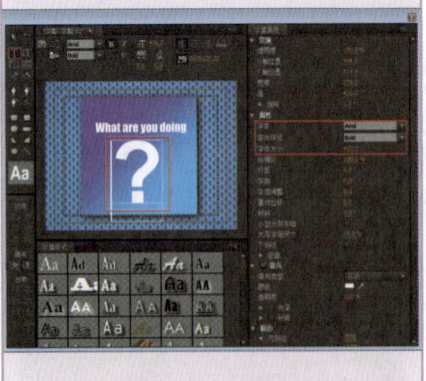
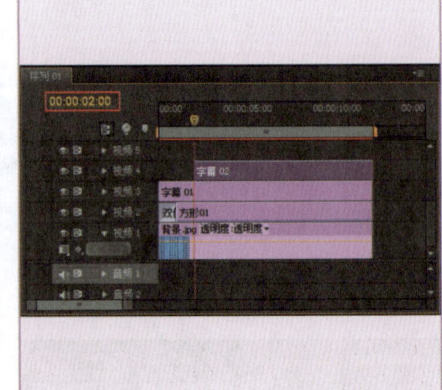

第13章 常用广告制作

07 将时间线拖动第2秒的位置，单击【旋转】的关键帧，并设置【旋转】为0°；然后将时间线拖到第2秒12帧的位置，设置【旋转】为38°；接着将时间线拖到第3秒的位置，设置【旋转】为-40°。

08 将时间线拖到第3秒12帧的位置，设置【旋转】为25°；接着将时间线拖到第4秒的位置，设置【旋转】为0°。最后选择所有关键帧，并在关键帧上单击鼠标右键，选择【曲线】选项。

09 可拖动时间线滑块查看文字广告第一部分效果。

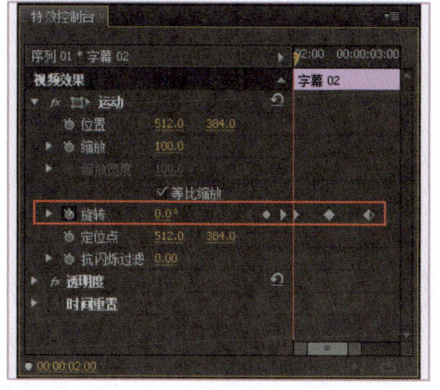
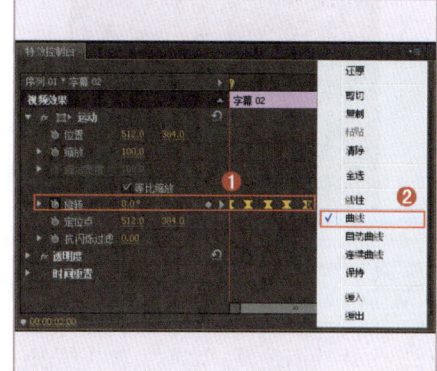

实例231 制作文字广告第二部分效果

利用输入工具和缩放视频切换特效可制作出文字广告方块动画效果。本例主要介绍制作文字广告第二部分效果的方法。

文件路径：源文件\第13章\例231
视频文件：视频文件\第13章\例231.flv

01 新建【方形02】。选择▢（矩形工具），按住Shift键绘制出一个正矩形，并设置【填充类型】为【线性渐变】，颜色为浅蓝色（R：55，G：174，B：236）和深蓝色（R：37，G：49，B：137），【角度】为315°。接着单击【外侧边】后的【添加】按钮，并设置颜色为紫色（R：144，G：16，B：129）。

02 新建【字幕02】。选择T（输入工具），在合成窗口中输入文字，并设置【字体】为【Arial】，【字体样式】为【Bold】，【字体大小】为56和95，【颜色】为白色（R：255，G：255，B：255）。

03 将项目窗口中的【方形02】和【字幕03】拖曳到时间线窗口中的视频5和视频6轨道上，并设置起始时间为第4秒，结束时间为第12秒。接着将【效果】面板中的【缩放】视频切换特效拖曳到【方形02】上。

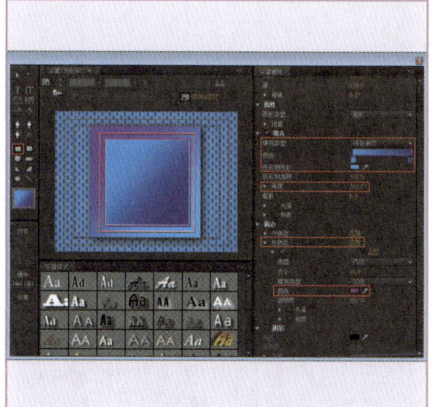
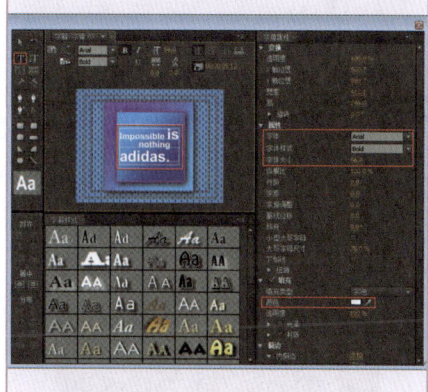
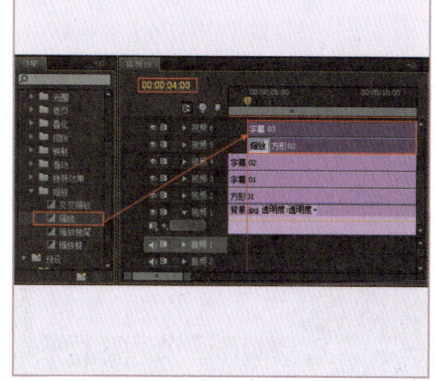

04 选择【字幕03】，将时间线拖到第5秒的位置，并设置【透明度】为0%。接着将时间线拖到第6秒的位置，设置【透明度】为100%。

05 将【方形01】上的【投影】特效复制到视频5轨道的【方形02】上。

06 可拖动时间线滑块查看文字广告第二部分效果。

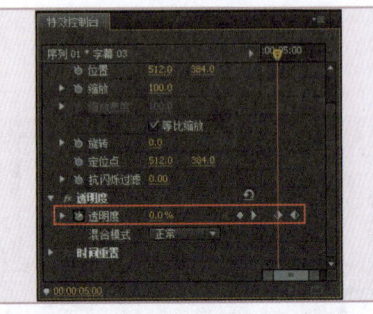
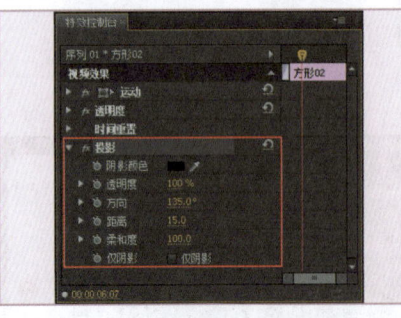

实例232 制作文字广告第三部分效果

利用输入工具和视频切换特效可制作出方块动画效果。本例主要介绍制作文字广告第三部分效果的方法。

文件路径：源文件\第13章\例232

视频文件：视频文件\第13章\例232.flv

01 新建【方形03】。选择▣（矩形工具），按住Shift键绘制出一个正矩形，并设置【填充类型】为【线性渐变】，颜色为浅蓝色（R: 0, G: 199, B: 193）和深蓝色（R: 0, G: 129, B: 175），【角度】为315°。

02 新建【字幕04】。选择 T（输入工具），在合成窗口中输入文字，并设置【字体】为【Impact】，【字体大小】为97，【颜色】为白色（R: 255, G: 255, B: 255）。

03 将项目窗口中的【方形03】拖曳到时间线窗口中的视频7轨道上，并设置【方形03】的起始时间为第6秒，结束时间为第12秒。接着将【效果】面板中的【缩放】视频切换特效拖曳到【方形03】上。

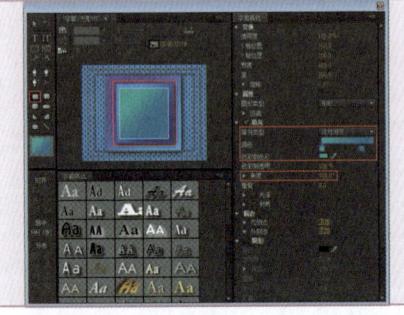
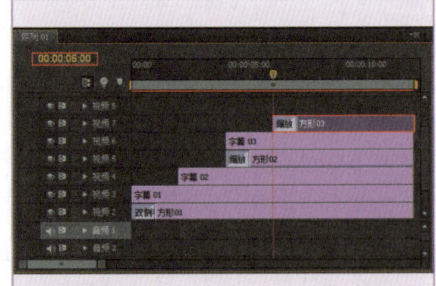

04 将项目窗口中的【字幕04】拖曳到时间线窗口中的视频8轨道上，并设置【字幕04】的起始时间为第7秒，结束时间都为第12秒。

05 将【方形01】上的【投影】特效复制到视频7轨道的【方形03】上。

06 可拖动时间线滑块查看制作文字广告第三部分效果。

实例233 制作最终文字广告效果

利用输入工具、关键帧以及视频切换特效可制作出最终方块动画效果。本例主要介绍制作最终文字广告效果的方法。

文件路径：源文件\第13章\例233　　　视频文件：视频文件\第13章\例233.flv

01 新建【方形04】。选择■（矩形工具），按住Shift键绘制出一个正矩形，并设置【颜色】为浅蓝色（R：50，G：169，B：225）。接着单击【内侧边】后的【添加】按钮，设置【大小】为30，【颜色】为白色（R：255，G：255，B：255）。

02 新建【字幕05】。选择T（输入工具），在合成窗口中输入文字，并设置【字体】为【Impact】，【字体大小】为97，【颜色】为白色（R：255，G：255，B：255）。

03 将项目窗口中的【方形04】和【字幕05】拖曳到时间线窗口中的视频9和视频10轨道上，并设置起始时间为第8秒14帧，结束时间为第12秒。接着将【效果】面板中的【缩放】视频切换特效拖曳到【方形04】上。

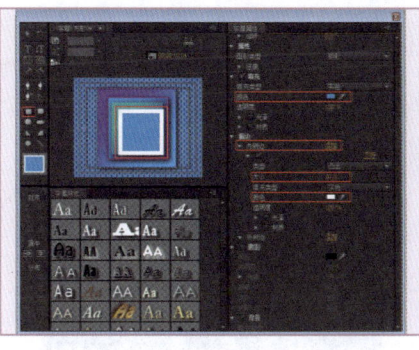
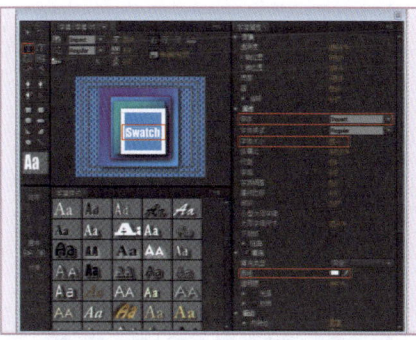
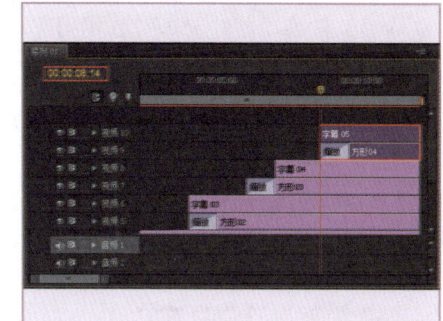

04 选择【字幕05】，将时间线拖到第9秒14帧，开启【缩放】的自动关键帧，并设置【缩放】为600，【透明度】为0%；接着将时间线拖到第10秒14帧，设置【缩放】为100，【透明度】为100%。

05 将【方形01】上的【投影】特效复制到视频7轨道的【方形04】上。

06 可拖动时间线滑块查看最终文字广告效果。

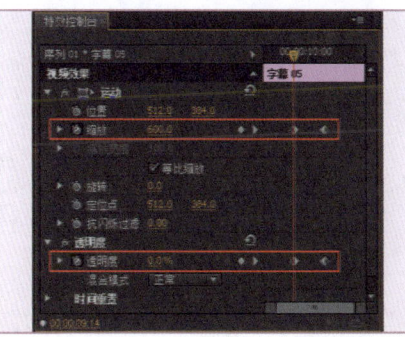
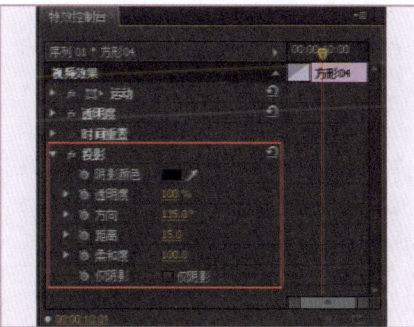

实例234 制作饮料广告背景效果

利用渐变特效和关键帧可制作出径向渐变的背景效果。本例主要介绍制作饮料广告背景效果的方法。

文件路径：源文件\第13章\例234　　　视频文件：视频文件\第13章\例234.flv

中文 Premiere Pro CS6 影视编辑剪辑设计与制作 300 例

01 新建项目，在弹出的对话框中单击【浏览】按钮设置储存路径，在【名称】文本框修改文件名称，单击【确定】按钮。

02 在弹出的对话框中选择【设置】选项卡，设置【编辑模式】为【自定义】，【画面大小】为 1024×768，【像素纵横比】为【方形像素（1.0）】，设置【序列名称】，单击【确定】按钮。

03 在项目窗口中空白处双击鼠标左键或者按快捷键Ctrl+I，在弹出的对话框中选择所需素材文件，单击【打开】按钮。

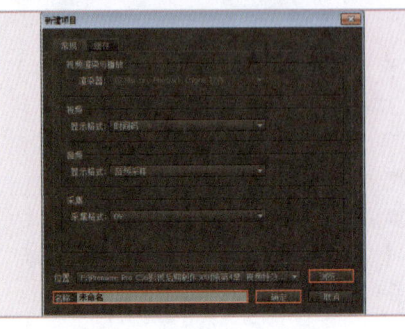
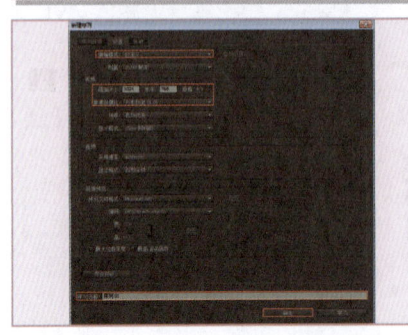
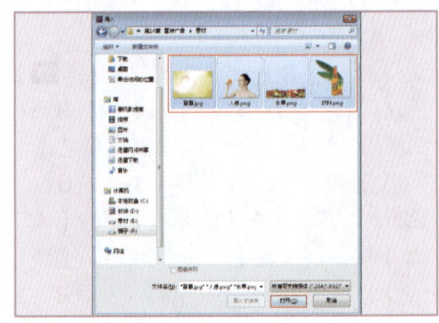

04 在菜单栏中选择【文件】|【新建】|【黑色视频】命令，然后在弹出的对话框中单击【确定】按钮。

05 将项目窗口中的【黑色视频】重命名为【背景】，然后将【背景】和【水果.png】素材拖曳到时间线视频1和视频3轨道上。

06 为【背景】添加【渐变】特效，并设置【渐变形状】为【径向渐变】，【渐变起点】为（512,346），【起始颜色】为白色（R：255，G：255，B：255），【渐变终点】为（512,1430），【结束颜色】为黄色（R：255，G：204，B：0）。

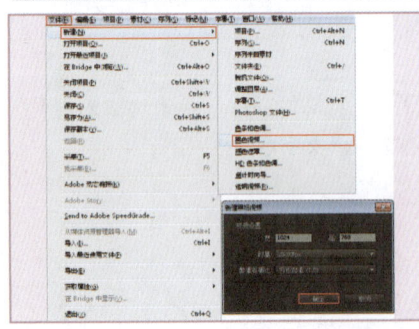
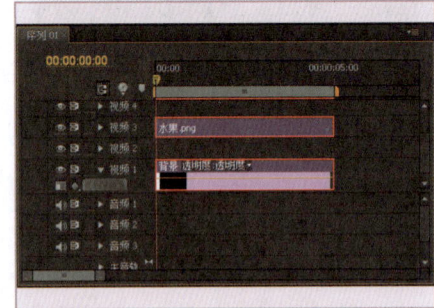
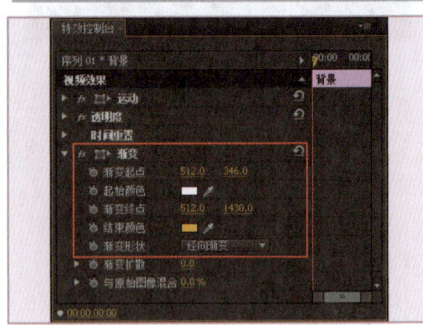

07 选择【水果.png】素材文件，并设置【位置】为（512,617）。然后将时间线拖曳到第10帧，开启【缩放】的关键帧，并设置【缩放】为100，【透明度】为0%；接着将时间线拖到第1秒10帧，设置【缩放】为75，【透明度】为100%。

08 为【水果.png】添加【高斯模糊】特效。然后将时间线拖到第10帧，开启【模糊度】的自动关键帧，并设置为34。接着将时间线拖到第1秒10帧，设置【模糊度】为0。

09 可拖动时间线滑块查看饮料广告背景效果。

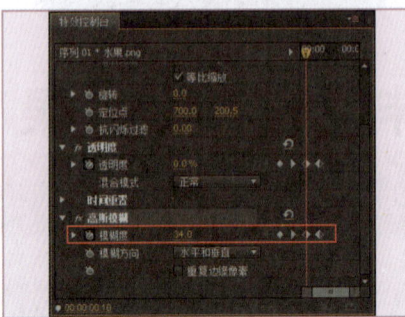

实例235 制作最终饮料广告效果

利用输入工具和关键帧可制作出素材的不透明度动画和文字移动效果。本例主要介绍制作最终饮料广告效果的方法。

文件路径：源文件\第13章\例235   视频文件：视频文件\第13章\例235.flv

01 将项目窗口中的【人像.png】素材文件拖曳到时间线窗口的视频2轨道上。

02 选择【人像.png】素材文件，并设置【缩放】为59，【位置】为（722,366）。然后将时间线拖到第1秒10帧，设置【透明度】为0%，接着将时间线拖到第2秒，设置【透明度】为100%。

03 可拖动时间线滑块查看效果。

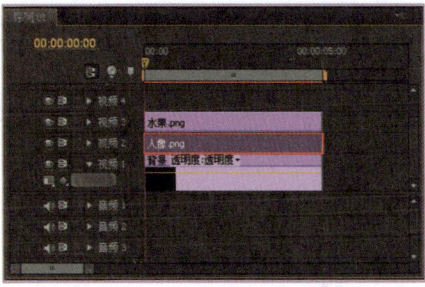
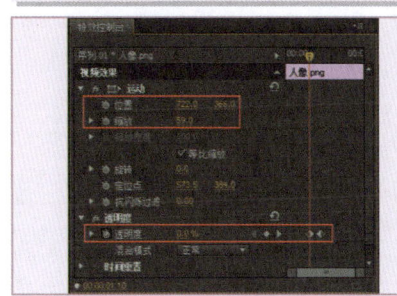

04 选择菜单栏中的【字幕】|【新建字幕】|【默认静态字幕】命令，在弹出的对话框中设置【名称】为【字幕01】，单击【确定】按钮。

05 选择 T（输入工具），在合成窗口中输入文字，并设置【字体】为【FZHuPo-M04S】，【字体大小】为70，【行距】为32，【颜色】为绿色（R: 151, G: 211, B: 0）。

06 将项目窗口中的【饮料.png】和【字幕01】拖曳到时间线窗口中的视频4和视频5轨道上。

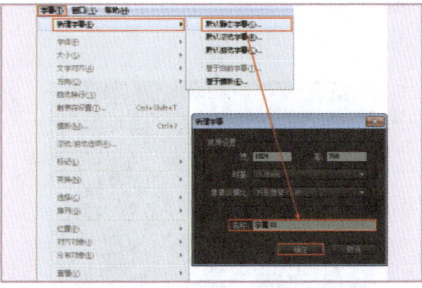
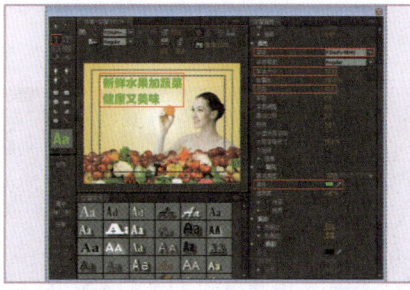
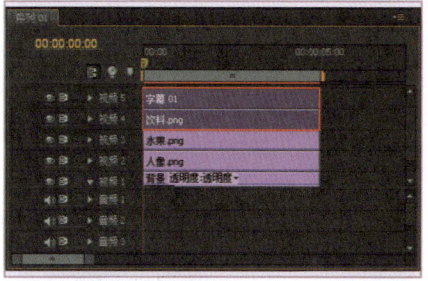

07 选择【饮料.png】素材文件，设置【缩放】为48。接着将时间线拖到第2秒，开启【位置】的自动关键帧，并设置为（-937,580）。最后将时间线拖到第3秒，设置【位置】为（227,580）。

08 选择【字幕01】，然后将时间线拖到第3秒，开启【位置】的自动关键帧，并设置为（512,77）。接着将时间线拖到第4秒，设置【位置】为（512,384）。

09 可拖动时间线滑块查看最终饮料广告效果。

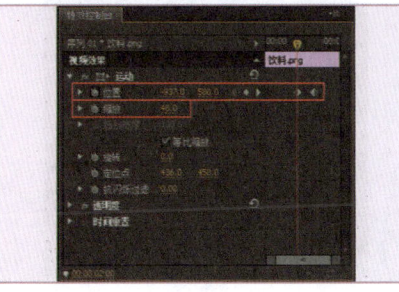
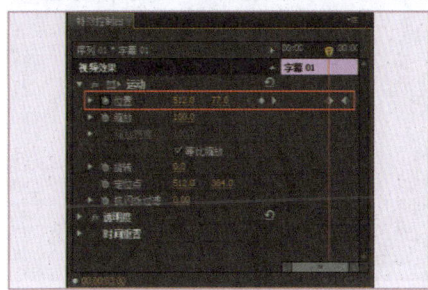

实例236 制作电子广告背景效果

利用渐变和线性擦除特效可制作出广告的渐变背景和彩虹擦除动画效果。本例主要介绍制作电子广告背景效果的方法。

文件路径：源文件\第13章\例236

视频文件：视频文件\第13章\例236.flv

01 新建项目，在弹出的对话框中单击【浏览】按钮设置储存路径，在【名称】文本框修改文件名称，单击【确定】按钮。

02 在弹出的对话框中选择【设置】选项卡，设置【编辑模式】为【自定义】，【画面大小】为1024×768，【像素纵横比】为【方形像素（1.0）】，设置【序列名称】，单击【确定】按钮。

03 在项目窗口中空白处双击鼠标左键或者按快捷键Ctrl+I，在弹出的对话框中选择所需素材文件，单击【打开】按钮。

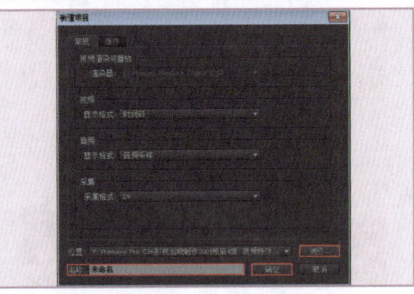
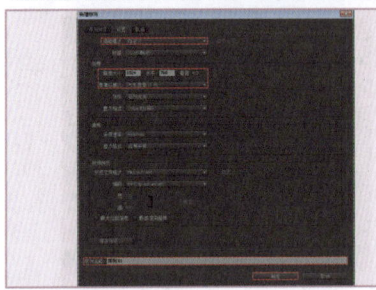
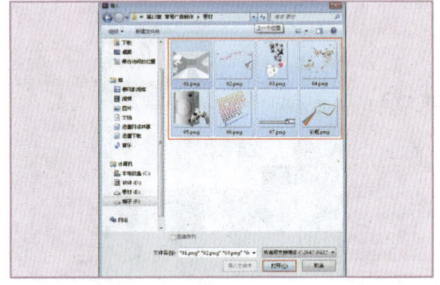

04 在菜单栏中选择【文件】|【新建】|【黑色视频】命令，在弹出的对话框中单击【确定】按钮。

05 将项目窗口中的【黑色视频】重命名为【背景】，并将其拖曳到视频1轨道上。

06 为【背景】添加【渐变】特效，并设置【渐变起点】为（411,227），【起始颜色】为白色（R：255，G：255，B：255），【渐变终点】为（1024,768），【结束颜色】为浅蓝色（R：113，G：185，B：222）。

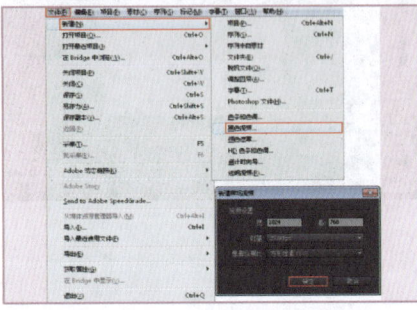
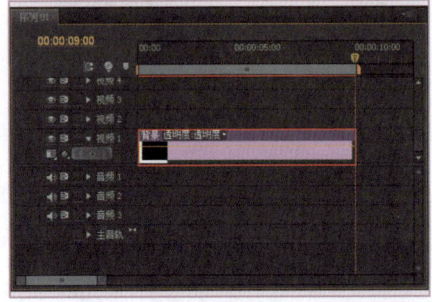
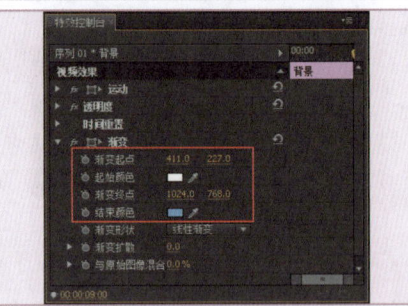

07 可拖到时间线滑块查看效果。

08 将项目窗口中的【01.png】素材文件拖曳到视频2轨道上，并与下方素材对齐。

09 在【特效控制台】面板中设置【01.png】素材文件的【透明度】为40%。

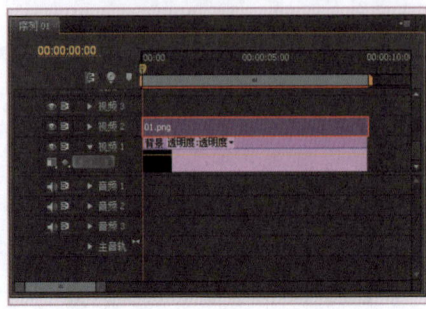
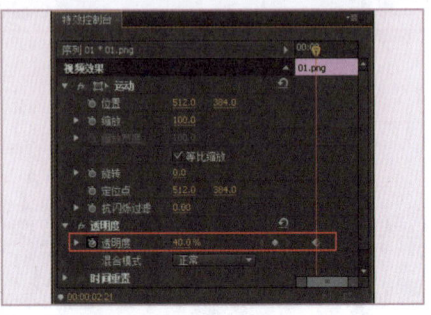

10 将项目窗口中的【彩虹.png】素材文件拖曳到视频3轨道上,并与下方素材文件对齐。

11 设置【彩虹.png】素材文件的【位置】为(350,407),然后为其添加【线性擦除】特效,并设置【擦除角度】为270°,【羽化】为120。接着将时间线拖到起始帧,开启【过渡完成】的自动关键帧,并设置为100%;最后将时间线拖到第2秒,设置【过渡完成】为0%。

12 可拖动时间线滑块查看电子广告背景效果。

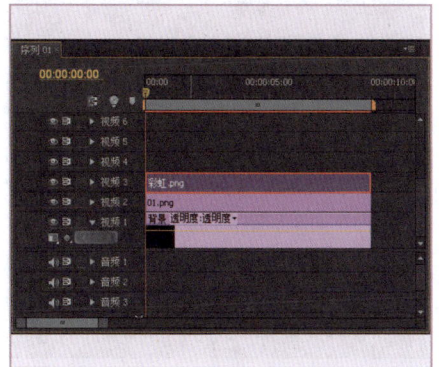
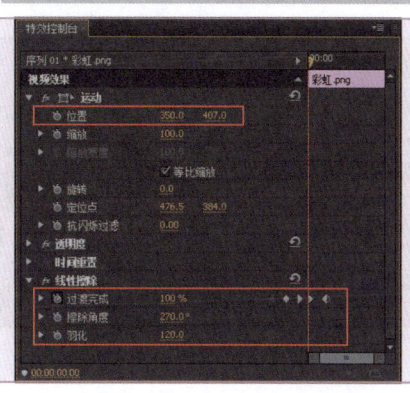

实例237　制作电子广告图案效果

利用素材关键帧和投影特效可制作出广告图案的透明度缩放动画效果。本例主要介绍制作电子广告图案效果的方法。

文件路径:源文件\第13章\例237
视频文件:视频文件\第13章\例237.flv

01 将项目窗口中的【02.png】和【03.png】素材文件拖曳到视频4和视频5轨道上,并与下方素材文件对齐。

02 选择【02.png】,然后将时间线拖到第2秒,设置【透明度】为0%;接着将时间线拖到第3秒,设置【透明度】为100%。

03 设置【03.png】素材文件的【缩放】为55。然后将时间线拖到第3秒,开启【位置】的自动关键帧,并设置为(-187,-134)。接着将时间线拖到第4秒,设置【位置】为(137,386)。

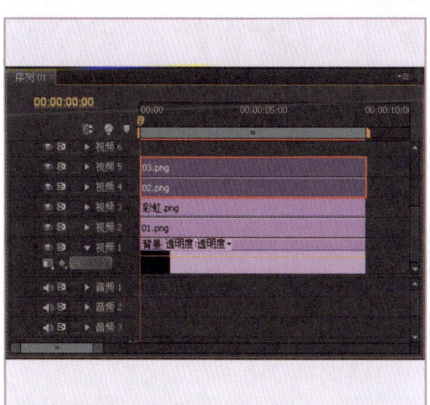
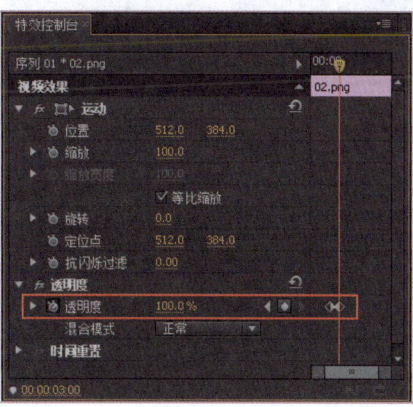
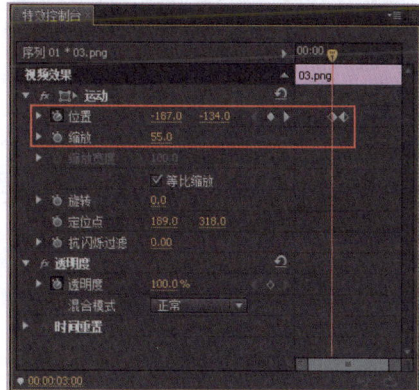

04
为【03.png】素材文件添加【投影】特效,并设置【方向】为114°,【距离】为10,【柔和度】为50。

05
将项目窗口中的【04.png】和【05.png】素材文件拖曳到视频6和视频7轨道上,并与下方素材文件对齐。

06
设置【05.png】素材文件的【位置】为(587,456)。然后将时间线拖到第4秒,开启【缩放】的自动关键帧,并设置【缩放】为239,【透明度】为0%;接着将时间线拖到第4秒15帧,设置【缩放】为60,【透明度】为100%。

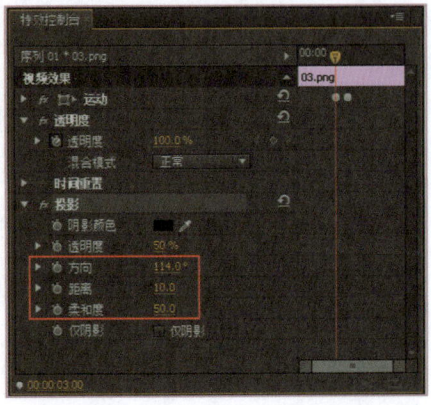  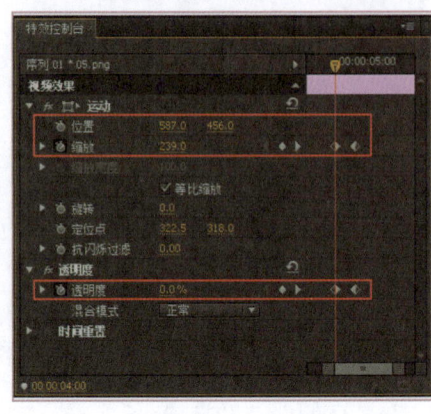

07
为【05.png】素材文件添加【投影】特效,并设置【方向】为147°,【距离】为15,【柔和度】为40。

08
设置【04.png】素材文件的【位置】为(526,434),然后将时间线拖到第4秒15帧,开启【缩放】的自动关键帧,并设置为0。接着将时间线拖到第5秒05帧,设置【缩放】为100。

09
可拖动时间线滑块查看电子广告图案效果。

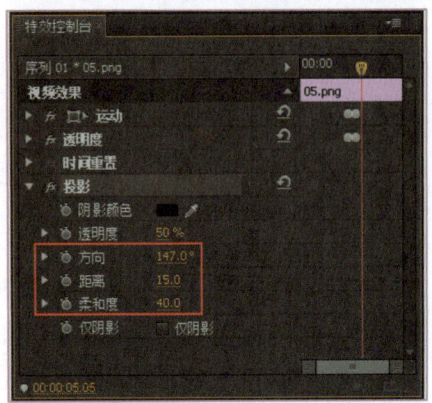 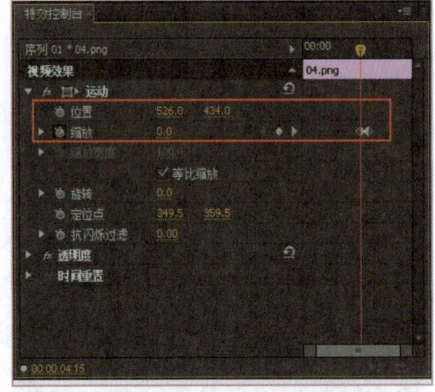 

实例238 制作最终电子广告效果

利用输入工具和视频切换特效可制作出电子广告的文字动画效果。本例主要介绍制作最终电子广告效果的方法。

文件路径:源文件\第13章\例238
视频文件:视频文件\第13章\例238.flv

01 在菜单栏中选择【字幕】|【新建字幕】|【默认静态字幕】命令，在弹出的对话框中设置【名称】为【字幕01】，单击【确定】按钮。

02 选择 ♦（钢笔工具），在工作区中绘制图案，并设置【图形类型】为【填充曲线】，【颜色】为白色（R：255，G：255，B：255）。接着单击【外侧边】后的【添加】按钮，设置【类型】为【深度】，【大小】为28，【角度】为147°，【颜色】为深蓝色（R：3，G：127，B：160）。最后勾选【阴影】，并设置【角度】为-147°，【扩散】为80。

03 选择 T（输入工具），在工作区中输入文字，设置【字体】为【Arial】，【字体样式】为【Bold】，【字体大小】为55和100，【颜色】为红色（R：248，G：22，B：62）、黄色（R：255，G：180，B：0）和深蓝色（R：0，G：62，B：98）。

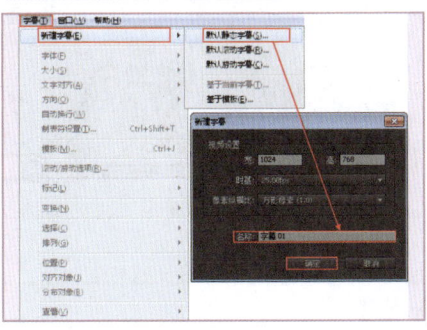 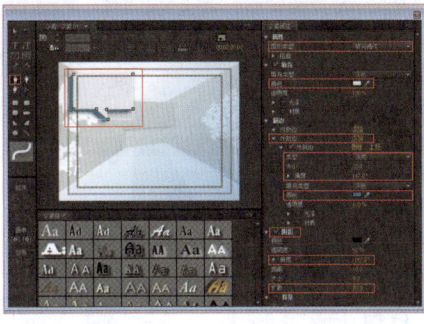 

04 将项目窗口中的【字幕01】拖曳到视频8轨道上，并与下方素材文件对齐。

05 选择【字幕01】，将时间线拖到第5秒05帧，开启【缩放】的自动关键帧，并设置为0。接着将时间线拖到第6秒，设置【缩放】为100。

06 将项目窗口中的【06.png】素材文件拖曳到视频9轨道上，并设置起始时间为第6秒，结束时间为第9秒。

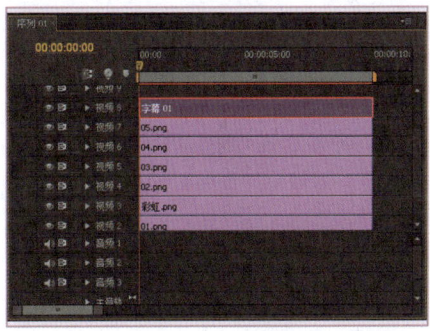 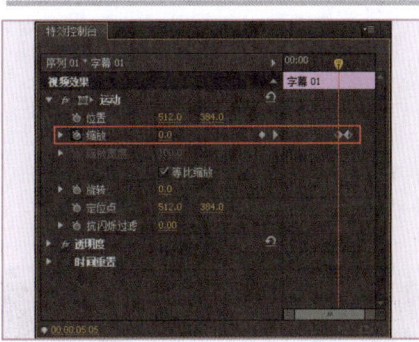 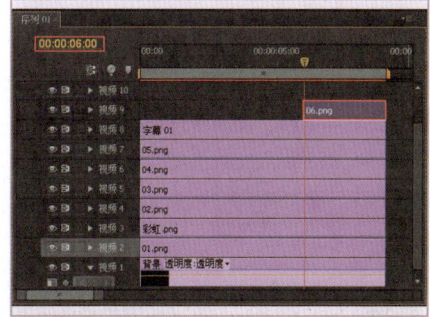

07 设置【06.png】素材文件的【位置】为（167，144），【透明度】为30%，【混合模式】为【颜色加深】。

08 将项目窗口中的【07.png】素材文件拖曳到视频10轨道上，并设置起始时间为第6秒，结束时间为第9秒。接着在【07.png】素材文件的起始位置添加【滑动】切换特效。

09 在【特效控制台】面板中设置【07.png】素材文件的【缩放】为110，【位置】为（512，695）。

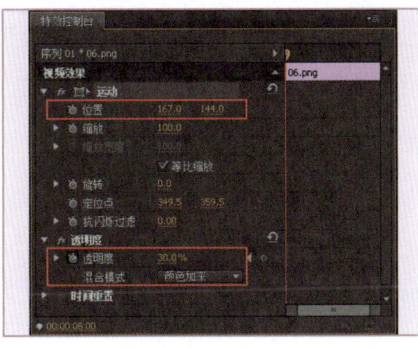 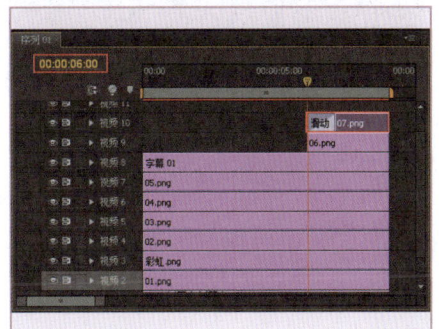 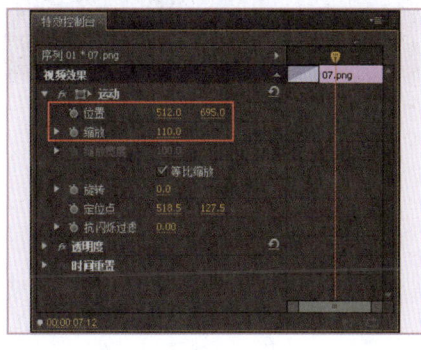

10 新建【字幕02】。选择 T（输入工具），在工作区中输入文字，并设置【字体】为【Arial】，【字体大小】为40，【颜色】为黑色（R: 0, G: 0, B: 0）。

11 将项目窗口中的【字幕02】拖曳到视频11轨道上，并设置起始时间为第7秒，结束时间为第9秒。

12 可拖动时间线滑块查看最终电子广告效果。

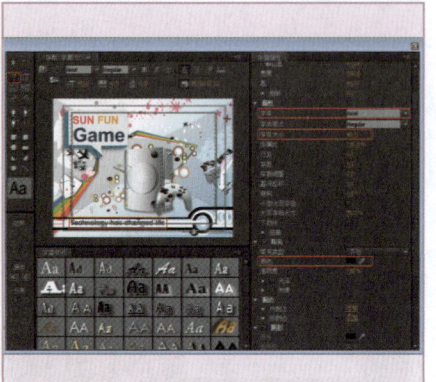 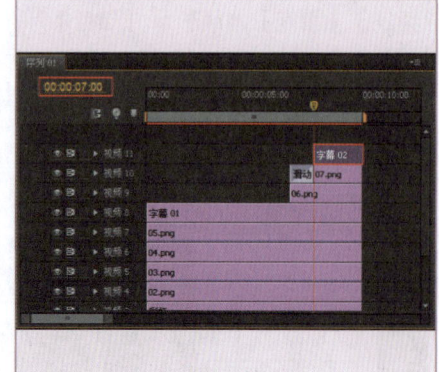 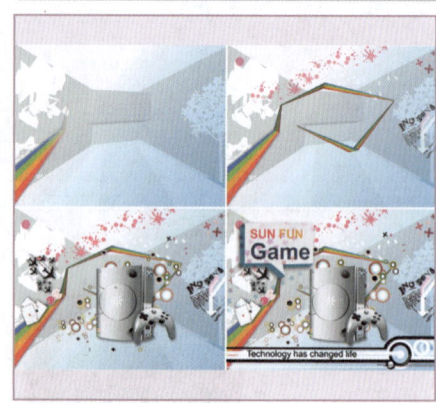

实例239　制作商品宣传广告背景效果

利用渐变特效可制作出广告背景的线性渐变效果。本例主要介绍制作商品宣传广告背景效果的方法。

文件路径：源文件\第13章\例239　　　视频文件：视频文件\第13章\例239.flv

01 新建项目，在弹出的对话框中单击【浏览】按钮设置储存路径，在【名称】文本框修改文件名称，单击【确定】按钮。

02 在弹出的对话框中选择【设置】选项卡，设置【编辑模式】为【自定义】，【画面大小】为1024×768，【像素纵横比】为【方形像素（1.0）】，设置【序列名称】，单击【确定】按钮。

03 在项目窗口中空白处双击鼠标左键或者按快捷键Ctrl+I，在弹出的对话框中选择所需素材文件，单击【打开】按钮。

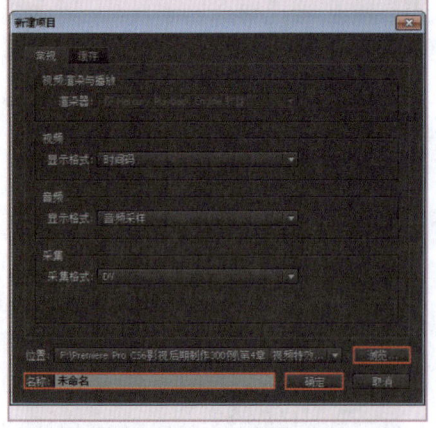 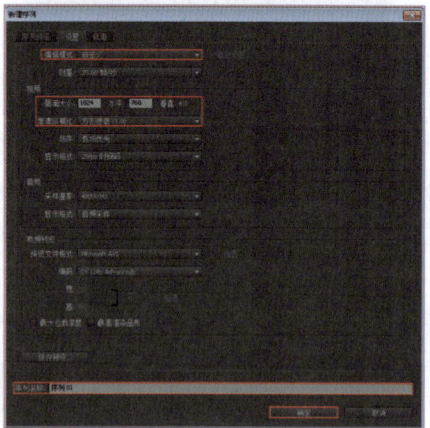 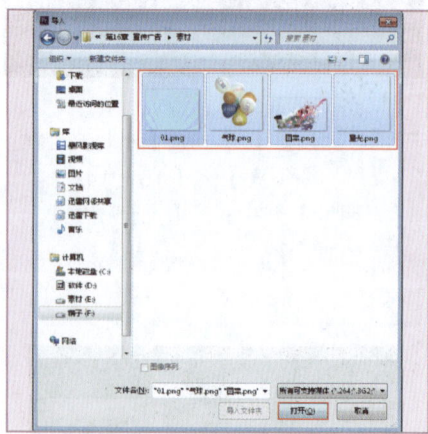

04 在菜单栏中选择【文件】|【新建】|【黑色视频】命令，在弹出的对话框中单击【确定】按钮。

05 将项目窗口中的【黑色视频】重命名为【背景】，然后将其拖曳到时间线窗口视频1轨道上。

06 为视频1轨道上的【背景】添加【渐变】特效，并设置【渐变起点】为（512,0），【起始颜色】为浅蓝色（R：15，G：156，B：255），【渐变终点】为（512,768），【结束颜色】为白色（R：255，G：255，B：255）。

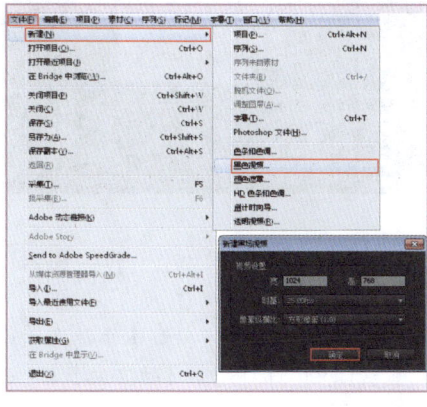
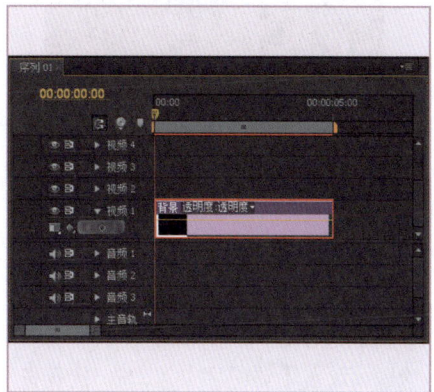
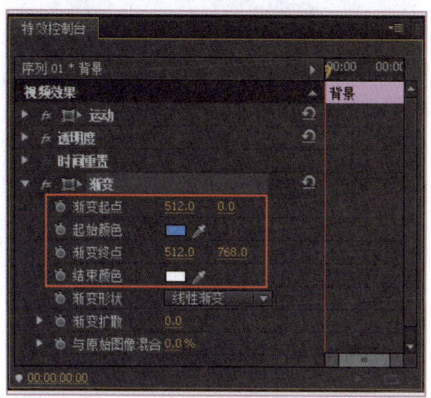

07 将项目窗口中的【01.png】素材文件拖曳到视频2轨道上。

08 选择【01.png】素材文件，然后将时间线拖到起始帧，开启【缩放】的自动关键帧，并设置【缩放】和【透明度】为200和0%；接着将时间线拖到第15帧，设置【缩放】为100，【透明度】为100%。

09 可拖动时间线滑块查看商品宣传广告背景效果。

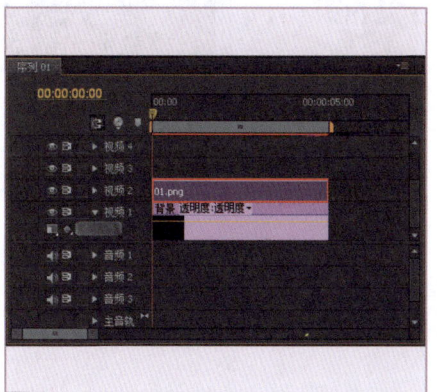
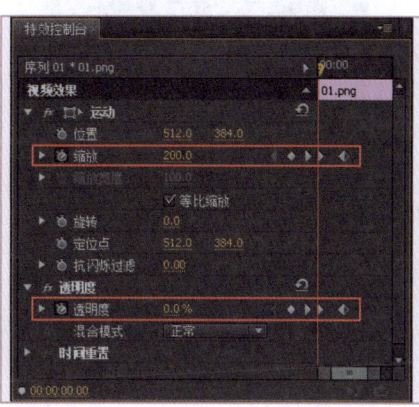

实例240　制作最终商品宣传广告效果

利用素材图案和输入工具可制作出广告合成效果，使用关键帧可制作出素材和文字的动画效果。本例主要介绍制作最终商品宣传广告效果的方法。

文件路径：源文件\第13章\例240　　　视频文件：视频文件\第13章\例240.flv

中文 Premiere Pro CS6 影视编辑剪辑设计与制作 300例

01 将项目窗口中的【图案.png】素材文件拖曳到视频3轨道上，并设置起始时间为第15帧。然后为起始位置添加【滑动】视频切换特效。

02 在【特效控制台】面板中设置【图案.png】素材文件的【位置】为（496,496）。

03 将项目窗口中的【气球.png】和【星光.png】素材文件拖曳到视频4和视频5轨道上。

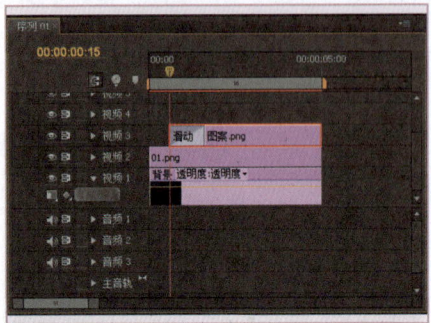

04 选择【气球.png】素材文件，设置【缩放】为80。将时间线拖到第1秒15帧，开启【位置】和【旋转】的自动关键帧，并设置【位置】为（271,983），【旋转】为0°；接着将时间线拖到第2秒，设置【位置】为（271,572），【旋转】为42°；最后将时间线拖到第2秒10帧，设置【位置】为（271,280），【旋转】为10°。

05 设置【星光.png】素材文件的【缩放】为80，【位置】为（295,313）。然后将时间线拖到第2秒，设置【透明度】为0%，接着将时间线拖到第2秒10帧，设置【透明度】为100%。

06 新建【字幕01】。选择 T（输入工具），在工作区中输入文字，设置【字体】为【FZYiHei-M20S】，【字体大小】为90，【颜色】为粉色（R：195，G：32，B：134）。接着单击【外侧边】后的【添加】按钮，并设置【大小】为45，【颜色】为白色（R：255，G：255，B：255）。

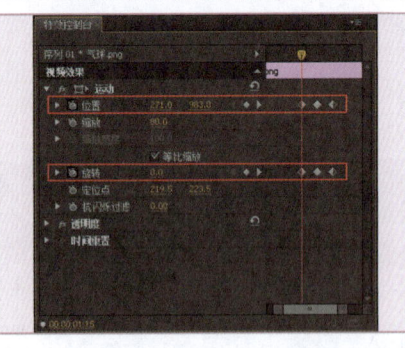

07 将项目窗口中的【字幕01】素材文件拖曳到视频6轨道上。

08 选择【字幕01】，将时间线拖到第2秒10帧，开启【缩放】的自动关键帧，并设置为0。继续将时间线拖到第3秒，设置【缩放】为100。接着将时间线拖到第3秒10帧，设置【缩放】为50。最后将时间线拖到第3秒20帧，设置【缩放】为100。

09 可拖动时间线滑块查看最终商品宣传广告效果。

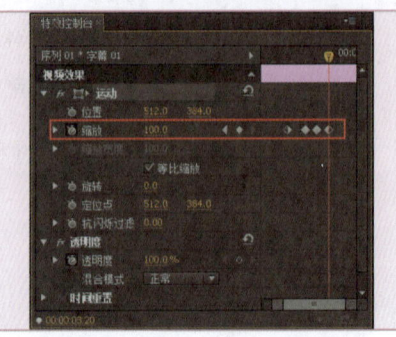

第14章
常用电影特效制作

Chapter 14

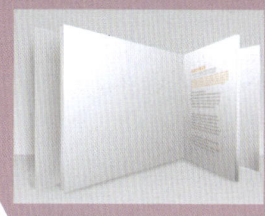

Adobe Premiere Pro CS6是一款编辑画面质量的软件，有较好的兼容性，且可以与Adobe公司推出的其他软件相互协作，广泛应用于广告制作和电视节目制作中。可以将画面进行调色合成，也可以利用多种特效制作出电影特效的效果。

中文 Premiere Pro CS6 影视编辑剪辑设计与制作300例

实例241 制作闪电特效背景效果

利用亮度与对比度、色彩平衡特效可制作出闪电特效背景效果。本例主要介绍制作闪电特效背景效果的方法。

文件路径：源文件\第14章\例241

视频文件：视频文件\第14章\例241.flv

01 新建项目，在弹出的对话框中单击【浏览】按钮设置储存路径，在【名称】文本框修改文件名称，单击【确定】按钮。

02 在弹出的对话框中选择【设置】选项卡，设置【编辑模式】为【自定义】，【画面大小】为1024×768，【像素纵横比】为【方形像素（1.0）】，设置【序列名称】，单击【确定】按钮。

03 在项目窗口中空白处双击鼠标左键或者按快捷键Ctrl+I，在弹出的对话框中选择所需素材文件，单击【打开】按钮。

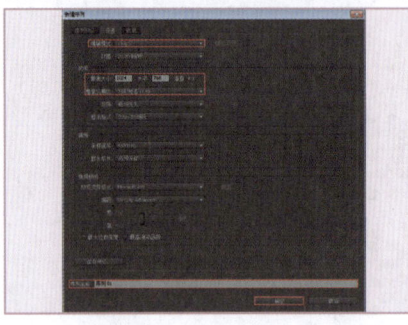
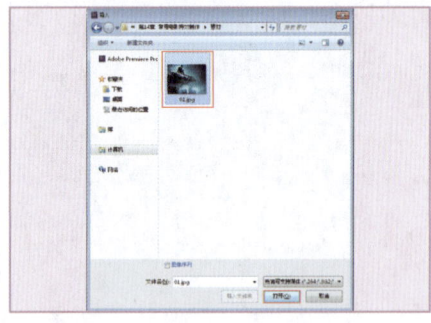

04 将项目窗口中的【01.jpg】素材文件拖曳到时间线窗口中的视频1轨道上。

05 选择时间线窗口中的【01.jpg】，在【特效控制台】面板中设置【缩放】为70，【位置】为（552,419）。

06 将【效果】面板中的【亮度与对比度】特效拖曳到时间线窗口中的【01.jpg】素材文件上。

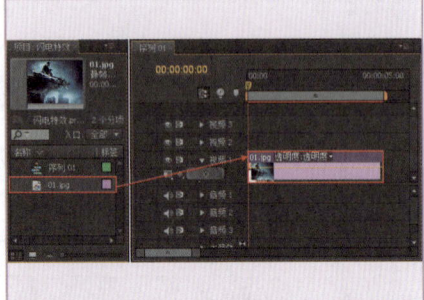
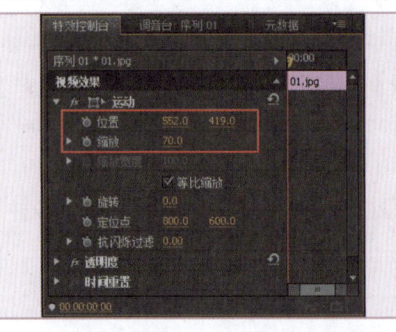
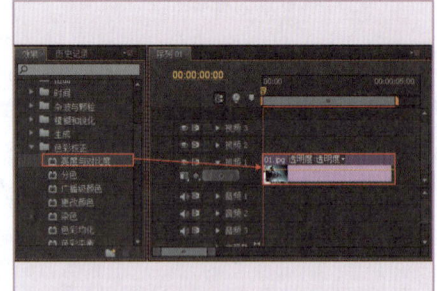

07 选择时间线窗口中的【01.jpg】素材文件，然后在【特效控制台】面板中设置【亮度】为-10。

08 为【01.jpg】添加【色彩平衡】特效，并设置【阴影绿色平衡】为39，【阴影蓝色平衡】为86，【中间调绿色平衡】为19。

09 可拖动时间线滑块查看闪电特效背景效果。

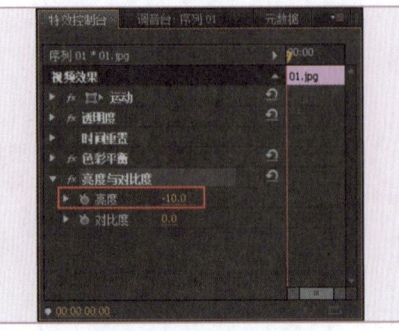
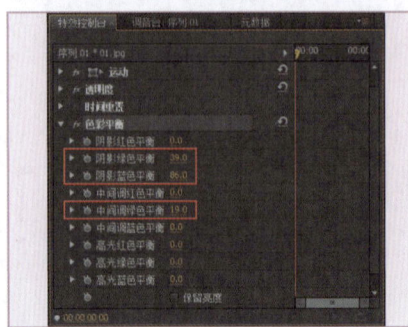

第14章 常用电影特效制作

实例242　制作最终闪电特效效果

利用黑色视频的图层混合模式和闪电特效可制作出画面的闪电效果。本例主要介绍制作最终闪电特效效果的方法。

文件路径：源文件\第14章\例242　　　　视频文件：视频文件\第14章\例242.flv

01 在菜单栏中选择【文件】|【新建】|【黑色视频】命令，在弹出的对话框中单击【确定】按钮。

02 将项目窗口中的【黑色视频】拖曳到时间线窗口中的视频2轨道上。

03 将【效果】面板中的【闪电】特效拖曳到时间线窗口中的【黑色视频】上。

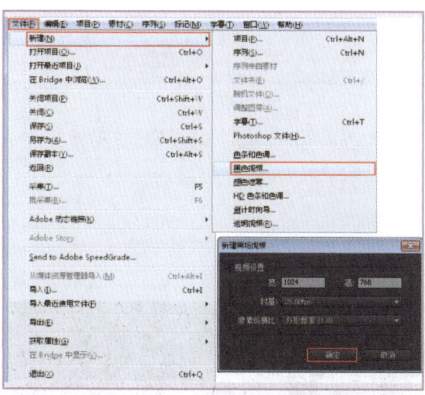 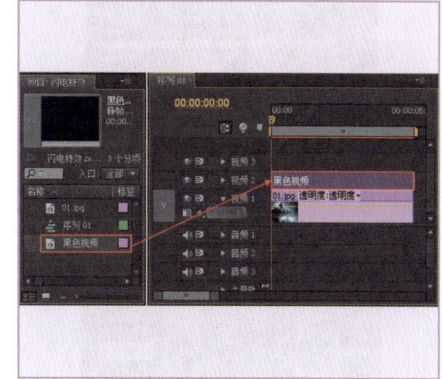 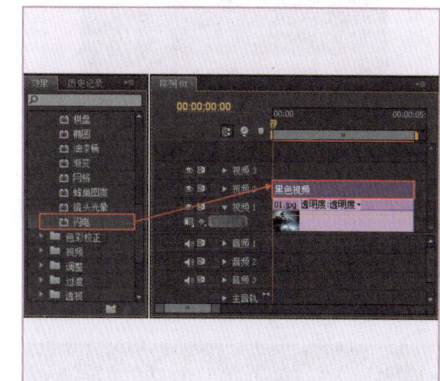

04 为【黑色视频】添加【闪电】特效，并设置【混合模式】为【滤色】。接着设置【闪电】特效的【起始点】为（636,382），【结束点】为（233,225），【分支】为1。

05 设置【分支线段长度】为0.7，【分支线段】为10，【分支宽度】为1，【核心宽度】为0.5，【外部颜色】为蓝色（R：0，G：8，B：255），【拉力】为5。

06 可拖动时间线滑块查看最终闪电特效效果。

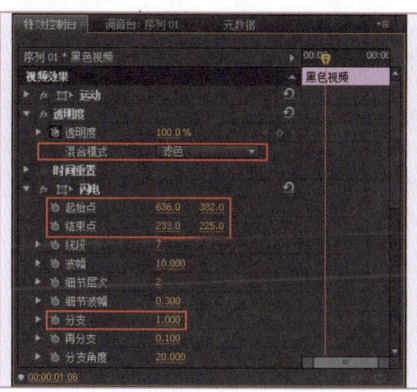 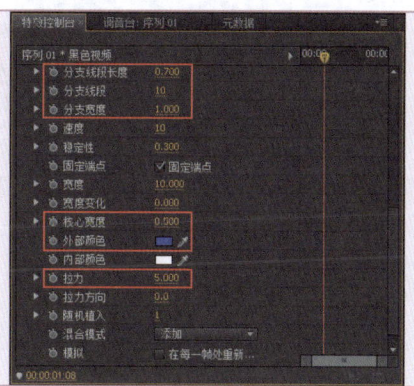 

实例243　制作扫光文字背景效果

利用素材文件的缩放属性调节素材大小，可制作出文字背景效果。本例主要介绍制作扫光文字背景效果的方法。

文件路径：源文件\第14章\例243　　　　视频文件：视频文件\第14章\例243.flv

中文 Premiere Pro CS6 影视编辑剪辑设计与制作 300例

01 新建项目，在弹出的对话框中单击【浏览】按钮设置储存路径，在【名称】文本框修改文件名称，单击【确定】按钮。

02 在弹出的对话框中选择【设置】选项卡，设置【编辑模式】为【自定义】，【画面大小】为1024×768，【像素纵横比】为【方形像素（1.0）】，设置【序列名称】，单击【确定】按钮。

03 在项目窗口中空白处双击鼠标左键或者按快捷键Ctrl+I，在弹出的对话框中选择所需素材文件，单击【打开】按钮。

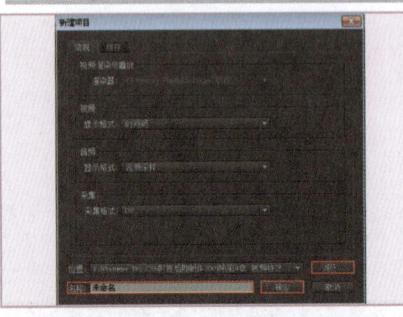 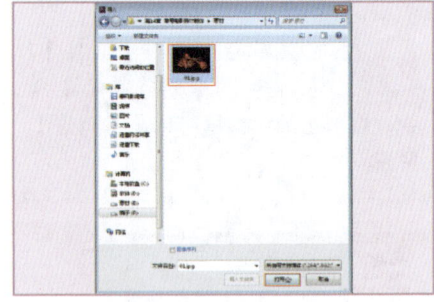

04 将项目窗口中的【01.jpg】素材文件拖曳到时间线窗口中的视频1轨道上。

05 选择时间线窗口中的【01.jpg】素材文件，然后在【特效控制台】面板中设置【缩放】为28，【位置】为（512,479）。

06 可拖动时间线滑块查看扫光文字背景效果。

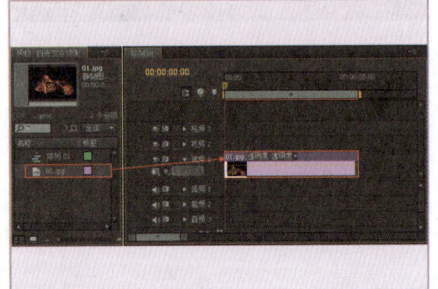 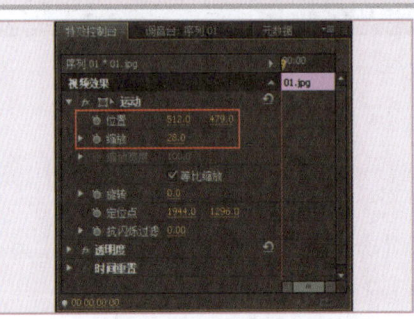 

实例244　制作最终扫光文字效果

利用输入工具和辉光特效可制作出发光文字，添加关键帧可制作出扫光动画效果。本例主要介绍制作最终扫光文字效果的方法。

文件路径：源文件\第14章\例244

视频文件：视频文件\第14章\例244.flv

01 在菜单栏中选择【字幕】|【新建字幕】|【默认静态字幕】命令，在弹出的对话框中设置【名称】为【字幕01】，单击【确定】按钮。

02 选择T（输入工具），在工作区中输入文字，并设置【字体】为【Brush Script Std】，【字体大小】为131，【颜色】为浅灰色（R：181，G：181，B：181）。

03 将项目窗口中的【字幕01】拖曳到时间线窗口中的视频2轨道上。

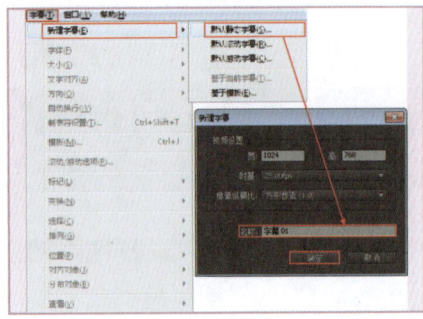  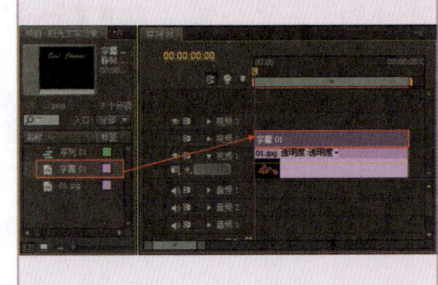

04 为【字幕01】添加【Starglow（辉光）】特效，并设置【Preset（预设）】为【Red（红色）】。

05 为【字幕01】添加【Shine（闪耀）】特效，并设置【Colorize（着色）】为【Fire（火）】。然后将时间线拖到起始帧，开启【Source Point（源点）】和【Ray Length（射线长度）】的关键帧，并设置【Source Point（源点）】为（-196,183），【Ray Length（射线长度）】为11。最后将时间线拖到第3秒，设置【Source Point（源点）】为（512,183），【Ray Length（射线长度）】为0.3。

06 可拖动时间线滑块查看最终扫光文字效果。

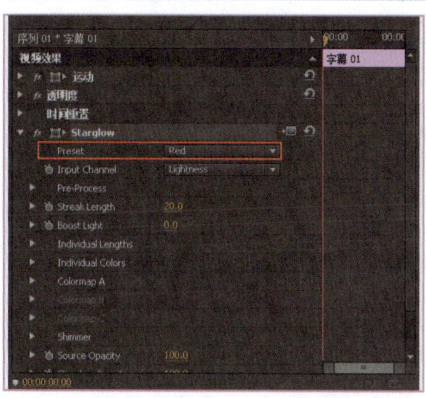
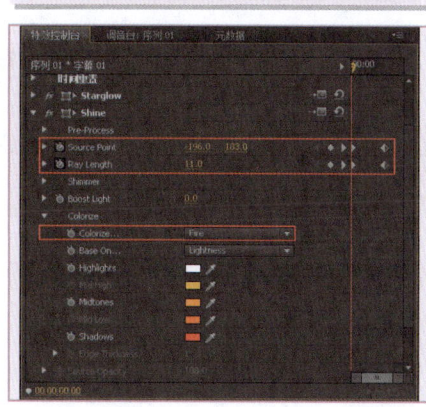

实例245　制作电视多画面的背景效果

利用素材文件的缩放属性可调节素材大小，制作出合成的背景画面效果。本例主要介绍制作电视多画面的背景效果的方法。

文件路径：源文件\第14章\例245
视频文件：视频文件\第14章\例245.flv

01 新建项目，在弹出的对话框中单击【浏览】按钮设置储存路径，在【名称】文本框修改文件名称，单击【确定】按钮。

02 在弹出的对话框中选择【设置】选项卡，设置【编辑模式】为【自定义】，【画面大小】为1024×768，【像素纵横比】为【方形像素（1.0）】，设置【序列名称】，单击【确定】按钮。

03 在项目窗口中空白处双击鼠标左键或者按快捷键Ctrl+I，在弹出的对话框中分别打开图片素材和序列素材。

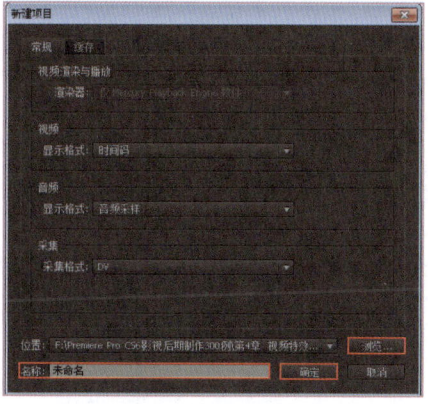
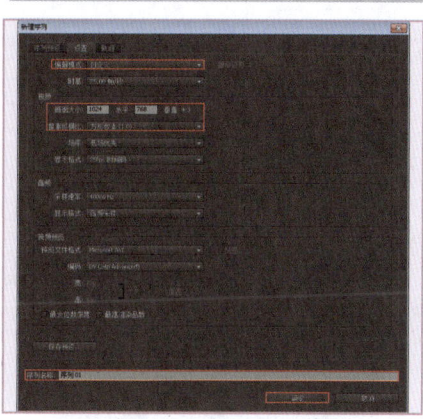
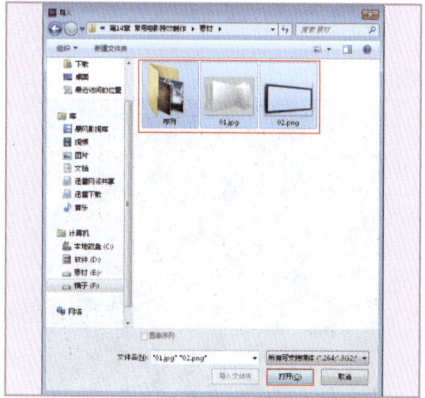

04 将项目窗口中的【01.jpg】素材文件拖曳到时间线窗口中的视频1轨道上。

05 在【特效控制台】面板中设置【01.jpg】的【缩放】为72,【位置】为(541,384)。

06 可拖动时间线滑块查看电视多画面的背景效果。

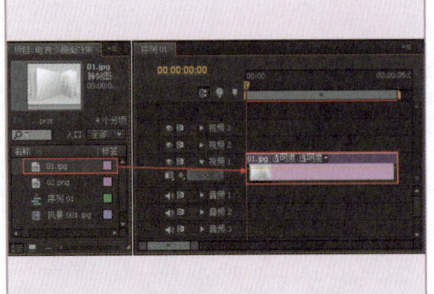
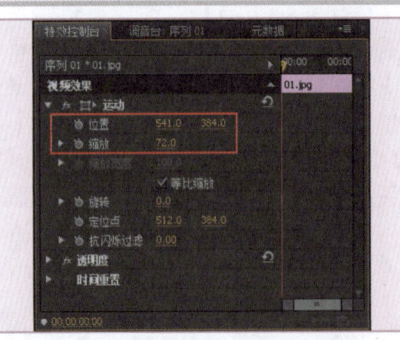

实例246　制作最终电视多画面效果

利用嵌套序列将多个素材合并,然后使用复制和基本3D特效可制作出透视的多画面效果。本例主要介绍制作最终电视多画面效果的方法。

文件路径：源文件\第14章\例246

视频文件：视频文件\第14章\例246.flv

01 将项目窗口中的【风景001.jpg】序列素材拖曳到视频2轨道上,然后在素材上单击鼠标右键,在弹出的菜单中选择【速度/持续时间】选项,在弹出的对话框中设置【速度】为4%,单击【确定】按钮。

02 在【特效控制台】面板中设置【风景001.jpg】的【缩放】为25,【位置】为(458,382)。接着为【风景001.jpg】添加【复制】特效,并设置【计数】为3。

03 在【风景001.jpg】素材文件上单击鼠标右键,然后在弹出的菜单中选择【嵌套】选项,出现【嵌套序列01】。

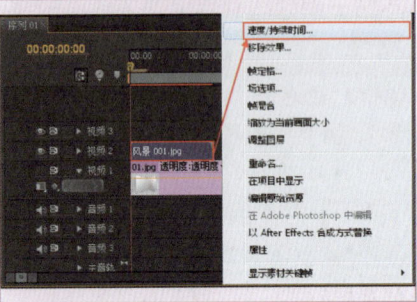
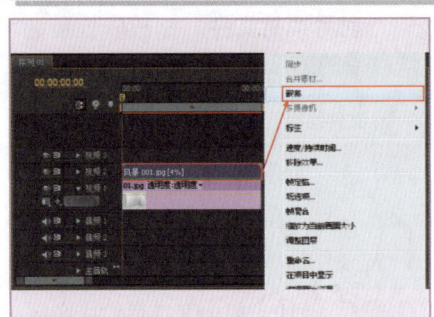

04 为【嵌套序列01】添加【基本3D】特效,并设置【旋转】为-44。

05 将项目窗口中的【02.png】拖曳到视频3轨道上,并设置【位置】为(432,390),不勾选【等比缩放】,并设置【缩放高度】为60,【缩放宽度】为37。

06 可拖动时间线滑块查看最终电视多画面效果。

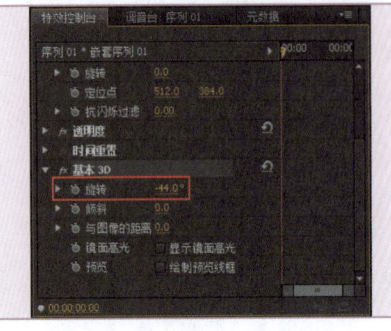
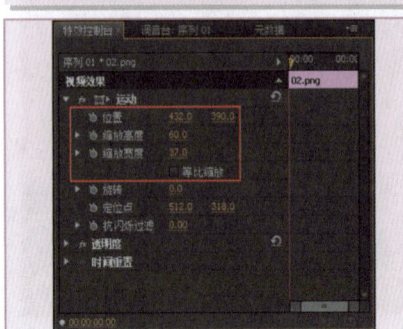
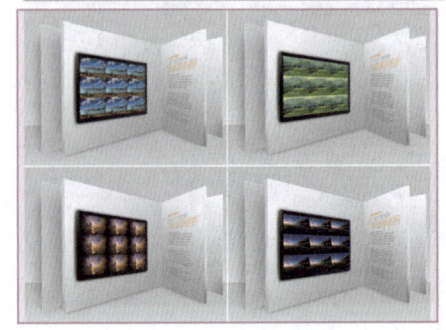

第14章 常用电影特效制作

实例247　制作置换恢复背景效果

利用亮度与对比度特效可提高素材画面合成的背景颜色对比度效果。本例主要介绍制作置换恢复背景效果的方法。

文件路径：源文件\第14章\例247

视频文件：视频文件\第14章\例247.flv

01 新建项目，在弹出的对话框中单击【浏览】按钮设置储存路径，在【名称】文本框修改文件名称，单击【确定】按钮。

02 在弹出的对话框中选择【设置】选项卡，设置【编辑模式】为【自定义】，【画面大小】为1024×768，【像素纵横比】为【方形像素（1.0）】，设置【序列名称】，单击【确定】按钮。

03 在项目窗口中空白处双击鼠标左键或者按快捷键Ctrl+I，在弹出的对话框中选择所需素材文件，单击【打开】按钮。

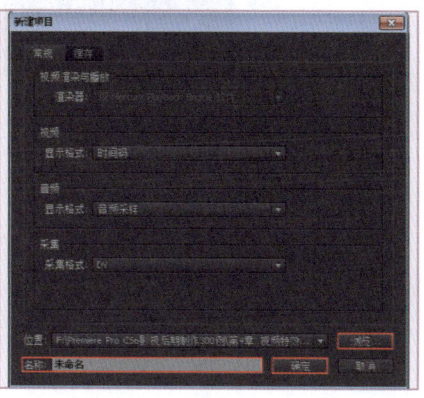
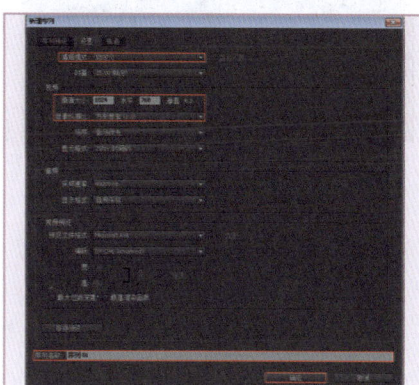
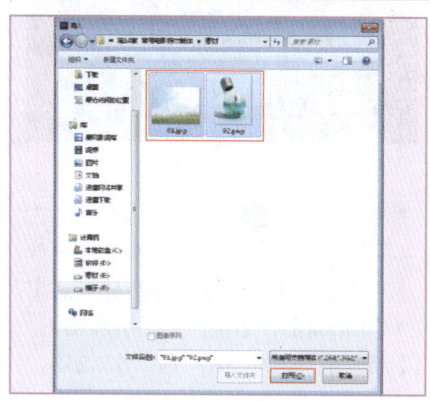

04 将项目窗口中的【01.jpg】素材文件拖曳到时间线窗口中的视频1轨道上。

05 为【01.jpg】素材文件添加【亮度与对比度】特效，并设置【亮度】为-50，【对比度】为35。

06 可拖动时间线滑块查看制作置换恢复背景效果。

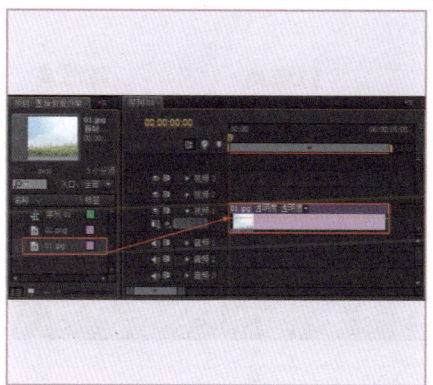
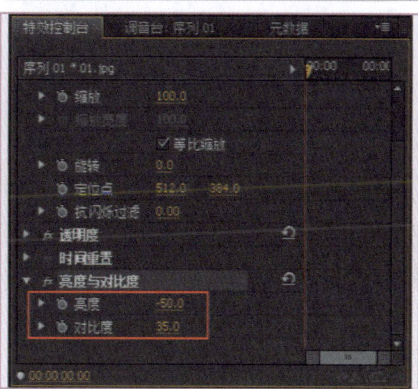

实例248　制作最终置换恢复效果

利用输入工具可制作出画面立体文字，使用紊乱置换特效以及关键帧可制作出图案置换恢复动画效果。本例主要介绍制作最终置换恢复效果的方法。

文件路径：源文件\第14章\例248

视频文件：视频文件\第14章\例248.flv

01 将项目窗口中的【02.png】素材文件拖曳到视频2轨道上,设置【02.png】的【位置】为(226,472)。接着将时间线拖到第10秒,设置【透明度】为0。最后将时间线拖到第2秒10帧,设置【透明度】为100。

02 为【02.png】素材添加【紊乱置换】特效,并设置【固定】为【无】。将时间线拖到第10秒,开启【数量】的关键帧,并设置为1500。将时间线拖到第2秒10帧,设置【数量】为0。

03 在菜单栏中选择【字幕】|【新建字幕】|【默认静态字幕】命令,在弹出的对话框中设置【名称】为【字幕01】,单击【确定】按钮。

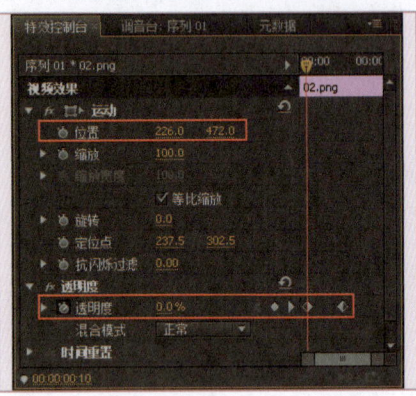 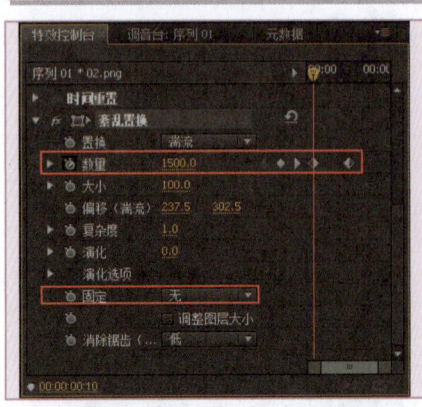 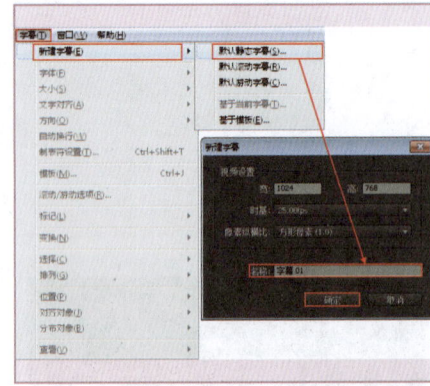

04 选择T(输入工具),在工作区中输入文字,并设置【字体】为【Arial】,【字体样式】为【Black】,【字体大小】为131,【颜色】为绿色(R:14,G:218,B:51)。接着单击【外侧边】后的【添加】按钮,并设置【类型】为【深度】,【大小】为24,【角度】为143°,颜色为深绿色(R:7,G:152,B:33)。

05 将项目窗口中的【字幕01】拖曳到时间线窗口的视频3轨道上。

06 可拖动时间线滑块查看最终置换恢复效果。

第15章
电子相册

在Adobe Premiere Pro CS6中可以制作出各种电子相册效果。利用该软件的多个视频切换特效和关键帧,可为静帧素材图片作出画面过渡和动画效果,从而将多个静帧画面制作出不同风格的视频输出。

中文 Premiere Pro CS6 影视编辑剪辑设计与制作 300 例

实例 249　制作古典风格相册封面效果

利用输入工具和相框素材可制作出相册封面文字动画效果。本例主要介绍制作古典风格相册封面效果的方法。

文件路径：源文件\第15章\例249　　　视频文件：视频文件\第15章\例249.flv

01 新建项目，在弹出的对话框中单击【浏览】按钮设置储存路径，在【名称】文本框修改文件名称，单击【确定】按钮。

02 在弹出的对话框中选择【设置】选项卡，设置【编辑模式】为【自定义】，【画面大小】为1024×768，【像素纵横比】为【方形像素（1.0）】，设置【序列名称】，单击【确定】按钮。

03 在项目窗口中空白处双击鼠标左键或者按快捷键Ctrl+I，在弹出的对话框中选择所需素材文件，单击【打开】按钮。

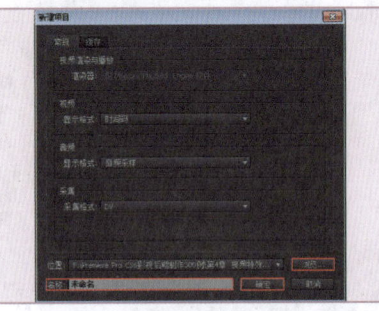
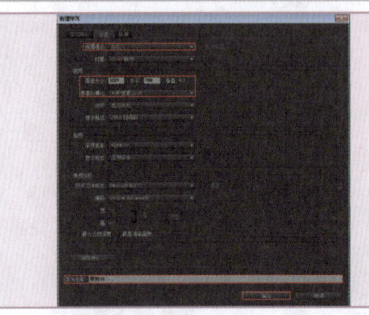
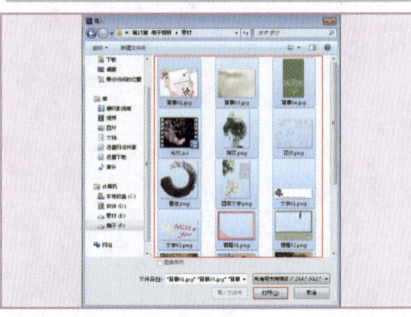

04 按照素材类别分别将素材拖曳到每个文件夹。

05 将项目窗口中的【背景01.jpg】素材文件拖曳到时间线窗口中的视频1轨道上，并设置结束时间为第2秒。

06 在菜单栏中选择【字幕】|【新建字幕】|【默认静态字幕】命令，在弹出的对话框中设置【名称】为【字幕01】，单击【确定】按钮。

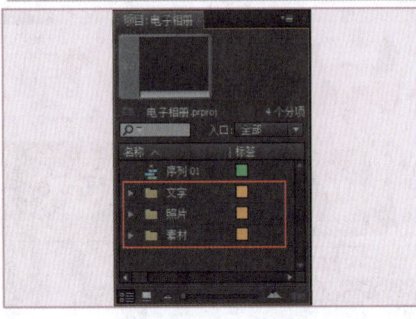
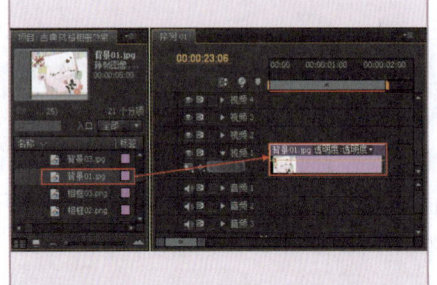
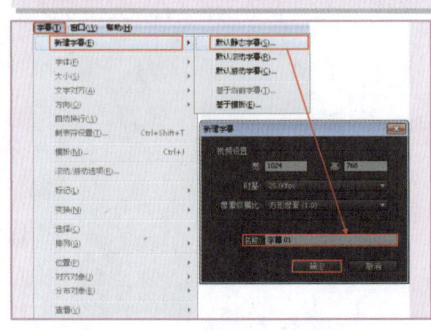

07 选择 T（输入工具），在工作区中输入文字，并设置【旋转】为347°，【字体】为【Exmouth】，【字体大小】为131，【颜色】为黑色（R：0，G：0，B：0）。

08 将项目窗口中的【字幕01】和【相框01】拖曳到视频2和视频3轨道上，并设置结束时间为第2秒。然后将【效果】面板中的【擦除】切换特效拖曳到【相框01】起始位置上。

09 可拖动时间线滑块查看古典风格相册封面效果。

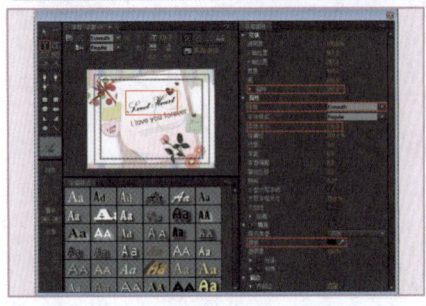

第15章 电子相册

实例250 制作古典风格相册第二部分效果

利用图层混合模式和视频切换特效可制作出画面过渡效果。本例主要介绍制作古典风格相册第二部分效果的方法。

文件路径：源文件\第15章\例250　　　视频文件：视频文件\第15章\例250.flv

01 将项目窗口中的【照片01.jpg】和【光效.avi】素材文件拖曳到时间线窗口中的视频1和视频2轨道上。

02 选择时间线窗口中的【01.jpg】素材文件，然后在【特效控制台】面板中设置【缩放】为77。

03 选择时间线窗口中的【光效.avi】素材文件，并设置【混合模式】为【滤色】。

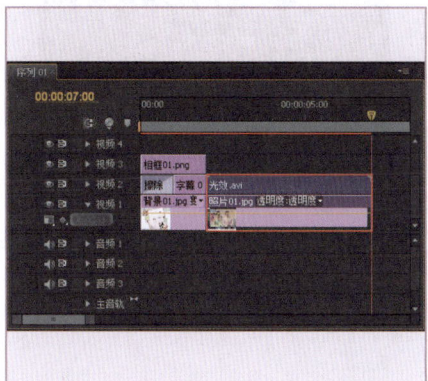 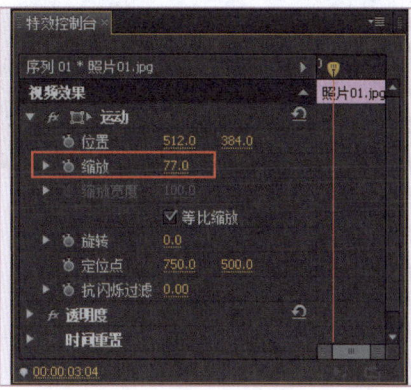 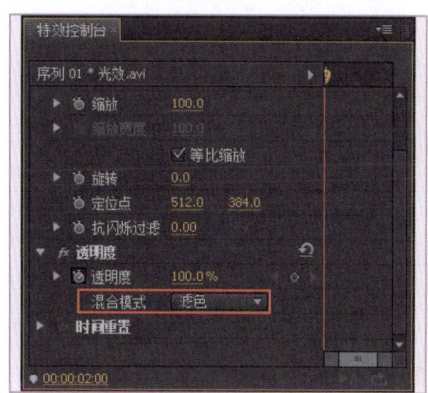

04 将项目窗口中【照片02.jpg】素材文件拖曳到视频1轨道上，并设置结束时间为第9秒。

05 将【效果】面板中的【滑动带】切换特效拖曳到【照片01.jpg】和【照片02.jpg】素材中间。

06 可拖动时间线滑块查看古典风格相册第二部分效果。

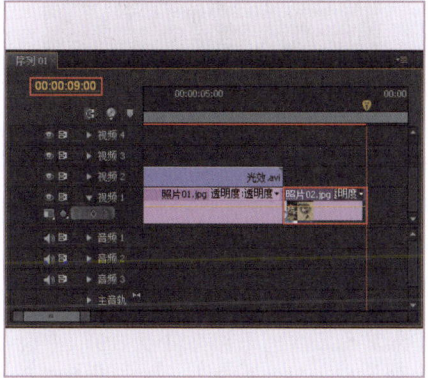 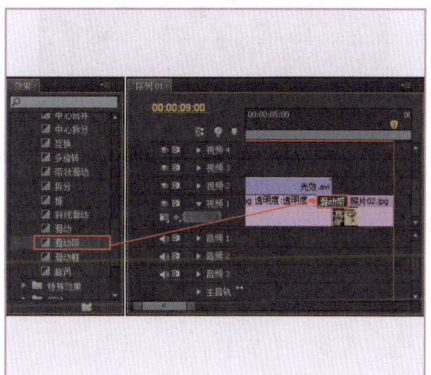 

实例251 制作古典风格相册第三部分效果

利用渐变特效和关键帧可制作出画面背景和透明度动画效果。本例主要介绍制作古典风格相册第三部分效果的方法。

文件路径：源文件\第15章\例251　　　视频文件：视频文件\第15章\例251.flv

中文 Premiere Pro CS6 影视编辑剪辑设计与制作 300例

01 选择菜单栏中的【文件】|【新建】|【黑色视频】命令,在弹出的对话框中单击【确定】按钮。

02 将项目窗口中的【黑色视频】重命名为【背景02】,然后将其拖曳到时间线窗口中的视频1轨道上,并设置结束时间为第12秒。

03 为【背景02】添加【渐变】特效,并设置【渐变形状】为【径向渐变】,【渐变起点】为(512,384),【起始颜色】为白色(R:246,G:246,B:246),【渐变终点】为(512,1000),【结束颜色】为灰色(R:198,G:201,B:172)。

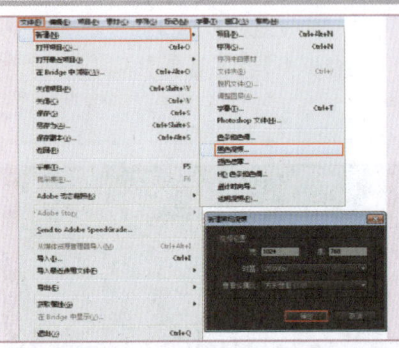
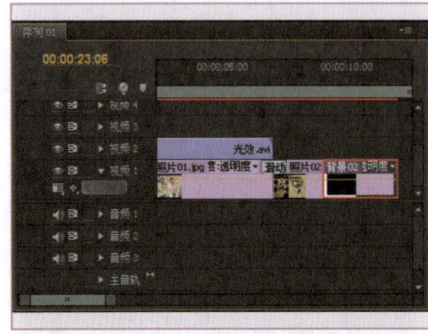
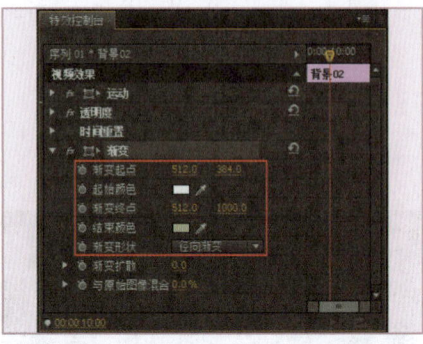

04 将项目窗口中的【墨迹.png】和【花纹.png】素材文件拖曳到视频2和视频3轨道上,并与下方素材文件对齐。

05 设置【墨迹.png】素材文件的【位置】为(750,529),【混合模式】为【颜色加深】。接着将时间线拖到第9秒,设置【透明度】为0%。最后将时间线拖到第10秒,设置【透明度】为100%。

06 设置【花纹.png】素材文件的【混合模式】为【变亮】。

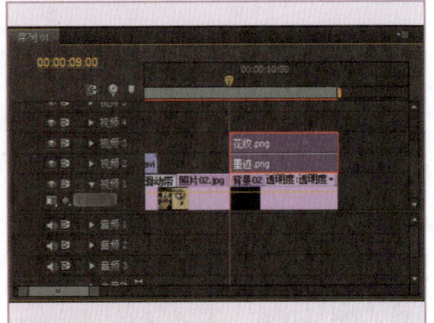
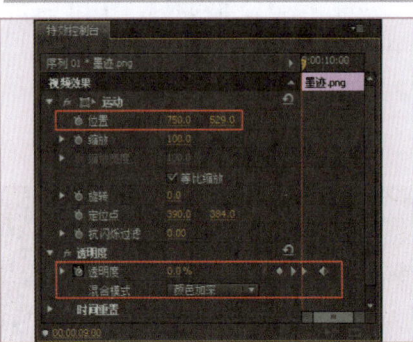
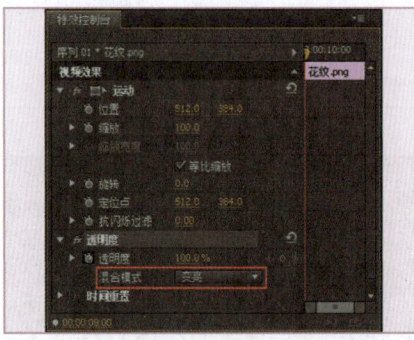

07 新建一个【黑色视频】,在项目窗口中重命名为【圆形】,然后将【照片03.jpg】和【圆形】拖曳到视频4和视频5轨道上,并与下方素材文件对齐。

08 为视频5轨道上的【圆形】添加【圆】特效,并设置【半径】为300,【羽化外部边缘】为80。

09 设置【照片03.jpg】素材文件的【缩放】为69,【位置】为(757,505)。然后为【照片03.jpg】添加【轨道遮罩键】特效,并设置【遮罩】为【视频5】。

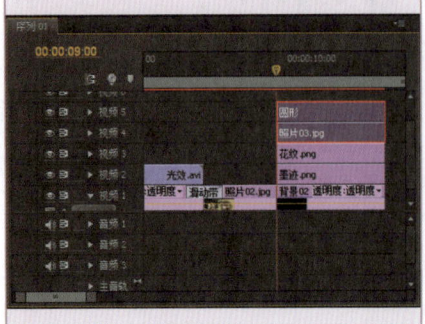
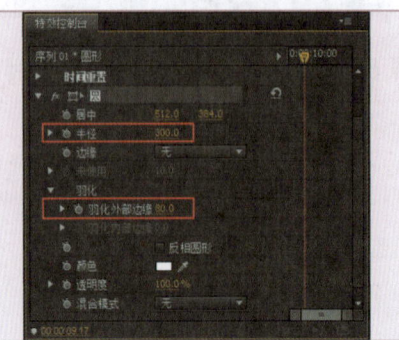
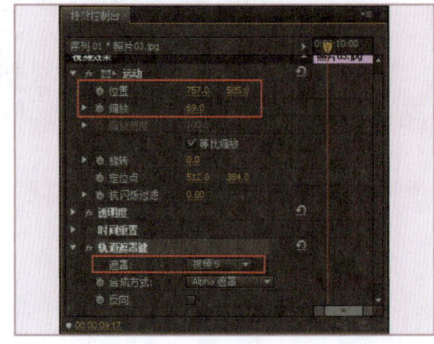

10 将项目窗口中的【图案文字.png】拖曳到视频6轨道上，并与下方素材文件对齐。

11 设置【图案文字.png】素材文件的【位置】为（228,384）。然后将时间线拖到第9秒，设置【透明度】为0%。接着将时间线拖到第10秒，设置【透明度】为100%。

12 可拖动时间线滑块查看古典风格相册第三部分效果。

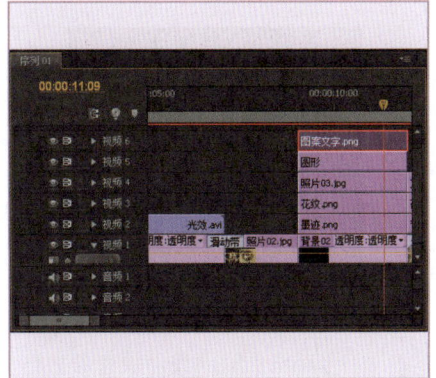 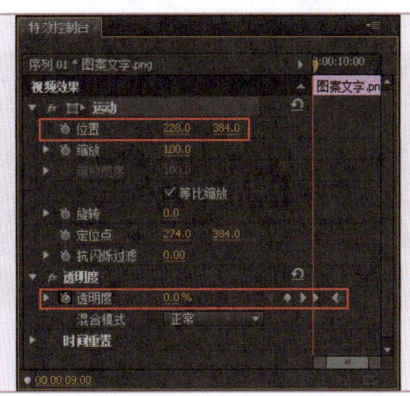 

实例252　制作古典风格相册第四部分效果

利用线性擦除特效和关键帧可制作出叠加渐变动画效果。本例主要介绍制作古典风格相册第四部分效果的方法。

文件路径：源文件\第15章\例252　　　视频文件：视频文件\第15章\例252.flv

01 将项目窗口中的【照片04】和【背景03】拖曳到视频1和视频2轨道上。

02 为【背景03.jpg】添加【线性擦除】特效，然后将时间线拖到第14秒，开启【过渡完成】的自动关键帧，并设置为100%，接着将时间线拖到第15秒，设置【过渡完成】为0%。最后设置【擦除角度】为270°，【羽化】为300。

03 设置【照片04.jpg】素材文件的【缩放】为69。

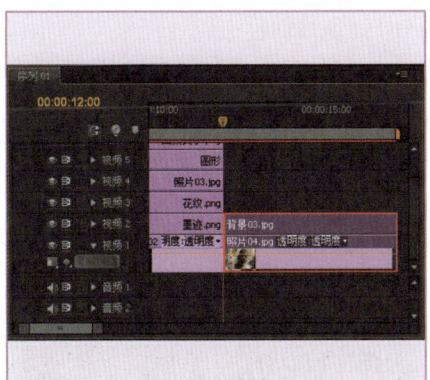 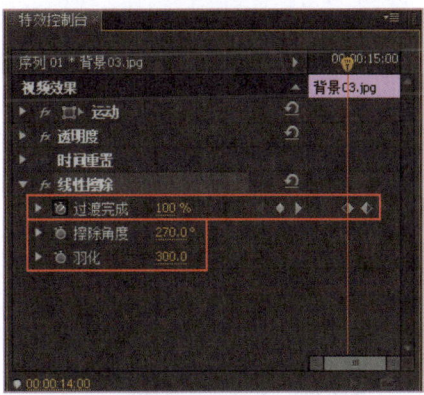 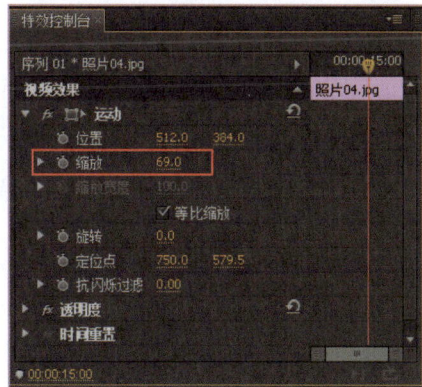

中文 Premiere Pro CS6 影视编辑剪辑设计与制作 300 例

04 可拖动时间线滑块查看效果。

05 将项目窗口中的【荷花.png】和【文字01.png】素材文件拖曳到视频3和视频4轨道上。

06 设置【荷花.png】素材文件的【缩放】为79,【位置】为(285,384)。然后将时间线拖到第14秒,设置【透明度】为0%。接着将时间线拖到第15秒,设置【透明度】为100%。

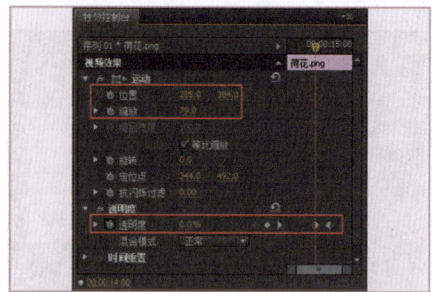

07 设置【文字01.png】的【缩放】为60,【混合模式】为【正片叠底】。然后将时间线拖到第15秒,设置【位置】为(1423,662)。接着将时间线拖到第16秒,设置【位置】为(706,662)。

08 将【效果】面板中的【油漆飞溅】特效拖曳到【照片04.jpg】素材文件的起始位置上。

09 可拖到时间线滑块查看古典风格相册第四部分效果。

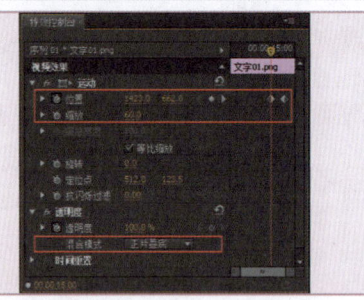

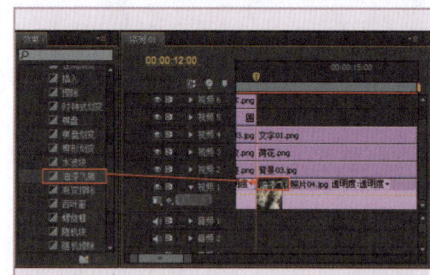

实例253 制作古典风格相册第五部分效果

利用输入工具和关键帧可制作出相册画面的动画效果。本例主要介绍制作古典风格相册的第五部分效果的方法。

📀 文件路径:源文件\第15章\例253　　🎞 视频文件:视频文件\第15章\例253.flv

01 将项目窗口中的【照片05.jpg】素材文件拖曳到视频1轨道上,并将【效果】面板中的【斜线滑动】切换特效拖曳到【照片05.jpg】素材文件的起始位置。

02 设置【照片05.jpg】素材文件的【位置】为(308,384)。

03 将项目窗口中的【背景04.jpg】和【照片06.jpg】素材文件拖曳到视频2和视频3轨道上。

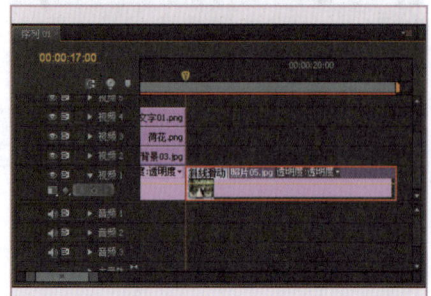

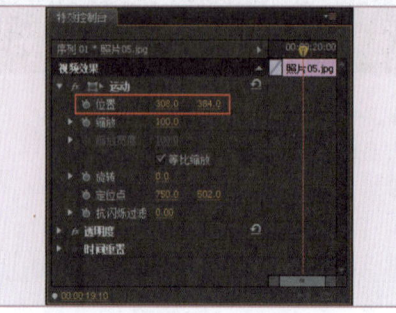

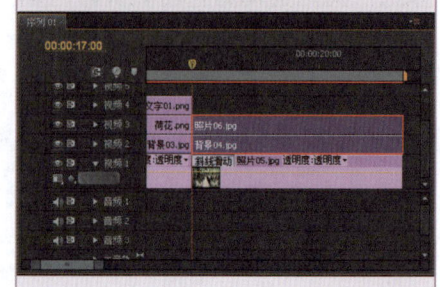

第15章　电子相册

04 设置【背景04.jpg】素材文件的【缩放】为22。然后将时间线拖到第18秒，开启【位置】的自动关键帧，并设置【位置】为（1208,297）。接着将时间线拖到第19秒，设置【位置】为（855,297）。

05 设置【照片06.jpg】素材文件的【缩放】为22，【位置】为（855,166）。然后将时间线拖到第19秒，设置【透明度】为0%。接着将时间线拖到第20秒，设置【透明度】为100%。

06 将项目窗口中的【相框02.jpg】素材文件拖曳到视频4轨道上。

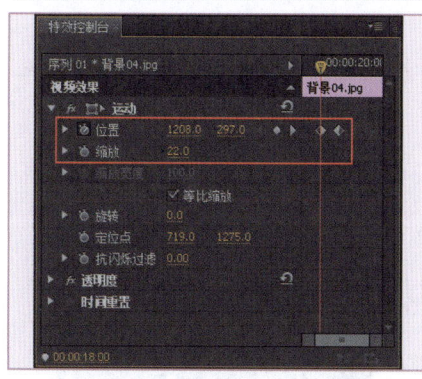
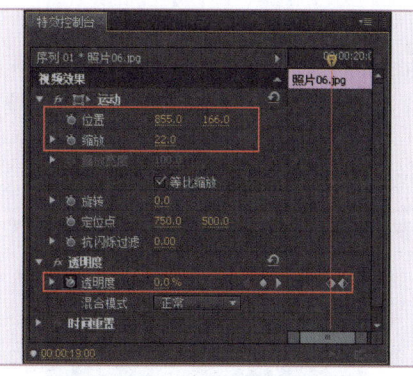
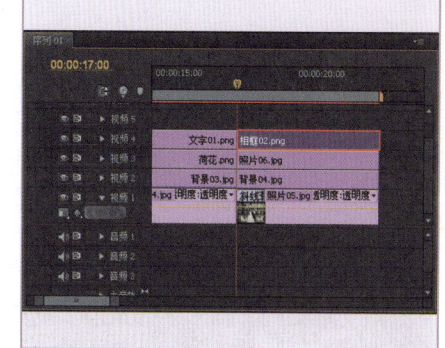

07 设置【相框02.png】素材文件的【缩放】为69。

08 新建【字幕02】。选择T（输入工具），在工作区中输入文字，设置【字体】为【Arial】，【字体大小】为52，【颜色】为黑色（R：0，G：0，B：0）。

09 继续使用T（输入工具）在工作区中输入文字，并设置【字体】为【Arial】，【字体样式】为【Black】，【字体大小】为140，【颜色】为绿色（R：118，G：139，B：74）。

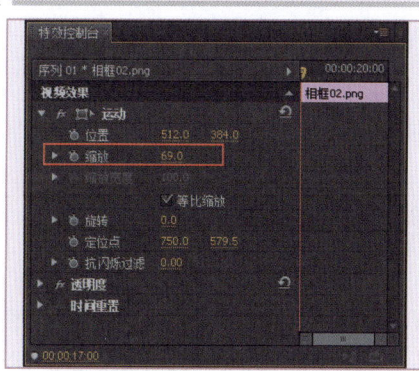
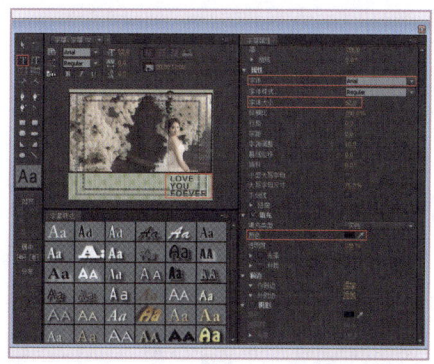
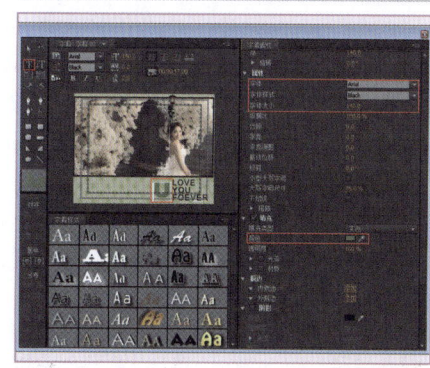

10 将项目窗口中的【字幕02】拖曳到视频5轨道上。

11 将时间线拖到第19秒15帧，开启【位置】的关键帧，并设置为（-666,384）。接着将时间线拖到第20秒15帧，设置【位置】为（512,384）。

12 可拖动时间线滑块查看古典风格相册的第五部分效果。

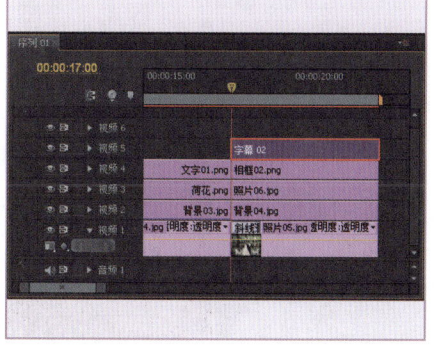
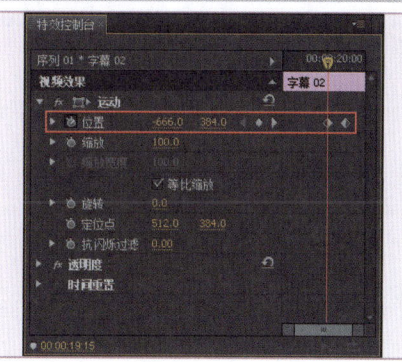

实例254 制作最终古典风格相册效果

利用素材图片和视频切换特效可制作出最终相册画面过渡效果。本例主要介绍制作最终古典风格相册效果的方法。

文件路径：源文件\第15章\例254

视频文件：视频文件\第15章\例254.flv

01 将项目窗口中的【照片07.jpg】和【相框03.png】素材文件拖曳到视频1和视频2轨道上，并设置结束时间为第25秒。

02 在【特效控制台】中设置【相框03.png】素材文件的【缩放】为82。

03 在【特效控制台】中设置【照片07.jpg】素材文件的【位置】为（352,364）。

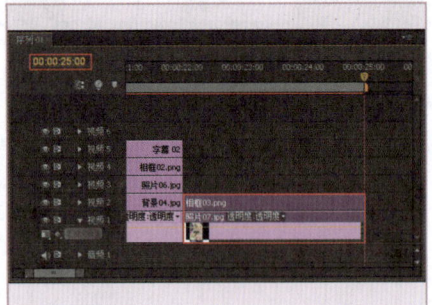
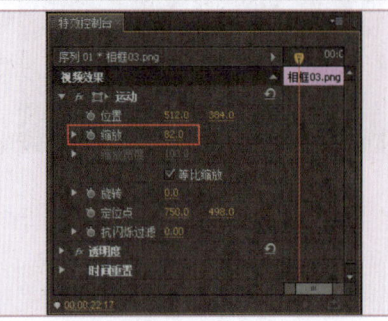
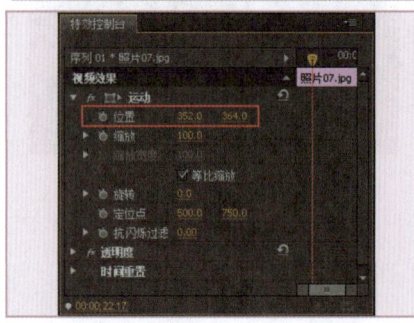

04 可拖动时间线滑块查看效果。

05 将项目窗口中的【文字02.png】素材文件拖曳到视频3轨道上，并设置结束时间为第25秒。

06 将时间线拖曳到第22秒，开启【位置】的自动关键帧，并设置为（1219,194）。接着将时间线拖到第23秒，设置【位置】为（754,194）。

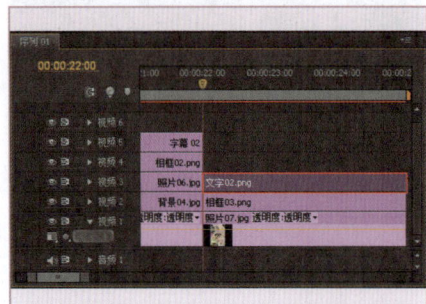
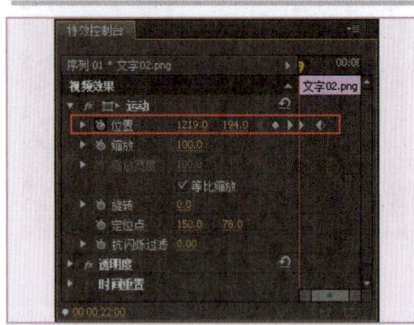

07 分别为时间线窗口中的【文字02.png】素材文件的起始位置和结束位置添加【渐隐为白色】和【渐隐为黑色】切换特效。

08 选择【文字02.png】素材文件上的【渐隐为黑色】切换特效，然后在【特效控制台】面板中设置【结束】为50。

09 可拖动时间线滑块查看最终古典风格相册效果。

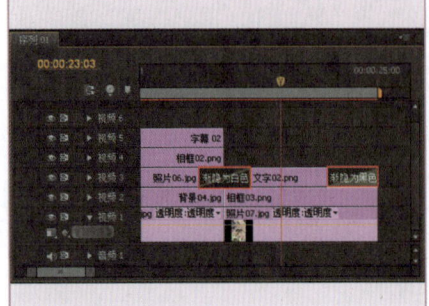
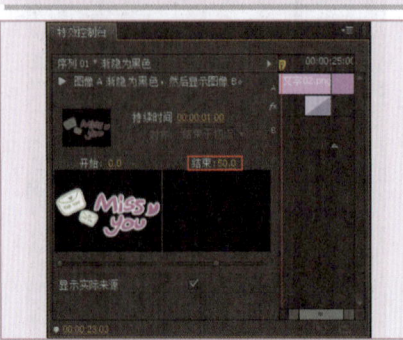

实例255 制作多彩电子相册封面效果

利用输入工具和关键帧可制作出相册封面文字透明动画效果。本例主要介绍制作多彩电子相册封面效果的方法。

文件路径：源文件\第15章\例255　　**视频文件**：视频文件\第15章\例255.flv

01 新建项目，在弹出的对话框中单击【浏览】按钮设置储存路径，在【名称】文本框修改文件名称，单击【确定】按钮。

02 在弹出的对话框中选择【设置】选项卡，设置【编辑模式】为【自定义】，【画面大小】为1024×768，【像素纵横比】为【方形像素（1.0）】，设置【序列名称】，单击【确定】按钮。

03 在项目窗口中空白处双击鼠标左键或者按快捷键Ctrl+I，在弹出的对话框中选择所需素材文件，单击【打开】按钮。

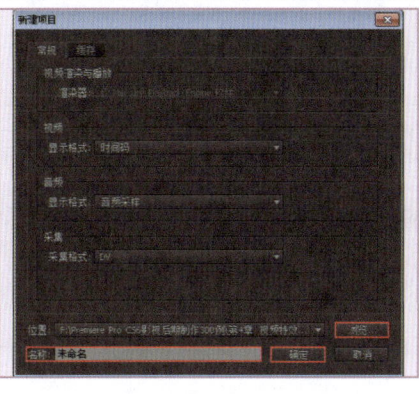
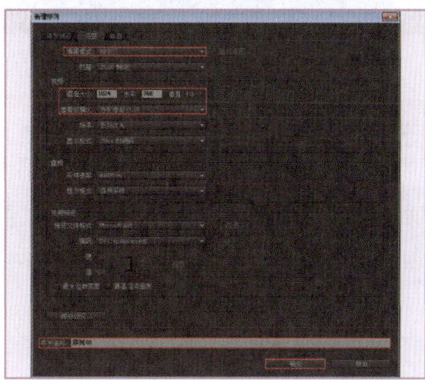

04 将项目窗口中的【背景.jpg】素材文件拖曳到时间线窗口中的视频1轨道上，并设置结束时间为第4秒。

05 在菜单栏中选择【字幕】|【新建字幕】|【默认静态字幕】命令，在弹出的对话框中设置【名称】为【字幕01】，单击【确定】按钮。

06 选择 T（输入工具），在工作区中输入文字，设置【字体】为【FZZongYi-M05S】，【字体大小】为100，【填充类型】为【线性渐变】，【颜色】为粉色（R：246，G：102，B：137）和浅红色（R：238，G：207，B：180）。接着单击【外侧边】后的【添加】按钮，设置【大小】为34，【颜色】为褐色（R：125，G：84，B：14）。

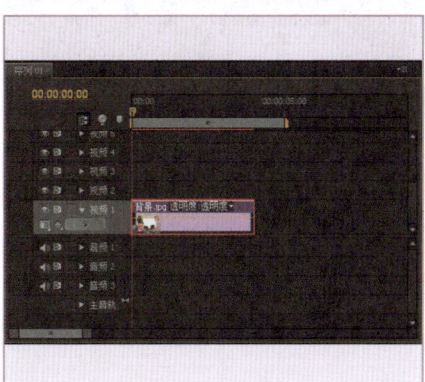
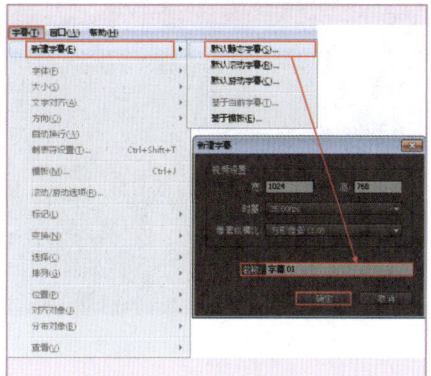
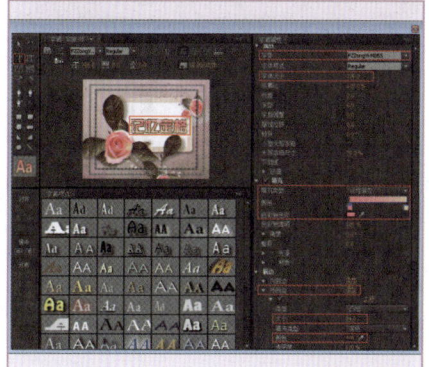

07 将项目窗口中的【字幕01】拖曳到视频2轨道上,并与下方素材文件对齐。

08 选择【字幕01】,将时间线拖到第1秒,设置【透明度】为0%。接着将时间线拖到第2秒,设置【透明度】为100%。

09 可拖动时间线滑块查看多彩电子相册封面效果。

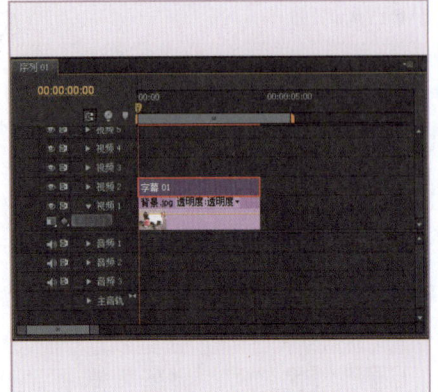
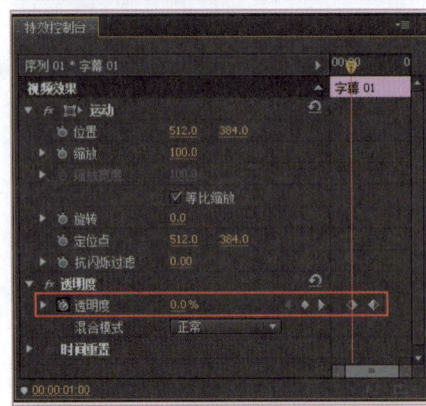

实例256 制作多彩电子相册第二部分效果

利用素材混合模式和关键帧可制作出相册的光效画面和文字效果。本例主要介绍制作多彩电子相册第二部分效果的方法。

文件路径:源文件\第15章\例256

视频文件:视频文件\第15章\例256.flv

01 将项目窗口中的【照片01.jpg】素材文件拖曳到视频1轨道上,并设置结束时间为第7秒。接着在【背景.jpg】和【照片01.jpg】素材文件的中间位置添加【带状擦除】视频切换特效。

02 在【特效控制台】面板中设置【照片01.jpg】素材文件的【位置】为(512,199)。

03 新建【字幕02】。选择T(输入工具),在工作区中输入文字,设置【字体】为【FZQiTi-S14S】,【字体大小】为100,【颜色】为褐色(R:125,G:84,B:14)。接着单击【外侧边】后的【添加】按钮,设置【大小】为34,【颜色】为浅黄色(R:255,G:226,B:175)。

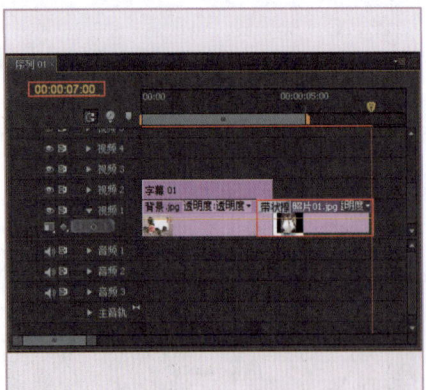
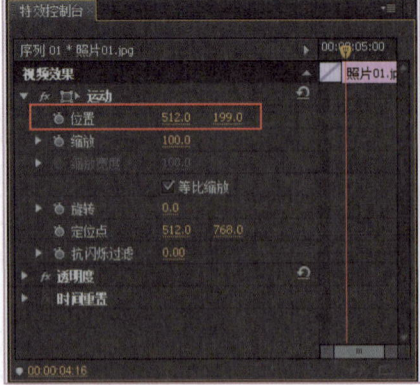
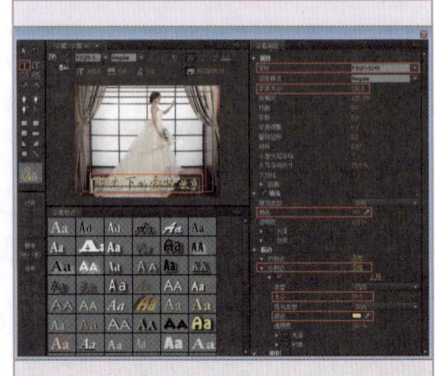

04 将项目窗口中的【字幕02】拖曳到视频2轨道上,并设置结束时间为第7秒。

05 将项目窗口中的【照片02.jpg】和【相框01.png】素材文件拖曳到时间线窗口中的视频1和视频2轨道上,并设置结束时间为第10秒10帧。

06 在【特效控制台】面板中设置【照片02.jpg】素材文件的【缩放】为50,【位置】为(496,398),【旋转】为5°。

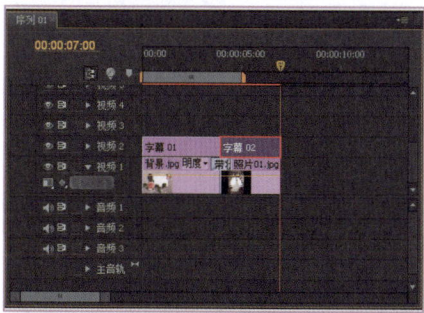 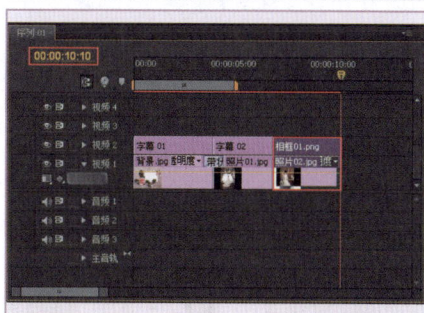 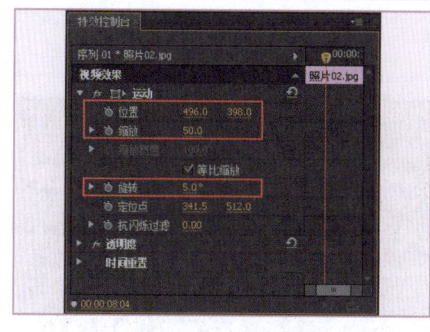

07 将项目窗口中的【光效.avi】素材文件拖曳到视频3轨道上,设置起始时间为第5秒24帧。

08 在【特效控制台】面板中设置【光效.avi】素材文件的【混合模式】为【滤色】,【缩放】为320,【位置】为(447,384)。

09 可拖动时间线滑块查看多彩电子相册第二部分效果。

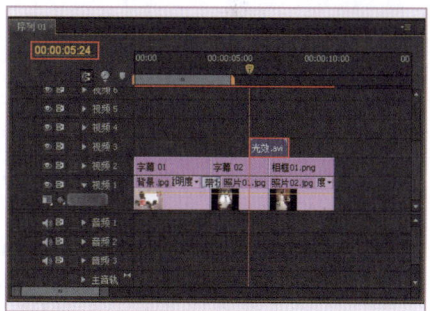 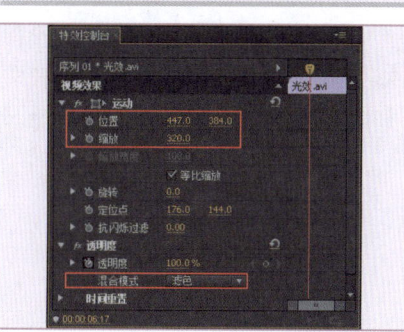 

实例257 制作多彩电子相册第三部分效果

利用视频素材和输入工具可制作出画面过渡效果。本例主要介绍制作多彩电子相册第三部分效果的方法。

文件路径:源文件\第15章\例257　　视频文件:视频文件\第15章\例257.flv

01 将项目窗口中的【花纹.mov】素材文件拖曳到视频3轨道上,并设置起始时间为第9秒14帧。

02 在【特效控制台】面板中设置【花纹.mov】素材文件的【旋转】为90°,【缩放】为256,【位置】为(556,384)。

03 将项目窗口中【照片03.jpg】和【相框02.png】素材文件拖曳到视频1和视频2轨道上,并设置结束时间为第14秒。

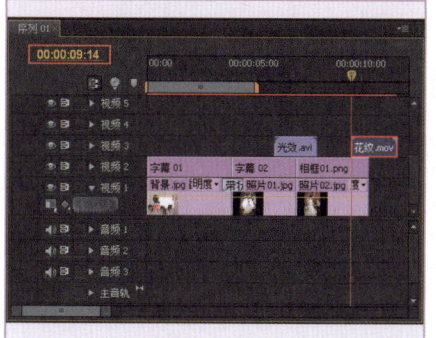 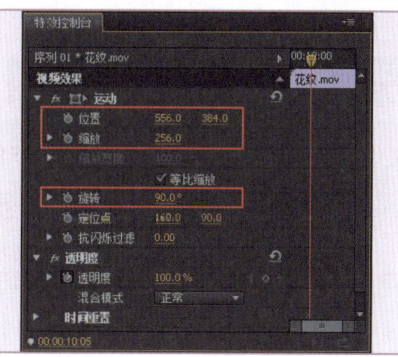 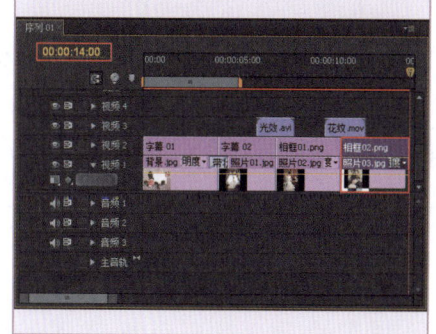

04 在【特效控制台】中设置【照片03.jpg】素材文件的【位置】为（663,299）。

05 将项目窗口中的【照片04.jpg】和【相框03.png】素材文件拖曳到视频1和视频2轨道上，并设置结束时间为第16秒12帧。接着在【照片03.jpg】和【照片04.jpg】素材文件的中间位置添加【随机擦除】视频切换特效。

06 在【特效控制台】面板中设置【照片04.jpg】素材文件的【缩放】为85，【位置】为（566,295）。

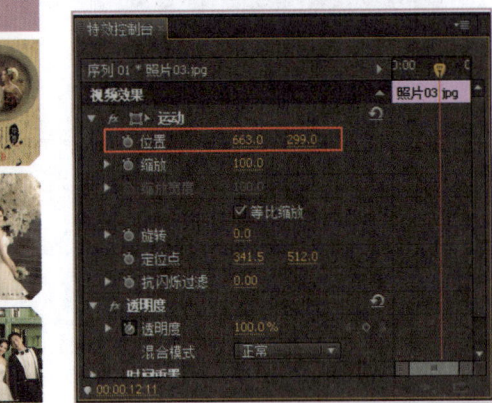
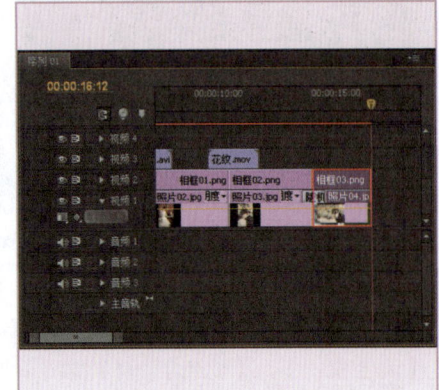
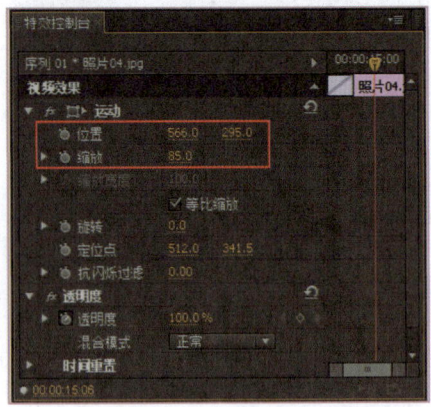

07 新建【字幕03】。选择 T（输入工具），在工作区中输入文字，并设置【字体】为【FZQiTi-S14S】，【字体大小】为100，【颜色】为浅黄色（R：230，G：203，B：161）。接着单击【外侧边】后的【添加】按钮，设置【大小】为34，【颜色】为深黄色（R：83，G：63，B：23）。

08 将项目窗口中的【字幕03】拖曳到视频3轨道上，与下方【相框03.png】素材文件对齐。

09 可拖动时间线滑块查看多彩电子相册第三部分效果。

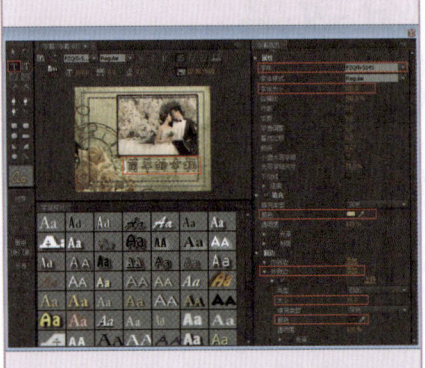
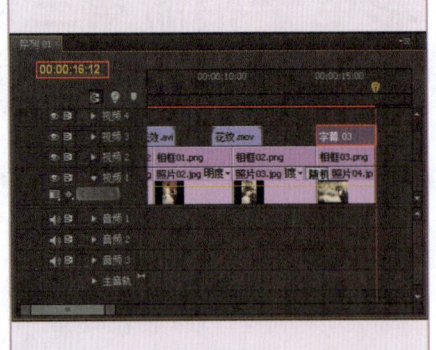

实例258　制作多彩电子相册第四部分效果

利用素材图片和视频切换特效可制作出相册画面切换过渡效果。本例主要介绍制作多彩电子相册第四部分效果的方法。

文件路径：源文件\第15章\例258　　　视频文件：视频文件\第15章\例258.flv

第15章　电子相册

01　将项目窗口中的【照片05.jpg】和【相框04.png】素材文件拖曳到视频1和视频2轨道上，并设置结束时间为第19秒07帧。接着在【照片04.jpg】和【照片05.jpg】素材文件之间添加【斜线滑动】视频切换特效。

02　在【特效控制台】面板中设置【照片05.jpg】素材文件的【位置】为（595,418）。

03　将项目窗口中的【照片06.jpg】和【照片07.jpg】素材文件拖曳到视频1轨道上，并设置【照片06.jpg】素材文件的结束时间为第21秒03帧，【照片07.jpg】素材文件的结束时间为第23秒03帧。

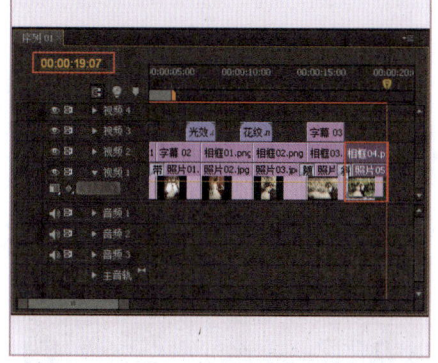
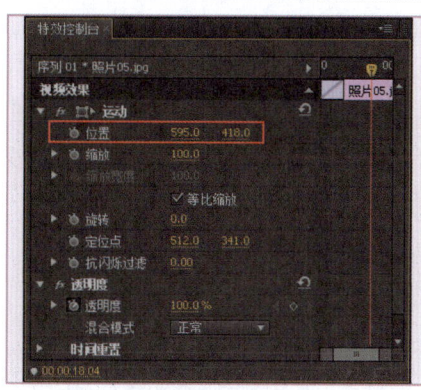
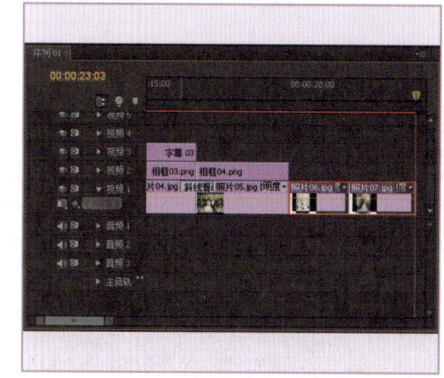

04　将项目窗口中的【相框05.png】素材文件拖曳到视频2轨道上，并设置结束时间为第23秒03帧。接着为【照片05.jpg】、【照片06.jpg】和【照片07.jpg】素材文件添加【百叶窗】和【拆分】视频切换特效。

05　在【特效控制台】面板中设置【照片07.jpg】素材文件的【缩放】为85，【位置】为（545,308）。

06　可拖动时间线滑块查看多彩电子相册第四部分效果。

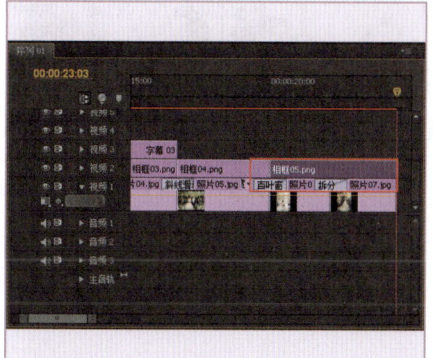
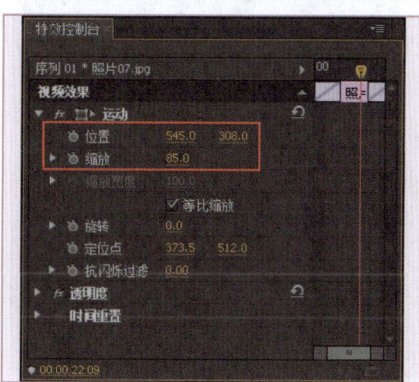

实例259　制作多彩电子相册第五部分效果

利用关键帧和投影特效可制作出图片滚动出现效果。本例主要介绍制作多彩电子相册第五部分效果的方法。

文件路径：源文件\第15章\例259　　视频文件：视频文件\第15章\例259.flv

01 将项目窗口中的【照片08.jpg】~【照片12.jpg】素材文件拖曳到视频1~视频5轨道上,并设置【照片09.jpg】~【照片12.jpg】起始时间为第24秒,结束时间为第30秒18帧。接着为【照片08.jpg】素材文件添加【渐隐为黑色】视频切换特效。

02 分别将时间线窗口中的【照片10.jpg】~【照片12.jpg】素材文件向后拖到1秒的位置,并设置结束时间为第30秒18帧。

03 分别设置【照片09.jpg】~【照片12.jpg】素材文件的【缩放】为40,然后将时间线拖第24秒,开启【位置】的自动关键帧,并设置为(178,-251)。接着将时间线拖第26秒,设置【位置】为(178,1003)。

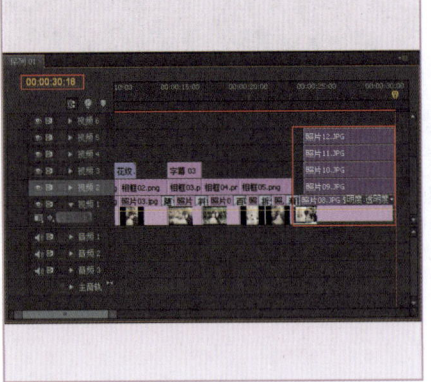 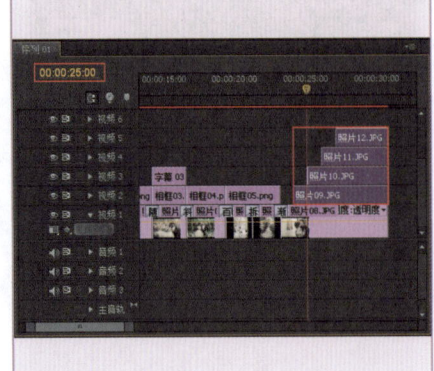 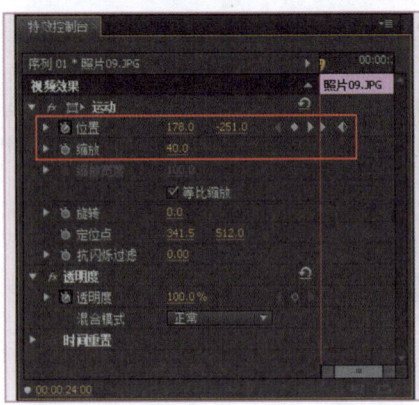

04 选择时间线窗口中的【照片09.jpg】~【照片12.jpg】素材文件,然后单击鼠标右键,在弹出的菜单中选择【嵌套】选项,形成【嵌套序列01】。

05 为【嵌套序列01】素材文件添加【投影】特效,并设置【透明度】为80%,【距离】为8,【柔和度】为20。

06 可拖动时间线滑块查看多彩电子相册第四部分效果。

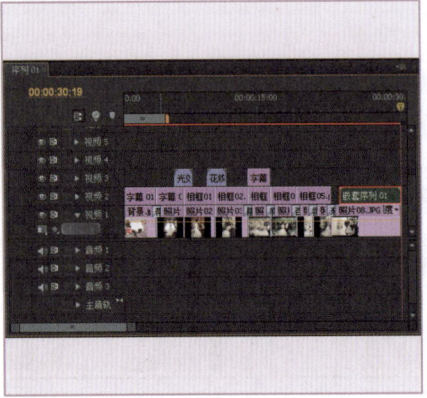 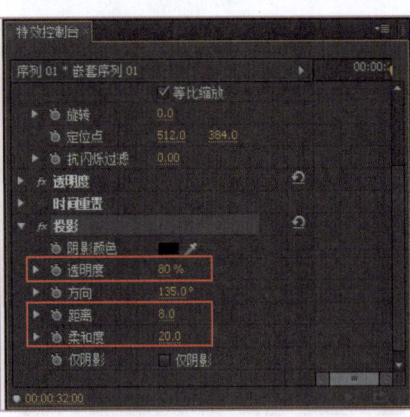 

实例260　制作最终多彩电子相册效果

利用输入工具和素材图片属性可制作出电子相册的结尾画面效果。本例主要介绍制作最终多彩电子相册效果的方法。

文件路径:源文件\第15章\例260

视频文件:视频文件\第15章\例260.flv

第15章 电子相册

01 将项目窗口中的【照片13.jpg】和【相框06.png】素材文件拖曳到视频1和视频2轨道上，并设置结束时间为第34秒。然后在【照片08.jpg】和【照片13.jpg】素材文件中间添加【滑动框】视频切换特效。

02 将项目窗口中的【照片14.jpg】～【照片17.jpg】和【相框07.png】素材文件拖曳到视频1～视频5轨道上，并设置结束时间为第39秒。然后分别设置【照片14.jpg】～【照片17.jpg】素材文件的位置。

03 设置【照片15.jpg】素材文件的起始时间为第35秒，【照片16.jpg】素材文件的起始时间为第37秒，【照片17.jpg】素材文件的起始时间为第36秒。

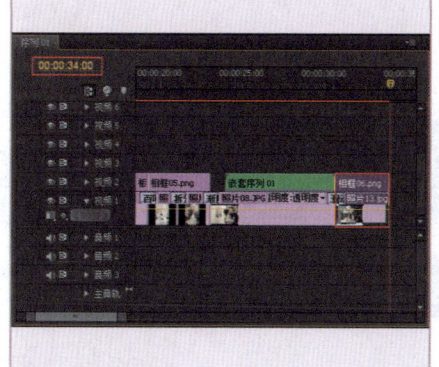 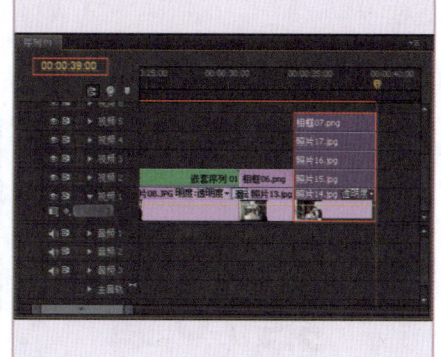 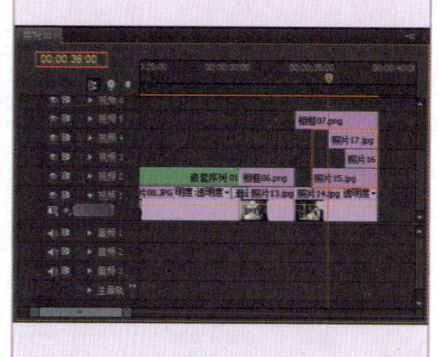

04 新建【字幕04】。选择T（输入工具），在工作区中输入文字，并设置【字体】为【FZZhiYi-M12S】，【字体大小】为50，【颜色】为褐色（R：117，G：73，B：42）。

05 将项目窗口中的【字幕04】拖曳到视频6轨道上，并设置起始时间为第34秒，结束时间为第39秒。

06 可拖动时间线滑块查看最终多彩电子相册效果。

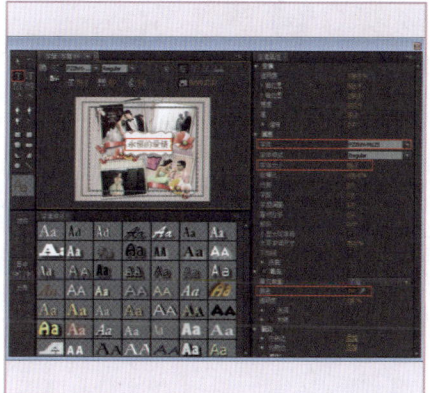  

Chapter 16

第16章
宣传广告

在Adobe Premiere Pro CS6中，可以利用各种素材、文字及特效制作出丰富的画面效果，加强信息传递，从而引起消费者的注意。利用关键帧制作出画面的动画效果，可突出主题，制作出各种动态的宣传广告。

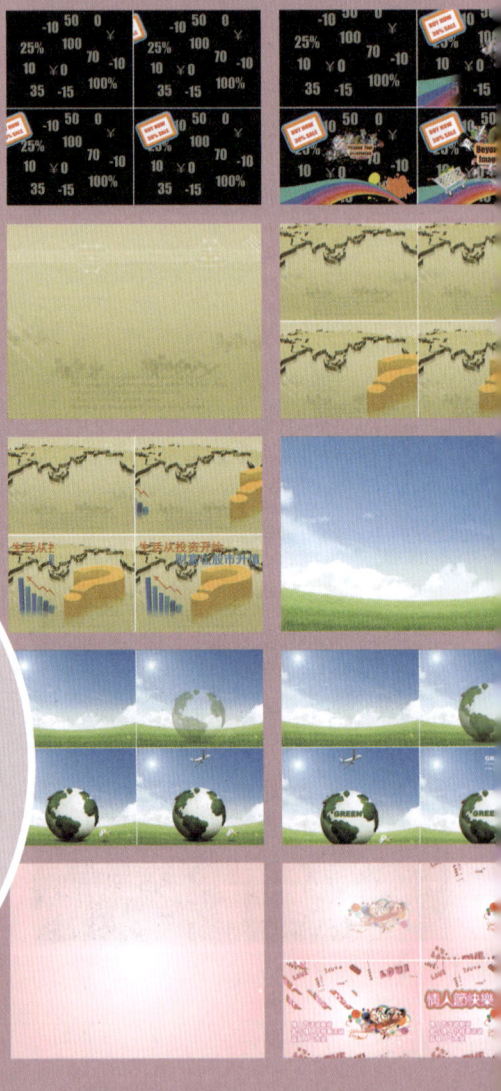

实例261　制作促销广告背景效果

使用【文字】面板可制作出背景效果，并可利用关键帧制作出素材移动效果。本例主要介绍制作促销广告背景效果的方法。

文件路径：源文件\第16章\例261　　　视频文件：视频文件\第16章\例261.flv

01 新建项目，在弹出的对话框中单击【浏览】按钮设置储存路径，在【名称】文本框修改文件名称，单击【确定】按钮。

02 在弹出的对话框中选择【设置】选项卡，设置【编辑模式】为【自定义】，【画面大小】为1024×768，【像素纵横比】为【方形像素（1.0）】，设置【序列名称】，单击【确定】按钮。

03 在项目窗口中空白处双击鼠标左键或者按快捷键Ctrl+I，在弹出的对话框中分别打开图片素材和序列素材。

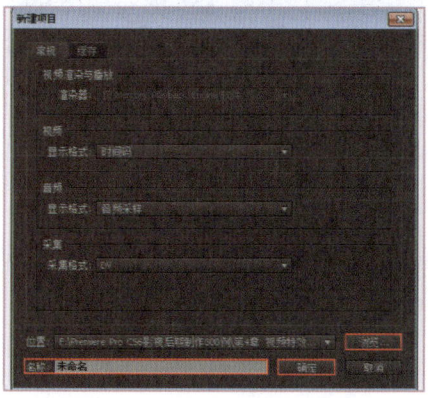
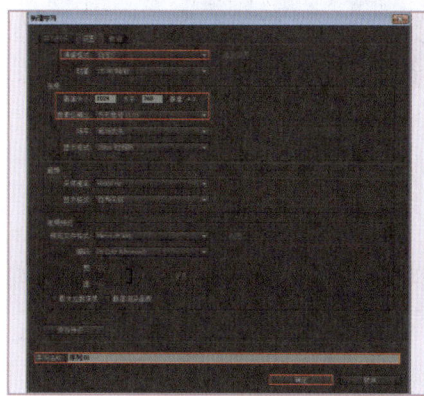
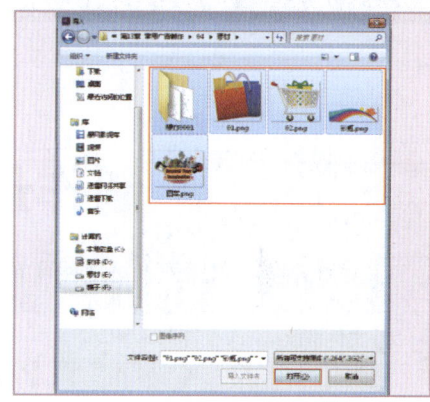

04 新建【字幕01】，选择 T（输入工具），在合成窗口中分别输入文字，设置【字体】为【Impact】，【颜色】为白色（R：255，G：255，B：255）。接着选择所有文字，设置【透明度】为60%。

05 选择 ■（矩形工具），绘制一个矩形，设置【旋转】为337°，单击【外侧边】后的【添加】按钮，设置【大小】为25，【颜色】为橙色（R：255，G：138，B：0）。再次单击【外侧边】后的【添加】按钮，并设置【大小】为15，颜色为橙色（R：9，G：167，B：226）。

06 选择 T（输入工具），在合成窗口中输入文字，并设置【旋转】为337°，【字体】为【Impact】，【字体大小】为36，【纵横比】为123%，【行距】为30，【颜色】为红色（R：255，G：0，B：0）。

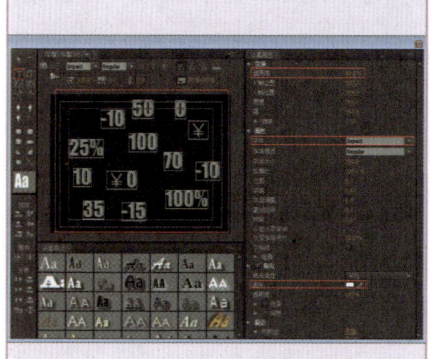
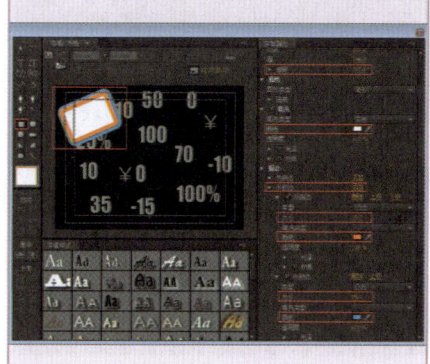
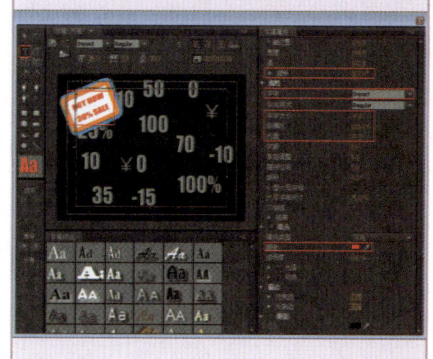

中文 Premiere Pro CS6 影视编辑剪辑设计与制作 300 例

07 将项目窗口中的【字幕01】和【方框】拖曳到时间线窗口中的视频1和视频2轨道上。

08 选择时间线窗口中的【方框】，将时间线拖到第10帧，开启【位置】的关键帧，并设置为（-95,384）。接着将时间线拖到第22帧，设置【位置】为（512,384）。

09 可拖动时间线滑块查看促销广告背景效果。

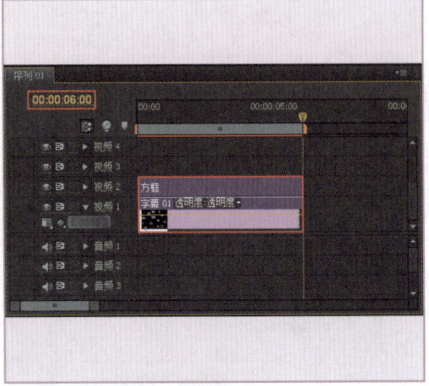
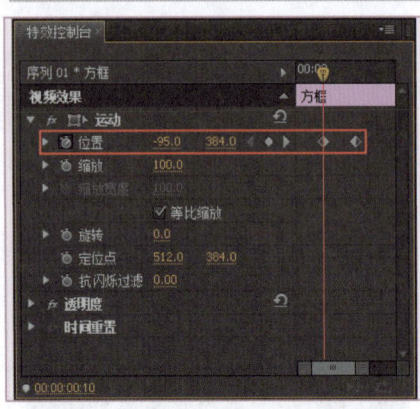
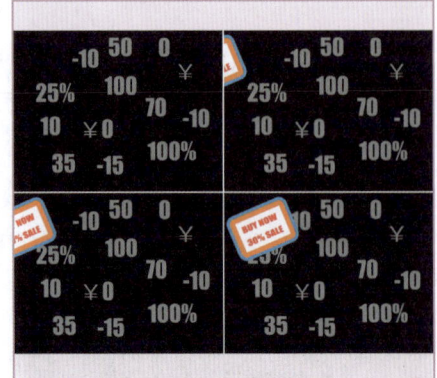

实例262 制作最终促销广告效果

使用关键帧和序列素材文件可制作出画面的动画效果。本例主要介绍制作最终促销广告效果的方法。

文件路径：源文件\第16章\例262　　　视频文件：视频文件\第16章\例262.flv

01 将项目窗口中的【彩虹.png】和【图案.png】素材文件拖曳到时间线窗口中的视频3和视频4轨道上，并设置结束时间为第6秒。

02 为【彩虹.png】添加【线性擦除】特效，并设置【擦除角度】为270°，【羽化】为200。然后将时间线拖到第1秒15帧，开启【过渡完成】的自动关键帧，并设置为100%；接着将时间线拖到第2秒15帧，设置【过渡完成】为0%。

03 设置【图像.png】的【位置】为（605,272）。然后将时间线拖到第2秒15帧，开启【缩放】的自动关键帧，并设置为0。接着将时间线拖到第3秒10帧，设置【缩放】为35。继续将时间线拖到第4秒05帧，设置【缩放】为25。最后将时间线拖到第5秒，设置【缩放】为35。

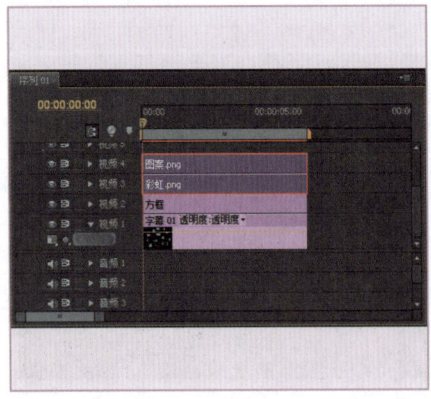
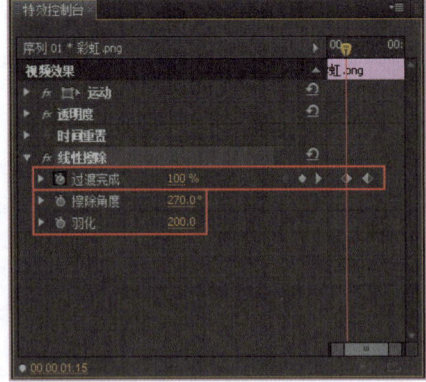
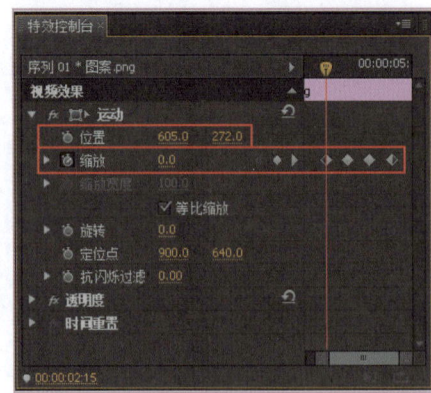

第16章 宣传广告

04 将项目窗口中的【01.png】和【02.png】素材文件拖曳到时间线窗口中的视频5和视频6轨道上。

05 选择【01.png】素材文件，设置【缩放】为56。接着将时间线拖到第3秒20帧，开启【位置】的关键帧，并设置为（1274,650）；最后将时间线拖到第4秒10帧，设置【位置】为（859,650）。

06 选择【02.png】素材文件，设置【缩放】为50，【旋转】为–30°。接着将时间线拖到第4秒10帧，开启【位置】的关键帧，并设置为（–145,643）；最后将时间线拖到第4秒10帧，设置【位置】为（224,538）。

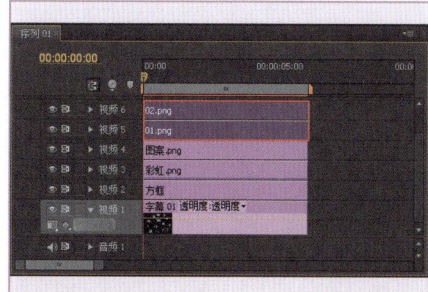
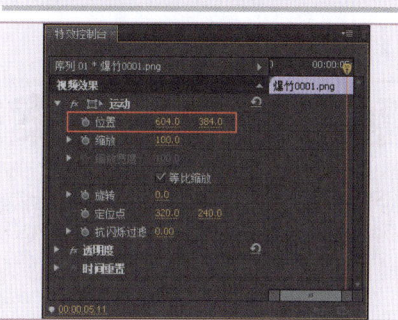
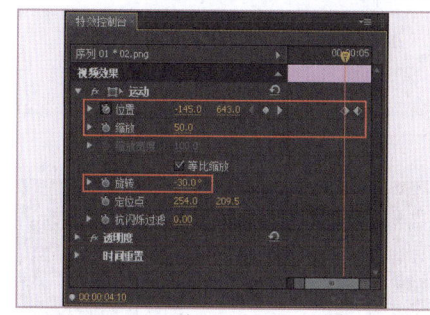

07 将项目窗口中的【爆竹0001.png】序列素材文件拖曳到时间线窗口中的视频7轨道上，并设置起始时间为第1秒05帧。

08 选择【爆竹0001.png】素材文件，并设置【位置】为（604,384）。

09 可拖动时间线滑块查看最终促销广告效果。

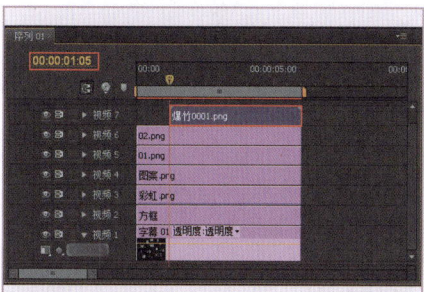
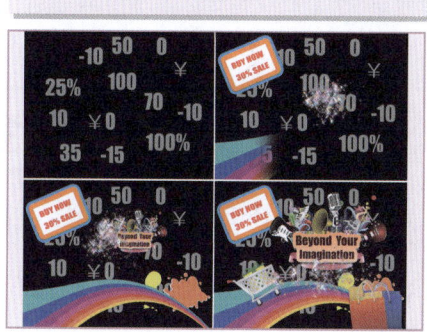

实例263　制作金融广告背景效果

利用素材图片和输入工具可制作出金融广告背景效果。本例主要介绍制作金融广告背景效果的方法。

文件路径：源文件\第16章\例263　　视频文件：视频文件\第16章\例263.flv

01 新建项目，在弹出的对话框中单击【浏览】按钮设置储存路径，在【名称】文本框修改文件名称，单击【确定】按钮。

02 在弹出的对话框中选择【设置】选项卡，设置【编辑模式】为【自定义】，【画面大小】为1024×768，【像素纵横比】为【方形像素（1.0）】，设置【序列名称】，单击【确定】按钮。

03 在项目窗口中空白处双击鼠标左键或者按快捷键Ctrl+I，在弹出的对话框中选择所需素材文件，单击【打开】按钮。

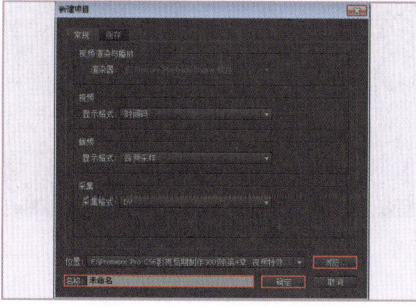
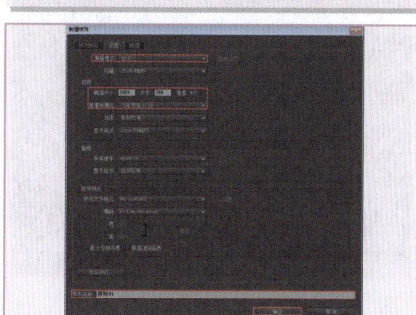
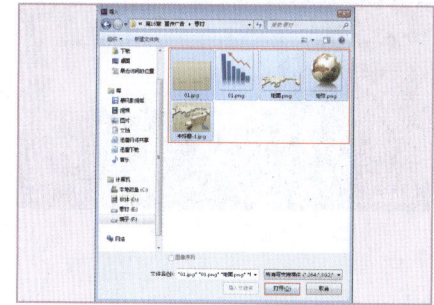

04 将项目窗口中的【01.jpg】素材文件拖曳到时间线窗口中的视频1轨道上。新建【字幕01】，选择 T（输入工具），在工作区中输入文字，并设置【字体】为【Calibri】，【字体大小】为29，【颜色】为浅黄色（R：153，G：141，B：108），【透明度】为50%。

05 将项目窗口中的【字幕01】拖曳到视频2轨道上。

06 可拖动时间线滑块查看金融广告背景效果。

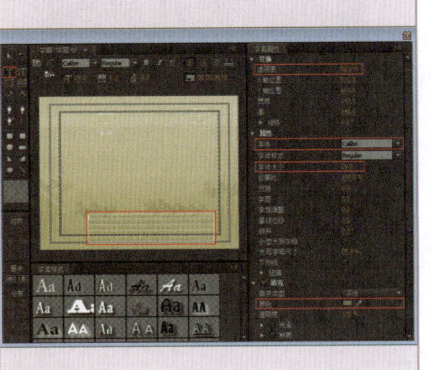
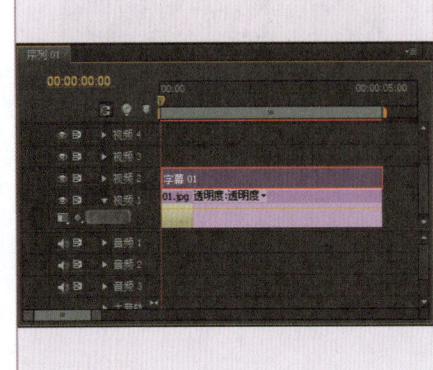

实例264　制作金融广告立体图案效果

利用【文字】面板中的钢笔工具可绘制出图案效果，使用线性擦除特效可制作出倒影效果。本例主要介绍制作金融广告立体图案效果的方法。

文件路径：源文件\第16章\例264　　　视频文件：视频文件\第16章\例264.flv

01 将项目窗口中的【地面.png】素材文件拖曳到视频3轨道上。

02 在【特效控制台】面板中设置【位置】为（512,189），【混合模式】为【正片叠底】。

03 新建字幕，命名为【问号】。然后选择钢笔工具，在工作区中绘制闭合曲线，并设置【图形类型】为【填充曲线】，【填充类型】为【线性渐变】，【颜色】为浅黄色（R：255，G：217，B：99）和深黄色（R：255，G：208，B：94）。

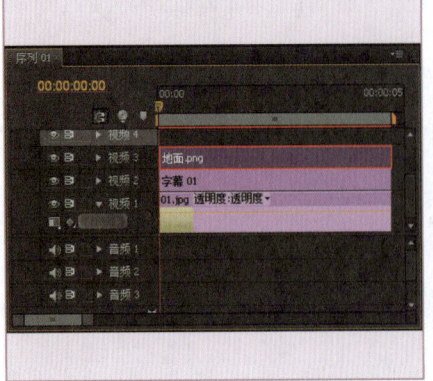
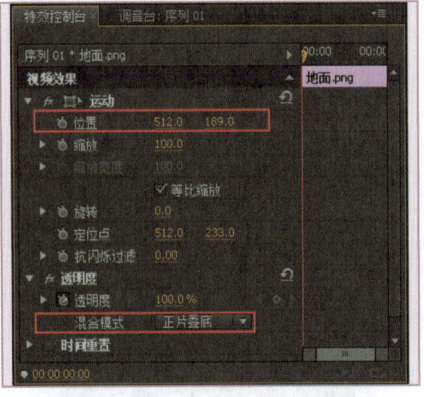
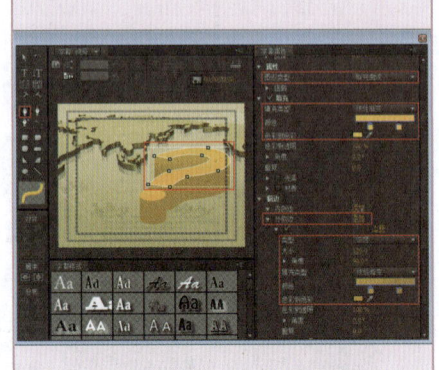

第16章 宣传广告

04 单击【外侧边】后的【添加】按钮,并设置【类型】为【深度】,【大小】为126,【角度】为90°,【填充类型】为【线性渐变】,【颜色】为黄色(R: 223, G: 182, B: 79)和深黄色(R: 202, G: 160, B: 55)。最后选择 ■(椭圆形工具),在工作区中绘制椭圆,设置与曲线形状相同。

05 将项目窗口中的【问号】分别拖曳到视频4和视频5轨道上,并重命名视频4轨道上的素材文件为【问号倒影】。

06 设置视频4轨道上的【位置】为(512,460),然后为其添加【线性擦除】特效,并设置【过渡完成】为33%,【擦除角度】为-20°,【羽化】为100。

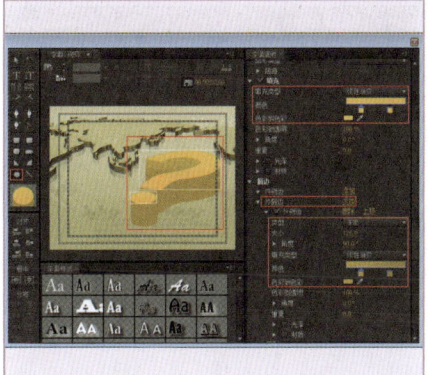 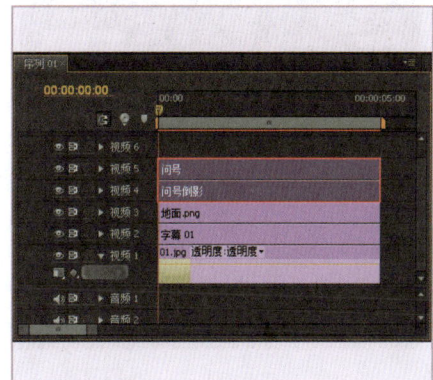 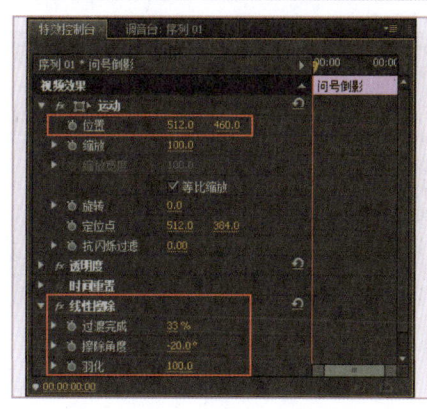

07 选择时间线窗口中的【问号】和【问号倒影】,然后在素材上单击鼠标右键,在弹出的菜单中选择【嵌套】选项。

08 形成【嵌套序列01】,然后将时间线拖到起始帧,开启【位置】的自动关键帧,并设置【位置】为(1126,384)。接着将时间线拖到第1秒,设置【位置】为(512,384)。

09 可拖动时间线滑块查看金融广告立体图案效果。

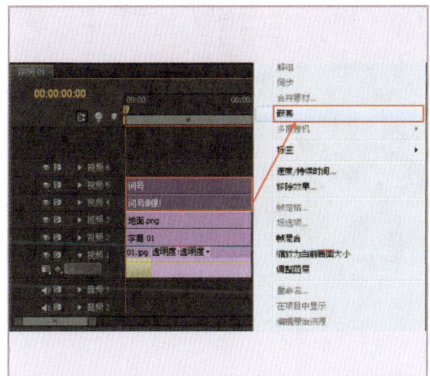 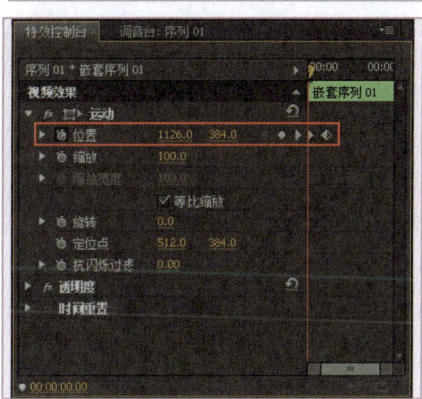 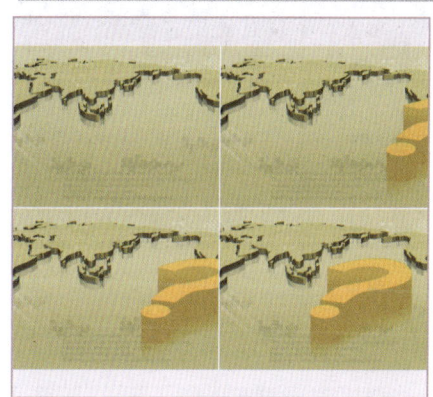

实例265 制作最终金融广告效果

利用输入工具可制作出画面文字效果,使用擦除切换特效可制作出文字动画效果。本例主要介绍制作最终金融广告效果的方法。

文件路径:源文件\第16章\例265   视频文件:视频文件\第16章\例265.flv

01 将项目窗口中的【01.png】素材文件拖曳到视频5轨道上。

02 设置【01.png】素材文件的【缩放】为50。然后将时间线拖到起始帧,开启【位置】的自动关键帧,并设置【位置】为(-285,503)。接着将时间线拖到第1秒,设置【位置】为(-285,503)。

03 新建【字幕02】,选择 T(输入工具),在工作区中输入文字,并设置【字体】为【SimHei】,【字体大小】为80,【行距】为22,【颜色】为橙色(R: 255, G: 95, B: 17)和蓝色(R: 29, G: 150, B: 229)。接着勾选【阴影】,并设置【距离】为5。

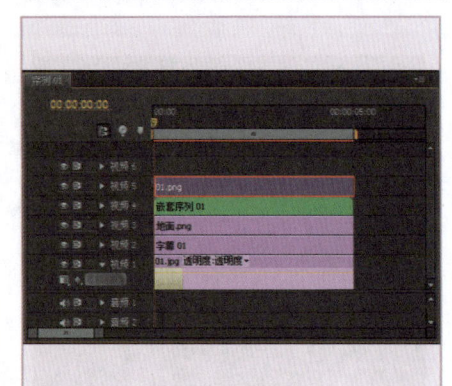
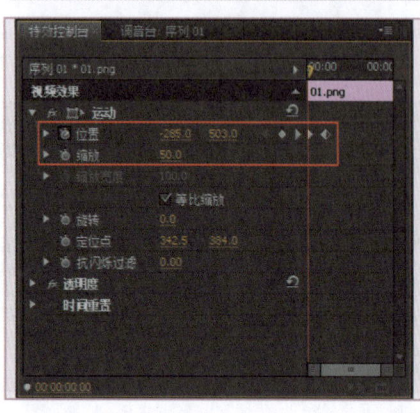
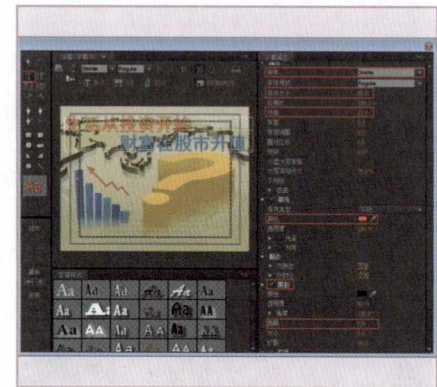

04 将项目窗口中的【字幕02】拖曳到视频6轨道上,并设置起始时间为第1秒。

05 将【效果】面板中的【擦除】切换特效拖曳到【字幕02】的起始位置上,并设置【擦除】切换特效的持续时间为2秒。

06 可拖动时间线滑块查看最终金融广告效果。

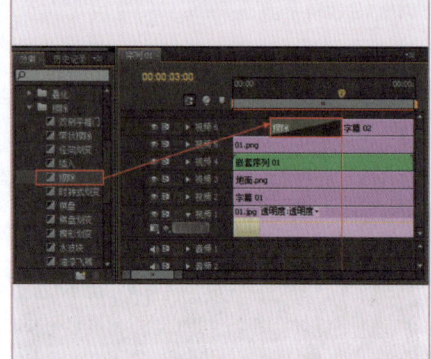
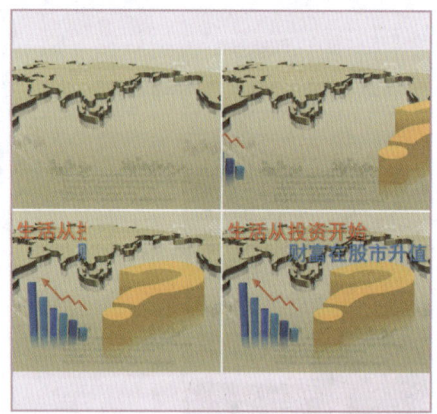

实例266 制作环保广告背景效果

利用渐变特效可制作出天空效果,利用图案合成可制作出背景草地效果。本例主要介绍制作环保广告背景效果的方法。

文件路径:源文件\第16章\例266
视频文件:视频文件\第16章\例266.flv

第16章 宣传广告

01 新建项目，在弹出的对话框中单击【浏览】按钮设置储存路径，在【名称】文本框修改文件名称，单击【确定】按钮。

02 在弹出的对话框中选择【设置】选项卡，设置【编辑模式】为【自定义】，【画面大小】为1024×768，【像素纵横比】为【方形像素（1.0）】，设置【序列名称】，单击【确定】按钮。

03 在项目窗口中空白处双击鼠标左键或者按快捷键Ctrl+I，在弹出的对话框中选择所需素材文件，单击【打开】按钮。

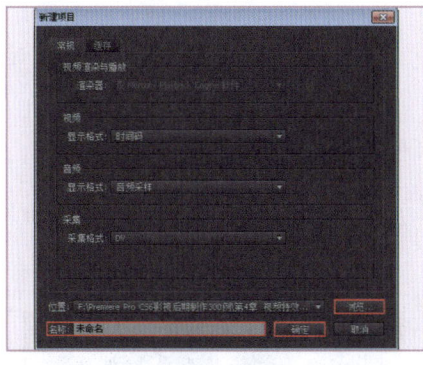
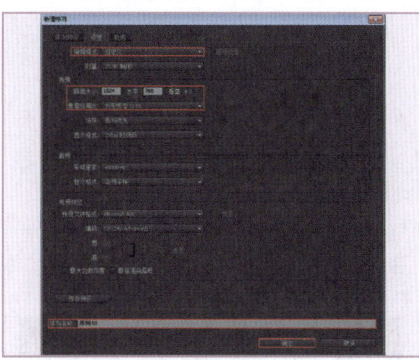
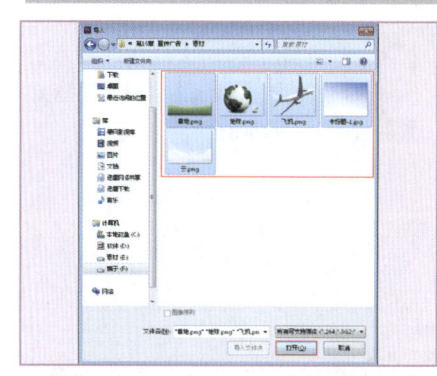

04 在菜单栏中选择【文件】|【新建】|【黑色视频】命令，然后在弹出的对话框中单击【确定】按钮。

05 将项目窗口中的【黑色视频】重命名为【背景】，然后将其拖曳到视频1轨道上。

06 为时间线窗口中的【背景】添加【渐变】特效，并设置【渐变起点】为（800,142），【起始颜色】为深蓝色（R：6，G：93，B：181），【渐变终点】为（512,768），【结束颜色】为白色（R：255，G：255，B：255）。

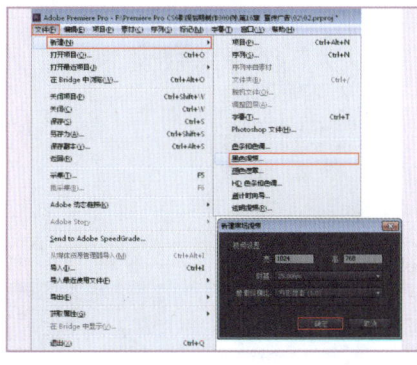
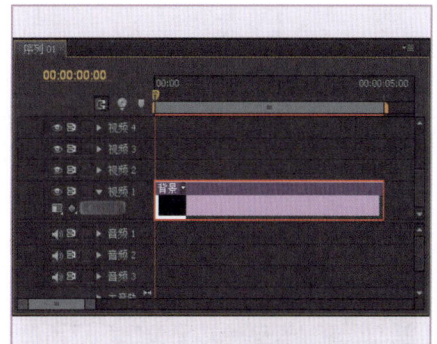
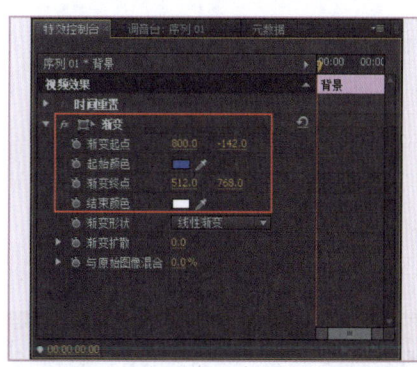

07 将项目窗口中的【云.png】和【草地.png】素材文件分别拖曳到视频2和视频3轨道上。

08 在【特效控制台】面板中设置【草地.png】素材文件的【位置】为（512,667）。

09 可拖动时间线滑块查看环保广告背景效果。

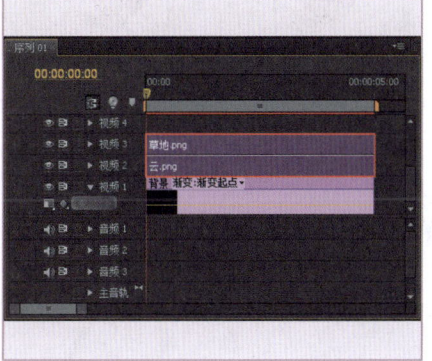
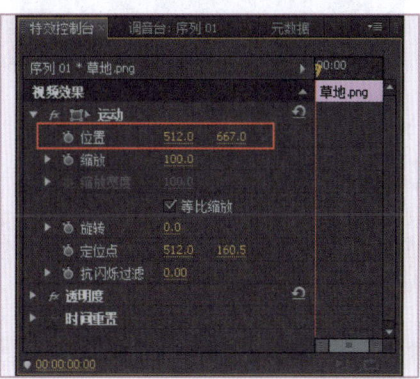

中文 Premiere Pro CS6 影视编辑剪辑设计与制作 300 例

实例267　制作环保广告图案动画效果

利用镜头光晕和关键帧可制作出素材的合成动画效果。本例主要介绍制作环保广告图案动画效果的方法。

文件路径：源文件\第16章\例267　　　视频文件：视频文件\第16章\例267.flv

01 将项目窗口中的【地球.png】和【飞机.png】素材文件拖曳到视频4和视频5轨道上。

02 在【特效控制台】面板中设置【地球.png】素材文件的【缩放】为66，【位置】为（563,524）。然后将时间线拖到起始帧的位置，设置【透明度】为0%。接着将时间线拖到第1秒，设置【透明度】为100%。

03 设置【飞机.png】素材文件的【缩放】为40。将时间线拖到第1秒，开启【位置】的自动关键帧，并设置【位置】为（-175,426）。将时间线拖到第3秒，设置【位置】为（900,-116）。

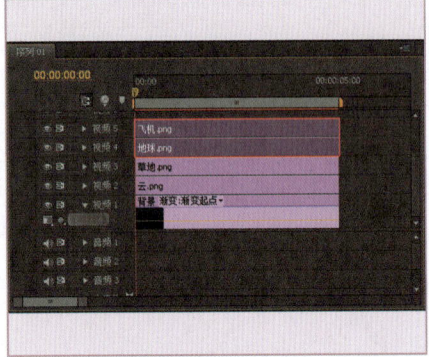 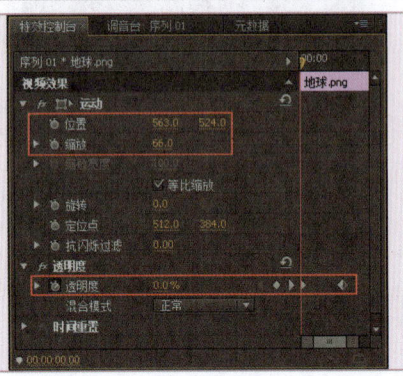 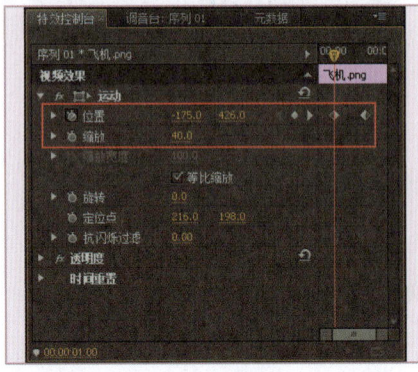

04 新建一个【黑色视频】，然后在项目窗口中重命名为【阳光】，并将其拖曳到视频6轨道上。

05 在【特效控制台】面板中设置【混合模式】为【滤色】，为【阳光】添加【镜头光晕】特效，并设置【光晕中心】为（121,124），【镜头类型】为【105毫米定焦】。

06 可拖动时间线滑块查看环保广告图案动画效果。

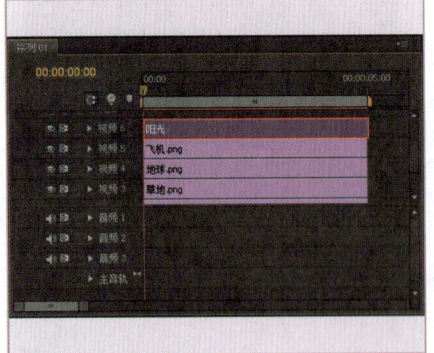 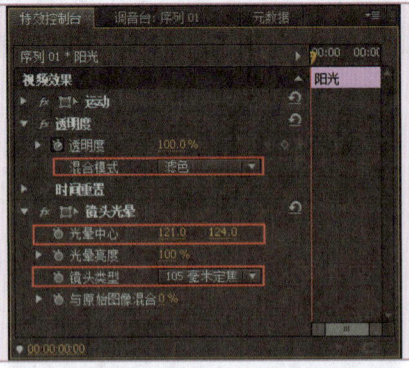 

实例268　制作最终环保广告效果

利用输入工具和关键帧可制作出画面的文字动画效果。本例主要介绍制作最终环保广告效果的方法。

文件路径：源文件\第16章\例268　　　视频文件：视频文件\第16章\例268.flv

01 选择 T（输入工具），在工作区中输入文字，并设置【字体】为【Arial】，【字体样式】为【Black】，【字体大小】为50，【颜色】为绿色（R：77，G：137，B：15）。接着勾选【阴影】，并设置【透明度】为100%，【角度】为–261°，【距离】为0。

02 新建【字幕02】。选择 T（输入工具），在工作区中输入文字，并设置【字体】为【Arial】，【字体样式】为【Black】和【Regular】，【字体大小】为40和28，【行距】为5，【颜色】为白色（R：255，G：255，B：255）。

03 将项目窗口中的【字幕01】和【字幕02】拖曳到视频7和视频8轨道上。

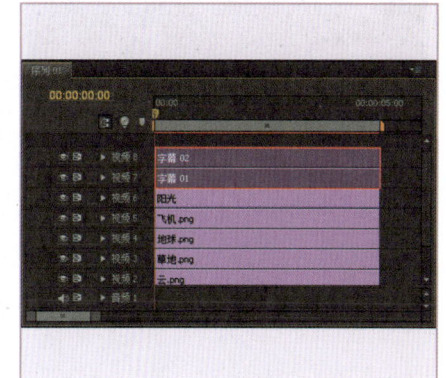

04 选择【字幕01】，然后将时间线拖到第1秒，设置【透明度】为0%；接着将时间线拖到第1秒15帧，设置【透明度】为100%。

05 选择【字幕02】，然后将时间线拖到第3秒，开启【位置】的自动关键帧，并设置【位置】为（–487,384）。接着将时间线拖到第4秒，设置【位置】为（–487,384）。

06 可拖动时间线滑块查看最终环保广告效果。

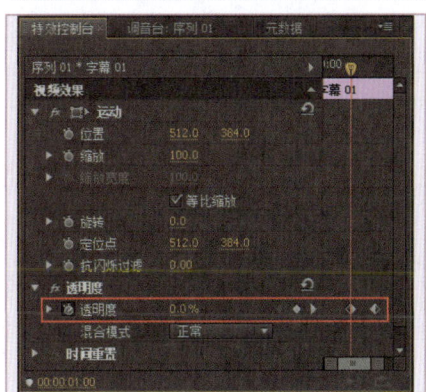
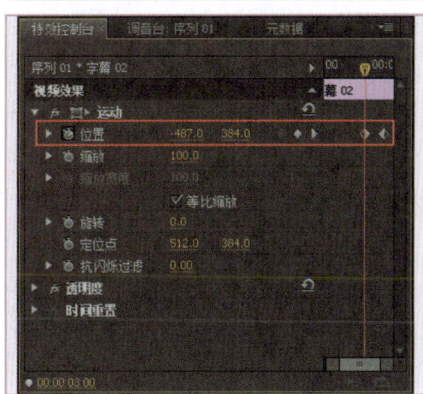

实例269　制作情人节活动宣传广告背景效果

利用渐变特效可制作出宣传广告的径向渐变背景效果。本例主要介绍制作情人节活动宣传广告背景效果的方法。

文件路径：源文件\第16章\例269

视频文件：视频文件\第16章\例269.flv

Chapter 16

01 新建项目，在弹出的对话框中单击【浏览】按钮设置储存路径，在【名称】文本框修改文件名称，单击【确定】按钮。

02 在弹出的对话框中选择【设置】选项卡，设置【编辑模式】为【自定义】，【画面大小】为1024×768，【像素纵横比】为【方形像素（1.0）】，设置【序列名称】，单击【确定】按钮。

03 在项目窗口中空白处双击鼠标左键或者按快捷键Ctrl+I，在弹出的对话框中选择所需素材文件，单击【打开】按钮。

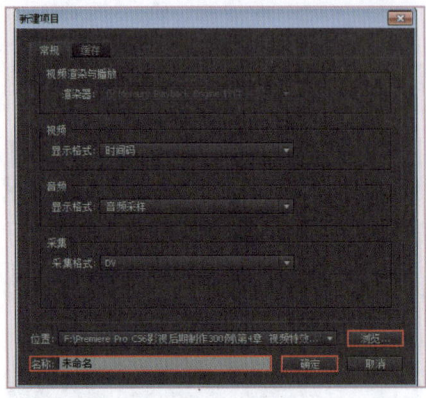 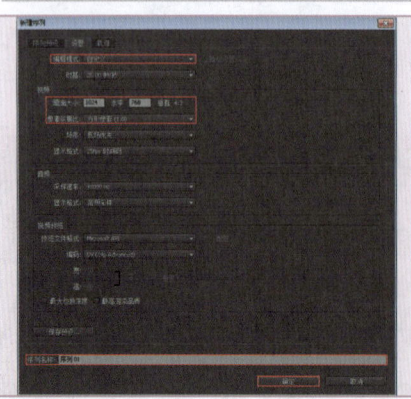 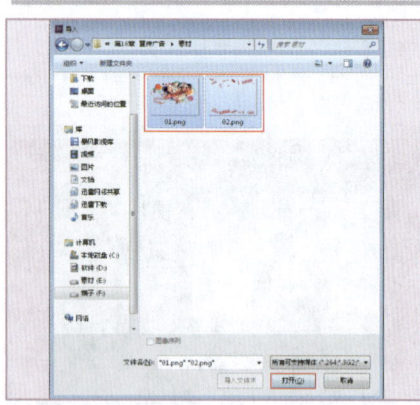

04 新建一个【黑色视频】，然后将项目窗口中的【黑色视频】重命名为【背景】，然后将其拖曳到视频1轨道上。

05 为时间线窗口中的【背景】添加【渐变】特效，并设置【渐变形状】为【径向渐变】，【渐变起点】为（512,384），【起始颜色】为白色（R: 255，G: 255，B: 255），【渐变终点】为（512,924），【结束颜色】为粉色（R: 255，G: 212，B: 222）。

06 可拖动时间线滑块查看制作情人节活动宣传广告背景效果。

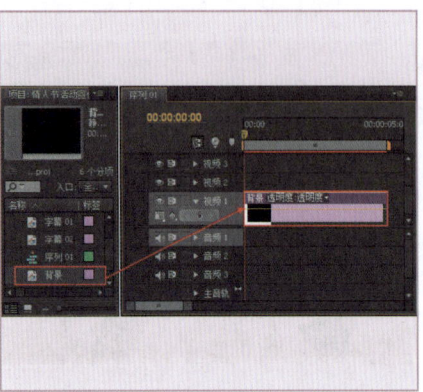 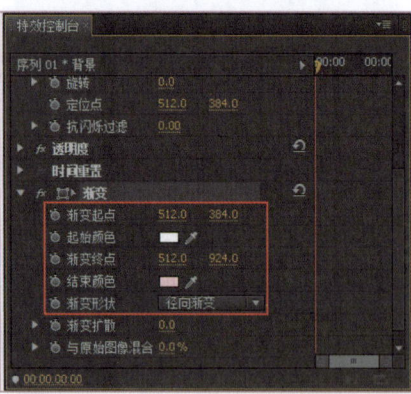 

实例270　制作最终情人节活动宣传广告效果

利用输入工具和关键帧可制作出宣传广告多重描边文字和文字动画效果。本例主要介绍制作最终情人节活动宣传广告效果的方法。

文件路径：源文件\第16章\例270　　　视频文件：视频文件\第16章\例270.flv

第16章 宣传广告

01 将项目窗口中的【01.png】和【02.png】素材文件分别拖曳到视频2和视频3轨道上。

02 在【特效控制台】面板中设置【缩放】为52，【位置】为（725,485）。然后将时间线拖到第起始帧，设置【透明度】为0%。接着将时间线拖到第1秒，设置【透明度】为100%。

03 选择【02.png】素材文件，将时间线拖到第1秒，不勾选【等比缩放】，接着开启【缩放高度】的自动关键帧，并设置为309。最后将时间线拖到第2秒，设置【缩放高度】为100。

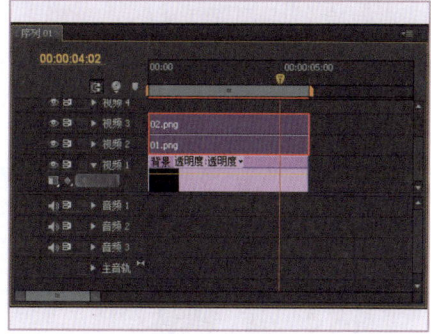 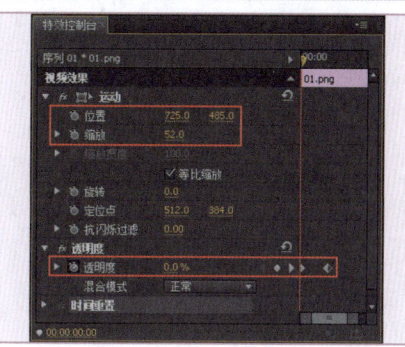 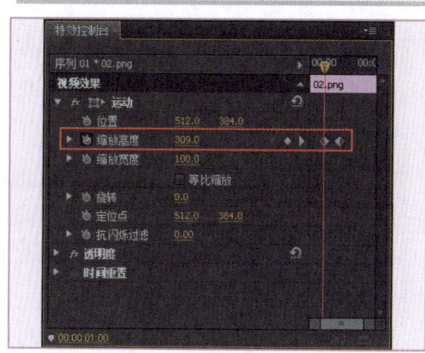

04 选择 T（输入工具），在工作区中输入文字，并设置【字体】为【FZXiShanHu-M13T】，【字体大小】为90，【颜色】为白色（R:255, G:255, B:255）。接着单击【外侧边】后的【添加】按钮，并设置【大小】为45，【颜色】为粉色（R:249, G:116, B:182）。

05 继续单击【外侧边】后的【添加】按钮，再添加3个描边，然后分别设置每个描边的大小和颜色。

06 新建【字幕02】。选择 T（输入工具），在工作区中输入文字，并设置【字体】为【FZDaHei-B02S】，【字体大小】为40，【行距】为12，【颜色】为白色（R:255, G:255, B:255）。接着单击【外侧边】后的【添加】按钮，并设置【大小】为65，【颜色】为粉色（R:249, G:116, B:182）。

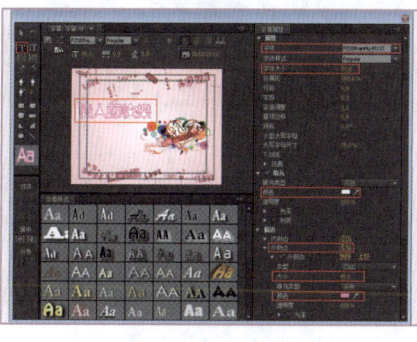 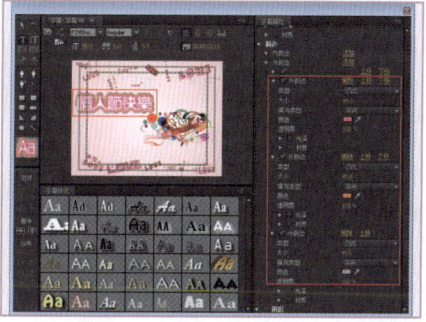 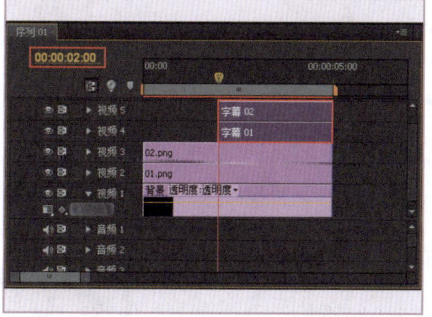

07 将项目窗口中的【字幕01】和【字幕02】分别拖曳到视频4和视频5轨道上，并设置起始时间为第2秒。

08 将【效果】面板中的【斜线滑动】切换特效拖曳到【字幕01】的起始位置上。

09 可拖动时间线滑块查看最终情人节活动宣传广告效果。

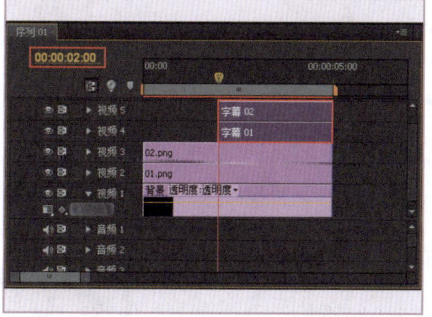 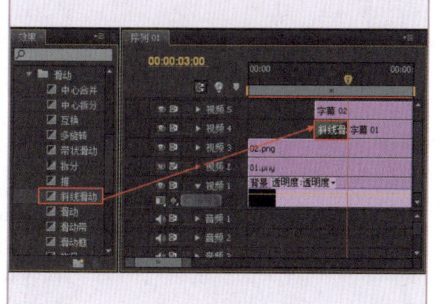 

第17章
旅游片头

Chapter 17

多种媒体可将宣传的内容制作成短片来引导观众对其的兴趣，利用一定的文字介绍或剪接精彩片段来吸引群众。在Adobe Premiere Pro CS6中，利用各种素材和视频切换特效能制作出丰富的画面过渡播放效果，可以方便快捷地制作出短片和片头效果。

第17章 旅游片头

实例271 制作旅游宣传起始部分效果

利用素材图片和输入工具可制作出旅游宣传的画面过渡和标题文字效果。本例主要介绍制作旅游宣传起始部分效果的方法。

文件路径：源文件\第17章\例271

视频文件：视频文件\第17章\例271.flv

01 新建项目，在弹出的对话框中单击【浏览】按钮设置储存路径，在【名称】文本框修改文件名称，单击【确定】按钮。

02 在弹出的对话框中选择【设置】选项卡，设置【编辑模式】为【自定义】，【画面大小】为1024×768，【像素纵横比】为【方形像素（1.0）】，设置【序列名称】，单击【确定】按钮。

03 在项目窗口中空白处双击鼠标左键或者按快捷键Ctrl+I，在弹出的对话框中选择所需素材文件，单击【打开】按钮。

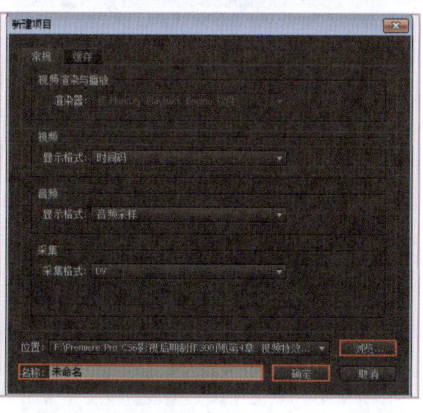 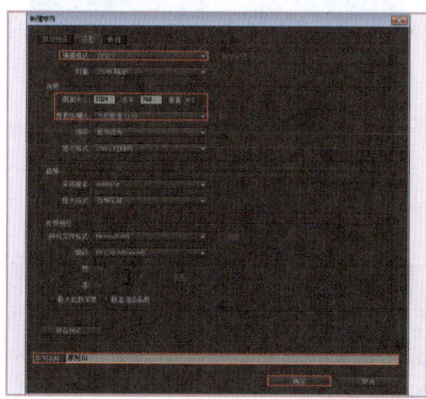 

04 将项目窗口中的【01.jpg】素材文件拖曳到时间线窗口中的视频1轨道上，并设置结束时间为第2秒10帧。

05 在菜单栏中选择【字幕】|【新建字幕】|【默认静态字幕】命令，在弹出的对话框中设置【名称】为【字幕01】，单击【确定】按钮。

06 选择 T（输入工具），在工作区中输入文字，并设置【字体】为【FZCuYuan-M03S】，【字体大小】为95，【颜色】为绿色（R：0，G：139，B：0）。接着单击【外侧边】后的【添加】按钮，并设置【大小】为50，【颜色】为白色（R：255，G：255，B：255）。

 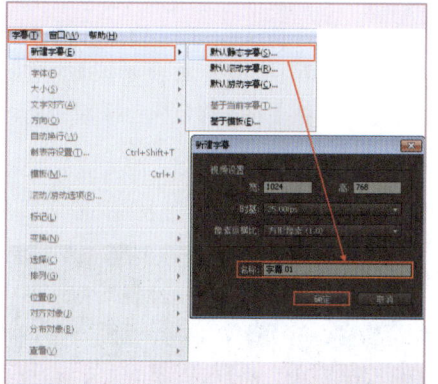 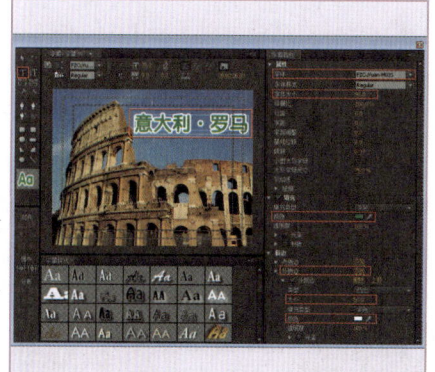

07 将项目窗口中的【02.jpg】和【03.jpg】素材文件拖曳到视频1轨道上,并设置【02.jpg】的结束时间为第4秒12帧,【03.jpg】的结束时间为第8秒。

08 新建【字幕02】,选择T(输入工具),在工作区中输入文字,设置【字体】为【Microsoft YaHei】,【字体大小】为90,【颜色】为白色(R: 255, G: 255, B: 255)。接着勾选【阴影】,并设置【距离】为7。

09 将项目窗口中的【字幕01】和【字幕02】拖曳到视频2轨道上,并设置【字幕01】的结束时间为第2秒,【字幕02】的结束时间为第8秒。然后将【效果】面板中的【渐隐为白色】切换特效拖曳到【字幕01】的起始位置上。

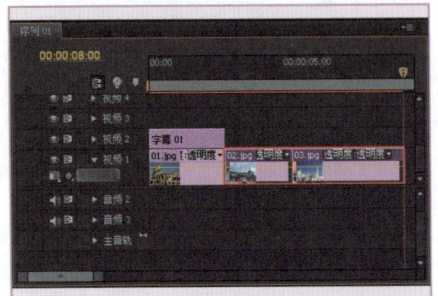  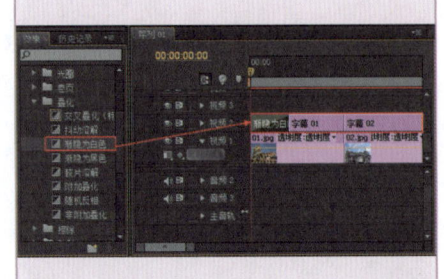

10 选择【字幕01】上的【渐隐为白色】切换特效,然后在【特效控制台】面板中设置【开始】为50。

11 在【01.jpg】和【02.jpg】的素材文件中间添加【门】切换特效,然后在【02.jpg】和【03.jpg】素材文件中间添加【抖动溶解】切换特效。

12 可拖动时间线滑块查看旅游宣传起始部分效果。

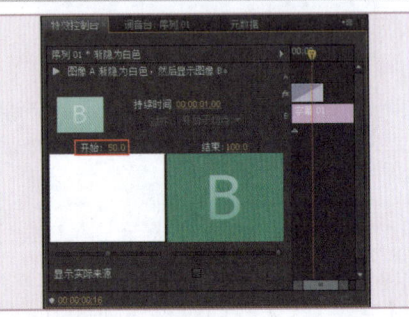 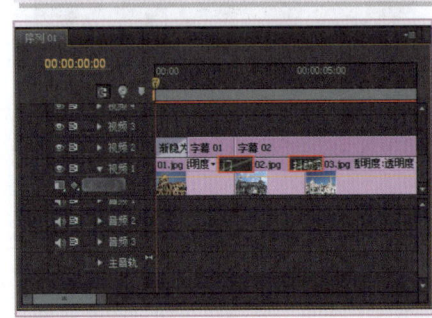 

实例272 制作旅游宣传第二部分效果

利用素材图片和视频切换特效可制作出画面过渡效果。本例主要介绍制作旅游宣传第二部分效果的方法。

文件路径:源文件\第17章\例272
视频文件:视频文件\第17章\例272.flv

01 将项目窗口中的【04.jpg】和【05.jpg】素材文件拖曳到视频1轨道上,并设置【04.jpg】素材文件的结束时间为第11秒,【05.jpg】素材文件的结束时间为第15秒。

02 为【03.jpg】、【04.jpg】和【05.jpg】素材文件中间添加【圆划像】和【带状滑动】切换特效。

03 将项目窗口中的【06.jpg】和【07.jpg】素材文件拖曳到视频1轨道上,并设置【06.jpg】素材文件的结束时间为第18秒,设置【07.jpg】素材文件的结束时间为第21秒。

 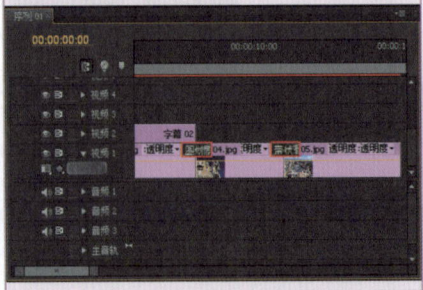 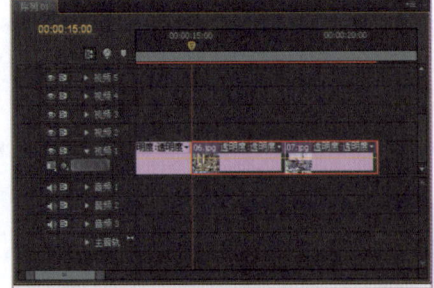

第17章 旅游片头

04 在【05.jpg】、【06.jpg】和【07.jpg】素材文件中间添加【漩涡】和【滑动框】切换特效。

05 按照【字幕02】制作出【字幕03】、【字幕04】和【字幕05】，并与【04.jpg】、【05.jpg】和【07.jpg】素材文件对齐。

06 可拖动时间线滑块查看旅游宣传第二部分效果。

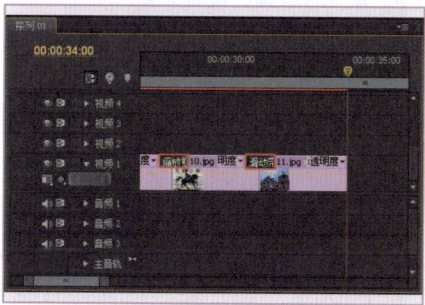
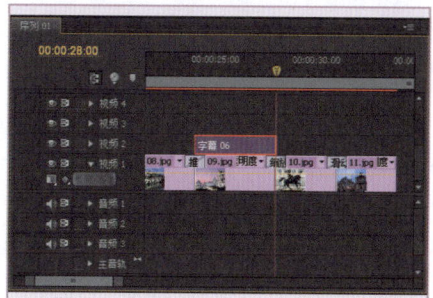

实例273 制作旅游宣传第三部分效果

利用素材画面和视频切换特效可制作出画面过渡效果。本例主要介绍制作旅游宣传第三部分效果的方法。

文件路径：源文件\第17章\例273　　　　视频文件：视频文件\第17章\例273.flv

01 将项目窗口中的【08.jpg】和【09.jpg】素材文件拖曳到视频1轨道上，并设置【08.jpg】素材文件的结束时间为第24秒，设置【09.jpg】素材文件的结束时间为第28秒。

02 为【07.jpg】、【08.jpg】和【09.jpg】素材文件之间添加【缩放】和【推】切换特效。

03 将项目窗口中的【10.jpg】和【11.jpg】素材文件拖曳到视频1轨道上，并设置【10.jpg】素材文件的结束时间为第31秒，设置【11.jpg】素材文件的结束时间为第34秒。

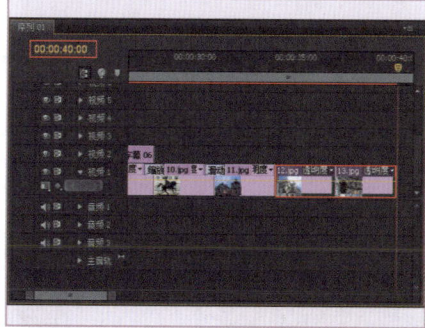

04 为【09.jpg】、【10.jpg】和【11.jpg】素材文件之间添加【缩放框】和【滑动带】切换特效。

05 按照【字幕02】制作出【字幕06】，并将其拖曳到视频2轨道上，并与【09.jpg】素材文件对齐。

06 可拖动时间线滑块查看旅游宣传第三部分效果。

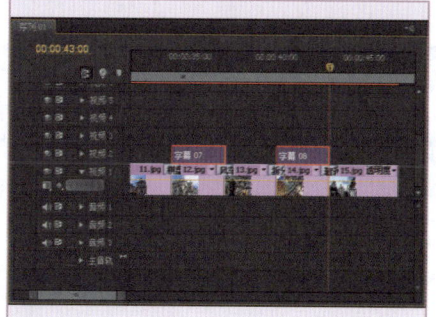

实例274 制作旅游宣传第四部分效果

利用素材图片和视频切换特效以及字幕工具可制作出画面过渡效果。本例主要介绍制作旅游宣传第四部分效果的方法。

文件路径：源文件\第17章\例274

视频文件：视频文件\第17章\例274.flv

01 将项目窗口中的【12.jpg】和【13.jpg】素材文件拖曳到视频1轨道上，并设置【12.jpg】素材文件的结束时间为第37秒，设置【13.jpg】素材文件的结束时间为第40秒。

02 为【11.jpg】、【12.jpg】和【13.jpg】素材文件之间添加【棋盘】和【风车】切换特效。

03 将项目窗口中的【14.jpg】和【15.jpg】素材文件拖曳到视频1轨道上，并设置【14.jpg】素材文件的结束时间为第43秒，设置【15.jpg】素材文件的结束时间为第47秒。

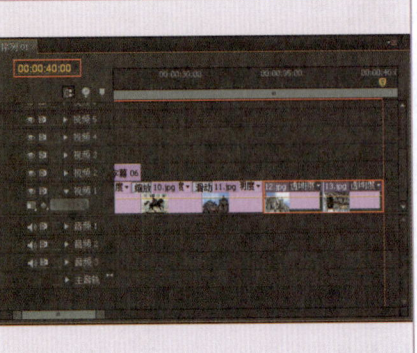

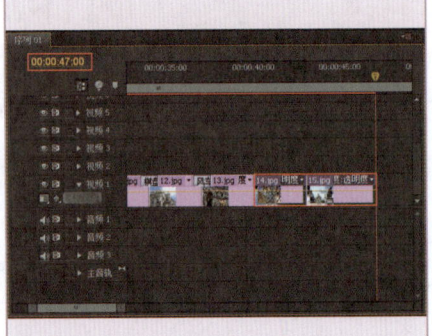

04 为【13.jpg】、【14.jpg】和【15.jpg】素材文件之间添加【拆分】和【漩涡】切换特效。

05 按照【字幕02】制作出【字幕07】和【字幕08】，并将其拖曳到视频2轨道上，并与【12.jpg】和【14.jpg】素材文件对齐。

06 可拖动时间线滑块查看旅游宣传第四部分效果。

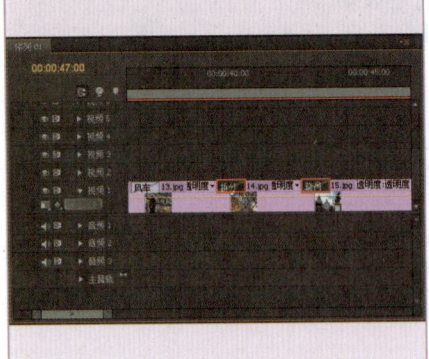
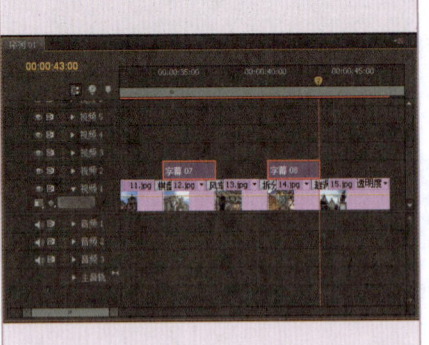

实例275 制作旅游宣传滚动字幕效果

利用【文字】面板中的滚动/游动选项可制作出画面的滚动字幕效果。本例主要介绍制作旅游宣传滚动字幕效果的方法。

文件路径：源文件\第17章\例275

视频文件：视频文件\第17章\例275.flv

第17章 旅游片头

01 新建【字幕08】。选择 T（输入工具），在工作区中输入文字，并设置【字体】为【FZCuYuan-M03S】，【字体大小】为100，【颜色】为绿色（R：0，G：139，B：0）。单击【外侧边】后的【添加】按钮，并设置【大小】为30，【颜色】为白色（R：255，G：255，B：255）。接着勾选【阴影】，并设置【距离】为8。

02 将项目窗口中的【字幕09】拖曳到视频2轨道上，并设置起始时间为第44秒，结束时间为第47秒，然后为视频2轨道上的【字幕09】添加【滑动】切换特效。

03 新建【字幕10】，选择 T（输入工具），在工作区中输入文字，并设置【字体】为【Microsoft YaHei】，【字体大小】为44，【颜色】为白色（R：255，G：255，B：255）。接着单击【外侧边】后的【添加】按钮，并设置【大小】为40，【颜色】为绿色（R：0，G：138，B：0）。

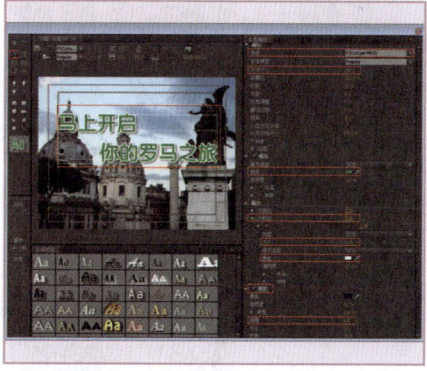 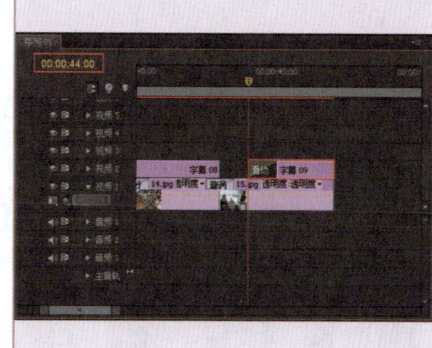 

04 单击 ■（滚动/游动选项），然后在弹出的对话框中选择【左游动】，勾选【开始于屏幕外】和【结束于屏幕外】，单击【确定】按钮。

05 将项目窗口中的【字幕08】拖曳到视频3轨道上，并设置结束时间为第47秒。

06 可拖动时间线滑块查看最终旅游宣传滚动字幕效果。

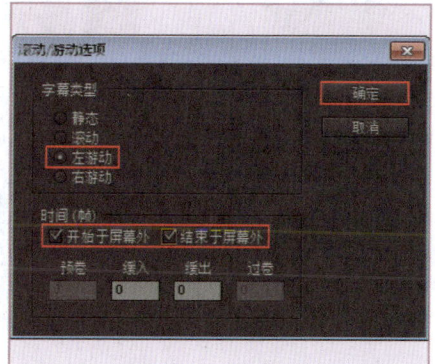 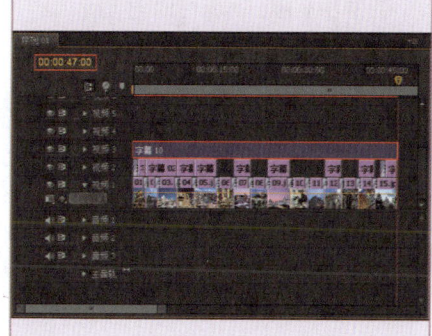 

Chapter 18

第18章
MV剪辑

在Adobe Premiere Pro CS6中，可以将影片制作中的大量素材经过剪辑最终形成一个连贯流畅的作品。剪辑既是影片制作工艺过程中一项必不可少的工作，也是影片艺术创作过程中所进行的最后一次再创作。熟练应用Adobe Premiere Pro CS6中的剪辑工具和特效，可以制作出多种类型的剪辑作品。

第18章　MV剪辑

实例276　制作MV前半部分剪辑效果

利用【解除视音频链接】命令可解除视频与音频的链接，使用剃刀工具可对视频素材文件进行剪辑。本例主要介绍制作MV前半部分剪辑效果的方法。

文件路径：源文件\第18章\例276

视频文件：视频文件\第18章\例276.flv

01 新建项目，在弹出的对话框中单击【浏览】按钮设置储存路径，在【名称】文本框修改文件名称，单击【确定】按钮。

02 在弹出的对话框中选择【设置】选项卡，设置【编辑模式】为【自定义】，【画面大小】为1024×768，【像素纵横比】为【方形像素（1.0）】，设置【序列名称】，单击【确定】按钮。

03 在项目窗口中空白处双击鼠标左键或者按快捷键Ctrl+I，在弹出的对话框中选择所需素材，单击【打开】按钮。

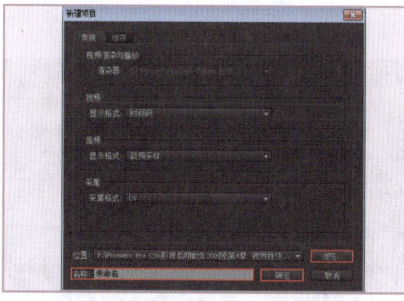 

04 在【特效控制台】面板中设置【01.mp4】素材文件的【缩放】为71。

05 将项目窗口中的【01.mp4】素材文件拖曳到时间线窗口中的视频1轨道上。

06 在时间线窗口中的【01.mp4】素材文件上单击鼠标右键，在弹出的菜单中选择【解除视音频链接】选项。

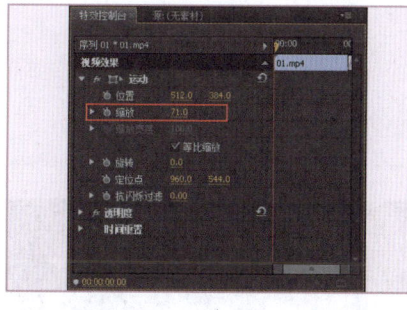 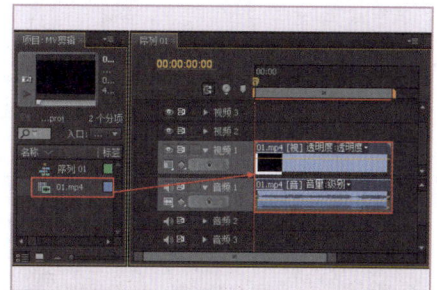 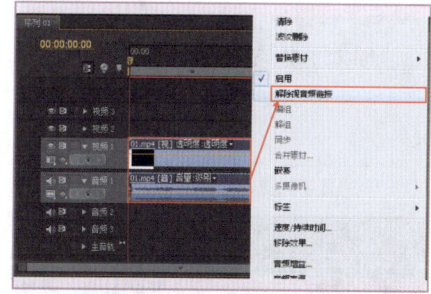

07 选择（剃刀工具），将时间线拖到第12秒10帧，单击鼠标左键进行切割。接着将时间线拖到第42秒15帧，单击鼠标左键进行切割。将中间部分进行删除，然后将其向前靠拢。

08 选择（剃刀工具），将时间线拖到第20秒，单击鼠标左键进行切割。接着将时间线拖到第33秒13帧，单击鼠标左键进行切割。将该部分进行删除，并将后面的素材向前靠拢。

09 可拖动时间线滑块查看MV前半部分剪辑效果。

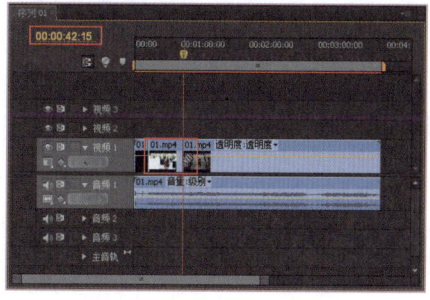 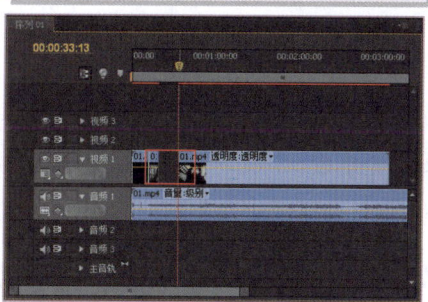 

Premiere Pro CS6

实例277　制作MV后半部分剪辑效果

利用剃刀工具可按照镜头转换效果对视频素材进行剪辑。本例主要介绍制作MV后半部分剪辑效果的方法。

文件路径：源文件\第18章\例277　　　视频文件：视频文件\第18章\例277.flv

01 选择▓（剃刀工具），将时间线拖到第23秒17帧，在单击鼠标左键进行切割。接着将时间线拖到第38秒17帧，单击鼠标左键进行切割。将该部分进行删除。

02 选择▓（剃刀工具），将时间线拖到第49秒15帧，单击鼠标左键进行切割。将时间线拖到第56秒15帧，单击鼠标左键进行切割。将切割的部分拖曳到第23秒17帧的位置。

03 选择▓（剃刀工具），将时间线拖到第1分20秒15帧，单击鼠标左键进行切割。继续将时间线拖到第1分28秒15帧，单击鼠标左键进行切割。将切割的部分拖曳到第30秒17帧的位置。

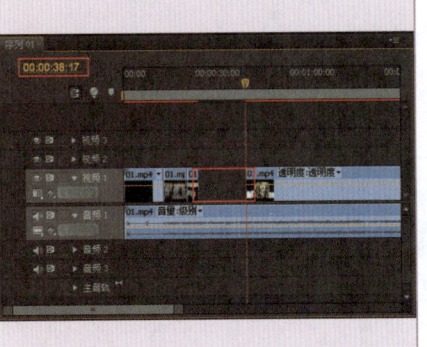
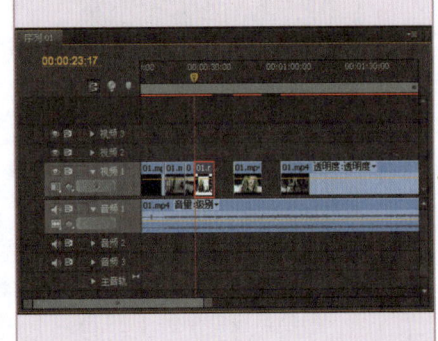
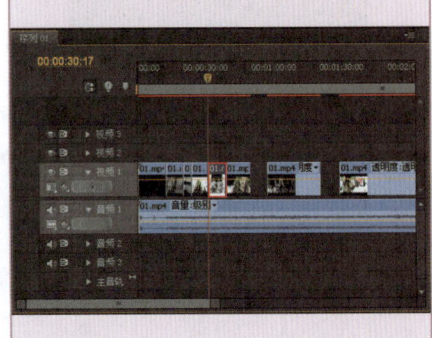

04 选择▓（剃刀工具），将时间线拖到第46秒08帧，单击鼠标左键进行切割。将切割下来的两部分素材文件进行删除。

05 在选择▓（剃刀工具），将时间线拖到第1分50秒，单击鼠标左键进行切割。继续将时间线拖到第2分07秒，单击鼠标左键进行切割。将切割的部分拖曳到第46秒08帧的位置。

06 可拖动时间线滑块查看MV后半部分剪辑效果。

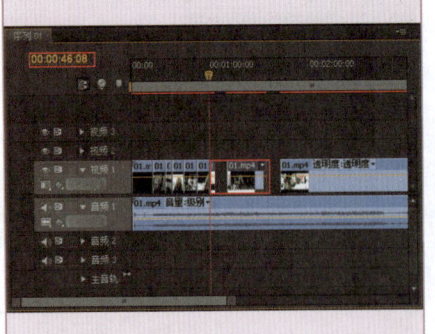

实例278　制作MV剪辑过渡效果

利用剃刀工具和钢笔工具可制作出音频的淡出效果，也可分别在素材之间添加视频切换特效，制作出画面过渡效果。本例主要介绍制作MV剪辑过渡效果的方法。

文件路径：源文件\第18章\例278　　　视频文件：视频文件\第18章\例278.flv

第18章　MV剪辑

01 选择（剃刀工具），将时间线拖到第2分45秒05帧，单击鼠标左键进行切割。将切割下的结尾部分拖曳到第1分03秒08帧的位置。

02 选择（剃刀工具），将时间线拖到第1分09秒22帧，在音频文件【01.mp4】上的此处单击鼠标左键进行切割。接着将视频1和音频1轨道上剩余的部分素材文件进行删除。

03 选择（钢笔工具），在【01.mp4】音频文件上的第1分05秒22帧和结束帧位置单击鼠标左键，创建两个关键帧。接着按住结束帧向下拖动，制作出音频淡出效果。

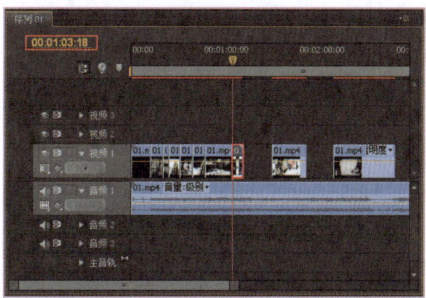 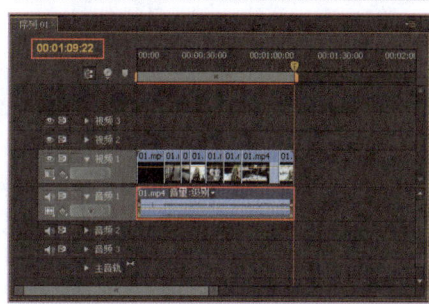 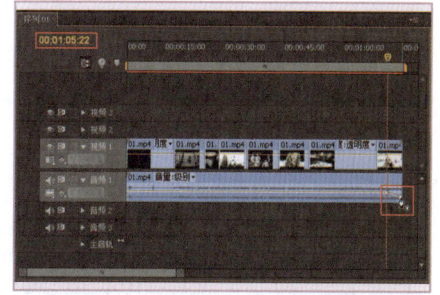

04 为视频1轨道上的第一部分和第二部分素材文件之间添加【缩放拖尾】和【渐隐为黑色】视频切换特效。

05 为视频1轨道上的第七部分和第八部分素材文件之间添加【滑动带】、【渐隐为白色】和【渐隐为黑色】视频切换特效。

06 可拖动时间线滑块制作MV剪辑过渡效果。

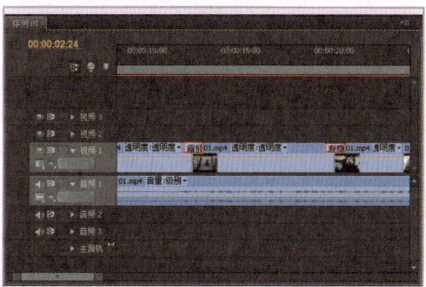  

实例279　制作MV特效部分效果

利用黑白和快速色彩校正特效可对部分镜头画面进行调整，并可添加关键帧制作出颜色变化效果。本例主要介绍制作MV特效部分效果的方法。

文件路径：源文件\第18章\例279　　　视频文件：视频文件\第18章\例279.flv

01 将【效果】面板中的【复制】特效拖曳到视频1轨道的第二部分素材文件上。

02 选择（剃刀工具），将时间线拖到第25秒04帧，在视频1轨道的【01.mp4】上的此处单击鼠标左键进行切割。接着将切割的前半部分复制到视频2轨道上，并重命名为【02.mp4】。

03 为视频2轨道上的【02.mp4】素材文件添加【黑白】特效，然后将时间线拖到第23秒17帧，开启【位置】的关键帧，并设置为（1171,1256）。接着将时间线拖到第24秒，设置【位置】为（1171,384）。

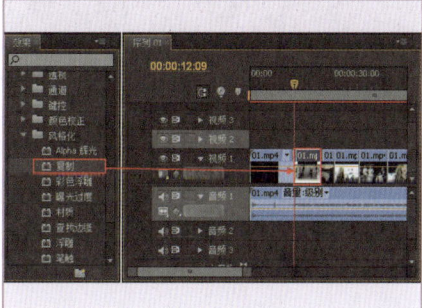 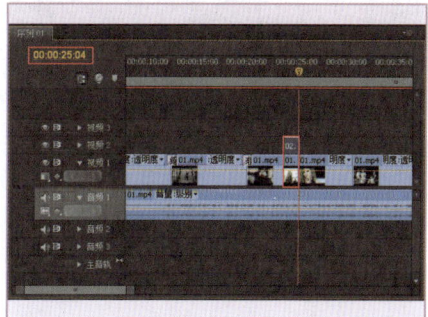 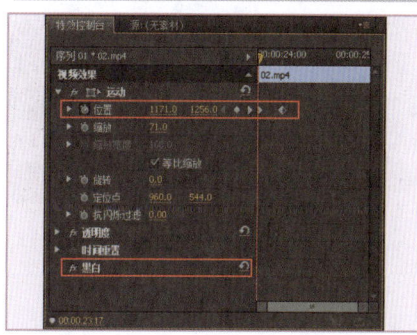

Premiere Pro CS6 | 293

04 将【效果】面板中的【快速色彩校正】特效拖曳到视频1轨道的倒数第二部分的素材文件上。

05 将时间线拖到第47秒15帧，开启【色相角度】的关键帧，并设置为0°；将时间线拖到第48秒，设置【色相角度】为154°；将时间线拖到第48秒10帧，设置【色相角度】为301°；最后将时间线拖到第49秒02帧，设置【色相角度】为1×0°。

06 可拖动时间线滑块查看MV特效部分效果。

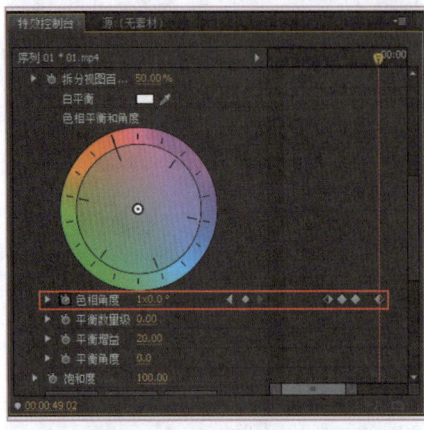

实例280　制作最终MV字幕效果

利用输入工具和关键帧可制作出MV中的文字动画效果。本例主要介绍制作最终MV字幕效果的方法。

文件路径：源文件\第18章\例280

视频文件：视频文件\第18章\例280.flv

01 在菜单栏中选择【字幕】|【新建字幕】|【默认静态字幕】命令，在弹出的对话框中设置【名称】为【字幕01】，单击【确定】按钮。

02 选择T（输入工具），在工作区中输入文字，设置【字体】为【Giddyup Std】，【字体大小】为332，【颜色】为白色（R：0，G：0，B：0）。接着单击【外侧边】后的【添加】按钮，设置【大小】为33，【颜色】为浅粉色（R：255，G：108，B：125）。

03 将项目窗口中的【字幕01】拖曳到视频2轨道上，并设置结束时间为第6秒10帧。

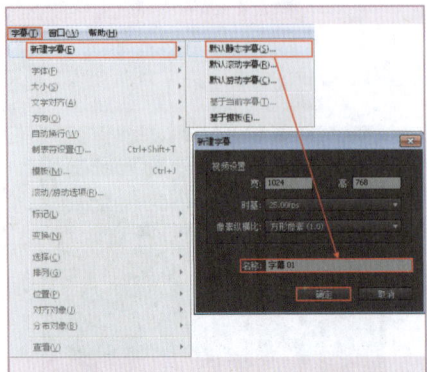

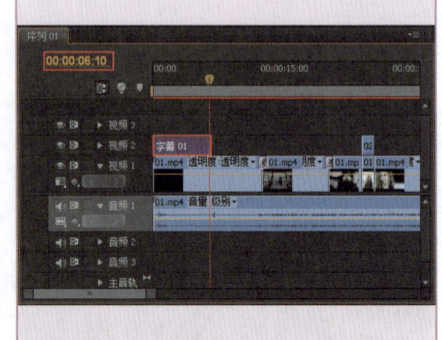

第18章　MV剪辑

04 将时间线拖到起始帧的位置，设置【字幕01】的【透明度】为0%；将时间线拖到第2秒，设置【透明度】为100%；将时间线拖到第5秒，设置【透明度】为100%；将时间线拖到结束帧，设置【透明度】为0%。

05 为视频1轨道上的【字幕01】添加【擦除】视频切换特效，并设置【擦除】视频切换特效的持续时间为5秒。

06 新建【字幕02】。选择 T（输入工具），在工作区中输入文字，设置【字体】为【Impact】，【字体大小】为92，【颜色】为粉色（R：245，G：90，B：255）。接着单击【外侧边】后的【添加】按钮，设置【大小】为40，【颜色】为黄色（R：255，G：228，B：0）。

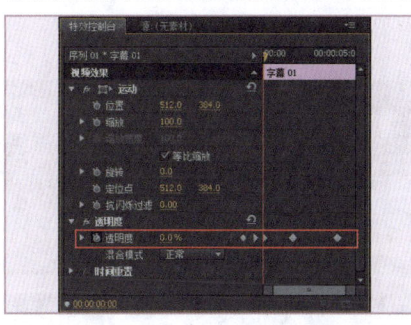
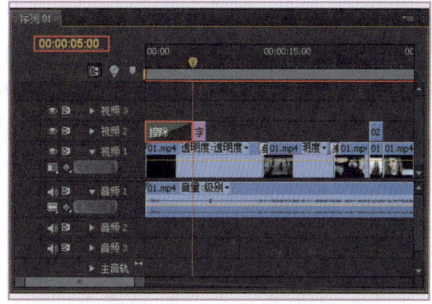
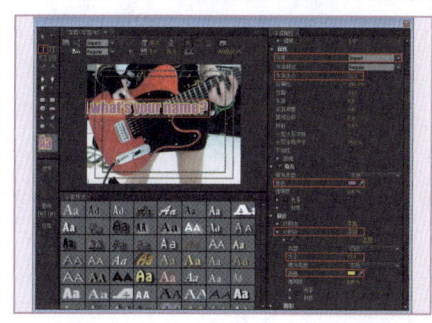

07 将项目窗口中的【字幕02】素材文件拖曳到视频2轨道上，并设置起始时间为第31秒19帧，结束时间为第33秒24帧。

08 将时间线拖到第31秒19帧，开启【字幕02】的【缩放】和【旋转】自动关键帧，并设置【缩放】为0，【旋转】为0°；接着将时间线拖到第32秒19帧，设置【缩放】为100，【旋转】为1×312°。

09 新建【字幕03】。选择 T（输入工具），在工作区中输入文字，设置【字体】为【BN Elements】，【字体大小】为115，【颜色】为黑色（R：0，G：0，B：0）。接着单击【外侧边】后的【添加】按钮，设置【大小】为40，【颜色】为黄色（R：255，G：228，B：0）。

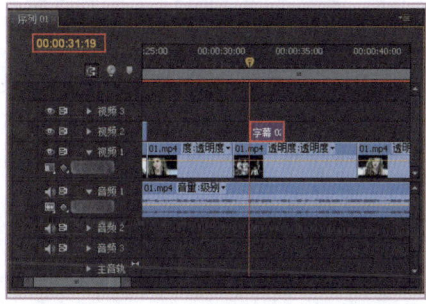
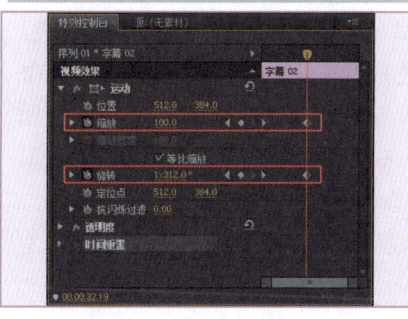

10 将项目窗口中的【字幕03】拖曳到视频2轨道上，并设置起始时间为第42秒24，结束时间为43秒08帧。

11 将时间线拖到第42秒24帧，开启【字幕03】的【位置】自动关键帧，并设置【位置】为（512，-332）。将时间线拖到第43秒08帧，设置【位置】为（512，384）。

12 可拖动时间线滑块查看最终MV字幕效果。

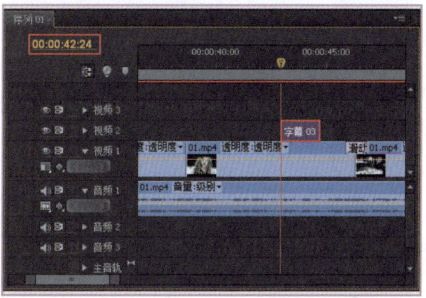
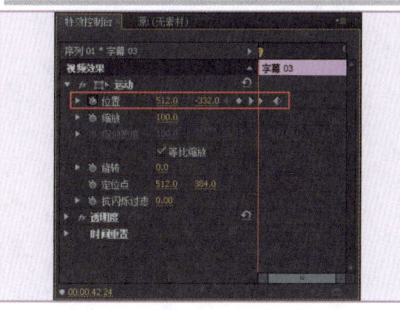

第19章 电视栏目

栏目是电视台播出的相对独立的信息单元,是按照一定内容(如新闻等)编排布局的表现形式,以此来吸引人们的视线,给人们带来信息知识、享受、欢乐和兴趣。在Adobe Premiere Pro CS6中,也可以利用其各种特效和工具制作出多彩的栏目效果。

第19章　电视栏目

实例281　制作新闻栏目起始部分效果

利用关键帧可制作出画面缩放动画，使用网格特效可制作出画面网格混合效果。本例主要介绍制作新闻栏目起始部分效果的方法。

文件路径：源文件\第19章\例281　　　视频文件：视频文件\第19章\例281.flv

01 新建项目，在弹出的对话框中单击【浏览】按钮设置储存路径，在【名称】文本框修改文件名称，单击【确定】按钮。

02 在弹出的对话框中选择【设置】选项卡，设置【编辑模式】为【自定义】，【画面大小】为1024×768，【像素纵横比】为【方形像素（1.0）】，设置【序列名称】，单击【确定】按钮。

03 在项目窗口中空白处双击鼠标左键或者按快捷键Ctrl+I，在弹出的对话框中选择所需素材，单击【打开】按钮。

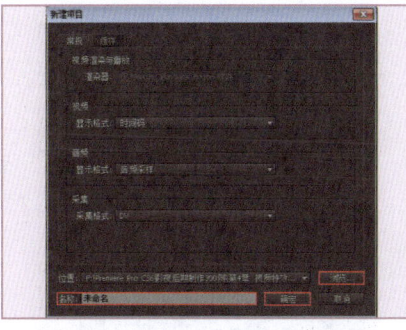
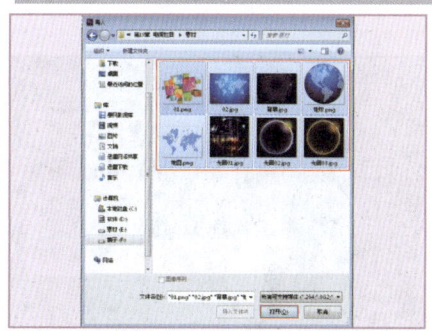

04 将项目窗口中的【背景.jpg】素材文件拖曳到时间线窗口中的视频1轨道上，并设置结束时间为第13秒。

05 将【效果】面板中的【渐隐为黑色】切换特效拖曳到【背景.jpg】素材文件的起始位置上。

06 将项目窗口中的【01.png】和【02.jpg】素材文件拖曳到视频2轨道上，并设置【01.png】的结束时间为第3秒，设置【02.jpg】的结束时间为第7秒。然后在两素材文件之间添加【随机擦除】切换特效。

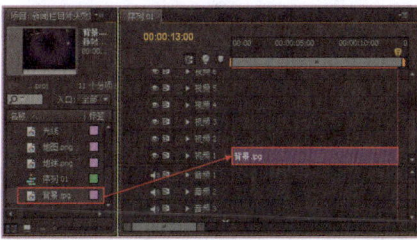
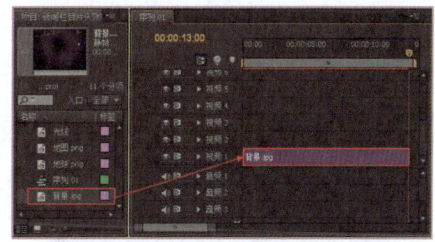

07 选择【01.png】素材文件，然后将时间线拖到起始帧，开启【缩放】的自动关键帧，并设置【缩放】为0。接着将时间线拖到第1秒，设置【缩放】为100。

08 为【02.jpg】素材文件添加【网格】特效，并设置【边角】为（614.4,486），【颜色】为黑色（R：0，G：0，B：0），【混合模式】为【正常】。

09 可拖动时间线滑块查看新闻栏目起始部分效果。

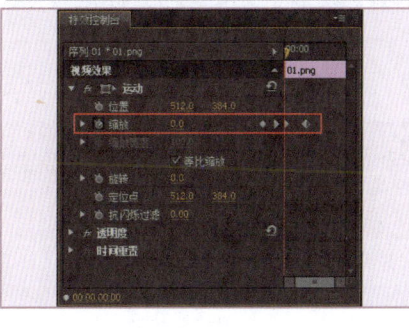
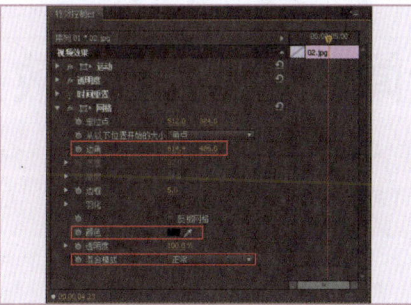
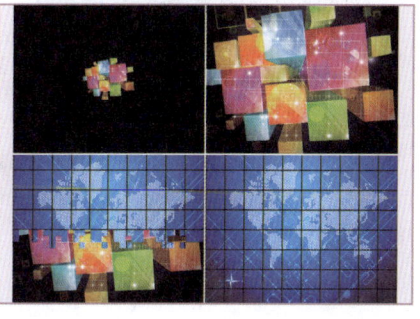

Premiere Pro CS6 | 297

实例282 制作新闻栏目光圈旋转效果

利用图片混合模式和关键帧可制作出光圈动画效果。本例主要介绍制作新闻栏目光圈旋转效果的方法。

文件路径：源文件\第19章\例282

视频文件：视频文件\第19章\例282.flv

01 将项目窗口中的【地图.png】、【光圈01.jpg】、【光圈02.jpg】和【光圈03.jpg】素材文件按顺序拖曳到视频2、视频3、视频4和视频5轨道上，并设置结束时间为第13秒。

02 设置【地图.png】的【透明度】为55%，然后为【地图.png】素材文件添加【线性擦除】特效，并设置【过渡完成】为35%，【擦除角度】为0°，【羽化】为120。

03 在【特效控制台】面板中设置【光圈01.jpg】素材文件的【缩放】为80，【位置】为（240,388），【混合模式】为【变亮】。

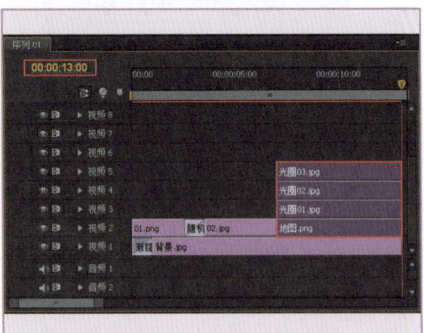
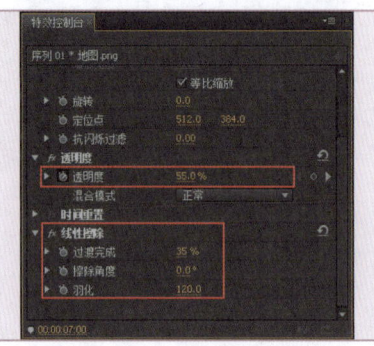
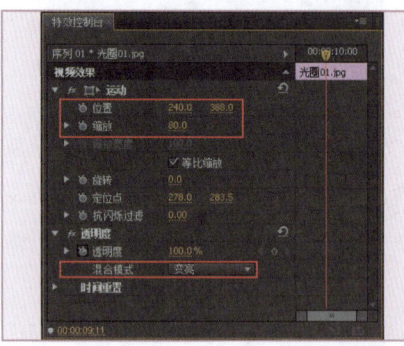

04 设置【光圈02.jpg】素材文件的【混合模式】为【滤色】，【位置】为（235,384）。将时间线拖到第7秒17帧，开启【缩放】的自动关键帧，并设置为0；将时间线拖到第8秒，设置【缩放】为40；将时间线拖到第9秒，开启【旋转】的自动关键帧，并设置为0°；将时间线拖到第11秒18帧，设置【旋转】为1×0°。

05 设置【光圈03】素材文件的【混合模式】为【滤色】，【位置】为（235,384）；将时间线拖到第8秒，开启【缩放】的自动关键帧，并设置为0；将时间线拖到第8秒08帧，设置【缩放】为50；将时间线拖到第9秒，开启【旋转】的关键帧，并设置为0°；将时间线拖到第11秒18帧，设置【旋转】为1×0°。

06 可拖动时间线滑块查看新闻栏目光圈旋转效果。

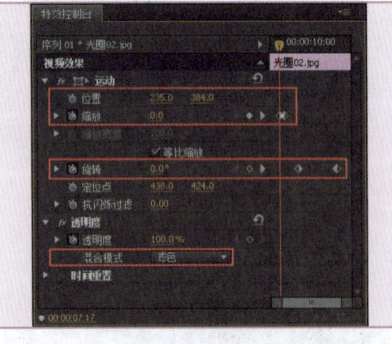
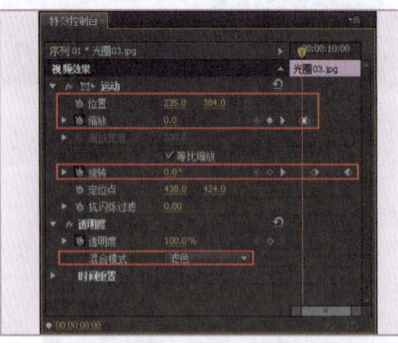
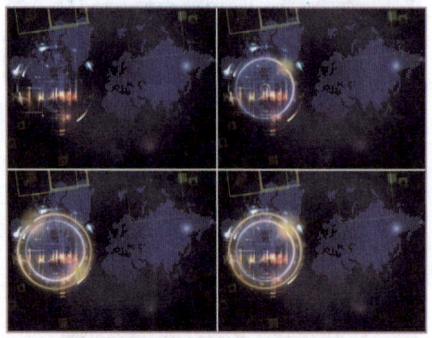

实例283 制作新闻栏目的文字效果

利用输入工具和斜面Alpha特效可制作出立体新闻标题文字，使用垂直翻转和线性擦除特效可制作出文字倒影效果。本例主要介绍制作新闻栏目文字效果的方法。

文件路径：源文件\第19章\例283

视频文件：视频文件\第19章\例283.flv

第19章 电视栏目

01 新建【字幕01】。选择 T（输入工具）在工作区中输入文字，设置【字体】为【】，【字体大小】为128，【填充类型】为【线性渐变】，【颜色】为蓝色（R：28，G：119，B：199）和浅蓝色（R：103，G：172，B：253）。

02 将项目窗口中的【字幕01】拖曳到视频6轨道上，并设置起始时间为第7秒，结束时间为第13秒。

03 为【字幕01】添加【斜面Alpha】特效，并设置【边缘厚度】为3，【照明强度】为0.6。

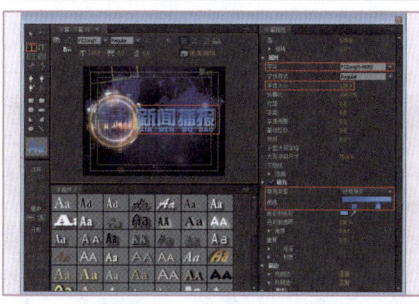 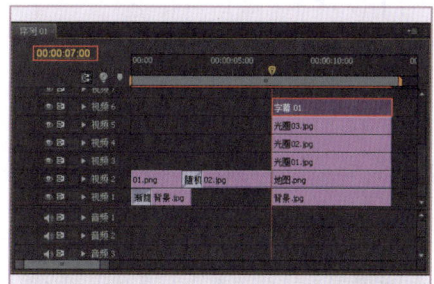 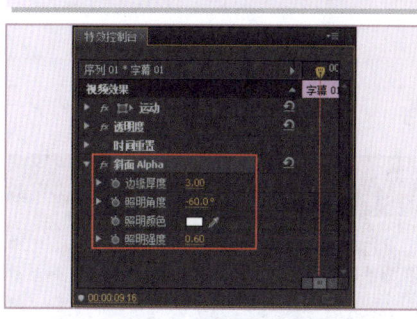

04 将视频6轨道上的【字幕01】复制到视频7轨道上，并重命名为【文字倒影】。

05 设置【文字倒影】的【位置】为（512,550），【透明度】为60%。然后为【文字倒影】添加【垂直翻转】和【线性擦除】特效，并设置【过渡完成】为50%，【擦除角度】为0°，【羽化】为120。

06 可拖动时间线查看新闻栏目的文字效果。

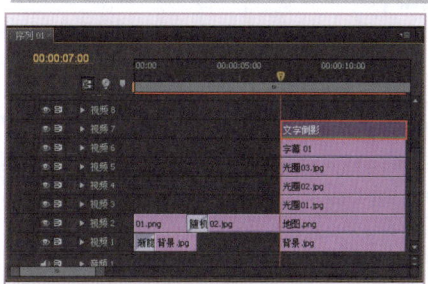 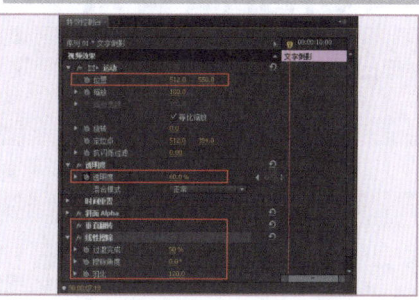 

实例284　制作新闻栏目的光晕效果

利用关键帧和镜头光晕特效可制作出素材旋转和光晕动画效果。本例主要介绍制作新闻栏目光晕效果的方法。

文件路径：源文件\第19章\例284　　　　视频文件：视频文件\第19章\例284.flv

01 将项目窗口中的【地球.png】素材文件拖曳到视频8轨道上，并设置起始时间为第7秒，结束时间为第13秒。

02 在【特效控制台】面板中设置【地球.png】素材文件的【位置】为（235,384），【缩放】为35。

03 在菜单栏中选择【文件】|【新建】|【黑色视频】命令，在弹出的对话框中单击【确定】按钮。

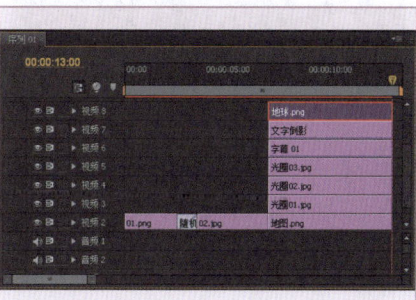 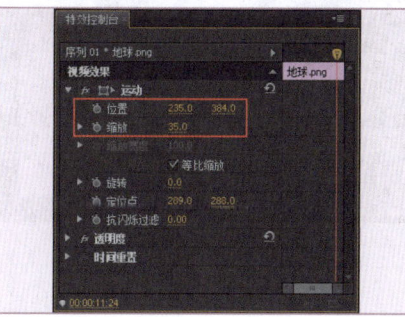 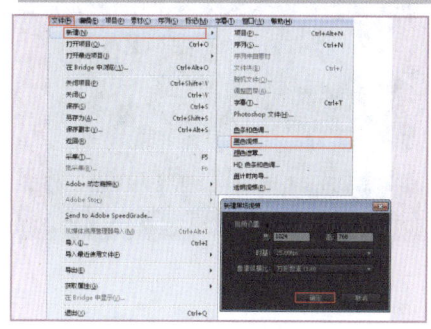

04 将项目窗口中【黑色视频】重命名为【光晕】,然后将其拖曳到视频9轨道上,并设置起始时间为第7秒,结束时间为第13秒。

05 为【光晕】图层添加【镜头光晕】特效,设置【混合模式】为【滤色】;将时间线拖到第7秒,开启【光晕中心】的自动关键帧,并设置为(-240,472);继续将时间线拖到第9秒,设置【光晕中心】为(1000,472),设置【镜头类型】为【105毫米定焦】。

06 可拖动时间线滑块查看新闻栏目的光晕效果。

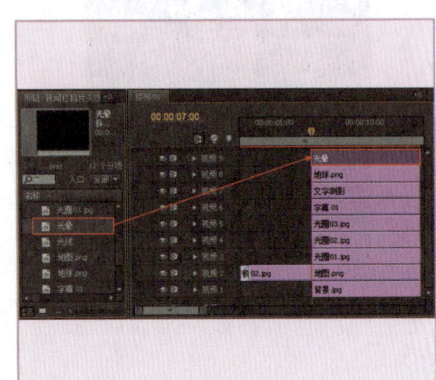
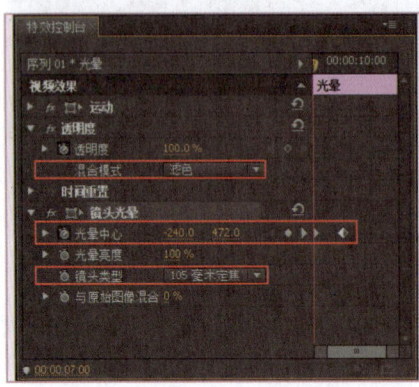
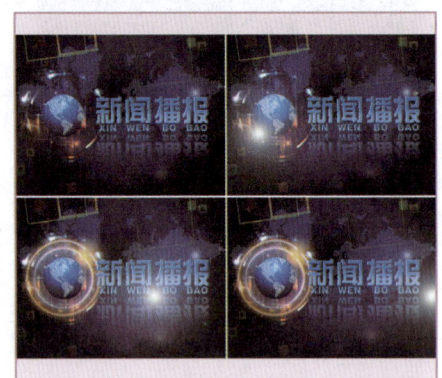

实例285　制作最终新闻栏目片头效果

利用直线工具和快速模糊特效可制作出光线效果,使用镜头光晕特效可制作出画面过渡效果。本例主要介绍制作最终新闻栏目片头效果的方法。

文件路径:源文件\第19章\例285　　视频文件:视频文件\第19章\例285.flv

01 新建字幕,并重命名为【光线】。选择▨(直线工具),在工作区中绘制一条直线,设置【线宽】为7,【颜色】为白色(R:255,G:255,B:255)。接着单击【外侧边】后的【添加】按钮,设置【大小】为15,【颜色】为浅蓝色(R:45,G:132,B:234)。

02 将项目窗口中的【光线】拖曳到视频10轨道上,并设置起始时间为第7秒,结束时间为第13秒。

03 设置【光线】的【混合模式】为【亮光】,然后为【光线】添加【快速模糊】特效,并设置【模糊量】为20。

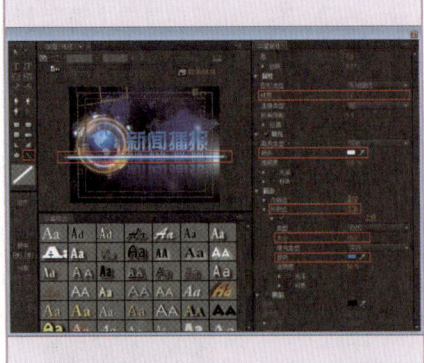
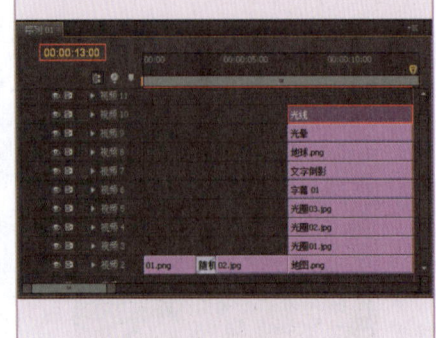
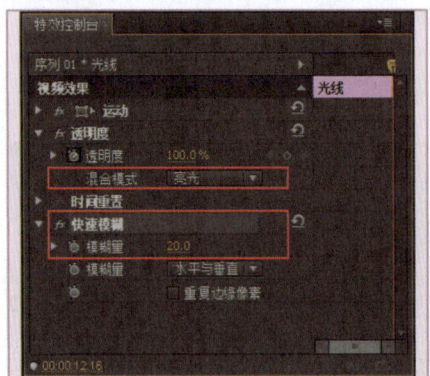

第19章　电视栏目

04 将项目窗口中的【光晕】拖曳到视频11轨道上，并重命名为【光晕1】。设置起始时间为第3秒，结束时间为第7秒18帧。

05 为【光晕01】添加【镜头光晕】特效，设置【混合模式】为【滤色】；将时间线拖到第4秒，开启【光晕中心】的自动关键帧，并设置为（1693,367）；将时间线拖到第7秒08帧，设置【光晕中心】为（237,379）；设置【光晕亮度】为175%，【镜头类型】为【50-300毫米定焦】。

06 可拖动时间线滑块查看最终新闻栏目的片头效果。

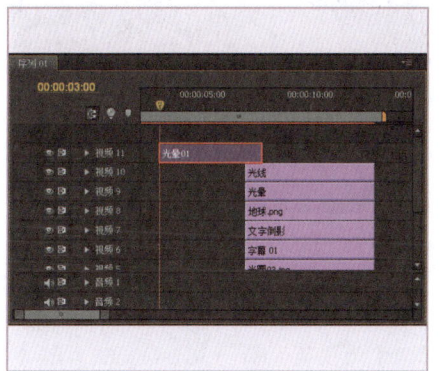 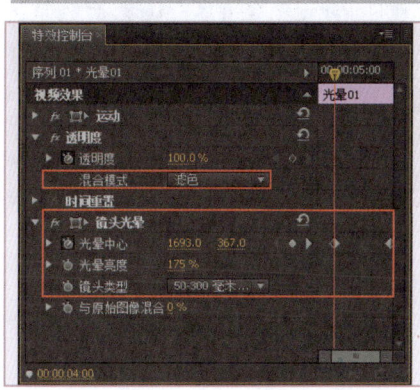 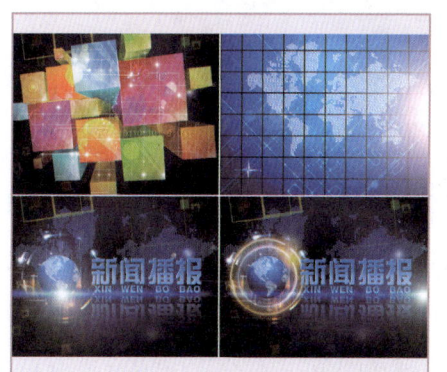

实例286　制作电视节目片头起始部分效果

利用颜色遮罩和图层混合模式可更改画面颜色效果，使用线性渐变特效可制作出边缘羽化擦除效果。本例主要介绍制作电视节目片头起始部分效果的方法。

文件路径：源文件\第19章\例286　　　视频文件：视频文件\第19章\例286.flv

01 新建项目，在弹出的对话框中单击【浏览】按钮设置储存路径，在【名称】文本框修改文件名称，单击【确定】按钮。

02 在弹出的对话框中选择【设置】选项卡，设置【编辑模式】为【自定义】，【画面大小】为1024×768，【像素纵横比】为【方形像素（1.0）】，设置【序列名称】，单击【确定】按钮。

03 在项目窗口中空白处双击鼠标左键或者按快捷键Ctrl+I，在弹出的对话框中选择所需素材，单击【打开】按钮。

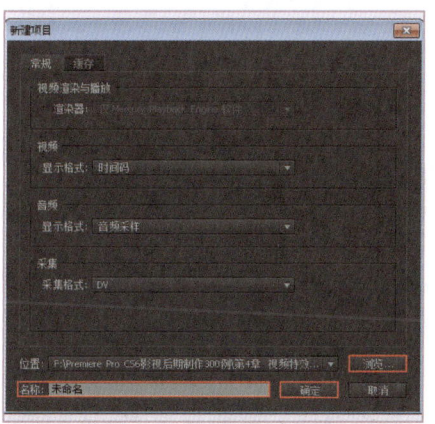 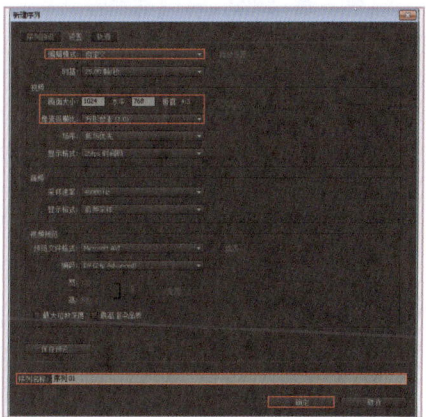 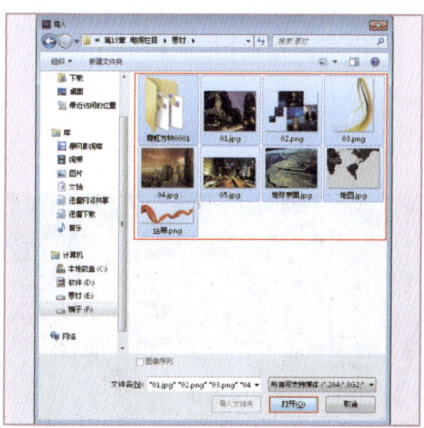

Premiere Pro CS6 | 301

04 在菜单栏中选择【文件】|【新建】|【颜色遮罩】命令，在弹出的对话框中单击【确定】按钮。接着设置颜色为深红色（R：76，G：0，B：0），并设置【名称】为【背景】。

05 将项目窗口中的【背景】和【地球表面.jpg】素材文件拖曳到视频1和视频2轨道上。新建【黑色视频】，然后将其拖曳到视频3轨道上，并重命名为【颜色渐变】。

06 可拖动时间线滑块查看效果。

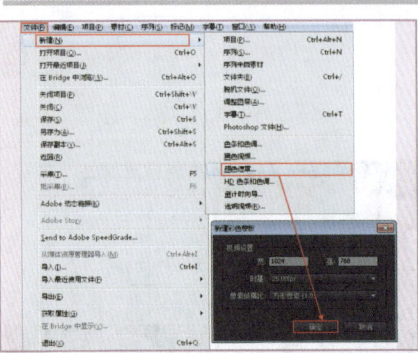 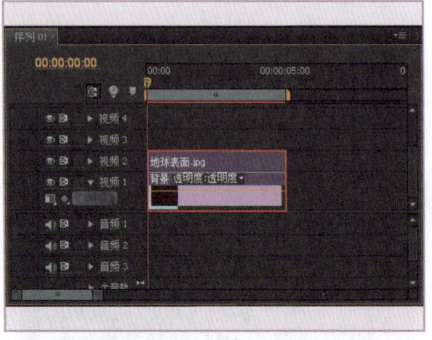 

07 在菜单栏中选择【文件】|【新建】|【黑色视频】命令，在弹出的对话框中单击【确定】按钮。

08 将项目窗口中的【黑色视频】重命名为【颜色渐变】，然后将其拖曳到视频3轨道上。

09 为【颜色渐变】添加【渐变】特效，设置【起始颜色】为褐色（R：136，G：66，B：3），【结束颜色】为灰色（R：127，G：127，B：127），并设置【混合模式】为【线性光】。

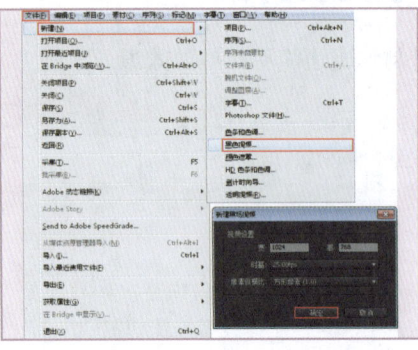  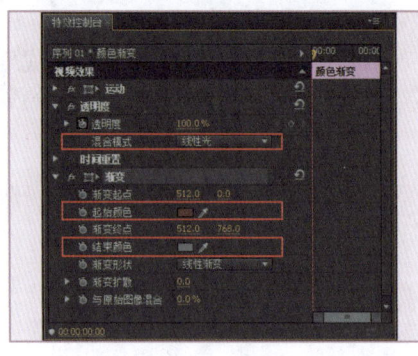

10 选择时间线窗口中的【地球表面】和【颜色渐变】，然后单击鼠标右键，在弹出的菜单中选择【嵌套】选项，将出现的【嵌套序列01】重命名为【地表】。

11 为【地表】添加【线性擦除】特效，然后将时间线拖到第1秒，开启【过渡完成】的自动关键帧，并设置为0%；将时间线拖到第2秒，设置【过渡完成】为32%。最后设置【擦除角度】为215°，【羽化】为120。

12 可拖动时间线滑块查看电视节目片头起始部分效果。

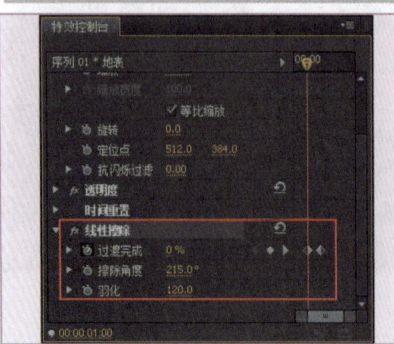 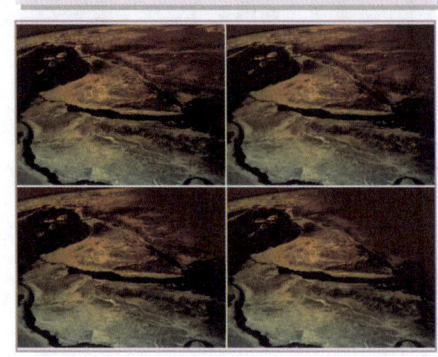

第19章 电视栏目

实例287　制作电视节目片头光线动画效果

利用线性擦除和镜头光晕特效可制作出光线逐渐显现的动画效果。本例主要介绍制作电视节目片头光线动画效果的方法。

文件路径：源文件\第19章\例287　　视频文件：视频文件\第19章\例287.flv

01 将项目窗口中的【01.jpg】和【02.png】素材文件拖曳到视频3和视频4轨道上，并设置【02.png】素材文件的起始时间为第1秒。然后将【效果】面板中的【带状滑动】切换特效拖曳到【02.png】素材文件上。

02 设置【01.jpg】素材文件的【位置】为（149,500），【缩放】为79，【旋转】为52°。为【01.jpg】添加【线性擦除】特效，将时间线拖到起始帧，开启【过渡完成】的自动关键帧，并设置为100%；将时间线拖到第1秒，设置【过渡完成】为0%，【擦除角度】为180°，【羽化】为120。

03 设置【02.png】素材文件的【缩放】为44，【位置】为（812,205）。

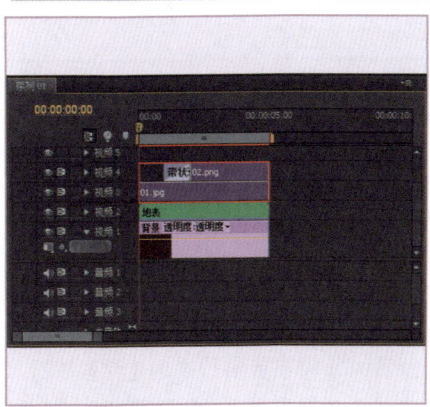
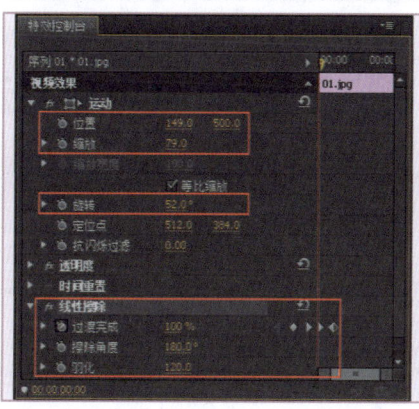
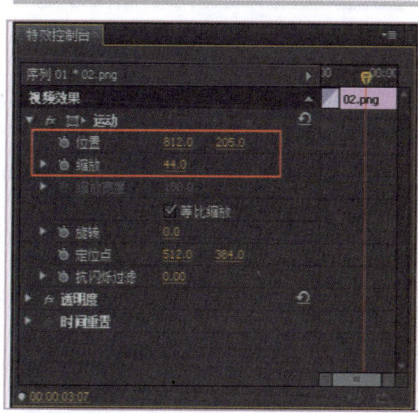

04 新建一个黑色视频，在项目窗口中重命名为【光晕】，并将其拖曳到视频5轨道上。

05 为时间线窗口中的【光晕】添加【镜头光晕】特效，并设置【光晕中心】为（662,84），【光晕亮度】为120%，设置【混合模式】为【滤色】。

06 将项目窗口中的【03.png】素材文件拖曳到视频6轨道上。

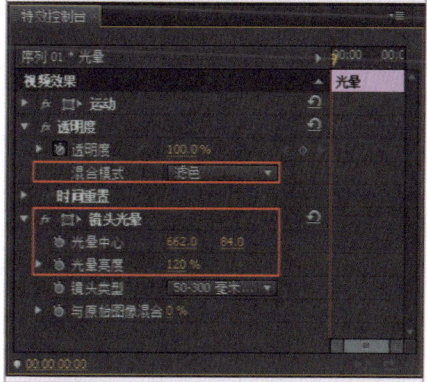
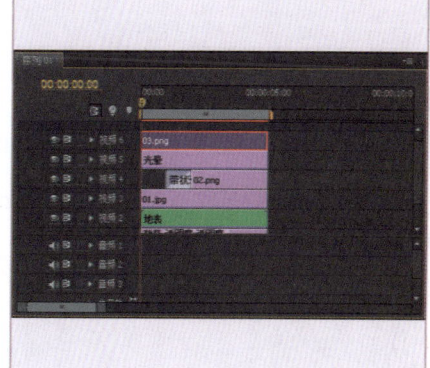

07 设置【03.png】素材文件的【缩放】为62,【位置】为(251,433),【旋转】为-22°,【混合模式】为【变亮】。

08 为【03.png】素材文件添加【线性擦除】特效,然后将时间线拖到第2秒,开启【过渡完成】的自动关键帧,并设置为0%;将时间线拖到第3秒,设置【过渡完成】为0%;设置【擦除角度】为180°,【羽化】为50。

09 可拖动时间线滑块查看电视节目片头光线动画效果。

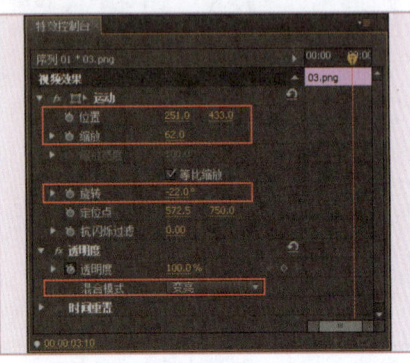
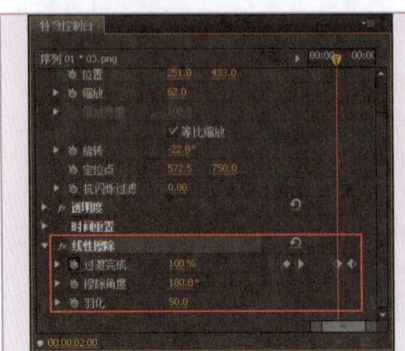
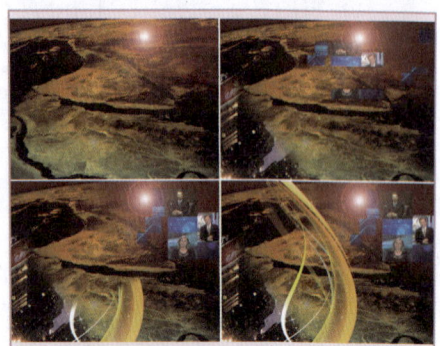

实例288　制作电视节目片头方块动画效果

利用输入工具可制作出画面文字效果,使用染色特效可更改方块动画素材的颜色。本例主要介绍制作电视节目片头方块动画效果的方法。

文件路径:源文件\第19章\例288
视频文件:视频文件\第19章\例288.flv

01 将项目窗口中的【04.jpg】素材文件拖曳到视频1轨道上,并设置结束时间为第9秒10帧。

02 新建【字幕01】。选择 T（输入工具）,在工作区中输入文字,设置【字体】为【Arial】,【字体样式】为【Bold】,【字体大小】为100,【颜色】为浅黄色(R:255, G:242, B:130),【透明度】为50%。接着复制多个文字,并随机调节字体大小。

03 将项目窗口中的【字幕01】拖曳到视频2轨道上,并与下面素材文件对齐。将【效果】面板中的【拆分】切换特效拖曳到【字幕01】上。

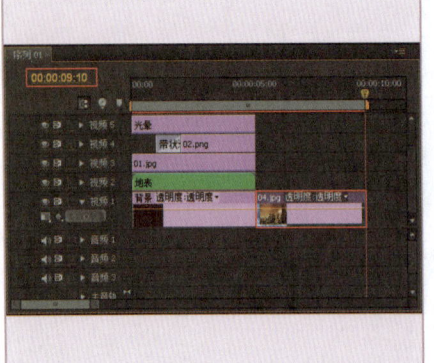

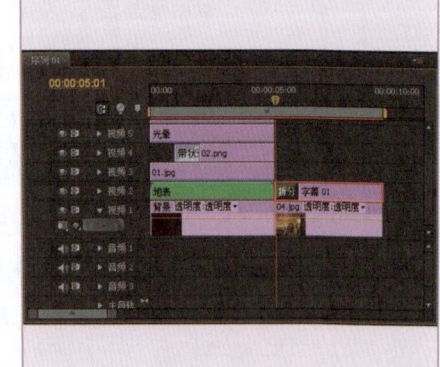

第19章 电视栏目

04 选择【字幕01】上的【拆分】切换特效,然后在【特效控制台】面板中勾选【反转】。

05 将项目窗口中的【霓虹方块0001.png】序列素材和【丝带.png】素材文件拖曳到视频3和视频4轨道上。

06 设置【霓虹方块0001.png】序列素材的【位置】为(371,222),然后为【霓虹方块0001.png】序列素材添加【染色】特效,并设置【将黑色映射到】为黑色(R:0,G:0,B:0)。

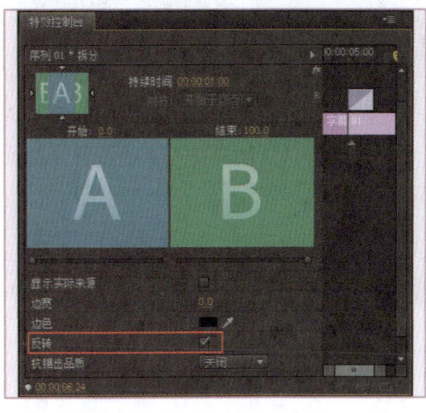 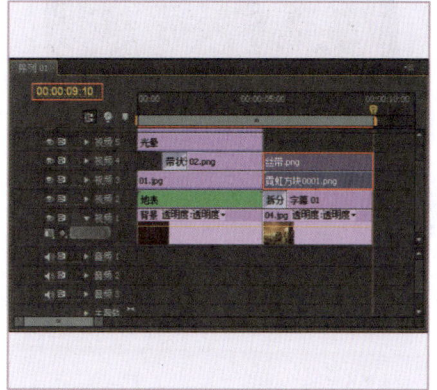 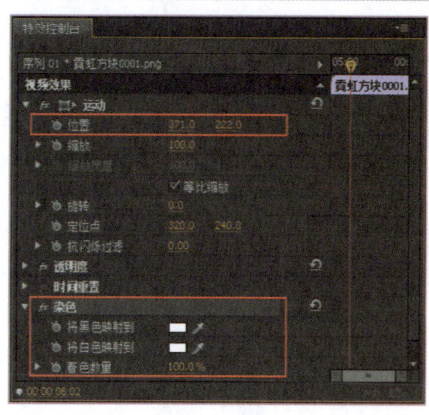

07 设置【丝带.png】素材文件的【缩放】为95,【位置】为(281,339),【旋转】为-117°,【透明度】为80%。

08 为【丝带.png】素材文件添加【线性擦除】特效,然后将时间线拖到第7秒,设置【过渡完成】为100%;将时间线拖到第8秒,设置【过渡完成】为0%;设置【擦除角度】为270°,【羽化】为300。

09 可拖动时间线滑块查看电视节目片头方块动画效果。

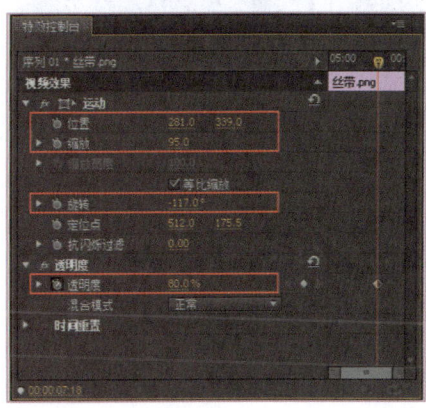 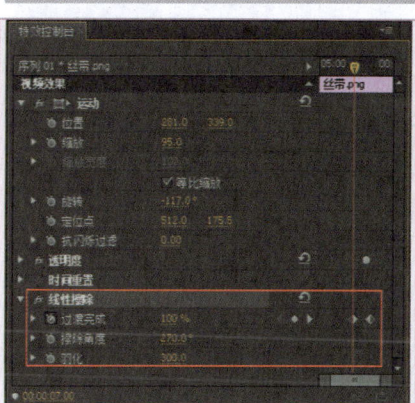 

实例289 制作电视节目片头文字效果

利用染色特效可更改画面颜色,使用输入工具可制作出节目片头文字。本例主要介绍制作电视节目片头文字效果的方法。

文件路径:源文件\第19章\例289

视频文件:视频文件\第19章\例289.flv

01 将项目窗口中【地图.jpg】素材文件拖曳到视频1轨道上。

02 为【地图.jpg】素材文件添加【染色】特效，并设置【将黑色映射到】为红色（R：95，G：38，B：38），【将白色映射到】为深红色（R：42，G：3，B：3）。

03 新建【字幕02】。选择 T（输入工具），在工作区中输入文字，设置【字体】为【FZDaHei-B02S】，【字体大小】为205，【行距】为27。

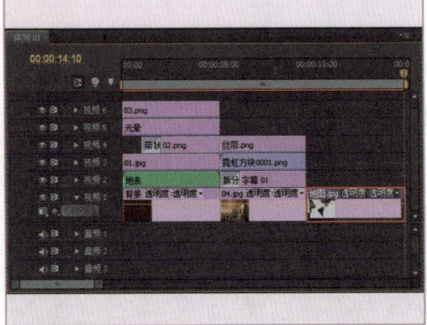
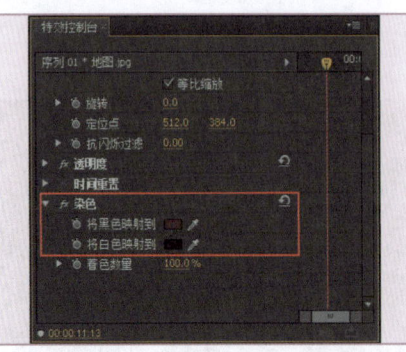
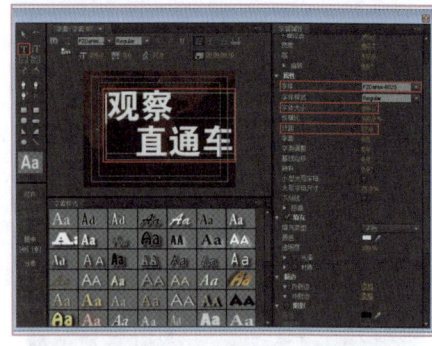

04 选择（钢笔工具），在工作区中绘制两条线，设置【线宽】为22。

05 将项目窗口中的【字幕02】拖曳到视频2轨道上，将【效果】面板中的【滑动】切换特效拖曳到【字幕02】上。

06 新建【字幕03】。选择 T（输入工具），在工作区中输入文字，设置【字体】为【Arial】，【字体样式】为【Black】，【字体大小】为78。

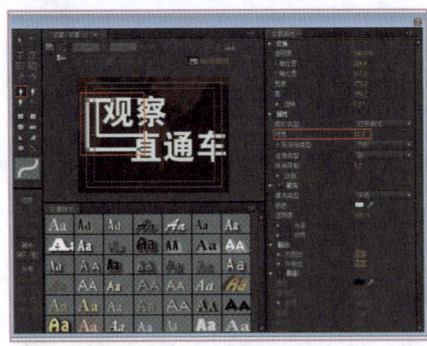
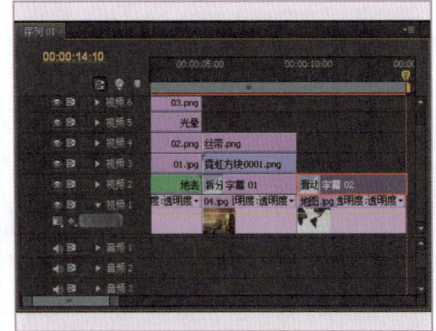
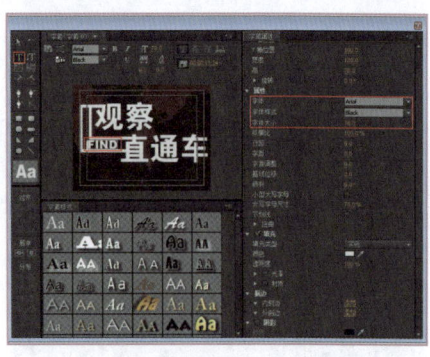

07 将项目窗口中的【字幕03】拖曳到视频3轨道上。

08 选择【字幕03】，将时间线拖到第10秒20帧，开启【位置】和【缩放】的自动关键帧，并设置【位置】为（512,232），【缩放】为360。将时间线拖到第11秒20帧，设置【位置】为（512,384），【缩放】为100。

09 可拖动时间线滑块查看电视节目片头文字效果。

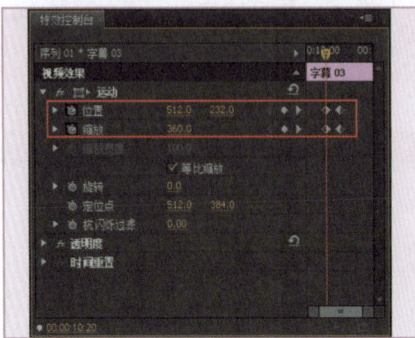

实例290 制作最终电视节目片头效果

利用渐变和斜面Alpha特效可制作出厚度文字效果，使用垂直翻转和线性擦除特效可制作出文字倒影效果。本例主要介绍制作最终电视节目片头效果的方法。

文件路径：源文件\第19章\例290

视频文件：视频文件\第19章\例290.flv

01 选择时间线窗口中的【字幕02】和【字幕03】，单击鼠标右键，在弹出的菜单中选择【嵌套】选项，将形成的【嵌套序列02】重命名为【文字】。

02 为【文字】添加【渐变】特效，然后在【特效控制台】面板中设置【起始颜色】为黄色（R：253，G：230，B：66），【结束颜色】为深黄色（R：183，G：99，B：28）。

03 为【文字】添加【斜面Alpha】特效，并在【特效控制台】面板中设置【边缘厚度】为4，【照明强度】为0.6。

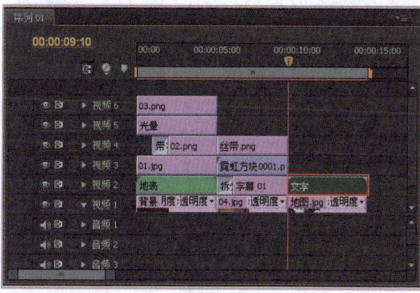 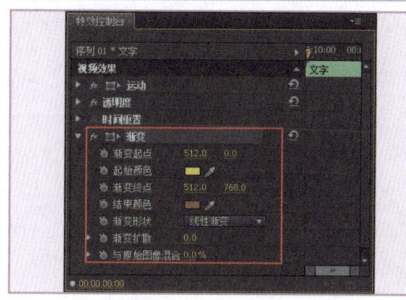 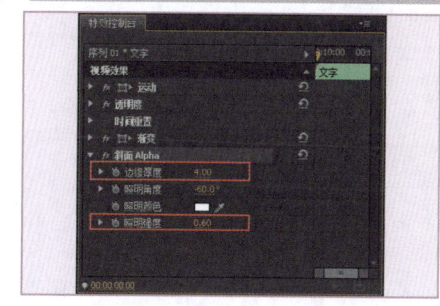

04 将视频2轨道上的【文字】复制到视频3轨道上，并重命名为【文字倒影】。

05 设置【文字倒影】的【位置】为（512,765），【透明度】为50%，为【文字倒影】添加【垂直翻转】和【线性擦除】特效，并设置【过渡完成】为60%，【擦除角度】为0°，【羽化】为180。

06 在菜单栏中选择【文件】|【新建】|【黑色视频】命令，然后在弹出的对话框中单击【确定】按钮。

 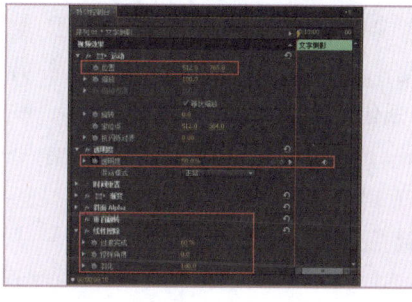 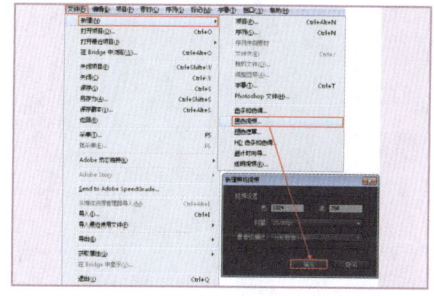

07 将项目窗口中的【黑色视频】重命名为【光晕02】，然后将其拖曳到视频4轨道上。

08 为【光晕02】添加【镜头光晕】特效，并在【特效控制台】面板中设置【光晕中心】为（222,130），【光晕亮度】为120%。

09 可拖动时间线滑块查看最终电视节目片头效果。

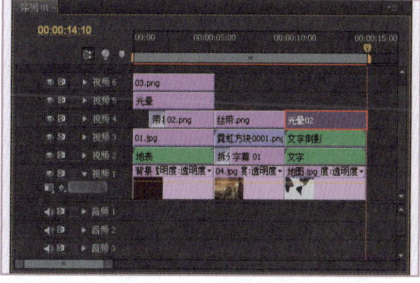 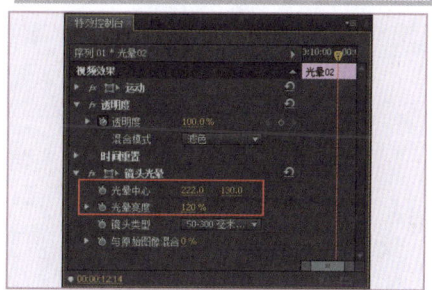 

第20章
影视广告

影视广告是非常有效而且覆盖面较广的广告传播方法之一,它能具体而准确地传达意图,传播的信息容易成为人的共识并得到强化、环境暗示,接收频率高。在Adobe Premiere Pro CS6中,可以使用各种特效和剪辑工具制作出丰富多彩的影视广告效果。

第20章 影视广告

实例291　制作电影宣传广告标志动画效果

本例介绍利用关键帧制作电影宣传广告标志动画效果的方法。

文件路径：源文件\第20章\例291　　　视频文件：视频文件\第20章\例291.flv

01 新建项目，在弹出的对话框中单击【浏览】按钮设置储存路径，在【名称】文本框修改文件名称，单击【确定】按钮。

02 在弹出的对话框中选择【设置】选项卡，设置【编辑模式】为【自定义】，【画面大小】为1024×768，【像素纵横比】为【方形像素（1.0）】，设置【序列名称】名称，单击【确定】按钮。

03 在项目窗口中空白处双击鼠标左键或者按快捷键Ctrl+I，在弹出的对话框中选择所需素材，单击【打开】按钮。

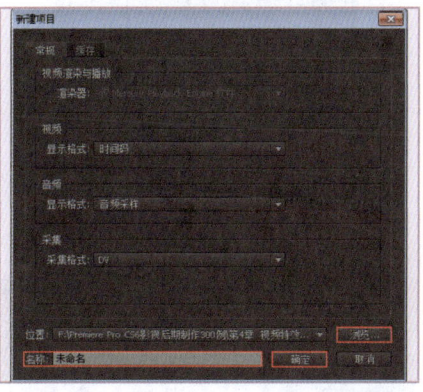
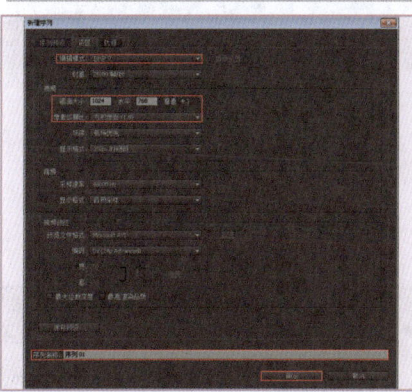

04 将项目窗口中的【01.jpg】素材文件拖曳到视频1轨道上，设置结束时间为第4秒。

05 选择【01.jpg】素材文件，将时间线拖到起始帧，开启【缩放】的自动关键帧，并设置【缩放】为0。将时间线拖到第2秒，设置【缩放】为100。

06 可拖动时间线滑块查看电影宣传广告标志动画效果。

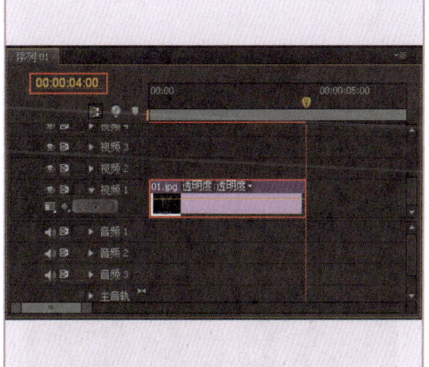
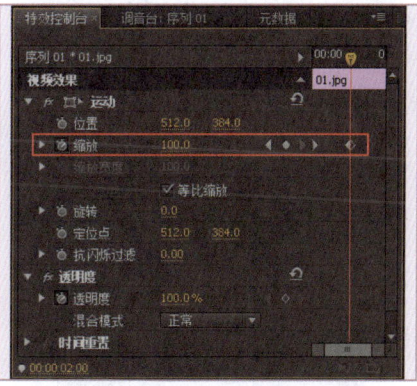

实例292　制作电影宣传广告第二部分效果

利用素材图片和视频切换特效可制作出多个画面过渡和边框效果。本例主要介绍制作电影宣传广告第二部分效果的方法。

文件路径：源文件\第20章\例292　　　视频文件：视频文件\第20章\例292.flv

01 将项目窗口中的【影片.avi】素材文件拖曳到视频1轨道上。选择✂（剃刀工具），将时间线拖到第7秒02帧，在此处单击进行切割。接着分别为【01.jpg】和【影片.avi】素材文件的起始位置添加【渐隐为黑色】切换特效。

02 将项目窗口中的【07.jpg】和【08.png】素材文件拖曳到视频2和视频3轨道上，并设置起始时间为第4秒，结束时间为第23秒。

03 在【特效控制台】面板中设置【07.jpg】素材文件的【混合模式】为【深色】。

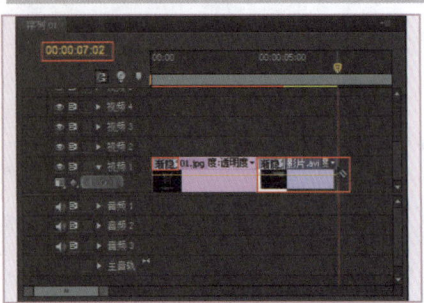
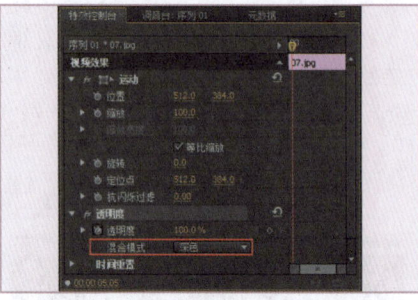

04 在【特效控制台】面板中设置【08.png】素材文件的【缩放】为80。

05 将项目窗口中的【02.jpg】、【03.jpg】和【04.jpg】素材文件拖曳到视频1轨道上，并分别设置素材文件的持续时间为2秒。

06 分别为【02.jpg】、【03.jpg】和【04.jpg】素材文件之间添加【渐隐为黑色】、【互换】和【滑动】视频切换特效。

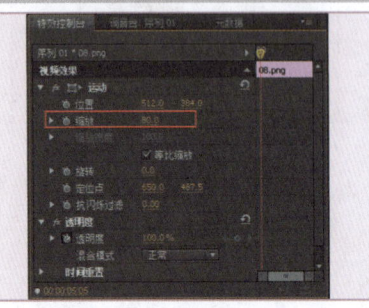

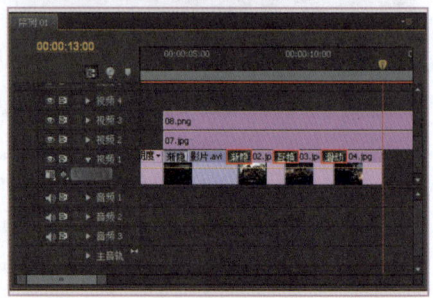

07 选择【02.jpg】素材文件，将时间线拖到第7秒02帧，开启【缩放】的自动关键帧，并设置为200。接着将时间线拖到第7秒17帧，设置【缩放】为66。

08 在【特效控制台】面板中设置【03.jpg】素材文件的【缩放】为68。

09 可拖动时间线滑块查看电影宣传广告第二部分效果。

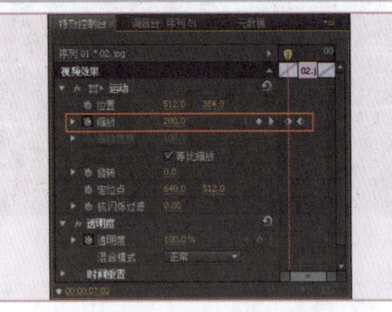
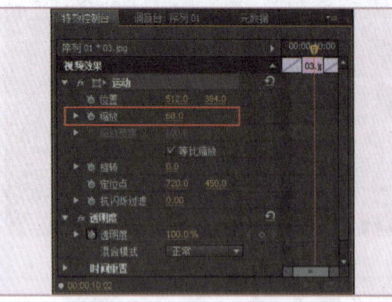

实例293 制作电影宣传广告第三部分效果

利用剃刀工具将视频素材进行剪辑，并使用视频切换特效可制作出画面过渡效果。本例主要掌握制作电影宣传广告第三部分效果的方法。

文件路径：源文件\第20章\例293　　　视频文件：视频文件\第20章\例293.flv

01 将项目窗口中的【影片.avi】素材文件拖曳到视频1轨道上。选择▨（剃刀工具），将时间线拖到第21秒16帧，在此处单击进行切割。接着将时间线拖到第24秒08帧，在此处单击进行切割。

02 删除切割下来的两部分素材文件。在空白处单击鼠标右键，选择【波纹删除】选项，使其向前靠拢。接着为【04.jpg】和【影片.avi】素材文件之间添加【渐隐为黑色】视频切换特效。

03 将项目窗口中的【05.jpg】素材文件拖曳到视频1轨道上，并设置【05.jpg】素材文件的结束时间为第17秒18帧。

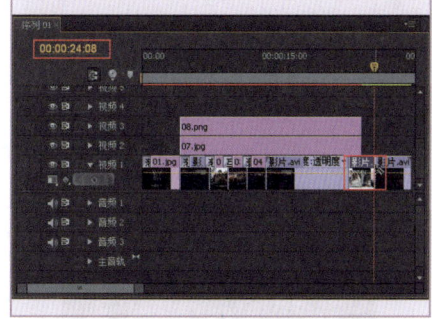
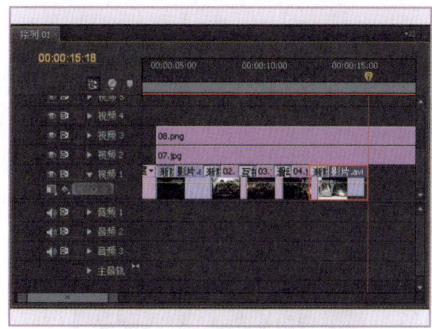
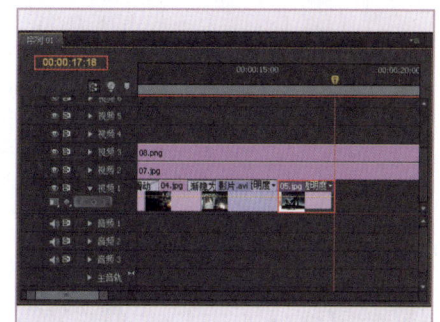

04 在【特效控制台】面板中设置【05.jpg】素材文件的【缩放】为88，【位置】为（512,349）。

05 将项目窗口中的【06.jpg】素材文件拖曳到视频1轨道上，设置【06.jpg】素材文件的结束时间为第19秒11帧。然后为【05.jpg】和【06.jpg】素材文件之间添加【渐隐为黑色】和【交叉缩放】视频切换特效。

06 在【特效控制台】面板中设置【06.jpg】素材文件的【缩放】为57。

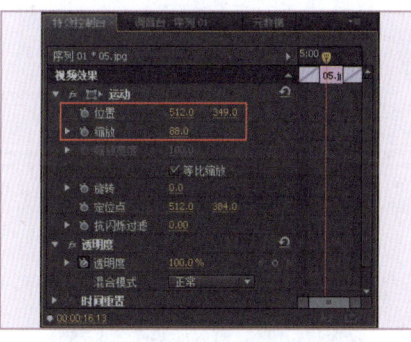
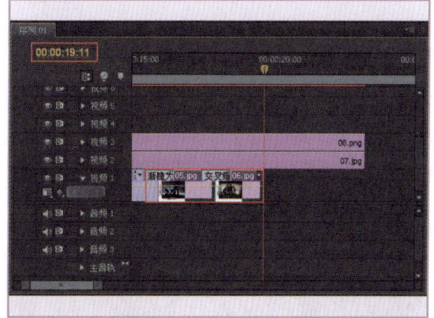

07 将项目窗口中的【影片.avi】素材文件拖曳到视频1轨道上。选择▨（剃刀工具），将时间线拖到第31秒，在此处单击进行切割。将时间线拖到第24秒08帧，在此处单击进行切割。

08 删除切割下来的前半部分素材文件。在空白处单击鼠标右键，选择【波纹删除】选项，使其向前靠拢。为【06.jpg】和【影片.avi】素材文件之间添加【渐隐为黑色】视频切换特效。

09 可拖动时间线滑块查看电影宣传广告第3部分效果。

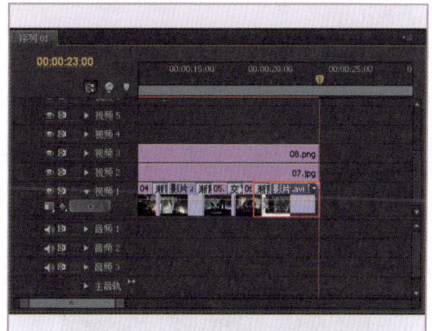

中文 Premiere Pro CS6 影视编辑剪辑设计与制作 300 例

实例294　制作电影宣传广告第四部分效果

利用RGB曲线和线性擦除特效制作出画面背景，然后添加镜头光晕特效和素材图片，可制作出动画效果。本例主要介绍制作电影宣传广告第四部分效果的方法。

文件路径：源文件\第20章\例294　　　视频文件：视频文件\第20章\例294.flv

01 将【效果】面板中的【09.jpg】和【10.jpg】素材文件拖曳到视频1和视频2轨道上，并设置结束时间为第28秒。

02 为【10.jpg】素材文件添加【RGB曲线】特效，并调整【主通道】、【红色】和【蓝色】的曲线形状。

03 为【10.jpg】素材文件添加【线性擦除】特效，设置【擦除角度】为0°，【过渡完成】为68%，【羽化】为150。

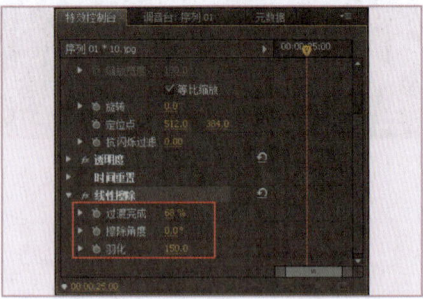

04 在菜单栏中选择【文件】|【新建】|【黑色视频】命令，在弹出的对话框中单击【确定】按钮。

05 将项目窗口中的【黑色视频】重命名为【光晕】，然后将其拖曳到视频3轨道上，并设置结束时间为第28秒。

06 为【光晕】图层添加【镜头光晕】特效，并设置图层【混合模式】为【滤色】，【光晕亮度】为110%。然后将时间线拖到第23秒，开启【光晕中心】的自动关键帧，并设置为(-188,397)。接着将时间线拖到第24秒，设置【光晕中心】为(335,397)。

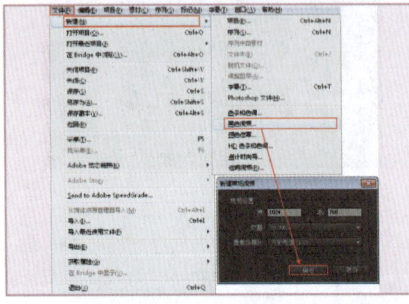

07 将项目窗口中的【11.png】和【文字.avi】素材文件拖曳到视频4和视频5轨道上，并设置【11.png】素材文件的结束时间为第28秒。

08 将时间线拖到第23秒，开启【位置】的自动关键帧，并设置为(1539,497)。接着将时间线拖到第24秒，设置【位置】为(512,450)。

09 在时间线窗口中的【文字.avi】上单击鼠标右键，在弹出的菜单中选择【速度/持续时间】选项。

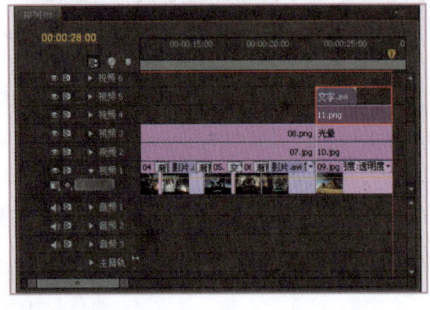
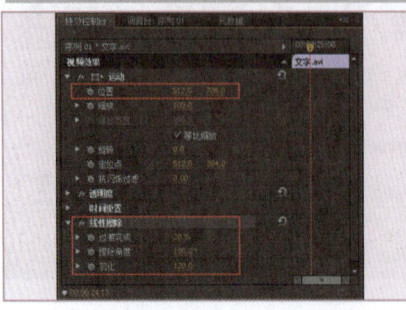
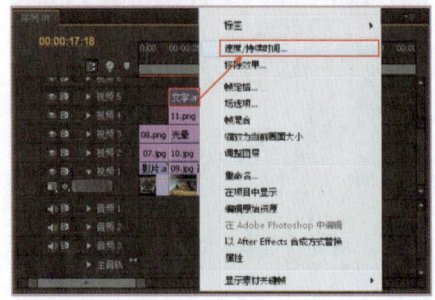

第20章 影视广告

10 在弹出的【素材速度/持续时间】对话框中设置【持续时间】为【00:00:05:00】，并单击【确定】按钮。

11 在【特效控制台】面板中设置【文字.avi】素材文件的【位置】为（512,708）。接着为其添加【线性擦除】特效，并设置【擦除角度】为180°，【过渡完成】为28%，【羽化】为120。

12 可拖动时间线滑块查看电影宣传广告第四部分效果。

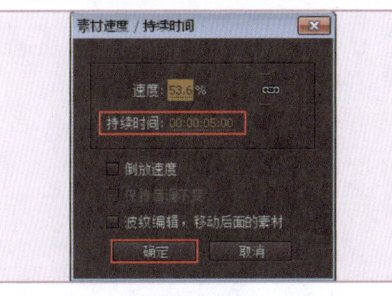 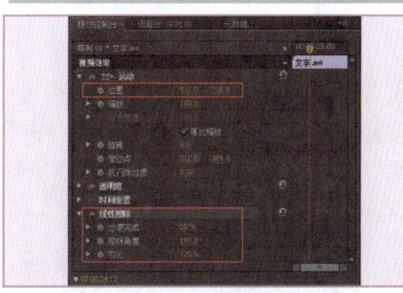 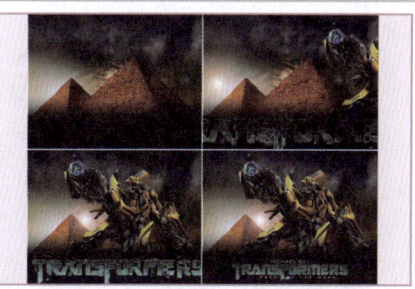

实例295 制作最终电影宣传广告效果

利用辉光特效可制作出结尾画面发光效果，然后使用剃刀工具可对音频文件进行剪辑。本例主要介绍制作最终电影宣传广告效果的方法。

文件路径：源文件\第20章\例295　　　　视频文件：视频文件\第20章\例295.flv

01 将项目窗口中【12.jpg】素材文件拖曳视频1轨道上，并设置结束时间为第31秒。

02 将时间线拖到第28秒，开启【位置】的自动关键帧，并设置为（512,-405）。然后将时间线拖到第28秒08帧，并设置【位置】为（512,384）。接着开启【缩放】的关键帧，并设置为60。最后将时间线拖到第30秒，设置【位置】为80。

03 为【12.jpg】素材文件添加【Starglow（辉光）】特效，并设置【Preset（预设）】为【Red（红色）】，【Transfer Mode（传输模式）】为【Screen（屏幕）】。

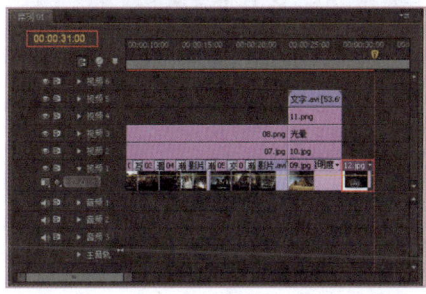 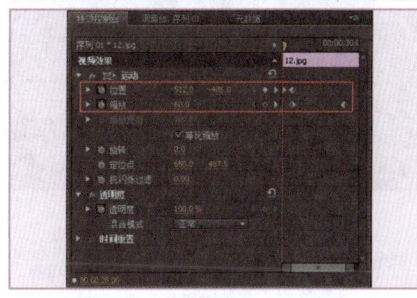 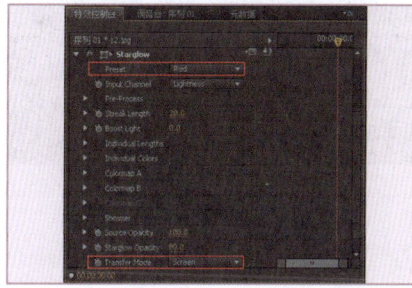

04 将项目窗口中的【配乐.wma】素材文件拖曳到音频1轨道上。选择（剃刀工具），将时间线拖到第31秒，在此处单击进行切割。将剩余的部分进行删除。

05 选择（钢笔工具），然后在音频素材第29秒和31秒的位置单击鼠标左键添加两个关键帧，在最后一个关键帧上按住鼠标左键向下拖曳，制作出音频淡出效果。

06 可拖动时间线滑块查看最终电影宣传广告效果。

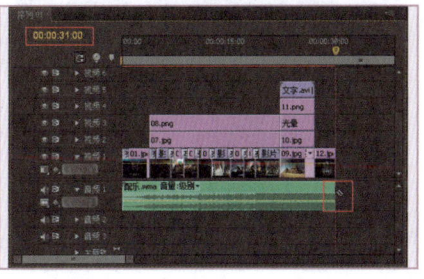 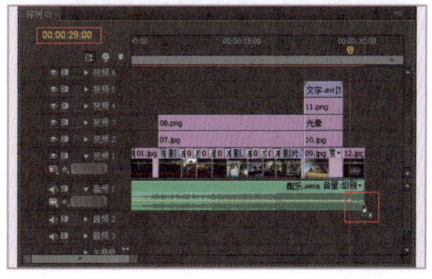 

实例296　制作影片预告起始部分效果

利用剃刀工具可对视频素材进行剪辑，在视频素材间添加视频转场效果可制作出画面过渡效果。本例主要介绍制作影片预告起始部分效果的方法。

文件路径：源文件\第20章\例296

视频文件：视频文件\第20章\例296.flv

01 新建项目，在弹出的对话框中单击【浏览】按钮设置储存路径，在【名称】文本框修改文件名称，单击【确定】按钮。

02 在弹出的对话框中选择【DV-PAL】|【标准48kHz】，设置【序列名称】为【序列01】，单击【确定】按钮。

03 在项目窗口中空白处双击鼠标左键或者按快捷键Ctrl+I，在弹出的对话框中选择所需素材，并单击【打开】按钮。

 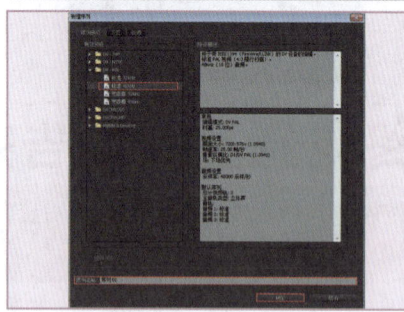 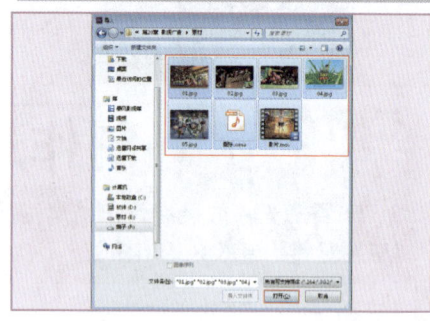

04 将项目窗口中的【影片.avi】素材文件拖曳到时间线窗口中的视频1轨道上。

05 选择（剃刀工具），将时间线拖到第3秒，在此处单击进行切割。接着将时间线拖到第17秒10帧，在此处单击进行切割。然后将中间部分进行删除。

06 在视频1轨道的素材空白处单击鼠标右键，选择【波纹删除】选项。将时间线拖到第8秒10帧，选择（剃刀工具），在此处单击进行切割。

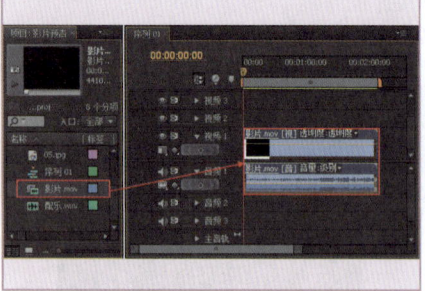 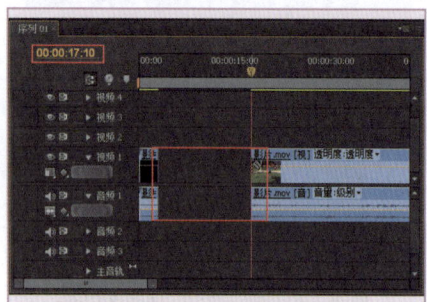 

07 选择（剃刀工具），将时间线拖到第18秒20帧，在此处单击进行切割。接着将时间线拖到第28秒19帧，在此处单击进行切割。然后将18秒20帧前面的一部分素材文件和结尾剩余的素材文件进行删除。

08 在视频1轨道的素材空白处单击鼠标右键，选择【波纹删除】选项。分别在【影片.avi】素材文件的中间添加【渐隐为黑色】视频切换特效。

09 可拖动时间线滑块查看影片预告起始部分效果。

 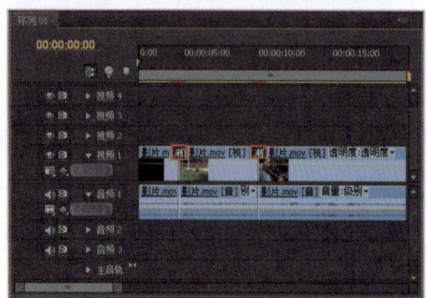 

第20章　影视广告

实例297　制作影片预告标题效果

利用输入工具可制作出影片文字标题，然后添加关键帧制作出标题动画效果。本例主要介绍制作影片预告标题效果的方法。

文件路径：源文件\第20章\例297　　　视频文件：视频文件\第20章\例297.flv

01 选择菜单栏中的【字幕】|【新建字幕】|【默认静态字幕】命令，在弹出的对话框中设置【名称】为【字幕01】，单击【确定】按钮。

02 选择 T（输入工具），在工作区中输入文字，并单击 ≡（居中）。设置【字体】为【Arial】，【字体样式】为【Black】，【字体大小】为100和134，【颜色】为黄色（R：245，G：235，B：8）。接着单击【外侧边】的【添加】，设置【大小】为35，【颜色】为蓝色（R：34，G：35，B：171）。

03 将项目窗口中的【字幕01】拖曳到视频1轨道上，并设置结束时间为第19秒19帧。

04 为【字幕01】添加【斜面Alpha】特效，并设置【边缘厚度】为4，【照明强度】为0.5。

05 将时间线拖到起始帧，开启【位置】的关键帧，并设置为（360，-306）。将时间线拖到第7帧，设置【位置】为（360，288），开启【缩放】的关键帧，设置【缩放】为70。接着将时间线拖到第1秒05帧，设置【缩放】为100。

06 可拖动时间线滑块查看影片预告标题效果。

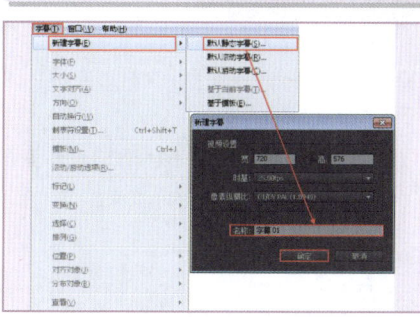
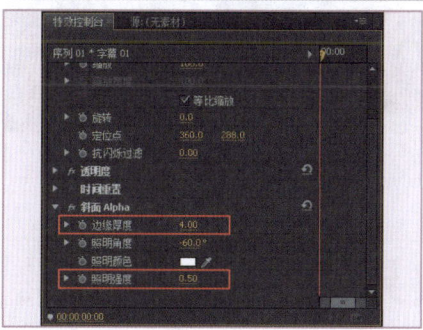

实例298　制作影片预告第二部分效果

本例介绍利用剃刀工具和视频切换特效制作影片预告第二部分效果的方法。

文件路径：源文件\第20章\例298　　　视频文件：视频文件\第20章\例298.flv

01 将项目窗口中的【01.jpg】、【02.jpg】和【03.jpg】素材文件拖曳到视频1轨道上，并设置【01.jpg】素材文件的结束时间为第21秒09帧，【02.jpg】和【03.jpg】素材文件的结束时间为第23秒09帧和第25秒09帧。

02 在【特效控制台】面板中设置【01.jpg】、【02.jpg】和【03.jpg】素材文件的【缩放】为36。

03 将项目窗口中的【影片.avi】素材文件拖曳到视频1轨道上，然后在素材文件上单击鼠标右键，在弹出的菜单中选择【解除视音频链接】选项。

 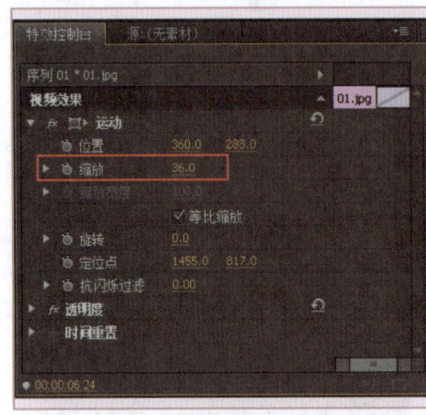 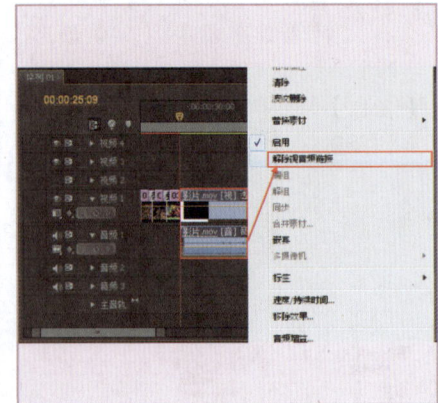

04 将时间线拖到第1分38秒07帧，然后选择（剃刀工具），在此处单击进行切割。接着将时间线拖到第1分46秒23帧，在此处单击进行切割。最后删除该片段前后的剩余素材文件。

05 将切割下的素材文件向前靠拢，然后分别为【02.jpg】、【03.jpg】和【影片.avi】素材文件之间添加【带状擦除】、【螺旋框】和【渐隐为黑色】视频切换特效。

06 此时拖动时间线滑块查看影片预告第二部分效果。

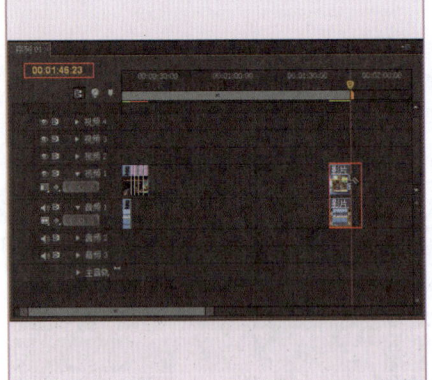  

实例299 制作影片预告第三部分效果

本例介绍利用视频切换特效和关键帧制作影片预告第三部分效果的方法。

文件路径：源文件\第20章\例299

视频文件：视频文件\第20章\例299.flv

第20章 影视广告

01 将项目窗口中的【04.jpg】素材文件拖曳到视频1轨道上，并设置结束时间为第36秒。

02 选择【04.jpg】素材文件。将时间线拖到第34秒，开启【缩放】的自动关键帧，并设置为300。接着将时间线拖到第34秒19帧，设置【缩放】为79。

03 将项目窗口中的【影片.avi】素材文件拖曳到视频1轨道上，然后在素材文件上单击鼠标右键，在弹出的菜单中选择【解除视音频链接】选项。

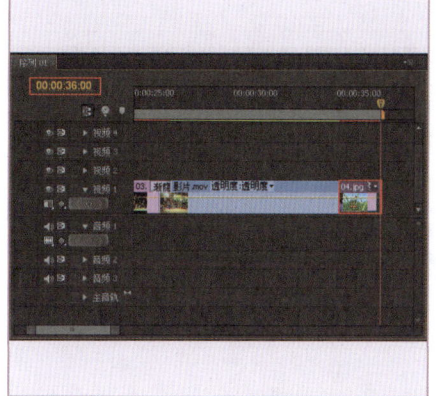
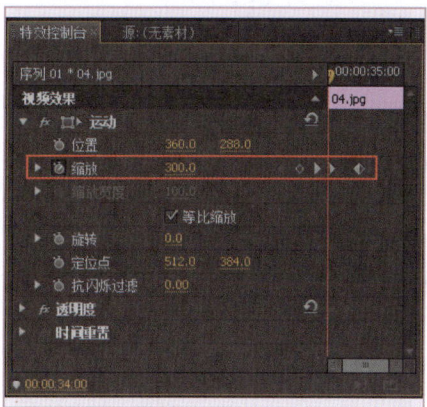
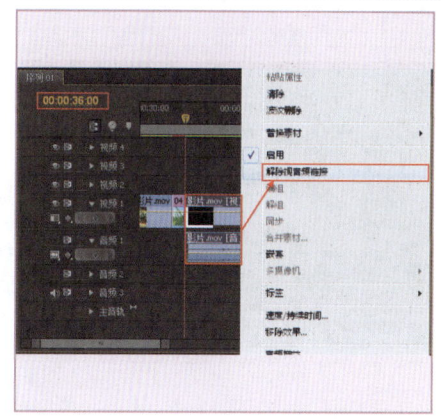

04 将时间线拖到第2分0秒05帧，选择（剃刀工具），在此处单击进行切割。接着将时间线拖到第2分4秒14帧，在此处单击进行切割。最后删除该片段前后的剩余素材文件。

05 将切割下的素材文件向前靠拢，为【04.jpg】和【影片.avi】素材文件之间添加【交叉叠化】视频切换特效。

06 可拖动时间线滑块查看影片预告第三部分效果。

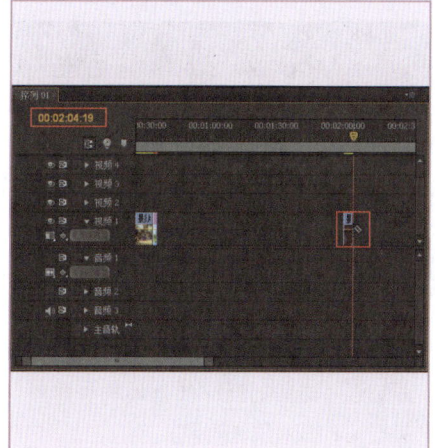

实例300　制作最终影片预告效果

本例介绍利用颜色键特效和钢笔工具制作最终影片预告效果的方法。

文件路径：源文件\第20章\例300

视频文件：视频文件\第20章\例300.flv

01 将项目窗口中的【05.jpg】素材文件拖曳到视频1轨道上，并设置结束时间为第42秒06帧。然后为其添加【渐隐为黑色】视频切换特效。

02 将项目窗口中的【影片.avi】素材文件拖曳到视频2轨道上，然后在素材文件上单击鼠标右键，在弹出的菜单中选择【解除视音频链接】选项。

03 将时间线拖到第1分53秒14帧，然后选择 （剃刀工具），在此处单击进行切割。接着将时间线拖到第1分55秒11帧，在此处单击进行切割。最后删除该片段前后的剩余素材文件。

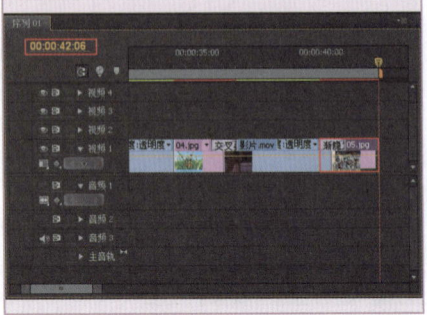
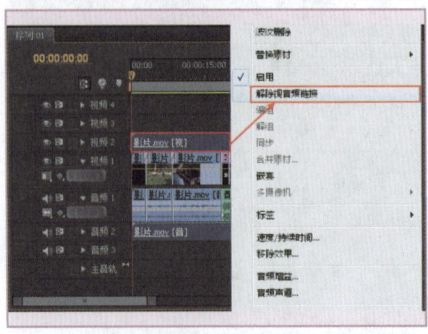
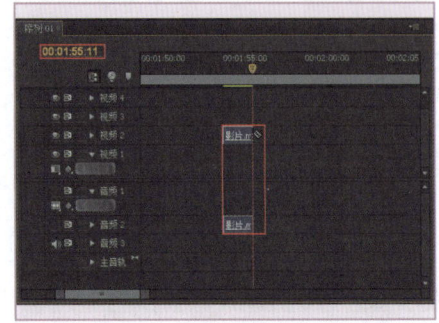

04 将视频2轨道上的【影片.avi】素材文件拖曳到第40秒09帧。

05 为视频2轨道上的【影片.avi】素材文件添加【颜色键】特效，并使用【主要颜色】的 （吸管工具）吸取素材背景颜色，然后设置【颜色宽容度】为38，【薄化边缘】为2，【羽化边缘】为1。

06 将项目窗口中的【配乐.wma】素材文件拖曳到音频1轨道上影片音频的后面。然后将时间线拖到第2分0秒14帧，选择 （剃刀工具），在此处单击进行切割。接着将时间线拖到第2分21秒19帧，在此处单击进行切割。最后删除该音频片段前后的剩余素材文件。

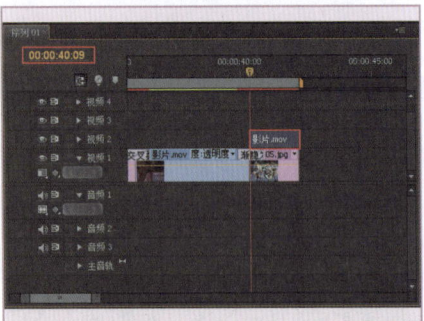
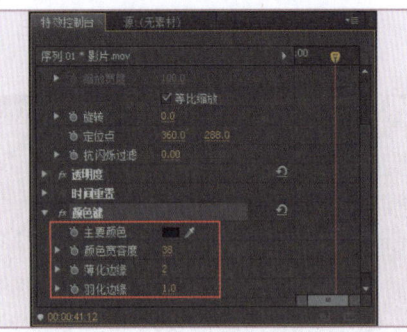

07 将剪辑下的音频片段向前靠拢，然后将其复制一份到该素材文件的结束帧。接着将时间线拖到第42秒06帧，选项 （剃刀工具），在此处单击进行切割。

08 选择 （钢笔工具），在【配乐.wma】素材文件的首尾位置分别单击添加4个关键帧，然后分别按住起始帧和结束帧向下进行拖动，制作出音频的淡入淡出效果。

09 可拖动时间线滑块查看最终影片预告效果。

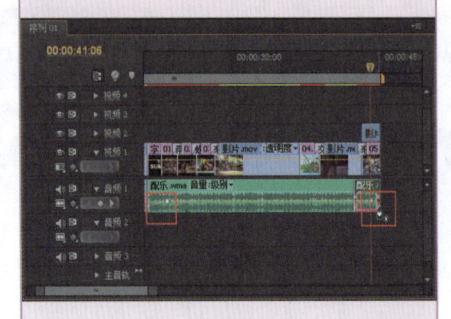